Statik, die Spaß macht ...

RSTAB 6

Das Programm zur Berechnung räumlicher Stabwerke

- für Stahl-, Holz- und Stahlbetonbau
- Dynamische Analyse
- Seile und Seilnetze
- Biegedrillknicken
- Biegeknicken
- Beulen
- Verbindungs-nachweise
- Querschnittswerte
- CAD-Anbindung
- Nachweise el/el und el/pl
- Visualisierung
- DIN 18800
- DIN 1045-1
- DIN 1052
- Eurocodes

RFEM 3

Das Finite-Elemente-Programm zur Berechnung räumlicher Tragwerke

- für Stahl, Stahlbeton, Glas usw.
- Spannungsanalyse
- Stahlbetonbemessung
- Stäbe und Schalen in einem Modell
- Verschneidung von beliebigen Flächen
- Rotationsschalen
- Orthotrope Platten
- Theorie I., II. und III. Ordnung, Seiltheorie
- Elastische Bettungen mit Zugfederausschaltung
- Unterzüge und Rippen
- Arbeiten in der visualisierten Struktur

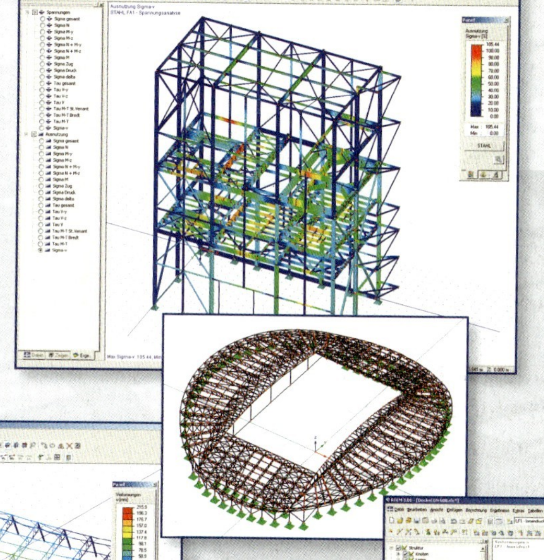

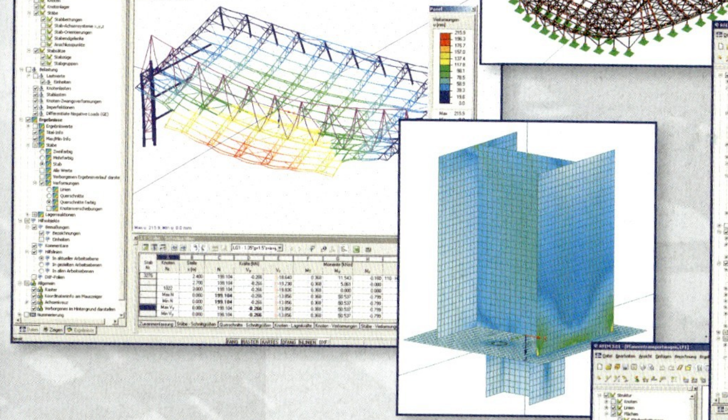

D1653131

Kostenloser Demo-Download

unter www.dlubal.de

Ingenieur-Software Dlubal

Ingenieur-Software Dlubal GmbH
Am Zellweg 2 • D-93464 Tiefenbach
Tel.: +49 (0) 9673 9203-0
Fax: +49 (0) 9673 1770
E-Mail: info@dlubal.com

FACHLITERATUR MAUERWERKBAU

Mauerwerk-Kalender 2007
Hrsg: Wolfram Jäger
2007. 700 S. 500 Abb. Gb.
€ 115,–* / sFr 182,–
ISBN: 978-3-433-01867-5

Mauerwerk-Kalender 2007

Der Vielseitigkeit von Mauerwerk als Tragstrukturelement, Wandbaustoff mit bauphysikalischen und ästhetischen Funktionen, als Träger von Innovationen in der Fertigteilbauweise und für energiesparendes Bauen wird das Taschenbuch im 32. Jahrgang mit einem ausgewogenen Verhältnis von aktuellen und überarbeiteten Beiträgen gerecht. Sämtliche zulassungsbedürftige Neuentwicklungen werden mit der Aktualität eines Jahrbuches vorgestellt. Zahlreiche Praxisbeispiele für Bemessung nach DIN 1053-100, nach **Eurocode 6** und unter Erdbebeneinwirkung nach DIN 4149 geben Sicherheit in der Planung. Die Beitragsreihe über die Mauerwerkskonstruktionen wird mit Ausführungsbeispielen fortgesetzt.
In der Reihe **Instandsetzung und Ertüchtigung** werden zerstörungsfreie Prüfverfahren und die Bestimmung von Materialkennwerten dargestellt.

Jäger, W./ Marzahn, G.
Mauerwerk
Bemessung nach DIN 1053-100
ca. 250 S. ca. 150 Abb. Br.
17 x 24 cm
ca. € 55,–* / sFr 88,–
ISBN: 978-3-433-01832-3

Praxisgerechte Erläuterung der neuen Norm

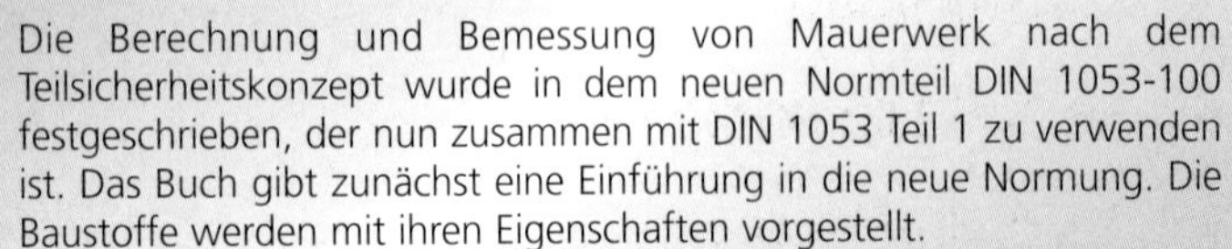

Die Berechnung und Bemessung von Mauerwerk nach dem Teilsicherheitskonzept wurde in dem neuen Normteil DIN 1053-100 festgeschrieben, der nun zusammen mit DIN 1053 Teil 1 zu verwenden ist. Das Buch gibt zunächst eine Einführung in die neue Normung. Die Baustoffe werden mit ihren Eigenschaften vorgestellt.
Die Berechnung und vereinfachte sowie genaue Bemessung werden ausführlich erläutert. Auf Knicken von schlanken Strukturen, den Wand-Decken-Knoten, Kellerwände, Giebelwände und Gewölbe wird vertieft eingegangen.
Dem Natursteinmauerwerk ist ein gesondertes Kapitel gewidmet. Zahlreiche Beispiele runden dieses Praxishandbuch ab.

Mauerwerk – die Zeitschrift

Mauerwerk
Redaktion:
Dr.-Ing. Peter Schubert
Erscheinungsweise 6 × jährlich
Jahres-Abo 2008:
€ 141,–* / sFr 199,–
Studenten-Abo:
€ 58,–* / sFr 80,–
ISSN 1432-3427

Alle Preise zzgl. MwSt.,
inkl. Versandkosten

Die Zeitschrift „Mauerwerk" führt wissenschaftliche Forschung, techno logische Innovation und architektonische Tradition des Mauerwerkbaus in allen Facetten zusammen. Veröffentlicht werden Aufsätze und Berichte zu Mauerwerk in Forschung und Entwicklung, europäischer Normung und technischen Regelwerken, bauaufsichtlichen Zulassungen und Neuentwicklungen, historischen und aktuellen Bauten in Theorie und Praxis.

* Der €-Preis gilt ausschließlich für Deutschland
Irrtum und Änderungen vorbehalten.

005027056_my

Ernst & Sohn
Verlag für Architektur und
technische Wissenschaften GmbH & Co. KG

www.ernst-und-sohn.de

Für Bestellungen und Kundenservice:
Verlag Wiley-VCH
Boschstraße 12
69469 Weinheim
Deutschland

Telefon: +49(0) 6201 / 606-400
Telefax: +49(0) 6201 / 606-184
E-Mail: service@wiley-vch.de

Ulrich Krüger

Stahlbau

Teil 1 Grundlagen

4. Auflage

ODA S 4

Ulrich Krüger

Stahlbau

Teil 1 Grundlagen

4. Auflage

CBS 08/24

Professor Dr.-Ing. Ulrich Krüger
Hermann-Rombach-Straße 22
74321 Bietigheim-Bissingen

Bibliografische Information der Deutschen Nationalbibliothek
Die Deutsche Nationalbibliothek verzeichnet diese Publikation in der Deutschen Nationalbibliografie; detaillierte bibliografische Daten sind im Internet über <http://dnb.d-nb.de> abrufbar.

ISBN 978-3-433-01869-9

© 2008 Ernst & Sohn
Verlag für Architektur und technische Wissenschaften GmbH & Co. KG, Berlin

Alle Rechte, insbesondere die der Übersetzung in andere Sprachen, vorbehalten. Kein Teil dieses Buches darf ohne schriftliche Genehmigung des Verlages in irgendeiner Form – durch Fotokopie, Mikrofilm oder irgendein anderes Verfahren – reproduziert oder in eine von Maschinen, insbesondere von Datenverarbeitungsmaschinen, verwendbare Sprache übertragen oder übersetzt werden.

All rights reserved (including those of translation into other languages). No part of this book may be reproduced in any form – by photoprint, microfilm, or any other means – nor transmitted or translated into a machine language without written permission from the publisher.

Die Wiedergabe von Warenbezeichnungen, Handelsnamen oder sonstigen Kennzeichen in diesem Buch berechtigt nicht zu der Annahme, daß diese von jedermann frei benutzt werden dürfen. Vielmehr kann es sich auch dann um eingetragene Warenzeichen oder sonstige gesetzlich geschützte Kennzeichen handeln, wenn sie als solche nicht eigens markiert sind.

Umschlaggestaltung: blotto design, Berlin
Druck: betz-druck GmbH, Darmstadt
Bindung: Litges & Dopf Buchbinderei GmbH, Heppenheim
Printed in Germany

Vorwort

Nichts muntert mich mehr auf, als wenn ich etwas Schweres verstanden habe, und doch suche ich so wenig Schweres verstehen zu lernen. Ich sollte es öfter versuchen.

Georg Christoph Lichtenberg, 1742 - 1799
Professor in Göttingen
Mathematiker, Physiker, Sprachlehrer, Philosoph

Vorwort zur 4. Auflage

Die neue Grundnorm "Stahlbauten" DIN 18800 Teile 1 bis 4 ist im Weißdruck 1990 bauaufsichtlich eingeführt worden. Nach einer Übergangsfrist von 5 Jahren, in der noch die "alten" Stahlbaunormen angewendet werden durften, wurde ihre Anwendung (neben einer probeweisen Anwendung der europäischen Norm EC3) verbindlich.

Meine Stahlbau-Vorlesungen an der Fachhochschule Karlsruhe (jetzt: Hochschule Karlsruhe - Technik und Wirtschaft) hatte ich seit 1992 auf diese neue Grundnorm umgestellt. Für die 5 Semester-Wochenstunden umfassenden Grundlagen zum Stahlbau im 3. und 4. Studiensemester hatte ich ein Manuskript herausgegeben, das auch außerhalb der Fachhochschule Verbreitung und Anerkennung gefunden hat und das auf Anregung von Herrn Dr. Stiglat, Karlsruhe, ab 1998 in Buchform als "Stahlbau Teil 1" erschienen ist.

Die 4. Auflage ist insbesondere bezüglich des Standes der Baubestimmungen auf den neuesten Stand gebracht worden; Herrn Prof. Dr. Kindmann, Bochum, danke ich für seine Unterstützung. Außerdem wurden einige redaktionelle Änderungen und inhaltliche Ergänzungen eingebracht.

Das Buch soll Studierenden wie Praktikern den Umgang mit dem Fachgebiet Stahlbau erleichtern, wofür außer der Einführungen in das Regelwerk vor allem praxisbezogene Beispiele stehen.

Mit gleichem Ziel habe ich das Buch "Stahlbau Teil 2" (derzeit in 3. Auflage) herausgebracht, das aus dem Manuskript für das 7. und 8. Studiensemester entstanden ist. Es enthält zum einen eine gründliche Darstellung der wesentlichen Stabilitätsprobleme bei Stäben, Stabwerken und beim Plattenbeulen. Zum andern werden Stahlhochbau und Industriebau praxisbezogen und anschaulich behandelt.

Die Bücher streben *nicht* nach *vollständiger* Darstellung des Fachgebiets "Stahlbau", was wohl ohnehin kaum möglich ist. Sie sollen übersichtlich gegliedert in die wichtigen Nachweisverfahren einführen und dazu verhelfen, mit den

Alltagsproblemen des Stahlbau-Statikers zurecht zu kommen. Schließlich sollen sie dazu befähigen, die Lösung schwierigerer Probleme an Hand weiterführender Literatur selbständig zu erarbeiten.

Die Grundlagenvorlesung sollte die nach dem 4. Semester in die Praxissemester tretenden Studierenden befähigen, unter Anleitung (insbesondere zur Konstruktion) übliche Stahlbauten bis zu mittleren Schwierigkeitsgraden zu berechnen. Die Vorlesung schloß deshalb mit der Durchsprache und Berechnung von "Objekten" ab, welche die ganzheitliche Berechnung überschaubarer Stahlbauten zum Inhalt hatte.

Aus eigener Erfahrung selten gebrauchte Regelungen sollten die Studierenden nicht belasten. So wurde z.B. darauf verzichtet, die Regelungen für GV-Verbindungen, Seile, mehrteilige Druckstäbe vollständig zu vermitteln.

Allen, die mir bei der Erstellung und Herausgabe meiner Bücher geholfen haben, danke ich vielmals, wie auch dem Verlag Ernst & Sohn für die erfreuliche Zusammenarbeit, das sorgfältige Lektorat und die Drucklegung.

Wenn das Buch Studierenden die Einführung in das Fachgebiet Stahlbau erleichtert und bei vielen Stahlbauern während der täglichen Arbeit in Griffnähe liegt und brauchbare Hilfe gibt, ist für mich das Ziel der Herausgabe erreicht.

Bietigheim-Bissingen, im Frühjahr 2006 U. Krüger

Inhaltsverzeichnis

Pfetten- und Riegel systeme

Typengeprüft und wirtschaftlich

Profilhöhe: 142 - 342 mm
Profillänge: max. 12,0 m

Vier verschiedene statische Systeme, hohe Tragfähigkeit, einfache Befestigungstechnik und schnelle Montage durch Aufdruck der Pos.-Nummern - Vorteile die unsere Pfetten- und Riegelprofile auszeichnen.
Wenn Sie mehr wissen möchten, fordern Sie die Broschüre "Pfetten- und Riegelsysteme" an.

Fischer Profil GmbH · Waldstraße 67 · D-57250 Netphen-Deuz
Tel. 02737/508-421/422 · Fax 02737/508-450
E-Mail info@fischerprofil.de · http://www.fischerprofil.de

*Ein Unternehmen von **Corus Building Systems**

Geschichtliche Entwicklung des Eisen- und Stahlbaus

Nach der Stein- und Bronzezeit wird die Eisenzeit als dritte große vorgeschichtliche Periode benannt. Die ältere Eisenzeit datiert etwa ab 1400 bis 700 v. Chr., und die im vorderen Orient ansässigen Hethiter gelten als Erfinder der Eisentechnik. Von dort kam das Eisen über Griechenland, den Balkan und Norditalien bis in unsere Gegend (700 - 500 v. Chr.).

Das in einfachen Schachtöfen durch Reduktion von Eisenerz mit Holzkohle gewonnene Eisen hatte niedrigen Kohlenstoffgehalt und war schmiedbar. Es wurde durch wiederholtes Ausschmieden und Zusammenschweißen auf dem Amboß zu Werkzeugen, Draht, Nägeln, Bolzen, Ketten, Panzern und Waffen verarbeitet.

Entwicklung und Fortschritte in der Eisenproduktion brachte die industrielle Revolution in England, vor allem im Zusammenhang mit erhöhter Steinkohlenproduktion. Erste Versuche zur Erzeugung von Roheisen im Hochofen datieren aus dem 16. Jh., die wirtschaftliche Durchsetzung kam im 18. Jh.

1784 Puddelverfahren zur Herstellung von Schmiedeeisen im Flammofen mit Hilfe von Steinkohle; Eisenbad ca. 1500 °C. Der Frischvorgang im Luftüberschuß der Flamme wird durch Rühren (= puddle) unterbrochen.

Die Erfolge der Eisenverwendung am Bau zeigen sich vor allem im Brückenbau.

1777-79 Weltweit erste eiserne Brücke über den Severn bei Coalbookdale. Gußeiserne Bögen mit Rechteckquerschnitt von 31 m Spannweite. Große Probleme warf die Verbindung der Eisenteile auf: zimmermannsmäßige Ausführung mit Schwalbenschwanz, Nut und Feder, Bändern u.ä.

Bild E.1 **Coalbrookdale Bridge** (Wales)

1803 Pont des Arts über die Seine in Paris.

Beide vorgenannten Brücken stehen gut renoviert heute noch!

Der Beurteilung gut zugänglich (und bei Fehlern relativ gutmütig) erwiesen sich Hängebrücken, bei denen der Fahrbahnträger an Ketten aufgehängt wurde. Später wurden als Aufhänge-Element hochkant gestellte, durch Bolzen verbundene Flachstähle verwendet, bis sich die Aufhängung an Seilen durchsetzte.

1826 Hängebrücke über die Menai-Strait (Wales), Hauptöffnung 176 m. Ketten wurden später durch Flachstähle ersetzt. Existiert auch heute noch.

1832-34 Hängebrücke "Grand Pont" über das Saane-Tal bei Fribourg (Schweiz) mit 273 m Spannweite. 4 (später 6) Tragkabel aus 1056 Drähten mit je 3 mm Durchmesser. Fahrbahn aus Holz.

Bild E.2 **Saanebrücke Fribourg**

Entwicklung rationeller Walzverfahren: Lange Stäbe, deren Querschnitte statisch und konstruktiv den Erfordernissen angepaßt sind.

1820 Walzen von Eisenbahnschienen,

1830 Walzen von L-Profilen,

1850 Walzen von I- und U-Profilen.

Entwicklung des ingenieurmäßigen Brückenbaus. In der zweiten Hälfte des 19. Jahrhunderts wurde in Europa eine gewaltige Anzahl von stählernen Brücken gebaut, hauptsächlich im Zuge des Eisenbahnbaus.

Neben technologischen Verbesserungen vollzog sich die Entwicklung der statisch-konstruktiven Beherrschung der Elemente des Stahlbaus: Biegetheorie (Spannungsberechnung, Gelenkträger, Durchlaufträger als statisch unbestimmte Systeme), Fachwerktheorie (Auslegeträger, Durchlaufsysteme, Nebenspannungen), Verbindungsmittel (Nieten, Schrauben, Bolzen). Im 20. Jh. lösten Schweißtechnik und hochfeste Schrauben die Nietbauweise ab. Die EDV ermöglicht in der Neuzeit die statische Bearbeitung hochgradig unbestimmter Probleme.

1846-50 Britannia-Brücke über die Menai-Strait. Eisenbahnbrücke mit zwei Vollwandkästen, Stützweiten 72 - 141 - 141 - 72 m. Ober- und Untergurte aus eng gestellten Walzträgern, Seitenwände aus zusammengenieteten Blechen. Etwa 1975 ausgebrannt!

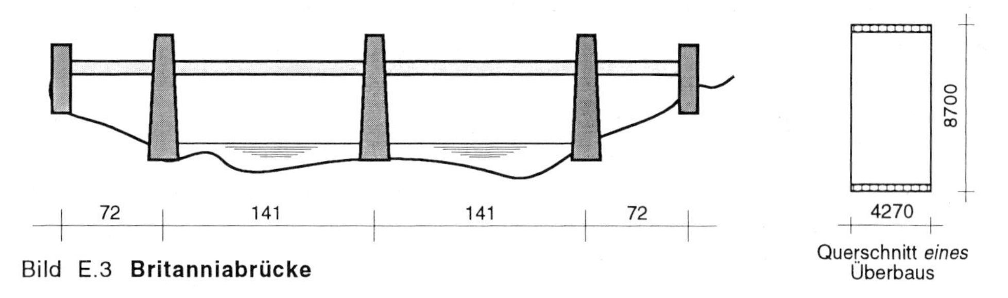

Bild E.3 **Britanniabrücke**

In Deutschland wurden für Eisenbahnbrücken statt der Vollwandbalken engmaschige Gitterträger aus Flachstählen gebaut: 1. Weichselbrücke Dirschau(1857), Dombrücke über den Rhein in Köln (1859), Rheinbrücke bei Waldshut (1860, noch in Betrieb, wird renoviert!).

Weiterentwicklung der Stahlherstellung in Technologie und Wirtschaftlichkeit:

1855 Bessemer-Verfahren zur Herstellung von Flußstahl. Einblasen von Luft in das flüssige Roheisen in der "Bessemer-Birne".

1870-80 Thomasverfahren zur Reduktion auch phosphorhaltiger (minderwertigerer) Erze durch Auskleiden der Bessemer-Birne mit basischem Futter.

Im 19. Jh. fand das Eisen auch Eingang in den Hochbau:

1851 Kristallpalast in London,

1889 Eiffelturm, 300 m hoch (mit Antenne 320 m).

Beide Bauwerke stehen für eine weitgehende Auflösung der Gesamtkonstruktion in genormte Einzel-Bauteile.

Bild E.4 **Eiffelturm**

Brückenbau: Der Deutsch-Amerikaner J. A. Roebling entwickelte in den USA für die Herstellung der Kabel von Hängebrücken aus dünnen Einzellitzen das "Luftspinnverfahren", das bis heute für den Bau großer Hängebrükken angewandt wird:

1855 Brücke über die Niagara-Schlucht, Hauptöffnung 250 m. Hängebrücke mit schrägen Abspannseilen, kombiniert für Eisenbahn und Straßenverkehr.

1883 Fertigstellung der Brooklyn-Bridge (New York), Hauptöffnung 488 m.

Von unzähligen Fachwerkbrücken seien nur wenige (recht zufällig) genannt:

1883-90 Firth-of-Forth Railway-Bridge (Schottland). Gewaltige, genietete Fachwerk-Rohrkonstruktion (über 7 Mio. Niete!). Auslegersystem mit zwischengehängten Einhängeträgern, 2 Hauptöffnungen mit je 521 m. Die Ausführungsart blieb ein Unikat; ein ähnlicher Versuch in USA endete mit Einsturz.

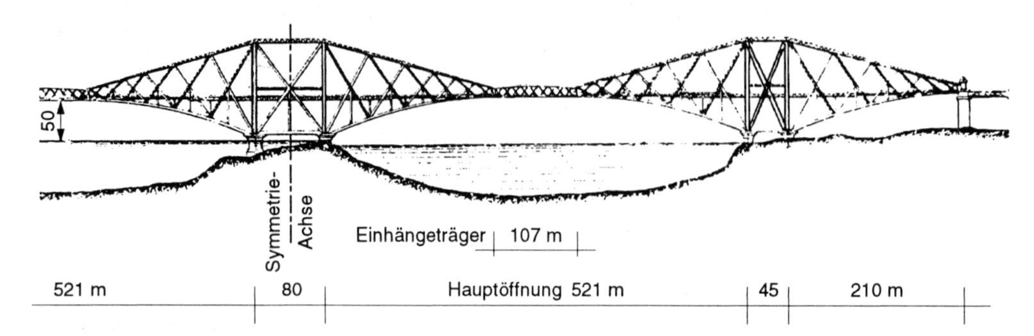

Bild E.5 **Firth-of-Forth Railway-Bridge**

1889-91 Weichselbrücken Dirschau. Eisenbahnbrücken 6 x 129 m. Linsenträger mit Doppelstreben-Fachwerk, Mittelgurt, unten angehängte Fahrbahn.

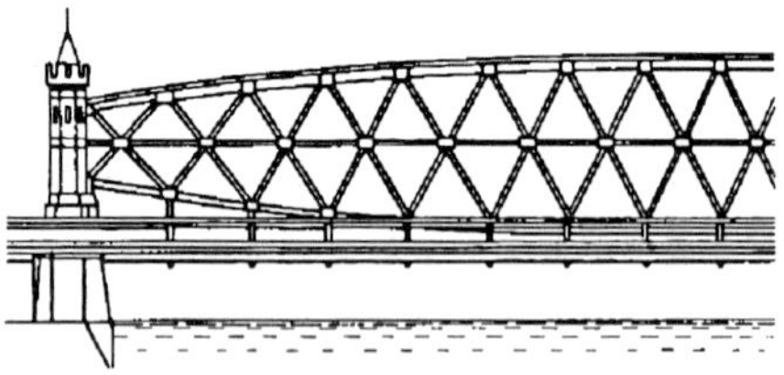

Bild E.6 **Weichselbrücke Dirschau**

1872/93 Elbebrücken Hamburg, System Lohse ("Linsenträger" = Doppel-Fachwerkbögen). 2 zweigleisige Überbauten, Spannweiten je 4 x 100 m.

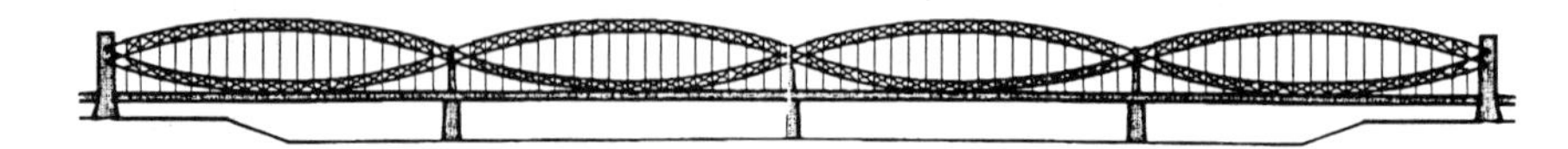

Bild E.7 **Elbebrücken Hamburg** (System Lohse)

1932 Sydney-Harbour-Bridge. Fachwerkbogenbrücke mit 503 m Spannweite.

1964 Fehmarnsundbrücke. Bogenbrücke mit gegeneinander geneigten Bögen und fachwerkartig verspannten Seilen, für Straßen- und Eisenbahnverkehr. Spannweite 248 m.

Bild E.8 **Sydney Harbour Bridge**

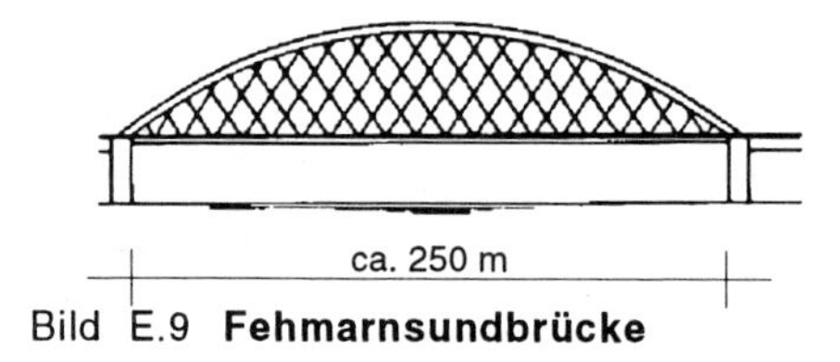

Bild E.9 **Fehmarnsundbrücke**

Große Hängebrücken entstanden in USA, Großbritannien und anderen Orten. Diejenigen mit den größten Spannweiten werden heute in Japan gebaut.

1937 Golden Gate Bridge (San Francisco). Spannweite 1280 m. Pylonenspitzen 228 m über dem Wasser, Durchfahrtshöhe 67 m. 2 Tragkabel mit 924 mm Durchmesser, bestehend aus je 27572 Einzeldrähten. Gesamtlänge der Einzeldrähte: 128748 km, Kabelgewicht: 22226 to (das ist etwa das 10-fache Gewicht der Eisenbahnbrücke über den Rhein bei Karlsruhe-Maxau!).

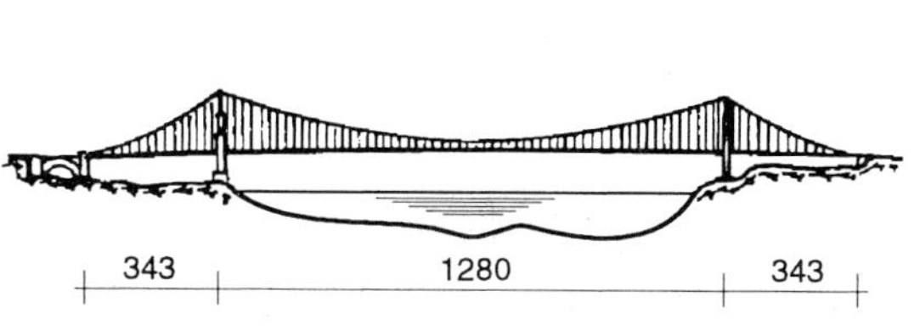

Bild E.10 **Golden Gate Bridge**

1970 Humber Bridge, England. Spannweite 1402 m. 1997 noch die weitest gespannte in Betrieb befindliche Brücke in der Welt.

1998 Großer-Belt-Brücke (Dänemark), Spannweite 1624 m. Pylonen 254 m hoch.

2000 Akashi Kaikyo Bridge (Japan). Spannweite 1990 m.

Als neuer Brückentyp wurde etwa ab 1955, zunächst hauptsächlich in Deutschland, die Schrägseilbrücke entwickelt, die sich für Spannweiten bis ca. 600 m und darüber hinaus auf der ganzen Welt zunehmend durchsetzte.

1972 Köhlbrandbrücke in Hamburg. Schrägseilbrücke, 88 Seile. Mittelöffnung 325 m, Pylonen 135 m hoch, Durchfahrtshöhe ca. 58,5 m.

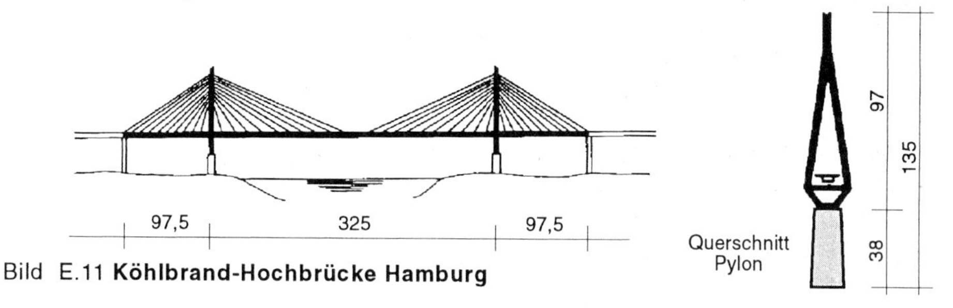

Bild E.11 **Köhlbrand-Hochbrücke Hamburg**

1995 Normandie-Brücke (Le Havre), Mittelöffnung 856 m, Pylonen 215 m hoch.

Wenn heute auch höhere Türme gebaut werden als der Eiffelturm und die Hängebrücken weiter gespannt werden als bei der Golden Gate Bridge, so stehen doch beide Bauwerke für Sinnbilder des Stahlbaus.

Zwar sind Brücken und Türme für die technische Entwicklung der Stahlbauweise von überragender Bedeutung, doch wird der Hauptumsatz des Stahlbaus im Hochbau und allgemeinen Industriebau getätigt. Aus den Höhenflügen des Stahlbaus gilt es zurückzufinden zu den Bauwerken des Alltags, um an ihnen Konstruktion und Berechnung der Bauweise mit Stahl zu erlernen.

1 Stahlbau - Begriffe, Besonderheiten, Baubestimmungen

1.1 Grundbegriffe im Stahlbau

Stahlbau

Bei Stahlbauten stellt die Stahlkonstruktion das eigentliche Bauwerk, insbesondere seine tragenden Teile, dar. Hierzu gehören stählerne Konstruktionen aus den Gebieten

- Geschoßbau und Hallenbau, allgemeiner Hochbau
- Brückenbau
- Mast- und Turmbau, Radioteleskope
- Kräne und Kranbahnen
- Stahlwasserbau
- Behälterbau

Stahlhochbau

Zum Stahlhochbau zählen insbesondere der Geschoßbau, der Hallenbau, der allgemeine Industriebau sowie Sonderbauwerke, z.B. Tribünen und Überdachungen.

Bei den Konstruktionen des Hochbaus handelt es sich im allgemeinen um Bauwerke mit *vorwiegend ruhender Belastung* im Sinne der Belastungs-Normen.

Verbundbau

Im Verbundbau bestehen tragende Bauteile in ein und demselben Querschnitt aus unterschiedlichen Werkstoffen.

Die größte Bedeutung hat der Verbund von Stahl mit bewehrtem oder unbewehrtem Beton. Beispiele sind: Verbunddecken im Geschoßbau, Verbundstützen, Verbundträger im Hochbau und Brückenbau.

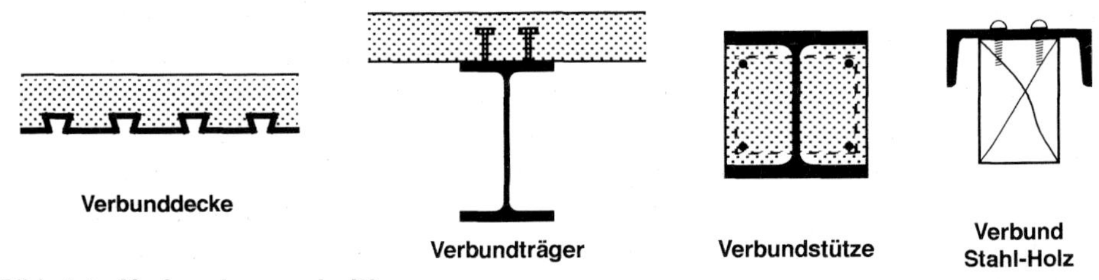

Bild 1.1 **Verbundquerschnitte**

Auch der Verbund von Stahl und Holz ist möglich. Beispiele: Dach- und Wandträger von leichten Hallenbauten.

1.2 Eigenschaften von Stahl und Stahlbauten

Stahl ist bezüglich seiner Werkstoffkennwerte wie Festigkeit, Zähigkeit, Elastizität und bezüglich seiner Verarbeitbarkeit vom Herstellungsverfahren her gut steuerbar. Streuungen sind im Vergleich zu anderen Baustoffen (Beton, Holz, Stein) gering. Der hohe Grad an Übereinstimmung von Berechnung und Wirklichkeit bei Stahlkonstruktionen wird von keinem anderen Baustoff erreicht. Dies ermöglicht einen hohen Ausnutzungsgrad des Werkstoffs Stahl.

Stahl hat im Vergleich mit anderen Baustoffen hohe und gleichmäßige Festigkeiten gegenüber Beanspruchungen auf Zug, Druck, Biegung und Schub bei statischer wie auch bei dynamischer Belastung. Im Verhältnis zur Eigenlast der Konstruktion (Materialgewicht) können hohe Nutzlasten über große Spannweiten abgetragen werden. Stützenquerschnitte mit kleinen Abmessungen können große Lasten weiterleiten (geringer Platzverlust bei Geschoßbauten, wirkt sich besonders im Hochausbau aus).

Stahl hat gegenüber anderen Baustoffen einen hohen Elastizitätsmodul: 5 bis 10-fach gegen Beton, etwa 20-fach gegen Holz. Das ergibt auch bei schlanken Konstruktionen relativ geringe Verformungen.

Stahl hat über das Erreichen der Fließ- oder Streckgrenze hinaus weitreichende Verformungsmöglichkeiten im plastischen Bereich ohne Festigkeitsabfall und ohne Verlust der elastischen Verformungsmöglichkeiten. Traglastreserven lassen sich planmäßig aktivieren und bieten Schutz gegen Überlastung aus Überschreitung der planmäßigen Lasten, gegen Baugrund- und Bauwerksverformungen und Zwängungen aus Temperatur oder Schweißeigenspannungen.

Stahl ist vielseitig verarbeitbar und fügbar. Gießen, Schmieden, Walzen, Pressen und Ziehen dienen der Formgebung und der Beeinflussung der Festigkeitseigenschaften. Verbinden erfolgt durch Schweißen, mit Schrauben, Nieten oder Bolzen sowie durch zahlreiche Sonderverfahren.

Stahl verliert bei hoher Temperatur an Festigkeit; gleichzeitig geht der Elastizitätsmodul zurück. Bei 500 °C sind die Festigkeit wie auch der E-Modul auf ca. 2/3 des Wertes bei 20 °C zurückgegangen. Schutzmaßnahmen: aktiver Brandschutz (Verhinderung von Bränden und deren Ausbreitung durch Sprinkleranlagen, Brandabschnitte in Bauwerken) und/oder passiver Brandschutz (Ummantelung oder Beschichtung der stählernen Tragkonstruktion, Kühlwasserkreislauf in der Stahlkonstruktion). Gefordert wird der „Brandschutz nach Maß"! Überzogene Brandschutzanforderungen beeinträchtigen die Konkurrenzfähigkeit des Werkstoffes Stahl. - Im Hochhausbau können die Brandschutzmaßnahmen zu einem entscheidenenden Kostenfaktor werden (siehe Bild 1.4).

Die Diagramme in Bild 1.2 veranschaulichen den Elastizitäts- und den Festigkeitsverlust von Stahl bei steigender Temperatur.

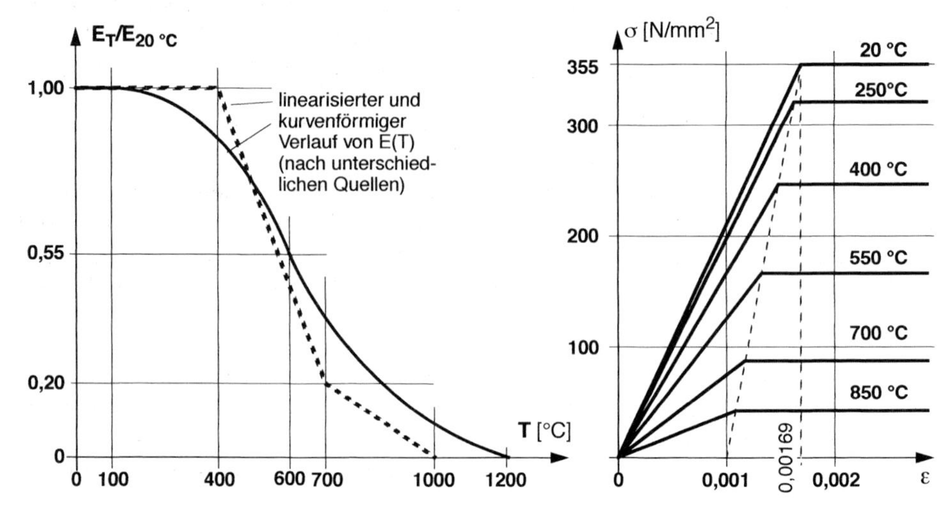

Bild 1.2 **Abhängigkeit des E-Moduls und der Festigkeit von der Temperatur für Stahl S 355** (idealisiert)

Stahl korrodiert (rostet) in unbehandeltem Zustand bei relativer Luftfeuchtigkeit über 65 bis 70%. Zusätzlich greifen atmosphärische Verunreinigungen (Industrie- und Großstadtatmosphäre) sowie salzhaltige Luft (Meeresatmosphäre) den Stahl an seiner Oberfläche an. Schutzmaßnahmen: Beschichtungen (Farbauftrag) und Überzüge (Verzinken), evtl. Legieren (Wetterfester Stahl). Konstruktive Maßnahmen: Minimieren von Oberflächen und Kanten (Rohrquerschnitte), Vermeiden von Stellen, an denen sich Feuchtigkeit und Schmutz sammeln können. „Korrosionsschutz nach Maß"! - Die Aufwendungen für Brand- und Korrosionsschutz an einem extremen Beispiel des Hochhausbaus aus den USA zeigt Bild 1.4.

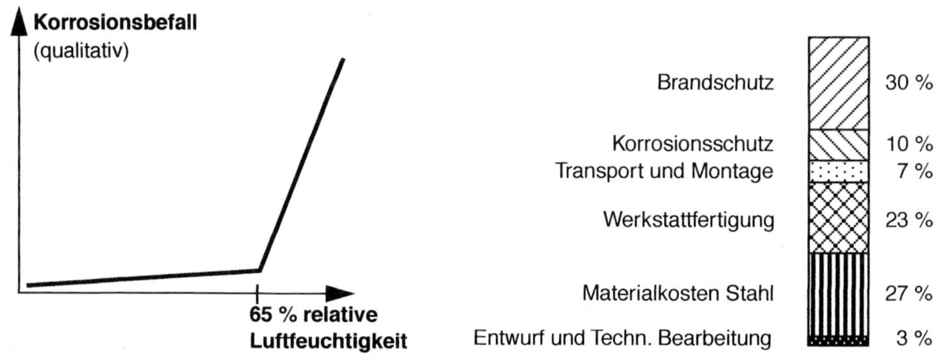

Bild 1.3 **Korrosionsbefall in Abhängigkeit der Luftfeuchtigkeit** (schematisch)

Bild 1.4 **Kostenaufteilung für ein Hochhaus in Stahlbauweise** (Extremes Beispiel aus den USA)

Stahl hat gegenüber Wärme und Schall gute, oftmals unerwünschte Leiter- und Emissionseigenschaften. Die bauphysikalisch erforderlichen Schutzmaßnahmen sind schon im Planungszustand genau zu analysieren und festzulegen; nachträglich erforderliche Maßnahmen sind oft unwirtschaftlich. Auf die Verhinderung möglicher Niederschlagsdurchfeuchtung und Tauwasserbildung ist zu achten.

Stahl ist Konstruktionsmaterial, dessen Einsatz in erster Linie nach statisch-konstruktiven Gesichtspunkten erfolgt. Stahlbauten werden meist aus einfachen Bau-Elementen zusammengefügt; hauptsächlich kommen eindimensionale Bauteile (Formstahl, Flachstahl) zum Einsatz. Flächige Bauteile werden eingesetzt zum Abtrag von Flächenlasten (Dächer, Decken, Stahlfahrbahnen von Brücken), zum Raumabschluß (Wände) oder als Kombination beider Aufgaben (Behälterbau).

Stahlbauten sind wandlungsfähig. Auswechseln oder Verstärken einzelner Teile oder auch ganzer Konstruktionen ist durch die Möglichkeiten der Anschlußtechniken (insbes. Schweißen) und der unterschiedlichen Beanspruchbarkeit des Stahls (z.B. Umordnung der Beanspruchung von Druck auf Zug) begünstigt.

Stahlbau ist Fertigteilbau mit hohem Verarbeitungsanteil in der Werkstatt (Witterungsschutz, Gerätevorhaltung, geringere Personalprobleme als auf Baustellen). Die Montage kann vor allem beim Einsatz von Schraubverbindungen in kurzer Zeit mit hohem Anteil an angelerntem Personal erfolgen (anders beim Schweißen!).

Stahlbauten sind umweltfreundlich. Die meisten Bauwerke, gleichgültig aus welchem Werkstoff erstellt, müssen heute als temporär verwendbar betrachtet werden. Das gilt in hohem Maß für den Industriebau und Verkehrsbauten, in geringerem auch für Wohnbauten. Ein Abbruch nach Erfüllung des Verwendungszwecks oder nicht weiterer Verwendbarkeit ist bei Stahlbauten relativ einfach und kostengünstig. Die Faustformel "die Abbruchkosten sind durch den Erlös aus dem Schrott gedeckt" stimmt nach Verfall der Schrottpreise nicht mehr ganz. - Der Rohstoff Stahl wird im Schrott problemlos seiner Wiederverwendbarkeit zugeführt.

Stahlbau verlangt für Entwurf, Konstruktion und Berechnung eine intensive Auseinandersetzung mit den spezifischen Eigenheiten und „gründliche Fachkenntnisse" (DIN 18800 Teil 1). Planung und Konstruktion sollen möglichst früh aufeinander abgestimmt werden.

Stahl ist ein teurer Werkstoff. Ökonomischer und materialgerechter Einsatz sind volkswirtschaftliche und betriebswirtschaftliche Grundforderungen. Wegen der seit Mitte der 50-er Jahre überproportionalen Steigerung des Lohnkostenanteils gegenüber dem Materialanteil muß nicht die leichteste Konstruktion auch die billigste sein. Automatisierte Fertigungsverfahren senken andererseits die spezifischen Fertigungszeiten und steuern der vorgenannten Entwicklung entgegen.

1.3 Technische Baubestimmungen für den Stahlbau

Wichtige Grundlage für das Bauen sind die Bauordnungen der Bundesländer. Die **Landesbauordnungen** (LBO) sind Gesetze, die für bauliche Anlagen und Bauprodukte gelten. Der Anwendungsbereich der LBO erstreckt sich hauptsächlich auf Gebäude. *Ausgenommen* sind, soweit sie nicht Gebäude betreffen:

- öffentliche Verkehrsanlagen,
- Leitungen für Wasser, Abwasser, Gas, Elektrizität, Wärme, u.a.m.,
- Anlagen, soweit sie der Bergaufsicht unterliegen,
- Kräne und Krananlagen.

Gemäß **LBO Baden-Württemberg** (und ähnlich auch für andere Bundesländer) sind bauliche Anlagen so anzuordnen und zu errichten, daß die öffentliche Sicherheit oder Ordnung, insbesondere Leben, Gesundheit oder die natürlichen Lebensgrundlagen, nicht bedroht werden. Bezüglich der **Standsicherheit** gilt: Bauliche Anlagen müssen sowohl im ganzen als auch in ihren einzelnen Teilen sowie für sich allein standsicher sein. Die Standsicherheit muß auch während der Errichtung und bei der Durchführung von Abbrucharbeiten gewährleistet sein. Die Standsicherheit anderer baulicher Anlagen und die Tragfähigkeit des Baugrunds des Nachbargrundstücks dürfen nicht gefährdet werden.

Bauprodukte dürfen nur verwendet werden, wenn bei ihrer Anwendung die baulichen Anlagen die Anforderungen der LBO erfüllen und gebrauchstauglich sind. Als allgemein anerkannte Regeln der Technik gelten auch die von den Obersten Baurechts-(Bauaufsichts-)behörden der Bundesländer durch öffentliche Bekanntmachung als **Technische Baubestimmungen** eingeführten Regeln.

Das Deutsche Institut für Bautechnik (DIBt) macht im Einvernehmen mit den Obersten Baurechtsbehörden für Bauprodukte in der **Bauregelliste A** die technischen Regeln bekannt, die zur Erfüllung der an bauliche Anlagen gestellten Anforderungen erforderlich sind. Diese Regeln gelten als allgemein anerkannte Regeln der Technik.

Bauprodukte, für die technische Regeln in der Bauregelliste A bekannt gemacht worden sind und die von diesen wesentlich abweichen oder für die es allgemein anerkannte Regeln der Technik nicht gibt (nicht geregelte Bauprodukte), müssen

- eine allgemeine bauaufsichtliche Zulassung,
- ein allgemeines bauaufsichtliches Prüfzeugnis oder
- eine Zustimmung im Einzelfall

haben. Ausgenommen sind Bauprodukte, die für die Erfüllung der Anforderungen nur eine untergeordnete Bedeutung haben und die das DIBt im Einvernehmen mit der Obersten Bauaufsichtsbehörde in einer **Liste C** bekannt gemacht hat.

In **Bauregelliste B** werden Bauprodukte aufgenommen, die nach Vorschriften der Mitgliedstaaten der Europäischen Union in den Verkehr gebracht werden dürfen.

Die **Liste der Technischen Baubestimmungen** (LTB) umfaßt Regeln zur Standsicherheit von Gebäuden sowie zum Brand-, Wärme-, Schall-, Erschütterungs- und Gesundheitsschutz. Die LTB wird auf der Basis einer die Bundesländer übergreifend abgestimmten Musterliste (MLTB) von jedem Bundesland gesondert bekannt gemacht und wird damit verbindlich, in BW derzeit in der Ausgabe 11.05. Die folgende Zusammenstellung ist ein stahlbauspezifischer Auszug aus der LTB.

Grundnorm DIN 18800 - Stahlbauten

Teil 1 (11.90)	Bemessung und Konstruktion
Teil 2 (11.90)	Stabilitätsfälle, Knicken von Stäben und Stabwerken
Teil 3 (11.90)	Stabilitätsfälle, Plattenbeulen. Änd. A1 (02.96) für Teile 1 bis 3
Teil 4 (11.90)	Stabilitätsfälle, Schalenbeulen
Teil 5 (11.04)	Verbundtragwerke aus Stahl und Beton (Vornorm)
Teil 7 (09.02)	Stahlbauten, Ausführung und Herstellerqualifikation

Fachnormen für verschiedene Anwendungsgebiete

DIN 4131 (11.91)	Antennentragwerke aus Stahl
DIN 4132 (02.81)	Kranbahnen; Stahltragwerke; Grundsätze für Berechnung, bauliche Durchbildung und Ausführung
DIN 4133 (11.91)	Schornsteine aus Stahl
DIN 4420-1 (03.04)	Arbeits- und Schutzgerüste
DIN EN 12812 (09.04)	Traggerüste - Anforderungen, Bemessung und Entwurf
DIN 18801 (09.83)	Stahlhochbau; Bemessung, Konstruktion, Herstellung
DIN 18806-1 (03.84)	Verbundkonstruktionen; Verbundstützen (veraltet!)
DIN 18807 (06.87)	Trapezprofile im Hochbau. Änderungen A1 (05.01)
DIN 18808 (10.84)	Tragwerke aus Hohlprofilen
DIN 18914 (09.85)	Dünnwandige Rundsilos aus Stahl
DASt-Richtlinie 016 (02.92)	Bemessung und konstruktive Gestaltung von Tragwerken aus dünnwandigen kaltgeformten Bauteilen

Die Fachnormen sind teilweise noch nicht oder nicht vollständig auf das neue Normen-Konzept umgestellt. Bei ihrer Anwendung ist die **Anpassungsrichtlinie** Stahlbau (10.98), Sonderheft 11/2 der Mitteilungen des DIBt, zu beachten, nebst Berichtigungen (DIBt-Mitteilungen Heft 6/1999, S. 201), sowie Änderungen und Ergänzungen (DIBt-Mitteilungen Heft 1/2002, S. 14).

In [9] "Stahlbau-Kalender" sind die Grundnorm DIN 18800 Teile 1 bis 5 und 7 sowie DIN 18801 unter Einarbeitung von Anpassungsrichtlinien abgedruckt und kommentiert. In [9] finden sich *stets aktualisiert* die wichtigsten Normen, Richtlinien, Zulassungen, die Musterliste und die Bauregelliste, jeweils in Auszügen für den Stahlbau, außerdem eine Stahlsortenliste.

In [26] "Stahlbaunormen - angepaßt" werden die übrigen Fachnormen in entsprechend überarbeiteten Fassungen wiedergegeben. Beide Werke enthalten auch vertiefte Ausführungen zu den baurechtlichen Hintergründen.

Lastannahmen. Die wichtigsten Fachnormen sind

DIN 1055-100 (03.01) Einwirkungen auf Tragwerke. Grundlagen, *insbesondere:*
DIN 1055-3 (03.06) Eigen- und Nutzlasten
DIN 1055-4 (03.05) Windlasten, A1 (03.06)
DIN 1055-5 (07.06) Schnee- und Eislasten

Werkstoff Stahl. Von den Normen sei hervorgehoben

DIN EN 10025 (3.94) Baustähle; früher DIN 17100 (1.80)

Andere Werkstoffe. Wo Stahlbauten an *andere Werkstoffe* anschließen oder mit ihnen zusammenwirken, gelten deren Fachnormen. Die wichtigsten sind

DIN 1045-1 (07.01) Tragwerke aus Beton, Stahlbeton u. Spannbeton, (A2 06.05)
DIN 1052 (08.04) Entwurf, Berechnung und Bemessung von Holzbauwerken
DIN 1053-100 (08.04) Mauerwerk
DIN 1054 (01.05) Baugrund - Sicherheitsnachweise im Erd- und Grundbau

Eurocode. Im Zuge der Harmonisierung des Binnenmarktes in der Europäischen Gemeinschaft sollen die im Eurocode (EC) festgehaltenen internationalen Regeln die zukünftige Grundlage für Regelungen im Bauwesen darstellen.

EC 1 Grundlagen der Tragwerksplanung und Einwirkungen auf Tragwerke
EC 2 Planung von Stahlbeton- und Spannbetontragwerken
EC 3 Bemessung und Konstruktion von Stahlbauten
EC 4 Bemessung und Konstruktion von Verbundtragwerken aus Stahl und Beton
EC 5 Bemessung und Konstruktion von Holzbauwerken
EC 6 Bemessung und Konstruktion von Mauerwerksbauten
EC 7 Entwurf, Berechnung und Bemessung in der Geotechnik
EC 8 Auslegung von Bauwerken gegen Erdbeben
EC 9 Bemessung und Konstruktion von Tragwerken aus Aluminiumlegierungen

Die EC wurden in Deutschland zunächst als europäische Vornormen ENV veröffentlicht und durften bisher bei Bekanntgabe durch die Obersten Baurechtsbehörden parallel zum entsprechenden nationalen Normenwerk *probeweise* (!) angewendet werden, wobei ein nationales Anwendungsdokument (NAD) zu berücksichtigen war. DIN-Normen werden jetzt in europäische Normen überführt, z.B. DIN 18800 in EC 3 bzw. DIN EN 1993-1-1 ff. Gegenwärtig (2006) läßt sich nicht endgültig übersehen, wann, in welchem Umfang, mit welcher Verbindlichkeit und innerhalb welcher Fristen das europäische Normenwerk in die Bemessung in der Baupraxis Einzug halten wird. Die Anwendung der nationalen Normen wird noch längere Zeit die Alltags-Bemessung darstellen.

Für **Straßenbrücken** gelten die in den Allgemeinen Rundschreiben Straßenbau (ARS) bekannt gemachten Regelungen der Straßenbaubehörden der Länder. Für Baumaßnahmen der **Eisenbahnen** gilt eine eisenbahnspezifische Liste ELTB.

2 Werkstoff Stahl und Stahlerzeugnisse

2.1 Stahl

Stahl ist schmiedbares Eisen

Dieses Schlagwort ist zwar nicht exakt (weil Stahl eine Legierung ist, Eisen jedoch ein chemisches Element), jedoch ist es einprägsam und enthält die wesentliche Aussage der Schmiedbarkeit (oder Duktilität).

Stahl unterscheidet sich von Roh- bzw. Gußeisen insbesondere durch einen auf 0,20 - 0,25 % begrenzten Kohlenstoffgehalt, hauptsächlich wegen der geforderten Schweißeignung und Zähigkeit.

Darüber hinaus sind im Stahl auch unerwünschte Beimengungen begrenzt: P, S (zusammen immer ≤ 0,07 %) und N.

Zur Erzielung höherer Festigkeiten oder anderer gewünschter Eigenschaften werden als Legierungsbestandteile zugegeben: Si, Cr, Mn, Ni, Mo, Al, Ti, Ca (zusammen immer ≤ 5%). Die Stähle werden dadurch u.a. sprödbruchunempfindlicher, kaltverformbar, besser schweißbar, insgesamt homogener.

Roheisen, Gußeisen

Im Hochofen wird Eisenerz mit Koks und vorgewärmter Luft unter Zugabe von Schlackebildnern (Kalk) aufgeschmolzen und reduziert. Ein Teil des Roheisens wird in Masseln gegossen und in Eisengießereien zu Grauguß verschmolzen.

Gußeisen ist spröde, nicht schmiedbar und hat geringe Zugfestigkeit. Der C-Gehalt ist hoch: 2 - 6 %. Dafür ist Gußeisen weniger rostanfällig als Stahl.

Stahlerschmelzung

Um aus Roheisen (mit unterschiedlichem Anteil an Schrott-Zugaben) Stahl zu erschmelzen, muß in erster Linie der Kohlenstoffgehalt gesenkt werden. Dies geschieht durch "Frischen", wobei der Kohlenstoff C mit dem Sauerstoff O_2 der Luft zur Reaktion gebracht wird und als Kohlenmonoxid CO größtenteils gasförmig entweicht. Statt Luft kann auch reiner Sauerstoff angeboten werden.

Nach dem Erschmelzungsverfahren unterscheidet man:

Thomasstahl. Gewinnung durch Windfrischen in Konvertern mit basischer Auskleidung. Verarbeitung stark phosphorhaltiger Erze.

Bessemerstahl. Konverter mit kieselsaurer Auskleidung zur Verarbeitung phosphorarmer Roheisen.

Beide vorgenannten Verfahren sind praktisch bedeutungslos geworden.

Sauerstoffblasstahl. Anstatt Luft wird reiner Sauerstoff vom Konverterboden aus durchgeblasen. Dem Roheisen wird Schrott zugegeben. - Das Sauerstoffblasverfahren hat sich zum heute *mengenmäßig bedeutendsten Verfahren* durchgesetzt.

Siemens-Martin-Stahl. Gas- oder Elektroheizung, Zugabe von Schrott. Verunreinigungen an P, S, N werden stark begrenzt. Besonders geeignet zur Herstellung niedrig legierter Stähle hoher Güte. Teuer!

Elektrostahl. Hitze durch Lichtbogen oder Induktion. Höchster Reinheitsgrad. Edelstähle werden durch Beigabe von Legierungsbestandteilen erschmolzen.

Unberuhigter Stahl (G1)

Beim Erstarren des flüssigen Stahls bilden sich durch Reaktion der Luft mit verbliebenen C-Teilen CO-Blasen, die nur unvollkommen entweichen können. Dies ergibt *Dopplungen*, (Materialauftrennung in Dickenrichtung) insbesondere bei dickem Material (> 15 mm). An den dickeren Stellen der Walzstahlquerschnitte ergeben sich außerdem Anreicherungen von P- und S-Verunreinigungen, die sich in *Seigerungszonen* ansammeln. In der Umgebung von Seigerungszonen in *unberuhigten* Stählen soll nicht geschweißt werden.

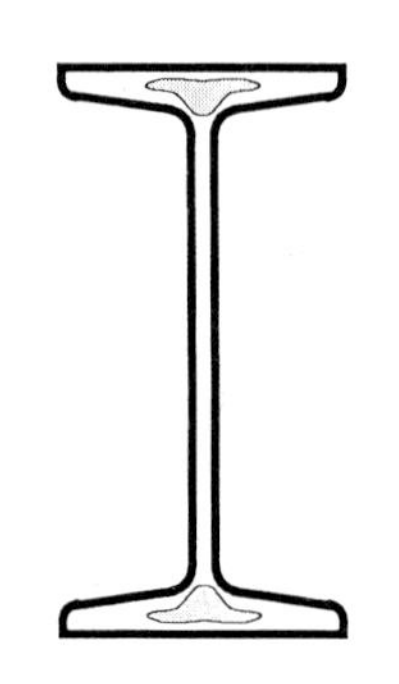

Bild 2.1 **Seigerungszonen**

Beruhigter Stahl (G2), besonders beruhigter Stahl (G3)

Zugaben von Si, Al, Ca, Ti binden den Sauerstoff in der Schmelze (Desoxidation) und geben einen homogeneren, gut schweißbaren und sprödbruchunempfindlichen *beruhigten* Stahl. Die Zugabe erfolgt meist während des Abstichs. Unterscheidung G2 und G3 nach dem Beruhigungsgrad.

Die Kerbschlagarbeit ist ein Kennwert für die Zähigkeit; man versteht darunter die Arbeit, die bei schlagartigem Durchbiegen einer gekerbten Probe bis zum Bruch verbraucht wird. Sie ist Einschätzungsgrundlage für die Sprödbruchneigung (Verhalten bei mehrachsiger/schlagartiger Beanspruchung sowie tiefer Temperatur).

Gießverfahren

Bei den an die Stahlerschmelzung anschließenden Gießverfahren unterscheidet man:

Standguß. Der Stahl wird in Formen (Kokillen, Brammen, Blöcke) gegossen. Er wird entweder im Tiefofen heiß gehalten, oder er muß bei späterer Weiterverarbeitung wieder auf die hierfür erforderliche Temperatur werden.

Strangguß. Der Stahl wird nach der Erschmelzung kontinuierlich (und ohne weitere Energieverluste) fortbehandelt. Der Stahl wird in gekühlte Kupferkokillen gegossen und fließt daraus in Strängen nach unten ab, wobei diese Stränge äußerlich rasch abkühlen und bei richtiger Dosierung des Strangflusses nicht abreißen. Über Führungssysteme wird der Strang nach unten und dann in die Waagrechte geführt, abgeschnitten und zur Weiterverarbeitung (bevorzugt Warmwalzen) gebracht.

2.2 Baustähle

S 235 und S 355 (St 37 und St 52)

Hinsichtlich der "Allgemeinen Baustähle" bezieht sich DIN 18800 (11.90) noch auf DIN 17100 (1.80) und die dort verwendeten Bezeichnungen. DIN 17100 wurde durch die europäische Norm DIN EN 10025 (3.94) "Warmgewalzte Erzeugnisse aus unlegierten Baustählen" abgelöst. Nach Anpassungsrichtlinie Stahlbau (10.98) zu [1/401] sind Stähle nach den in DIN EN 10025 niedergelegten Lieferbedingungen (Anforderungen, Prüfungen, siehe Tab. 2.1) zu verwenden.

Tab. 2.1 **Baustähle nach DIN EN 10025 - Chemische Zusammensetzung und mechanische Eigenschaften** (Auszug).
Wichtigste Werte für Materialdicken von 3 bis 40 mm

<table>
<tr><th rowspan="3">Stahlsorte</th><th colspan="4">Chem. Zusammensetzung in Gew.-%</th><th rowspan="2">Bruch-dehnung %</th><th rowspan="2">Zugfe-stigkeit [N/mm²]</th><th rowspan="2">Streck-grenze [N/mm²]</th></tr>
<tr><th>C</th><th>P</th><th>S</th><th>N</th></tr>
<tr><th colspan="4">Schmelzanalyse - Maximalwerte</th><th>min</th><th>von...bis</th><th>min</th></tr>
<tr><td>S 235 JR</td><td rowspan="2">0,17-0,20</td><td rowspan="3">0,045</td><td rowspan="3">0,045</td><td>0,009</td><td rowspan="4">längs 26
quer 24</td><td rowspan="4">340 ... 470</td><td rowspan="4">t ≤ 16 mm
235
16 < t ≤ 40
225</td></tr>
<tr><td>S 235 JR G1</td><td>0,007</td></tr>
<tr><td>S 235 JR G2</td><td rowspan="2">0,17</td><td>0,009</td></tr>
<tr><td>S 235 J2 G3</td><td>0,035</td><td>0,035</td><td>-</td></tr>
<tr><td>S 355 J2 G3</td><td>0,20</td><td>0,035</td><td>0,035</td><td>-</td><td>l. 22/q. 20</td><td>490 ... 630</td><td>355 / 345</td></tr>
</table>

Die Bezeichnung der Baustähle wird durch Euronorm DIN EN 10027 geregelt. DIN EN 10027, Anhang C, enthält eine Liste der neuen europäischen und der früheren nationalen Bezeichnungen vergleichbarer Stähle. Eine weitere Gegenüberstellung enthält Bauregelliste A, die auszugsweise in Tab. 2.2 wiedergegeben wird.

Tab. 2.2 **Bezeichnung warmgewalzter Erzeugnisse aus unlegierten Baustählen**

DIN EN 10025 (3.94) **DIN EN 10027 Teil 1** (9.92)	**EN 10027 Teil 2** (9.92)	**DIN 17100** (1.80)	**DIN EN 10025** (3.94) **Euronorm EN 25** (11.72)
S 235 JR	1.0037	St 37-2	Fe 360-B
S 235 JR G1	1.0036	USt 37-2	Fe 360 BFU
S 235 JR G2	1.0038	RSt 37-2	Fe 360 BFN
S 235 J2 G3	1.0116	St 37-3 N *)	Fe 360 D1
S 355 J2 G3	1.0570	St 52-3 N *)	Fe 510 D1

*) Der Zusatz "N" bei der Bezeichnung nach DIN 17100 bedeutet "normalgeglüht".

Im täglichen Sprachgebrauch halten sich noch die Bezeichnungen St 37 und St 52. Tab. 2.3 erläutert beispielhaft die *neuen* Norm-Bezeichnungen. Neu ist auch S 275.

Tab. 2.3 **Erläuterung zur Bezeichnung nach EN 10027 Teil 1 - Beispiel für S 235 JR G2 *)**

	S	235	J	R	G2
Zusatz- symbol möglich G = Guß	**Verwendung** S = Stahlbau P = Druckbehälter L = Rohrleitungen E = Maschinenbau B = Betonstähle Y = Spannstähle F = Feinstahl usw.	**Mindest- streckgrenze** für geringste Erzeugnisdicke [N/mm^2] Häufigste Werte: 235 = St 37 (275 = St 44) 355 = St 52	**Mindest– kerbschlag- arbeit** J = 27 Joule K = 40 Joule L = 60 Joule	**Prüftem- peratur** R = +20 °C 0 = 0 °C 2 = - 20 °C 3 = - 30 °C 4 = - 40 °C 5 = - 50 °C 6 = - 60 °C	**Desoxidationsart** G1 = unberuhigt G2 = unberuhigt nicht zulässig G3 = besonders beruhigt, normalgeglüht (bei Flacherzeugnissen normalisierend gewalzt) G4 = besonders beruhigt, Lieferzustand nach Wahl des Herstellers

*) Darstellung ähnlich einem von Dipl.-Ing. Steidl, Karlsruhe, vorgestellten Schema.

Wahl der Stahlgütegruppen bei S 235

Wahl der Stahlgütegruppen (d.h. der Desoxidationsart) für geschweißte Stahlbauten erfolgt nach DASt-Ri 009 (4.73) und Entwurf (9.98). Die Auswahl wird in Kombination verschiedener Einflüsse durchgeführt:

- Spannungszustand. Ausnutzung der Querschnitte, Auftreten räumlicher Spannungszustände, konzentrierte Lasteinleitungen, schroffe Querschnittsübergänge.
- Bedeutung des Bauteils: Folgewirkung bei Versagen.
- Temperaturbereich: ungünstiger Einfluß bei tiefen Temperaturen im Gebrauchsfall.
- Werkstoffdicke: ungünstiger Einfluß großer Dicken.
- Kaltverformung bei der Fertigung.

In der heutigen Stahlbaupraxis werden Walzerzeugnisse der Stahlsorte S 235 mit Dicken über 15 mm praktisch immer als S 235 JR G2 (RSt 37-2) geordert. Hier ist universelle Schweißbarkeit gegeben. S 235 J2 G3 (St 37-3) ist Sonderanforderungen (z.B. im Brückenbau) vorbehalten. S 355 J2 G3 (St 52-3) gibt die praktischen Mindestanforderungen für einen Stahl mit 355 N/mm^2 Mindeststreckgrenze.

Terrassenbruch. Stahl hat senkrecht zur Dickenrichtung schlechtere Festigkeits- und Verformbarkeitseigenschaften als in Richtung der Auswalzung. Bei Beanspruchung senkrecht zur Dickenrichtung, die z.B. in Stirnplatten biegesteifer Verbindungen auftritt, können terrassenförmige Aufbrüche entstehen.

DASt-Ri 014: Empfehlungen zur Vermeidung von Terrassenbrüchen. Es werden sowohl werkstoffbezogene als auch konstruktive Maßnahmen vorgeschlagen, um mit ausreichender Sicherheit Terrassenbrüche zu vermeiden.

Andere Baustähle

Feinkornbaustähle nach DIN EN 10113-2 (früher DIN 17102): StE 355 hat ähnliche Eigenschaften wie S 355. Er wird bisweilen bei großen Blechdicken gewählt, weil hier etwas andere (engere) Grenzwerte und Toleranzen als nach DIN EN 10025 (früher DIN 17100) festgelegt sind.

Die Verwendung hochfester Feinkornbaustähle StE 460 und StE 690 nach DASt-Ri 011 erfordert bei der Verarbeitung (Schweißen!) besondere Sorgfalt. Solche Stähle werden im Hochhausbau, z.B. bei gedrungenen, hochbelasteten Stützen, verwendet. Ihre Verwendung bedarf besonderer Zustimmung im Einzelfall.

Wetterfeste Baustähle nach DASt-Ri 007: S235 J2W (WTSt 37-3) und S355 J2G1W (WTSt 52) haben mechanische Eigenschaften wie S 235 bzw. S 355. Durch hohen Kupferanteil in der Schmelze bilden sich bei Korrosion Makromoleküle, die eine Schutzhaut für das Material ergeben. Der gewöhnliche Rostungsvorgang wird erheblich verlangsamt. Zum Ausgleich der Abrostung wird für unbeschichtete WT-Profile ein *Dickenzuschlag* zum statischen Querschnitt von ca. 1 mm verlangt. Bei häufig feuchter Oberfläche ist auf jeden Fall zusätzliche Beschichtung erforderlich.

2.3 Walzstahlerzeugnisse

Formstahl. Höhen oder Schenkellängen der Profile $h \geq 80$ mm.
Häufigste Profile (siehe dazu auch Tab. 2.4 und Bild 2.2):
I (INP), IPE, HEA, HEB, HEM, HEAA, U, L, Z, T, coup I.

Stabstahl. Profile U, L, Z, T mit $h < 80$ mm,
Rundstahl mit $d \geq 5$ mm (und Halb- und Flachrundstahl),
Vierkantstahl mit $h \geq 8$ mm,
Flachstahl mit $b = 10 \ldots 150$ mm und $t = 5 \ldots 60$ mm, Längen 6 ... 12 m,
Sechs- und Achtkantstahl mit $d \geq 10$ mm.

Breitflachstahl. Flachstahl mit $b = 150 \ldots 1250$ mm, $t = 4 \ldots 80$ mm, $L = 4 \ldots 12$ m.

Bleche. Grob- und Mittelbleche mit Dicke $t \geq 3$ mm.

Bleche sind (im Gegensatz zu Flachstahl) nach zwei Richtungen ausgewalzt und haben dadurch gleichmäßige Festigkeitseigenschaften in allen Richtungen ihrer Ebene. Sie eignen sich z.B. für Knotenbleche und Stegbleche geschweißter Träger, Behälterwandungen, u.a.

Rohre. Quadrat-, Rechteck-, Rund-Hohlprofile, nahtlos oder geschweißt, $t \geq 2$ mm.

Rohre eignen sich auf Grund günstiger Querschnittswerte in allen Richtungen besonders für Druckstäbe, z.B. in Fachwerken. Bezüglich der Querschnittsfläche minimierte Oberflächen ergeben geringe Angriffsflächen für Korrosion und entsprechend geringe Beschichtungsflächen.

Kaltprofile. Kalt ausgewalzte oder abgekantete Profile mit Dicken $t \geq 0{,}5$ mm.

Kaltprofile werden in großer Vielfalt hergestellt, z.B. als

- Trapezprofile für Dächer und Wände,
- U-, C-, Z- und andere Profile für Pfetten, Wandausfachungen, Regalbau.

Mindestwanddicke: Bemessung nach DIN 18800 setzt Bauteildicken $t \geq 1{,}5$ mm voraus. Für dünnwandige kaltgeformte Bauteile gilt DASt-Ri 016.

Tab. 2.4 **Verschiedene Walzprofile mit gleicher Nennhöhe im Vergleich**

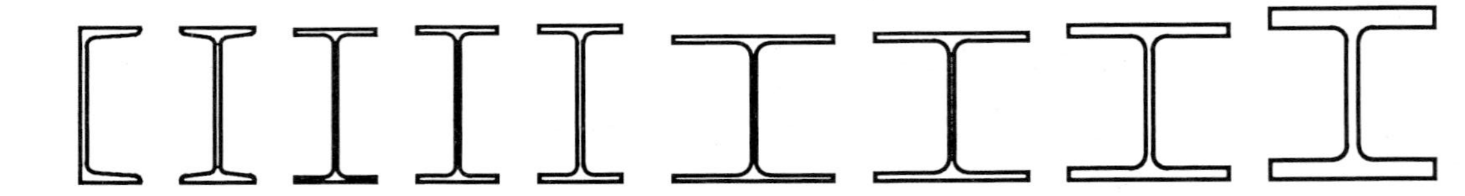

Profil		U 200	I 200	IPEa 200	IPE 200	IPEo 200	HEAA-200	HEA-200	HEB-200	HEM-200
h	mm	200	200	197	200	202	186	190	200	220
b	mm	75	90	100	100	102	200	200	200	206
s	mm	8,5	7,5	4,5	5,6	6,2	5,5	6,5	9	15
t	mm	11,5	11,3	7,2	8,5	9,5	8	10	15	25
r	mm	6	4,5	12	12	12	18	18	18	18
A	cm^2	32,2	33,4	23,5	28,5	32,0	44,1	53,8	78,1	131
g	kg/m	25,3	26,2	18,4	22,4	25,1	34,6	42,3	61,3	103
I_y	cm^4	1910	2140	1592	1940	2210	2944	3690	5700	10640
W_y	cm^3	191	214	162	194	219	317	389	570	967
I_z	cm^4	148	117	117	142	169	1068	1340	2000	3650
W_z	cm^3	27,0	26,0	23,4	28,5	33,1	107	134	200	354
I_T	cm^4	11,9	13,5	4,11	7,02	9,41	12,7	21,1	59,5	260
C_M	cm^6	9070	10520	10500	12990	15570	84500	108000	171100	346300
$N_{pl,k}$	kN	773	802	563	684	767	1059	1292	1874	3151
$V_{pl,z,k}$	kN	222	196	118	149	165	136	162	231	405
$M_{pl,y,k}$	kNm	57,2	59,7	43,6	53,0	59,9	83,3	103	154	272
$M_{pl,y}/M_{el,y}$		1,247	1,162	1,121	1,138	1,140	1,095	1,103	1,126	1,172

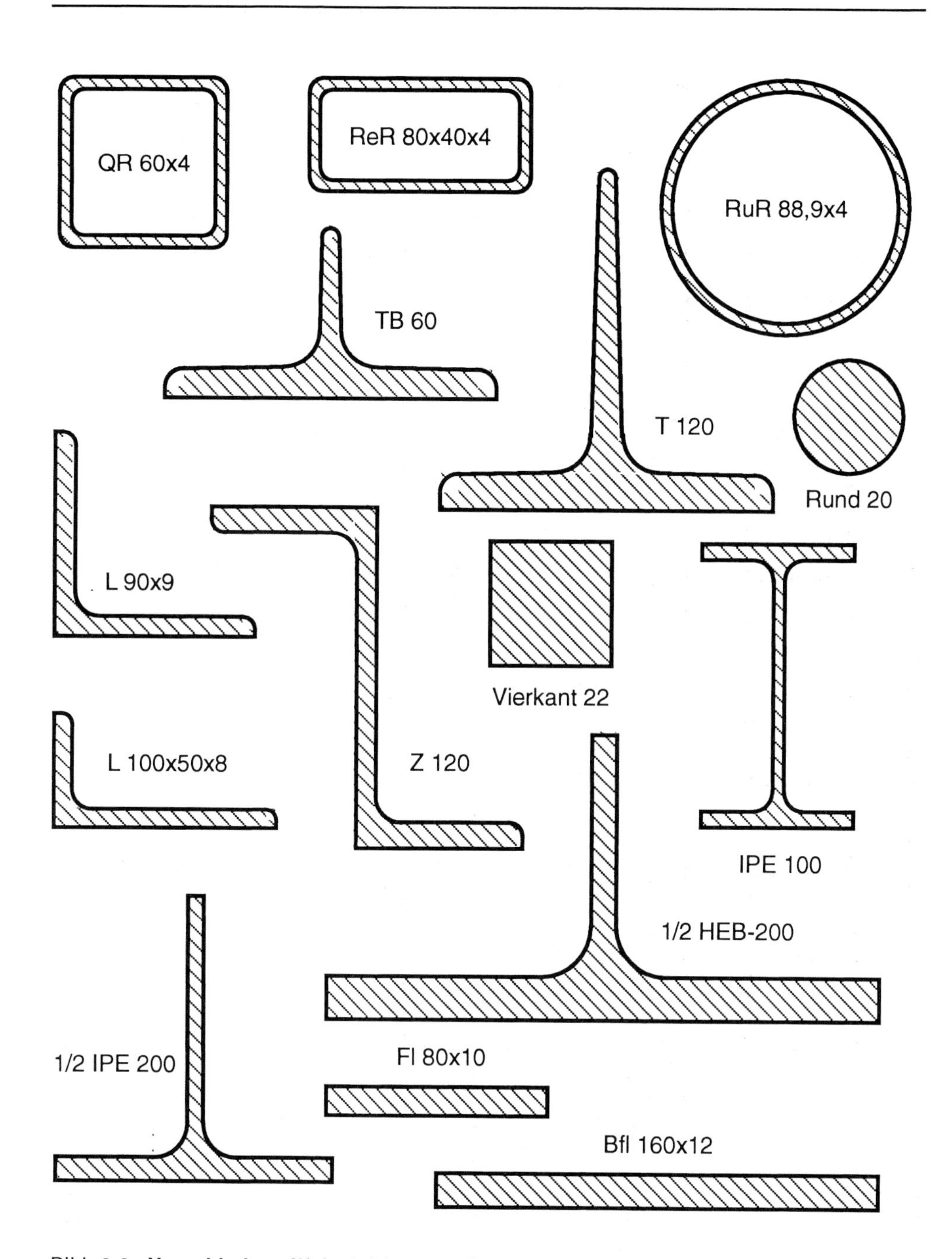

Bild 2.2 **Verschiedene Walzstahlerzeugnisse**
Die Bezeichnungen entsprechen nicht immer genau der Norm!

3 Zeichnungen

3.1 Unterschiedliche Pläne und Maßstäbe

Übersichtszeichnungen. Maßstäbe: 1:50 / 1:100 / 1:200 (auch: 1:75 / 1:150).

- Angebots- und Baueingabepläne,
- Übersichtspläne zur Konstruktion (Grundriß mit Stützenstellung und Wänden, Dach- und Decken-Draufsichten, Schnitte, Ansichten),
- Positionsplan zur Berechnung (Positionierung der Statischen Systeme),
- Positionsplan zur Fertigung und Montage (Positionierung der wesentlichen Fertigungs- und Versand-Einheiten, der sog. Montage-Hauptpositionen).

Werkstatt-, Konstruktions- oder Detailpläne. Maßstäbe: 1:5 / 1:10 / 1:15 / 1:20.

Pläne für die Werkstattfertigung mit Angabe aller Einzelteile, der Einzel- und Gesamtmaße und aller Verbindungsmittel. Positionierung und Vermaßung *aller* einzeln zu fertigenden Teile (z.B. Träger, Stirnplatten, Knotenbleche, Futter, ...).

Einzelheiten, besondere Details. Maßstäbe 1:1 / 1:2 / 1:5.

Größere Maßstäbe sind erforderlich bei besonders kleinen Profilen und Abmessungen und zur Darstellung schwer überschaubarer Einzelheiten.

Naturgrößen. Maßstab: 1:1.

Aufzeichnen in natürlicher Größe insbesondere für Knotenbleche und Stirnplatten bei schief zusammenlaufenden Anschlüssen. Das Konstruktionsteil wird mit allen vorgesehenen Bohrungen, Ausklinkungen, usw. auf dickes Papier, Pappe, o.ä. aufgezeichnet. Die Naturgrößen dienen in der Werkstatt als Schablonen zum direkten Anreißen der Umrisse und zum Vorkörnen der Bohrlöcher für die Konstruktionsteile. Mit Ausbreitung der CAD/CAM-Systeme verliert diese Kommunikationsart an Bedeutung.

Netzpläne. Maßstäbe 1:10 bis 1:50.

Aufzeichnen der Systemachsen und Vermaßung der Systemlängen, insbesondere für Fachwerke. - Die Konstruktionsdetails der einzelnen Knotenpunkte werden dann in größerem Maßstab herausgezogen.

Spezialpläne

- Pläne zur Verankerung der Stahlkonstruktion in Fundamenten, Decken, ...
- Verlegepläne für Dach- und Fassaden-Elemente (Trapezprofile für Dach, Wand und Decke, Sandwich-Elemente, Porenbetonplatten, ...).

3.2 Darstellung mit EDV, CAD, CAM

Seit etwa 1960 werden Statische Berechnungen EDV-unterstützt ausgeführt, mit stetig wachsenden Möglichkeiten bezüglich rechenbarer Systeme, Datenmengen und Berechnungsmethoden sowie steigendem Bedienungskomfort.

Seit etwa 1990 setzt sich in den Stahlbau bearbeitenden Betrieben und Ingenieurbüros die Zeichnungserstellung mit CAD (computer aided design) immer mehr durch. Zeichensysteme wurden zu 2D-Systemen mit stahlbauspezifischen Modulen ausgebaut und sind in 3D-Systemen in der Lage, alle räumlichen Verschneidungen zu erfassen. Bibliotheken enthalten alle gängigen Stahlbauprofile und deren typisierte Verbindungen untereinander. Einmal konstruierte Details lassen sich speichern und wieder abrufen. Konstruktionen lassen sich an beliebigen Stellen schneiden und aus unterschiedlichen Blickrichtungen darstellen.

Die Übergabe der Zeichnungen in die Fertigung mittels CAD/CAM-Systemen (computer aided manufacturing) bringt Zeit- und Kosteneinsparungen sowie Fehlerreduzierung. Stücklisten (maßhaltige Auflistung aller herzustellenden Einzelteile vor dem Zusammenbau) und Herstellungsanweisungen für automatische Säge-Bohr-Anlagen und automatische Brennschneid-Anlagen sollen ohne Zwischenschritte aus den CAD-erstellten Zeichnungen übertragen werden.

Bei all den technischen Fähigkeiten, die in den CAD/CAM-Systemen stecken, sind diese auch nur Arbeitsmittel, deren Intelligenz die des Programmierers nicht übersteigt. Einarbeitung und Umgang mit den Systemen verlangen oft erheblichen Zeitaufwand, je nach System und Bediener. CAD-Darstellungen sind häufig schwerer lesbar und prüfbar als konventionell am Brett erstellte Zeichnungen: die Strichstärken sind nicht oder ungenügend abgestuft, Schraubensymbole sind vereinfacht dargestellt, Einzelpositionen sind einer Hauptposition schlecht zugeordnet, Einzelmaßketten laufen nicht bis zum Summenmaß durch, Schnitte zeigen noch weit entfernte Ebenen auf und werden dadurch unübersichtlich, die Verträglichkeit einzelner Positionen untereinander wird nicht überprüft, u.a.m.

Zweifellos geht die Entwicklung zu immer perfekteren EDV-Werkzeugen hin. Heute rechnet niemand mehr ein mehrfach statisch unbestimmtes System "von Hand", und die Zukunft wird auch die letzten Zeichenbretter aus den Konstruktionssälen verschwinden lassen. Der Stahlbau-Ingenieur muß aber den Überblick über die automatisierten Berechnungen behalten und diese kontrollieren können, genauso wie der Konstrukteur die wesentlichen Merkmale der Konstruktion auf Grund der Berechnung selbst erarbeiten muß.

Ungeachtet dessen lassen sich ganze Konstruktionen, z.B. Hallen, typisieren und für die Ausführung in Nachweisen, Plänen, Bestelldaten und Arbeitsanweisungen auf die Eingabe der erforderlichen Eckdaten reduzieren. Örtliche Besonderheiten des Einzelauftrags lassen sich nachträglich in jeder Beziehung einpassen.

4 Bemessung von Stahlbauten

4.1 Allgemeine Angaben

Anwendungsbereich

Dieses Buch nimmt Bezug auf DIN 18800 Teil 1 und 2. Abkürzend bedeuten z.B.:

[1/301] DIN 18800 Teil 1, Element (301),
(2/28) DIN 18800 Teil 2, Formel (28),
{1/13} DIN 18800 Teil 1, Tabelle 13.

Elemente, Formeln und Tabellen aus der Norm DIN 18800 sind *hier* nicht immer in vollem Umfang oder wörtlich übernommen. Andererseits wurde der Text erläutert und erweitert.

DIN 18800 Teil 3 (Stabilitätsfälle, Plattenbeulen) und Teil 4 (Stabilitätsfälle, Schalenbeulen) werden in diesem Grundlagenband *nicht* behandelt.

[1/101] DIN 18800 ist anzuwenden für die Bemessung und Konstruktion von Stahlbauten.

In diesem Buch wird die Bemessung tragender Bauteile aus Stahl bei *vorwiegend ruhender Belastung* behandelt. Bei der Konstruktion wird in der Regel auf Bauwerke und Bauteile des *Stahlhochbaus* und des *Industriebaus* eingegangen. Sonderbauteile, wie z.B. Seile, werden nicht oder nur sehr knapp behandelt.

Anforderungen

[1/103] Stahlbauten müssen *standsicher* und *gebrauchstauglich* sein. Ausreichende räumliche Steifigkeit und Stabilität sind sicherzustellen.

Bautechnische Unterlagen

[1/201] Die bautechnischen Unterlagen müssen Angaben zu den maßgeblichen Nutzungsbedingungen der Konstruktion enthalten. Sie bestehen im wesentlichen aus den Teilen

- Baubeschreibung,
- Statische Berechnung,
- Zeichnungen.

Statische Berechnung

[1/204] In der Statischen Berechnung sind *Tragsicherheit* und *Gebrauchstauglichkeit* für alle Bauteile und Verbindungen nachzuweisen.

Wichtig: Anforderungen an die Statische Berechnung:

- Vollständigkeit,
- Übersichtlichkeit,
- Prüfbarkeit,

- Einheitlichkeit und Geschlossenheit,
- Eindeutigkeit bezüglich der Angaben für die Ausführungszeichnungen.

Die Statische Berechnung muß Angaben enthalten über

- Statische Systeme,
- Lastannahmen, Lastkombinationen,
- ungünstigste Beanspruchungen, Beanspruchbarkeiten, Werkstoffe,
- Querschnitte, Anschlüsse, Stöße, allgemeine Abmessungen,
- Lastangaben für abstützende Systeme und Fundamente,
- Formänderungen (soweit erforderlich).

Zeichnungen

[1/208] In den Zeichnungen sind alle für die Herstellung und Montage des Bauwerks und seiner Einzelteile erforderlichen Angaben *eindeutig, vollständig, übersichtlich* und *prüfbar* zusammenzustellen.

4.2 Elemente der Bemessung

Die Bemessung von Stahlkonstruktionen umfaßt den Nachweis übergeordneter Systeme und einzelner Bauteile sowie den Nachweis der Verbindungsmittel.

Übergeordnete Systeme

Übergeordnete Systeme bestehen aus mehreren Einzelbauteilen. Im Stahlhochbau sind die wichtigsten:

- Stabwerke und Rahmen bestehen aus mehreren, biegesteif und/oder gelenkig verbundenen Stäben,
- Fachwerke bestehen aus in den Knotenpunkten ideal gelenkig verbundenen geraden Stäben; es können nur Einzellasten in den Knotenpunkten angreifen.

Systeme können *eben* oder *räumlich* angeordnet und/oder belastet sein.

Stäbe

Stäbe sind Elemente, deren Querschnittsabmessungen klein sind gegen die Stablänge. Die Stabachse kann gerade oder gekrümmt sein.

Die meisten Hauptkonstruktionsteile im Stahlhochbau sind statisch gesehen *eindimensionale* Elemente. Stäbe können aus übergeordneten Systemen herausgelöste Einzelteile sein. Je nach deren Beanspruchung lassen sich unterscheiden:

- normalkraftbeanspruchte Stäbe (Zugstäbe und Druckstäbe),
- biege- und schubbeanspruchte Stäbe (ein- oder zweiachsige Biegung),
- Stäbe, die kombiniert auf Normalkraft, Biegung, Querkraft und evtl. Torsion beansprucht sind.

Verbindungsmittel

Niete waren bis in die Fünfzigerjahre das hauptsächliche Verbindungsmittel im Stahlbau. Heiß geschlagene Niete (ca. 900 °C) sind punktförmige Verbindungsmittel mit gutem Paßsitz. Niete sollen vorzugsweise senkrecht zur Nietachse (auf Abscheren und Lochleibung) beansprucht werden. - Die umständliche Verarbeitung, die mit Lärm und Gefahren besonders auf den Baustellen verbunden ist, hat heute zum vollständigen Verzicht auf dieses Verbindungsmittel geführt.

Schrauben sind gleichfalls punktförmige, im Gegensatz zu den Nieten lösbare Verbindungsmittel mit großer Vielfalt der Anwendungsmöglichkeiten. Schrauben lassen sich gleichermaßen senkrecht wie parallel zur Schraubenachse beanspruchen. Vorgespannte Schrauben lassen auch flächenartige Kraftübertragung durch Reibschluß zu.

Schweißverbindungen sind meist linienförmige Verbindungen. Schweißnähte können längs und quer auf Schub sowie auf Normalspannung beansprucht werden. Sie lassen sich durch Variation der Form, Dicke und Länge der Naht den Erfordernissen meist optimal anpassen.

Wichtig: Im Stahlhochbau gilt heute der Grundsatz: in der Werkstatt wird geschweißt, auf der Baustelle wird geschraubt. Ausnahmen sind möglich.

Lager und Gelenke dienen zur planmäßigen Lastabtragung und Beweglichkeit von Bauteilen untereinander sowie andererseits zum Ausschalten von Schnittgrößen und Verformungen. Sie können mit stahlbaumäßigen Mitteln konstruiert sein (z.B. Bolzen als Gelenke oder Einspannungen mit Ankerplatten) oder als Sonderkonstruktionen ausgeführt werden (z.B. Gummilager).

Sonderverbindungsmittel sind z.B. Setzbolzen, Schließringbolzen, selbstschneidende oder gewindefurchende Schrauben, Blindniete.

Soweit es sich bei den Verbindungsmitteln nicht um Elemente handelt, die in den Stahlbaunormen genormt sind, bedürfen sie anderer normativer Grundlagen, bauaufsichtlicher Zulassungen oder der Zustimmung im Einzelfall.

4.3 Begriffe und Formelzeichen in DIN 18800

Die Norm DIN 18800 Teil 1 bis 4 (11.90) unterscheidet sich in Aufbau, Darstellung, Inhalt und Sicherheitskonzept grundsätzlich von früheren Stahlbaunormen. Die Bezeichnungen weichen erheblich von alten Festlegungen und Gepflogenheiten ab. Symbole und Formelzeichen entsprechen weitgehend internationaler Normung.

Wesentlichste Neuerung ist die Abkehr vom Nachweis zulässiger Spannungen zugunsten der Gegenüberstellung von Beanspruchungen und Beanspruchbarkeiten.

DIN 18800 ist in jedem Teil gegliedert in Kapitel und Elemente. Elemente sind Abschnitte mit eigener Überschrift. Elemente, wie auch Formeln und Tabellen, sind fortlaufend durchnumeriert.

Koordinaten, Schnittgrößen, Spannungen, Verformungen [1/311]

x	Stabachse
y, z	Hauptachsen d. Querschnitts, i.a. so gewählt, daß $I_y \geq I_z$
N	Normalkraft, gewöhnlich als Zug positiv, bei Stabilitätsprobl. nach T. 2 jedoch als Druck positiv!
M_y / M_z	Biegemomente
M_x	Torsionsmoment
V_y / V_z	Querkräfte (!) (früher Q_y / Q_z)
$\sigma_x = \sigma$	Normalspannung
$\tau_{xz} = \tau_{zx} = \tau$	Schubspannung
u, v, w	Verschiebungen nach x, y, z
ϑ	Verdrehung der Stabachse

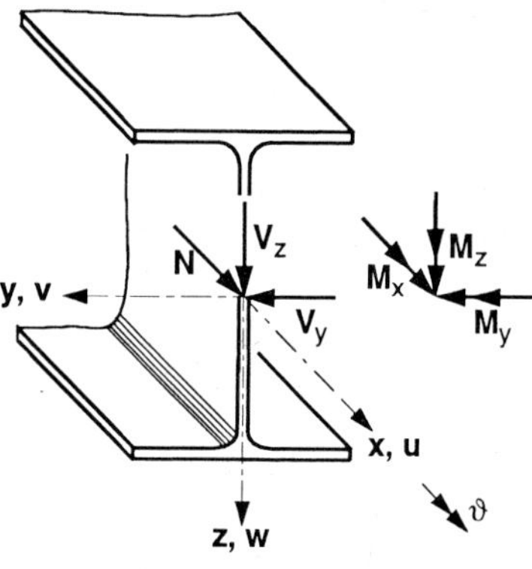

Bild 4.1 **Koordinaten, Schnittgrößen, Verformungen**

Physikalische Kenngrößen, Festigkeiten [1/312]

E, G	E-Modul, Schubmodul
EI_y / EI_z	Biegesteifigkeit
f_y	Streckgrenze (y = yield = fließen)
f_u	Zugfestigkeit (u = ultimate = grenz...)

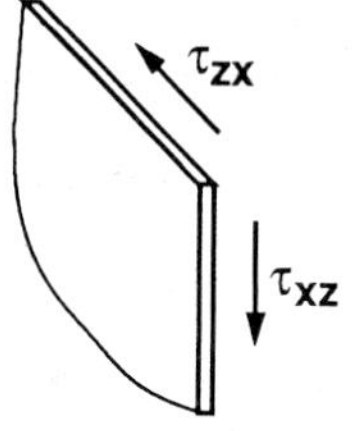

Bild 4.2 **Schubspannungen im Trägersteg**

Querschnittsgrößen [1/313]

W, W_{el} ($W_{el,y}$ / $W_{el,z}$)	elastisches Widerstandsmoment
M_{el} ($M_{el,y}$ / $M_{el,z}$)	elastisches Grenzmoment
M_{pl} ($M_{pl,y}$ / $M_{pl,z}$)	Biegemoment im vollplastischen Zustand
$\alpha = M_{pl}/M_{el}$	plastischer Formbeiwert
N_{pl}	Normalkraft im vollplastischen Zustand
V_{pl} ($V_{pl,z}$ / $V_{pl,y}$)	Querkraft im vollplastischen Zustand

Systemgrößen [1/314]

l	Stablänge
N_{Ki}	Knicklast (als Druckkraft positiv!)
s_K	Knicklänge eines Stabes

Einwirkungen, Widerstandsgrößen, Sicherheitselemente [1/315]

F	Einwirkung (allgemeines Formelzeichen, F = force = Kraft)
G / Q / F_A	ständige/veränderliche/außergewöhnliche Einwirkung
M	Widerstandsgröße (allgem. Formelzeichen, M = material)

γ_F	Teilsicherheitsbeiwert für Einwirkungen
γ_M	Teilsicherheitsbeiwert für Widerstandsgrößen
ψ	Kombinationswert für Einwirkungen
S_d	Beanspruchung (S = stress = Beanspruchung / d = design = Entwurf)
R_d	Beanspruchbarkeit (R = resistance = Widerstand)

Andere Nebenzeichen [1/316]

k	charakteristischer Wert (z.B. $f_{y,k}$ = festgelegter Wert für die Streckgrenze)
w	Schweißen (weld)
b	Schrauben (bolt), auch für Bolzen verwendet

4.4 Erforderliche Nachweise

[1/701] Die Trag- und Lagesicherheit sowie die Gebrauchstauglichkeit für das Tragwerk, seine Teile und Verbindungen sowie seine Lager sind nachzuweisen.

Tragsicherheitsnachweis = Standsicherheitsnachweis (Nachweis gegen Versagen, Einsturz)
Lagesicherheitsnachweis = Nachweis gegen Abheben von Lagern, Verschieben, ...
Gebrauchstauglichkeitsnachweis = Formänderungsnachweis, Schwingungsnachweis, ...

[1/702] Nachzuweisen ist:

Beanspruchungen $S_d \leq$ Beanspruchbarkeiten R_d

$$S_d \leq R_d \qquad \text{oder} \qquad S_d/R_d \leq 1 \qquad (1/10)$$

Die *Beanspruchungen* S_d sind mit den *Bemessungswerten der Einwirkungen* F_d (und ggf. den Bemessungswerten der Widerstandsgrößen M_d) zu bestimmen. Die *Beanspruchbarkeiten* R_d sind mit den *Bemessungswerten der Widerstandsgrößen* M_d zu bestimmen.

[1/703] Die *Tragsicherheit* ist für einen oder mehrere der folgenden, vom gewählten *Nachweisverfahren* abhängigen Grenzzustände nachzuweisen:

- Beginn des Fließens (= Plastizieren),
- Durchplastizieren eines Querschnitts,
- Ausbilden einer Fließgelenkkette,
- Bruch.

Ob Grenzzustände wie Biegeknicken, Biegedrillknicken, Platten- oder Schalenbeulen oder Ermüden maßgebend sein können, ergibt sich aus [1/739-741] und {1/12-14}.

Nachweisverfahren siehe [1/726] bzw. Abschnitt 4.7.

[1/704] Grenzzustände für den Nachweis der *Gebrauchstauglichkeit* sind, soweit sie nicht in anderen Grundnormen oder Fachnormen geregelt sind, zu vereinbaren.

[1/705] Wenn mit dem Verlust der Gebrauchstauglichkeit eine Gefährdung für Leib und Leben verbunden ist, gelten für den Nachweis der Gebrauchstauglichkeit die Regeln für den Nachweis der Tragsicherheit.

4.5 Berechnung der Beanspruchungen aus den Einwirkungen

[1/706] Die *Einwirkungen* F sind nach ihrer zeitlichen Veränderlichkeit einzuteilen in

- ständige Einwirkungen G,
- ständige Einwirkungen P infolge Vorspannung,
- veränderliche Einwirkungen Q,
- außergewöhnliche Einwirkungen F_A.

Wahrscheinliche Baugrundbewegungen = ständige Einwirkungen.

Vorspannung spielt für die Tragsicherheit bei vorwiegend ruhender Beanspruchung nur beim Verfahren E-E eine Rolle, kann aber für die Gebrauchstauglichkeit (Durchbiegungen!) von Bedeutung sein. Die Behandlung der Vorspannung wird *hier* nicht weiter verfolgt.

Temperaturänderungen = veränderliche Einwirkungen (in der Regel!).

Außergewöhnliche Einwirkungen sind z.B. Lasten aus Anprall von Fahrzeugen.

[1/707] Die *Bemessungswerte* F_d der Einwirkungen sind die mit einem Teilsicherheitsbeiwert γ_F und gegebenenfalls mit einem Kombinationswert ψ vervielfachten charakteristischen Werte F_k der Einwirkungen:

$$F_d = \gamma_F \cdot \psi \cdot F_k \qquad (1/11)$$

Als *charakteristische Werte* F_k der Einwirkungen F gelten die Werte der einschlägigen Normen über Lastannahmen (z.B. DIN 1055 für Hochbauten).

Dynamische Erhöhungen der Beanspruchungen sind zu berücksichtigen (z.B. bei Kranbahnen). Hier kann sich Vorspannung gezielt günstig auswirken.

Grundkombinationen

[1/710] Für den Nachweis der Tragsicherheit sind *Einwirkungskombinationen* zu bilden aus

- den ständigen Einwirkungen G und *allen* ungünstig wirkenden veränderlichen Einwirkungen Q_i und
- den ständigen Einwirkungen G und jeweils *einer* der ungünstig wirkenden veränderlichen Einwirkungen Q_i.

Für die Bemessungswerte der *ständigen* Einwirkungen G gilt

$$G_d = \gamma_F \cdot G_k \qquad \text{mit} \qquad \gamma_F = 1{,}35 \qquad (1/12)$$

Für die Bemessungswerte der *veränderlichen* Einwirkungen Q gilt bei Berücksichtigung *aller* ungünstig wirkenden veränderlichen Einwirkungen Q_i

$$Q_{i,d} = \gamma_F \cdot \psi_i \cdot Q_{i,k} \qquad \text{mit} \qquad \gamma_F = 1{,}50 \qquad \text{und} \qquad \psi_i = 0{,}9 \qquad (1/13)$$

und bei Berücksichtigung nur jeweils *einer* ungünstig wirkenden veränderlichen Einwirkung Q_i

$$Q_{i,d} = \gamma_F \cdot Q_{i,k} \qquad \text{mit} \qquad \gamma_F = 1{,}50 \qquad (1/14)$$

Die Definitionen der Einwirkungen Q_i sind den Fachnormen zu entnehmen.

Einwirkungen Q_i können aus mehreren Einzeleinwirkungen bestehen; z.B. sind in der Regel *alle* vertikalen Verkehrslasten nach DIN 1055 Teil 3 *eine* Einwirkung Q_i (gilt auch für feldweise Belastung bei Durchlaufträgern!).

Auch die Lastkombinationen (s + w/2) und (s/2 + w) gelten jeweils als *eine* Einwirkung Q_i. Werden diese beiden Lastkombinationen (in Verbindung mit ständiger Last) nachgewiesen, so dürfen (nach DIN 1055 bzw. Anpassungsrichtlinie) die Nachweise für s, w und (s+w), jeweils zusammen mit ständiger Last, entfallen.

s + w *zusammen* gelten natürlich als *mehrere* Einwirkungen Q_i.

[1/711] Wenn ständige Einwirkungen Beanspruchungen aus veränderlichen Einwirkungen *verringern*, gilt für den Bemessungswert der ständigen Einwirkung

$$G_d = \gamma_F \cdot G_k \qquad \text{mit} \qquad \gamma_F = 1{,}0 \tag{1/15}$$

Diese Regel gilt z.B. für den Nachweis von Dächern bei Windsog oder Unterwind.

Falls die Einwirkung Erddruck die vorhandenen Beanspruchungen *verringert*, ist

$$F_{E,d} = \gamma_F \cdot F_{E,k} \qquad \text{mit} \qquad \gamma_F = 0{,}6 \tag{1/16}$$

Für Einwirkungen aus wahrscheinlichen Baugrundbewegungen, die Beanspruchungen *verringern*, gilt $\gamma_F = 0$.

Bei dieser Bedingung sind nicht einzelne ständige Einwirkungen zu betrachten, sondern alle zu einer Ursache gehörenden ständigen Einwirkungen.

[1/714] Die Beanspruchungen S_d für *außergewöhnliche* Kombinationen sind mit den *Bemessungslasten* F_d der Einwirkungen zu berechnen. Dabei gilt

- für ständige Einwirkungen G und veränderliche Einwirkungen Q in den Gleichungen (1/12) und (1/13)
  $\gamma_F = 1{,}0$ und
- für die außergewöhnliche Einwirkung F_A

$$F_{A,d} = \gamma_F \cdot F_{A,k} \qquad \text{mit} \qquad \gamma_F = 1{,}0 \tag{1/17}$$

[1/715] Teilsicherheitsbeiwerte, Kombinationsbeiwerte und Einwirkungskombinationen für den Nachweis der *Gebrauchstauglichkeit* sind, soweit sie nicht in anderen Grundnormen oder Fachnormen geregelt sind, zu vereinbaren.

Der Nachweis der Gebrauchstauglichkeit ist meist der Nachweis von Verformungen. Die Teilsicherheitsbeiwerte und Kombinationsbeiwerte sind dabei in der Regel 1,0, d.h. es wird mit den *Gebrauchslasten* gerechnet. Auch auf der Widerstandsseite ist $\gamma_M = 1{,}0$.

Evtl. muß das plastische Verhalten der Konstruktion berücksichtigt werden, wenn die Konstruktion nach dem Verfahren P-P gemäß {1/11} bemessen worden ist. In der Regel bleiben jedoch auch bei Konstruktionen, die nach dem Verfahren P-P bemessen worden sind, die Spannungen aus den Gebrauchlasten im elastischen Bereich!

Wenn der Verlust der Gebrauchstauglichkeit mit einer *Gefährdung für Leib und Leben* verbunden ist, sind auch bei diesem Nachweis die Beanspruchungen nach [1/710] bis [1/714] zu berechnen; auf der Widerstandsseite ist dann $\gamma_M = 1{,}1$ zu setzen (siehe Abschn. 4.6).

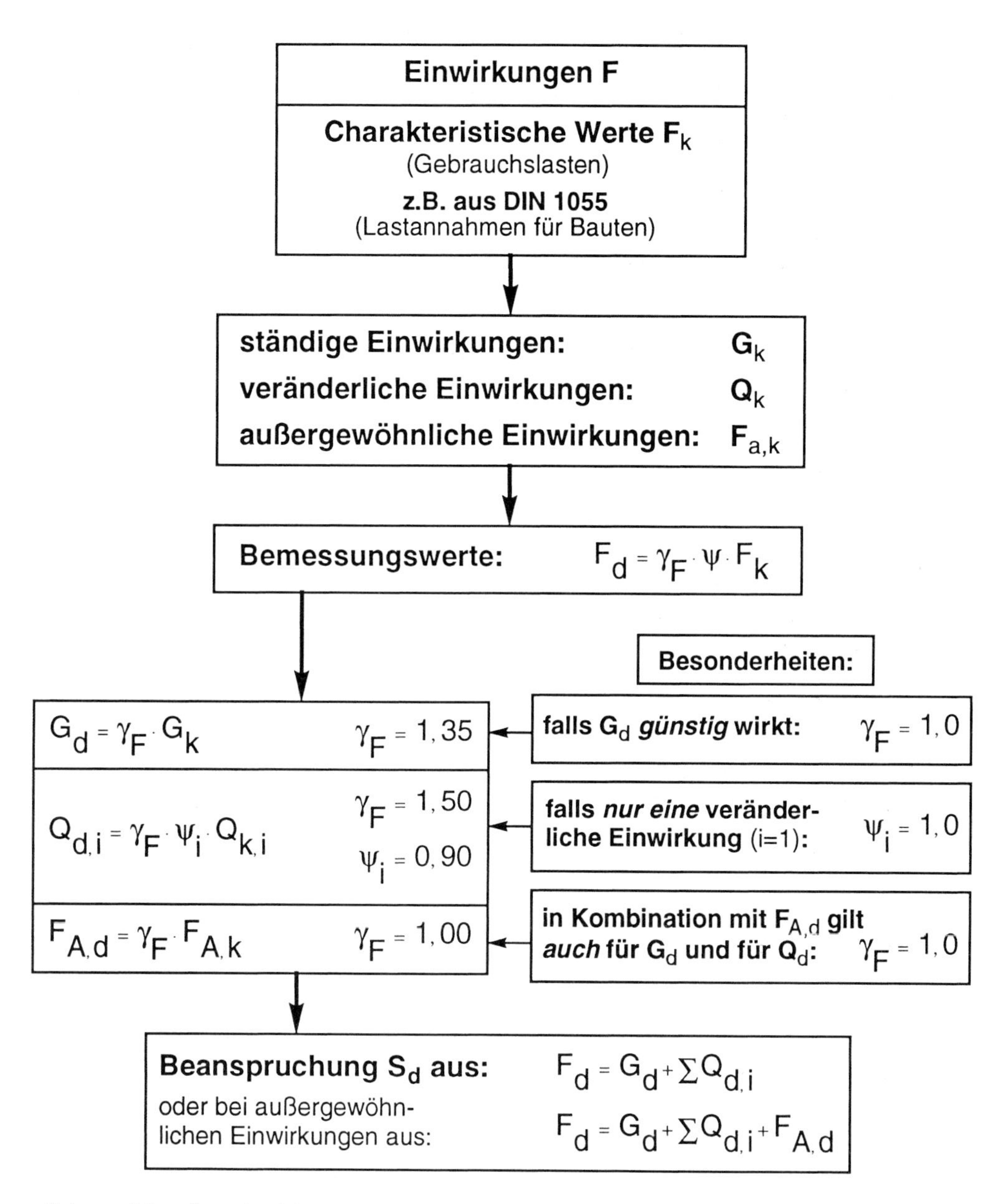

Schema 4.1: **Lasteinwirkungen und Beanspruchungen**
Sonderfälle (z.B. Erddruck, Vorspannung) sind hier nicht erfaßt

Schema 4.1 zeigt den Rechengang von den Einwirkungen zu den Beanspruchungen. Unterschiedliche Kombinationen der veränderlichen und außergewöhnlichen Einwirkungen führen zu mehreren Grundkombinationen. Jedem Nachweis ist die jeweils ungünstigste Grundkombination zugrunde zu legen.

4.6 Berechnung der Beanspruchbarkeiten aus den Widerstandsgrößen

[1/717] Die Bemessungswerte M_d der *Widerstandsgrößen* sind im allgemeinen aus den charakteristischen Größen M_k der Widerstandsgrößen durch Dividieren durch den Teilsicherheitsbeiwert γ_M zu berechnen.

$$M_d = M_k/\gamma_M \tag{1/18}$$

[1/718] Charakteristische Werte der Festigkeiten $f_{y,k}$ und $f_{u,k}$ können {1/1-4} entnommen werden.

[1/719] Die charakteristischen Werte der Steifigkeiten sind aus den Nennwerten der Querschnittswerte und den charakteristischen Werten für den E-Modul und den Schubmodul zu berechnen.

[1/720] Für die Bemessungswerte der Festigkeiten und Steifigkeiten beim Tragsicherheitsnachweis ist in der Regel der

Teilsicherheitsbeiwert $\gamma_M = 1{,}1$ (1/19), (1/20)

Wichtig: Der Nachweis mit den γ_M-fachen Bemessungswerten der Einwirkungen und den charakteristischen Werten der Widerstandsgrößen führt zum gleichen Ergebnis wie der Nachweis mit den Bemessungswerten der Einwirkungen und der Widerstandsgrößen. Beim Nachweis mit γ_M-fachen Bemessungswerten können insbesondere auf der Widerstandsseite die früher allgemein üblichen Tabellenwerte für Querschnittswerte verwendet werden! Inzwischen sind jedoch die meisten Tabellenwerke auf Bemessungsgrößen umgestellt.

Tab. 4.1 **Charakteristische Werte für Walzstahl und Stahlguß** nach {1/1} (Auszug)

Stahl nach **DIN EN 10025 (3.94)** (bzw. DIN 17100 (1.80))	**Erzeugnisdicke t**	**Streckgrenze $f_{y,k}$**	**Zugfestigkeit $f_{u,k}$**
	mm	N/mm²	N/mm²
S 235 (St 37)	$t \leq 40$ $40 < t \leq 80$ *)	240 215	360
S 275	$t \leq 40$ $40 < t \leq 80$ *)	275 255	410
S 355 (St 52-3)	$t \leq 40$ $40 < t \leq 80$ *)	360 355	510
GS 20 / GS 45 / GS 52	$t \leq 100$	200 / 230 / 260	380 / 450 / 520
*) Für Erzeugnisdicken $t > 80$ mm dürfen bei diesen Stählen als charakteristische Werte für $f_{y,k}$ bzw. $f_{u,k}$ die unteren Grenzwerte der Streckgrenzen bzw. der Zugfestigkeiten aus den jeweiligen Technischen Lieferbedingungen verwendet werden.			
für alle aufgeführten Stähle	Elastizitätsmodul $E = 210000$ N/mm²	Schubmodul $G = 81000$ N/mm²	Temperatur-Dehnzahl $\alpha_T = 12 \cdot 10^{-6}$ /K

Tab. 4.2 **Charakteristische Werte für Schraubenwerkstoffe** nach {1/2}

Festigkeitsklasse	4.6	5.6	8.8	10.9
Streckgrenze $f_{y,b,k}$ [N/mm²]	240	300	640	900
Zugfestigkeit $f_{u,b,k}$ [N/mm²]	400	500	800	1000

DIN 18800 enthält in {1/3+4} weitere Angaben zu charakteristischen Werten für Nietwerkstoffe und für Werkstoffe von Kopf- und Gewindebolzen.

[1/722] Beim Nachweis der *Gebrauchstauglichkeit* ist im allgemeinen der

Teilsicherheitsbeiwert $\gamma_M = 1{,}0$ (1/22)

[1/724] Die Beanspruchbarkeiten R_d sind aus den Bemessungswerten der Widerstandsgrößen M_d zu bestimmen. - Den Weg hierfür zeigt Schema 4.2.

Widerstandsgrößen M:
Festigkeiten und Steifigkeiten

↓

Charakteristische Werte M_k: Materialwerte, z.B.

für Festigkeiten: $f_{y,k}$ (Streckgrenze), $f_{u,k}$ (Zugfestigkeit) — aus DIN 18800 Teil1, Tab. 1 bis 4

für Querschnittswerte: $M_{pl,k}$ (plast. Moment), $V_{pl,k}$, usw. — aus Tabellenwerken *)

für Steifigkeiten: **EI** (Biegesteifigkeit), GI_T (Schubsteifigkeit), usw.

↓

Bemessungswerte M_d: char. Werte durch γ_M dividieren (i.a. $\gamma_M = 1{,}1$), z.B.

für Festigkeiten: $f_{y,d} = f_{y,k}/\gamma_M$ oder $f_{u,d} = f_{u,k}/\gamma_M$

für Querschnittswerte: $M_{pl,d} = M_{pl,k}/\gamma_M$ oder $V_{pl,d} = V_{pl,k}/\gamma_M$, usw. *)

für Steifigkeiten: $EI_d = EI/\gamma_M$ (Biegesteifigkeit), $GI_{T,d} = GI_T/\gamma_M$ (Schubsteifigkeit)

↓

*) die meisten Tabellenwerke geben hierfür heute die Bemessungswerte wieder

Beanspruchbarkeit R_d, z.B.

für Spannungen: $\sigma_{R,d} = f_{y,d}$ (oder $\sigma_{R,d} = f_{u,d}$) je nach Nachweisart

für Querschnittswerte: $M_{pl,d} = \sigma_{R,d} \cdot \alpha_{pl} \cdot W_{el}$ $V_{pl,d} = (\sigma_{R,d}/\sqrt{3}) \cdot A_{Steg}$

Schema 4.2: **Widerstandsgrößen und Beanspruchbarkeiten**

4.7 Verfahren beim Tragsicherheitsnachweis

4.7.1 Einteilung der Verfahren

[1/726] Die Nachweise sind nach einem der drei in {1/11} genannten Verfahren zu führen.

Tab. 4.3 **Nachweisverfahren, Bezeichnungen**, nach {1/11}

	Kurzform	Nachweisverfahren	Berechnung der Beanspruchungen S_d	Berechnung der Beanspruchbarkeiten R_d
1	**E-E**	Elastisch-Elastisch	Elastisch	Elastisch
2	**E-P**	Elastisch-Plastisch	Elastisch	Plastisch
3	**P-P**	Plastisch-Plastisch	Plastisch	Plastisch

Üblicherweise werden die Nachweise bei den einzelnen Verfahren geführt:

E-E mit Spannungen,
E-P mit Schnittgrößen,
P-P mit Einwirkungen oder Schnittgrößen.

[1/727] Beim Nachweis sind grundsätzlich zu berücksichtigen:

[1/728] Tragwerksverformungen,
[1/729-732] geometrische Imperfektionen,
[1/733] Schlupf in Verbindungen,
[1/734] planmäßige Außermittigkeiten.

4.7.2 Verfahren Elastisch-Elastisch (E-E)

[1/745] Beanspruchungen und Beanspruchbarkeiten sind nach der Elastizitätstheorie zu berechnen. Es ist nachzuweisen, daß

- das System im stabilen Gleichgewicht ist und
- in allen Querschnitten die nach [1/701 ff.] berechneten Beanspruchungen höchstens den Bemessungswert $f_{y,d}$ der Streckgrenze erreichen und
- in allen Querschnitten die Grenzwerte *grenz* (b/t) nach {1/12-14} eingehalten sind *oder* ausreichende Beulsicherheit nach DIN 18800 Teil 3 nachgewiesen wird.

Beim Verfahren E-E wird auf den Grenzzustand des Fließbeginns nachgewiesen. Plastische Querschnitts- und Systemreserven werden nicht berücksichtigt.

Eine bedingte Berücksichtigung der plastischen Reserven wird jedoch durch [1/749] "Örtlich begrenzte Plastizierung" und die erweiterte Anwendung auf Grund der Änderung A1 zur DIN 18800 Teil 1 erlaubt, siehe Folgeseiten!

Grenzspannungen [1/746]

Grenznormalspannung $\sigma_{R,d} = f_{y,d} = f_{y,k}/\gamma_M$ (1/31)

Grenzschubspannung $\tau_{R,d} = f_{y,d}/\sqrt{3}$ (1/32)

Nachweise [1/747]

für Normalspannungen $\sigma/\sigma_{R,d} \le 1$ (1/33)

für Schubspannungen $\tau/\tau_{R,d} \le 1$ (1/34)

bei gleichzeitiger Wirkung mehrerer Spannungen
für die Vergleichsspannung $\sigma_v/\sigma_{R,d} \le 1$ (1/35)

$$\sigma_v = \sqrt{\sigma_x^2 + \sigma_y^2 + \sigma_z^2 - \sigma_x \cdot \sigma_y - \sigma_y \cdot \sigma_z - \sigma_z \cdot \sigma_x + 3 \cdot \tau_{xy}^2 + 3 \cdot \tau_{yz}^2 + 3 \cdot \tau_{zx}^2} \quad (1/36)$$

Bei einachsiger Biegung ist $\sigma_v = \sqrt{\sigma^2 + 3 \cdot \tau^2}$ (1/36a)

Bedingung (1/35) wird für die alleinige Wirkung von σ_x und τ (oder von σ_y und τ, usw.) zu (1/36a) und gilt als erfüllt, wenn $\sigma/\sigma_{R,d} \le 0{,}5$ *oder* $\tau/\tau_{R,d} \le 0{,}5$ ist.

Örtlich begrenzte Plastizierung

[1/749] In kleinen Bereichen darf die Vergleichsspannung σ_v die Grenzspannung $\sigma_{R,d}$ um 10% überschreiten. Ein kleiner Bereich kann unterstellt werden, wenn gleichzeitig (1/37a) und (1/37b) erfüllt sind:

$$\left|\frac{N}{A} + \frac{M_y}{I_y} \cdot z\right| \le 0{,}8 \cdot \sigma_{R,d} \quad \text{und} \quad \left|\frac{N}{A} + \frac{M_z}{I_z} \cdot y\right| \le 0{,}8 \cdot \sigma_{R,d} \quad (1/37a+b)$$

Anmerkung: Siehe auch im folgenden "Nachweis der Tragsicherheit in einfachen Fällen", wonach auch andere Voraussetzungen die Erhöhung der Grenzspannungen um 10 % erlauben, ohne daß (1/37a+b) eingehalten sein muß.

[1/750] Für Stäbe mit doppeltsymmetrischem I-Querschnitt, welche die (b/t)-Werte aus {1/15} (also für E-P!) einhalten, *darf* auch nachgewiesen werden, daß

$$\sigma_x = \left|\frac{N}{A} \pm \frac{M_y}{\alpha_{pl,y}^* \cdot W_y} \pm \frac{M_z}{\alpha_{pl,z}^* \cdot W_z}\right| \le f_{y,d} = \frac{f_{y,k}}{\gamma_M} \quad (1/38)$$

Für α_{pl}^* ist der jeweilige Formbeiwert einzusetzen, *jedoch nicht mehr* als 1,25.

In (1/38) *darf* für I-Walzprofile $\alpha_{pl,y}^* = 1{,}14$ und $\alpha_{pl,z}^* = 1{,}25$ gesetzt werden.

Anmerkung: Gleichzeitig mit den Biegemomenten M_y und M_z treten meistens auch Querkräfte V_z und V_y auf. Damit ergeben sich außer den Normalspannungen σ_x auch Schubspannungen τ_{xy} und τ_{zx}. Es ist ggf. zu untersuchen, ob die Vergleichsspannung σ_v den Wert $\sigma_{R,d}$ bzw. 1, 1 $\sigma_{R,d}$ nicht überschreitet.

Bei Doppelbiegung und Normalkraft ist oft der plastische Nachweis zweckmäßiger!

Vereinfachung für Schubspannung in Stegen

[1/752] Die Schubspannung berechnet sich gewöhnlich aus

$$max\ \tau_{xz} = \frac{V_z \cdot maxS_y}{I_y \cdot s}$$

Wenn für Stäbe mit I-Querschnitt der Größtwert der Schubspannung nicht mehr als 10 % über dem Mittelwert liegt, *darf* vereinfachend gerechnet werden

$$\tau = \frac{V_z}{A_{Steg}} \qquad (1/39)$$

Bei I-Walzprofilen und geschweißten Trägern mit ähnlichen Querschnittsverhältnissen ist A_{Steg} gleich dem Produkt aus Stegdicke s und mittlerem Abstand der Flanschen (h - t).

Die genannten 10 % sind bei doppeltsymmetrischem Querschnitt eingehalten, wenn

$$A_{Gurt}/A_{Steg} \geq 0{,}6$$

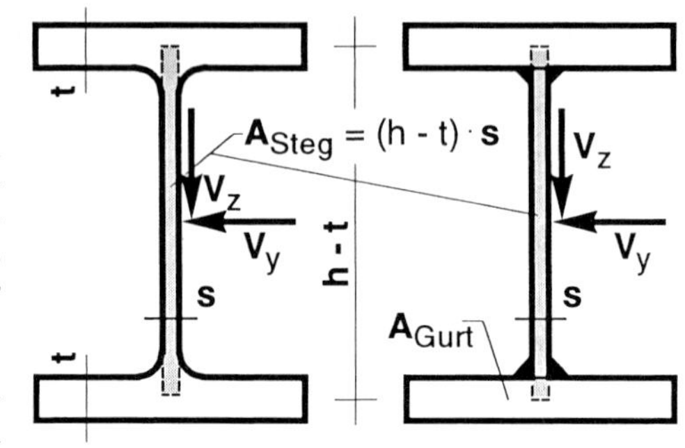

Bild 4.3 **Stegflächen bei Walzprofilen und bei geschweißten Trägern**

Bei Walzprofilen I, IPE, HEA, HEB ist die Voraussetzung immer eingehalten; lediglich das Profil HEA-1000 zeigt den Verhältniswert 0,59. Die Profile HEAA-800 bis HEAA-1000 erfüllen die Voraussetzung nicht.

Infolge einer Querkraft V_y wird bei doppeltsymmetrischen I-Trägern mit den Flansch- bzw. Gurtflächen A_{Gurt}

$$max\ \tau_{xy} = \frac{3}{2} \cdot \frac{V_y}{2 \cdot A_{Gurt}}$$

Nachweis der Tragsicherheit in einfachen Fällen

Änderung A1 zur DIN 18800 Teil 1 (2.96) enthält als Anhang B die Ergänzung: Falls

- die Tragsicherheit nach dem Verfahren E-E nachgewiesen wird *und*
- keine Nachweise nach DIN 18800 Teil 2 bis 4 geführt werden müssen *und*
- beim Nachweis nicht von den Möglichkeiten [1/749] oder [1/750] Gebrauch gemacht wird,

dürfen in den Nachweisgleichungen (1/33) bis (1/35) die Beanspruchbarkeiten (Grenzspannungen $\sigma_{R,d}$ und $\tau_{R,d}$) um 10 % erhöht werden.

Daß kein Nachweis nach DIN 18800 Teil 2 geführt werden muß, setzt u.a. voraus, daß die Abgrenzungskriterien [1/739] - kein Nachweis nach Theorie II. Ordnung erforderlich - und [1/740] - kein Nachweis der Biegedrillknicksicherheit erforderlich - erfüllt sind.

Zu [1/739] siehe Abschnitt 4.8.2

Zu [1/740] siehe Abschnitt 9.3.1. Hier ist zu ergänzen, daß auch der Fall

$$c \leq 0,5 \cdot \lambda_a \cdot i_{z,g} \cdot M_{pl,y,d}/M_y \qquad (1/24)$$

als Fall "kein Nachweis erforderlich" gilt. Dieser Fall unterscheidet sich von dem in Abschnitt 9.3.2 behandelten Fall "Druckgurt als Druckstab" nur dadurch, daß dort in [2/310] noch ein Beiwert k_c für den Verlauf der Druckkraft berücksichtigt wird.

Es sind wirklich nur die "einfachen Fälle", die sich nach der genannten Regelung abhandeln lassen. Nur bei einachsiger Biegung mit Querkraft ergeben sich Vorteile gegenüber den Regelungen [1/749] + [1/750]. Bei großen Querkräften kann diese Nachweisart günstigere Werte ergeben als ein Nachweis E-P.

Die Voraussetzungen sind jedenfalls sorgfältig zu überprüfen!

4.7.3 Verfahren Elastisch-Plastisch (E-P)

[1/753] Beanspruchungen sind nach der Elastizitätstheorie, Beanspruchbarkeiten unter Ausnutzung plastischer Tragfähigkeiten der Querschnitte zu berechnen. Es ist nachzuweisen, daß

- das System im stabilen Gleichgewicht ist und
- in keinem Querschnitt die nach [1/701 ff.] berechneten Beanspruchungen unter Beachtung der Interaktion zu einer Überschreitung der Grenzschnittgrößen im plastischen Zustand führen und
- in allen Querschnitten, in denen die elastischen Grenzschnittgrößen überschritten sind, die Grenzwerte *grenz* (b/t) nach {1/15} eingehalten sind. Für die übrigen Bereiche genügt Einhaltung von *grenz* (b/t) nach {1/12-14}.

Beim Verfahren E-P wird bei der Berechnung der Beanspruchungen linearelastisches, bei der Berechnung der Beanspruchbarkeiten linearelastisch-idealplastisches Werkstoffverhalten angenommen. Damit werden die plastischen Reserven des Querschnitts ausgenutzt, *nicht* jedoch evtl. vorhandene plastische Reserven des Systems.

Momentenumlagerung für Durchlaufträger

[1/754] Wenn nach [1/739] Biegeknicken und nach [1/740] Biegedrillknicken nicht berücksichtigt werden müssen, *dürfen* die nach E-Theorie ermittelten Stützmomente von Durchlaufträgern um bis zu 15% vermindert *oder* vergrößert werden, wenn bei der Bestimmung der zugehörigen Feldmomente die Gleichgewichtsbedingungen eingehalten werden. Für die Bemessung der Verbindungen sind dann [1/759 + 831 + 832] einzuhalten.

Diese Regelung berücksichtigt die bei Durchlaufträgern immer vorhandenen Systemreserven. Eine vollständige Ausnutzung dieser Reserven gestattet das Verfahren P-P.

Dieses Verfahren mit - gegenüber dem Nachweisverfahren P-P - umständlicher Regelung hat sich in der Anwender-Praxis nicht durchsetzen können.

Schnittgrößen im vollplastischen Zustand für I-Querschnitte

[1/757] Nach den Regeln der Baustatik gilt für *doppeltsymmetrische* I-Querschnitte:

$N_{pl,d} = \sigma_{R,d} \cdot A$ $\qquad A = \text{Gesamtquerschnitt}$

$M_{pl,y,d} = 2 \cdot \sigma_{R,d} \cdot maxS_y = \sigma_{R,d} \cdot \alpha_{pl,y} \cdot W_y$ $\qquad W_y = 2 \cdot I_y/h$

$V_{pl,z,d} = \tau_{R,d} \cdot h_{Steg} \cdot s$ $\qquad h_{Steg} = h - t$

$M_{pl,z,d} = 2 \cdot \sigma_{R,d} \cdot maxS_z = \sigma_{R,d} \cdot \alpha_{pl,z} \cdot W_z$ $\qquad W_z = 2 \cdot I_z/b$

$V_{pl,y,d} = 2 \cdot \tau_{R,d} \cdot t \cdot b$ $\qquad t \cdot b = \text{Flanschquerschnitt}$

Die Verteilung der Fließspannung über einen I-Querschnitt bei vollplastischen Schnittgrößen $M_{pl,y,d}$ und $V_{pl,z,d}$ bzw. $M_{pl,z,d}$ und $V_{pl,y,d}$ zeigt das folgende Bild.

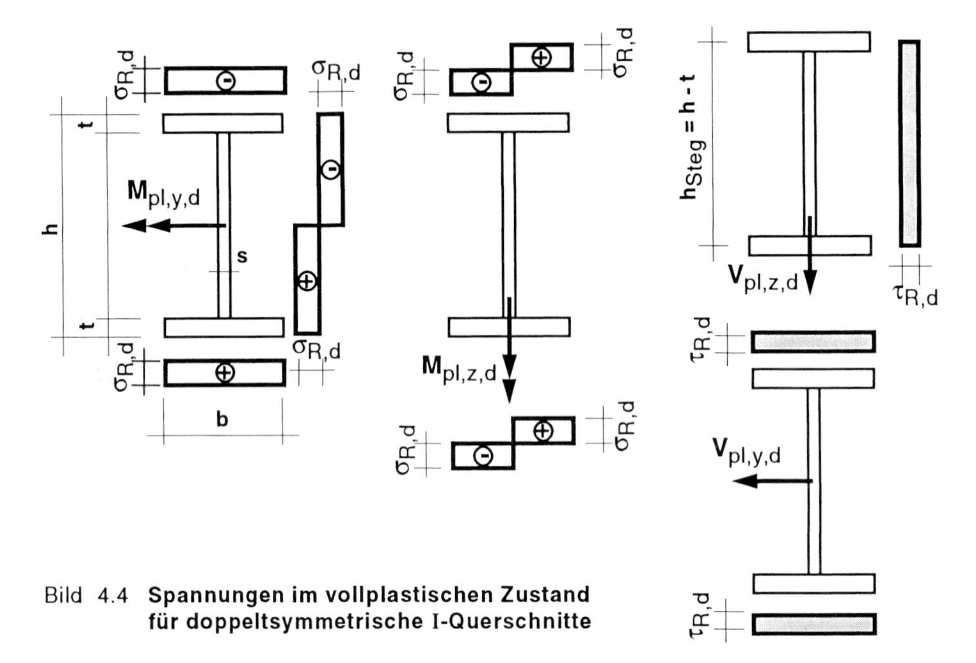

Bild 4.4 **Spannungen im vollplastischen Zustand für doppeltsymmetrische I-Querschnitte**

Anmerkungen zur Berechnung der Schnittgrößen im vollplastischen Zustand

[1/755] Zur Berechnung der Grenzschnittgrößen im plastischen Zustand werden folgende Annahmen getroffen:

- Linearelastisches-idealplastisches Spannungs-Dehnungs-Gesetz mit der Streckgrenze $f_{y,d}$.
- Ebenbleiben der Querschnitte nach Gleichung (1/31).
- Für das Zusammenwirken von Spannungen aus verschiedenen Schnittgrößen gilt die Fließbedingung nach Gleichung (1/36).
- Die Gleichgewichtsbedingungen an jedem Stabelement sind einzuhalten.

Die Dehnungen ε_x dürfen beliebig groß angenommen werden, jedoch sind bei *Stab*querschnitten die Grenzbiegemomente im plastischen Zustand auf den 1,25-fachen Wert des elastischen Grenzbiegemoments zu begrenzen.

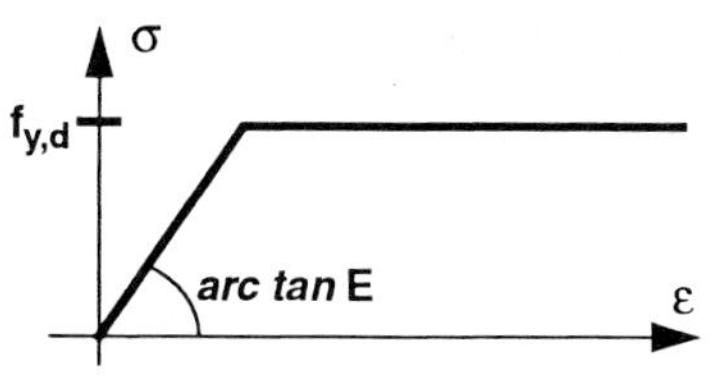

Bild 4.5 **Linearelastisches-ideal-plastisches Spannungs-Dehnungs-Gesetz**

Auf die zuvor genannte Reduzierung *darf* bei Einfeldträgern und bei Durchlaufträgern mit gleichbleibendem Querschnitt verzichtet werden.

Bei I-Querschnitten, insbesondere den üblichen I-Walzprofilen, sind die Regelungen der beiden vorgehenden Absätze nur für das vollplastische Moment $M_{pl,z,d}$ von Bedeutung. Allgemein gilt damit:

$$M_{pl,\,z,\,d} = 1,25 \cdot M_{el,\,z,\,d} = 1,25 \cdot W_z \cdot \sigma_{R,\,d} \tag{4.1}$$

Bei Einfeldträgern und Durchlaufträgern mit gleichbleibendem Querschnitt darf die Einschränkung entfallen, und es gilt die auf voriger Seite angegebene Formel:

$$M_{pl,\,z,\,d}^{*} = 2 \cdot \sigma_{R,\,d} \cdot maxS_z = \sigma_{R,\,d} \cdot \alpha_{pl,\,z}^{*} \cdot W_z \tag{4.2}$$

Für Biegung um die z-Achse wirken praktisch ausschließlich die Flanschen des I-Profils, also 2 Rechtecke. Für den Rechteck-Querschnitt ist bekanntlich $\alpha_{pl} = 1,5$. Das hiermit mögliche plastische Moment wird mit $M_{pl,z,d}{}^*$ bezeichnet. Es gilt:

$$M_{pl,\,z,\,d}^{*} \approx 1,5 \cdot M_{el,\,z,\,d} = 1,5 \cdot W_z \cdot \sigma_{R,\,d} = 1,2 \cdot M_{pl,\,z,\,d} \tag{4.3}$$

Bei Zutreffen der Voraussetzungen wird Anwendung der Formel (4.3) empfohlen.

Vorsicht ist geboten bei Anwendung der Tabellen aus Lit. [6]: Angegeben sind in der 11. Auflage die Werte $M_{pl,z,d}$, in der 12. Auflage aber die Werte $M_{pl,z,d}{}^*$, ohne daß dies sehr deutlich gekennzeichnet ist (die *-Bezeichnung ist nicht offiziell!). Die Werte sind dort nach Formel (4.2) berechnet. - Lit. [7] gibt beide Werte $M_{pl,z,d}$ und $M_{pl,z,d}{}^*$ an.

Tab. 4.7 ff. in Abschnitt 4.12 geben die Werte $M_{pl,z,d}$ nach Formel (4.1) an.

In Abschnitt 4.9.1 wird gezeigt, daß sich theoretisch Werte $\alpha_{pl,z}{}^*$ ergeben, die etwas größer sind als 1,5, wenn man auch den Steg des I-Profils zum Abtrag der Querkraft V_y hinzuzieht. Dies wird als unrealistisch angesehen.

Aus $\quad M_{pl,\,y,\,d} = 2 \cdot \sigma_{R,\,d} \cdot maxS_y = \sigma_{R,\,d} \cdot \alpha_{pl,\,y} \cdot W_y$

folgt $\quad \alpha_{pl,\,y} = 2 \cdot maxS_y / W_y \quad$ für doppeltsymmetrische Querschnitte.

Für Walzprofile IPE, HEA, HEB ist $1,10 \le \alpha_{pl,y} \le 1,17$. HEM-100 erreicht $\alpha_{pl,y} = 1,24$.

In Fällen $\alpha_{pl,\,y} < 1,14$ rechnen manche Tabellen günstiger mit $\alpha_{pl,y}{}^* = 1,14$:

$$M_{pl,\,y,\,d} = 1,14 \cdot M_{el,\,y,\,d}$$

DIN 18800 erlaubt $\alpha_{pl,y}{}^* = 1,14$ jedoch nur im Zusammenhang mit [1/750] (Nachweis E-E mit örtl. Plastizierung)! Die genannte Vorgehensweise ist nicht korrekt.

Interaktion von Grenzschnittgrößen

[1/757] Für doppeltsymmetrische I-Querschnitte und *einachsige* Biegung mit Normalkraft darf nach {1/16} bzw. nach {1/17} nachgewiesen werden, daß die Grenzschnittgrößen im plastischen Zustand nicht überschritten sind.

Tab. 4.4 **Vereinfachte Interaktionsbeziehungen für I-Profile** nach {1/16+17}

Vereinfachte Tragsicherheitsnachweise für doppeltsymmetrische I-Profile mit N, M_y, V_z nach {1/16}

Momente um die y-Achse	Gültigkeits-bereich	$\frac{V}{V_{pl,d}} \leq 0,33$	$0,33 < \frac{V}{V_{pl,d}} \leq 1,0$ *)
	$\frac{N}{N_{pl,d}} \leq 0,1$	$\frac{M}{M_{pl,d}} \leq 1$	$0,88\frac{M}{M_{pl,d}} + 0,37\frac{V}{V_{pl,d}} \leq 1$
	$0,1 < \frac{N}{N_{pl,d}} \leq 1$	$0,9\frac{M}{M_{pl,d}} + \frac{N}{N_{pl,d}} \leq 1$	$0,8\frac{M}{M_{pl,d}} + 0,89\frac{N}{N_{pl,d}} + 0,33\frac{V}{V_{pl,d}} \leq 1$

Vereinfachte Tragsicherheitsnachweise für doppeltsymmetrische I-Profile mit N, M_z, V_y nach {1/17}

Momente um die z-Achse	Gültigkeits-bereich	$\frac{V}{V_{pl,d}} \leq 0,25$	$0,25 < \frac{V}{V_{pl,d}} \leq 0,9$
	$\frac{N}{N_{pl,d}} \leq 0,3$	$\frac{M}{M_{pl,d}} \leq 1$	$0,95\frac{M}{M_{pl,d}} + 0,82\left(\frac{V}{V_{pl,d}}\right)^2 \leq 1$
	$0,3 < \frac{N}{N_{pl,d}} \leq 1$	$0,91\frac{M}{M_{pl,d}} + \left(\frac{N}{N_{pl,d}}\right)^2 \leq 1$	$0,87\frac{M}{M_{pl,d}} + 0,95\left(\frac{N}{N_{pl,d}}\right)^2 + 0,75\left(\frac{V}{V_{pl,d}}\right)^2 \leq 1$

*) Erhöhung von 0,9 auf 1,0 gemäß Anpassungsrichtlinie Stahlbau, korrigierte Ausgabe 10.98!

Vereinfachend sind die Faktoren in {1/16+17} auf 2 Ziffern gerundet. Deshalb ergeben sich in Grenzfällen geringe Abweichungen der einzelnen Beziehungen gegeneinander.

Die Beziehungen gelten für Querschnitte mit konstanter Streckgrenze. Querschnitte mit *nicht* konstanter Streckgrenze sind z.B. solche mit unterschiedlicher Erzeugnisdicke nach {1/1}.

In {1/16+17} sind $M_{pl,d}$, $N_{pl,d}$ und $V_{pl,d}$ Grenzschnittgrößen. Auf die Begrenzung von $M_{pl,z,d}$ in allgemeinen Fällen wird hingewiesen.

Für doppeltsymmetrische I-Querschnitte, die auf *zweiachsige* Biegung mit (und ohne) Normalkraft beansprucht werden (bei begrenzten Querkräften), gibt die Norm sowohl ein Nomogramm als auch Formeln an.

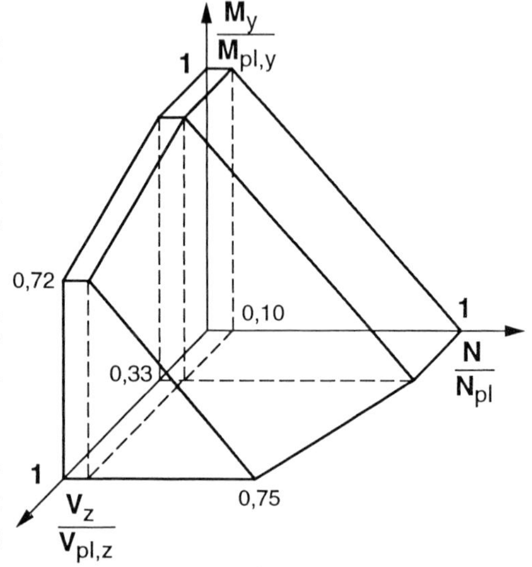

Bild 4.6 **Interaktions-Polyeder nach {1/16} für N, M_y, V_z**

Wenn *gleichzeitig* für die Querkräfte $V_{z,d} \leq 0{,}33 \cdot V_{pl,z,d}$ und $V_{y,d} \leq 0{,}25 \cdot V_{pl,y,d}$ gilt, kann die Interaktion N-M_y-M_z {1/Bild 19} entnommen werden (siehe Bild 4.7).

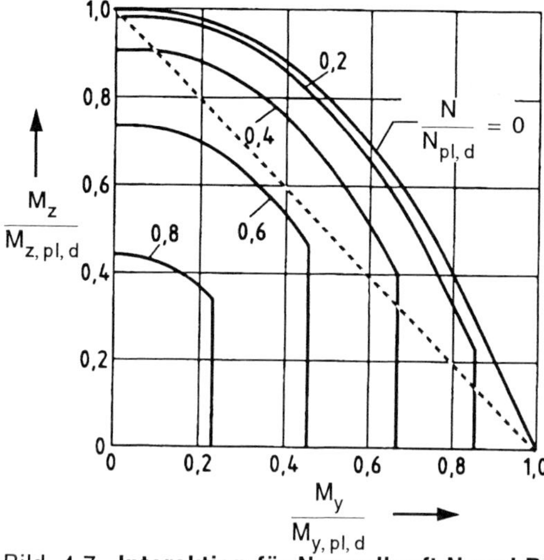

Bild 4.7 **Interaktion für Normalkraft N und Biegemomente M_y und M_z nach {1/Bild 19}**

Für N = 0 läßt sich die dort gegebene Interaktionskurve durch folgende Beziehung darstellen:

$$\left(\frac{M_y}{M_{y,pl,d}}\right)^{2,3} + \frac{M_z}{M_{z,pl,d}} \leq 1$$

Vereinfacht liegt nachfolgender Nachweis auf der sicheren Seite:

$$\frac{M_y}{M_{y,pl,d}} + \frac{M_z}{M_{z,pl,d}} \leq 1$$

Damit wird im Interaktionsdiagramm die Diagonale dargestellt.

Für allgemeine Formeln *mit* N: siehe DIN 18800, (1/40-42).

4.7.4 Verfahren Plastisch-Plastisch (P-P)

[1/758] Beanspruchungen sind nach der Fließgelenk- oder nach der Fließzonentheorie, Beanspruchbarkeiten unter Ausnutzung plastischer Tragfähigkeiten der Querschnitte *und* des Systems zu berechnen. Es ist nachzuweisen, daß

- das System im stabilen Gleichgewicht ist und
- in allen Querschnitten die Beanspruchungen unter Beachtung der Interaktion nicht zu einer Überschreitung der Grenzschnittgrößen im plastischen Zustand führen und
- in den Querschnitten im Bereich der Fließgelenke bzw. Fließzonen die Grenzwerte *grenz* (b/t) nach {1/18} eingehalten sind. Für die übrigen Bereiche genügt Einhaltung von *grenz* (b/t) nach {1/12-14}.

Beim Verfahren P-P werden plastische Querschnitts- *und* Systemreserven ausgenutzt. Das System wird auf die rechnerische Traglast nachgewiesen. Nur *statisch unbestimmte* Tragwerke weisen Systemreserven auf; das Verfahren P-P ist also nur hier möglich!

Das Verfahren P-P eignet sich besonders zur Bemessung von Durchlaufträgern mit (annähernd) *gleichen* Stützweiten und *Gleich*streckenlasten.

Bei druckbeanspruchten Systemen stößt die rechnerische Ermittlung der Traglast meist auf große Schwierigkeiten; sie ist oft nur mit Hilfe spezieller Computer-Programme zu bestimmen. Grundsätzlich kann aber auch auf Gleichgewichtssysteme *unterhalb* der Traglast des Systems nachgewiesen werden.

4.7.5 Verhältnisse b/t

Die Ausnutzung der verschiedenen Nachweisarten bedingt in jedem Fall die Gewährleistung *ausreichenden Verformungsvermögens* der Gurte und Stege der Querschnitte. Beim Verfahren E-E ist der Nachweis ausreichender *Beulsicherheit* nach DIN 18800 Teil 3 möglich, es *darf* aber auch (meist einfacher) die Einhaltung der in Tab. {1/12+13} DIN 18800 Teil 1 angegebenen Grenzwerte *grenz*(b/t) aufgezeigt werden.

Mit den Verfahren E-P und P-P steigt jeweils die Anforderung an die Rotationsfähigkeit der Querschnitte, damit die rechnerisch vorausgesetzten Fließgelenke sich zumindest innerhalb örtlich begrenzter Fließzonen bilden können. Hier *muß* die Einhaltung der für den betreffenden Fall geforderten Werte *grenz*(b/t) aus {1/15+18} nachgewiesen werden.

Die Definition von b und t für die Berechnung von b/t geht aus nachstehendem Bild hervor.

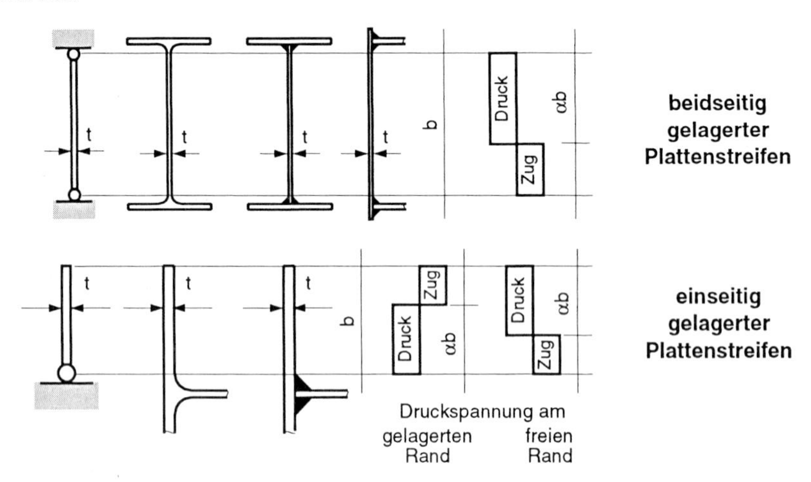

Bild 4.8 **Definition der Abmessungen b und t für die Werte *grenz*(b/t) und der Spannungen bei Vollplastizierung unterschiedlich gelagerter Plattenstreifen**

Bei Walzprofilen sind die geforderten b/t-Werte für viele praktische Fälle ohne weiteres eingehalten, wie aus der nachfolgenden Tabelle hervorgeht.

Danach sind in einer weiteren Tabelle allgemeingültige Werte für *doppeltsymmetrische* I-Querschnitte (auch geschweißte Blechträger) angegeben, die für mittigen Druck bzw. reine Biegung gelten.

Für allgemeine Spannungs-Verteilung an unterschiedlich gelagerten Plattenstreifen sind die Formeln in den genannten Tabellen {1/12+13+15+18} DIN 18800 Teil 1 auszuwerten. Siehe hierzu [5] "Stahlbau Teil 2", Stabilitätslehre, Abschnitte 6.2 und 6.4.

In {1/14} sind auch Werte *grenz*(d/t) für Rundrohre angegeben. Siehe auch [5].

Tab. 4.5 **Nennhöhen für Walzprofile, bis zu denen *grenz*(b/t) immer eingehalten ist**

Beanspruchung	auf mittigen Druck N						auf reine Biegung M_y			
Stahlsorte	S 235			S 355			S 235	S 355		
Nachweisverfahren	E-E	E-P	P-P	E-E	E-P	P-P	alle	E-E	E-P	P-P
IPE	360	330	240	240	220	160			alle	alle
HEA	600	550	450	450	bis 240 320-450	bis 160 340+360	alle	alle	bis 240 320- 1000	bis 160 340-900
HEB	700	700	600	550	550	450			alle	alle
HEM	900	900	700	700	700	650			alle	alle

Beanspruchung	auf mittigen Druck N						auf reine Biegung M_y					
Stahlsorte	S 235			S 355			S 235			S 355		
Nachweisverfahren	E-E	E-P	P-P	E-E	E-P	P-P	E-E	E-P	P-P	E-E	E-P	P-P
HEAA	bis 500	bis 260 320-450	bis 120 und 160	bis 220 340-500	nur 100	nur 100	alle	bis 260 320- 1000	bis 120 450- 1000	bis 220 340- 1000	nur 100 550- 1000	nur 100 650-900

Tab. 4.6 **Werte *grenz*(b/t) für doppeltsymmetrische I-Querschnitte**

Beanspruchung		auf mittigen Druck N			auf reine Biegung M_y		
Nachweisverfahren		E-E	E-P	P-P	E-E	E-P	P-P
Gurte	S 235	$12,9 \cdot \sqrt{\frac{240}{\sigma_1 \cdot \gamma_M}}$	11,00	9,00	wie bei mittigem Druck		
	S 355		8,98	7,35			
Stege	S 235	$37,8 \cdot \sqrt{\frac{240}{\sigma_1 \cdot \gamma_M}}$	37,00	32,00	$133 \cdot \sqrt{\frac{240}{\sigma_1 \cdot \gamma_M}}$	74,0	64,0
	S 355		30,21	26,13		60,4	52,3

Dabei ist $\sigma_1 = \sigma_{D,d}$ der Größtwert der Druckspannung am betrachteten Plattenstreifen in $[N/mm^2]$.

Für $\sigma_1 \cdot \gamma_M = f_{y,k}$ gilt für S 235: $\sqrt{\frac{240}{\sigma_1 \cdot \gamma_M}} = 1$ und für S 355: $\sqrt{\frac{240}{\sigma_1 \cdot \gamma_M}} = \sqrt{\frac{1}{1,5}} = 0,816$

Unsymmetrische Spannungsverhältnisse im *Steg* liegen vor bei reiner Biegung M_y von Querschnitten, die nur zur z-Achse symmetrisch sind oder bei Zug bzw. Druck und Biegung. Die angegebenen b/t-Werte liegen *dann* auf der *sicheren* Seite, wenn der Wert der Druckspannung σ_1 *nicht größer* als derjenige der Zugspannung am entgegengesetzten Rand des Stegfeldes ist (bei reiner Biegung M_y nur zur z-Achse symmetrischer Querschnitte heißt das: wenn die Schwerachse des Querschnitts näher am Biege*druck*rand liegt).

4.8 Stabilitätsfälle - Knicken von Stäben und Stabwerken

4.8.1 Stabilität und Traglast

Druckbeanspruchte Stäbe und Stabwerke versagen auch bei theoretisch perfekten Tragsystemen bei Erreichen der Knicklast. Die Beanspruchbarkeit solcher Systeme kann wesentlich geringer sein als diejenige nicht stabilitätsgefährdeter Systeme mit gleichen Querschnitten.

Die Imperfektion der Tragwerke, wie z.B. ungewollte Schiefstellung von Stützen, vorgekrümmte Stabachsen oder ungewollt ausmittige Einleitung von Lasten macht die Untersuchung der Auswirkung dieser zusätzlichen Verformungen auf die Tragsicherheit notwendig.

Sowohl bei idealen Stabilitätsfällen als auch bei Traglastuntersuchungen für imperfekte Tragwerke muß der *Einfluß der Verformungen des Systems auf das Gleichgewicht* beachtet werden: man spricht von Berechnung nach *Theorie II. Ordnung.*

4.8.2 Abgrenzungskriterien

[1/739] Für Stäbe und Stabwerke ist der Nachweis der Biegeknicksicherheit nach DIN 18800 Teil 2 zu führen. Das bedeutet: i.a. ist bei druckbeanspruchten Systemen nach Theorie II. Ordnung oder mit einem Ersatzverfahren zu rechnen.

Der Einfluß der sich nach Theorie II. Ordnung ergebenden Verformungen auf das Gleichgewicht *darf* vernachlässigt werden, wenn der Zuwachs der maßgebenden Biegemomente infolge der nach Theorie I. Ordnung ermittelten Verformungen nicht größer als 10 % ist.

Diese Bedingung darf als erfüllt angesehen werden, wenn *eine* der Bedingungen für das betrachtete System eingehalten ist:

- $N/N_{Ki,d} \leq 0,1$ — $N_{Ki,d}$ = Knicklast des Systems
- $\bar{\lambda}_K \leq 0,3 \cdot \sqrt{f_{y,d} \cdot A/N}$ — $\bar{\lambda}_K$ = bezogener Schlankheitsgrad des Systems
- $\beta \cdot \varepsilon \leq 1$ — β = Knicklängenbeiwert, ε = Stabkennzahl

Anmerkung: Die rechnerische Handhabung dieser Formeln verlangt in jedem Fall die Kenntnis der System-Knicklängen, siehe dazu Kapitel 8.

In [5] wird gezeigt, daß alle drei genannten Bedingungen praktisch identisch sind.

[1/740] Abgrenzungskriterien für das Biegedrillknicken sind in Kapitel 9 eingearbeitet.

Für viele baupraktische Fälle wird der erforderliche Nachweis nach DIN 18800 Teil 2 durch das Herausgreifen von druck- und biegebelasteten Einzelstäben auf den Nachweis entsprechender Knickfälle reduziert ("Ersatzstabverfahren").

4.8.3 Stabilitätsfälle

Knicken

[2/103] Beim Knicken treten Verschiebungen v, w und Verdrehungen ϑ der Stabachse auf, oder diese Verformungen kommen gleichzeitig vor. Knicken ist der Oberbegriff für Biegeknicken und Biegedrillknicken.

Biegeknicken

[2/103] Beim Biegeknicken treten nur Verformungen v oder w auf. Biegeknicken setzt Druckbelastung in zumindest einer Symmetrie-Ebene voraus.

Biegedrillknicken

[2/104] Beim Biegedrillknicken (BDK) treten Verschiebungen v und/oder w und Verdrehungen ϑ auf.

Häufig zerfällt das Stabilitätsproblem für in der Symmetrie-Ebene belastete Stäbe in die Stabilitätsfälle Biegeknicken und Biegedrillknicken.

Kippen

Die frühere Stabilitätsnorm DIN 4114 (Knickung, Kippung, Beulung) verstand unter Kippen das Biegedrillknicken bei Beanspruchung symmetrischer Träger in der Symmetrieachse *nur* (oder überwiegend) durch Biegemomente. DIN 18800 Teil 2 kennt diesen prägnanten Begriff nicht mehr.

Drillknicken

Beim Drillknicken treten nur Verdrehungen ϑ auf. Dieser Sonderfall wird in DIN 18800 Teil 2 nicht hervorgehoben. Gefährdet besonders sind Stäbe mit dünnwandigen, offenen, wölbfreien Querschnitten.

Beulen

[3/103] Beim Versagen einer Platte infolge Beulen treten Verschiebungen rechtwinklig zu ihrer Ebene auf.

Gurte und Stege von Walz- und Blechträgern wirken bei Druckbeanspruchung als Platten mit unterschiedlichen Lagerungsbedingungen und können beulgefährdet sein. Die Einhaltung der für die einzelnen Verfahren geforderten Werte *grenz* (b/t) garantiert ausreichende Beulsicherheit. Darüber hinaus darf ein genauer Beulsicherheitsnachweis nach DIN 18800 Teil 3 nur bei Anwendung des Bemessungsverfahrens E-E geführt werden.

Bemessungsregeln für Stabilitätsfälle

Knicken, Biegeknicken und BDK werden in Kapitel 8 bis 10 behandelt.

4.9 Berechnung von Querschnittswerten und b/t-Werten

4.9.1 Querschnittswerte für ein Walzprofil HEB-400

$$A = 2 \cdot 30 \cdot 2,4 + 35,2 \cdot 1,35 + 4 \cdot 2,7^2 \cdot (1 - \frac{\pi}{4}) = 2 \cdot 72,00 + 47,52 + 4 \cdot 1,564 = 197,78 \approx 198 \text{ cm}^2$$

$$I_y = 2 \cdot \left(72 \cdot 18,8^2 + \frac{30 \cdot 2,4^3}{12}\right) + \frac{1,35 \cdot 35,2^3}{12} + 4 \cdot (1,564 \cdot 17,0^2 + 0,4) = 57681 \text{ cm}^4$$

$$I_z = 2 \cdot \frac{2,4 \cdot 30^3}{12} + \frac{35,2 \cdot 1,35^3}{12} + 4 \cdot (1,564 \cdot 1,275^2 + 0,4) = 10819 \text{ cm}^4$$

$$max\ S_y = 72 \cdot 18,8 + 1,35 \cdot \frac{17,6^2}{2} + 2 \cdot 1,564 \cdot 17,0 = 1616 \text{ cm}^3$$

$$max\ S_z = 2 \cdot 2,4 \cdot \frac{15^2}{2} + 35,2 \cdot \frac{0,675^2}{2} + 2 \cdot 1,564 \cdot 1,075 = 551,4 \text{ cm}^3$$

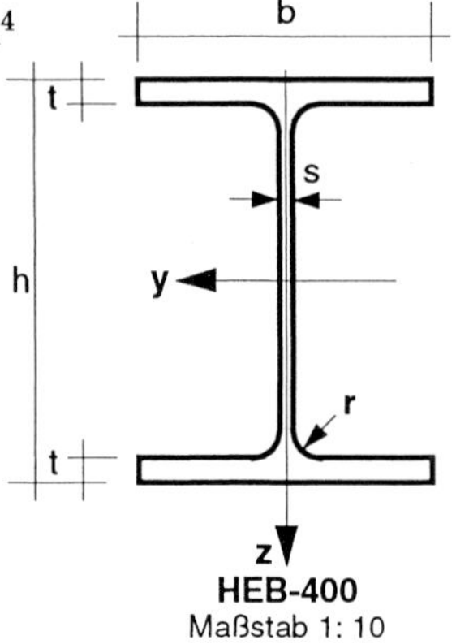

HEB-400
Maßstab 1: 10

Geometrie	
Höhe	h = 400 mm
Breite	b = 300 mm
Flanschen	t = 24 mm
Steg	s = 13,5 mm
Ausrundung	r = 27 mm

Elastische Biegemomente für S 235

$$M_{el,y,d} = \frac{I_y}{h/2} \cdot \frac{f_{y,k}}{\gamma_M} = \frac{57681}{20} \cdot \frac{24}{1,1} \cdot \frac{1}{100} = 629,25 \approx 629 \text{ kNm}$$

$$M_{el,z,d} = \frac{I_z}{h/2} \cdot \frac{f_{y,k}}{\gamma_M} = \frac{10819}{15} \cdot \frac{24}{1,1} \cdot \frac{1}{100} = 157,4 \approx 157 \text{ kNm}$$

Plastische Schnittgrößen für S 235

$$N_{pl,d} = A \cdot \frac{f_{y,k}}{\gamma_M} = 198 \cdot \frac{24}{1,1} = 4320 \text{ kN}$$

$$M_{pl,y,d} = 2 \cdot S_y \cdot \frac{f_{y,k}}{\gamma_M} = 2 \cdot 1616 \cdot \frac{24}{1,1} \cdot \frac{1}{100} = 705 \text{ kNm}$$

Daraus: $\alpha_{pl,y} = \frac{705}{629} = 1,12$

Nach [1/750] *darf* für gewalzte I-Profile $\alpha^*_{pl,y} = 1,14$ gesetzt werden.

Damit ist auch der Rechenwert $M_{pl,y,d} = 1,14 \cdot 629 = 717$ kNm möglich.

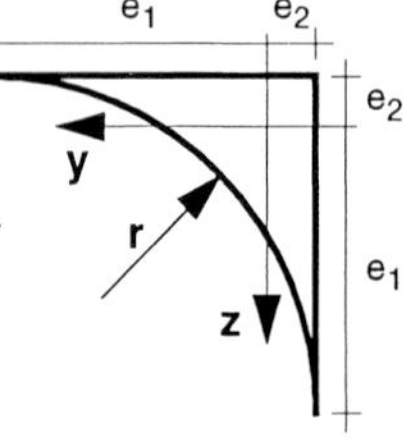

Hilfswerte		
Ausrundung	r =	27 mm
	$e_1 \approx$	21 mm
	$e_2 \approx$	6 mm
Fläche	A =	1,564 cm²
Trägh.mom.	$I_y = I_z =$	0,4 cm⁴

$$V_{pl,z,d} = A_{St} \cdot \frac{f_{y,k}}{\sqrt{3} \cdot \gamma_M} = 37,6 \cdot 1,35 \cdot \frac{24}{\sqrt{3} \cdot 1,1} = 639 \text{ kN}$$

$$M_{pl,z,d}^* = 2 \cdot S_z \cdot \frac{f_{y,k}}{\gamma_M} = 2 \cdot 551 \cdot \frac{24}{1,1} \cdot \frac{1}{100} = 240 \text{ kNm}$$

Daraus: $\alpha_{pl,z}^* = \frac{240}{157} = 1,53$

$$V_{pl,y,d} = 2 \cdot A_{Gurt} \cdot \frac{f_{y,k}}{\sqrt{3} \cdot \gamma_M} = 2 \cdot 30 \cdot 2,4 \cdot \frac{24}{\sqrt{3} \cdot 1,1} = 1814 \text{ kN}$$

Bemerkungen zu $M_{pl,z,d}^*$:

$M_{pl,z,d}^* = 240$ kNm ist ein rein theoretisch errechneter Wert, der Durchplastizieren auch des Steges mit beidseits der z-Achse unterschiedlichem Spannungs-Vorzeichen voraussetzt.

Empfohlen wird, mit $\alpha_{pl,z}{}^* = 1{,}5$ zu rechnen:

$$M_{pl,z,d}{}^* = 1,5 \cdot M_{el,z,d} = 1,5 \cdot 157,4 = 236,1 \approx 236 \text{ kNm}$$

Ist das untersuchte Tragwerk *kein* Einfeldträger und *kein* Durchlaufträger mit gleichbleibendem Querschnitt, so ist die Begrenzung auf $\alpha_{pl,z} = 1{,}25$ zu beachten. Dann wird:

$$M_{pl,z,d} = 1,25 \cdot M_{el,z,d} = 1,25 \cdot 157,4 \approx 197 \text{ kNm}$$

Plastische Schnittgrößen für S 355

Alle zuvor errechneten plastischen Schnittgrößen für S 235 sind für den Werkstoff S 355 im Verhältnis der Streckgrenzen umzurechnen:

Der Multiplikator ist stets: $\dfrac{f_{y,d}(S355)}{f_{y,d}(S235)} = \dfrac{36/1,1}{24/1,1} = 1,5$ bzw. $\dfrac{f_{y,k}(S355)}{f_{y,k}(S235)} = \dfrac{36}{24} = 1,5$

4.9.2 Untersuchung der b/t-Verhältnisse am Walzprofil HEB-400

b/t-Werte

Flanschen: $\dfrac{b}{t} = \dfrac{(300-13,5)/2-27}{24} = \dfrac{116,25}{24} = 4,84$

Steg: $\dfrac{b}{t} = \dfrac{400-2 \cdot (24+27)}{13,5} = \dfrac{298}{13,5} = 22,07$

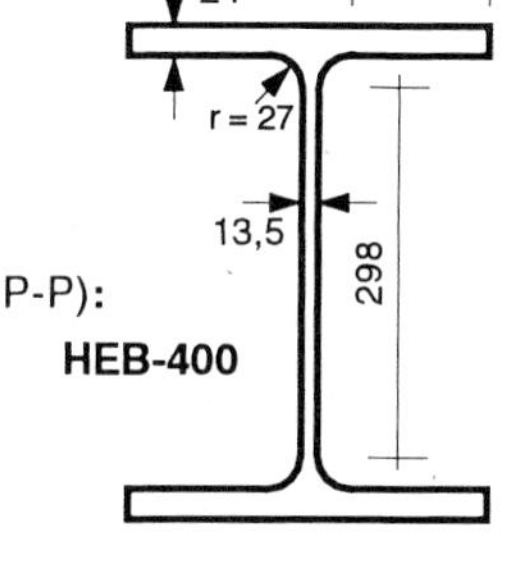

Grenzwerte bei mittigem Druck für S 355 (Tab. 4.6, Verfahren P-P):

Flanschen: $grenz\ \dfrac{b}{t} = 7,35 > 4,84 = vorh\ \dfrac{b}{t}$

Steg: $grenz\ \dfrac{b}{t} = 26,13 > 22,07 = vorh\ \dfrac{b}{t}$

Mittiger Druck ist bezüglich der b/t-Verhältnisse der ungünstigste Fall. Da hier die Kriterien bei S 355 eingehalten sind, können Walzprofile HEB-400 in S235 und S355 uneingeschränkt für *alle* Nachweisverfahren (E-E, E-P, P-P) eingesetzt werden, sowohl auf Druck wie auf Druck und Biegung.

4.9.3 Untersuchung der b/t-Verhältnisse am geschweißten Querschnitt

Untersuchung bezüglich der Gurte

Geometrie: $\dfrac{b}{t} = \dfrac{(400-6)/2-3 \cdot \sqrt{2}}{25} = \dfrac{192,8}{25} = 7,71$

Beanspruchung allgemein (auf Druck und/oder Biegung)

S 235: $\dfrac{b}{t} < 9,00 = grenz\ \dfrac{b}{t}$ für Nachweisverfahren P-P.

Damit sind *alle* Nachweisverfahren *zulässig*.

S 355: $\dfrac{b}{t} > 7,35$ und $\dfrac{b}{t} < 8,16$

Die Nachweisverfahren E-E und E-P sind *zulässig*; das Verfahren P-P ist *unzulässig*.

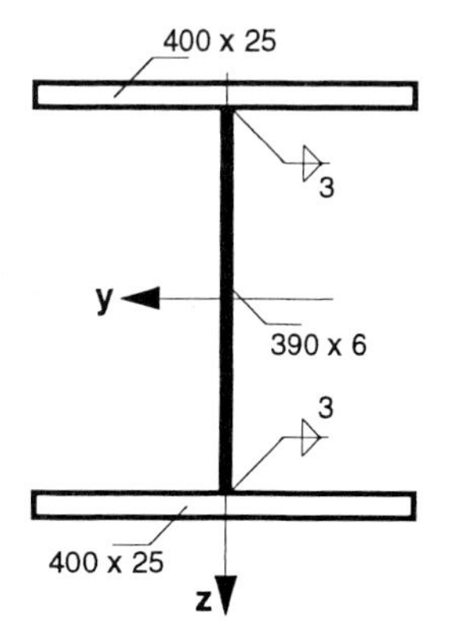

Untersuchung bezüglich des Stegs

Geometrie: $\dfrac{b}{t} = \dfrac{390-2 \cdot 3 \cdot \sqrt{2}}{6} = \dfrac{381,5}{6} = 63,6$

Beanspruchung auf reine Biegung M_y

S 235: $\frac{b}{t} = 63,6 < 64 = grenz\ \frac{b}{t}$ für Nachweisverfahren P-P. *Alle* Verfahren sind zulässig.

S 355: $\frac{b}{t} = 63,6 > 60,4 = grenz\ \frac{b}{t}$ für Verfahren E-P. Die Verfahren E-P und P-P sind *unzulässig*.

Für Verfahren E-E bei voll ausgenutzter Randspannung ist $grenz\ \frac{b}{t} = 133 \cdot \sqrt{\frac{1}{1,5}} = 108,6 > 63,6$

Das Nachweisverfahren E-E ist also uneingeschränkt *zulässig*.

Beanspruchung auf mittigen Druck

Wegen $\frac{b}{t} = 63,6 > 37,8 = grenz\ \frac{b}{t}$ für Verfahren E-E für S 235 ist *volle Ausnutzung* der Grenzspannungen *nicht möglich*, für S 355 natürlich erst recht nicht.

Reduzierung der Druckspannungen auf $\sigma_d = 7,7\ \text{kN/cm}^2$ ergibt für Verfahren E-E gerade ausreichende Werte zur Einhaltung der Werte *grenz* (b/t), gleichermaßen für S 235 wie für S 355!

Bei gemischter Beanspruchung durch eine Druckkraft N und Biegung M_y müssen zur Ermittlung von *grenz* (b/t) genauere Verfahren angewendet werden; siehe hierzu [5] "Stahlbau Teil 2".

4.9.4 Querschnittswerte für Kreis- und Rohrprofile

Kreisquerschnitt, Radius r

$$A = \pi \cdot r^2 \qquad I_y = I_z = \frac{\pi \cdot r^4}{4} \qquad max\ S = \frac{\pi \cdot r^2}{2} \cdot \frac{4r}{3\pi} = \frac{2}{3} \cdot r^3$$

$$N_{pl,d} = \pi \cdot r^2 \cdot f_{y,d}$$

$$M_{pl,d} = 2 \cdot maxS \cdot f_{y,d} = \frac{4}{3} \cdot r^3 \cdot f_{y,d}$$

$$\alpha_{pl} = \frac{M_{pl,d}/f_{y,d}}{I/r} = \frac{4/3 \cdot r^3}{\pi \cdot r^3/4} = \frac{16}{3 \cdot \pi} = 1,70$$

r

y

S

$e_S = 4r/3\pi$

Kreisquerschnitt z

Schwerpunktslage Halbkreis

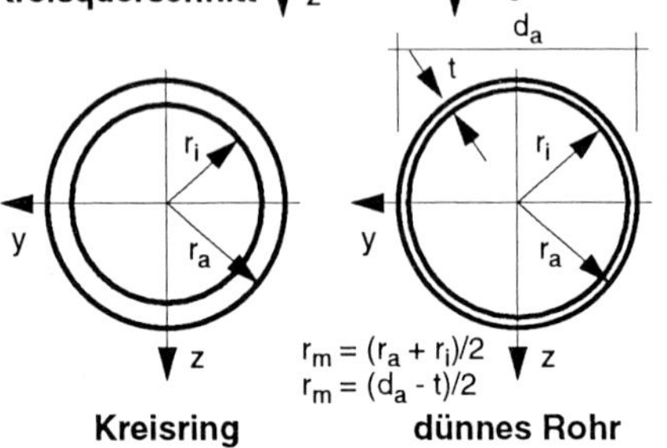

Kreisring, Außen- / Innenradius r_a / r_i

$$N_{pl,d} = \pi \cdot (r_a^2 - r_i^2) \cdot f_{y,d}$$

$$M_{el,d} = \frac{\pi \cdot (r_a^4 - r_i^4)}{4 \cdot r_a} \cdot f_{y,d}$$

$$M_{pl,d} = \frac{4}{3} \cdot (r_a^3 - r_i^3) \cdot f_{y,d}$$

Rohrquerschnitt mit geringer Wanddicke $t \ll r_m$

$$A = 2\pi \cdot r_m \cdot t \qquad I = \pi \cdot r_m^3 \cdot t \qquad max\ S = 2 \cdot r_m^2 \cdot t$$

$$M_{el,d} = I/r_m \cdot f_{y,d} \approx \pi \cdot r_m^2 \cdot t \cdot f_{y,d}$$

$$M_{pl,d} = 2 \cdot maxS \cdot f_{y,d} = 4 \cdot r_m^2 \cdot t \cdot f_{y,d}$$

$$\alpha_{pl} = M_{pl,d}/M_{el,d} = 4/\pi = 1,273 \quad \text{(Grenzwert)}$$

Beispiel: Rohr 273 x 7,1

$$r_m = (27,3 - 0,71)/2 = 13,30\ \text{cm}$$

Genau:

$$M_{pl,d} = \frac{4}{3} \cdot (13,65^3 - 12,94^3) \cdot \frac{21,82}{100}$$

$$M_{pl,d} = 109,56\ \text{kNm} \qquad \alpha_{pl} = 1,307$$

Als dünnes Rohr gerechnet:

$$M_{pl,d} = 4 \cdot 13,3^2 \cdot 0,71 \cdot \frac{21,82}{100}$$

$$M_{pl,d} = 109,53\ \text{kNm} \qquad \alpha_{pl} = 1,273$$

4.10 Interaktion plastischer Schnittgrößen

4.10.1 Interaktion beim Rechteck-Querschnitt

Interaktion M_y-N

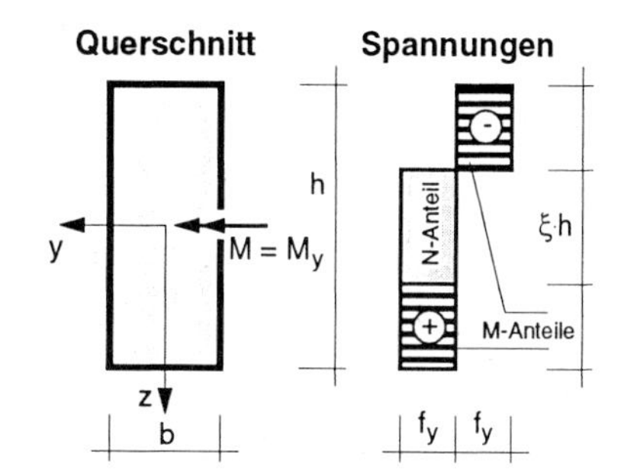

Der Rechteck-Querschnitt wird in Bereiche für N und für M aufgeteilt. Für N wählt man den der Momentenachse (y-Achse) nahen Bereich, was das günstigste M-N-Verhalten ergibt.

Setzt man: $\frac{N}{N_{pl}} = \xi$ mit $N_{pl} = A \cdot f_y = b \cdot h \cdot f_y$

so wird: $\frac{M}{M_{pl}} = 1 - \xi^2$ mit $M_{pl} = \frac{b \cdot h^2}{4} \cdot f_y$

Die Interaktionskurve ist eine quadratische Parabel.

Interaktion M_y-V_z

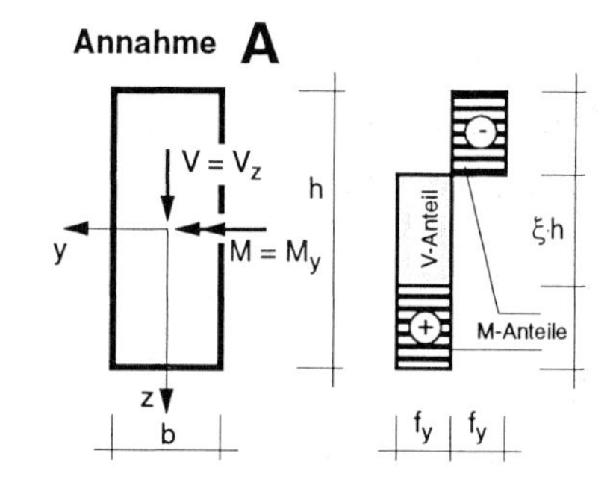

Annahme A. Auch hier besteht (wie bei der M-N-Interaktion) die (theoretische) Möglichkeit, für die Querkraft bzw. für die sie verursachenden Schubspannungen den der Momentenachse nahen Bereich zu reservieren.

Setzt man: $\frac{V}{V_{pl}} = \xi$ mit $V_{pl} = A \cdot \frac{f_y}{\sqrt{3}} = b \cdot h \cdot \frac{f_y}{\sqrt{3}}$

wird wieder: $\frac{M}{M_{pl}} = 1 - \xi^2$ mit $M_{pl} = \frac{b \cdot h^2}{4} \cdot f_y$

Die Interaktionskurve ist wieder eine quadratische Parabel.

Annahme B. Eine günstigere und auch realistischere Möglichkeit besteht darin, den Verlauf der Schubspannungen bis zum Erreichen der Fließschubspannung $f_y/\sqrt{3}$ parabelförmig über die ganze Rechteckhöhe anzunehmen, Bereich (a). Siehe auch Darlegungen von Wippel [22].

Bei noch größerer Querkraft als 2/3 V_{pl} geht man für den Verlauf der Schubspannungen zur Parabel-Rechteck-Form über, Bereich (c).

Stelle (b) entspricht dem Übergang von (a) nach (c).

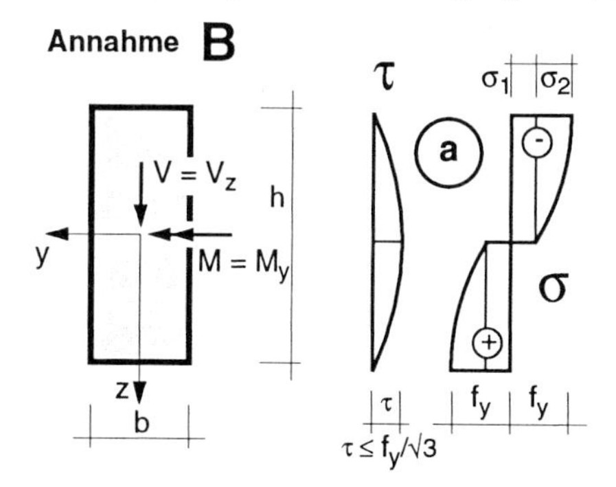

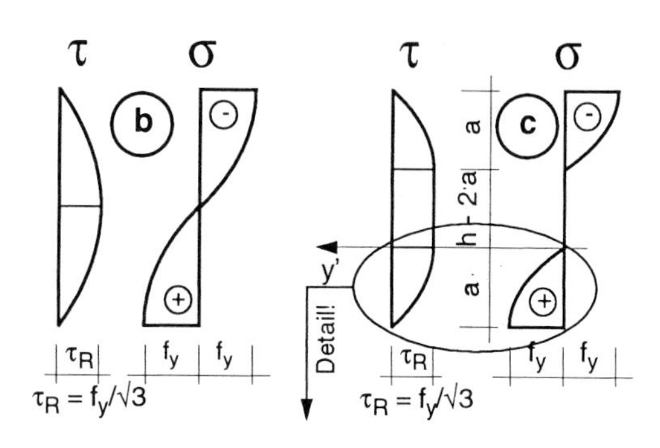

Im plastizierten Zustand gilt für die Vergleichsspannung:

$$\sigma_v = f_y = \sqrt{\sigma^2 + 3\tau^2}$$

Ausgehend von einer bekannten Schubspannung wird die

Normalspannung: $\sigma = \sqrt{f_y^2 - 3\tau^2}$

Die Schubspannung $\tau = \frac{f_y}{\sqrt{3}} \cdot (1 - \zeta^2)$ erhält gemäß Definition einen parabelförmigen Verlauf, siehe Bild.

Normalspannung: $\sigma = \sqrt{f_y^2 - 3\tau^2} = f_y \cdot \zeta \cdot \sqrt{2 - \zeta^2}$

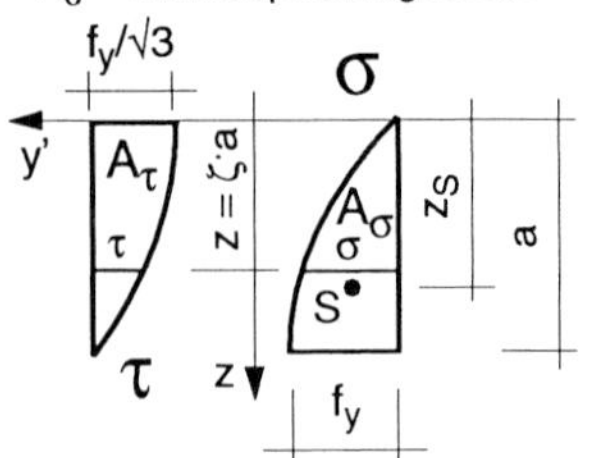

S = Schwerpunkt der Fläche A_σ

Anmerkung: Für f_y kann je nach Bedarf $f_{y,d}$ oder $f_{y,k}$ gesetzt werden.

Querkraft:

$$A_\tau = a \cdot \int_0^1 \tau \cdot d\zeta = \frac{a \cdot f_y}{\sqrt{3}} \cdot \int_0^1 (1 - \zeta^2) \cdot d\zeta = \frac{a \cdot f_y}{\sqrt{3}} \cdot \left(\zeta - \frac{\zeta^3}{3}\right)\Bigg|_0^1 = \frac{2}{3} \cdot a \cdot \frac{f_y}{\sqrt{3}} = \frac{2}{3} \cdot a \cdot \tau_R$$

Normalkraft:

$$A_\sigma = a\int_0^1 \sigma \cdot d\zeta = a \cdot f_y \cdot \int_0^1 \zeta \cdot \sqrt{2 - \zeta^2} \cdot d\zeta = -\frac{a \cdot f_y}{3} \cdot \sqrt{(2 - \zeta^2)^3}\Bigg|_0^1 = \frac{a \cdot f_y}{3} \cdot (2^{1,5} - 1) = 0,6095 \cdot a \cdot f_y$$

Moment, bezogen auf die y'-Achse: $M = a^2 \cdot \int_0^1 \sigma \cdot \zeta \cdot d\zeta = a^2 \cdot f_y \cdot \int_0^1 \zeta^2 \cdot \sqrt{2 - \zeta^2} \cdot d\zeta$

$$M = \frac{a^2 \cdot f_y}{4} \cdot \left[-\zeta \cdot \sqrt{(2 - \zeta^2)^3} + \zeta \cdot \sqrt{2 - \zeta^2} + 2 \cdot \arcsin\frac{\zeta}{\sqrt{2}}\right]\Bigg|_0^1 = \frac{a^2 \cdot f_y}{2} \cdot \arcsin\frac{1}{\sqrt{2}} = \frac{\pi}{8} \cdot a^2 \cdot f_y$$

Schwerpunkt, bezogen auf die y'-Achse: $z_s = \frac{M}{A_\sigma} = \frac{3}{2} \cdot \frac{\arcsin 1/\sqrt{2}}{2^{1,5} - 1} \cdot a = \frac{\pi/8}{0,6095} \cdot a = 0,6443 \cdot a$

Wertebeispiele für das M-V-Interaktionsdiagramm:

Bereich a: $\frac{V}{V_{pl}} = \frac{1}{3}$ $\quad V = \frac{2}{3} \cdot \tau \cdot b \cdot h$ $\quad \frac{V}{V_{pl}} = \frac{\frac{2}{3} \cdot b \cdot h \cdot \tau}{b \cdot h \cdot f_y/\sqrt{3}} = \frac{1}{3}$ $\quad \tau = \frac{1}{2} \cdot \frac{f_y}{\sqrt{3}} = \frac{1}{2} \cdot \tau_R$

$$\sigma_1 = \sqrt{f_y^2 - 3\tau^2} = f_y \cdot \sqrt{1 - 0,25} = 0,866 \cdot f_y \qquad \sigma_2 = f_y - \sigma_1 = 0,134 \cdot f_y$$

$$M = \sigma_1 \cdot \frac{h^2}{4} + \sigma_2 \cdot 0,6095 \cdot \frac{h}{2} \cdot 0,6443 \cdot h = (0,866 + 0,105) \cdot \frac{h^2}{4} \cdot f_y = 0,971 \cdot \frac{h^2}{4} \cdot f_y = 0,971 \cdot M_{pl}$$

Stelle b: $\frac{V}{V_{pl}} = \frac{2}{3}$ $\quad V = \frac{2}{3} \cdot \tau \cdot b \cdot h$ $\quad \frac{V}{V_{pl}} = \frac{\frac{2}{3} \cdot b \cdot h \cdot \tau}{b \cdot h \cdot f_y/\sqrt{3}} = \frac{2}{3}$

$\tau = \frac{f_y}{\sqrt{3}} = \tau_R$ (gemäß Definition)

$$M = f_y \cdot 0,6095 \cdot \frac{h}{2} \cdot 0,6443 \cdot h = 0,7854 \cdot \frac{h^2}{4} \cdot f_y = 0,785 \cdot M_{pl}$$

Bereich c: $\frac{V}{V_{pl}} = \frac{5}{6}$ $\frac{V}{V_{pl}} = \frac{2 \cdot \frac{2}{3} \cdot a + h - 2a}{h} = 1 - \frac{2 \cdot a}{3 \cdot h}$ $1 - \frac{2a}{3h} = \frac{5}{6}$ $a = \frac{h}{4}$

$$M = f_y \cdot (0,6095 \cdot a) \cdot (2 \cdot 0,6443 \cdot a + (h - 2a)) = f_y \cdot (0,6095 \cdot a) \cdot (h - 0,7114 \cdot a)$$

$$M = f_y \cdot 0,1524 \cdot 0,822 \cdot h^2 = 0,1253 \cdot h^2 \cdot f_y = 0,501 \cdot M_{pl}$$

Wertetabelle für das M-V-Interaktionsdiagramm für den Rechteck-Querschnitt:

V/V_{pl}	M/M_{pl}	
	B	C
0	1	1
1/6	0,993	1
1/4	0,984	1
1/3	0,971	0,957
1/2	0,927	0,837
2/3	0,785	0,669
5/6	0,501	0,453
0,9	0,327	0,302
(1)	0	-

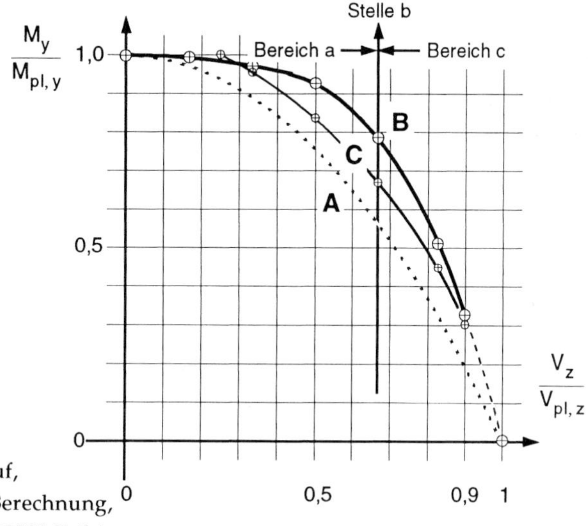

Interaktionsdiagramm M-V

Verlauf A = parabelförmiger Verlauf,

Verlauf B gemäß vorhergehender Berechnung,

Verlauf C = Interaktion nach DIN 18800 Teil 1:

Für $0,25 \le V/V_{pl} \le 0,9$

ist $0,95 \frac{M}{M_{pl}} + 0,82 \left(\frac{V}{V_{pl}}\right)^2 = 1$

Es ist zu beachten, daß beim Vergleich mit DIN 18800 die Interaktion M_z-V_y herangezogen werden muß, weil diese Schnittgrößen nur auf die Flanschen wirken, also praktisch auf zwei Rechteckquerschnitte.

4.10.2 Interaktion beim I-Querschnitt

Die Berechnungen werden am Beispiel eines geschweißten I-Profils, das ähnliche Querschnittsabmessungen wie das Walzprofil IPE 500 hat, durchgeführt.

Der Querschnitt wird für die Berechnung plastischer Schnittgrößen so behandelt, wie wenn die einzelnen Profilteile auf ihre Mittellinien konzentriert wären.

Die geringen Fehler in den Querschnittswerten, die dadurch entstehen, können hingenommen werden. Andererseits werden dadurch die Beziehungen in den Grenzübergängen konsequent.

Als Werkstoff wird S 235 zugrunde gelegt.

Gerechnet wird mit den Bemessungswerten der Widerstandsgrößen.

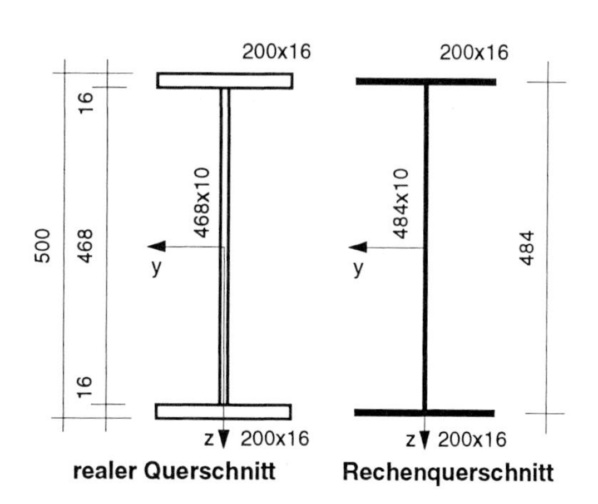

Plastische Schnittgrößen

$$A = A_G + A_S = 2 \cdot 20 \cdot 1,6 + 48,4 \cdot 1,0 = 2 \cdot 32,0 + 48,4 = 112,4 \text{ cm}^2 \qquad G = \text{Gurte} \ / \ S = \text{Steg}$$

$$N_{pl,d} = N_{pl,G} + N_{pl,S} = 2 \cdot 32,0 \cdot \frac{24}{1,1} + 48,4 \cdot \frac{24}{1,1} = 2 \cdot 698,2 + 1056 = 2452,4 \text{ kN}$$

$$M_{pl,y,d} = M_{pl,G} + M_{pl,S} = 2 \cdot 32 \cdot \frac{48,4}{2 \cdot 100} \cdot \frac{24}{1,1} + 1,0 \cdot \frac{48,4^2}{4 \cdot 100} \cdot \frac{24}{1,1}$$

$$M_{pl,y,d} = 337,9 + 127,8 = 465,7 \text{ kNm}$$

$$M_{pl,z,d} = 2 \cdot 1,6 \cdot \frac{20^2}{4 \cdot 100} \cdot \frac{24}{1,1} = 69,8 \text{ kNm}$$

$$V_{pl,z,d} = A_S \cdot f_{y,d} = 48,4 \cdot \frac{24}{1,1 \cdot \sqrt{3}} = 609,7 \text{ kN}$$

$$V_{pl,y,d} = A_G \cdot f_{y,d} = 2 \cdot 32 \cdot \frac{24}{1,1 \cdot \sqrt{3}} = 806,2 \text{ kN}$$

Interaktion M_y-N

Man hat 2 Bereiche zu unterscheiden:

A) $0 \le N_{pl} \le N_{pl,S} = 1056$ kN

Wie beim Rechteckquerschnitt wird der zur y-Achse nahe Bereich der Normalkraft zugeordnet. Der Anteil des Steg-Moments $M_{pl,S}$ nimmt quadratisch bis Null ab, das Gurt-Moment $M_{pl,G}$ bleibt erhalten.

$$\frac{N}{N_{pl,S}} = \xi \qquad 0 \le \xi \le 1 \qquad \frac{N_{pl,S}}{N_{pl}} = \frac{1056}{2452,4} = 0,431$$

$$\frac{M_y}{M_{pl,y}} = \frac{M_{pl,G} + M_{pl,S} \cdot (1-\xi^2)}{M_{pl}} = \frac{337,9 + 127,8 \cdot (1-\xi^2)}{465,7} = 0,726 + 0,274 \cdot (1-\xi^2)$$

B) $N_{pl} > N_{pl,S} = 1056$ kN

Mit Anwachsen über $N_{pl,S}$ hinaus nimmt die Normalkraft auch Teilbereiche der beiden Gurte in Anspruch. Der Anteil des Gurt-Moments $M_{pl,G}$ nimmt linear bis Null ab.

Interaktionsdiagramm M_y-N

Im Diagramm ist dem genauen Interaktions-Verlauf derjenige nach DIN 18800 Teil 1 gegenübergestellt:

$$\text{Für} \quad 0,1 \le \frac{N}{N_{pl}} \le 1$$

$$\text{ist} \quad 0,9 \cdot \frac{M_y}{M_{pl,y}} + \frac{N}{N_{pl}} = 1$$

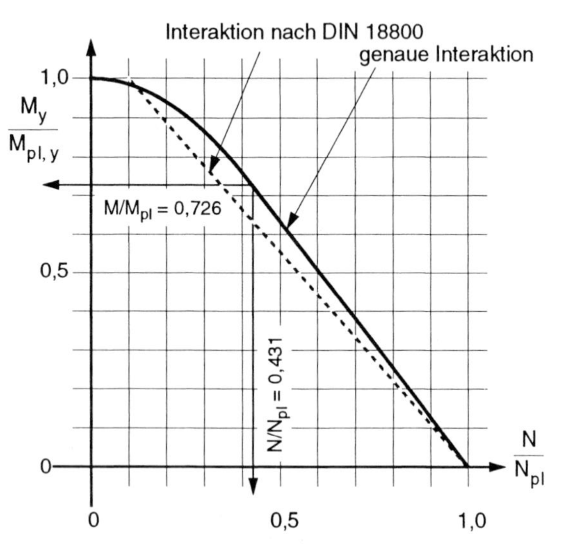

Interaktion M_y-V_z

Die Querkraft V_z wird allein vom Steg aufgenommen. Hier treten Stegmoment $M_{pl,S}$ und Querkraft V_z nach Maßgabe der Verhältnisse beim Rechteckquerschnitt in Interaktion. Es wird die Variante B) aus Abschnitt 4.10.1 angewendet.

Das Gurtmoment $M_{pl,G}$ bleibt unangetastet.

Die frühere Forderung $V/V_{pl} \leq 0{,}9$ besteht nicht mehr. Es gilt: $V/V_{pl} \leq 1$.

Die Wertetabelle aus Abschnitt 4.10.1 wird entsprechend abgeändert:

V/V_{pl}	M/M_{pl} Rechteck-Querschn.	M/M_{pl} I-Querschnitt	M/M_{pl} DIN 18800
0	1	1	1
1/6	0,993	0,998	1
1/3	0,971	0,992	≈ 1
1/2	0,927	0,980	0,926
2/3	0,785	0,941	0,856
1	0	0,726	0,716

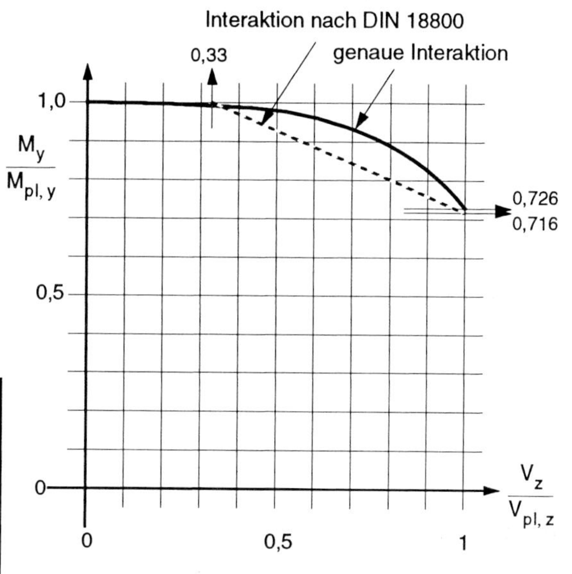

Interaktionsdiagramm M_y-V_z

Beim I-Querschnitt gilt dann:

$$\frac{M_y}{M_{pl,y}} = \frac{M_{pl,G}}{M_{pl}} + \frac{M_{pl,S}}{M_{pl}} \cdot \frac{M}{M_{pl}}\text{(Rechteck)} = 0,726 + 0,274 \cdot \frac{M}{M_{pl}}\text{(Rechteck)}$$

Im Diagramm ist dem genauen Interaktionsverlauf der nach DIN 18800 Teil 1 gegenübergestellt:

Für $0,33 \leq \frac{V_z}{V_{pl,z}} \leq 1$ ist

$$0,88 \cdot \frac{M_y}{M_{pl,y}} + 0,37 \cdot \frac{V_z}{V_{pl,z}} = 1$$

Interaktion M_z-N

Das Moment M_z wird allein von den beiden Gurten aufgenommen. Dieses Moment und der Normalkraftanteil N_G treten nach der Maßgabe beim Rechteckquerschnitt in Interaktion.

Die Normalkraft im Steg $N_{pl,S}$ bleibt unangetastet. Bis zum Grenzwert

$$\frac{N}{N_{pl}} = \frac{N_{pl,S}}{N_{pl}} = \frac{1056}{2452} = 0,431$$

besteht also keine Beeinträchtigung für M_z.

Im Bereich $N/N_{pl} > 0{,}431$ ist der Verlauf eine quadratische Parabel.

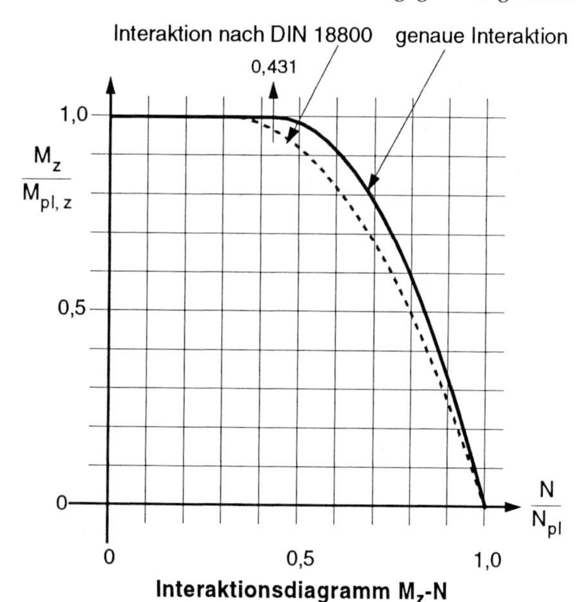

Interaktionsdiagramm M_z-N

Im vorstehenden Diagramm ist dem genauen Interaktionsverlauf derjenige nach DIN 18800 Teil 1 gegenübergestellt:

$$\text{Für} \quad 0,3 \le \frac{N}{N_{pl}} \le 1 \qquad \text{ist} \qquad 0,91 \cdot \frac{M_z}{M_{pl,z}} + \left(\frac{N}{N_{pl}}\right)^2 = 1$$

Interaktion M_z-V_y

Moment M_z und Querkraft V_y werden praktisch beide allein von den Gurten aufgenommen. Die Interaktion ist also dieselbe wie beim Rechteckquerschnitt, wie sie schon in Abschnitt 4.10.1 dargestellt worden ist.

Anmerkung zu den Interaktionsgleichungen der DIN 18800

Die errechneten "genauen" Beziehungen liegen fast überall günstiger als die aus der Norm. Man muß dabei berücksichtigen, daß die Formeln der Norm allgemein gelten, also nicht jedem I-Querschnitt in gleicher Weise gerecht werden können. Dagegen gelten die hier errechneten Zahlenwerte für genaue Interaktion *nur* für das spezielle Beispiel.

Grundsätzlich ist die Benutzung genauer Interaktionsgleichungen natürlich erlaubt. Man wird davon jedoch nur in Ausnahmefällen Gebrauch machen. In der Regel benutzt man die vereinfachten Interaktionsbeziehungen nach DIN 18800 Teil 1, Tabellen 16 und 17.

Interaktionsbeziehungen bei mehr als zwei Schnittgrößen

Auch hier empfiehlt es sich, die Regelungen der DIN 18800 Teil 1 zu benutzen. Es sind jedoch z.B. bei N-M_y-M_z-Interaktion die Begrenzungen der Querkräfte zu beachten.

Sofern man abweichend genauere Beziehungen aufstellen will, teilt man den Querschnitt in für die einzelnen Schnittgrößen zweckmäßig zugeordnete Bereiche ein. Grundsätzlich ist dabei jede Anordnung zulässig, wenn nur die Fließspannungen für σ, τ bzw. σ_v eingehalten sind.

Besonders schwierig wird bei Torsion nicht wölbfreier Querschnitte die Berücksichtigung von Wölbnormalspannungen. Siehe dazu Ausführungen in [23], [24], [25] und in [9], Jahrgang 2002, S. 76 f.

Anmerkung zu den Tabellenwerten für Walzprofile in Abschnitt 4.12

Die Walzprofile IPE, HEA, HEB und HEM sind nach DIN 1025 in ihren Abmessungen genormte Profile. Entsprechend sollte man annehmen, daß auch alle Tabellenwerke gleiche Querschnittswerte angeben. Das ist meist befriedigend erfüllt, aber nicht immer.

Abweichungen entstehen einmal durch Rundungen. Unterschiedliche Werte erscheinen vor allem bei den Werten für $M_{pl,y,d}$ deshalb, weil hier in manchen Werken nicht der theoretisch richtige Wert angegeben ist, sondern von [1/750] Gebrauch gemacht ist, siehe dazu Abschnitt 4.7.3 "Anmerkungen zur Berechnung der Schnittgrößen im vollplastischen Zustand". Im Sinne eines homogenen Sicherheitsniveaus ist die Verwendung der mit $\alpha_{pl,y}{}^* = 1,14$ errechneten Werte für $M_{pl,y,d}$ nicht konsequent, und nach der Norm ist dies auch nicht zulässig.

Inzwischen ist sogar ein typengeprüftes (!) Tabellenwerk [12] erschienen, das im günstigeren Fall von der Regelung $\alpha_{pl,y}{}^* = 1,14$ Gebrauch macht, was eindeutig falsch ist. Auch [6] gibt die entsprechenden Werte an. [7] gibt die richtigen Werte $M_{pl,y,d}$ an und die hieraus errechneten Werte $\alpha_{pl,y}$.

Die folgenden Tab. 4.7 bis 4.10 enthalten die konsequent aus dem vollplastizierten Zustand errechneten Momente $M_{pl,y,d}$.

$M_{pl,z,d}$ wurde für diese Tabellen mit der Begrenzung $\alpha_{pl,z} = 1,25$ berechnet.

4.11 Interaktion M_y-V_z bei elastischer Bemessung

Bei elastischer Bemessung ist für die Normalspannung σ geradlinige Spannungsverteilung vorausgesetzt (Hooke) und für die Schubspannung τ die Verteilung proportional zum Statischen Moment (siehe Abschnitt 4.7.2). Für die Vergleichsspannung σ_v maßgebend werden die Werte σ_i und τ_i am Punkt (i), dem Beginn der Ausrundung Steg-Flansch (siehe Abschnitt 9.1.4).

Mit den bereits errechneten Werten für das Profil HEB-400 wird:

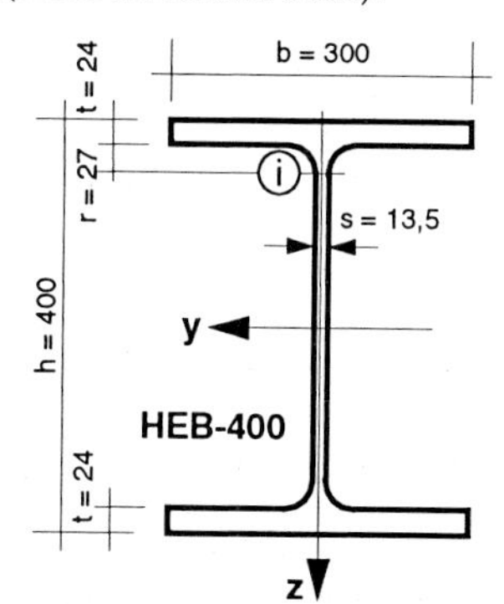

Punkt (i) $\quad S_i = 1616 - 1,35 \cdot 14,9^2/2 = 1466 \text{ cm}^3$

$$M_{el,y,d} = \frac{I_y}{h/2} \cdot f_{y,d} = \frac{57681}{40/2} \cdot \frac{21,82}{100} = 629,2 \text{ kNm}$$

mit $\quad \sigma_i = \frac{62920}{57681} \cdot 14,9 = 16,25 \text{ kN/cm}^2$

$$V_{el,z,d} = \frac{I_y \cdot s}{maxS_y} \cdot \frac{f_{y,d}}{\sqrt{3}} = \frac{57681 \cdot 1,35}{1616} \cdot \frac{21,82}{\sqrt{3}} = 607,0 \text{ kN}$$

mit $\quad \tau_i = \frac{607 \cdot 1466}{57681 \cdot 1,35} = 11,43 \text{ kN/cm}^2$

Vergleichsspannung $\quad \sigma_{v,i} = \sqrt{\sigma_i^2 + 3\tau_i^2} = \sqrt{16,25^2 + 3 \cdot 11,43^2} = 25,61 \text{ kN/cm}^2 = 1,174 \cdot f_{y,d}$

Die Vergleichsspannung darf jedoch den Wert $\sigma_{v,R,d} = f_{y,d} = 21,82 \text{ kN/cm}^2$ nicht übersteigen!

Zulässige elastische Querkraft bei $M = M_{el,y,d}$

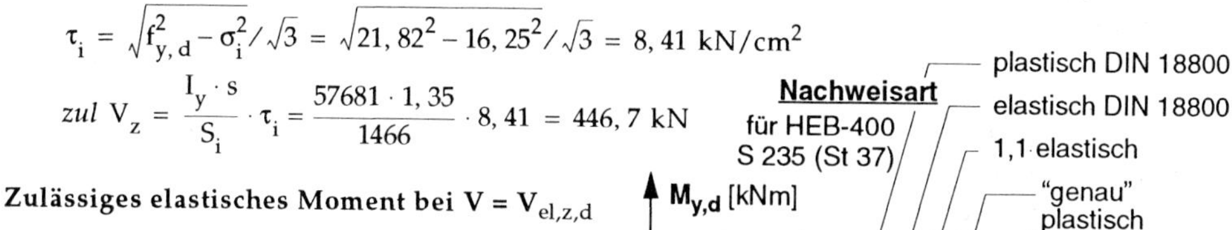

$$\tau_i = \sqrt{f_{y,d}^2 - \sigma_i^2}/\sqrt{3} = \sqrt{21,82^2 - 16,25^2}/\sqrt{3} = 8,41 \text{ kN/cm}^2$$

$$zul\ V_z = \frac{I_y \cdot s}{S_i} \cdot \tau_i = \frac{57681 \cdot 1,35}{1466} \cdot 8,41 = 446,7 \text{ kN}$$

Zulässiges elastisches Moment bei $V = V_{el,z,d}$

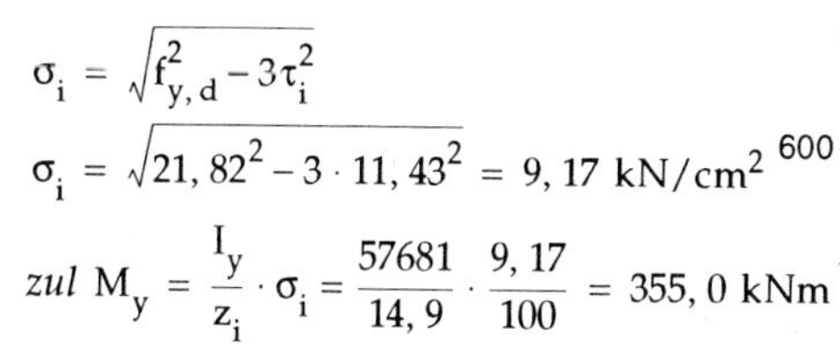

$$\sigma_i = \sqrt{f_{y,d}^2 - 3\tau_i^2}$$

$$\sigma_i = \sqrt{21,82^2 - 3 \cdot 11,43^2} = 9,17 \text{ kN/cm}^2$$

$$zul\ M_y = \frac{I_y}{z_i} \cdot \sigma_i = \frac{57681}{14,9} \cdot \frac{9,17}{100} = 355,0 \text{ kNm}$$

Dazu lassen sich Zwischenwerte berechnen.

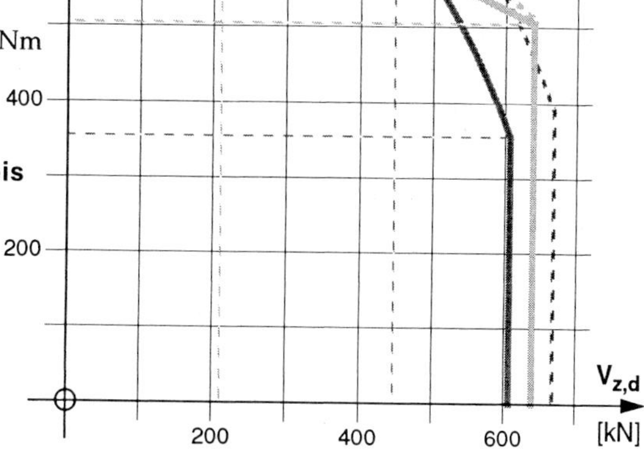

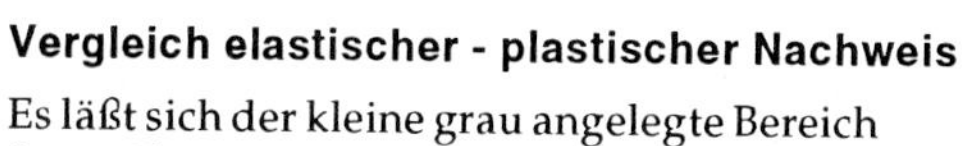

Vergleich elastischer - plastischer Nachweis

Es läßt sich der kleine grau angelegte Bereich feststellen, innerhalb dessen der elastische Nachweis günstiger ist als der plastische; dies ist jedoch praktisch ohne Bedeutung.

Erheblicher ist schon, daß der 1,1-fache elastische Nachweis (für "einfache Fälle", siehe Abschnitt 4.7.2) im Bereich mittlerer bis hoher Querkräfte günstigere Ausnutzung erlaubt als der plastische Nachweis.

Der "genaue" plastische Nachweis schneidet meist etwas besser ab als der nach DIN 18800, doch wird man sich in der Praxis selten der Mühe unterziehen, diesen genauen Verlauf zu errechnen.

4.12 Plastische Schnittgrößen und andere Kennwerte für Walzprofile

Tab. 4.7 **Plastische Schnittgrößen** (für S 235) **und Kennwerte für Walzprofile IPE** DIN 1025

IPE	$N_{pl,d}$	$M_{pl,y,d}$	$V_{pl,z,d}$	$M_{pl,z,d}$	$V_{pl,y,d}$	A	I_y	i_y	I_z	i_z	$i_{z,G}$	I_T	$I_\omega = C_M$
	kN	kNm	kN	kNm	kN	cm^2	cm^4	cm	cm^4	cm	cm	cm^4	cm^6
80	167	5,07	35,8	1,27	60	7,64	80,1	3,24	8,49	1,05	1,18	0,70	118
100	225	8,60	48,7	1,58	79	10,3	171	4,07	15,9	1,24	1,40	1,21	351
120	288	13,2	63,0	2,36	102	13,2	318	4,90	27,7	1,45	1,63	1,74	890
140	358	19,3	78,8	3,36	127	16,4	541	5,74	44,9	1,65	1,87	2,45	1980
160	438	27,0	96,1	4,54	153	20,1	869	6,58	68,3	1,84	2,08	3,62	3960
180	521	36,3	115	6,04	183	23,9	1320	7,42	101	2,05	2,32	4,80	7430
200	622	48,1	135	7,77	214	28,5	1940	8,26	142	2,24	2,52	7,02	12990
220	728	62,3	157	10,2	255	33,4	2770	9,11	205	2,48	2,79	9,10	22670
240	853	80,0	180	12,9	296	39,1	3890	9,97	284	2,69	3,03	12,9	37390
270	1000	106	216	17,0	347	45,9	5790	11,2	420	3,02	3,41	16,0	70580
300	1170	137	259	22,0	404	53,8	8360	12,5	604	3,35	3,79	20,2	125900
330	1370	175	301	26,9	464	62,6	11770	13,7	788	3,55	4,02	28,3	199100
360	1590	222	350	33,5	544	72,7	16270	15,0	1040	3,79	4,29	37,5	313600
400	1840	285	419	39,9	612	84,5	23130	16,5	1320	3,95	4,49	51,4	490000
450	2160	370	516	48,1	699	98,8	33740	18,5	1680	4,12	4,72	67,1	791000
500	2520	479	622	58,4	806	116	48200	20,4	2140	4,31	4,96	89,7	1 249000
550	2930	608	745	69,3	910	134	67120	22,3	2670	4,45	5,16	124	1 884000
600	3400	766	878	84,0	1050	156	92080	24,3	3390	4,66	5,41	166	2 846000

Tab. 4.8 **Plastische Schnittgrößen** (für S 235) **und Kennwerte für Walzprofile HEA** DIN 1025

HEA	$N_{pl,d}$	$M_{pl,y,d}$	$V_{pl,z,d}$	$M_{pl,z,d}$	$V_{pl,y,d}$	A	I_y	i_y	I_z	i_z	$i_{z,G}$	I_T	$I_\omega = C_M$
	kN	kNm	kN	kNm	kN	cm^2	cm^4	cm	cm^4	cm	cm	cm^4	cm^6
100	463	18,1	55,4	7,3	202	21,2	349	4,06	134	2,51	2,66	5,26	2581
120	553	26,1	66,8	10,5	242	25,3	606	4,89	231	3,02	3,21	6,02	6472
140	685	37,9	86,3	15,2	300	31,4	1030	5,73	389	3,52	3,75	8,16	15060
160	846	53,5	108	21,0	363	38,8	1670	6,57	616	3,98	4,26	12,3	31410
180	987	70,9	122	28,0	431	45,3	2510	7,45	925	4,52	4,82	14,9	60210
200	1170	93,7	147	36,4	504	53,8	3690	8,28	1340	4,98	5,32	21,1	108000
220	1400	124	175	48,5	610	64,3	5410	9,17	1950	5,51	5,88	28,6	193300
240	1680	162	206	62,9	726	76,8	7760	10,1	2770	6,00	6,40	41,7	328500
260	1890	201	224	76,9	819	86,2	10450	11,0	3670	6,50	6,91	52,6	516400
280	2120	243	259	92,8	917	97,3	13670	11,9	4760	7,00	7,46	62,4	785400
300	2460	302	296	115	1060	113	18260	12,7	6310	7,49	7,97	85,6	1 200000
320	2710	355	334	127	1170	124	22930	13,6	6990	7,49	7,99	108	1 512000
340	2910	404	375	135	1250	133	27690	14,4	7440	7,46	7,99	128	1 824000
360	3120	456	419	143	1320	143	33090	15,2	7890	7,43	7,98	149	2 177000
400	3470	559	514	156	1440	159	45070	16,8	8560	7,34	7,94	190	2 942000
450	3880	702	607	172	1590	178	63720	18,9	9470	7,29	7,93	245	4 148000
500	4310	862	706	188	1740	198	86970	21,0	10370	7,24	7,91	310	5 643000
550	4620	1008	812	197	1810	212	111900	23,0	10820	7,15	7,86	353	7 189000
600	4940	1167	925	205	1890	226	141200	25,0	11270	7,05	7,82	399	8 978000
650	5270	1339	1044	213	1965	242	175200	26,9	11720	6,97	7,77	450	11 027000
700	5684	1534	1211	221	2041	260	215300	28,8	12180	6,84	7,70	515	13 352000
800	6236	1898	1440	230	2116	286	303400	32,6	12640	6,65	7,58	599	18 290000
900	6993	2359	1733	246	2267	321	422100	36,3	13550	6,50	7,49	739	24 962000
1000	7567	2798	1993	255	2343	347	553800	40,0	14000	6,35	7,41	829	32 074000

Tab. 4.9 **Plastische Schnittgrößen** (für S 235) **und Kennwerte für Walzprofile HEB** DIN 1025

HEB	$N_{pl,d}$	$M_{pl,y,d}$	$V_{pl,z,d}$	$M_{pl,z,d}$	$V_{pl,y,d}$	A	I_y	i_y	I_z	i_z	$i_{z,Gurt}$	I_T	$I_\omega = C_M$
	kN	kNm	kN	kNm	kN	cm^2	cm^4	cm	cm^4	cm	cm	cm^4	cm^6
100	568	22,7	68,0	9,12	252	26,0	450	4,16	167	2,53	2,69	9,29	3375
120	742	36,0	89,2	14,4	333	34,0	864	5,04	318	3,06	3,24	13,9	9410
140	937	53,5	113	21,4	423	43,0	1510	5,93	550	3,58	3,80	20,1	22480
160	1180	77,2	148	30,3	524	54,3	2490	6,78	898	4,05	4,31	31,4	47940
180	1420	105	178	41,3	635	65,3	3830	7,66	1360	4,57	4,87	42,3	93750
200	1700	140	210	54,6	756	78,1	5700	8,54	2000	5,07	5,39	59,5	171100
220	1990	180	244	70,5	887	91,0	8090	9,43	2840	5,59	5,95	76,8	295400
240	2310	230	281	89,2	1030	106	11260	10,3	3920	6,08	6,47	103	486900
260	2580	280	305	108	1150	118	14920	11,2	5130	6,58	6,99	124	753700
280	2870	335	347	128	1270	131	19270	12,1	6590	7,09	7,54	144	1 130000
300	3250	408	389	156	1440	149	25170	13,0	8560	7,58	8,06	186	1 688000
320	3520	469	434	168	1550	161	30820	13,8	9240	7,57	8,06	226	2 069000
340	3730	525	481	176	1630	171	36660	14,6	9690	7,53	8,05	258	2 454000
360	3940	585	531	184	1700	181	43190	15,5	10140	7,49	8,03	293	2 883000
400	4320	705	639	197	1810	198	57680	17,1	10820	7,40	7,99	357	3 817000
450	4760	869	748	213	1970	218	79890	19,1	11720	7,33	7,97	442	5 258000
500	5210	1050	862	230	2120	239	107200	21,2	12620	7,27	7,94	540	7 018000
550	5540	1220	984	238	2190	254	136700	23,2	13080	7,17	7,89	602	8 856000
600	5890	1402	1110	246	2270	270	171000	25,2	13530	7,08	7,84	669	10 965000
650	6247	1597	1248	254	2343	286	210600	27,1	13980	6,99	7,80	741	13 363000
700	6685	1817	1431	263	2419	306	256900	29,0	14440	6,87	7,73	833	16 064000
800	7292	2232	1690	271	2494	334	359100	32,8	14900	6,68	7,61	949	21 840000
900	8101	2746	2015	287	2645	371	494100	36,5	15820	6,53	7,52	1140	29 461000
1000	8727	3241	2308	296	2721	400	644700	40,1	16280	6,38	7,43	1260	37 637000

Tab. 4.10 **Plastische Schnittgrößen** (für S 235) **und Kennwerte für Walzprofile HEM** DIN 1025

HEM	$N_{pl,d}$	$M_{pl,y,d}$	$V_{pl,z,d}$	$M_{pl,z,d}$	$V_{pl,y,d}$	A	I_y	i_y	I_z	i_z	$i_{z,Gurt}$	I_T	$I_\omega = C_M$
	kN	kNm	kN	kNm	kN	cm^2	cm^4	cm	cm^4	cm	cm	cm^4	cm^6
100	1160	51,5	151	20,5	534	53,2	1140	5,36	399	2,74	2,90	68,5	9925
120	1450	76,5	187	30,4	667	66,4	2020	5,51	703	3,25	3,45	92,0	24790
140	1760	108	226	42,8	809	80,6	3290	6,39	1144	3,77	4,00	120	54330
160	2120	147	277	57,8	962	97,1	5100	7,25	1760	4,26	4,52	163	108800
180	2470	193	321	75,7	1130	113	7480	8,13	2580	4,77	5,08	204	199300
200	2860	248	368	96,7	1300	131	10640	9,00	3650	5,27	5,61	260	346300
220	3260	310	418	121	1480	149	14600	9,89	5010	5,79	6,16	316	572700
240	4360	462	540	179	2000	200	24290	11,0	8150	6,39	6,78	630	1 152000
260	4790	551	584	213	2190	220	31310	11,9	10450	6,90	7,31	722	1 728000
280	5240	647	646	249	2390	240	39550	12,8	13160	7,40	7,86	810	2 520000
300	6610	890	796	341	3050	303	59200	14,0	19400	8,00	8,47	1410	4 386000
320	6810	968	844	348	3110	312	68130	14,8	19710	7,95	8,43	1510	5 004000
340	6890	1029	891	348	3110	316	76370	15,6	19710	7,90	8,41	1510	5 585000
360	6960	1089	939	346	3100	319	84870	16,3	19520	7,83	8,36	1510	6 137000
400	7110	1215	1040	344	3090	326	104100	17,9	19340	7,70	8,29	1520	7 410000
450	7320	1381	1160	344	3090	335	131500	19,8	19340	7,59	8,23	1530	9 252000
500	7510	1548	1280	341	3080	344	161900	21,7	19150	7,46	8,15	1540	11 187000
550	7730	1731	1410	341	3080	354	198000	23,6	19160	7,35	8,09	1560	13 516000
600	7930	1914	1530	339	3070	364	237400	25,6	18980	7,22	8,01	1570	15 908000
650	8153	2107	1662	339	3070	374	281700	27,5	18980	7,13	7,96	1580	18 650000
700	8356	2299	1789	337	3064	383	329300	29,3	18800	7,01	7,87	1590	21 398000
800	8821	2725	2047	335	3053	404	442600	33,1	18630	6,79	7,72	1650	27 775000
900	9242	3151	2301	333	3043	424	570400	36,7	18450	6,60	7,60	1680	34 746000
1000	9692	3615	2561	333	3043	444	722300	40,3	18460	6,45	7,50	1710	43 015000

5 Schraubverbindungen

5.1 Schraubenarten und ihre Wirkungsweise

5.1.1 Einsatzmöglichkeiten und Ausführungsformen

[1/506] Schrauben werden im Stahlbau bevorzugt zur Verbindung von Bauteilen eingesetzt. Schrauben sind *punktförmig* wirkende, *lösbare* Verbindungsmittel. Haupteinsatzgebiet für Schraubverbindungen ist die Montage auf der Baustelle.

Schraubverbindungen sind einfach zu montieren; sie bedürfen hierfür keiner aufwendigen Vorbereitungen, Hilfsmittel und Schutzmaßnahmen. Die sachgemäße Ausführung ist auch nachträglich einfach zu kontrollieren.

Schrauben können Kräfte sowohl senkrecht zur Schraubenachse, parallel zur Schraubenachse als auch in Kombination beider Wirkungsweisen übertragen.

Schrauben können sowohl gewöhnlich (ohne Kontrolle des Anzugsmoments) angezogen werden als auch (*nur* bei Festigkeitsklassen 8.8 und 10.9) mit planmäßiger Vorspannung **V** eingesetzt werden. *Zugbeanspruchte* Schrauben **Z** der Festigkeitsklassen 8.8 und 10.9 *müssen* planmäßig *vorgespannt* werden.

Schraubverbindungen für Kraftübertragung senkrecht zur Schraubenachse können als Scher-Lochleibungsverbindungen **SL** oder (bei Festigkeitsklassen 8.8 und 10.9) unter Ausnutzung besonders vorbereiteter Reibflächen und planmäßiger Vorspannung als gleitfeste vorgespannte Verbindungen **GV** eingesetzt werden.

Schrauben können in Schraubenlöcher mit 1,0 bis 2,0 mm Spiel eingezogen werden oder als Paßschrauben **P** mit einem Lochspiel ≤ 0,3 mm eingezogen werden.

[1/506] Die Ausführungsformen für Schraubverbindungen sind nach {1/6} zu unterscheiden, siehe Tab. 5.1.

Tab. 5.1 **Ausführungsformen von Schraubverbindungen** nach {1/6}

Ausführungsart	Nennlochspiel $\Delta d = d_L - d_{Sch}$ [mm]	nicht oder nicht planmäßig vorgespannte Schrauben	planmäßig vorgespannte HV-Schrauben	
			ohne gleitfeste Reibfläche	mit gleitfester Reibfläche
ohne Passung	$0,3 < \Delta d \leq 2,0$	**SL**	**SLV**	**GV**
Paßverbindungen	$\Delta d \leq 0,3$	**SLP**	**SLVP**	**GVP**

mit **SL** Scher-Lochleibungsverbindungen
SLP Scher-Lochleibungs-Paßverbindungen
SLV planmäßig vorgespannte Scher-Lochleibungsverbindungen

SLVP planmäßig vorgespannte Scher-Lochleibungs-Paßverbindungen
GV gleitfeste planmäßig vorgespannte Verbindungen
GVP gleitfeste planmäßig vorgespannte Paßverbindungen

Die verschiedenen Schraubenfestigkeiten und deren charakteristische Werte sind {1/2} zu entnehmen (siehe Abschnitt 4.4).

Wichtig: Im Stahlhochbau werden zur Übertragung von Kräften senkrecht zur Schraubenachse meistens Rohschrauben 4.6 ohne Passung (**SL**) und **HV**-Schrauben 10.9 ohne Passung (**SL** oder **SLV**) verwendet. Diese Schraubverbindungen dürfen wegen des möglichen Lochspiels nicht in *einem* Stoßquerschnitt zusammen mit Schweißnähten eingesetzt werden. - Bei Rahmentragwerken und einem Lochspiel ≥ 1 mm müssen evtl. Zusatzbeanspruchungen aus dem *Lochschlupf* angesetzt werden, siehe hierzu [1/733+737+813 + 2/118].

Üblich ist die Verwendung von Schrauben mit glattem Schaft. Das Gewinde soll dann außerhalb der Klemmlänge liegen; der Übergang vom Schaft zum Gewinde liegt im Bereich der 8 mm dicken Scheibe.

Zur Übertragung von Kräften in Richtung der Schraubenachse werden im Stahlhochbau am häufigsten Rohschrauben 4.6, Ankerschrauben 5.6 und besonders **HV**-Schrauben 10.9 verwendet.

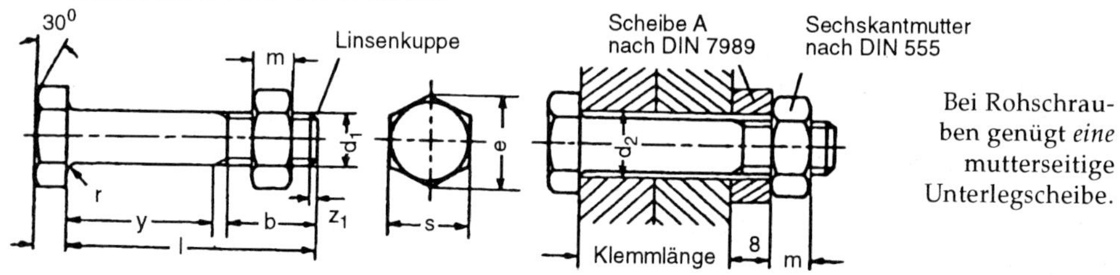

Bei Rohschrauben genügt *eine* mutterseitige Unterlegscheibe.

Bild 5.1 **Rohschraube DIN 7990 mit Mutter und Unterlegscheibe**

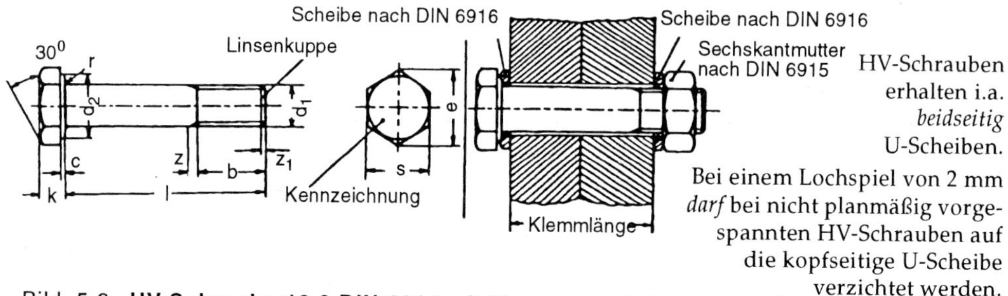

HV-Schrauben erhalten i.a. *beidseitig* U-Scheiben.

Bei einem Lochspiel von 2 mm *darf* bei nicht planmäßig vorgespannten HV-Schrauben auf die kopfseitige U-Scheibe verzichtet werden.

Bild 5.2 **HV-Schraube 10.9 DIN 6914 mit Mutter und Unterlegscheiben**

Die früher im Stahlbau nicht verwendeten HV-Schrauben 8.8 ("Maschinenschrauben") werden heute vermehrt eingesetzt, wobei der Vorteil hoher Festigkeit verbunden ist mit der Möglichkeit, bei durchgehendem Gewinde (kein glatter Schaft!) weniger unterschiedliche Schraubenlängen bereithalten zu müssen.

Paßverbindungen mit einem Lochspiel ≤ 0,3 mm sitzen sehr stramm. Wegen der erforderlichen Paßgenauigkeit wird zumeist ein Aufbohren der mit geringerem Lochdurchmesser vorgebohrten Löcher auf den Solldurchmesser nach dem Heften der zu verbindenenden Teile erforderlich (teuer!). Paßverbindungen dürfen in *einem* Stoßquerschnitt zusammenwirkend mit Schweißnähten eingesetzt werden.

Gleitfeste Verbindungen (nur mit planmäßig vorgespannten HV-Schrauben) wirken auf Grund der Vorspannung *und* entsprechend vorbereiteter Reibflächen planmäßig über Reibschluß. Dies ergibt sehr starre Verbindungen, die auch mit Lochspiel 1 - 2 mm in *einem* Querschnitt zusammenwirkend mit Schweißnähten verwendet werden dürfen.

Planmäßige Vorspannung für HV-Schrauben wird meistens mit Hilfe von Drehmomentenschlüsseln aufgebracht, die bei Erreichen eines einstellbaren Drehmoments deutlich klacken, oder mit elektronisch geregelten Elektroschraubern. Das einzustellende Drehmoment in Abhängigkeit von Schraubendurchmesser und Schmierung (eigentlich immer MoS_2) ist DIN 18800 Teil 7, Tab. 1, zu entnehmen.

5.1.2 Schraubendurchmesser und Darstellung von Schrauben

Übliche Schaftdurchmesser von Schrauben sind

d_{Sch} = 12 / 16 / 20 / 24 / 27 / 30 / 36 mm.

Größere Schraubendurchmesser sind möglich, kleinere Durchmesser sind für den Stahlbau nicht genormt; im Leichtbau (z.B. Gewächshausbau) werden auch Schrauben M8 und M10 verwendet. - Der in den meisten Tabellen aufgeführte Schraubendurchmesser 22 mm wird in der Praxis nicht mehr verwendet.

Die Darstellung der Schrauben erfolgte früher allgemein mit Sinnbildern nach DIN 407 Blatt 1 (Tab. 5.2). Diese Darstellung ist gut lesbar und wird in diesem Buch bei den meisten Bildern beibehalten.

Tab. 5.2 **Schraubensinnbilder nach DIN 407 Blatt 1**

Festigkeitsklasse		Schraube	M12	M16	M20	M24	M27	M30	M36
	4.6	DIN 7990					28	31	37
HV	10.9	DIN 6914					28	31	37
	Anziehmoment [Nm] Schraube MoS_2-geschmiert		100	250	450	800	1250	1650	2800
Zusatzsymbole			Baustellen-schraube		Baustellen-bohrung		oben versenkt		unten versenkt

Im Zeichen der CAD-Darstellung wurden Schraubensymbole vereinfacht und neu in DIN ISO 5261 (2.83) genormt (Tab. 5.3).

Tab. 5.3 **Schraubenbilder nach DIN ISO 5261**

Zeichenebene	senkrecht zur Schraubenachse			parallel zur Schraubenachse		
Zusatzsymbole	ohne	von vorn gesenkt	von hinten gesenkt	ohne	Mutter rechts	Senkung rechts
Bohrung und Einbau in der Werkstatt						
Bohrung in der Werkstatt Einbau auf der Baustelle						
Bohrung und Einbau auf der Baustelle						

Zusätzlich zu den Sinnbildern muß der Schraubendurchmesser angegeben werden, im Zweifelsfall auch die Werkstoffgüte und in Werkstattplänen die Schraubenlänge.

Bei der Darstellung nur von Bohrungen entfallen bei der Draufsicht der schwarze Kreis bzw. beim Schnitt die senkrechten Querstriche. Der Lochdurchmesser ist zusätzlich anzugeben.

Auf das Zusatzsymbol "Einbau auf der Baustelle" wird oft verzichtet, weil dies den konstruktiven Normalfall darstellt. Schrauben werden auch ohne die beiden Querstriche dargestellt.

In Werkstattplänen oder Stücklisten muß die Schraubenlänge in Abhängigkeit der Klemmlänge (Gesamtdicke der verschraubten Bauteile) angegeben werden. Tab. 5.4 gibt einen Auszug aus der Klemmlängen-Tabelle für Rohschrauben.

Tab. 5.4 **Klemmlängen für Schrauben nach DIN 7990 (4.6)** - Auszug

Schraubenlänge [mm]	M12	M16	M20	M24	M27	M30
30	6-9	–	–	–	–	–
35	10-14	6–10	–	–	–	–
40	15-19	11–15	8–12	–	–	–
45	20-24	16–20	13–17	9–13	–	–
50	25-29	21–25	18–22	14–18	–	–
...						
100	75-79	71–75	68–72	64–68	61–65	59–63
105	80-84	76–80	73–77	69–73	66–70	64–68
...						
200	-	–	–	164–168	161–165	159–163

Die vollständige Bezeichnung einer Schraube M16 (4.6) für 22 mm Klemmlänge lautet: M16 x 50 DIN 7990 (mit Mutter DIN EN 24034 und Scheibe A DIN 7989).

Für HV-Schrauben gilt eine andere Klemmlängen-Tabelle.

5.2 Konstruktive Grundsätze

5.2.1 Stöße und Anschlüsse

[1/504] Stöße und Anschlüsse sollen gedrungen ausgebildet werden. Unmittelbare und symmetrische Stoßdeckung ist anzustreben. Einzelne Querschnittsteile (z.B. Flansche und Steg eines Walzprofils) sollen für sich mit den anteiligen Schnittgrößen angeschlossen oder gestoßen werden. Andernfalls treten Kräfteumleitungen, ausmittige Beanspruchungen, usw. auf, die nachzuweisen sind.

Ausmittige Verbindungen bewirken ungewollte Verbiegungen; symmetrische Verbindungen (ggf. zweischnittige) sind den unsymmetrischen vorzuziehen.

[1/510] Der Kraftfluß soll möglichst direkt sein. Zwischenlagen und indirekte Anschlüsse sind möglichst zu vermeiden. Bei mittelbarer Stoßdeckung über m Zwischenlagen ist die erforderliche Anzahl der Schrauben je Zwischenlage um 30 % zu erhöhen., siehe Bild 5.3.

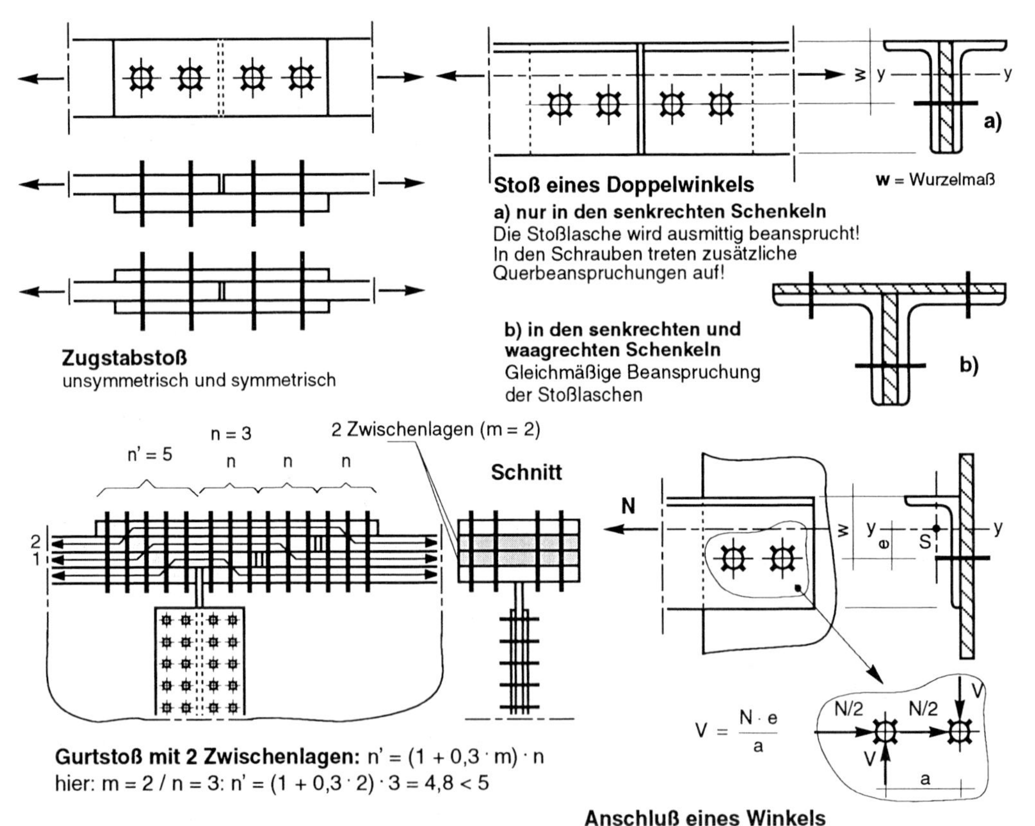

Bild 5.3 **Stöße und Anschlüsse** (Beispiele)

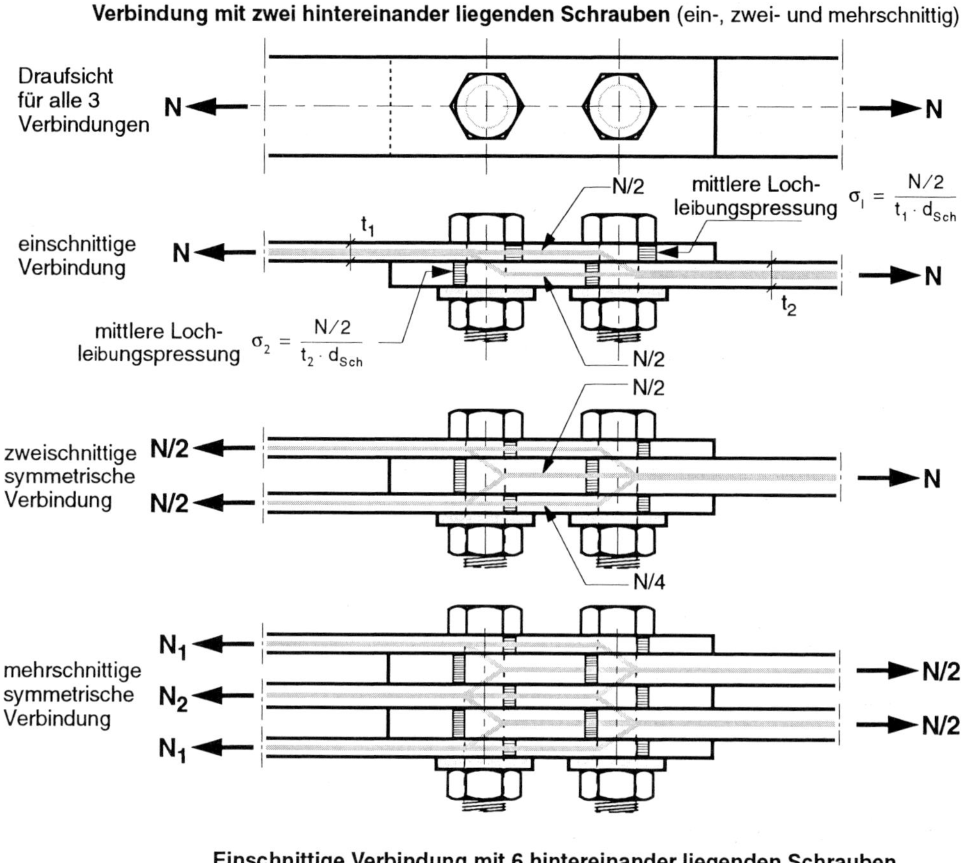

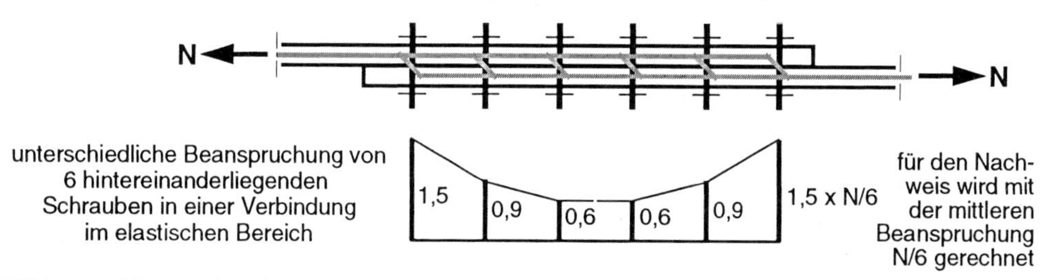

Bild 5.4 **Ein- und mehrschnittige Verbindungen - Verlauf der Kräfte**

Begrenzung der Anzahl der Schrauben

[1/804] Liegen in einem Anschluß mehr als 2 Schrauben hintereinander, so werden die inneren Schrauben geringer beansprucht als die äußeren (zumindest im elastischen Beanspruchungsbereich), siehe Bild 5.4. Bei unmittelbaren Laschen- und Stabanschlüssen dürfen daher *nicht mehr* als 8 Schrauben hintereinander in Rechnung gestellt werden. Der Nachweis erfolgt mit dem Mittelwert.

Wahl des Schraubendurchmessers

Bei hauptsächlich auf Abscheren beanspruchten Rohschrauben 4.6 erfolgt die Auswahl des Schraubendurchmessers in Abhängigkeit von der kleinsten Blechdicke in dem von der betreffenden Schraube zusammengefaßten Querschnitt. Als grobe Regel gilt für den Schaftdurchmesser:

$$d_{Sch} = \mathit{min}\ t + 10\ \text{mm}.$$

Für zugbeanspruchte Schrauben, insbesondere für HV-Schrauben, gelten andere Kriterien (z.B. die Biegebeanspruchung von Stirnplatten). - Andererseits sollen die Schraubendurchmesser möglichst einheitlich festgelegt werden, um besonders bei HV-Schrauben mit planmäßiger Vorspannung ein häufiges Wechseln der Schraubenschlüssel bzw. deren Einstellung für das Vorspannmoment zu vermeiden. Für Walzerzeugnisse wie I-Profile, Winkel u.a. sind in den Profilnormen Größtdurchmesser für Schraubverbindungen angegeben, die beachtet werden müssen.

5.2.2 Rand- und Lochabstände

[1/513] Für die Größt- und Kleinstabstände von Schrauben gilt {1/7} in Verbindung mit Bild 5.5. Dabei bedeutet t die *kleinste* Blechdicke in der Verbindung.

Tab. 5.5 **Rand- und Lochabstände für Schrauben** nach {1/7}

<table>
<tr><th colspan="3">Randabstände</th><th colspan="3">Lochabstände</th></tr>
<tr><td rowspan="2">kleinster Rand-abstand</td><td rowspan="2">in Kraftrichtung und rechtwinklig zur Kraftrichtung</td><td rowspan="2">$e_{1,2} \geq 1{,}2\ d_L$</td><td rowspan="2">kleinster Loch-abstand</td><td>in Kraftrichtung</td><td>$e \geq 2{,}2\ d_L$</td></tr>
<tr><td>rechtwinklig zur Kraftrichtung</td><td>$e_3 \geq 2{,}4\ d_L$</td></tr>
<tr><td rowspan="2">größter Rand-abstand</td><td rowspan="2">in Kraftrichtung und rechtwinklig zur Kraftrichtung</td><td rowspan="2">$e_{1,2} \leq 3\ d_L$
$e_{1,2} \leq 6\ t$</td><td rowspan="2">größter Loch-abstand</td><td>zur Sicherung gegen lokales Beulen</td><td>$e, e_3 \leq 6\ d_L$
$e, e_3 \leq 12\ t$</td></tr>
<tr><td>wenn lokale Beul-gefahr nicht besteht</td><td>$e, e_3 \leq 10\ d_L$
$e, e_3 \leq 20\ t$</td></tr>
<tr><td colspan="6">Bei gestanzten Löchern sind die kleinsten Randabstände 1,5 d_L, die kleinsten Lochabstände 3 d_L.
Die Rand- und Lochabstände dürfen vergrößert werden, wenn keine lokale Beulgefahr besteht und durch besondere Maßnahmen ein ausreichender Korrosionsschutz sichergestellt ist.</td></tr>
</table>

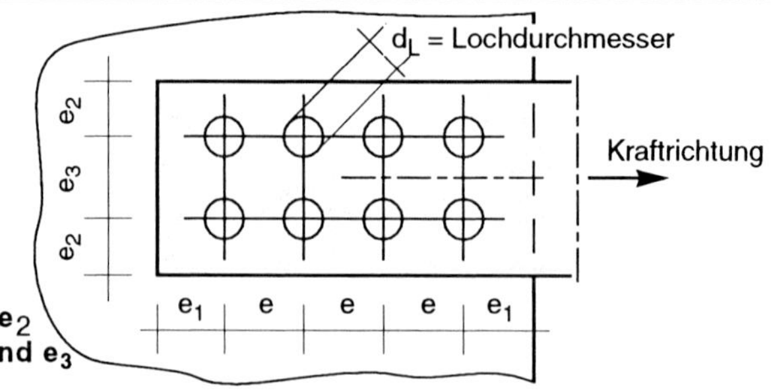

Bild 5.5 **Randabstände e_1 und e_2 und Lochabstände e und e_3**

Ausnahmen

Bei Anschlüssen mit mehr als 2 Lochreihen in und rechtwinklig zur Kraftrichtung brauchen die größten Lochabstände e und e_3 nur für die äußeren Reihen eingehalten zu werden.

Wenn ein freier Rand z.B. durch die Profilform versteift wird, darf der maximale Randabstand $8 \cdot t$ betragen, siehe Bild 5.6.

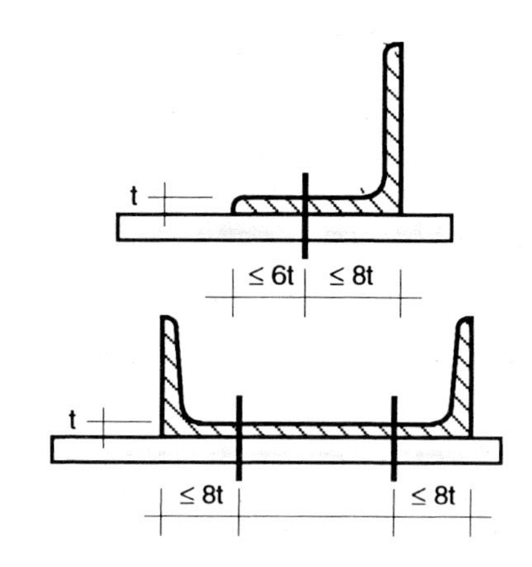

Bild 5.6 **Beispiele für die Versteifung freier Ränder im Bereich von Stößen und Anschlüssen**

5.3 Nachweise

5.3.1 Scher-Lochleibungsverbindungen

Die senkrecht zur Schraubenachse zu übertragende Kraft für eine Schraube beansprucht den Schraubenschaft auf Abscheren (Scherspannung) und den Schaft wie auch die Lochränder auf Lochleibungspressung (Bild 5.7).

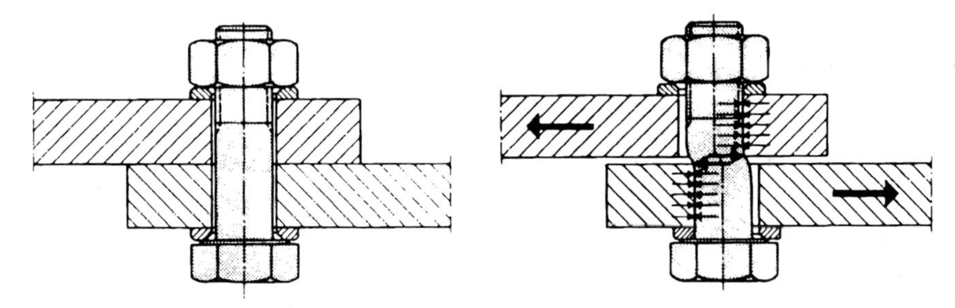

Bild 5.7 **Unbelastete HV-Schraube und Wirkungsweise einer belasteten HV-Schraube als SL-Verbindung**

Abscheren

[1/804] Die Grenzscherkraft ist

$$V_{a,R,d} = A \cdot \tau_{a,R,d} = A \cdot \alpha_a \cdot f_{u,b,k} / \gamma_M \qquad (1/47)$$

$\alpha_a = 0{,}60$ für Schrauben der Festigkeitsklassen 4.6, 5.6 und 8.8

$\alpha_a = 0{,}55$ für Schrauben der Festigkeitsklasse 10.9

Als maßgebender Abscherquerschnitt A ist dabei einzusetzen

- der Schaftquerschnitt A_{Sch}, wenn der glatte Teil des Schafts in der Scherfuge liegt,

- der Spannungsquerschnitt A_{Sp}, wenn der Gewindeteil des Schafts in der Scherfuge liegt. Bei Schrauben der Festigkeitsklasse 10.9 ist in diesem Fall $\alpha_a = 0{,}44$ zu setzen.

Nachzuweisen ist, daß die vorhandene Abscherkraft V_a *je Scherfuge* und *je Schraube* die Grenzscherkraft $V_{a,R,d}$ nicht überschreitet.

$$V_a / V_{a,R,d} \leq 1 \qquad (1/48)$$

Bei mehrschnittigen Verbindungen und bei Verbindungen aus mehreren Schrauben werden die Grenzscherkräfte addiert. Dann ist nachzuweisen, daß

$$F_{\perp} / \sum V_{a,R,d} \leq 1$$

Lochleibung

[1/805] Die Grenzlochleibungskraft ist

$$V_{l,R,d} = t \cdot d_{Sch} \cdot \sigma_{l,R,d} = t \cdot d_{Sch} \cdot \alpha_l \cdot f_{y,k} / \gamma_M \qquad (1/49)$$

α_l ist abhängig von Rand- und Lochabstand der Schrauben. Der Größtwert

$$max\ \alpha_l = 3{,}0$$

ergibt sich bei Einhaltung der Rand- und Lochabstände nach {1/8} (siehe Tab. 5.6).

Tab. 5.6 **Rand- und Lochabstände für größtmögl. Beanspruchbarkeit auf Lochleibung**

Abstände	$e \geq 3{,}5\ d_L$	$e_1 \geq 3{,}0\ d_L$	$e_2 \geq 1{,}5\ d_L$	$e_3 \geq 3{,}0\ d_L$

Tab. 5.7 **Bestimmungsgleichungen für α_l, wenn obige Werte *nicht* eingehalten sind**

Gültigkeitsbereich	$e_2 \geq 1{,}5\ d_L$ und $e_3 \geq 3{,}0\ d_L$	$e_2 = 1{,}2\ d_L$ und $e_3 = 2{,}4\ d_L$
$1{,}2\ d_L \leq e_1 \leq 3{,}0\ d_L$	$\alpha_l = 1{,}1\ e_1/d_L - 0{,}3$	$\alpha_l = 0{,}73\ e_1/d_L - 0{,}2$
$2{,}2\ d_L \leq e \leq 3{,}5\ d_L$	$\alpha_l = 1{,}08\ e/d_L - 0{,}77$	$\alpha_l = 0{,}72\ e/d_L - 0{,}51$

Für kleinere Rand- und Lochabstände gelten die Gleichungen (1/50 a-d), die in Tab. 5.7 wiedergegeben sind. Die Berechnung der Grenzlochleibungskräfte für diese kleineren Abstände ist umständlich, weshalb man zweckmäßigerweise auf Tabellen für gebräuchliche Rand- und Lochabstände zurückgreift.

Nachzuweisen ist, daß die vorhandene Lochleibungskraft V_l *einer Schraube* an *einer Lochwandung* die Grenzlochleibungskraft $V_{l,R,d}$ nicht überschreitet.

$$V_l / V_{l,R,d} \leq 1 \qquad (1/52)$$

Einschnittige ungestützte Verbindungen

[1/807] *Einschnittige ungestützte* Verbindungen mit nur *einer* Schraube in Kraftrichtung erfahren bei Längsbeanspruchung besonders große ausmittige Lochleibungsbeanspruchungen. Hierfür muß anstatt (1/52) nachfolgende Bedingung erfüllt sein:

$$V_l / V_{l,R,d} \leq 1/1,2 \qquad (1/53)$$

Außerdem gilt für die Randabstände

$e_1 \geq 2,0 \cdot d_L$ und

$e_2 \geq 1,5 \cdot d_L$

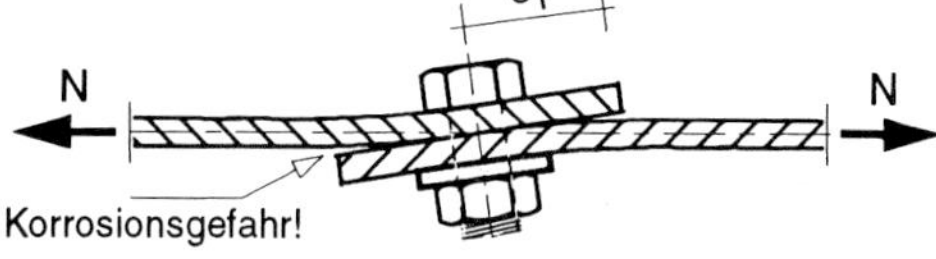

Bild 5.8 **Einschnittige ungestützte Schraubverbindung**

Der Anschlußbereich kann erheblich verbogen werden. Sich dabei öffnende Spalte bedeuten bei entsprechenden Umwelteinflüssen Korrosionsgefahr (Bild 5.8).

5.3.2 Gleitfeste Verbindungen

[1/812] Für GV- und GVP-Verbindungen gelten die Voraussetzungen:

- planmäßige Schraubenvorspannung F_v (siehe Tab. 5.2) und
- Reibflächenvorbehandlung nach DIN 18800 Teil 7.

Die Kraft wird durch Anpreßdruck und Reibung flächenhaft übertragen (Bild 5.9). Die Verbindung ist daher besonders starr. Die Reibflächen müssen besonders vorbehandelt und die Schrauben in jedem Fall vorgespannt werden.

Der Nachweis hat im *Gebrauchszustand* zu erfolgen. Er wird hier nicht behandelt.

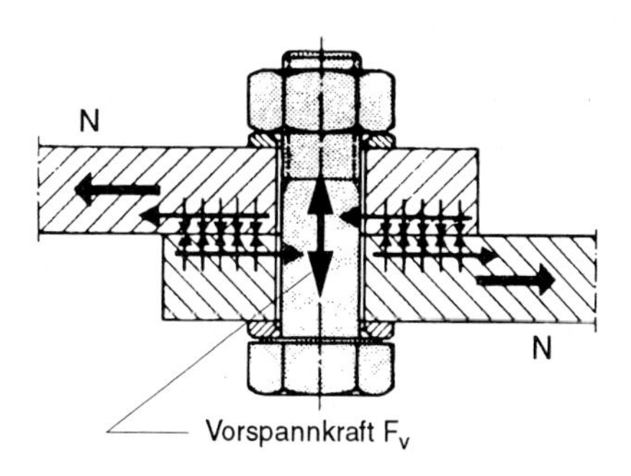

Bild 5.9 **Wirkungsweise einer belasteten HV-Schraube als GV-Verbindung**

5.3.3 Schrauben auf Zug

[1/809] Der Nachweis erfolgt sowohl auf den Schaftquerschnitt A_{Sch} als auch auf den Spannungsquerschnitt A_{Sp} (= mittlerer Gewindequerschnitt).

$$N_{R,d} \leq A_{Sch} \cdot \sigma_{1,R,d} = A_{Sch} \cdot f_{y,b,k} / (1,1 \cdot \gamma_M) \qquad (1/55+56a)$$

$$N_{R,d} \leq A_{Sp} \cdot \sigma_{2,R,d} = A_{Sp} \cdot f_{u,b,k} / (1,25 \cdot \gamma_M) \qquad (1/55+56b)$$

Für den kleineren der beiden Werte aus den beiden Gleichungen (1/55a,b) ist nachzuweisen, daß die in der Schraube vorhandene Zugkraft N die Grenzzugkraft $N_{R,d}$ nicht überschreitet.

$$N / N_{R,d} \leq 1 \qquad (1/57)$$

Für Gewindestangen, Schrauben mit Gewinde bis annähernd zum Kopf und aufgeschweißte Gewindebolzen ist anstatt Gleichung (1/55a,b) zu rechnen mit

$$N_{R,d} = A_{Sp} \cdot \sigma_{1,R,d} = A_{Sp} \cdot f_{y,b,k} / (1,1 \cdot \gamma_M)$$

5.3.4 Zug und Abscheren

[1/810] Bei *gleichzeitiger* Beanspruchung einer Schraube auf Zug und Abscheren ist ein Interaktionsnachweis zu führen:

$$\left(\frac{N}{N_{R,d}}\right)^2 + \left(\frac{V_a}{V_{a,R,d}}\right)^2 \leq 1 \qquad (1/58)$$

Die Interaktionskurve ist ein Kreis.
Der Nachweis *darf* entfallen, wenn $N/N_{R,d} \leq 0{,}25$ *oder* $V_a/V_{a,R,d} \leq 0{,}25$ ist.

5.3.5 Sonderformen und Sonderregelungen

Schrauben mit großem Durchmesser. Größter Gewinde-Nenndurchmesser für übliche Stahlbau-Schrauben ist 39 mm. Die Nachweisformate (1/55) bis (1/58) gelten auch für Schrauben mit Durchmesser größer 39 mm. Angaben zu Spannungsquerschnitten für Gewinde-Durchmesser bis M 210 (!) enthält Lit. [22].

Hammerschrauben nach DIN 7992 dienen der Verankerung großer Zugkräfte in Fundamenten o.ä. Die Kräfte werden durch Einhängen der Hammerköpfe in Schienen, Winkel, usw. eingeleitet. Bei schief sitzenden Schienen können große ausmittige Beanspruchungen auftreten, die besonders nachgewiesen werden müssen. Siehe Lit. [22].

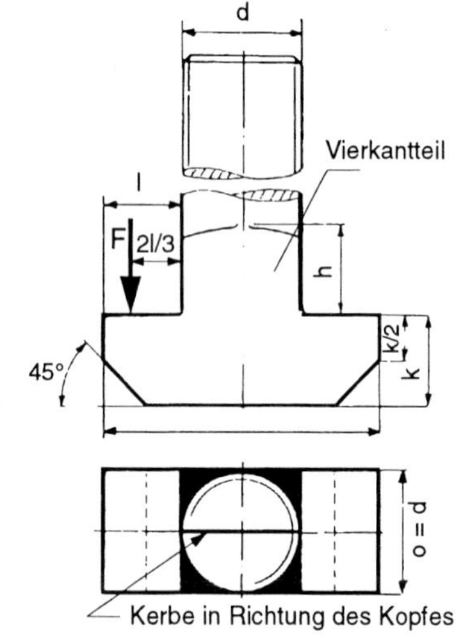

Bild 5.10 **Hammerschraube DIN 7992**

Sacklochverbindungen nehmen das Gewinde einer Schraube oder einer Gewindestange direkt in einem eingefrästen Innengewinde im Bauteil oder einem speziellen Knotenstück auf; die Schraubverbindung hat also keine Mutter. Für das Verhältnis ξ von Einschraubtiefe zum Außendurchmesser des eingeschraubten Teils gilt:

$$\xi \geq (600/f_{u,k}) \cdot [0,3 + 0,4 \cdot (f_{u,b,k}/500)]$$

mit $f_{u,k}$ [N/mm²] char. Wert der Zugfestigkeit des Teils mit Innengewinde,
$f_{u,b,k}$ [N/mm²] char. Wert der Zugfestigkeit des Teils mit Außengewinde.

Solche Verbindungen kommen z.B. an Raumfachwerken vor, wo die räumlich ankommenden Stäbe über Gewindestücke in Stahlkugel-Knoten mit Innengewinden (in die Stabrichtungen) zusammengeführt werden (Fa. Mero, Würzburg).

[1/806] **Senkschrauben** (Bild 5.11) werden eingesetzt, wenn kein Schraubenkopf überstehen soll. Bei der Bemessung auf Lochleibung ist anstelle der Querschnittsdicke der *größere* der beiden Werte 0,8 t oder t_S einzusetzen.

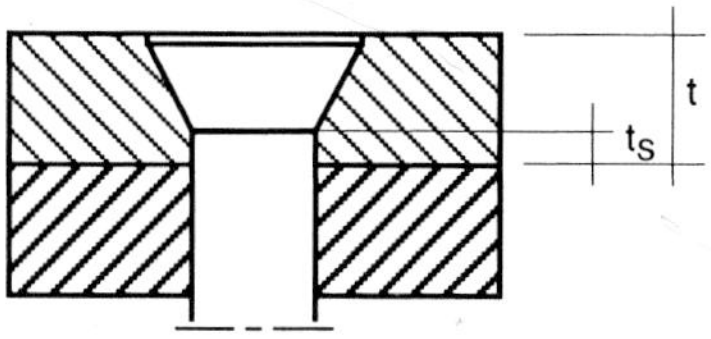

Bild 5.11 **Senkschraube**

5.3.6 Bolzen und Augenstäbe

Bolzen sind konstruktiv gesehen echte Gelenkpunkte, für die eine gewisse Rotationsfähigkeit gegeben sein muß. Als Bolzen können Schrauben mit glattem Schaft in der Scherfuge oder mit Splinten o.ä. gesicherte echte Bolzen (ohne Gewinde) verwendet werden.

Augenstäbe sind Stäbe oder Formteile zur Aufnahme der Bolzen (Bild 5.12).

[1/815] Für Bolzen ist der Nachweis auf Abscheren nach [1/804] zu führen.

[1/816+817] Für Bolzen mit einem Lochspiel $\Delta d \leq 0{,}1\, d_L$, höchstens jedoch 3 mm, sind Grenzlochleibungskraft und Grenzbiegemoment wie folgt zu ermitteln:

$$V_{l,R,d} = t \cdot d_{Sch} \cdot 1{,}5 \cdot f_{y,k}/\gamma_M \qquad (1/66)$$

$$M_{R,d} = W_{Sch} \cdot f_{y,b,k}/(1{,}25 \cdot \gamma_M) \qquad (1/67)$$

Gegenüber (1/49) ist in (1/66) der α_L-Wert abgemindert, weil wegen der notwendigen Rotationsfähigkeit des Bolzens Beanspruchungen im plastischen Bereich (zumindest im Gebrauchszustand) stark begrenzt sein müssen.

Aus (1/67) ist für die Beanspruchbarkeit auf Biegung ein auf 80 % abgeminderter Wert vorgegeben. Das größte Biegemoment im Bolzen darf berechnet werden als:

$$max M = F \cdot (2t_1 + t_2 + 4s)/8$$

Die Formel geht von über die Stabdicke jeweils gleichmäßiger Lochleibungspressung am Bolzen aus.

Es lassen sich günstigere Werte für *max* M bestimmen, wenn man die Bauteildicken rechnerisch reduziert, oder wenn bei Paßbolzen Einspannungen rechnerisch aktiviert werden dürfen.

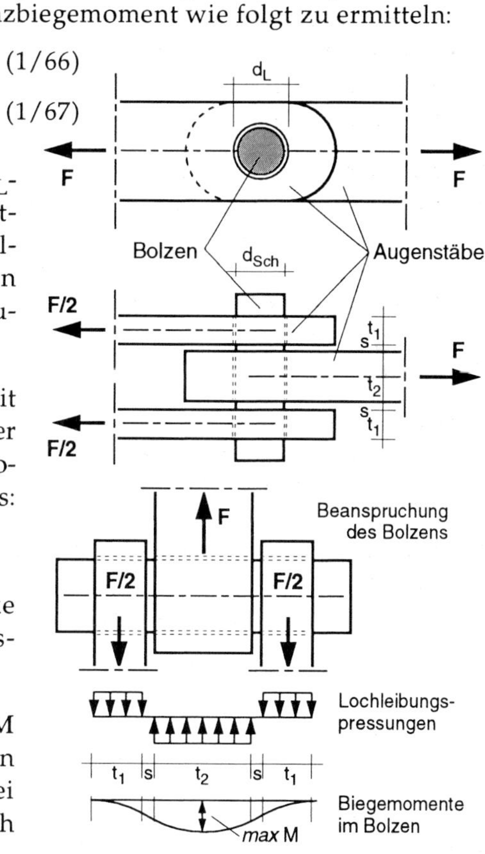

Bild 5.12 **Bolzen und Augenstäbe**

[1/817+818] Folgende Nachweise sind zu erbringen:

$V_l/V_{l,R,d} \leq 1$ und $M/M_{R,d} \leq 1$ (1/68) sowie

$$\left(\frac{M}{M_{R,d}}\right)^2 + \left(\frac{V_a}{V_{a,R,d}}\right)^2 \leq 1 \qquad (1/69)$$

in den maßgebenden Schnitten.

Der Nachweis *darf* entfallen, wenn $M/M_{R,d} \leq 0{,}25$ *oder* $V_a/V_{a,R,d} \leq 0{,}25$ ist.
Zu beachten ist, daß in (1/69) $M \neq max M$ aus der zuvor gegebenen Gleichung ist.

[1/814] Für Augenstäbe gelten besondere Konstruktions- und Bemessungsregeln, die hier nicht wiedergegeben werden.

5.3.7 Vereinfachung für die Berechnung

[1/801] In doppeltsymmetrischen I-förmigen Biegeträgern mit Schnittgrößen N, M_y und V_z *dürfen* Schraubverbindungen *vereinfacht* mit folgenden Schnittgrößenanteilen nachgewiesen werden:

Zugflansch: $$N_Z = \left|\frac{N}{2} + \frac{M_y}{h_F}\right| \qquad (1/44)$$

Druckflansch: $$N_D = \left|\frac{N}{2} - \frac{M_y}{h_F}\right| \qquad (1/45)$$

Die Vorzeichendefinition der Schnittgrößen N und M entspricht dabei Bild 4.1.

h_F ist der Schwerpunktsabstand der Flanschen. Bei Laschenstößen kann h_F aus Gleichgewichtsgründen durch den Schwerpunktsabstand der Laschen h_L ersetzt werden.

Steg: $$V_{St} = V_z \qquad (1/46)$$

Bei Ermittlung der Schraubenkräfte aus V_{St} ist zu beachten, daß in den Steglaschen außer der Querkraft V_{St} auch das Moment $M^* = V_{St} \cdot e$ übertragen werden muß. e ist der Abstand von Stoßmitte zum Schraubenschwerpunkt im Steg (siehe dazu Abschnitt 12.3).

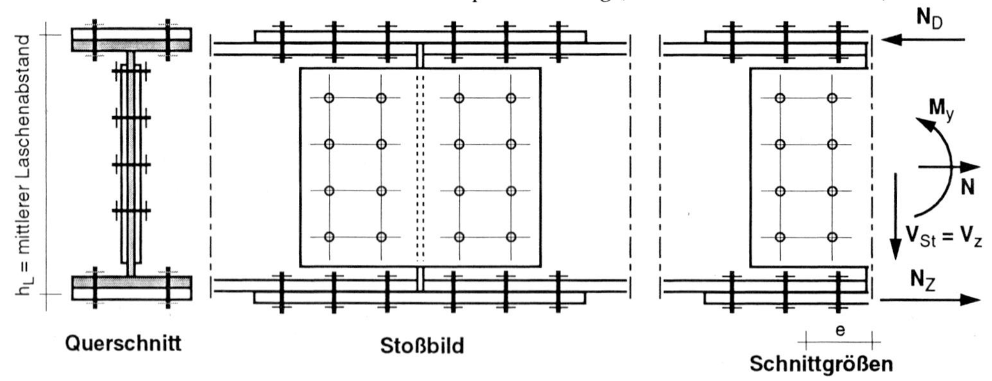

Bild 5.13 **Vereinfachte Berechnung von Schraubverbindungen an Biegeträgern**

Zur "genauen" Berechnung von Laschenstößen siehe Kapitel 12, Abschnitt 12.3.

5.4 Ausgewählte Tabellenwerte für Schrauben

Tab. 5.8 **Querschnittswerte und Beanspruchbarkeiten für Schrauben ohne Passung**

Querschnittswerte für Schrauben ohne Passung Vorspannwerte für Festigkeitsklasse 10.9			Nenndurchmesser						
			M12	**M16**	**M20**	**M24**	**M27**	**M30**	**M36**
Schaftquerschnitt	A_{Sch}	[mm^2]	113	201	314	452	573	707	1018
Spannungsquerschnitt	A_{Sp}	[mm^2]	84	157	245	353	459	561	817
Vorspannkraft (10.9)	F_V	[kN]	50	100	160	220	290	350	510
Anziehmoment (MoS_2)	M_V	[Nm]	100	250	450	800	1250	1650	2800
A B S C H E R E N									
Scherfuge	**Form / Festigkeit**		**Grenzabscherkraft $V_{a,R,d}$ [kN]**						
glatter Schaft in der Scherfuge	**SL**	**4.6**	24,7	43,9	68,5	98,6	125,0	154,3	222,1
	SL/SLV	**10.9**	56,5	100,5	157,0	226,0	286,5	353,5	509,0
Gewinde in der Scherfuge	**SL**	**4.6**	18,3	34,3	53,5	77,0	100,2	122,4	178,3
	SL/SLV	**8.8**	36,7	68,5	106,9	154,0	200,3	244,8	356,5
	SL/SLV	**10.9**	33,6	62,8	98,0	141,2	183,6	224,4	326,8
L O C H L E I B U N G									
Längsabstand		**Beiwert** α_l	**Grenzlochleibungskraft $V_{l,R,d}$ [kN] t = 10 mm; S 235**						
vom Rand e_1/d_L	**untereinander** e/d_L		Voraussetzung: Querabstand vom Rand $e_2/d_L \geq 1{,}5$ Querabstand untereinander $e_3/d_L \geq 3{,}0$						
2,0	**2,5**	**1,90**	49,8	66,3	82,9	99,5	111,9	124,4	149,2
2,5	**3,0**	**2,45**	64,2	85,5	106,9	128,3	144,3	160,4	192,4
3,0	**3,5**	**3,00**	78,6	104,7	130,9	157,1	176,7	196,4	235,6
Z U G									
Ausführungsform	**Vorsp. / Festigkeit**		**Grenzzugkraft $N_{R,d}$ [kN]**						
Schrauben mit kurzem Gewindeteil		**4.6**	22,4	39,9	62,3	89,7	113,7	140,2	201,9
		5.6	28,0	49,8	77,9	112,1	142,1	175,3	252,4
	V	**10.9**	61,0	114,2	178,2	256,7	333,8	408,0	594,2
Schrauben mit langem Gewindeteil und Gewindestangen		**4.6**	16,7	31,1	48,6	70,0	91,0	111,3	162,0
		5.6	20,8	38,9	60,7	87,5	113,8	139,1	202,6
	V	**8.8**	44,4	83,0	129,6	186,7	242,8	296,7	432,1

5.5 Beispiele

5.5.1 Flachstahl mit einschnittigem Anschluß

Zugstab und Schraubanschluß sind nachzuweisen.

Zugkraft (Gebrauchslast = charakteristischer Wert der Einwirkung) allein aus Wind: $N_k = 70$ kN.

Werkstoff: S 235. Schrauben: 2 x M20, 4.6 (DIN 7990), Lochspiel 2 mm.

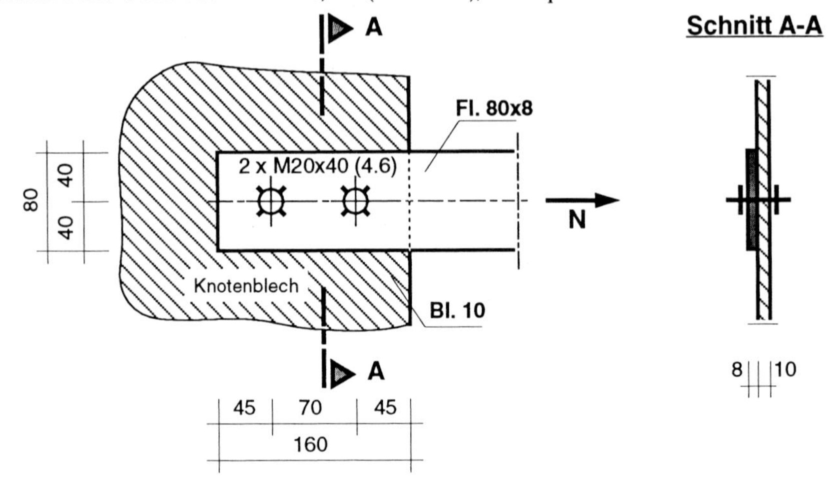

Einwirkungen

Eine veränderliche Einwirkung: $\gamma_F = 1{,}50$

Bemessungswert für die Einwirkung = Beanspruchung des Zugstabes und des Anschlusses:

$$N_{S,d} = 1{,}50 \cdot 70 = 105 \text{ kN}$$

Zugstab Fl. 80x8 Bezüglich der Bemessung von Zugstäben siehe Kapitel 7!

Brutto-Querschnitt: $A_{Brutto} = 0{,}8 \cdot 8{,}0 = 6{,}40 \text{ cm}^2$

Netto-Querschnitt: $A_{Netto} = 0{,}8 \cdot (8{,}0 - 2{,}20) = 4{,}64 \text{ cm}^2$

$$\frac{A_{Brutto}}{A_{Netto}} = \frac{6{,}40}{4{,}64} = 1{,}40 > 1{,}20$$

Maßgebend ist also der Nachweis im lochgeschwächten Querschnitt (Netto-Querschnitt):

$$N_{R,d} = \frac{4{,}64 \cdot 36}{1{,}25 \cdot 1{,}1} = 121{,}5 \text{ kN} > N_{S,d} = 105 \text{ kN}$$

oder

$$\frac{N_{S,d}}{N_{R,d}} = \frac{105}{121{,}5} = 0{,}864 < 1$$

Schraubenabstände

2 x M20, 4.6 (glatter Schaft in der Scherfuge = Regelausführung im Stahlbau).

Schraubendurchmesser: $d_{Sch} = 20$ mm; Lochspiel: 2 mm.

Lochdurchmesser: $d_L = 20 + 2 = 22$ mm

Überprüfung der Einhaltung der Grenzwerte für die Abstände gemäß Tab. {1/7}:

längs untereinander:	$e = 70$ mm	$= 3{,}18\ d_L$	$> 2{,}2\ d_L$	$= 46$ mm
			$< 6{,}0\ d_L$	$= 132$ mm
		$= 8{,}75\ t$	$< 20\ t$	$= 160$ mm
längs zum Rand:	$e_1 = 45$ mm	$= 2{,}05\ d_L$	$> 1{,}2\ d_L$	$= 26$ mm
			$< 3{,}0\ d_L$	$= 66$ mm
		$= 5{,}63\ t$	$< 6\ t$	$= 48$ mm
quer zum Rand:	$e_2 = 40$ mm	$= 1{,}82\ d_L$	$> 1{,}2\ d_L$	$= 26$ mm
			$< 3{,}0\ d_L$	$= 66$ mm
		$= 5{,}00\ t$	$< 6\ t$	$= 48$ mm

Ausführlicher Nachweis für die Schrauben

Abscheren: $V_{a,R,d} = A \cdot \tau_{a,R,d} = A \cdot \alpha_a \cdot f_{u,b,k}/\gamma_M$

Schraube 4.6: $\alpha_a = 0,60$

$\tau_{a,R,d} = 0,60 \cdot 40/1,1 = 21,82\ \text{kN/cm}^2$

Schraube $d_{Sch} = 20$ mm: $A = \pi \cdot d_{sch}^2/4 = \pi \cdot 2,0^2/4 = 3,14\ \text{cm}^2$

Grenzscherkraft: $V_{a,R,d} = 3,14 \cdot 21,82 = 68,5$ kN

Nachweis: $\dfrac{V_a}{V_{a,R,d}} = \dfrac{105/2}{68,5} = 0,766 < 1$

Lochleibung: $V_{l,R,d} = t \cdot d_{Sch} \cdot \sigma_{l,R,d} = t \cdot d_{Sch} \cdot \alpha_l \cdot f_{y,k}/\gamma_M$

Genaue Bestimmung des α_l-Wertes:

Wegen $e/d_L = 70/22 = 3,182 < 3,5$

kann der Größtwert *max* $\alpha_l = 3{,}0$ *nicht* verwendet werden.

Mit $e/d_L = 70/22 = 3,182$ wird $\alpha_l = 1,08 \cdot 3,182 - 0,77 = 2,67$

und mit $e_1/d_L = 45/22 = 2,045$ wird $\alpha_l = 1,10 \cdot 2,045 - 0,30 = 1,95$

Maßgebend also: $\alpha_l = 1,95$

Damit wird $\sigma_{l,R,d} = \alpha_l \cdot f_{y,k}/\gamma_M = 1,95 \cdot 24/1,1 = 42,55\ \text{kN/cm}^2$

$t = 8$ mm; $d_{Sch} = 20$ mm: $V_{l,R,d} = 0,8 \cdot 2,0 \cdot 42,59 = 68,1$ kN

Nachweis: $\dfrac{V_l}{V_{l,R,d}} < \dfrac{105/2}{68,1} = 0,771 < 1$

Vereinfachter Nachweis der Schrauben mit Tabellenwerten

Abscheren: Mit Tabelle 5.8:

$V_{a,R,d} = 68,5\ \text{kN} > V_a = 105/2 = 52,5$ kN

oder $\dfrac{V_a}{V_{a,R,d}} = \dfrac{105/2}{68,5} = 0,766 < 1$

Lochleibung: Schraubenabstände wie oben.

Mit Tabelle 5.8: Es ist $e_1/d_L > 2{,}0$ und $e/d_L > 2{,}5$ und $e_2/d_L > 1{,}5$.
Anwendbar ist die Zeile für $\alpha_l = 1{,}9$:

Damit $$V_{l,R,d} > 0,8 \cdot 82,9 = 66,3 \text{ kN} > V_l = 105/2 = 52,5 \text{ kN}$$

oder $$\frac{V_l}{V_{l,R,d}} < \frac{105/2}{66,3} = 0,792 < 1$$

5.5.2 Flachstahl mit zweischnittigem Anschluß

Für den dargestellten Zugstab und seinen Schraubanschluß ist die Beanspruchbarkeit $N_{R,d}$ zu berechnen. Wie groß ist *zul* N_k, wenn die Beanspruchung allein aus Windlast resultiert?

zul N_k ist der Wert für die größte übertragbare *Gebrauchslast*, die sich aus $N_{R,d}$ errechnen läßt.

Werkstoff: S 235. Schrauben 4 x M20, 4.6 (DIN 7990). Lochspiel 2 mm.

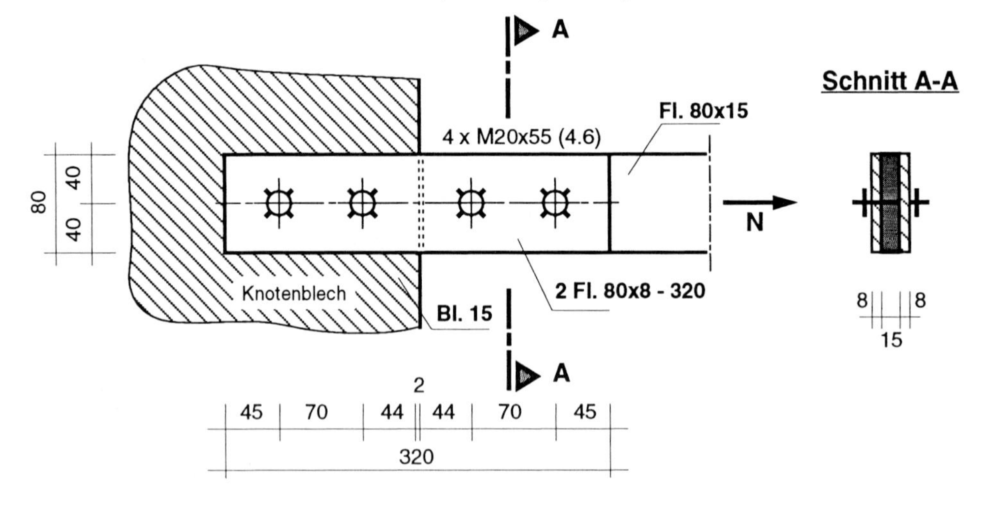

Zugstab: Wie zuvor ist $A_{Br}/A_N > 1{,}20$, also ist der Nachweis im Nettoquerschnitt maßgebend.

$$N_{R,d} = \frac{1,5 \cdot (8,0 - 2,2) \cdot 36}{1,25 \cdot 1,1} = 227,8 \text{ kN}$$

Die Laschen werden nicht maßgebend, weil $\Sigma t_{Laschen} > t_{Stab}$

Schrauben: 2 x M20, 4.6, zweischnittig.

Abscheren: Mit Tabelle 5.8 (wie zuvor):

$$N_{R,d} = \sum V_{a,R,d} = 4 \cdot 68,5 = 274,0 \text{ kN}$$

Lochleibung: e/d-Werte wie zuvor, nur $e_1/d_L = 44/22 = 2{,}0$ (was im Ergebnis nichts ändert).

Mit Tabelle 5.8 und $\alpha_l = 1{,}9$ (wie zuvor):

$$N_{R,d} = \sum V_{l,R,d} = 2 \cdot 1,5 \cdot 82,9 = 248,7 \text{ kN}$$

Eine genauere Nachrechnung bezüglich der Lochleibung mit exaktem α_l-Wert ist nicht notwendig, weil die Beanspruchbarkeit des Zugstabes maßgebend wird.

Insgesamt: Die größte Beanspruchbarkeit von Zugstab *und* Anschluß ist also

$$N_{R,d} = 227,8 \text{ kN}$$

Wenn die Belastung *nur* aus Windlasten resultiert, ist $\gamma_F = 1{,}5$.

Damit wird die zulässige charakteristische Größe für die Einwirkung:

$$zul\ N_k = 227,8/1,5 = 151,9 \approx 152 \text{ kN}$$

5.5.3 Winkel mit Schraubanschluß

Der Schraubanschluß eines Winkels ist zu entwerfen, rechnerisch nachzuweisen und maßstäblich aufzuzeichnen.

Es soll ein Einschrauben-Anschluß wie auch ein Anschluß mit 2 Schrauben ausgeführt werden, wobei die Anschlußlängen möglichst kurz gehalten werden sollen.

Zugstab: L 100x50x10, Knotenblech t = 10 mm.

Werkstoff: S 235. HV-Schrauben 10.9 (DIN 6914).

Zugkraft (Gebrauchslast = charakteristischer Wert der Einwirkung) allein aus Wind: $N_k = 105$ kN.

L 100x50x10: größtmöglicher Lochdurchmesser (nach Profiltabelle): $d_L = 25$ mm.
Gewählt: HV M24 (10.9), $d_L = 26$ mm.

Einschrauben-Anschluß

Verbände werden in den Schraubanschlüssen gewöhnlich mit 2 mm Lochspiel ausgeführt. Der *eine* Millimeter Überschreitung des angegebenen größten Lochdurchmessers wird toleriert.

Stabkraft: $N_{S,d} = 1,5 \cdot 105 = 157,5 \text{ kN}$

Zugstab: $A^* = 1,0 \cdot (4,5 - 2,6/2) = 3,20 \text{ cm}^2$

$$N_{R,d} = \frac{2 \cdot A^* \cdot f_{u,k}}{1,25 \cdot \gamma_M} = \frac{2 \cdot 3,20 \cdot 36}{1,25 \cdot 1,1}$$

$$N_{R,d} = 167,6 \text{ kN} > N_{S,d} = 157,5 \text{ kN}$$

oder $$\frac{N}{N_{R,d}} = \frac{157,5}{167,6} = \frac{157,5}{167,6} = 0,94 < 1$$

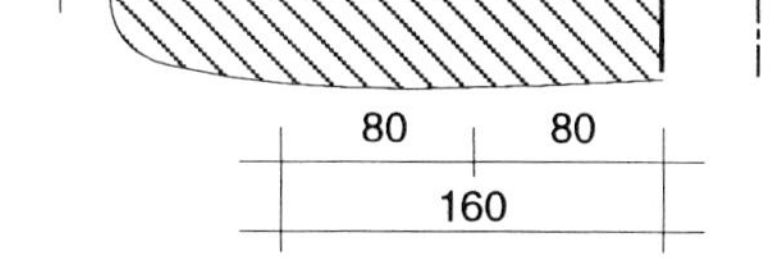

Abscheren: $V_{a,R,d} = 226 \text{ kN} > V_{a,S,d} = 157,5 \text{ kN}$

oder $$\frac{V}{V_{a,R,d}} = \frac{157,5}{226} = 0,70 < 1$$

Lochleibung: $e_2/d_L = 45/26 = 1{,}73 > 1{,}5$

Anmerkung: Bei Einhaltung des Wurzelmaßes und des Größtdurchmessers der Schrauben aus den Tabellen ist stets $e_2/d_L > 1{,}5$.

Gewählt: $e_1 = 80$ mm; $e_1/d_L = 80/26 = 3{,}08 > 3{,}0$

Daraus folgt, daß $max\ \alpha_1 = 3{,}0$ verwendet werden kann (hierfür muß also der Randabstand in Kraftrichtung $e_1/d_L \geq 3{,}0$ sein, also $e_1 \geq 78$ mm). Mit t = 10 mm wird:

Dann gilt: $V_{l,R,d} = 157,1 \cdot 1,0 = 157,1 \text{ kN}$ und $\dfrac{V_{l,S,d}}{V_{l,R,d}} = \dfrac{157,5}{157,1} \approx 1$

Winkel mit Mehrschrauben-Anschluß

Gewählt: 2 Schrauben HV M20 (10.9)

Zugstab: $\frac{A_{Br}}{A_N} = \frac{14,1}{14,1 - 1,0 \cdot 2,2} = 1,185 < 1,2$

80 % Abminderung auf den Vollquerschnitt zur Berücksichtigung der Ausmittigkeit:

$N_{R,d} = 0,8 \cdot 14,1 \cdot 21,82 = 246 \text{ kN}$

$\frac{N_{S,d}}{N_{R,d}} = \frac{157,5}{246} = 0,64 < 1$

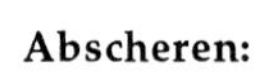

Abscheren: $\frac{V_a}{V_{a,R,d}} = \frac{157,5/2}{157,0} = 0,50 < 1$

Lochleibung: $e/d_L = 55/22 = 2{,}50 \geq 2{,}5$ und $e_1/d_L = 45/22 = 2{,}05 > 2{,}0$

Daraus mit Tabelle 5.8 für $\alpha_l = 1{,}9$: $\frac{V_l}{V_{l,R,d}} = \frac{157,5/2}{82,9} = 0,95 < 1$

Anmerkung: Der genaue Wert ist $\alpha_l = 1{,}93$ und damit $V_l/V_{l,R,d} = 0{,}933 < 1$.

5.5.4 Mehrreihiger Stoß

Zugstab und Schrauben sind nachzuweisen.

Gebrauchslasten = Charakteristische Werte der Einwirkungen:

aus ständiger Last: $G_k = 212 \text{ kN}$,
aus Verkehr: $Q_{k,1} = 230 \text{ kN}$,
aus Wind: $Q_{k,2} = 88 \text{ kN}$.

Werkstoff: S 235. Schrauben: 8 x M24, 4.6 (DIN 7990), Lochspiel 1 mm.

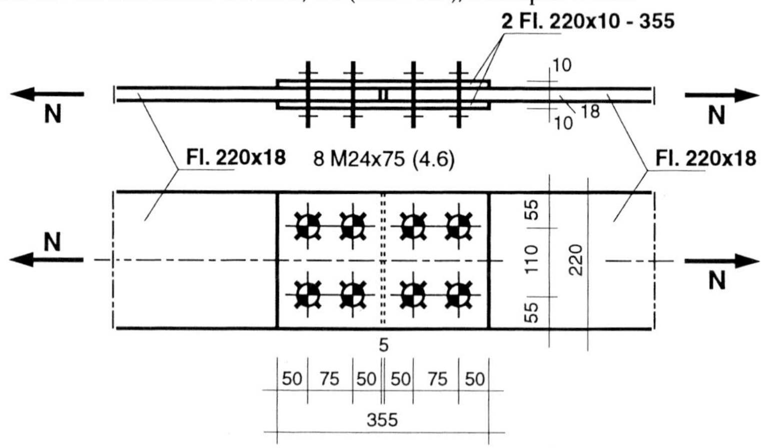

Bemessungswerte der Einwirkungen (Stabkraft):

Grundkombination 1: $N_{S,d} = 1,35 \cdot 212 + 1,5 \cdot 0,9 \cdot (230 + 88) = 715,5 \text{ kN}$ (maßgebend)

Grundkombination 2: $N_{S,d} = 1,35 \cdot 212 + 1,5 \cdot 230 = 631,2 \text{ kN}$

Zugstab: $\frac{A_{Brutto}}{A_{Netto}} = \frac{1,8 \cdot 22,0}{1,8 \cdot (22 - 2 \cdot 2,5)} = \frac{39,6}{30,6} = 1,294 > 1,2$

→ Der Zugstab ist auf den Netto-Querschnitt nachzuweisen!

$$\frac{A_{Netto} \cdot f_{u,k}}{1,25 \cdot \gamma_M} = \frac{30,6 \cdot 36}{1,25 \cdot 1,1} = 801,2 \text{ kN} > N_{S,d} = 715{,}5 \text{ kN}$$

oder $\frac{N}{N_{R,d}} = \frac{715,5}{\frac{30,6 \cdot 36}{1,25 \cdot 1,1}} = \frac{715,5}{801,2} = 0,89 < 1$

Laschen: Wegen $\Sigma t_{Laschen} = 2 \cdot 1{,}0 = 2{,}0$ cm $> t_{Stab} = 1{,}8$ cm sind die Laschen *nicht maßgebend* und brauchen nicht nachgewiesen zu werden.

Schrauben: 4 x M24 (4.6): Beanspruchung je Schraube (2-schnittig):

$V_a = V_l = 715{,}5/4 = 178{,}9$ kN

Abscheren: $\Sigma V_{a,R,d} = 2 \cdot 98,6 = 197,2 \text{ kN} > V_a = 178{,}9 \text{ kN}$

oder $\frac{V_a}{V_{a,R,d}} = \frac{178,9}{197,2} = 0,91 < 1$

Lochleibung: Lochabstände:

$e/d_L = 75/25 = 3{,}00$	→	Tabellenwert $\alpha_l = 2{,}45$
$e_1/d_L = 50/25 = \underline{2{,}00}$	→	maßgebend für Tabelle: $\alpha_l = \underline{1{,}90}$
$e_2/d_L = 55/25 = 2{,}20 > 1{,}5$		also Tabelle anwendbar!
$e_3/d_L = 110/25 = 4{,}40 > 3{,}0$		desgl.

Nach Tabelle: $V_{l,R,d} = 1,8 \cdot 99,5 = 179,1 \text{ kN} > V_l = 178{,}9 \text{ kN}$

oder $\frac{V_l}{V_{l,R,d}} = \frac{178,9}{179,1} \approx 1,00$

Die genaue Berechnung $\alpha_l = 1,1 \cdot e_1/d_L - 0,3 = 1,1 \cdot 2,0 - 0,3 = 1,90$ führt hier natürlich zu *genau demselben* Ergebnis, weil der e_1/d_L-Wert genau den Grenzwert in der Tabelle trifft.

Der Anschluß ist also zu 100 % ausgenutzt.

5.5.5 Fachwerkknoten

Die Anschlüsse der Diagonalen an das Knotenblech des Fachwerkträgers sind nachzuweisen.

Charakteristische Werte der Einwirkungen:

Belastung aus:	ständige Last	Verkehr	
Obergurt links	-72	-108	kN
Obergurt rechts	-120	-180	kN
Diagonale links	-34	-51	kN
Diagonale rechts	+34	+51	kN

Werkstoff: S 235. Schrauben: M16, 4.6 (DIN 7990), Lochspiel 1 mm.

Für den Nachweis des Anschlusses der Druckdiagonalen ist die Auswirkung der Ausmitte Stabachse-Schraubenachse zu untersuchen!

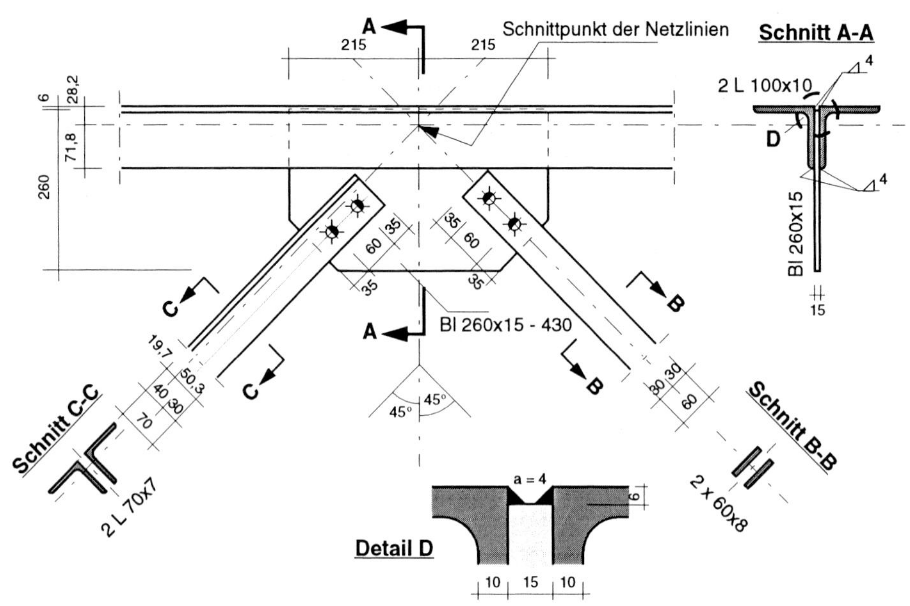

Beanspruchungen der Diagonalen

Stabkräfte: $N_{S,d} = 1,35 \cdot 34 + 1,50 \cdot 51 = 122,4$ kN (Zug bzw. Druck)

Zugdiagonale 2 x Fl. 60x8

Zugstab: $\frac{A_{Brutto}}{A_{Netto}} = \frac{2 \cdot 0,8 \cdot 6,0}{2 \cdot 0,8 \cdot (6,0 - 1,7)} = \frac{9,60}{6,88} = 1,40 > 1,20$ → Nachweis Netto-Querschnitt!

$$N_{R,d} = \frac{6,88 \cdot 36}{1,25 \cdot 1,1} = 180,1 \text{ kN} > N_{S,d} = 122,4 \text{ kN}$$

oder $\frac{N}{N_{R,d}} = \frac{122,4}{180,1} = 0,68 < 1$

Schrauben: 2 x M16, 4.6 (glatter Schaft)

Abscheren: $\sum V_{a,R,d} = 4 \cdot 43,85 = 175,4 \text{ kN} > N_{S,d} = 122,4 \text{ kN}$

oder $\frac{V_a}{V_{a,R,d}} = \frac{122,4/4}{43,85} = 0,70 < 1$

Lochabstände:
$e/d_L = 60/17 = 3{,}53 > 3{,}5$
$e_1/d_L = 35/17 = 2{,}06 > 2{,}0$ → Tabelle 5.8 mit $\alpha_l = 1{,}9$
$e_2/d_L = 30/17 = 1{,}76 > 1{,}5$

Lochleibung: $\sum V_{l,R,d} > 2 \cdot 1,5 \cdot 66,33 = 199,0 \text{ kN} > N_{S,d} = 122,4 \text{ kN}$

oder $\frac{V_l}{V_{l,R,d}} = \frac{122,4/2}{1,5 \cdot 66,33} = 0,62 < 1$

oder genau $\alpha_l = 1{,}965$ und damit $V_l/V_{l,R,d} = 0{,}595 < 1$

Druckdiagonale 2 x L 70x7

Druckstab: $\frac{A_{Brutto}}{A_{Netto}} = \frac{2 \cdot 9,4}{2 \cdot (9,4 - 0,7 \cdot 1,7)} = \frac{18,8}{16,42} = 1,15 > 1,2$ → Nachweis Brutto-Q.

Im Anschlußbereich ist für den Stab kein besonderer Nachweis erforderlich, weil der Nachweis als Druckstab (Knicknachweis) im Fachwerk-System ungünstiger ist.

Schrauben: Beanspruchung (Bemessungswert) *einer* Schraube M16 quer zur Schraubenachse:

In Längsrichtung: $V_{S,\,laengs} = 122,4/2 = 61,2 \text{ kN}$

In Querrichtung: $V_{S,\,quer} = 122,4 \cdot 2,03/6,0 = 41,4 \text{ kN}$

Insgesamt: $V_{S,\,d} = \sqrt{61,2^2 + 41,4^2} = 73,9 \text{ kN} < V_{a,\,R,\,d} = 2 \cdot 43,85 = 87,7 \text{ kN}$

Abscheren: $\frac{V_{a,\,S,\,d}}{V_{a,\,R,\,d}} = \frac{73,9}{2 \cdot 43,9} = 0,84 < 1$

Lochleibung: $e/d_L = 60/17 = 3{,}53 > 3{,}5$
$e_1/d_L = 35/17 = 2{,}06 > 2{,}0$ wie zuvor: $\alpha_l = 1{,}9$

$$\frac{V_{l,\,S,\,d}}{V_{l,\,R,\,d}} = \frac{73,9}{2 \cdot 0,7 \cdot 66,3} = 0,80 < 1$$

5.5.6 Stoß eines 1/2-IPE 240

Zugstab und Schraubstoß sind nachzuweisen für die Gebrauchslasten

aus ständiger Last $N_g = 50$ kN,
aus Schneelast $N_s = 90$ kN.

Werkstoff: S 235. Schrauben: M16, 4.6 (DIN 7990), Lochspiel 1 mm.

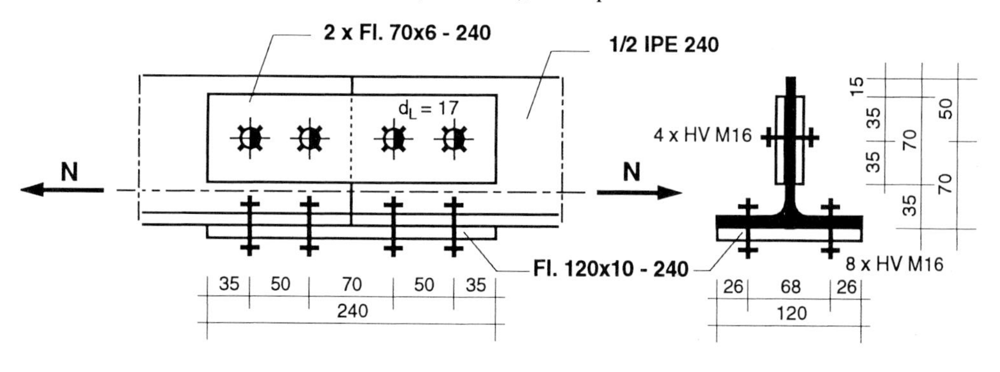

Stab: $N_{S,\,d} = 1,35 \cdot 50 + 1,50 \cdot 90 = 202,5 \text{ kN}$

$A_{Netto} = 39,1/2 - 1,7 \cdot (0,62 + 2 \cdot 0,98) = 19,55 - 4,39 = 15,16 \text{ cm}^2$

$A_{Br}/A_N = 19,55/15,16 = 1,29 > 1,20$

$$N_{R,\,d} = \frac{15,16 \cdot 36}{1,25 \cdot 1,1} = 396,9 \text{ kN} > N_{S,d} = 202{,}5 \text{ kN}$$

Laschen: $A_{Steg} = 2 \cdot 0,6 \cdot 7,0 = 8,40 \text{ cm}^2$

$A_{Flansch} = 1,0 \cdot 12,0 = 12,00 \text{ cm}^2$

insgesamt: $A_{Brutto} = 8,40 + 12,00 = 20,40 \text{ cm}^2$

$A_{Netto} = 20,40 - 1,7 \cdot 2 \cdot (0,6 + 1,0) = 14,96 \text{ cm}^2$ (maßgebend!)

$$N_{R,d} = \frac{14,96 \cdot 36}{1,25 \cdot 1,1} = 391,7 \text{ kN} > N_{S,d} = 202{,}5 \text{ kN}$$

Aufteilung der Stabkraft im Verhältnis der Bruttoflächen der Laschen:

$$N_{Steg} = \frac{8,40}{20,40} \cdot 202,5 = 83,4 \text{ kN}$$

$$N_{Flansch} = \frac{12,00}{20,40} \cdot 202,5 = 119,1 \text{ kN}$$

Nachweis der Laschen ist nicht erforderlich, weil $A_{Laschen} > A_{Stab}$ und der Schwerpunkt der Laschen etwa mit dem Schwerpunkt des Stabes zusammenfällt.

Steg: 2 x M16, 2-schnittig.

Abscheren: $V_{a,S,d} = 83,4/4 = 20,85 \text{ kN} < V_{a,R,d} = 43,9 \text{ kN}$

Lochleibung: $e/d_L = 50/17 = 2{,}94 > 2{,}5$
$e_1/d_L = 35/17 = 2{,}06 > 2{,}0$
$e_2/d_L = 35/17 = 2{,}06 > 1{,}5$ → Tabelle 5.8 mit $\alpha_l = 1{,}90$.

$V_{l,S,d} = 83,4/2 = 41,7 \text{ kN} = \text{ca. } V_{l,R,d} = 0,62 \cdot 66,3 = 41,1 \text{ kN}$

Da die Reserven bei den e/d-Werten nicht ausgeschöpft sind, ist die geringe Überschreitung des Widerstands gegen Lochleibung unbedenklich, wie nachfolgende Rechnung zeigt:

Genau wird: $\alpha_l = 1,1 \cdot 2,06 - 0,3 = 1,966$ und $V_{l,R,d} = 0,62 \cdot 1,6 \cdot 1,966 \cdot 24/1,1 = 42,55 \text{ kN}$

Flansch: 4 x M16, 1-schnittig.

Abscheren: $V_{a,S,d} = 119,1/4 = 29,8 \text{ kN} < V_{a,R,d} = 43,9 \text{ kN}$

Lochleibung: $e/d_L = 50/17 = 2{,}94 > 2{,}5$
$e_1/d_L = 35/17 = 2{,}06 > 2{,}0$
$e_2/d_L = 26/17 = 1{,}53 > 1{,}5$ → Tabelle 5.8 mit $\alpha_l = 1{,}90$.

$V_{l,S,d} = 119,1/4 = 29,8 \text{ kN} < V_{l,R,d} = 0,98 \cdot 66,3 = 65,0 \text{ kN}$

Es ist darauf zu achten, daß die Lage des Schwerpunkts des gestoßenen Stabes einerseits und der Stoßlaschen andererseits möglichst nahe beieinanderliegen. Sonst ist aus Gleichgewichtsgründen eine Aufteilung entsprechend den Hebelarmen der Laschen zur Schwerlinie des Stabes erforderlich.

Im Beispiel liegt der Schwerpunkts der Laschenquerschnitte ca. 26 mm vom unteren Stabrand entfernt, also nur 0,3 mm ausmittig zur Stabachse.

5.5.7 Stoß eines HEB 260 mit HV-Schrauben

Zugstab und Schraubstoß sind für zwei unterschiedliche Lastkombinationen nachzuweisen.

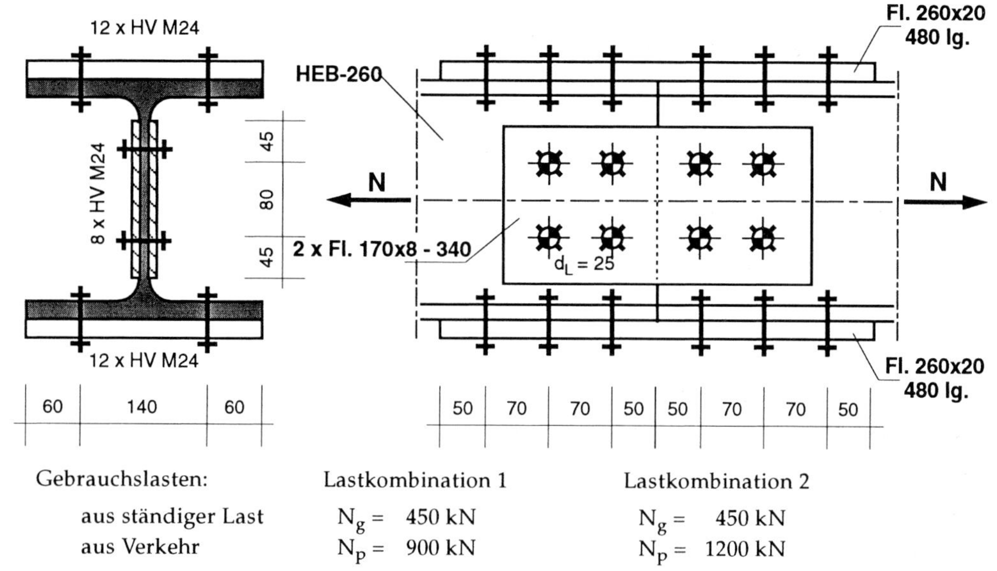

Gebrauchslasten:	Lastkombination 1	Lastkombination 2
aus ständiger Last	N_g = 450 kN	N_g = 450 kN
aus Verkehr	N_p = 900 kN	N_p = 1200 kN

Werkstoff: S 235. Schrauben: HV-M24, 10.9 (DIN 6914), Lochspiel 1 mm.

Für Lastkombination 2 soll nur der Steglaschenstoß um jeweils eine Schraubenquerreihe ergänzt werden.

Lastkombination 1

Stoßausführung: Stegstoß: 4 Schrauben - Flanschstoß: je 6 Schrauben HV-M24.

Stab: $N_{S,d} = 1,35 \cdot 450 + 1,50 \cdot 900 = 1958$ kN

$A_{Netto} = 118 - 2,5 \cdot (2 \cdot 2 \cdot 1,75 + 2 \cdot 1,0) = 118 - 23,4 = 95,5 \text{ cm}^2$

$A_{Br}/A_N = 118/95,5 = 1,236 > 1,20$

$$N_{R,d} = \frac{95,5 \cdot 36}{1,25 \cdot 1,1} = 2500 \text{ kN} \qquad \frac{N_{S,d}}{N_{R,d}} = \frac{1958}{2500} = 0,783 < 1$$

Laschen: $A_{Steg} = 2 \cdot 0,8 \cdot 17,0 = 27,2 \text{ cm}^2$

$A_{Flansch} = 2 \cdot 2,0 \cdot 26,0 = 104,0 \text{ cm}^2$

insgesamt: $A_{Laschen} = 27,2 + 104,0 = 131,2 \text{ cm}^2$

Aufteilung der Stabkraft im Verhältnis der Bruttoflächen der Laschen:

Steg: $N_{Steg} = \frac{27,2}{131,2} \cdot 1958 = 406$ kN

Flanschen: $\sum N_{Flansch} = 1958 - 406 = 1552$ kN

je Flansch: $N_{Flansch} = 1552/2 = 776 \text{ kN}$

Nachweis der Laschen ist nicht erforderlich, weil $A_{Laschen} > A_{Stab}$

Nachweis der Schrauben in Steg- und Flanschverbindungen

Steg: 4 x HV-M24, 2-schnittig. Lochspiel 1 mm. Stegdicke: 10 mm.

Abscheren: $V_{a,S,d} = 406/(2 \cdot 4) = 50,8 \text{ kN}$ $\qquad \dfrac{V_{a,S,d}}{V_{a,R,d}} = \dfrac{50,8}{226} = 0,225 < 1$

Lochleibung: $e/d_L = 70/25 = 2{,}80 > 2{,}5$
$e_1/d_L = 50/25 = 2{,}00 = 2{,}0$
$e_2/d_L = 45/25 = 1{,}80 > 1{,}5$
$e_3/d_L = 80/25 = 3{,}20 > 3{,}0$ $\rightarrow$ Tabelle 5.8 mit $\alpha_l = 1{,}90$

$V_{l,S,d} = 406/(2 \cdot 2) = 101,5 \text{ kN}$ $\qquad \dfrac{V_{l,S,d}}{V_{l,R,d}} = \dfrac{101,5}{1,0 \cdot 99,5} = 1,020 > 1$

Reserven im Nachweis sind nicht vorhanden. Eine 2 %-ige Überschreitung des Grenzwerts wird üblicherweise noch geduldet.

Flansch: 6 x HV-M24, 1-schnittig.

Abscheren: $V_{a,S,d} = 776/6 = 129,3 \text{ kN}$ $\qquad \dfrac{V_{a,S,d}}{V_{a,R,d}} = \dfrac{129,3}{226} = 0,57 < 1$

Lochleibung: $e/d_L = 70/25 = 2{,}80 > 2{,}5$
$e_1/d_L = 50/25 = 2{,}00 = 2{,}0$
$e_2/d_L = 60/25 = 2{,}40 > 1{,}5$
$e_3/d_L = 140/25 = 5{,}60 > 3{,}0$ $\rightarrow$ Tabelle 5.8 mit $\alpha_l = 1{,}90$

$V_{l,S,d} = 776/6 = 129,3 \text{ kN}$ $\qquad \dfrac{V_{l,S,d}}{V_{l,R,d}} = \dfrac{129,3}{1,75 \cdot 99,5} = 0,74 < 1$

Lastkombination 2

Stoßausführung: Stegstoß: 6 Schrauben - Flanschstoß: je 6 Schrauben HV-M24.

Stab: $N_{S,d} = 1,35 \cdot 450 + 1,50 \cdot 1200 = 2408 \text{ kN}$

wie zuvor: $N_{R,d} = 2500 \text{ kN}$ $\qquad \dfrac{N_{S,d}}{N_{R,d}} = \dfrac{2408}{2500} = 0,96 < 1$

Laschen: wie zuvor $A_{Steg} = 27,2 \text{ cm}^2$ $\qquad A_{Flansch} = 104,0 \text{ cm}^2$

insgesamt: $A_{Laschen} = 27,2 + 104,0 = 131,2 \text{ cm}^2$

Aufteilung der Stabkraft im Verhältnis der Bruttoflächen der Laschen:

$$N_{Steg} = \frac{27,2}{131,2} \cdot 2408 \approx 500 \text{ kN}$$

$$N_{Flansch} = \frac{2408 - 500}{2} = 954 \text{ kN}$$

Nachweis der Laschen ist nicht erforderlich, weil $A_{Laschen} > A_{Stab}$

Der kritische Nachweis war für Lastkombination 1 die Lochleibungsbeanspruchung im Steg. *Hier* ist eine zusätzliche Schraubenquerreihe erforderlich (damit n = 6):

Steg: $\frac{V_{a,S,d}}{V_{a,R,d}} = \frac{500/(2 \cdot 6)}{226} = 0,18 < 1$ und $\frac{V_{l,S,d}}{V_{l,R,d}} = \frac{500/6}{1,0 \cdot 99,5} = 0,84 < 1$

Der Flanschstoß wird belassen (n = 6):

Flansch: $\frac{V_{a,S,d}}{V_{a,R,d}} = \frac{954/6}{226} = 0,70 < 1$ und $\frac{V_{l,S,d}}{V_{l,R,d}} = \frac{954/6}{1,75 \cdot 99,5} = 0,91 < 1$

5.5.8 Anschluß eines Doppel-U-Profils mit HV-Schrauben

Zugstab und Schraubanschluß sind nachzuweisen für die Einwirkungen aus Gebrauchslasten:

aus ständiger Last	$N_{g,k}$ =	400 kN
aus Schneelast	$N_{q,k1}$ =	500 kN
aus Verkehrslast	$N_{q,k2}$ =	1200 kN

Werkstoff: S 235. Schrauben: HV-M27, 10.9 (DIN 6914), Lochspiel 1 mm.

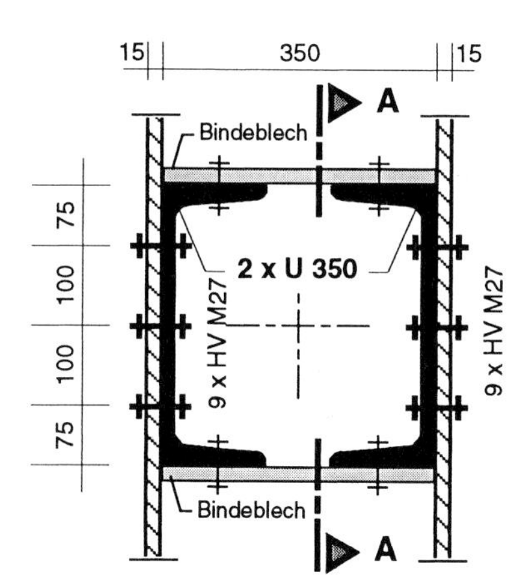

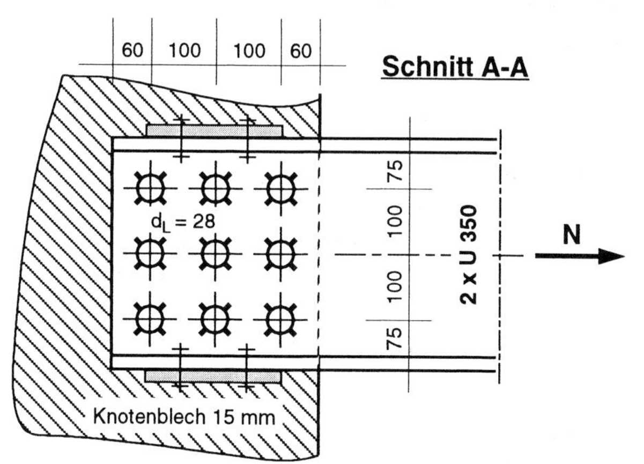

Stab, wie zuvor: $N_{S,d} = 1,35 \cdot 400 + 1,50 \cdot 0,9 \cdot (500 + 1200) = 2835$ kN

$N_{Netto} = 2 \cdot [77,3 - (3 \cdot 2,8 \cdot 1,4)] = 131,1 \text{ cm}^2$

$A_{Br}/A_N = 2 \cdot 77,3/131,1 = 1,179 < 1,20$

Also: Nachweis ohne Berücksichtigung des Lochabzugs erlaubt.

Nachweis: $\frac{N_{S,d}}{N_{R,d}} = \frac{2835 \cdot 1,1}{2 \cdot 77,3 \cdot 24} = \frac{2835}{3373} = 0,840 < 1$

Die zu übertragende Kraft wird auf alle Schrauben gleichmäßig verteilt; diese Annahme liegt bezüglich der Beanspruchbarkeit auf Lochleibung auf der sicheren Seite. Die erforderliche Schraubenzahl wird errechnet und mit der vorhandenen Schraubenzahl verglichen:

Erforderliche Schrauben-Zahl, HV M27 (10.9):

Mit Tabelle 5.8 auf Abscheren: *erf* n = 2835/286,5 = 9,90 < 18 = *vorh* n

auf Lochleibung für $e_1/d_L > 2,0$: mit $\alpha_1 = 1,90$ *erf* n = 2835/(1,4 · 111,9) = 18,1 > 18

Benutzt man nur die Tabellenwerte, so kann hier der Nachweis ausreichender Tragsicherheit *nicht* erbracht werden. Die Überschreitung ist allerdings nur 0,55 % und damit zweifellos hinnehmbar. Trotzdem soll nachfolgend ein genauerer Nachweis geführt werden.

Der α_l-Wert für die maßgebende (linke) Schraubenreihe wird genau berechnet:

$e/d_L = 100/28 = 3{,}57 > 3{,}5$

$e_1/d_L = 60/28 = 2{,}143 \quad \rightarrow$ maßgebend

$e_2/d_L \quad \rightarrow$ nicht relevant, wegen ausgesteiftem Rand

$e_3/d_L = 100/28 = 3{,}57 > 3{,}0$

Maßgebend: $\alpha_l = 1{,}1 \cdot 2{,}143 - 0{,}3 = 2{,}057$

$$V_{l,R,d} = 1{,}4 \cdot 2{,}7 \cdot 2{,}057 \cdot 24/1{,}1 = 169{,}7 \text{ kN}$$

$$\frac{V_{l,S,d}}{V_{l,R,d}} = \frac{2835}{18 \cdot 169{,}7} = 0{,}928 < 1$$ Die Tragsicherheit ist ausreichend.

Die rechnerische Tragfähigkeit läßt sich voll ausnutzen, wenn man für jede Schraubenreihe den ihr eigenen α_l-Wert berechnet und die Einzelwerte der Beanspruchbarkeiten addiert:

Linke Reihe: maßgebend: $\alpha_l = 2{,}057$ (s.o.) $V_{l,R,d} = 1{,}4 \cdot 2{,}7 \cdot 2{,}057 \cdot 24/1{,}1 = 169{,}7 \text{ kN}$

Mittelreihe: $e/d_L = e_3/d_L > 3{,}5$: $\alpha_l = 3{,}0$ $V_{l,R,d} = 1{,}4 \cdot 2{,}7 \cdot 3{,}0 \cdot 24/1{,}1 = 247{,}4 \text{ kN}$

Rechte Reihe: maßgebend: $\alpha_l = 2{,}057$ (s.o.) $V_{l,R,d} = 1{,}5 \cdot 2{,}7 \cdot 2{,}057 \cdot 24/1{,}1 = 181{,}8 \text{ kN}$

Damit: $$\frac{V_{l,S,d}}{V_{l,R,d}} = \frac{2835}{6 \cdot (169{,}7 + 247{,}4 + 181{,}8)} = \frac{2835}{3593} = 0{,}789 < 1$$

Abscheren: $$\frac{V_{a,S,d}}{V_{a,R,d}} = \frac{247{,}4 \cdot 0{,}789}{286{,}5} = \frac{195{,}2}{286{,}5} = 0{,}681 < 1$$ für die Schrauben der Mittelreihe.

5.5.9 Aufgehängter Träger

Für den dargestellten Anschluß der sich kreuzenden Träger HEB-240 und IPE 240 (beide S 355) ist der Grenzwert für die Anhängelast $F_{R,d}$ (= Bemessungswert der Beanspruchbarkeit) zu bestimmen:

a) für einen Anschluß mit Rohschrauben 4.6 (DIN 7990), wie dargestellt,

b) für einen Anschluß mit HV-Schrauben 10.9 (DIN 6914).

c) Für die Schraubenkraft $N_{S,d}$ = = 40 kN ist die Lasteinleitung in den Träger IPE 240 zu untersuchen.

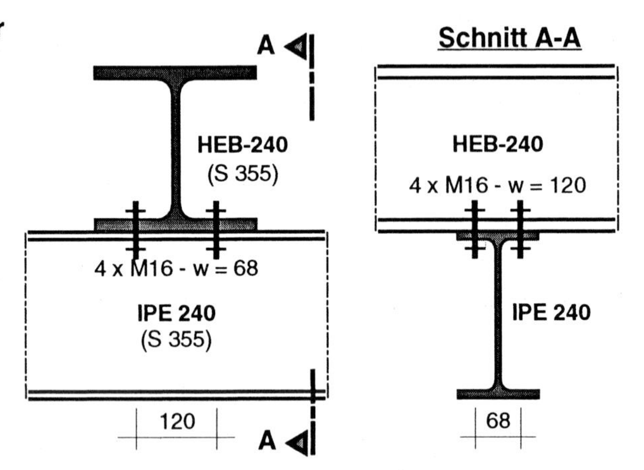

Man beachte, daß für die eindeutige Darstellung des Anschlusses jede der beiden Einzeldarstellungen genügt. Das Wurzelmaß w legt den Schraubenabstand in Tiefenrichtung eindeutig fest!

a) **Anschluß mit Rohschrauben M16**

Für zugbeanspruchte Schrauben (mit kurzem Gewinde) gilt der Doppelnachweis:

$$N_{R,d} \leq A_{Sch} \cdot \frac{f_{y,b,k}}{1{,}1 \cdot \gamma_M} = 2{,}01 \cdot \frac{24}{1{,}1 \cdot 1{,}1} = 39{,}9 \text{ kN}$$

$$N_{R,d} \leq A_{Sp} \cdot \frac{f_{u,b,k}}{1,25 \cdot \gamma_M} = 1,57 \cdot \frac{40}{1,25 \cdot 1,1} = 45,7 \text{ kN}$$

Maßgebend für die Rohschraube M16 (4.6) ist: $N_{R,d} = 39{,}9 \approx 40$ kN

Für den gesamten Anschluß (4 x M16) gilt: $F_{R,d} = 4 \cdot 40 = 160$ kN

b) **Anschluß mit Schrauben HV-M16** (10.9)

Hier gilt entsprechend:

$$N_{R,d} \leq A_{Sch} \cdot \frac{f_{y,b,k}}{1,1 \cdot \gamma_M} = 2,01 \cdot \frac{90}{1,1 \cdot 1,1} = 149,5 \text{ kN}$$

$$N_{R,d} \leq A_{Sp} \cdot \frac{f_{u,b,k}}{1,25 \cdot \gamma_M} = 1,57 \cdot \frac{100}{1,25 \cdot 1,1} = 114,2 \text{ kN}$$

Maßgebend für die Schraube HV-M16 (10.9) ist: $N_{R,d} = 114{,}2 \approx 114$ kN

Für den gesamten Anschluß (4 x HV-M16) gilt: $F_{R,d} = 4 \cdot 114 = 456$ kN

Die Grenzzugkräfte $N_{R,d}$ für die Schrauben können auch direkt aus Tab. 5.8 entnommen werden.

Der Zuganschluß mit HV-Schrauben (10.9) weist etwa 3,8 mal so hohe Beanspruchbarkeit wie der Zuganschluß mit Rohschrauben (4.6) auf.

Um Klaffungen zwischen den sich kreuzenden Trägern im Anschlußbereich zu vermeiden, ist es zweckmäßig, die auf Zug beanspruchten HV-Schrauben planmäßig mit der Vorspannkraft F_v (siehe Tab. 5.8) vorzuspannen.

c) **Lasteinleitung in den Träger IPE 240** (S 355) **für eine Schraubenkraft $N_{R,d}$ = 40 kN**

Es muß zusätzlich untersucht werden, ob die am Träger IPE 240 auftretenden Zug-, Biege- und Schubspannungen die Beanspruchbarkeiten nicht überschreiten.

Biege- und Schubspannungen im Flansch. Bei den Schrauben wird eine Lastausbreitung für die mittragende Breite b_m von den U-Scheiben weg unter 1:2,5 angenommen (siehe hierzu Abschnitt 12.1). Maßgebend ist die Stabfaser i (siehe Schnitt) am Beginn der Ausrundung des Walzprofils:

Nach Zeichnung:	$b_m \approx 130$ mm $\quad W = 13 \cdot 0,98^2/6 \approx 2,1 \text{ cm}^3$
Moment an der Faser i:	$M = 40 \cdot 1,6 = 64$ kNcm
Biegespannung:	$\sigma = 64/2,1 = 30,8 \text{ kN/cm}^2 < 32{,}7 \text{ kN/cm}^2 = \sigma_{R,d}$
Schubspannung:	$\tau = 3/2 \cdot 40/(13 \cdot 0,98) = 4,7 \text{ kN/cm}^2 < 18{,}9 \text{ kN/cm}^2 = \tau_{R,d}$

Die Aufnahme der Zugspannung im Steg ist offensichtlich kein Problem; ohne weiteren Nachweis.

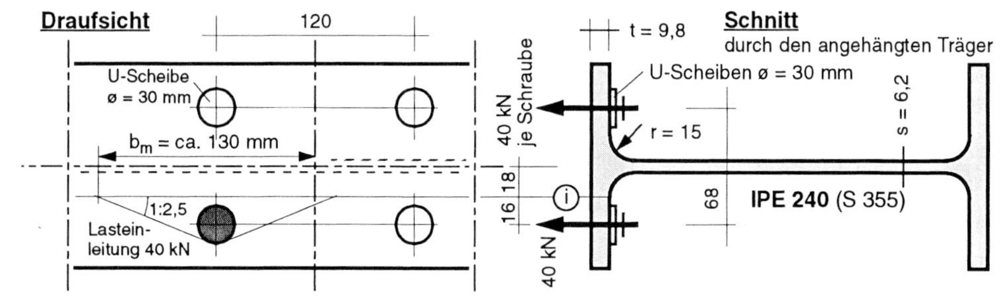

Aus der vorausgegangenen Rechnung sieht man, daß die Aufnahme der möglichen Schraubenkräfte 114 kN für HV-M16 nicht ohne wesentliche Verstärkungen und Aussteifungen möglich ist.

Zu beachten ist auch, daß im Oberflansch des angehängten Trägers aus übergeordneter Beanspruchung Zugspannungen entstehen, die mit den berechneten örtlichen Spannungen zu Vergleichsspannungen überlagert werden müssen. Dies kann die Ausnutzbarkeit herabsetzen!

5.5.10 Ankerschrauben und Stützen einer Schilderbrücke

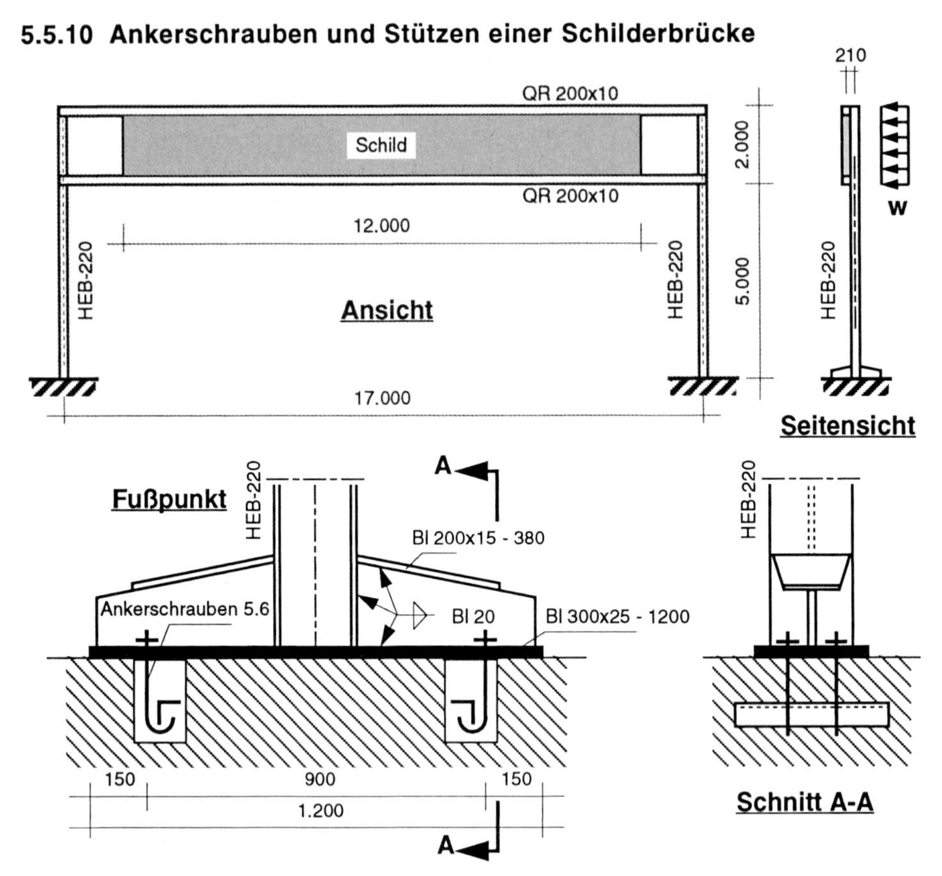

Für eine Schilderbrücke sind die Ankerschrauben am Stützenfuß zu bemessen. Es sollen Rundstäbe mit aufgerolltem Gewinde, Güte 5.6 (BSt500S), verwendet werden.

Die Stütze HEB 220 ist am Stützenfuß nachzuweisen (Stabilitätsuntersuchung nicht erforderlich!).

Gebrauchslasten (= charakteristische Größen der Einwirkungen):

Eigenlasten:	Stützen und Riegel,	
	Stützenfüße je:	2,0 kN,
	Verkehrsschild:	6,0 kN.

Die Ausmitte von Verkehrsschild und Riegeln gegen die Stützenachse von 21 cm ist zu beachten!

Windlast: $w = 1{,}25\ kN/m^2$, maßgebend Wind von rechts.

Windangriffsfläche: Stützen, Riegel, Schild.

Die Berechnung der Zugkraft in den Ankerschrauben soll vereinfacht so erfolgen, daß das Fußmoment in ein Kräftepaar mit 900 mm Abstand zerlegt wird und die Normalkraft (Druckkraft) zur Hälfte der Zug- bzw. der Druckseite zugeschlagen wird. Die Betonpressung ist auf 1/4 der Fußplatte zu verteilen. (Zu den Rechenannahmen siehe Abschnitt 11.1.4.)

Ankerschrauben

Charakteristische Größen der Einwirkungen (Gebrauchslasten):

Schild:	G_k =	6,0 kN	
QR 200x10:	$G_k = 2 \cdot 17 \cdot 0{,}60$ =	20,4 kN	ausmittig angreifend insges. 26,4 kN
HEB 220:	$G_k = 2 \cdot 7{,}0 \cdot 0{,}72$ =	10,1 kN	
Gewicht der Fußkonstruktion (2 x):		4,0 kN	

Gesamtgewicht der Stahlkonstruktion:ca. 40,5 kN, je Stütze: ca. 20,25 kN.

Maßgebend ist Lastfall "Wind von rechts", weil hier die Momente aus Eigenlast (Schild + Q-Rohr) im gleichen Sinn wirken. Weil die ständigen Lasten bezüglich der Ankerschrauben *entlastend* wirken, ist für deren Bemessung die Einwirkungskombination mit $\gamma_{F,G} = 1{,}0$ zu untersuchen!

Bemessungswerte der Einwirkungen (Grundkombination) am Stützenfuß:

$N_{S,d} = 1{,}0 \cdot 20{,}25 = 20{,}25$ kN (Druckkraft)

$M_{S,d} = 1{,}0 \cdot 26{,}4/2 \cdot 0{,}21 + 1{,}5 \cdot 1{,}25 \cdot (2{,}0 \cdot 6{,}0 \cdot 6{,}0 + 2 \cdot 0{,}2 \cdot 2{,}5 \cdot 6{,}0 + 0{,}22 \cdot 7{,}0^2/2) = 159{,}0$ kNm

Aufteilung des Moments in Zug und Druck, gewählter Hebelarm = Schraubenabstand = 0,9 m.

Zugkraft in *einer* Schraube: $N_{S,d} = 0{,}5 \cdot (159/0{,}9 - 20{,}25/2) = 83{,}3$ kN

Gewählt: Ankerschrauben M24, 5.6: $N_{R,d} = 87{,}5$ kN $N/N_{R,d} = 83{,}3/87{,}5 = 0{,}95<1$

Zur Berechnung der Betonpressung wirken die ständigen Lasten *belastend*, daher: $\gamma_{F,G} = 1{,}35$.

$N_{S,d} = 1{,}35 \cdot 20{,}25 = 27{,}4$ kN (Druckkraft)

$M_{S,d} = 1{,}35 \cdot 26{,}4/2 \cdot 0{,}21 + 1{,}5 \cdot 1{,}25 \cdot (2{,}0 \cdot 6{,}0 \cdot 6{,}0 + 2 \cdot 0{,}2 \cdot 2{,}5 \cdot 6{,}0 + 0{,}22 \cdot 7{,}0^2/2) \approx 160$ kNm

$$\sigma_{cd} = \frac{160/0{,}9 + 27{,}4/2}{30 \cdot 30} = \frac{191{,}5}{900} = 0{,}213 \text{ kN/cm}^2 < 1{,}35 \text{ kN/cm}^2 = \sigma_{R,cd} \text{ für Beton C20/25}$$

Stützen

Auch für den Nachweis der Stützen ist die Einwirkungskombination mit $\gamma_{F,G} = 1{,}35$ maßgebend.

Nachweis **E-E**:

$$\sigma = \frac{N}{A} + \frac{M_y}{W_y} = \frac{27{,}4}{91} + \frac{16000}{736} = 0{,}30 + 21{,}74 = 22{,}04 \text{ kN/cm}^2 > 24/1{,}1 = 21{,}82 \text{ kN/cm}^2$$

Der Nachweis ist *nicht erfüllt*. Bei Berücksichtigung örtlicher Plastizierung mit (1/38) wird jedoch:

$$\sigma = \frac{N}{A} + \frac{M_y}{\alpha^*_{pl,y} \cdot W_y} = \frac{27{,}4}{91} + \frac{16000}{1{,}14 \cdot 736} = 0{,}30 + 19{,}07 = 19{,}37 \text{ kN/cm}^2 < 21{,}82 \text{ kN/cm}^2$$

oder $\sigma/\sigma_{R,d} = 19{,}37/21{,}82 = 0{,}89 < 1$

Nachweis **E-P**:

$N_{pl,d} = 1990$ kN $N_{S,d}/N_{pl} = 27{,}4/1990 = 0{,}014 < 0{,}1$ (→ Nachweis ohne Interaktion)

$M_{pl,d} = 180$ kNm $M_{S,d}/M_{pl,d} = 160/180 = 0{,}89 < 1$ (Querkraft spielt keine Rolle)

Anmerkungen:

1) Wegen der geringen Normalkraft entfällt hier der Knicknachweis. Ein Nachweis ausreichender Sicherheit gegen BDK ist jedoch noch erforderlich! Behandlung erfolgt später.

2) Die b/t-Werte sind für Walzprofile in S 235 für reine Biegung bei allen Nachweisarten eingehalten. Die sehr kleine Normalkraft hat hierauf keinen Einfluß.

5.5.11 Schräg belastete Schrauben

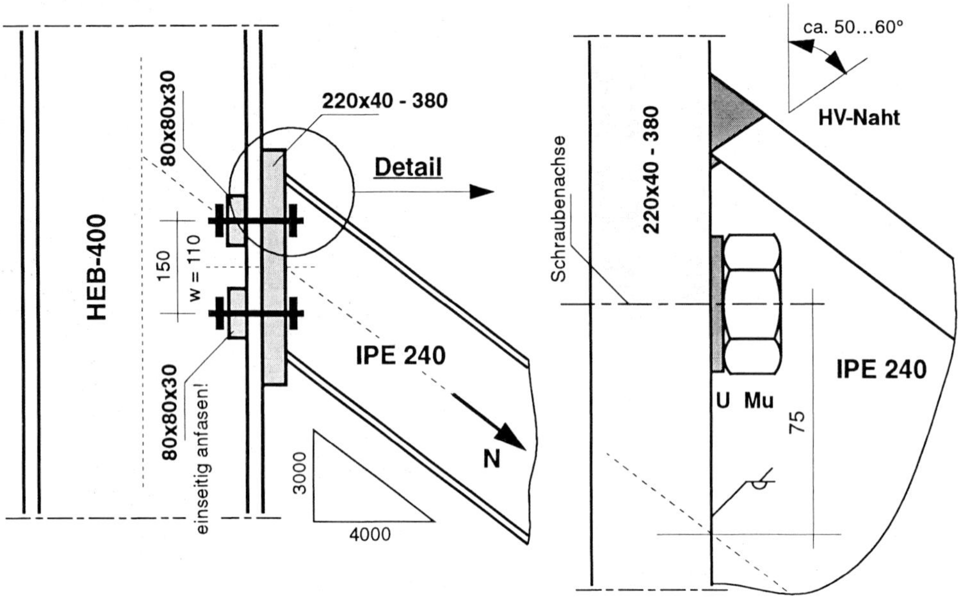

Die HV-Schrauben des Zugstab-Anschlusses sind zu bemessen.

Die Schrauben sollen so ausgelegt werden, daß der Querschnitt IPE 240 des Zugstabes auf die Normalkraft N voll ausgenutzt werden kann (die Schweißnähte sollen voll durchgeschweißt und die Nahtgüte kontrolliert werden).

Werkstoff: S 235 JR G2.

Zugstab: $N_{R,d} = 39,1 \cdot 24/1,1 = 853 \text{ kN}$

je Schraube: $N = \frac{1}{4} \cdot 853 \cdot \frac{4000}{5000} = 170,6 \text{ kN}$

$$V = \frac{1}{4} \cdot 853 \cdot \frac{3000}{5000} = 128,0 \text{ kN}$$

Gewählt: **HV-M24**, 10.9 (SLV-Verbindung, d.h. planmäßige Vorspannung).

$$N_{R,d} = 256,7 \text{ kN}$$

$$V_{a,R,d} = 226,0 \text{ kN}$$

Nachweis: $\left(\frac{N}{N_{R,d}}\right)^2 + \left(\frac{V}{V_{a,R,d}}\right)^2 = \left(\frac{170,6}{256,7}\right)^2 + \left(\frac{128,0}{226,0}\right)^2 = 0,665^2 + 0,566^2 = 0,873 < 1$

Ein Nachweis auf Lochleibung erübrigt sich bei den großen Blechdicken.

Ein Nachweis der Schweißnähte ist bei der o.g. Ausführungsart (durchgeschweißte Nähte, kontrolliert) nicht erforderlich.

Beim Konstruieren ist darauf zu achten, daß das obere Schraubenpaar auch wirklich eingezogen werden kann! Es ist erlaubt, die HV-Schrauben am Kopf anzuziehen.

Was Sie schon immer über Baustatik wissen wollten!

Karl-Eugen Kurrer
Geschichte der Baustatik
2002. Ca. 400 Seiten.
Gb., ca. € 79,–* / sFr 132,–
ISBN 3-433-01641-0
Erscheint: November 2002

Was wissen Bauingenieure heute über die Herkunft der Baustatik? Wann und welcherart setzte das statische Rechnen im Entwurfsprozess ein? Beginnend mit den Festigkeitsbetrachtungen von Leonardo und Galilei wird der Herausbildung einzelner baustatischer Verfahren und ihrer Formierung zur Disziplin der Baustatik nachgegangen. Erstmals liegt der internationalen Fachwelt ein geschlossenes Werk über die Geschichte der Baustatik vor. Es lädt den Leser zur Entdeckung der Wurzeln der modernen Rechenmethoden ein.

* Der €-Preis gilt ausschließlich für Deutschland

Ernst & Sohn
Verlag für Architektur und technische Wissenschaften GmbH & Co. KG

Für Bestellungen und Kundenservice:
Verlag Wiley-VCH
Boschstraße 12
69469 Weinheim
Telefon: (06201) 606-152
Telefax: (06201) 606-184
Email: service@wiley-vch.de

Ernst & Sohn
A Wiley Company
www.ernst-und-sohn.de

07312066_my Änderungen vorbehalten.

made by KÖCO

Innovative Bolzenschweißsysteme

Technik, die überzeugt

- Für perfekte Verbindungen mit unlegierten und legierten Stählen, Aluminium
- Komplette Systeme aus eigener Fertigung
- Einsatzbereich: Bolzen 3-25 mm ø
- Großes Lagerprogramm
- Beratung, Schulung, Service

Einfach - Schnell - Sicher

Köster & Co GmbH • Spreeler Weg 32
D-58256 Ennepetal • Deutschland
koeco@bolzenschweisstechnik.de

Tel. +49 (0)2333 8306-0
Fax. +49 (0)2333 830638
www.bolzenschweisstechnik.de

6 Schweißverbindungen

6.1 Schweißverfahren

6.1.1 Allgemeines

Unter Schweißen versteht man "das Vereinigen von Werkstoffen in der Schweißzone unter Anwendung von Wärme und/oder Kraft mit oder ohne Schweißzusatz. Es kann durch Schweißhilfsstoffe, z.B. Schutzgase, Schweißpulver oder Pasten ermöglicht oder erleichtert werden. Die zum Schweißen notwendige Energie wir von außen zugeführt" (DIN 1910 Teil 1).

Schweißverbindungen sind ohne Zerstörung *nicht lösbar.* Man unterscheidet:

- Preßschweißverfahren (Vermischung durch Druck),
- Schmelzschweißverfahren (Vermischung des örtlich aufgeschmolzenen Bauteilwerkstoffs mit dem abgeschmolzenen Zusatzwerkstoff).

In der Stahlbau-Werkstatt ist die Schweißverbindung die weitaus am häufigsten angewandte Verbindungsart.

Auf Baustellen ist die Schweißverbindung gegenüber der Schraubverbindung oft wirtschaftlich im Nachteil wegen der erschwerten Zugänglichkeit (Gerüst, Schweißen in Zwangslagen), des erforderlichen Schutzes vor unerwünschten Umwelteinflüssen (Feuchtigkeit, Wind, Kälte, Schmutz) und der geforderten hohen Qualifikation des Personals (Schweißer / Schweißaufsichtsperson).

Die Anwendung automatischer Schweißverfahren kann die Wirtschaftlichkeit der Schweißverbindung in der Werkstatt und auf der Baustelle wesentlich erhöhen.

6.1.2 Preßschweißverfahren

Die Werkstücke werden an der Nahtstelle bis zum oberflächlichen Aufschmelzen erhitzt und *ohne Zusatzwerkstoffe unter Druck* miteinander verschweißt. Die wichtigsten Verfahren sind:

- Feuerschweißen im Schmiedefeuer. Dieses schon Jahrtausende bekannte Verfahren ist kaum kontrollierbar und im Erfolg wesentlich vom Können des Schmieds abhängig. Im Stahlbau ist das Verfahren nicht zugelassen.
- Gas-Preßschweißen. Die Gasflamme dient als Wärmequelle.
- Lichtbogenbolzenschweißen. Ein durch Kurzschluß eines elektrischen Stromkreises erzeugter Lichtbogen zwischen Bolzen und Werkstück erzeugt die zum Aufschmelzen von Bolzenende und Werkstück erforderliche Wärme. Der Bolzen wird in das werkstückseitige Schmelzbad gedrückt. Der Schweißvorgang wird mit einem Bolzenschweißgerät (teil-) automatisiert durchgeführt. - Varianten: Hubzündung / Spitzenzündung.

- Elektrische Widerstandsschweißung. Erhitzt wird gleichfalls durch Kurzschluß; die Werkteile werden in besonderen Vorrichtungen geführt und zusammengepreßt. - Geeignet zum Stumpfstoßen von Stabstählen und kleinen Profilstählen.
- Punktschweißung. Punktförmiges Anpressen dünner Bleche bei Kurzschlußstrom ergibt punktförmige Verbindungen. - Große Bedeutung hat dieses Verfahren im Karosseriebau und bei der Herstellung von Baustahlmatten. Im Stahlbau (Leichtbau) ist die Punktschweißung für die Verbindung dünner Bleche zugelassen.
- Thermitschweißung. Die Schweißhitze wird durch eine chemisch-exotherme Reaktion von Aluminiumpulver und Metalloxid erzeugt. - Nach diesem Verfahren werden Eisenbahnschienen geschweißt.

Bolzenschweißen und Punktschweißen sind im Stahlbau Sonderverfahren, für die im Betrieb besondere Zulassungen erworben werden müssen. Andere Preßschweißverfahren haben im Stahlbau keine Bedeutung.

6.1.3 Schmelzschweißverfahren

Beim Schmelzschweißverfahren werden die Schweißflächen aufgeschmolzen und mit oder ohne Schweißzusatz *in flüssigem Zustand* miteinander verbunden.

Das *Gasschweißen* (Autogenschweißen) ist im Stahlbau nicht mehr üblich.

Das im Stahlbau allgemein übliche Schmelzschweißverfahren ist das *Lichtbogenschweißen.* Durch Umsatz von *elektrischer Energie* in Wärme wird der Werkstoff an den (evtl. hierfür vorbereiteten) Nahträndern örtlich durch den Lichtbogen aufgeschmolzen; der als Elektrode zugeführte Zusatzwerkstoff wird ebenfalls durch den Lichtbogen abgeschmolzen und in die Schweißfuge gebracht. Dort entsteht ein gemeinsames Schweißbad.

Man unterscheidet zwischen Handschweißung sowie teil- und vollmechanischen und vollautomatischen Schweißverfahren.

Elektrische Handschweißung mit ummantelten Elektroden

Handschweißung erfolgt mittels von Hand geführter Elektroden. Der Werkstoff der Elektroden und ihre Umhüllung sind so zu wählen, daß das Schweißgut, das sich aus der Vermischung von Elektroden- und Grundwerkstoff ergibt, in seinen Festigkeitseigenschaften dem Grundwerkstoff weitgehend entspricht. Dicke Nähte (über 5 bis 6 mm) müssen mehrlagig ausgeführt werden (Bild 6.1).

1 = Wurzellage
2, 3 = Decklagen
4 = Kapplage (nach Auskreuzen der Wurzellage gegengeschweißt)

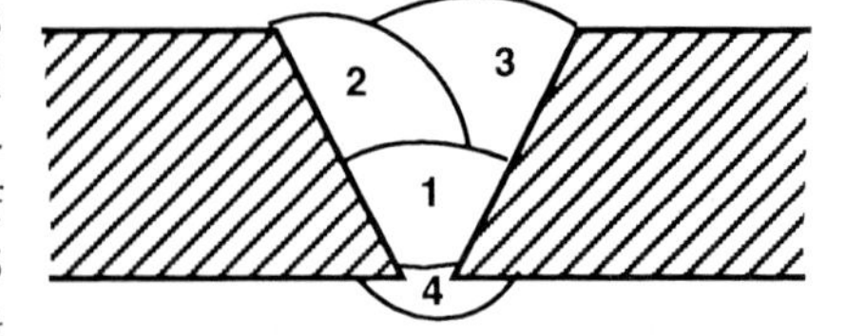

Bild 6.1 **Nahtlagen bei einer V-Naht**

Die Umhüllung bildet beim Aufschmelzen und Verdampfen eine Gasglocke um den Lichtbogen, die diesen stabilisiert, und ergibt eine dünnflüssige Schlacke, die den tropfenförmig übergehenden Zusatzwerkstoff und die geschweißte Naht (Schmelze) vor Luftzutritt und vor allem bei dünnen Nähten vor zu raschem Abkühlen schützt. Die Schlacke muß entfernt werden.

Nach der Art der Umhüllung unterscheidet man (EN 499):

B Basische Elektroden. Universell verwendbar, für die meisten Positionen und Stähle gut verschweißbar. Gute mechanisch-technologische Werte. Meistgebrauchter Typ! Die Umhüllung ist hygroskopisch. Trocken lagern, evtl. vor Verwendung nach Herstellerangabe trocknen!

A, RA Saure Elektroden. Ergeben ein dünnflüssiges Schweißgut und eine dünnflüssige Schlacke; sie erlauben somit hohe Schweißgeschwindigkeiten bei gutem Nahtaussehen (daher gut für Decklagen). - Nicht geeignet für Schweißen in Zwangslagen.

R, RR Rutilelektroden. Aufgrund des grobtropfigen Werkstoffübergangs gute Spaltüberbrückung. Gut geeignet zum Schweißen auch dünner Bleche, auch in Zwangslagen. - Nicht geeignet zum Fallnahtschweißen

C Zellulose-Typ. Gut für Zwangslagen, gute Spaltüberbrückbarkeit und guter Einbrand. Bevorzugte Anwendung bei Fallnähten (senkrecht oder schräg gerichteten Nähten). - In kleineren Betrieben oft der "Allround-Typ".

Sondertypen und Mischtypen: z.B. Rutilzellulose, rutilbasische u. rutilsaure Elektroden.

Anschlußwerte für den *Schweißtransformator*: primär meist 380 V. Sekundär wird der Strom meistens gleichgerichtet, Leerlauf-Spannung 50 bis 60 V, Betriebsspannung bis 40 V. Stromstärke je nach Elektroden-Durchmesser (2,5 bis 8 mm) und Schweißposition etwa 50 bis 500 A.

Vorteile des Lichtbogen-Handschweißens: einfache Handhabung, kleiner Geräteaufwand, universell anwendbar für alle Nahtformen, Schweißpositionen und bei erschwerter Zugänglichkeit. Einfache Anpassung an Werkstoff, Nahtart, Schweißlage und Schweißposition durch Auswahl der jeweils günstigen Elektroden.

Nachteil des Lichtbogen-Handschweißens: vom Können des Schweißers abhängig. Daher ist die Ausführung nur durch geprüfte Schweißer in hierfür zugelassenen Stahlbauwerkstätten (Großer oder Kleiner Eignungsnachweis nach DIN 18800 Teil 7) erlaubt.

Schutzgasschweißen

Das Schutzgasschweißen (manuell oder mechanisch ausgeführt) ist für das Schweißen in der Werkstatt von zunehmender Bedeutung. Ein Schutzgas strömt aus einem Düsenkranz um die meist automatisch zugeführte blanke Elektrode. Dies verhindert den Zutritt von Luft an Schweißbad und Lichtbogen. Die automatische Drahtzufuhr wird über die Energiezufuhr geregelt; der praktisch unendlich lange Draht erspart die beim Elektrodenhandschweißen auftretenden oftmaligen Unterbrechungen. Beim Schweißen findet keine Schlackebildung statt (Zeitersparnis!).

Man unterscheidet:

- **WIG**-Verfahren (**W**olfram-**I**nert**g**as). Die Wolfram-Elektrode, um die das reaktionsunfähige Edelgas (Argon, Helium) ausströmt, schmilzt nicht ab (Schmelzpunkt von Wolfram bei 3400 °C). Der ggf. erforderliche Zusatzwerkstoff wird vorlaufend als artgleicher Schweißstab manuell oder mechanisiert zugeführt. Vorzugsweise angewendet zur Schweißung dünner Bleche, im Rohrleitungs- und Behälterbau.
- **MIG**-Verfahren (**M**etall-**I**nert**g**as). Im Gegensatz zum WIG-Verfahren ist die lichtbogenführende Elektrode der Zusatzwerkstoff. Anwendung: Schweißung hochlegierter Stähle und von Aluminium.
- **MAG**-Verfahren (**M**etall-**A**ktiv**g**as). Das reaktionsfähige Schutzgas (meist CO_2, auch Mischgase mit Ar und O_2) ergibt hohe Abschmelzleistung und tiefen Einbrand. MAG-Schweißsystem mit Fülldraht-Elektrode, die eine Seele als Schlackenbildner enthält und geringere Schutzgasmenge verwendet. Sehr wirtschaftliches Verfahren zum Schweißen un- und niedrig legierter Stähle (Aktivgas billiger als Inertgas).
- **Innershield**-Verfahren mit selbstschützenden Fülldraht-Elektroden. Es wird eine dünne Röhrchendraht-Elektrode (d = 3 mm) mit einer Füllung von Schlacken- und Gasbildner verwendet.

Beim Schutzgasschweißen kann schon geringer Wind die Schutzgas-Abschirmung stören. Deshalb sind diese Verfahren im Freien (auf der Baustelle) in der Anwendung problematisch.

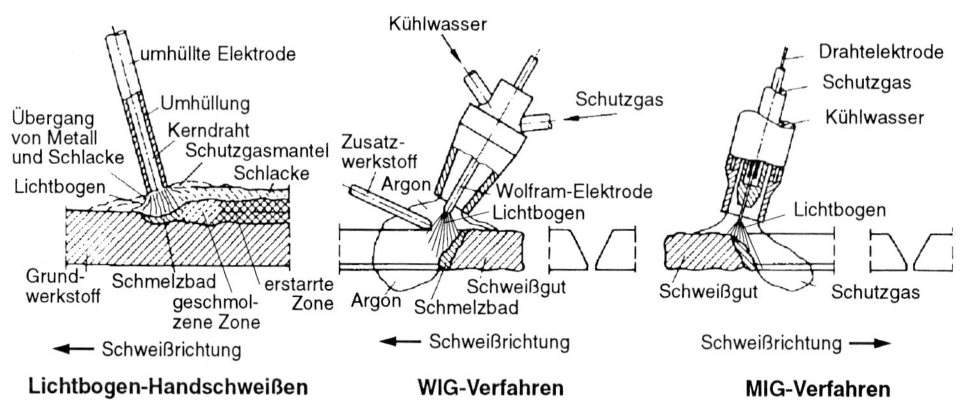

Bild 6.2 **Hand-Schweißverfahren**

Mechanische Schweißverfahren

Mechanische Schweißverfahren sind erheblich leistungsfähiger als Handschweißverfahren und ermöglichen gleichmäßigere Nähte mit hohem Gütegrad. Nachteilig ist, daß meist nur in Wannenlage geschweißt werden kann, daß ein hoher Geräteaufwand und gründliche Nahtvorbereitung erforderlich sind.

Anwendung bei langen geraden Nähten mit oftmaliger Wiederholung, z.B. bei Halskehlnähten von Trägern, Kehl- und Stumpfnähten bei ausgesteiften Blechtafeln, wie orthotropen Fahrbahntafeln im Brückenbau.

Am Nahtanfang und -ende ergeben sich oft Unregelmäßigkeiten, die durch Nachschweißen von Hand oder An- und Auslaufstücke (Überlängen) ausgeglichen werden können. Es wurden zahlreiche Verfahren entwickelt (viele werkseigene Patente). Am wichtigsten ist das in Bild 6.3 dargestellte UP-Schweißverfahren.

- **UP**-Schweißen (Unterpulver-Schweißen). In die z.B. mit einer Kupferschiene unterlegte Schweißfuge wird von einem entlang der Fuge fahrenden Traktorfahrwerk mit Schweißkopf Schweißpulver gegeben und eine blanke im Lichtbogen abschmelzende Drahtelektrode zugeführt. Nach Zündung erfolgt automatischer Vorschub des Fahrwerks sowie Pulverabgabe und Schweißdrahtnachführung. Es werden qualitativ hochwertige Nähte erreicht; Schweißpulver und Elektroden sind auf den Grundwerkstoff abzustimmen.

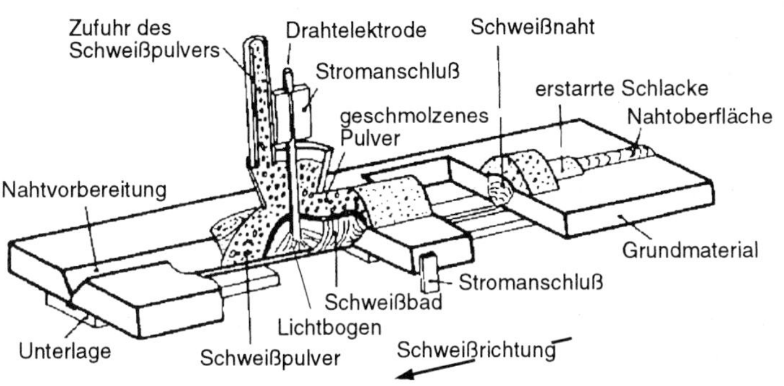

Bild 6.3 **Unterpulver-Schweißverfahren (UP-Verfahren)**

Besonders geeignet für Stumpfnähte und andere Nähte in Wannenlage, auch bei dicken Blechen. UP-Schweißen ist bei langen Nähten und häufiger Wiederholung bis zu 30-mal leistungsfähiger als Handschweißen.

Strahlschweißverfahren

Laserstrahlschweißen. Die zum Aufschmelzen erforderliche Wärme wird durch einen kohärenten, monochromatischen Laserstrahl erzeugt, der durch Lichtleitfaser (YAG-Laser) oder Spiegel (CO_2-Laser) an die Bearbeitungsstelle gelenkt wird. Aufgrund sehr guter Schweiß- oder Schneidergebnisse (kaum Verzug, sehr wenig Nacharbeit) wird der Laser zunehmend eingesetzt. Im Stahlbau ist das Laserstrahlschweißen zugelassen zum Fügen von CrNi-Stählen mit Wanddicken bis 5 mm. - Einsatz zum Fertigen beliebiger Edelstahlprofile.

Elektronenstrahlschweißen. Durch Umwandlung der kinetischen Energie hochbeschleunigter Elektronen beim Abbremsen auf der Werkstück-Oberfläche wird die zum Aufschmelzen erforderliche Wärme erzeugt. Verfahrens-Varianten: Elektronenstrahlschweißen unter Vakuum (Strahlerzeuger und Werkstück im Vakuum) oder an der Atmosphäre (Strahlerzeuger im Vakuum, Werkstück an der Atmosphäre). - Geeignet für Fügen von CrNi-Stähle bis 20 mm Wanddicke.

6.1.4 Vorbereitung und Ausführung von Schweißnähten

Schweißarbeiten müssen sorgfältig vorbereitet und zweckentsprechend ausgeführt werden. Besonders zu beachten sind dabei:

- Werkstoff und Elektrode sowie ggf. halb- oder vollautomechanische Schweißverfahren den gestellten Anforderungen entsprechend auswählen.
- Zulassung von Betrieb, Schweißaufsichtsperson und Schweißern für die gewählten Verfahren und Bauteilabmessungen überprüfen.
- Nahtanhäufungen beim Konstruieren vermeiden. Nähte in Seigerungszonen vermeiden bzw. beruhigtes Material verwenden. Schweißnahtfolge und Schweißanweisung festlegen.
- Beim Schweißen im Freien für Schutz vor Wind und Regen sorgen. Nur trockene Elektroden verwenden.
- Schweißnahtkanten vorbereiten (Kehlnähte bedürfen keiner Vorbereitung).
- Schmutz, Rost, Farbe, Zunder und Walzhaut sorgfältig entfernen. Spezielle Fertigungsbeschichtungen dürfen überschweißt werden.
- Nähte möglichst in Wannenlage ausführen. Werkteile unverrückbar festhalten. Erdung und Stromanschluß herstellen.
- Bauteile entsprechend Bauteildicken und Umwelteinflüssen vorwärmen.
- Schweißnaht porenfrei und ohne Schlackeneinschluß ausführen!
- Schweißnaht vor zu schnellem Auskühlen schützen (Baustellenschweißung in der kalten Jahreszeit problematisch!).
- Schlacke entfernen und vor neuer Schweißlage Naht putzen.
- Fertige Nähte kontrollieren: Augenschein, Nachmessen der Schweißnahtdicke, Überprüfen auf Einschlüsse und Porenfreiheit durch Ultraschall, Röntgen oder Farbeindringprüfung.

6.1.5 Verformungen und Eigenspannungen

Beim Schweißen treten hohe Temperaturen auf. Während des Schweißens bleibt auf Grund der praktisch nicht vorhandenen Festigkeit in der Schweißnaht und ihrer unmittelbaren Umgebung dieser Bereich weitgehend spannungsfrei. Beim Abkühlen wächst die Festigkeit im Nahtbereich an, gleichzeitig tritt Temperaturschrumpfung auf. Diese wirkt sich entweder in Verformungen aus oder in Spannungen, den sog. Eigenspannungen, die auf kleinerem oder größerem Bereich kräftemäßig eine Gleichgewichtsgruppe bilden.

Beim Verschweißen von Blechen mittels Stumpfnähten treten bei unbehinderter-Verformungsmöglichkeit Winkelschrumpfungen auf, die je nach Nahtart und Schweißfolge 1° bis 10° ausmachen können. Bei freien Randbedingungen kann man dieser Schweißverformung durch eine entsprechende gegengerichtete "Schweißzugabe" entgegenwirken.

Sofern geometrische Zwänge vorliegen, läßt sich durch die Schweißreihenfolge großen Eigenspannungen entgegenwirken. Beim Stumpfstoß eines Blechträgers wird man z.B. zuerst die dicken Stumpfnähte der Gurte ausführen, wodurch zunächst nur lokale Eigenspannungen entstehen. Danach schweißt man die dünnere Stegnaht. In der Stegnaht wird es beim Abkühlen dieser Naht Zugspannungen geben, in den Gurten Druck.

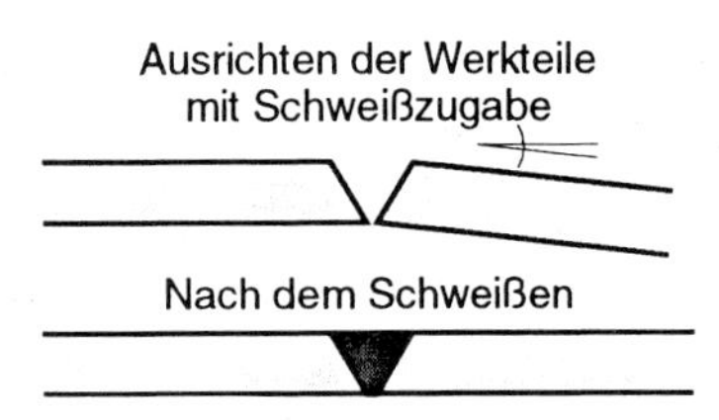

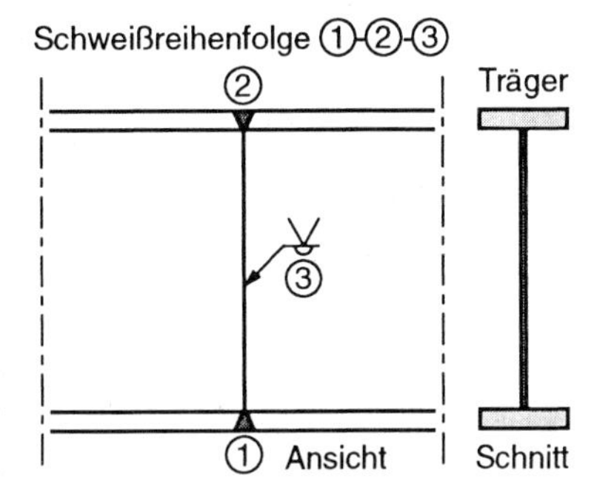

Bild 6.4 **Schweißschrumpfung, Schweißreihenfolge**

Große unkontrollierte Schweißeigenspannungen nach dem Schweißen dicker Bauteile lassen sich durch Spannungsarmglühen in Glühöfen bei ca. 600-650 °C abbauen. Es gibt Öfen für Werkteile von 15 m Länge und mehr.

Rasches Abkühlen der Schweißnaht kann wegen möglicher Versprödung (Martensit-Bildung) zu wesentlichem Verlust der duktilen Eigenschaft im Nahtbereich führen; dies kann schon Rißbildung beim Abkühlen bewirken. Gefährdet sind Nähte mit geringer Lagendicke bei Bauteilen großer Dicke, die eine schnelle Wärmeabfuhr bewirken. Gegenmaßnahme: Vorwärmen der zu verschweißenden Bauteile läßt Nähte langsamer abkühlen,

Sofern Verspröden der Nähte vermieden wird, beeinträchtigen Schweiß-Eigenspannungen bei vorwiegend ruhend beanspruchten Konstruktionen die Tragfähigkeit nicht, weil Spannungsspitzen "herausplastiziert" werden können. Anders verhält es sich bei dynamisch beanspruchten Konstruktionen (z.B. Kranbahnen, Eisenbahnbrücken), bei denen der Betriebsfestigkeitsnachweis neben dem statischen Nachweis auch den Eigenspannungszuständen Rechnung tragen soll.

6.1.6 Überprüfung von Schweißnähten

Überprüfen der Schweißnahtdicke bei Kehlnähten

Das Nachmessen der Schweißnahtdicke kann z.B. mit Hilfe einer einfachen Schweißnahtlehre (Blechscheibe wie in Bild 6.5 dargestellt) erfolgen. Die Ablesung wird dadurch erschwert, daß die Schweißnahtoberfläche mehr oder weniger uneben ausfällt. Eine Genauigkeit von ± 0,5 mm ist i.a. möglich.

Sichtprüfung

Schon die einfache Sichtkontrolle gibt dem Fachmann Aufschluß über die Nahtbeschaffenheit. Form, Gleichmäßigkeit und Oberflächenbeschaffenheit sind Kriterien der Qualität.

Methodische Prüfung von Schweißnähten

Insbesondere stark beanspruchte oder dynamisch beanspruchte Schweißnähte müssen auf Poren in der Naht, Risse, Bindefehler, Wurzelfehler, Schlackeneinschlüsse und andere Unregelmäßigkeiten überprüft werden, die eine Minderung der Tragfähigkeit ergeben können. Bei großen Bauvorhaben muß ein Plan oder Vordruck den Umfang der Prüfung festlegen; die Ergebnisse müssen protokolliert werden.

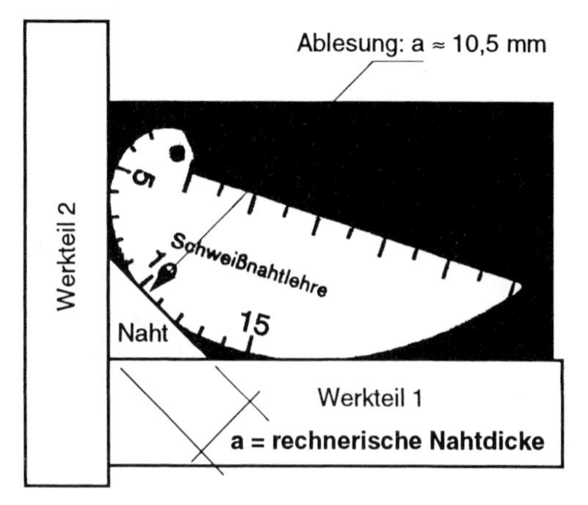

Bild 6.5 **Schweißnahtlehre**

Es gibt verschiedene Verfahren für eine zerstörungsfreie Prüfung.

Alle Verfahren erfordern zur Durchführung und Interpretation der Ergebnisse hohe Sachkenntnis!

Ultraschallprüfung. Ultraschall ist Schall oberhalb der Hörfrequenz (ca. 16000 Hz). Für die Stahlprüfung werden Frequenzbereiche 1 bis 6 MHz herangezogen (Medizin 0,1 bis 1 MHz). Ultraschall breitet sich geradlinig aus und wird gebrochen und reflektiert wie Licht. Schallgeschwindigkeit in Stahl 5900 m/sec (in Luft 333 m/sec).

Beim Impuls-Reflexions-Verfahren werden auf dem Bildschirm Fehlerechos abgebildet. Mit diesem Verfahren können auch Dopplungen im Grundmaterial nachgewiesen werden.

Durchstrahlungsprüfung. Röntgenstrahlen sind elektromagnetische Schwingungen von sehr kleiner Wellenlänge (10^{-6} bis 10^{-8} mm), daher sehr durchdringungsfähig. Erzeugung in hochevakuierter Röhre mit Kathode (Glühfaden) und Anode (Wolframblock) und angelegter Hochspannung (1 bis 400 kV). Bei Auftreffen der Elektronen auf die Anode entsteht "Bremsstrahlung" (= Röntgenstrahlen).

Wirkung der Röntgenstrahlen chemisch (Fluoreszenzleuchtschirm), photographisch (Filmschwärzung) und biologisch (Veränderung oder Zerstörung lebender Zellen). Strahlenschutzverordnung beachten!

Bei der Gammadurchstrahlung werden radioaktive Substanzen als Strahlungsquelle verwendet.

Nähte werden durchstrahlt und belichten einen hinter der Naht liegenden Film. Fehlstellen rufen Schwärzungen des Films hervor.

Farbeindringprüfung. Nach Reinigen des zu untersuchenden Nahtbereichs wird rote Farbe mit hoher Kapillarität aufgebracht. Nach Abtrocknen und Abwaschen der Oberfläche wird eine weiße, dünne, saugfähige Schicht aufgebracht. Aus Poren und Rissen tritt nun Farbe aus. Oberflächenfehler (Poren, Risse, Bindefehler) lassen sich mit diesem einfachen und preiswerten Verfahren nachweisen.

6.1.7 Herstellerqualifikation für das Schweißen

Das Herstellen geschweißter Bauteile aus Stahl erfordert in außergewöhnlichem Maße Sachkenntnisse und Erfahrungen der damit betrauten Personen sowie eine besondere Ausstattung der Betriebe mit geeigneten Einrichtungen. Betriebe, die Schweißarbeiten in der Werkstatt oder auf der Baustelle ausführen, müssen ihre Eignung nachgewiesen haben. DIN 18800 Teil 7 (9.02) teilt ein in die Bauteilklassen A bis E (in aufsteigender Schwierigkeit).

Klasse A. Betriebe ohne Herstellerqualifikation. Es dürfen nur sehr einfache oder untergeordnete Bauteile geschweißt werden. Beschränkungen bezüglich Abmessungen (z.B. Treppen bis 5 m Lauflänge), Baustähle bis S 275, Materialdicke und rechnerischer Beanspruchung.

Klasse B. Herstellerqualifikation für geschweißte Stahlbauten *mit vorwiegend ruhender Belastung*. Erlaubt ist die Herstellung von Bauteilen aus unlegierten Baustählen im Festigkeitsbereich bis S 275.

Als Schweißaufsicht wird ein Schweißfachmann (mit Prüfzeugnis einer Schweißtechnischen Lehr- und Versuchsanstalt (SLV) nach DVS-EWF 1171 (technische Basiskenntnisse) verlangt.

Klasse C. Wie Klasse B, aber auch für wetterfeste und nichtrostende Stähle und Stahlgußsorten bis S 275, bei reiner Druckbeanspruchung auch bis S 355.

Als Schweißaufsicht wird ein Schweißtechniker nach DVS-EWF 1172 (spezielle technische Kenntnisse) verlangt.

Geltungsbereich für die Klassen B / C:

- Vollwand- und Fachwerkträger bis 20 / 30 m Stützweite
- Maste und Stützkonstruktionen bis 20 / 30 m Höhe
- Treppen mit Verkehrslasten $\leq 5\ kN/m^2$
- Erzeugnisdicken im tragenden Querschnitt bis 22 / 30 mm
- Dicke von Kopf- und Fußplatten bis 30 / 40 mm
- Behälter und Silos aus Blechen ≤ 8 mm Dicke

Die Aufzählung ist unvollständig. Erweiterungen des Geltungsbereichs sind möglich.

Klasse D. Herstellerqualifikation für alle Stahlbauten *mit vorwiegend ruhender Beanspruchung*. Als Schweißaufsicht wird ein Schweißfachingenieur verlangt (Prüfzeugnis nach DVS-EWF 1173, umfassende technische Kenntnisse).

Klasse E. Herstellerqualifikation wie D, aber auch für Stahlbauten *mit vorwiegend ruhender Beanspruchung*. Hierunter fallen Brückenbauwerke und Kranbahnen.

Anforderungen an den Betrieb. Schweißaufsicht durch einen dem Betrieb angehörenden *Schweißfachmann, Schweißtechniker oder Schweißfachingenieur* mit Ausbildung entsprechend den Richtlinien des DVS. Der Betrieb muß über die für die Durchführung der Schweißarbeiten erforderlichen Geräte und Einrichtungen verfügen.

Zusätzliche Anforderungen

Für Tragwerke aus Hohlprofilen nach DIN 18808 (10.84) werden in Absatz 7 zusätzliche Anforderungen an betriebliche Einrichtungen (Anpassen zu verschweißender Hohlprofile) und Schweißer (insbesondere für das Verschweißen von Rundrohren) gefordert.

6.1.8 Schweißfachingenieur

Allgemeines, Voraussetzungen

Ingenieure mit abgeschlossenem Studium können nach dem Besuch eines Schweißfachingenieur-Lehrgangs die Prüfung als Schweißfachingenieur ablegen. Für Betriebe ist die Benennung eines Schweißfachingenieurs Voraussetzung für den Erwerb des Nachweises der Befähigung zum Schweißen, insbesondere für den Großen Eignungsnachweis nach DIN 18800 Teil 7 (Klasse D). Darüber hinaus gibt die Qualifizierung als Schweißfachingenieur dem Ingenieur die Möglichkeit, bei schweißtechnischen Belangen als maßgeblicher Ingenieur eines Betriebes gegenüber den Abnahmebehörden zu wirken.

Voraussetzung für die Teilnahme an Lehrgang und Prüfung ist die bestandene Ingenieur-Abschlußprüfung an einer Technischen Hochschule (Universität), Fachhochschule oder Berufsakademie.

Ausbildung

Der Lehrgang erfolgt entsprechend international einheitlicher Regeln. Die Ausbildungsdauer beträgt mindestens 480 Stunden. Darin sind neben Vorträgen und Laborübungen wenigstens 80 Stunden praktische Grundlagen in Form von Schweißübungen, Demonstrationen und Versuchen enthalten.

Der Lehrgang wird als Tages-, Wochenend- oder Abendlehrgang durchgeführt.

Das Lehrgangsprogramm umfaßt:

- **Fachkundliche Grundlagen:** Schweißtechnische Verfahren und Geräte, Werkstoffe, Konstruktion (90 Stunden)
- **Praktische Grundlagen:** Gasschweißen, Lichtbogenschweißen, Schutzgasschweißen (60 Stunden)
- **Hauptlehrgang:** Schweißtechnische Verfahren und Geräte, Verhalten der Werkstoffe beim Schweißen, Konstruktion und Berechnung, Fertigung, Betrieb, Anwendungstechnik (330 Stunden)

Prüfung, Zeugnis

Schriftliche und mündliche Prüfungen beziehen sich auf den gesamten im Unterricht vermittelten Stoff. Dazu werden 4 bis 10 schriftliche und eine mündliche Prüfung durchgeführt; Gesamtdauer rund 25 Stunden.

Die Anforderungen sind hoch!

Bei bestandener Prüfung wird das Schweißfachingenieur-Zeugnis ausgestellt. Das Zeugnis ist international anerkannt.

Ausbildungsstätten

In Baden-Württemberg führen die Schweißtechnischen Lehr- und Versuchsanstalten (SLV) Schweißfachingenieur-Lehrgänge durch:

- SLV Fellbach (bei Stuttgart, Tel. 0711-575440)
- SLV Mannheim GmbH (Tel. 0621-30040)

In anderen Bundesländern gibt es für die Ausbildung zum Schweißfachingenieur entsprechende Ausbildungsstätten.

Kosten von Lehrgang und Prüfung: ca. 5.000 EUR (unverbindliche Angabe).

6.2 Schweißnahtformen

6.2.1 Stumpfnähte

Stumpfnähte verbinden Bauteile, die in ein und derselben Ebene liegen, evtl. auch mit stumpfem Winkel gegeneinander geneigt sind.

Stumpfnähte werden voll durchgeschweißt und je nach Nahtform evtl. gegengeschweißt. Die Nahtform richtet sich nach Blechdicke, Schweißlage und Schweißverfahren (EN 29692, siehe Bild 6.6).

Rechnerische Nahtdicke für Stumpfnähte: $a = t$

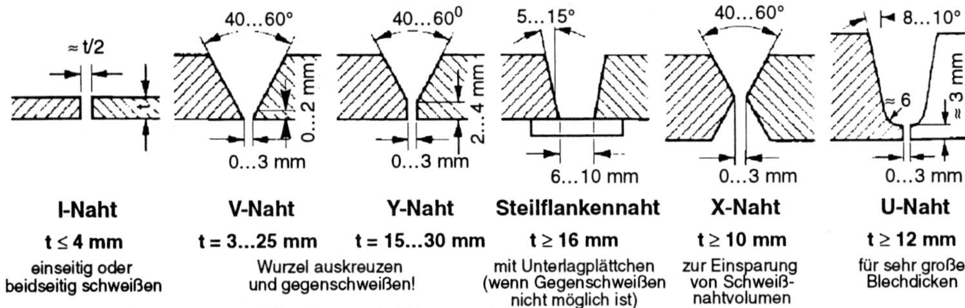

Bild 6.6 **Nahtformen für Stumpfnähte**

[1/515] Wechselt an Stumpfstößen von Querschnittsteilen die Dicke um mehr als 10 mm, so sind die Kanten wenigstens im Verhältnis 1:1 zu brechen.

Rechnerische Nahtdicke: a = *min* t

Wegen der dynamischen Beanspruchung werden im Brückenbau schärfere Anforderungen gestellt: die Querschnittsänderungen müssen dann in der Neigung ≤ 1:4 abgeschrägt werden.

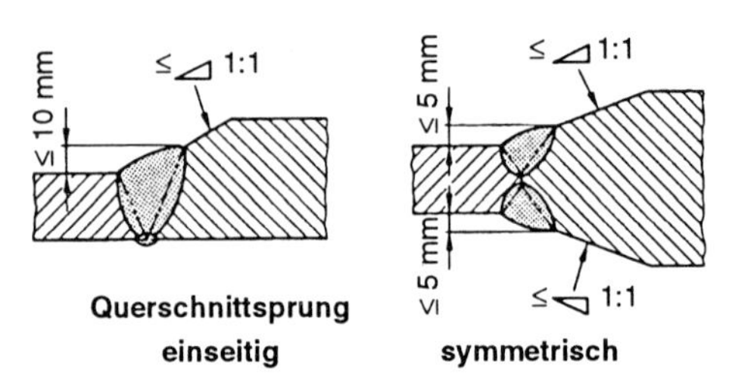

Bild 6.7 **Stumpfnähte bei unterschiedlich dicken Blechen** gemäß [1/515]

6.2.2 K-Naht, HV-Naht, HY-Naht

Wenn ein Blech auf ein anderes senkrecht (oder annähernd senkrecht) zuläuft, so kann die Schweißverbindung nach entsprechender Nahtvorbereitung als durchgeschweißte K-Naht (symmetrisch) oder als durch- oder gegengeschweißte HV-Naht (halbe V-Naht) ausgeführt werden.

Rechnerische Nahtdicke: $a = t_1$

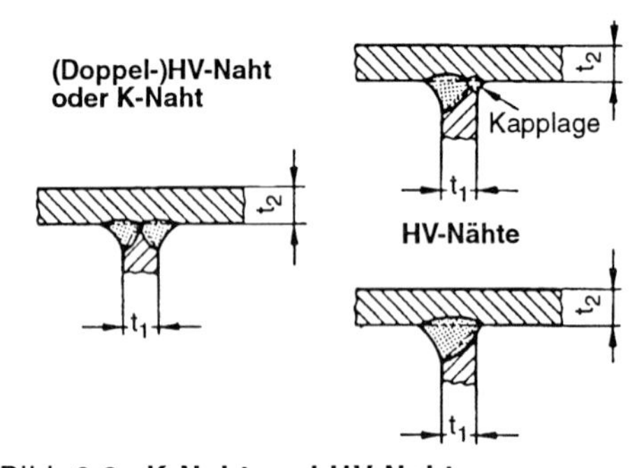

Bild 6.8 **K-Naht und HV-Naht**

Nicht durchgeschweißte Nähte sind die HY-Naht (unsymmetrisch) und die D(oppel) HY-Naht (symmetrisch) sowie andere Nahtformen. Die rechnerische Nahtdicke a ist in die Skizzen eingetragen. Sie gilt für einen Öffnungswinkel von 60°. Bei kleineren Winkeln ist das rechnerische a-Maß um 2 mm zu vermindern (wovon in besonderen Fällen wieder abgewichen werden kann).

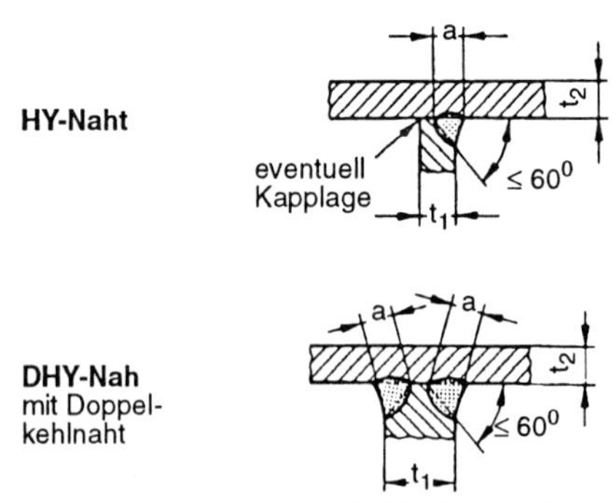

Bild 6.9 **HY-Naht und DHY-Naht mit Doppelkehlnaht**

Vollständige Angaben enthält Tabelle {2/19}.

Alle Stumpfnähte und Nähte der Formen K, HY, DHY, u.ä. erfordern eine Bearbeitung der Fugenflanken (Brennschnitte, fräsen, hobeln oder schleifen). Freie Nahtenden sollen durch die Verwendung von Auslaufblechen kraterfrei ausgeführt werden.

6.2.3 Kehlnähte

Kehlnähte dienen der Verbindung senkrecht oder schräg aufeinanderstoßender Teile, insbesondere wenn rechnerisch eine geringere Schweißnahtdicke als t_1 des anzuschließenden Teils ausreichend ist. Halskehlnähte verbinden Steg und Gurte geschweißter Träger. Stirn- und Flankenkehlnähte verbinden aufeinanderliegende Träger und Bleche von mehrlagigen Gurtpaketen.

Beim T-förmigen Anschluß wird meist eine Doppelkehlnaht ausgeführt.

Wichtig: Die Kehlnaht ist die im Stahlhochbau weitaus am häufigsten vorkommende Nahtform.

Für Kehlnähte ist die rechnerische Nahtdicke a gleich der Höhe des größten in den Nahtquerschnitt einschreibbaren gleichschenkligen Dreiecks (Bild 6.10, siehe dazu auch Bild 6.13).

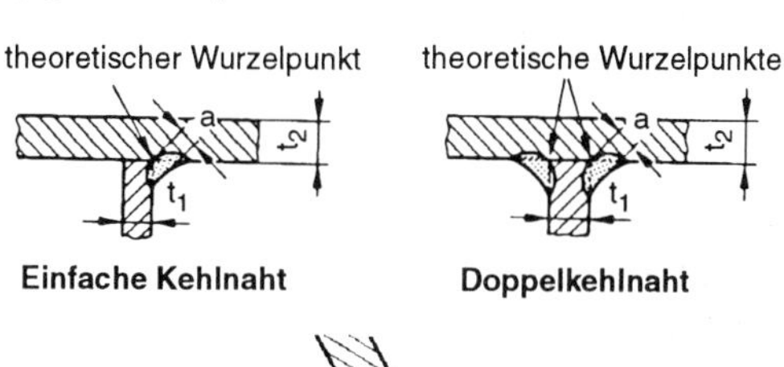

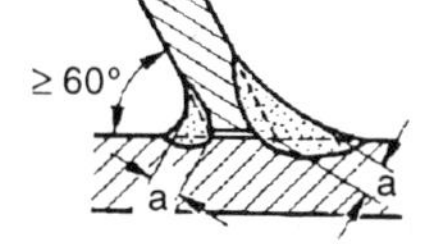

schiefer Doppelkehlnahtanschluß
Mindestgröße des Kehlwinkels
für tragende Nähte im spitzen Winkel

Bild 6.10 **Kehlnähte**

Kehlnähte lassen sich mit einer Nahtlage bis a = 5 mm mühelos, mit Sorgfalt auch bis a = 6 mm herstellen. Größere Nahtdicken erfordern wenigstens 2 Lagen. Kehlnähte mit a = 7 mm sollte man daher schon als Vorgabe in der Statischen Berechnung vermeiden.

In den Werkstattplänen des Stahlbaus ist oft ein Hinweis zu finden: "Alle nicht bezeichneten Nähte sind als Kehlnähte a = 4 mm auszuführen." Dieser Vermerk erspart viel Zeichenarbeit, erhöht die Übersichtlichkeit der Pläne und macht die Kehlnaht zum generellen Verbindungsmittel seitlich aneinanderstoßender Profile und Bleche.

Nicht sehr sinnvoll ist der bisweilen auch zu findende Hinweis: "Alle nicht bezeichneten Nähte sind als Kehlnähte mit a = 0,7 t (bei S 355 a = 0,5 t) auszuführen." Dies erspart zwar (wie aus Abschnitt 6.3.7 ersichtlich) meistens den rechnerischen Nachweis der Kehlnähte, wird aber oft zu statisch überdimensionierten (und damit unwirtschaftlichen) Nähten führen.

Grenzwerte für Kehlnahtdicken

[1/519] Bei Querschnittsteilen mit t ≥ 3 mm *sollen* folgende Grenzwerte für die Schweißnahtdicke a von Kehlnähten eingehalten werden:

$$2\ \text{mm} \le a \le 0{,}7\ \mathit{min}\ t \qquad (1/4)$$

$$a \ge \sqrt{\mathit{max}\,t} - 0{,}5 \qquad (1/5) \qquad \text{mit a und t in [mm].}$$

In Abhängigkeit von den gewählten Schweißbedingungen *darf* auf die Einhaltung von Bedingung (1/5) *verzichtet werden*, jedoch *soll* eingehalten werden:

für Blechdicken t ≥ 30 mm die Kehlnahtdicke a ≥ 5 mm.

Die angegebenen Grenzwerte nach (1/4) sind Empfehlungen. In der Konstruktionspraxis ist die übliche Mindestdicke der Schweißnähte a = 3 mm (weniger ist bei Handschweißung kaum machbar). - Eine Nahtdicke a > 0,7 *min* t ist bei Doppelkehlnähten nicht sinnvoll, weil sie statisch nicht ausgenutzt werden kann; bei einfachen Kehlnähten ist sie wegen der Unsymmetrie nicht empfehlenswert.

Der Mindestwert nach (1/5) wird empfohlen, weil zu dünne Schweißnähte auf dicken Blechen bei der Herstellung großen Wärmeabfluß von der Naht weg bewirken, wodurch die Nahtqualität in Frage gestellt sein kann. Bei besonderen Maßnahmen (evtl. Vorwärmen) kann eine geringere Nahtdicke gewählt werden.

Rechnerische Schweißnahtlängen sind in Tabelle {1/20} festgelegt.

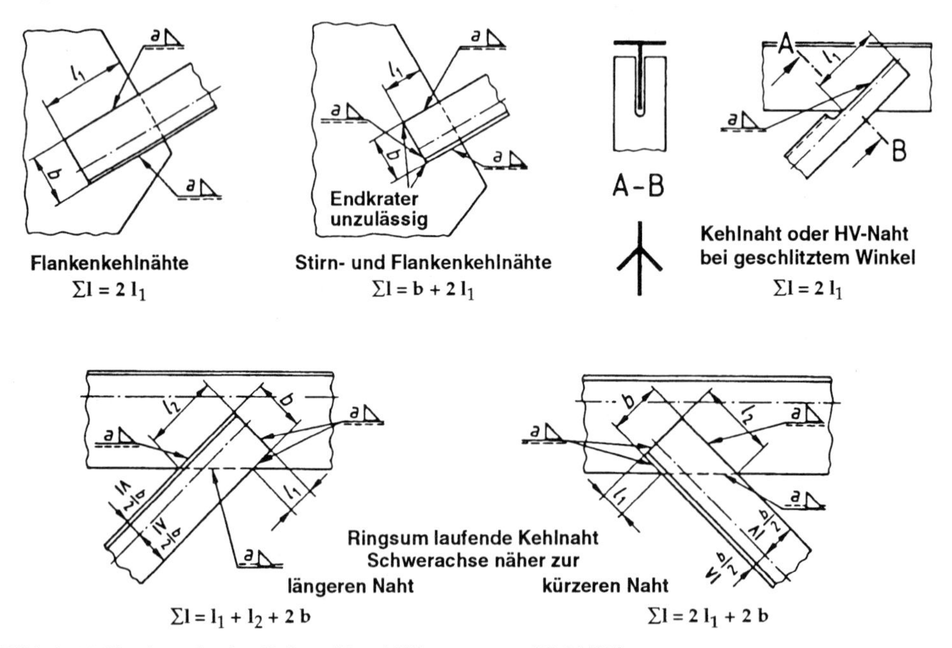

Bild 6.11 **Rechnerische Schweißnahtlängen** gemäß {1/20}

6.2.4 Darstellung von Schweißnähten

bildlich **sinnbildlich**

einfache Kehlnaht a = 6 mm
auf der Ansichtsseite

einfache Kehlnaht a = 5 mm
auf der abgewandten Seite

Doppelkehlnaht a = 4 mm

alternative Darstellung

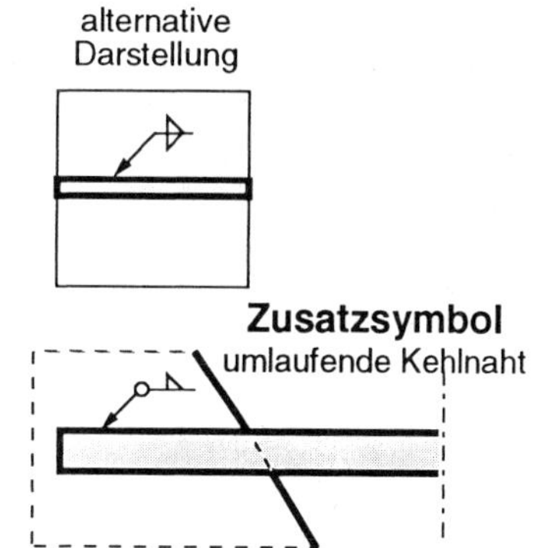

Ansichtsseite

DV-Naht - beidseits eingeebnet

V-Naht - gegengeschweißt

Bild 6.12 **Darstellung von Schweißnähten** (Beispiele)

Anmerkung zur Darstellung von Schweißnähten:

Nach DIN EN 22553 (8.94) wird bei Kehlnähten vor der Nahtdicke "a" eingetragen. Eine gestrichelte Linie gibt zudem die Gegenseite an. Beides ist insbesondere im internationalen Austausch von Zeichnungen zu beachten.

In weiteren Darstellungen (Beispiele) wird auf diese Symbole verzichtet; für den nationalen Bereich sind sie trotzdem eindeutig.

Zusatzsymbole stehen für besondere oder zusätzlich zu beachtende Ausführungsarten. Hier sind nur wenige Zusatzsymbole beispielhaft aufgeführt.

6.3 Nachweise

6.3.1 Rechenannahmen

Die rechnerische Schweißnahtdicke a ist in {1/19} festgelegt (siehe Abschnitt 6.2).

[1/820] Die rechnerische Schweißnahtlänge ist die geometrische Länge entlang der Wurzellinie. Kehlnähte dürfen beim Nachweis nur berücksichtigt werden, wenn $l \geq 6{,}0$ a, *mindestens* jedoch 30 mm, ist.

[1/821] Die rechnerische Schweißnahtfläche ist $A_w = \sum (a \cdot l)$ (1/70)

Beim Nachweis sind nur die Flächen derjenigen Schweißnähte anzusetzen, die aufgrund ihrer Lage vorzugsweise imstande sind, die vorhandenen Schnittgrößen in der Verbindung zu übertragen.

[1/822] Für den rechnerischen Nachweis von Kehlnähten ist die Schweißnahtfläche konzentriert in der Wurzellinie anzunehmen.

[1/823] In unmittelbaren Laschen- und Stabanschlüssen darf als rechnerische Schweißnahtlänge l der einzelnen Flankenkehlnähte *höchstens* 150 a angesetzt werden.

Die rechnerischen Schweißnahtlängen bei Stabanschlüssen mit Winkelprofilen sind in {1/20} festgelegt.

Wenn die rechnerische Schweißnahtlänge nach {1/20} bestimmt wird, dürfen die Momente aus den Ausmitten des Schweißnahtschwerpunkts zur Stabachse unberücksichtigt bleiben. Das gilt auch, wenn andere als Winkelprofile angeschlossen werden.

6.3.2 Stumpfnähte, K-Nähte, HV-Nähte

Voll durchgeschweißte Nähte müssen i.a. *nicht besonders nachgewiesen* werden. Die Spannungen entsprechen denjenigen im Grundmaterial und können auf Druck voll ausgenutzt werden. Auf Zug und Biegezug kann bei sehr hohem Ausnutzungsgrad ein Nachweis der Nahtgüte erforderlich werden, siehe {1/21}.

6.3.3 Kehlnähte

[1/825] Für Kehlnähte sind die einzelnen Spannungskomponenten $\tau_{||}$, $\tau_{\perp}$, $\sigma_{\perp}$ für sich zu berechnen. Aus ihnen ist der Vergleichswert $\sigma_{w,v}$ zu bilden:

$$\sigma_{w,v} = \sqrt{\sigma_{\perp}^2 + \tau_{\perp}^2 + \tau_{||}^2} \qquad (1/72)$$

Die Längsspannung $\sigma_{||}$ in der Schweißnaht (in Richtung der Schweißnaht) dient nicht der Kraftübertragung. Sie wird rechnerisch nicht berücksichtigt.

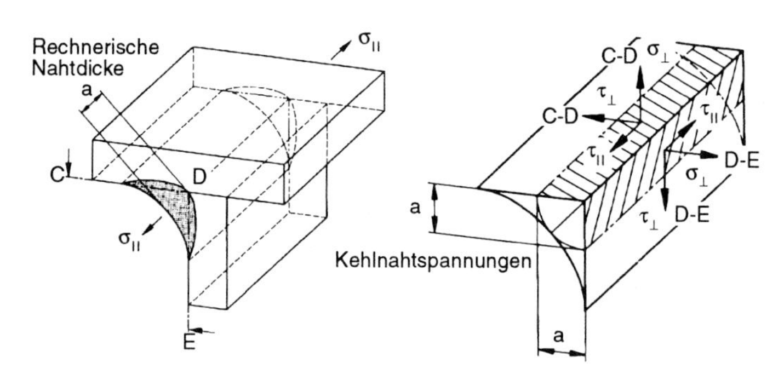

Für die Rechnung denkt man sich die in der Winkelhalbierenden liegende kleinste Schweißnahtfläche auf die Flanken der zu verbindenden Bauteile umgeklappt.

$\sigma_{\perp}$ und $\tau_{\perp}$ in den Flächen C-D und D-E entsprechen jeweils sich gegenseitig.

Bild 6.13 **Kehlnaht: rechnerische Nahtdicke a und Kehlnahtspannungen**

[1/829] Die Grenzschweißnahtspannung ist:

$$\sigma_{w,R,d} = \frac{\alpha_w \cdot f_{y,k}}{\gamma_M} \tag{1/74}$$

mit dem Beiwert	$\alpha_w = 0{,}95$	$(\alpha_w = 1{,}0)$	für S 235
bzw.	$\alpha_w = 0{,}80$	$(\alpha_w = 1{,}0)$	für S 355.

Die Klammerwerte gelten bei nachgewiesener Nahtgüte bzw. Druckbeanspruchung von durchgeschweißten und gegengeschweißten Nähten (siehe Tab. 6.1).

Der Nachweis lautet:

$$\frac{\sigma_{w,v}}{\sigma_{w,R,d}} \leq 1 \tag{1/71}$$

Die Spannungen werden auf die rechnerische Schweißnahtdicke a bezogen.

Tab. 6.1 **Grenzschweißnahtspannungen** $\sigma_{w,R,d}$ [N/mm²], entsprechend {1/21}

<table>
<tr><th>Nahtform</th><th>Nahtgüte</th><th>Beanspruchung</th><th>S 235</th><th>S 355</th></tr>
<tr><td rowspan="3">durchgeschweißte und gegengeschweißte Nähte
Stumpfnähte und HV-Nähte</td><td>alle Nahtgüten</td><td>Druck</td><td rowspan="2">218 *)</td><td rowspan="2">327 *)</td></tr>
<tr><td>nachgewiesen</td><td rowspan="2">Zug</td></tr>
<tr><td>nicht nachgewiesen</td><td rowspan="3">207</td><td rowspan="3">262</td></tr>
<tr><td>nicht durchgeschweißte Nähte</td><td rowspan="2">alle Nahtgüten</td><td>Zug und Druck</td></tr>
<tr><td>alle Nahtformen</td><td>Schub</td></tr>
<tr><td colspan="5">*) Diese Nähte müssen im allgemeinen statisch nicht nachgewiesen werden.
Maßgebend ist der Bauteilwiderstand!

Bei Stumpfstößen von Formstahl aus S 235 JR (St 37-2) und S 235 JR G1 (USt 37-2)
mit t > 16 mm ist $\sigma_{w,R,d}$ = 120 N/mm²</td></tr>
</table>

6.3.4 Hals- und Flankenkehlnähte von Biegeträgern

Die Schweißnahtschubspannung in Längsnähten von Biegeträgern (Hals- oder Flankenkehlnähten) ist:

$$\tau_{||} = \frac{V_z \cdot S_{y,\,Gurt}}{I_y \cdot \sum a} \qquad (1/73)$$

$S_{y,Gurt}$ ist das Stat. Moment des von der betrachteten Schweißnaht angeschlossenen Querschnittsteils. Σa ist die Summe der Dicken der tragenden Längsnähte.

6.3.5 Schweißnahtanschlüsse von Biegeträgern

Übertragung einer in der Schwerachse angreifenden Längskraft N:

$$\sigma_{\perp} = \frac{N}{A_w}$$

$A_w = \sum (a_w \cdot l_w)$ umfaßt *alle* Nähte des Schweißnahtanschlusses.

Die Spannung ist überall in den Nähten gleichgroß. Schwerpunkt von Trägerquerschnitt und Schwerpunkt der Schweißnähte sollen dafür möglichst nahe beieinander liegen!

Übertragung eines Biegemoments M_y:

$$\sigma_{\perp} = \frac{M_y}{I_{w,\,y}} \cdot z$$

$I_{w,y}$ = Trägheitsmoment der Schweißnähte
z = Abstand von der Naht-Schwerachse y-y

Die Spannung verläuft linear mit der z-Koordinate.

Übertragung einer Querkraft V_z:

$$\tau_{||} = \frac{V_z \cdot S_y(z)}{I_y \cdot \sum a_S}$$

$S_y(z)$ = Statisches Moment des *Trägers*
I_y = Trägheitsmoment des *Trägers*
Σa_S = Σ Nahtdicke *beidseits* des Trägerstegs

Die Spannung wird nur für die Stegnähte berechnet.

Vereinfacht *darf* auch gerechnet werden:

$$\tau_{||} = \frac{V_z}{A_{w,\,St}} = \frac{V_z}{2 \cdot a_S \cdot h_S}$$

$A_{w,St}$ = Nahtfläche des Steganschlusses

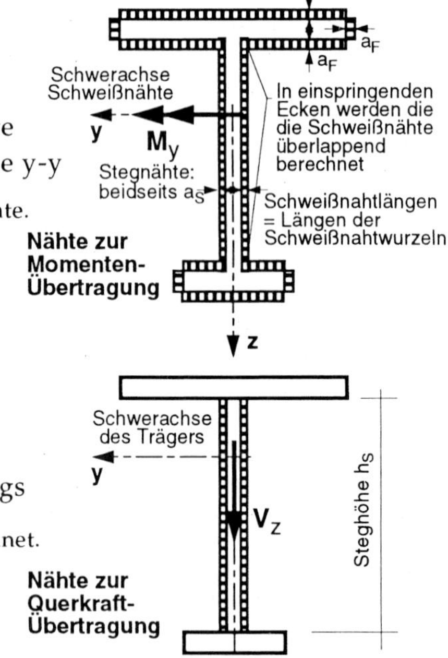

Bild 6.14 **Schweißnahtanschluß und Trägerquerschnitt**

6.3.6 Vereinfachung für die Berechnung

[1/801] In doppeltsymmetrischen I-förmigen Biegeträgern mit Schnittgrößen N, M_y und V_z *dürfen* Schweißverbindungen *vereinfacht* mit folgenden Schnittgrößenanteilen nachgewiesen werden (1/44-46):

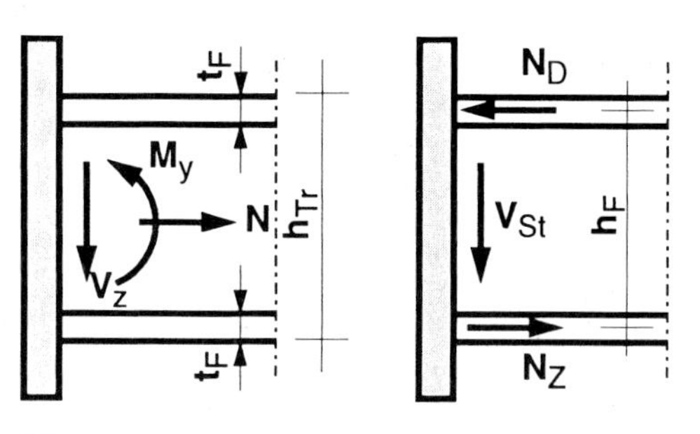

Bild 6.15 **Anschlußgrößen bei vereinfachter Berechnung**

Zugflansch: $N_Z = \frac{N}{2} + \frac{M_y}{h_F}$

Druckflansch: $N_D = \frac{N}{2} - \frac{M_y}{h_F}$

Steg: $V_{St} = V_z$

Dabei ist h_F der Schwerpunktabstand der Flanschen: $h_F = h_{Tr} - t_F$

6.3.7 Stirnplattenanschluß ohne Nachweis

[1/833] Der Anschluß oder Querstoß eines Walzträgers mit I-Querschnitt oder eines I-Trägers mit ähnlichen Abmessungen darf *ohne weiteren Nachweis* mit den Nahtdicken aus {1/22} erfolgen.

Tab. 6.2 **Nahtdicken ohne Nachweis**, nach {1/22}

Werkstoff	Nahtdicken	
S 235	$a_F \geq 0{,}5\ t_F$	$a_S \geq 0{,}5\ t_S$
S 355	$a_F \geq 0{,}7\ t_F$	$a_S \geq 0{,}7\ t_S$

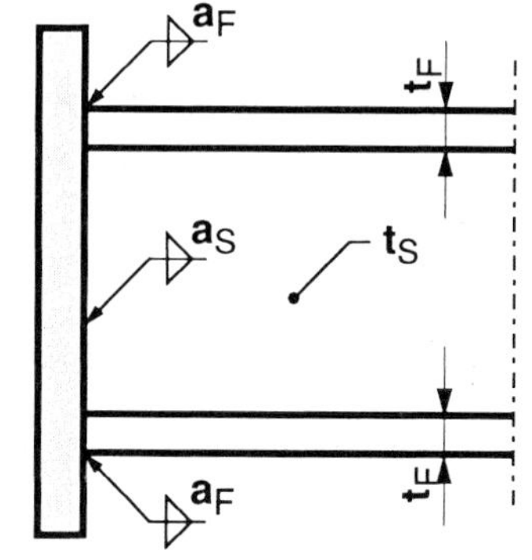

Bild 6.16 **Trägeranschluß oder Trägerquerstoß ohne weiteren Nachweis**

Anmerkung: Der *rechnerische* Nachweis von derart festgelegten Schweißnähten ist möglicherweise *nicht* erfüllt. Die Regelung darf trotzdem angewandt werden.

6.3.8 Druckübertragung durch Kontakt

[1/837] Druckkräfte normal zur Kontaktfuge dürfen *vollständig* durch Kontakt übertragen werden, wenn seitliches Ausweichen der Bauteile am Kontaktstoß ausgeschlossen ist. Ein rechnerischer Nachweis muß gewöhnlich nicht geführt werden. Die Kontaktflächen müssen *hinreichend eben* bearbeitet sein.

Die ausreichende Sicherung der gegenseitigen Lage der Bauteile ist nachzuweisen. Dabei dürfen Reibungskräfte *nicht* berücksichtigt werden.

6.4 Beispiele

6.4.1 Anschluß eines Doppelwinkels

Die geschweißten Anschlüsse von Doppelwinkeln an ein Knotenblech sind für die Anschluß-Zugkraft $N_{S,d}$ = 450 kN nachzuweisen.

Werkstoff: S 235.

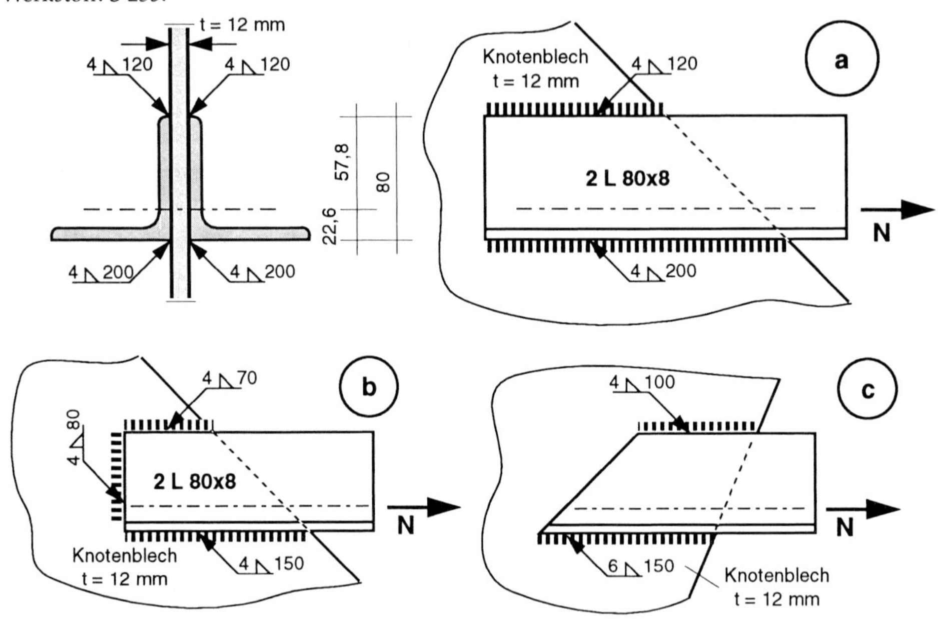

Anmerkung: Die bildliche Darstellung der Schweißnähte mit IIIII ist neben den Sinnbildern nicht erforderlich. Sie erfolgt bei diesen Beispielen nur des besseren Überblicks wegen.

a) **Nur Flankenkehlnähte**

Überprüfung der Schweißnahtlängen:

$$\begin{aligned} &\mathit{min}\ l_w = 120\ \text{mm} > 6\ a_w &&= 24\ \text{mm}, \\ &\qquad\qquad\qquad\quad > \mathit{erf}\ l_w &&= 30\ \text{mm}, \\ &\mathit{max}\ l_w = 200\ \text{mm} < 150\ a &&= 600\ \text{mm}. \end{aligned}$$

Anschlußkraft: $N_{S,d} = 450$ kN

Für S 235 ist $\sigma_{w,R,d} = \alpha_w \cdot f_{y,k}/\gamma_M = 0,95 \cdot 24/1,1 = 20,7\ \text{kN/cm}^2$ (siehe auch Tabellenwert)

Berechnet man den Durchschnittswert der Schubspannung in den Schweißnähten, so wird:

$$\tau_{||} = \frac{450}{2 \cdot 0,4 \cdot (12+20)} = 17,58\ \text{kN/cm}^2 \qquad \frac{\tau_{||}}{\sigma_{w,R,d}} = \frac{17,58}{20,7} = 0,85 < 1$$

Bei der hier vorliegenden eindeutigen Aufteilung der angreifenden Kraft N entsprechend den Hebelarmen der Schweißnähte rechnet man zutreffender:

Untere Naht: $N_u = \frac{57,4}{80} \cdot 450 = 323$ kN

$$\tau_{||} = \frac{323}{2 \cdot 0,4 \cdot 20} = 20,2 \text{ kN/cm}^2 \qquad \frac{\tau_{||}}{\sigma_{w,R,d}} = \frac{20,2}{20,7} = 0,98 < 1$$

Obere Naht: $N_o = 450 - 323 = 127$ kN

$$\tau_{||} = \frac{127}{2 \cdot 0,4 \cdot 12} = 13,3 \text{ kN/cm}^2 \qquad \frac{\tau_{||}}{\sigma_{w,R,d}} = \frac{13,3}{20,7} = 0,64 < 1$$

Die Reserven bei der unteren Schweißnaht erweisen sich jetzt als erheblich geringer.

b) **Flanken- und Stirnkehlnähte**

Überprüfung der Schweißnahtlängen: s.o.

Hier kann nur mit dem Durchschnittswert der Schweißnahtspannungen gerechnet werden:

$$\tau_{||} = \sigma_{\perp} = \frac{450}{2 \cdot 0,4 \cdot (15+8+7)} = 18,75 \text{ kN/cm}^2 < \sigma_{w,R,d} = 20,7 \text{ kN/cm}^2$$

c) **Flankenkehlnähte unterschiedlicher Dicke**

Wie zuvor: $N_u = 323$ kN und $N_o = 127$ kN

Untere Naht: $\tau_{||} = \frac{323}{2 \cdot 0,6 \cdot 15} = 17,95 \text{ kN/cm}^2 < \sigma_{w,R,d} = 20,7 \text{ kN/cm}^2$

Obere Naht: $\tau_{||} = \frac{127}{2 \cdot 0,4 \cdot 10} = 15,88 \text{ kN/cm}^2 < \sigma_{w,R,d} = 20,7 \text{ kN/cm}^2$

6.4.2 Ausmittiger Anschluß eines Winkels

Der ausmittige Anschluß eines einfachen Winkels ist für die Anschluß-Zugkraft $N_{S,d} = 225$ kN nachzuweisen.

Werkstoff: S 235.

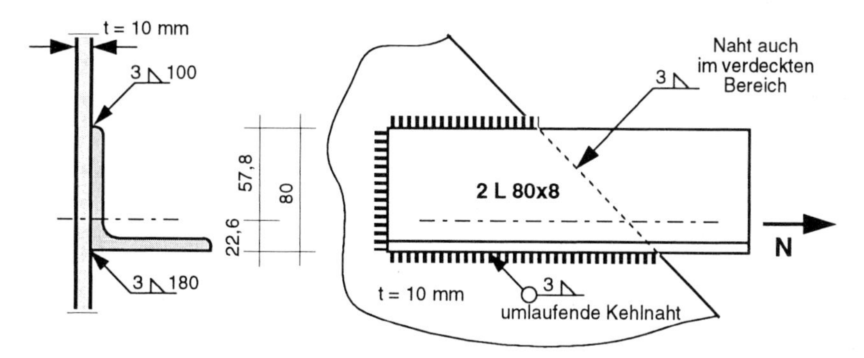

Rechnerische Nahtlänge nach {1/20}:

$$l_w = 18 + 10 + 2 \cdot 8 = 44 \text{ cm}$$

$$A_w = 0,3 \cdot 44 = 13,2 \text{ cm}^2$$

Durchschnittliche Beanspruchung der Schweißnähte:

$$\tau_{||} = \sigma_{\perp} = 225/13,2 = 17,05 \text{ kN/cm}^2 < \sigma_{w,R,d} = 20,7 \text{ kN/cm}^2$$

6.4.3 Anschluß von einfachen Winkeln und T-Querschnitt

Die dargestellten geschweißten Anschlüsse verschiedener Querschnitte sind für die Anschluß-Zugkraft $N_{S,d}$ = 225 kN nachzuweisen.

Werkstoff: S 235.

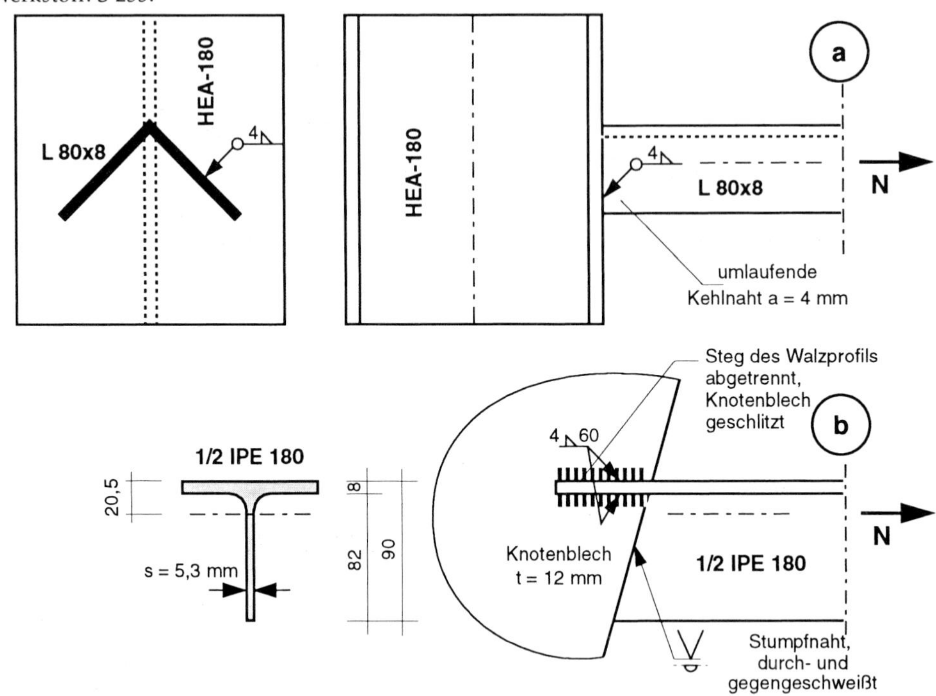

a) **Anschluß mit zugbeanspruchter Kehlnaht**

$$\sigma_{\perp} = \frac{225}{4 \cdot 0,4 \cdot 8} = 17,58 \text{ kN/cm}^2 < \sigma_{w,R,d} = \frac{0,95 \cdot 24}{1,1} = 20,7 \text{ kN/cm}^2$$

b) **Anschluß mit Kehlnaht und Stumpfnaht kombiniert**

Spannung im Zugstab (1/2 IPE 180):

$$\sigma = 225/11,95 = 18,83 \text{ kN/cm}^2 < \sigma_{R,d} = 24/1,1 = 21,82 \text{ kN/cm}^2$$

Gesamte Schweißnahtfläche:

$$\sum A_w = 4 \cdot 0,4 \cdot 6 + 0,53 \cdot 8,2 = 9,6 + 4,35 = 13,95 \text{ cm}^2$$

Durchschnittliche Beanspruchung der Schweißnähte:

$$\tau_{||} = \sigma\perp = 225/13,95 = 16,13 \text{ kN/cm}^2 < \sigma_{w,R,d} = 20,7 \text{ kN/cm}^2$$

Zutreffender wird die Beanspruchung auf Steg und Flansch verteilt. Nachweis des Stegs (Stumpfnaht) nicht erforderlich. Nachweis des Flansch-Anschlusses:

$$N_{Fl} = 9,1 \cdot 0,8 \cdot 18,83 = 137 \text{ kN}$$

$$\tau_{||} = 137/9,6 = 14,27 \text{ kN/cm}^2 < \sigma_{w,R,d} = 20,7 \text{ kN/cm}^2$$

6.4.4 Ausmittiger Anschluß eines ausgeklinkten Winkels

Schweißnaht-Anschluß und Stab sind nachzuweisen für die Anschluß-Zugkraft $N_{S,d} = 170$ kN.

Werkstoff Knotenblech: S 235. - Werkstoff Stahl: S 235 oder S 355, nach Erfordernis.

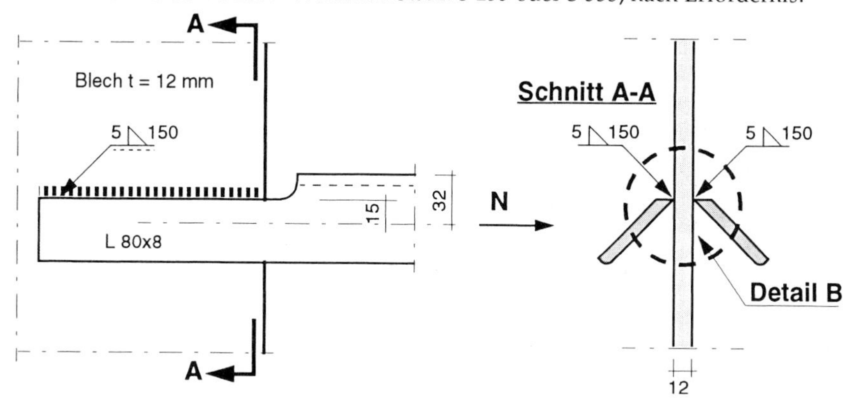

Nachweis der Schweißnähte

Ausmitte Schweißnahtwurzel gegen Winkel-Schwerachse: ca. 15 mm. Dadurch zusätzliche Beanspruchung der Schweißnähte durch ein Biegemoment:

$$M_{S,d} = 170 \cdot 1,5 = 255 \text{ kNcm}$$

Schweißnähte:

$$A_w = 2 \cdot 0,5 \cdot 15 = 15 \text{ cm}^2$$

$$\tau_{||} = 170/15 = 11,33 \text{ kN/cm}^2$$

$$W_w = 2 \cdot 0,5 \cdot 15^2/6 = 37,5 \text{ cm}^3$$

$$\sigma_{\perp} = 255/37,5 = 6,80 \text{ kN/cm}^2$$

Vergleichswert:

$$\sigma_{w,v} = \sqrt{6,80^2 + 11,33^2} = 13,21 \text{ kN/cm}^2 < \sigma_{w,R,d} = 20,7 \text{ kN/cm}^2$$

Nachweis des Stabes im Netto-Querschnitt

Netto-Querschnitt, näherungsweise:

$$A_{Netto} = 2 \cdot 0,8 \cdot \sqrt{2} \cdot 4,0 = 9,05 = 9,0 \text{ cm}^2$$

$$W_{Netto} = (2 \cdot 0,8 \cdot \sqrt{2}) \cdot 4,0^2/6 = 6,03 = 6,0 \text{ cm}^3$$

Beanspruchung im Netto-Querschnitt durch ein Biegemoment:

$$M_{S,d} = 170 \cdot 0,5 = 85 \text{ kNcm}$$

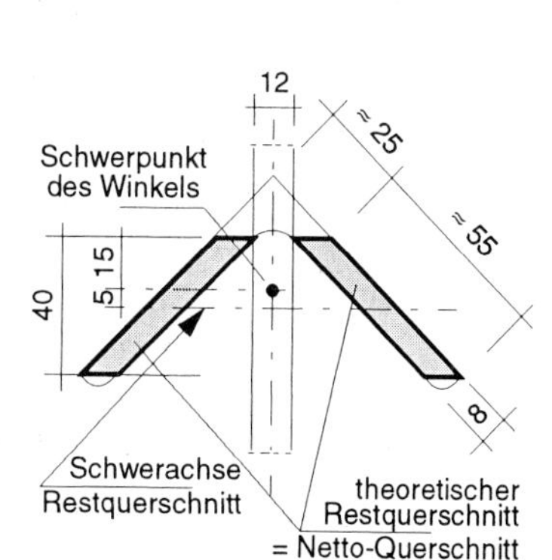

Elastischer Nachweis: $\sigma = \frac{170}{9,0} + \frac{85}{6,0} = 18,89 + 14,17 = 33,06 = 33,0\ \text{kN/cm}^2$

S 235: $\sigma_{R,d} = 24/1,1 = 21,82\ \text{kN/cm}^2$ und damit $\frac{\sigma}{\sigma_{R,d}} = \frac{33,0}{21,82} = 1,51 > 1$

S 355: $\sigma_{R,d} = 36/1,1 = 32,73\ \text{kN/cm}^2$ und damit $\frac{\sigma}{\sigma_{R,d}} = \frac{33,0}{32,73} = 1,01 \approx 1$

Plastischer Nachweis für **S 235**:

$N_{pl,d} = 9,0 \cdot 24/1,1 = 196\ \text{kN}$ $\qquad \frac{N}{N_{pl,d}} = \frac{170}{196} = 0,867$

$M_{pl,d} = 1,5 \cdot 6,0 \cdot 24/1,1 = 196\ \text{kNcm}$ $\qquad \frac{M}{M_{pl,d}} = \frac{85}{196} = 0,434$

Interaktion für Rechteckquerschnitte (siehe Abschnitt 4.10.1): $\frac{M}{M_{pl}} + \left(\frac{N}{N_{pl}}\right)^2 \leq 1$

Es ist: $0,434 + 0,867^2 = 1,186 > 1$ Der plastische Nachweis gelingt also auch nicht!

Mit den entsprechenden Werten für **S 355** liefert der plastische Nachweis:

$$0,289 + 0,578^2 = 0,623 < 1$$

Der Stab L 80x8 muß also auf jeden Fall in S 355 ausgeführt werden! Ein plastischer Nachweis wäre für S 355 allerdings nicht mehr erforderlich gewesen, nachdem der elastische Nachweis schon (angenähert) zum Erfolg geführt hatte.

6.4.5 Biegesteifer Trägeranschluß

Am geschweißten biegesteifen Trägeranschluß (S 235) sind die Schweißnähte für die folgenden Lastfälle mit den gegebenen Bemessungswerten der Einwirkungen nachzuweisen:

Bemessungswerte	**Moment $M_{y,d}$** [kNm]	**Querkraft $V_{z,d}$** [kN]	**Längskraft N_d** [kN]
Lastfall 1	-250	200	-120
Lastfall 2	-300	250	-160
Lastfall 3	-300	300	-160
Lastfall 4	-350	300	-200
Lastfall 5	-400	300	-200

Für Lastfall 1 soll ein vereinfachter Nachweis geführt werden.

Für Lastfälle 2 und 3 sind die Nachweise nach Erfordernis mit genaueren Methoden zu führen.

Für Lastfälle 4 und 5 sind die Schweißnähte entsprechend den Erfordernissen neu festzulegen.

Für Lastfall 3 sind auch die Aussteifungen am Stützensteg nachzuweisen. Es ist ferner zu untersuchen, ob für diesen Lastfall die Halskehlnähte des Riegels ausreichen.

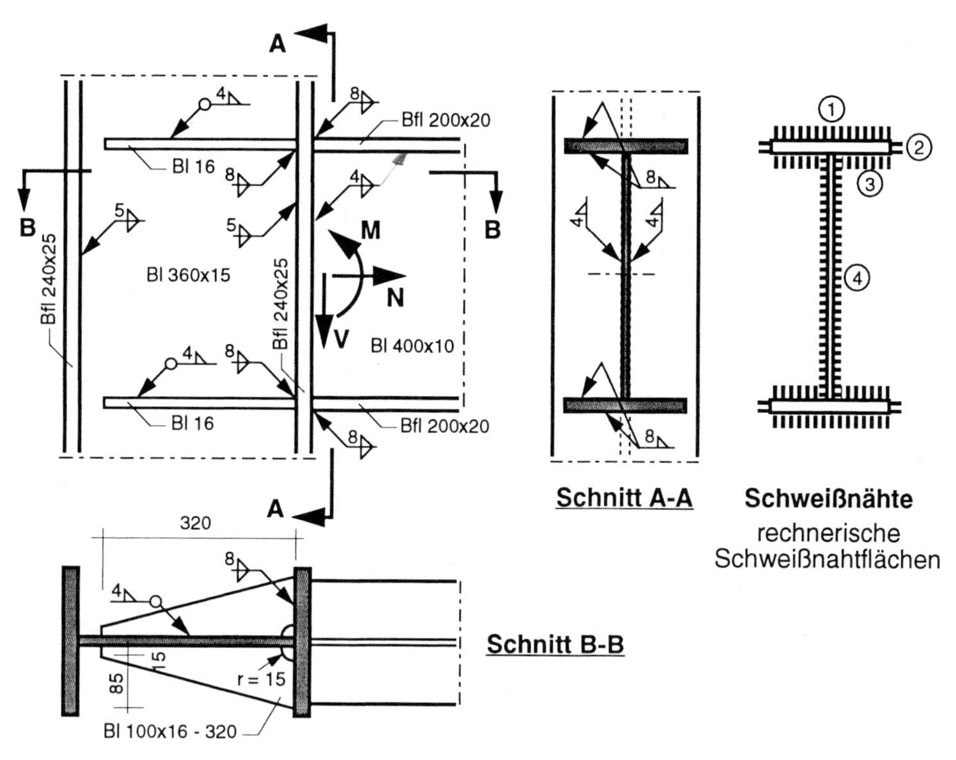

Lastfall 1

Schweißnähte

$$A_{w,\,Gurt} = 0,8 \cdot (20 + 2 \cdot 2 + 19) = 0,8 \cdot 43 = 34,4 \text{ cm}^2$$

$$A_{w,\,Steg} = 2 \cdot 0,4 \cdot 40 = 32,0 \text{ cm}^2$$

Vereinfachter Nachweis

Gurte: $$N_D = \frac{120}{2} + \frac{250}{0,42} = 60 + 595 = 655 \text{ kN}$$

$$\sigma_w = \frac{655}{34,4} = 19,04 \text{ kN/cm}^2 < \sigma_{w,R,d} = 0,95 \cdot 24/1,1 = 20,73 \approx 20,7 \text{ kN/cm}^2$$

Steg: $$\tau_w = \frac{200}{32} = 6,25 \text{ kN/cm}^2 < \sigma_{w,R,d} = 20{,}7 \text{ kN/cm}^2$$

Lastfall 2

Vereinfachter Nachweis

Gurte: $$N_D = \frac{160}{2} + \frac{300}{0,42} = 80 + 714 = 794 \text{ kN}$$

$$\sigma_w = \frac{794}{34,4} = 23,08 \text{ kN/cm}^2 > \sigma_{w,R,d} = 20{,}7 \text{ kN/cm}^2$$ Nachweis ist *nicht erfüllt*!

Genauerer Nachweis

$$A_w = 2 \cdot 34,4 + 32,0 = 100,8 \text{ cm}^2$$

$$I_w = 2 \cdot 34,4 \cdot 21^2 + 2 \cdot 0,4 \cdot 40^3/12 = 30341 + 4267 = 34608 \text{ cm}^4$$

Biegung: $\sigma_w = \frac{160}{100,8} + \frac{30000}{34608} \cdot 22 = 1,59 + 19,07 = 20,66 \text{ kN/cm}^2 < \sigma_{w,R,d} = 20,7 \text{ kN/cm}^2$

$$\sigma_{w,\,Hals} = 1,59 + \frac{30000}{34608} \cdot 20 = 1,59 + 17,34 = 18,93 \text{ kN/cm}^2$$

Schub: $\tau_w = \frac{250}{32} = 7,81 \text{ kN/cm}^2 < \sigma_{w,R,d} = 20,7 \text{ kN/cm}^2$

Vergleich: $\sigma_{w,\,v} = \sqrt{18,93^2 + 7,81^2} = 20,48 \text{ kN/cm}^2 < \sigma_{w,R,d} = 20,7 \text{ kN/cm}^2$ Nachweis *erfüllt*!

Lastfall 3

Genauerer Nachweis (wie zuvor)

Biegung: $\sigma_w = \frac{160}{100,8} + \frac{30000}{34608} \cdot 22 = 1,59 + 19,07 = 20,66 \text{ kN/cm}^2 < \sigma_{w,R,d} = 20,7 \text{ kN/cm}^2$

$$\sigma_{w,\,Hals} = 1,59 + \frac{30000}{34608} \cdot 20 = 1,59 + 17,34 = 18,93 \text{ kN/cm}^2$$

Schub: $\tau_w = \frac{300}{32} = 9,38 \text{ kN/cm}^2 < \sigma_{w,R,d} = 20,7 \text{ kN/cm}^2$

Vergleich: $\sigma_{w,\,v} = \sqrt{18,93^2 + 9,38^2} = 21,12 \text{ kN/cm}^2 > 20,7 \text{ kN/cm}^2$ Nachweis ist *nicht erfüllt*!

Genauer Nachweis auch für die Schubspannung

Träger: $I = 2 \cdot 40 \cdot 21^2 + 1 \cdot 40^3/12 = 40613 \text{ cm}^4$

$$S_{Hals} = 40 \cdot 21 = 840 \text{ cm}^3$$

$$max S_y = 840 + 1,0 \cdot 20^2/2 = 1040 \text{ cm}^3$$

Stegnaht: $\tau_w = \frac{300 \cdot 840}{40613 \cdot 2 \cdot 0,4} = 7,76 \text{ kN/cm}^2$

Vergleich: $\sigma_{w,\,v} = \sqrt{18,93^2 + 7,76^2} = 20,46 \text{ kN/cm}^2 < \sigma_{w,R,d} = 20,7 \text{ kN/cm}^2$

Stegmitte: $max\tau = \frac{300 \cdot 1040}{40613 \cdot 2 \cdot 0,4} = 9,60 \text{ kN/cm}^2 < 20,7 \text{ kN/cm}^2$ Alle Nachweise sind *erfüllt*!

Lastfall 4

Nachweis des Trägers, elastischer Nachweis (E-E) "in einfachen Fällen"

Die Voraussetzungen für den Nachweis "in einfachen Fällen" seien erfüllt (siehe Abschnitt 4.7.2).

Die Beanspruchbarkeiten sind dann 10 % höher als in normalen Fällen, nämlich für S 235:

$$\sigma_{R,d} = 24,0 \text{ kN/cm}^2 \qquad \text{und} \qquad \tau_{R,d} = 13,86 \text{ kN/cm}^2$$

Träger: $A = 120\ cm^2$, $I = 40613\ cm^4$, $W = 1846\ cm^3$, $A_{Steg} = 42 \cdot 1,0 = 42,0\ cm^2$.

$$\sigma = \frac{200}{120} + \frac{35000}{1846} = 1,67 + 18,96 = 20,63\ kN/cm^2 < \sigma_{R,d} = 24,0\ kN/cm^2$$

$$\tau = \frac{300}{42} = 7,14\ kN/cm^2 < \tau_{R,d} = 13,86\ kN/cm^2\ (\text{aber}\ \tau > \tau_{R,d}/2, \text{deshalb Nachweis}\ \sigma_v)$$

Spannung am Trägerhals: $\sigma = \frac{200}{120} + \frac{35000 \cdot 20}{40613} = 1,67 + 17,24 = 18,91\ kN/cm^2$

Vergleichsspannung: $\sigma_V = \sqrt{\sigma^2 + 3\tau^2} = \sqrt{18,91^2 + 3 \cdot 7,14^2} = 22,59\ kN/cm^2 < 24,0\ kN/cm^2$

Anschluß ohne Nachweis der Schweißnähte

Gurtnähte: $a_F = 0,5\ t_F = 10$ mm,

Stegnähte: $a_S = 0,5\ t_S = 5$ mm.

Diese Nahtdicken dürfen unabhängig von der Nachweisart des Trägers immer verwendet werden! Dabei wird offensichtlich, daß bei Ausnutzung des Trägers, besonders nach der Nachweisart **P** die rechnerischen Schweißnahtspannungen aus den Einwirkungen größer werden als die Widerstandswerte!

Lastfall 5

Nachweis des Trägers, elastischer Nachweis (E-E) "in einfachen Fällen"

$$\sigma = \frac{200}{120} + \frac{40000}{1846} = 1,67 + 21,67 = 23,34\ kN/cm^2 < \sigma_{R,d} = 24,0\ kN/cm^2$$

$$\tau = \frac{300}{42} = 7,14\ kN/cm^2 < \tau_{R,d} = 13,86\ kN/cm^2$$ (wie zuvor ist $\tau > \tau_{R,d}/2$)

Spannung am Trägerhals: $\sigma = \frac{200}{120} + \frac{40000 \cdot 20}{40613} = 1,67 + 19,70 = 21,37\ kN/cm^2$

Vergleichsspannung: $\sigma_V = \sqrt{\sigma^2 + 3\tau^2} = \sqrt{21,37^2 + 3 \cdot 7,14^2} = 24,69\ kN/cm^2 > 24,0\ kN/cm^2$

Der Nachweis ist *nicht erfüllt*!

Nachweis des Trägers, plastischer Nachweis (E-P)

Träger: $N_{pl,d} = 120 \cdot 24/1,1 = 2618\ kN$

$V_{pl,d} = 42,0 \cdot 24/(1,1 \cdot \sqrt{3}) = 529\ kN$

$M_{pl,d} = (40 \cdot 0,42 + 20 \cdot 0,20) \cdot 24/1,1 = 454\ kNm$

Nachweis: $N/N_{pl,d} = 200/2618 = 0,076 < 0,1$

$V/V_{pl,d} = 300/529 = 0,567 > 0,33$

$M/M_{pl,d} = 400/454 = 0,881 < 1$

Interaktionsgleichung: $0,88 \cdot \frac{M}{M_{pl,d}} + 0,37 \cdot \frac{V}{V_{pl,d}} = 0,88 \cdot 0,881 + 0,37 \cdot 0,567 = 0,99 < 1$

Der Nachweis ist *erfüllt*!

Überprüfung der Verhältnisse b/t

Für die Nachweisverfahren E-P und P-P werden die vorhandenen Werte b/t den Grenzwerten b/t gegenübergestellt. Dabei kann für den Steg von den Grenzwerten für reine Biegung ausgegangen werden, weil der Normalkraftanteil am gesamten Spannungsbild gering ist ($N/N_{pl} < 0{,}1$).

Gurte: $vorh\frac{b}{t} = \frac{10 - 1{,}0/2 - 0{,}4 \cdot \sqrt{2}}{2{,}0} \approx \frac{9{,}0}{2{,}0} = 4{,}5 < grenz\frac{b}{t} = 11$ für E-P

bzw. $vorh\frac{b}{t} = 4{,}5 < grenz\frac{b}{t} = 9$ für P-P

Steg: $vorh\frac{b}{t} = \frac{40 - 2 \cdot 0{,}4 \cdot \sqrt{2}}{1{,}0} \approx \frac{39{,}0}{1{,}0} = 39{,}0 < grenz\frac{b}{t} = 74{,}0$ für E-P

bzw. $vorh\frac{b}{t} = 39 < grenz\frac{b}{t} = 64$ für P-P

Die Ergebnisse zeigen, daß die Grenzwerte für b/t bei weitem eingehalten sind.

Lastfall 3

Nachweis der Aussteifungen am Stützensteg

Eingeleitete Kraft in die Steife etwa:

$$F_{Steife} = \sigma_{w,Mittel} \cdot \sum a_{w,Flansch} \cdot b_{Anschluss} = \frac{20{,}67 + 18{,}93}{2} \cdot 2 \cdot 0{,}8 \cdot 8{,}5 = 270 \text{ kN}$$

Anschlußnaht Steife-Stützengurt: in Ordnung, weil genauso ausgeführt wie Naht Trägergurt-Stützengurt.

Anschlußnaht Steife-Stützenflansch:

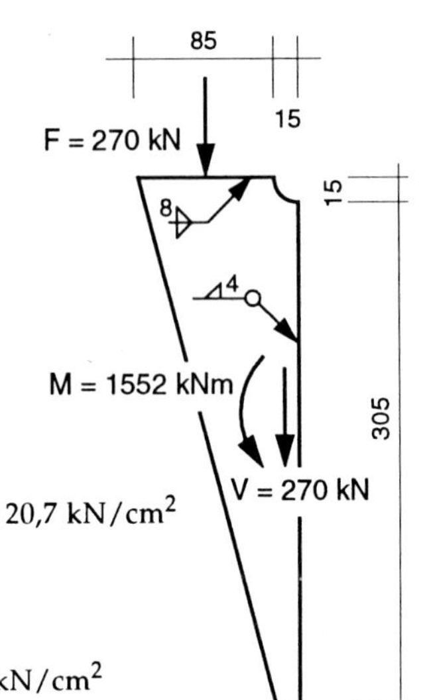

$$F = V = 270 \text{ kN}$$

$$M = F \cdot e = 270 \cdot (1{,}5 + 8{,}5/2) = 1552 \text{ kNcm}$$

Naht: $A_w = 2 \cdot 0{,}4 \cdot 30{,}5 = 24{,}4 \text{ cm}^2$

$$W_w = 2 \cdot 0{,}4 \cdot 30{,}5^2/6 = 124 \text{ cm}^3$$

$$\sigma_w = 1552/124 = 12{,}52 \text{ kN/cm}^2$$

$$\tau_w = 270/24{,}4 = 11{,}07 \text{ kN/cm}^2$$

$$\sigma_{w,v} = \sqrt{12{,}52^2 + 11{,}07^2} = 16{,}71 \text{ kN/cm}^2 < \sigma_{w,R,d} = 20{,}7 \text{ kN/cm}^2$$

Nachweis der Halskehlnähte des Trägers

Halsnaht: $\tau_w = \frac{300 \cdot 840}{40613 \cdot 2 \cdot 0{,}4} = 7{,}76 \text{ kN/cm}^2 < \sigma_{w,R,d} = 20{,}7 \text{ kN/cm}^2$

6.4.6 Konsolträger-Anschluß

a) Der Konsolträger ist für eine vertikale Last Q_d = 600 kN (Bemessungslast) nachzuweisen.

b) Die Belastbarkeit des Konsolträgers $Q_{R,d}$ ist zu berechnen.

Werkstoff: S 235.

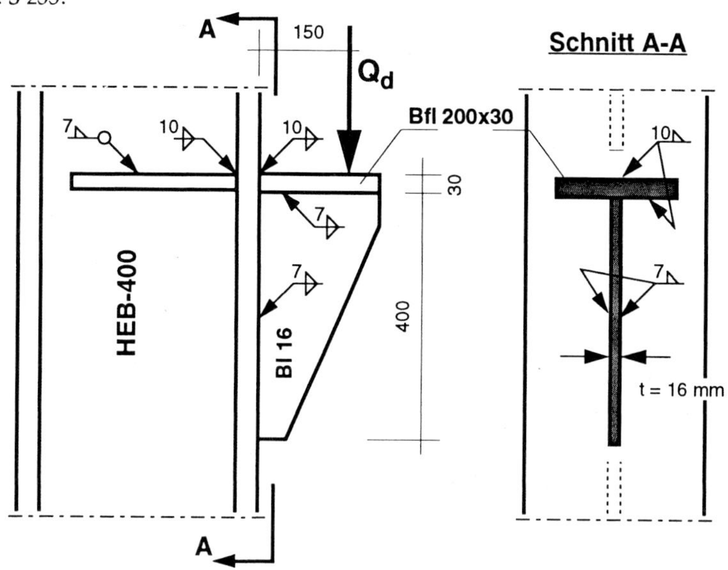

Schnittgrößen $V_{z,S,d} = 600$ kN,

$M_{y,S,d} = 600 \cdot 15 = 9000$ kNcm.

Querschnittswerte Konsole

Querschnitt		A [cm²]	e [cm]	A·e [cm³]	I [cm⁴]
Gurt	200x30	60,00	1,50	90,00	0
Steg	400x16	64,00	23,00	1472,00	8533
	gesamt	124,00	12,60	1562,00	22843

$$maxS_y = 1,6 \cdot 30,4^2/2 = 739 \text{ cm}^3$$

Querschnittswerte Schweißnähte

Querschnitt		A [cm²]	e [cm]	A·e [cm³]	I [cm⁴]
1	200x10	20,00	0,00	0,00	0
2	2 x 30x10	6,00	1,50	9,00	5
3	2 x 92x10	18,40	3,00	55,20	0
4	2 x 400x7	56,00	23,00	1288,00	7467
	gesamt	100,4	13,47	1352,20	19060

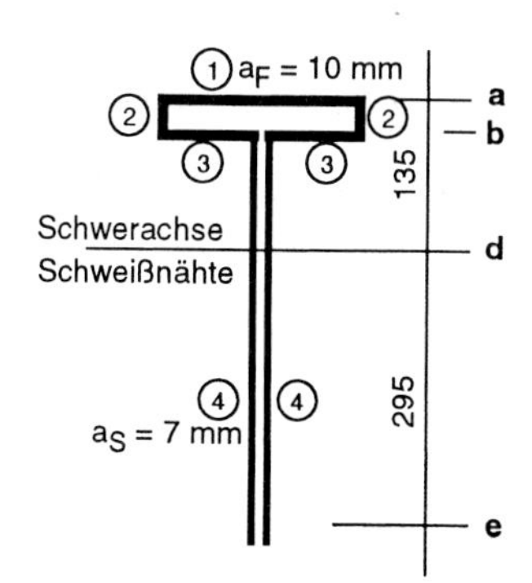

Nachweis der Schweißnähte

Faser a: $\sigma_{\perp} = \frac{9000}{19060} \cdot 13,5 = 6,37 \text{ kN/cm}^2 \qquad \tau = 0$ Keinesfalls maßgebend!

Faser b: $\sigma_{\perp} = \frac{9000}{19060} \cdot 10,5 = 4,96 \text{ kN/cm}^2 \qquad \tau_{||} = \frac{600 \cdot (60 \cdot 11,1)}{22843 \cdot 2 \cdot 0,7} = 12,50 \text{ kN/cm}^2$

$$\sigma_{w,v} = \sqrt{4,96^2 + 12,50^2} = 13,44 \text{ kN/cm}^2$$

Faser c: $\sigma_{\perp} = 0 \qquad \tau_{||} = \frac{600 \cdot 739}{22843 \cdot 2 \cdot 0,7} = 13,87 \text{ kN/cm}^2 < 20,7$

Faser e: $\sigma_{\perp} = \frac{9000}{19060} \cdot 29,5 = 13,93 \text{ kN/cm}^2$

Dies ist der rechnerische Größtwert, der für die Schweißnahtspannungen auftritt.

Es ist $\frac{\sigma_{w,v}}{\sigma_{w,R,d}} = \frac{13,93}{20,7} = 0,673 < 1$

Bezüglich der Schweißnähte ist die Beanspruchbarkeit: $Q_{R,d} = \frac{600}{0,673} = 891 \text{ kN}$

Nachweis des Konsolträgers auf Schub (Nachweis E-E)

$$max\tau = \frac{600 \cdot 739}{22843 \cdot 1,6} = 12,13 \text{ kN/cm}^2 < \tau_{R,d} = f_{y,d}/\sqrt{3} = 21,82/\sqrt{3} = 12,60 \text{ kN/cm}^2$$

oder $\frac{max\tau}{\tau_{R,d}} = \frac{12,13}{12,60} = 0,963 < 1$

Es ist also noch eine geringe Reserve bezüglich der Schubspannungen im Trägersteg vorhanden.

Bezüglich der Schubspannungen ist die Beanspruchbarkeit: $Q_{R,d} = \frac{600}{0,963} = 623 \text{ kN}$

Dieser Wert ist für die Beanspruchbarkeit der Konsole *insgesamt maßgebend.*

Die b/t-Verhältnisse im Steg (lineare Druckspannung) werden hier nicht näher untersucht.

Nachweis des Konsolträgers auf Biegung und Vergleichsspannung

Nachweise sind an und für sich überflüssig, weil für alle Schweißnähte $a_w \leq t/2$ ist.

Es wird nur die Vergleichsspannung am Trägerhals untersucht:

Faser b: $\sigma = \frac{9000}{22843} \cdot 12,6 = 4,96 \text{ kN/cm}^2 < \sigma_{R,d}/2 = 10,91 \text{ kN/cm}^2$

Weitere Nachweise sind offensichtlich nicht erforderlich.

Plastischer Nachweis für den Konsolträger

Beim vorhandenen kurzen Kragarm ist eine realistische plastische Spannungsverteilung kaum möglich. Wäre der Kragarm länger, so würde ein plastischer Nachweis sich wegen des schlanken Steges verbieten; es ist b/t = 400/16 = 25, wobei der plastizierte Steg bezüglich des Grenzwertes b/t dann wie der Gurt eines I-Profils angesehen werden müßte, mit *grenz* (b/t) = 9.

Ein plastischer Nachweis sollte bei den vorliegenden Verhältnissen *nicht* geführt werden.

7 Zugstäbe

7.1 Querschnitte und Bemessung von Zugstäben

Zugstäbe kommen meist als Elemente von Verbänden und Fachwerken vor. Reine Zugglieder sind Zuganker und Zuglaschen. Bei Zugstäben ohne Querschnittsschwächung hängt die Tragfähigkeit nur vom Werkstoff und vom Stabquerschnitt ab. Statisch gesehen ist daher jeder Querschnitt als Zugstab gleich geeignet. Die Zugspannung ist gleichmäßig über den Querschnitt verteilt. Die Wirkungslinie der resultierenden Zugkraft fällt mit der Schwerachse zusammen.

Für den Zugstab mit gleichbleibendem, ungestörtem Querschnitt A gilt:

$$\sigma_{S,d} = \frac{N_{S,d}}{A} \leq \sigma_{R,d} = f_{y,d} = \frac{f_{y,k}}{\gamma_M} \qquad \text{oder}$$

$$N_{S,d} \leq N_{R,d} = A \cdot f_{y,d} = A \cdot \frac{f_{y,k}}{\gamma_M} = N_{pl,d}$$

Elastischer und plastischer Nachweis führen in diesem Fall zum selben Ergebnis.

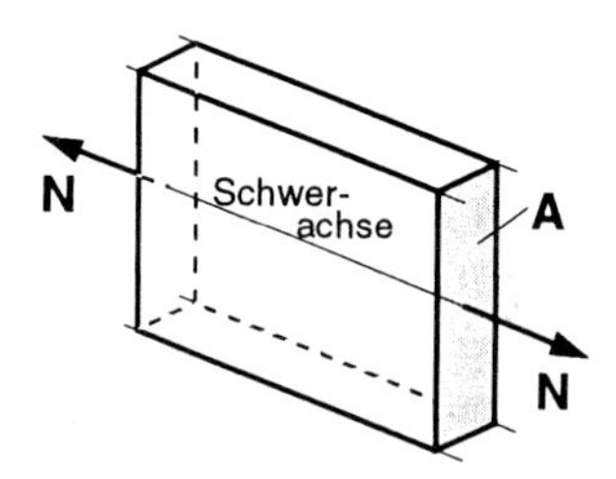

Bild 7.1 **Zugstab als Vollstab**

Für die Querschnittswahl entscheidend sind neben den statischen Notwendigkeiten: Anschlußmöglichkeiten, räumliche Verträglichkeit (z.B. am Kreuzungspunkt von Zugdiagonalen in Verbänden) und im Hinblick auf Korrosionsbefall eine möglichst geringe Oberfläche (vor allem bei Bauwerken im Freien).

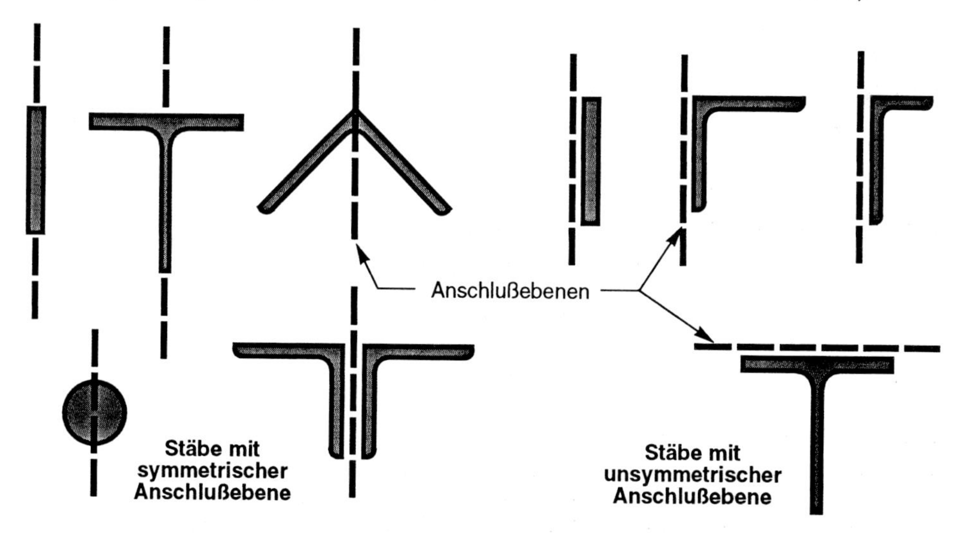

Bild 7.2 **Querschnitte für geringe bis mittlere Zugkräfte** (mittiger und ausmittiger Anschluß)

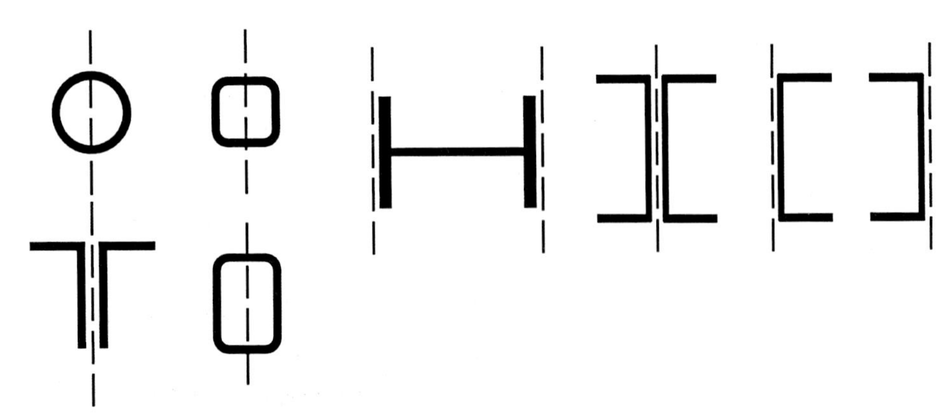

Bild 7.3 **Querschnitte für große Zugkräfte** (grundsätzlich symmetrischer Anschluß)

7.2 Querschnittsschwächungen

Am häufigsten kommen Querschnittsschwächungen infolge von Bohrungen oder Stanzungen für Schrauben und Bolzen vor.

1) Wird ein Stabquerschnitt durch ein Loch geschwächt, so werden bei Zugbeanspruchung N in der Umgebung des Loches die Spannungstrajektorien umgelenkt. Es kommt im vollelastischen Bereich zu einer Spannungskonzentration am Lochrand (Faser 2). Mit $\sigma_2 = f_y$ (Streckgrenze) ist die elastische Grenzlast erreicht: $N_1 = N_{el}$.

2) Bei weiterer Laststeigerung $N > N_{el}$ beginnt der Querschnitt zu plastizieren. Immer größere Anteile des Querschnitts plastizieren, bis der Querschnitt vollplastiziert ist: $N_2 = N_{plast}$.

3) Bei nochmaliger Laststeigerung $N > N_{plast}$ wird schließlich am Lochrand die Zugfestigkeit f_u erreicht: der Stab reißt, ausgehend vom Lochrand, im schwächsten Querschnitt: $N_3 = N_{Bruch}$.

Im Nachweis auf die Zugfestigkeit f_u nach (1/28) nimmt man in Kauf, daß unter den γ-fachen Lasten örtlich große Dehnungen auftreten.

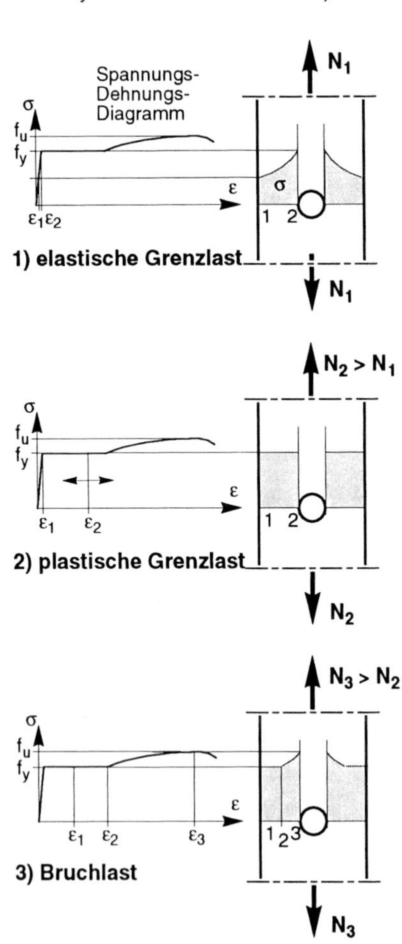

Bild 7.4 **Spannungsverlauf am gelochten Querschnitt**

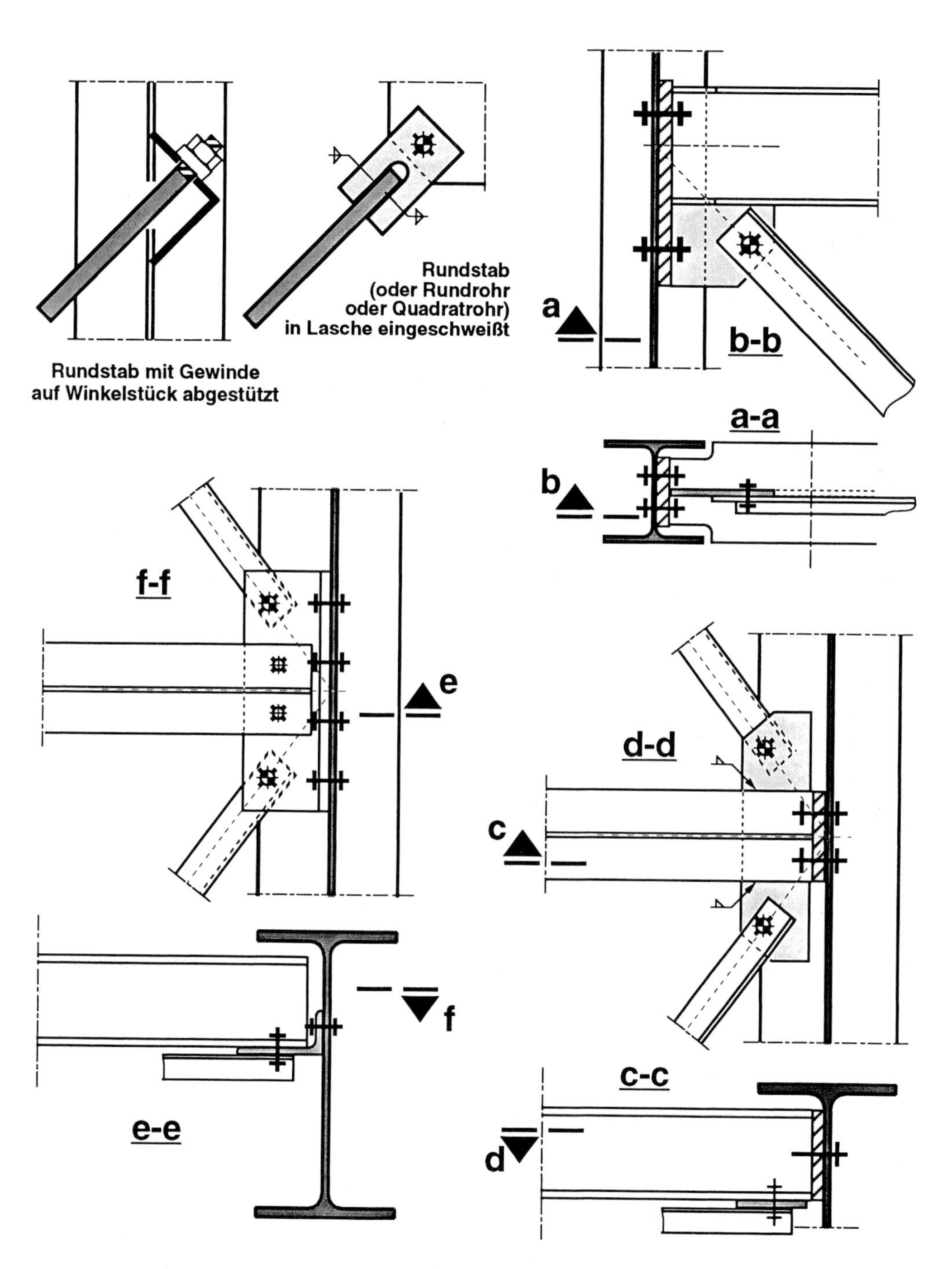

Bild 7.5 **Anschlüsse von Zugstäben und Knoten von Verbänden** (Beispiele)

Für den lochgeschwächten Stab lautet der Nachweis:

$$\sigma_{S,d} = \frac{N_{S,d}}{A - \Delta A} \leq f_{y,d} = \frac{f_{y,k}}{\gamma_M} \quad \text{oder}$$

$$N_{S,d} \leq N_{R,d} = (A - \Delta A) \cdot f_{y,d} = A_N \cdot f_{y,d}$$

Besondere Regelungen [1/742]

In zugbeanspruchten Querschnitten *darf der Lochabzug entfallen,* wenn

$$\frac{A_{Brutto}}{A_{Netto}} \leq 1,2 \qquad \text{für S 235} \qquad (1/27a)$$

$$\frac{A_{Brutto}}{A_{Netto}} \leq 1,1 \qquad \text{für S 355} \qquad (1/27b)$$

In Querschnitten oder Querschnittsteilen mit *gebohrten* Löchern *darf* die Grenzzugkraft $N_{R,d}$ im Nettoquerschnitt auf die Zugfestigkeit des Werkstoffs bemessen werden:

$$N_{S,d} \leq N_{R,d} = \frac{A_{Netto} \cdot f_{u,k}}{1,25 \cdot \gamma_M} \qquad (1/28)$$

Bei der Ausnutzung der Zugfestigkeit werden im Lochbereich größere Verformungen toleriert. Unter den zulässigen rechnerischen Beanspruchungen können die Spannungen im Wiederverfestigungsbereich des Werkstoffs in Anspruch genommen werden, und damit auch die entsprechend großen Dehnungen.

Bei Benutzung von Gleichung (1/28) muß "vorwiegend ruhende Belastung" besonders beachtet werden, damit kein Dauerbruch bei geringer Lastspielzahl auftreten kann (low-cycle-fatigue).

Die Anwendung von Gleichung (1/28) auf gestanzte Löcher ist wegen der sonst zu befürchtenden Kerbbrüche (die allerdings nur bei entsprechender Überlastung auftreten könnten) nicht zugelassen.

Die allgemeine Gleichung für den ungelochten Stab aus S 235 in Verbindung mit Gleichung (1/27a) und andererseits Gleichung (1/28) führen im Grenzfall $A_{Brutto}/A_{Netto} = 1,2$ zum gleichem Ergebnis für die Beanspruchbarkeit:

Elastischer Nachweis:

$$N_{R,d}^{[kN]} = A_{Brutto} \cdot \frac{f_{y,k}}{\gamma_M} = (1,2 \cdot A_N) \cdot \frac{f_{y,k}}{\gamma_M} = \frac{1,2 \cdot 24}{1,1} \cdot A_N = \frac{28,8}{1,1} \cdot A_N^{[cm^2]}$$

(1/28): $$N_{R,d}^{[kN]} = \frac{A_N \cdot f_{u,k}}{1,25 \cdot \gamma_M} = A_N \cdot \frac{36}{1,25 \cdot 1,1} = \frac{28,8}{1,1} \cdot A_N^{[cm^2]} \qquad \text{für S 235!}$$

Bei Anwendung von Gleichung (1/27b) für S 355 ist die Übereinstimmung mit Gleichung (1/28) wegen Rundungsfehlern nur annähernd gegeben.

Außermittigkeit von Anschlüssen [1/734]

Planmäßige Außermittigkeiten sind zu berücksichtigen.

Bei Anschlüssen mit *mehreren* Schrauben *hintereinander* gelten die zuvor angegebenen allgemeinen Beziehungen (1/27+28). Liegen mehrere Schrauben *nebeneinander*, so ist darauf zu achten, daß der Anschluß symmetrisch ausgebildet wird.

Einschrauben-Anschluß von Winkeln [1/743]

Für Niet- und Schraubanschlüsse galt früher die Regel, daß in jedem Anschluß wenigstens zwei Schrauben liegen müssen. Mit dem Aufkommen der HV-Schrauben ist diese Regelung fallen gelassen worden. In der heutigen Konstruktionspraxis werden für leichte Dach- und Wandverbände sehr gerne Einschrauben-Anschlüsse gewählt.

Bei Zugstäben mit unsymmetrischem Anschluß (vor allem bei einfachen Winkel-Querschnitten) durch nur *eine Schraube* ist gilt

$$N_{R,d} = \frac{2 \cdot A^* \cdot f_{u,k}}{1,25 \cdot \gamma_M}$$

Es ist leicht einzusehen, daß im Grenzfall nicht mehr als die halbe Längskraft durch den schwächeren Querschnittsteil A* hindurchgeleitet werden muß. Der Einfluß der Biegespannungen darf unberücksichtigt bleiben.

Genügend genau berechnet man

$$A^* = t \cdot (a - w_1 - d_L/2)$$

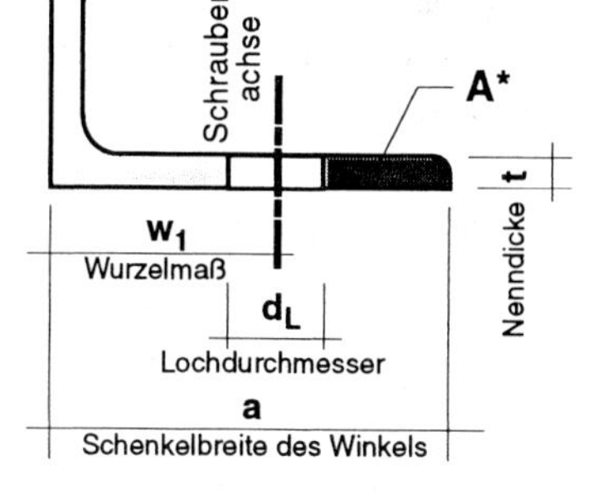

Bild 7.6 **Einschrauben-Anschluß für Winkel**

Mehrschrauben-Anschluß und Schweißanschluß von Winkeln

Wenn die Zugkraft durch unmittelbaren Anschluß *eines* Winkelschenkels eingeleitet wird, dürfen die Biegespannungen aus Ausmittigkeit unberücksichtigt bleiben, wenn bei Anschlüssen mit mindestens 2 in Kraftrichtung hintereinander liegenden Schrauben die Beanspruchbarkeit auf 80 % abgemindert wird.

Die Regelungen (1/27a+b) und (1/28) für den Lochabzug dürfen angewendet werden. Siehe hierzu DIN 18801 (9.83), 6.1.1.3 und Erläuterungen in Verbindung mit Anpassungsrichtlinie aus Gem. Amtsblatt Baden-Württ. 32, 1992, mit sinngemäßer Anwendung von DIN 18800 [1/742].

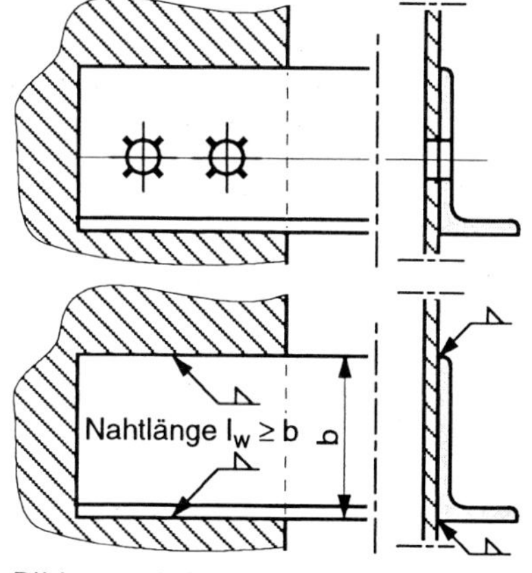

Bild 7.7 **Winkelanschluß**

Die entsprechende Regelung gilt für Anschlüsse von Winkeln mit Flankenkehlnähten, die mindestens so lang sind wie die Winkelschenkelbreite.

7.3 Seile

Im Hochbau werden Seile z.B. zur Abspannung von Tribünendächern eingesetzt. Es können auch Seilnetze ausgebildet werden (Olympia-Dach in München!).

Im Brückenbau werden Seile als hochbelastbare Zugglieder in verschiedenen Ausführungsarten und Anschlußmöglichkeiten genutzt. Es werden Seile bis etwa 150 mm Durchmesser als patentverschlossene Seile oder Paralleldrahtbündel eingesetzt. Sie sind aus Drahtlitzen mit unterschiedlichen Querschnitten aufgebaut: Rundform für Paralleldrahtbündel, für verschlossene Seile auch Z-Form und Keilform. Die Litzen haben Durchmesser von 5 bis 7 mm. Es werden Drahtfestigkeiten bis 2000 N/mm^2 (in Deutschland bis 1800 N/mm^2) verwendet. - Im Hochbau werden auch Spiralseile mit geringerer Festigkeit verwendet.

Kabel von großer Tragfähigkeit werden für Hängebrücken benötigt, wobei Kabeldurchmesser von 1 m erreicht werden. Die Seile werden im Spinnverfahren aus Rundlitzen aufgebaut und mehrfach gebündelt.

Beanspruchbarkeit hochfester Tragglieder: siehe DIN 18800 Teil 1, Abschnitt 9. Es gilt:

$$Z_{R,d} \leq Z_{B,k} / (1,5 \cdot \gamma_M)$$

$$Z_{R,d} \leq Z_{D,k} / (1,0 \cdot \gamma_M)$$

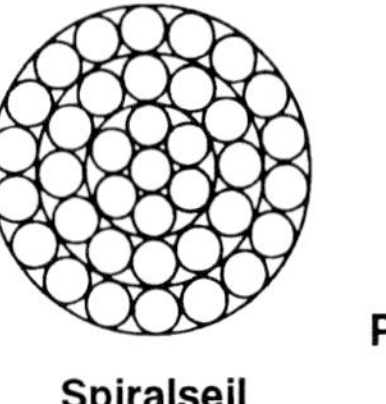

Spiralseil

Patentverschlossenes Seil mit Z-Litzen und Rundlitzen

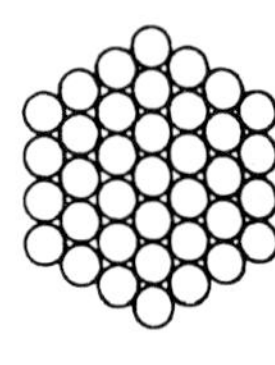

Paralleldrahtbündel

Seilanschluß mit Kauschen und Klemmen für Spiralseile

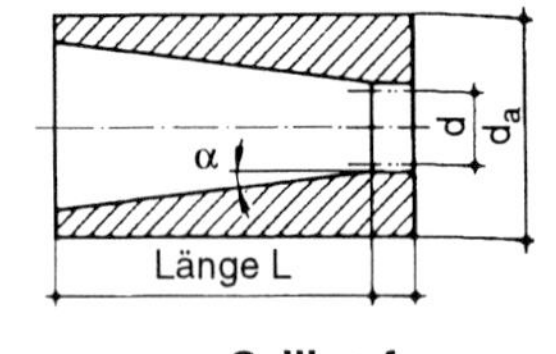

Seilkopf

d = Seilnenndurchmesser
L = Konuslänge = 5 d
a = Konusneigung = 5 ... 9°

Bild 7.8 **Seilformen und Seilverankerung**

mit $Z_{B,k}$ = rechnerische Bruchkraft,
$Z_{D,k}$ = Dehnkraft (0,2 %-Dehngrenze, versuchsmäßig ermittelt).

Weitere Einzelheiten sind der Norm zu entnehmen.

Hochfeste, kaltgereckte Stähle sind nicht schweißbar. Die Verankerung der Seile erfolgt in Seilköpfen. Die Litzen werden zu einem "Seilbesen" aufgedröselt und vergossen; das Vergußmaterial (Zink-Blei-Legierung, Kunstharz) muß bei Temperaturen unter 400 °C fließfähig sein. - Spiralseile lassen sich durch Umlenkung des Seils über Kauschen (Sattelstücke) und Anbringen von Klemmen verankern.

Besondere Aufmerksamkeit ist dem Korrosionsschutz der Seile zu widmen. Er kann durch Materialwahl (Verzinkung o.a.), Beschichtung oder Ummantelung mit Verpressung erreicht werden.

8 Druckstäbe

8.1 Der Druckstab als Stabilitätsproblem

8.1.1 Eulersche Knicklast am beidseits gelenkig gelagerten Stab

Die *idealen Voraussetzungen* zur Knicklastermittlung sind:

- Symmetrie des Stabquerschnitts zur dargestellten (Ausknick-)Ebene,
- homogener, isotroper Werkstoff mit unbeschränkt gültigem Hooke´schem Spannungs-Dehnungsverhalten,
- ideal gerader Stab mit gleichbleibendem Querschnitt,
- ideal mittige Einleitung der Druckkraft N.

Senkrecht zur betrachteten x-z-Ebene soll ausreichende Stabilisierung der Stabachse gegeben sein. Erreicht bei andauernder Laststeigerung die Stabdruckkraft N den Wert der idealen Knicklast N_{Ki} = *Eulersche Knicklast*, so weicht die Stabachse plötzlich aus der betrachteten Ebene aus. Der Stab knickt aus.

Die Herleitung der Knicklast verlangt eine Betrachtung nach Theorie II. Ordnung. Das bedeutet: das *Gleichgewicht* wird *am verformten System* formuliert:

$$M(x) = N \cdot w(x)$$

Für den Biegebalken gilt: $$w''(x) = -\frac{M(x)}{EI}$$

Mit $w = w(x)$: $$w'' = -\frac{N \cdot w}{EI}$$

Abkürzung: $$k = \sqrt{\frac{N}{EI}}$$

Daraus ergibt sich die charakteristische Gleichung:

$$w'' + k^2 \cdot w = 0$$

Lösungsansatz:

$$w = A \cdot \sin(kx) + B \cdot \cos(kx)$$
$$w' = Ak \cdot \cos(kx) - Bk \cdot \sin(kx)$$
$$w'' = -Ak^2 \cdot \sin(kx) - Bk^2 \cdot \cos(kx)$$

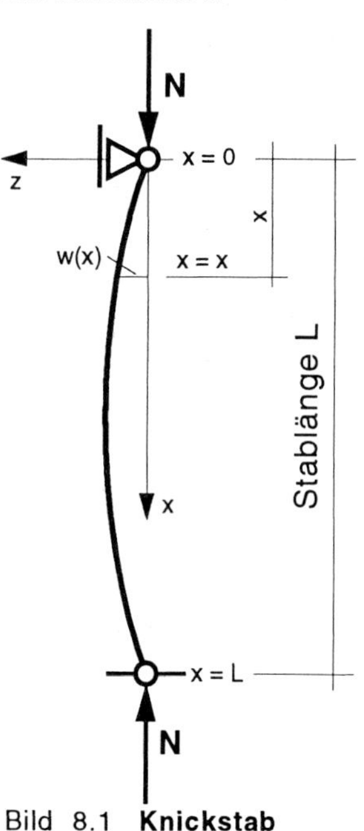

Bild 8.1 **Knickstab**

Durch Einsetzen in die charakteristische Gleichung wird die Lösung bestätigt.

Ermittlung der Integrationskonstanten über die Randbedingungen:

1) $x = 0 \quad \rightarrow \quad w = 0 \quad \rightarrow \quad 0 = A \cdot 0 + B \cdot 1 \quad \rightarrow \quad B = 0$

2) $x = l \quad \rightarrow \quad w = 0 \quad \rightarrow \quad 0 = A \cdot \sin(kl)$

Aus der Gleichung 2) geht außer der Lösung A = 0 (→ keine Ausbiegung w, labiles Gleichgewicht!) als Lösung hervor:

$$\sin(kl) = 0 \quad \rightarrow \quad kl = \pm(n \cdot \pi)$$

Von Interesse ist allein die Lösung: $kl = \pi \quad \rightarrow \quad k^2 = \frac{N_{Ki}}{EI} = \frac{\pi^2}{l^2}$

Daraus folgt die *ideale Eulersche Knicklast* N_{Ki}: $N_{Ki} = \frac{\pi^2 \cdot EI}{l^2}$

Für diese Last N_{Ki} kann gleichzeitig keine Aussage über die Integrationskonstante A gemacht werden. A ist beliebig groß! Das bedeutet, daß bei Erreichen der Eulerschen Knicklast N_{Ki} der Stab die Gleichgewichtslage mit gerader Stabachse verläßt und sich *unbestimmt große Ausbiegungen* einstellen. Der ursprünglich gerade Stab knickt aus!

Der *Bemessungswert* der Knicklast ist: $N_{Ki,d} = \frac{N_{Ki,k}}{\gamma_M} = \frac{\pi^2 \cdot EI}{l^2 \cdot \gamma_M}$

Andere Randbedingungen (Lagerungen) ergeben auch andere Knicklasten!

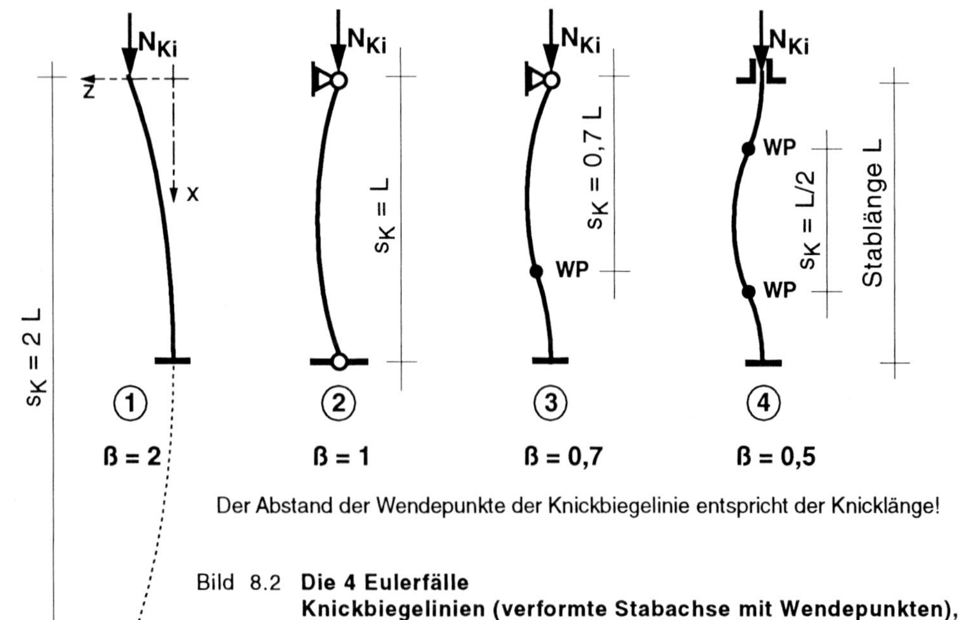

Bild 8.2 **Die 4 Eulerfälle**
Knickbiegelinien (verformte Stabachse mit Wendepunkten), Knicklängen s_K und Knicklängenbeiwerte β

8.1.2 Knicklänge

Für den Stab mit *allgemeinen Lagerbedingungen* an den Stabenden gilt

$$N_{Ki,k} = \frac{\pi^2 \cdot EI}{s_K^2} \quad \text{bzw.} \quad N_{Ki,d} = \frac{\pi^2 \cdot EI}{s_K^2 \cdot \gamma_M}$$

Dabei ist die *Knicklänge* $s_K = \beta \cdot l$

Der Faktor β heißt *Knicklängenbeiwert*. Die Knicklänge s_K läßt sich geometrisch deuten als Abstand der Wendepunkte der Knickbiegelinie.

Für Stab- und Rahmentragwerke lassen sich Knicklängenbeiwerte für die druckbelasteten Stäbe angeben, siehe Bild 8.3. Stäbe mit veränderlicher Normalkraft behandelt Bild 8.4. Für Fachwerkstäbe gilt [2/503], siehe dazu Bild 8.5.

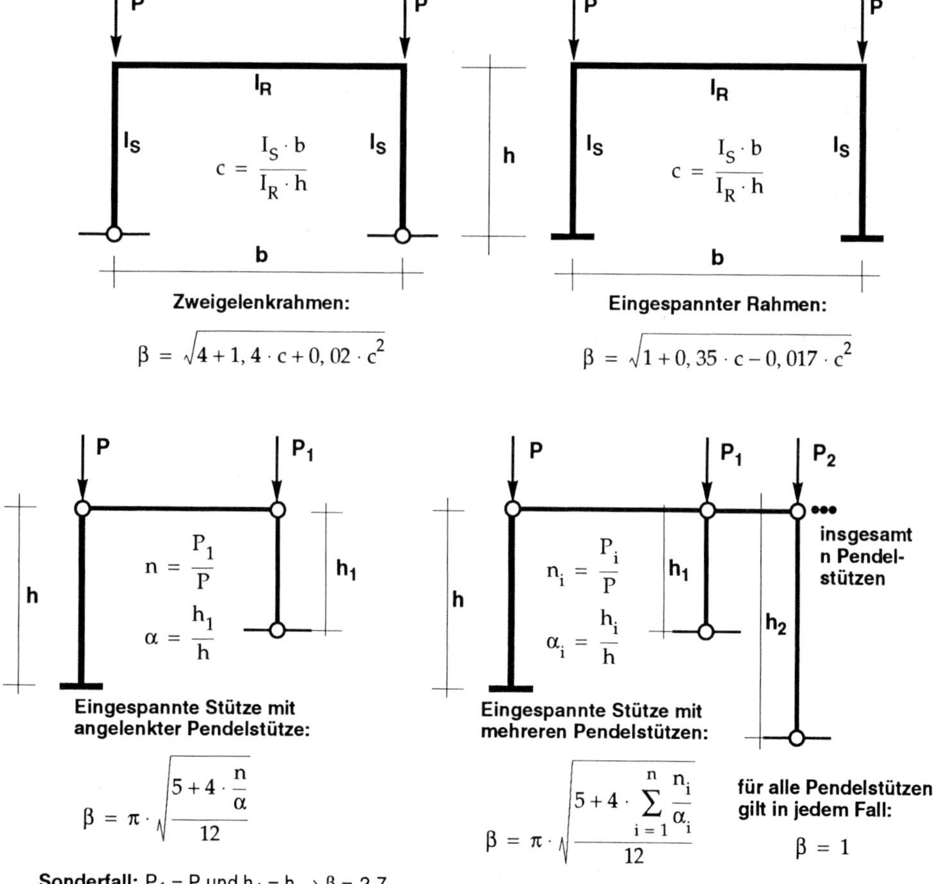

Bild 8.3 **Knicklängenbeiwerte β für Rahmen und Stabwerke** (Beispiele)

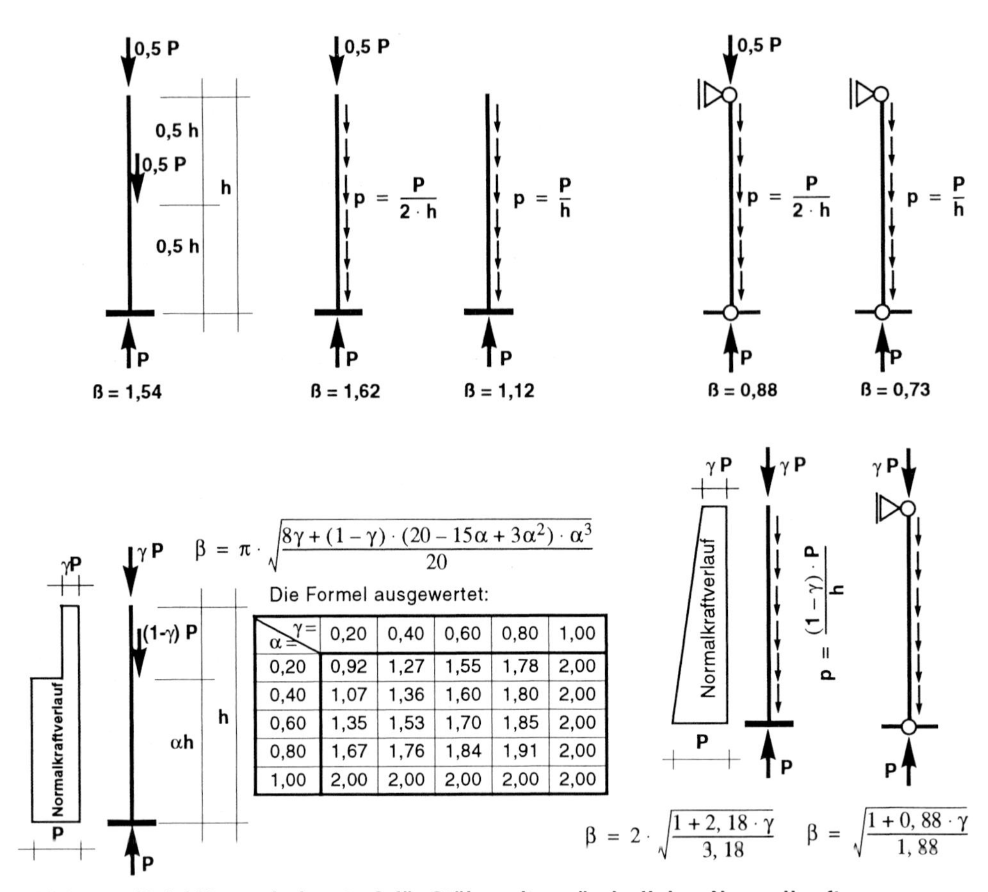

$$\beta = \pi \cdot \sqrt{\frac{8\gamma + (1-\gamma) \cdot (20 - 15\alpha + 3\alpha^2) \cdot \alpha^3}{20}}$$

Die Formel ausgewertet:

α = \ γ =	0,20	0,40	0,60	0,80	1,00
0,20	0,92	1,27	1,55	1,78	2,00
0,40	1,07	1,36	1,60	1,80	2,00
0,60	1,35	1,53	1,70	1,85	2,00
0,80	1,67	1,76	1,84	1,91	2,00
1,00	2,00	2,00	2,00	2,00	2,00

Bild 8.4 **Knicklängenbeiwerte β für Stäbe mit veränderlicher Normalkraft**

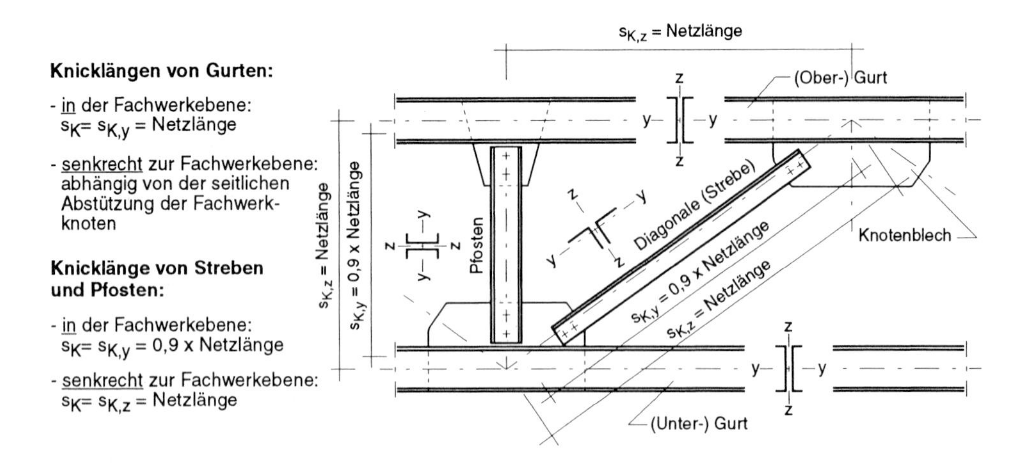

Bild 8.5 **Knicklängen von Fachwerkstäben**

8.2 Stabilitäts- und Spannungsproblem

Bei Berücksichtigung realer Verhältnisse treten *baupraktisch unvermeidliche Imperfektionen* auf. Ursachen dafür sind:

- Die Stabachse ist nicht ideal gerade. Möglicherweise treten örtliche Knicke, Rundungen und andere Abweichungen von der geraden Achse auf.
- Die Querschnitte sind nicht perfekt gleichbleibend. Abweichungen von den Sollabmessungen geben einen Versatz der Schwerachse.
- Die Auflagerbedingungen entsprechen nicht den getroffenen Idealisierungen. Die Lasten werden nicht exakt mittig zur Stabachse eingeleitet.
- Verbiegung aus Eigenlast des Stabes oder ungleichmäßige Erwärmung (Temperaturgradienten) werden meist rechnerisch nicht erfaßt.

Zu den genannten Ursachen für äußere Imperfektionen kommen noch innere Imperfektionen am Stab oder Tragwerk hinzu:

- Walz-, Schweiß- und sonstige Verarbeitungseigenspannungen, ungleichmäßige Verteilung der Festigkeitseigenschaften über den Querschnitt.

Als Folge der Imperfektionen stellt sich am realen Druckstab kein Stabilitätsfall mit Gleichgewichtsverzweigung ein. Es liegt vielmehr ein Spannungsproblem vor. Im N-w-Diagramm (Last-Verformungs-Diagramm) treten von Anfang an bei Laststeigerung Verformungen auf. Unter Berücksichtigung des Einflusses der Verformungen auf das Gleichgewicht (Theorie II. Ordnung) ist bei druckbeanspruchten Stäben das N-w-Verhalten überproportional. Die ideale Knicklast N_{Ki} kann nie erreicht werden.

Berücksichtigt man außerdem ein wirklichkeitsnahes Spannungs-Dehnungs-Verhalten, so tritt ab Erreichen der Streckgrenze f_y am stärker gedrückten Rand des Querschnitts Teilplastizierung ein. Bei Steigerung der Stabkraft wird der Stab schließlich voll durchplastizieren: damit ist die *Traglast* des Stabes erreicht.

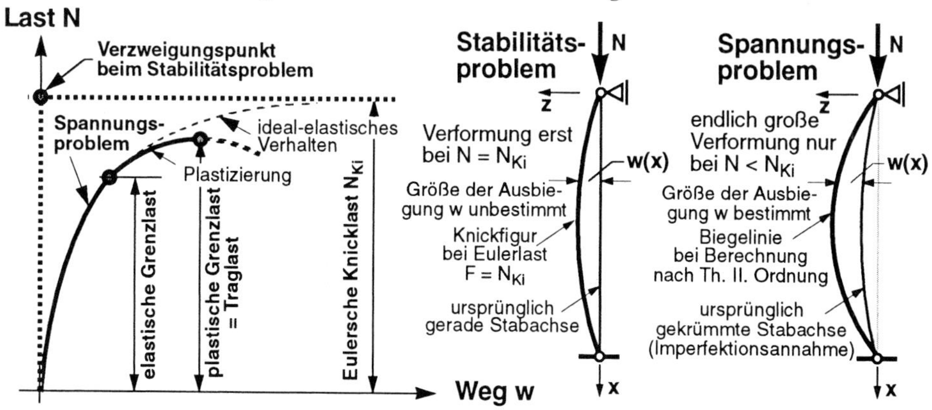

Bild 8.6 **N-w-Diagramm beim Stabilitäts- und beim Spannungsproblem**

Mit Einführung eines Faktors κ_{Ki} läßt sich ein Verhältnis von der idealen Knicklast N_{Ki} zur plastischen Normalkraft N_{pl} formulieren:

$$N_{Ki} = \kappa_{Ki} \cdot N_{pl} \qquad \text{oder} \qquad \kappa_{Ki} = \frac{N_{Ki}}{N_{pl}}$$

Abkürzungen: Schlankheitsgrad $\lambda = \frac{s_k}{i} = s_k \cdot \sqrt{\frac{A}{I}}$

bezogener Schlankheitsgrad $\bar{\lambda} = \frac{\lambda}{\lambda_a}$

Bezugsschlankheitsgrad $\lambda_a = \pi \cdot \sqrt{\frac{E}{f_y}}$

Damit läßt sich κ_{Ki} als Funktion des bezogenen Schlankheitsgrads darstellen:

$$\kappa_{Ki} = N_{Ki} \cdot \frac{1}{N_{pl}} = \frac{\pi^2 \cdot EI}{s_k^2} \cdot \frac{1}{A \cdot f_y} = \frac{\pi^2 \cdot EI}{\frac{I}{A} \cdot \lambda^2} \cdot \frac{1}{A \cdot f_y} = \frac{\pi^2 \cdot E}{\lambda^2 \cdot f_y} = \frac{1}{\bar{\lambda}^2}$$

Es ergibt sich sehr einfach eine quadratische Hyperbel (sog. Euler-Hyperbel).

Die Beziehung für κ_{Ki} beruht aber noch auf einer unbeschränkt großen Streckgrenze f_y. Berücksichtigt man, daß die Knicklast nie größer sein kann als die plastische Grenzlast N_{pl}, so ergibt sich $\kappa_{Ki} \leq 1$.

Immer noch beruht auch die bei $\kappa_{Ki} = 1$ abgeschnittene Euler-Hyperbel auf der Voraussetzung der idealen Annahmen. Sie berücksichtigt also keine Imperfektionen.

Die Größe der Imperfektionen kann nur praktischen Untersuchungen mit Zulassen einer gewissen statistischen Fehlerfraktile entnommen werden. Die Imperfektionen werden gewissen Querschnittskategorien (a ... d) zugeordnet. Mit Hilfe von Traglastberechnungen nach Theorie II. Ordnung kann daraus die Abhängigkeit $\kappa = \kappa(\bar{\lambda})$ berechnet werden. Diese werden von mathematischen Modellen angenähert, den sog. Knickspannungslinien.

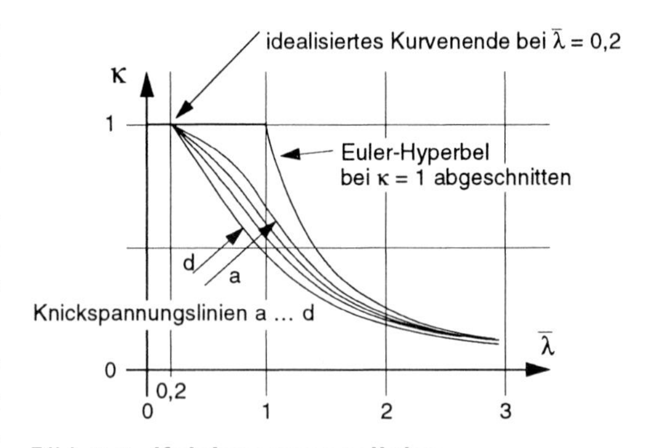

Bild 8.7 **Knickspannungslinien**

Genaue Angaben zu den Knickspannungslinien: siehe Abschnitt 8.4.

8.3 Querschnitte von Druckstäben

8.3.1 Einteilige Druckstäbe

Druckstäbe mit einfach zusammenhängenden Querschnitten oder Hohlquerschnitte, deren Querschnittsart auf die ganze Länge des Stabes beibehalten bleibt, sind *einteilige* Druckstäbe.

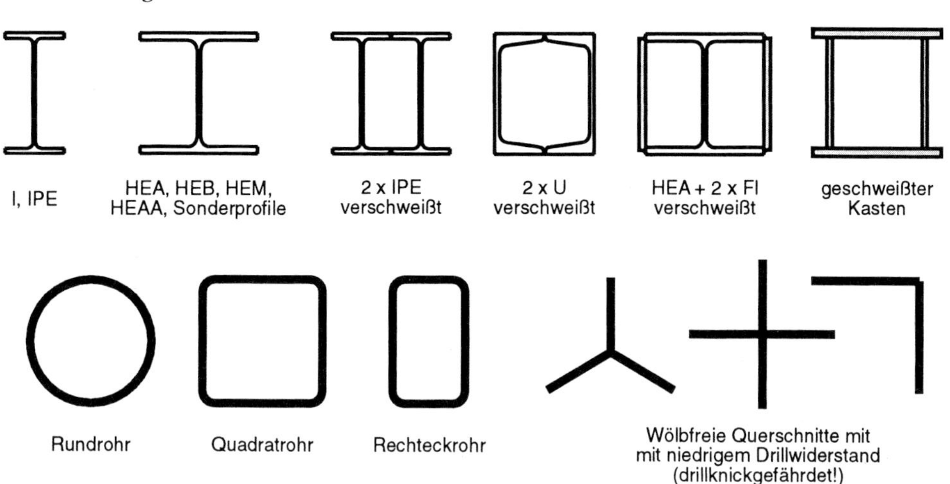

Bild 8.8 **Querschnitte einteiliger Druckstäbe**

8.3.2 Mehrteilige Druckstäbe

Druckstäbe, bei denen Einzelteile des Querschnitts innerhalb der Stablänge nicht kontinuierlich miteinander verbunden sind, bei denen aber die Einzelteile untereinander durch Bindebleche biegesteif oder über Vergitterungen miteinander verbunden sind, werden als *mehrteilige* Druckstäbe bezeichnet.

Man unterscheidet Stäbe mit *einer* stofffreien Achse und einer Stoffachse von Stäben mit *zwei* stofffreien Achsen. Besonders behandelt werden Stäbe mit geringer Spreizung sowie über Eck gestellte Winkel.

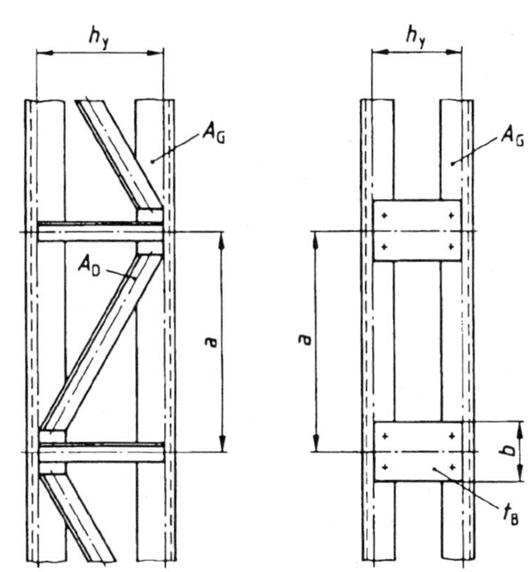

Bild 8.9 **Mehrteilige Druckstäbe als Gitter- und Rahmenstäbe**

Die Herstellung dieser aufgelösten Stäbe ist lohnintensiv, die relativ großen Oberflächen sind anfällig für Korrosion. Im Gegensatz zu früher werden heute mehrteilige Druckstäbe im Hochbau selten verwendet. Bevorzugtes Einsatzgebiet: Mastbau.

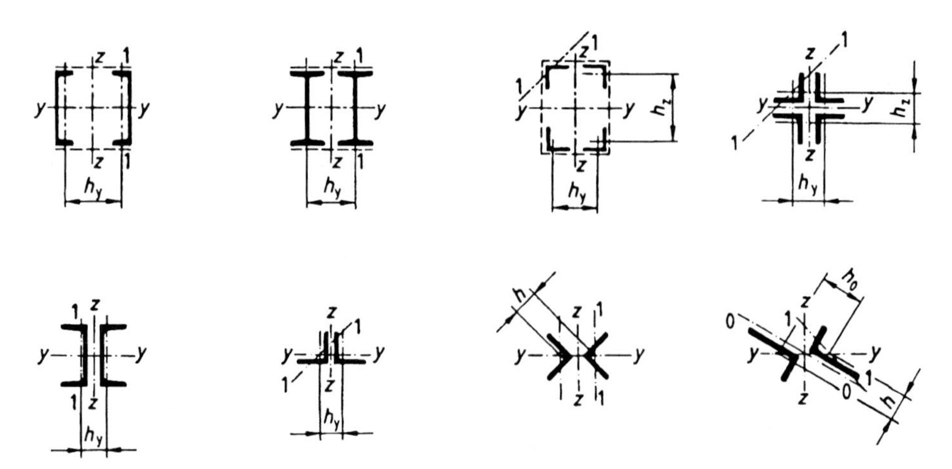

Bild 8.10 **Querschnitte mehrteiliger Druckstäbe**

Die Bemessung mehrteiliger Druckstäbe wird wegen ihrer relativ seltenen Verwendung *hier nicht behandelt*! Siehe dazu erforderlichenfalls [2/401 ff.].

8.4 Bemessung einteiliger Druckstäbe

Die Bemessung stabilitätsgefährdeter (druckbeanspruchter) Stäbe und Stabwerke von Stahlbauten erfolgt nach DIN 18800 Teil 2 (11.90).

8.4.1 Nachweismöglichkeiten - Ersatzstabverfahren

[2/301] Druckbeanspruchte Stäbe können Einzelstäbe sein, die planmäßig mittig auf Druck beansprucht werden, oder es können aus einem Stabwerk für den Nachweis gedanklich herausgelöste Stäbe sein. *Biegeknicken* und *Biegedrillknicken* werden dabei getrennt untersucht.

Nachfolgende Bemessungsregeln basieren auf den Regelungen zum "Ersatzstabverfahren". Auf die Möglichkeit einer Bemessung nach "Theorie II. Ordnung" wird *hier* nicht eingegangen; siehe ausführliche Abhandlung in "Stahlbau Teil 2" [5].

8.4.2 Biegeknicken

[2/304] In die nachfolgenden Formeln für Biegeknickuntersuchungen ist als Stabkraft N die als *Druckkraft positiv* definierte Stabdruckkraft nach Theorie I. Ordnung einzusetzen. Dabei ist N (= N_d) der *Bemessungswert* der Stab-Druckkraft.

Der Tragsicherheitsnachweis lautet für die maßgebende Ausweichrichtung:

$$\frac{N}{\kappa \cdot N_{pl,d}} \leq 1 \qquad (2/3)$$

Dabei bedeuten, wie schon zuvor erläutert:

$$\bar{\lambda}_K = \frac{\lambda_K}{\lambda_a} = \sqrt{\frac{N_{pl,k}}{N_{Ki,k}}} = \sqrt{\frac{N_{pl,d}}{N_{Ki,d}}}$$ bezogener Schlankheitsgrad

$$\lambda_K = \frac{s_K}{i}$$ Schlankheitsgrad, bezogen auf die jeweilige Querschnittsachse

$$\lambda_a = \pi \cdot \sqrt{\frac{E}{f_{y,k}}}$$ Bezugsschlankheitsgrad

Der Bezugsschlankheitsgrad ist *nur* werkstoffabhängig:

Tab. 8.1 **Bezugsschlankheitsgrad in Abhängigkeit von der Werkstoffgüte**

Werkstoffgüte	S 235	S 355	StE 460	StE 690
Bezugsschlankheitsgrad λ_a	92,93	75,88	67,12	54,81

Der *Abminderungsfaktor* κ ist in Abhängigkeit vom bezogenen Schlankheitsgrad $\bar{\lambda}_K$ und vom dem jeweiligen Querschnitt nach Tabelle {2/5} zugeordneten Knickspannungslinie zu ermitteln:

$$\bar{\lambda}_K \leq 0,2 \qquad \kappa = 1 \tag{2/4a}$$

$$\bar{\lambda}_K > 0,2 \qquad \kappa = \frac{1}{k + \sqrt{k^2 - \bar{\lambda}_K^2}} \tag{2/4b}$$

mit $k = 0,5 \cdot \left[1 + \alpha \cdot (\bar{\lambda}_K - 0,2) + \bar{\lambda}_K^2\right]$

Vereinfachend *darf* gerechnet werden für

$$\bar{\lambda}_K > 3,0 \qquad \kappa = \frac{1}{\bar{\lambda}_K \cdot (\bar{\lambda}_K + \alpha)} \tag{2/4c}$$

Tab. 8.2 **Parameter α zur Berechnung des Abminderungsfaktors κ nach {2/5}**

Knickspannungslinie	a	b	c	d
α	0,21	0,34	0,49	0,76

Die Abminderungsfaktoren κ können

- mit obigen Gleichungen exakt berechnet werden oder
- der graphischen Darstellung (Bild 8.11) entnommen werden oder
- aus Tabelle 8.3 interpoliert werden.

Die Zuordnung der Querschnittsformen zu den Knickspannungslinien kann Tabelle 8.4 (abgewandelt aus Tabelle {2/5}) entnommen werden.

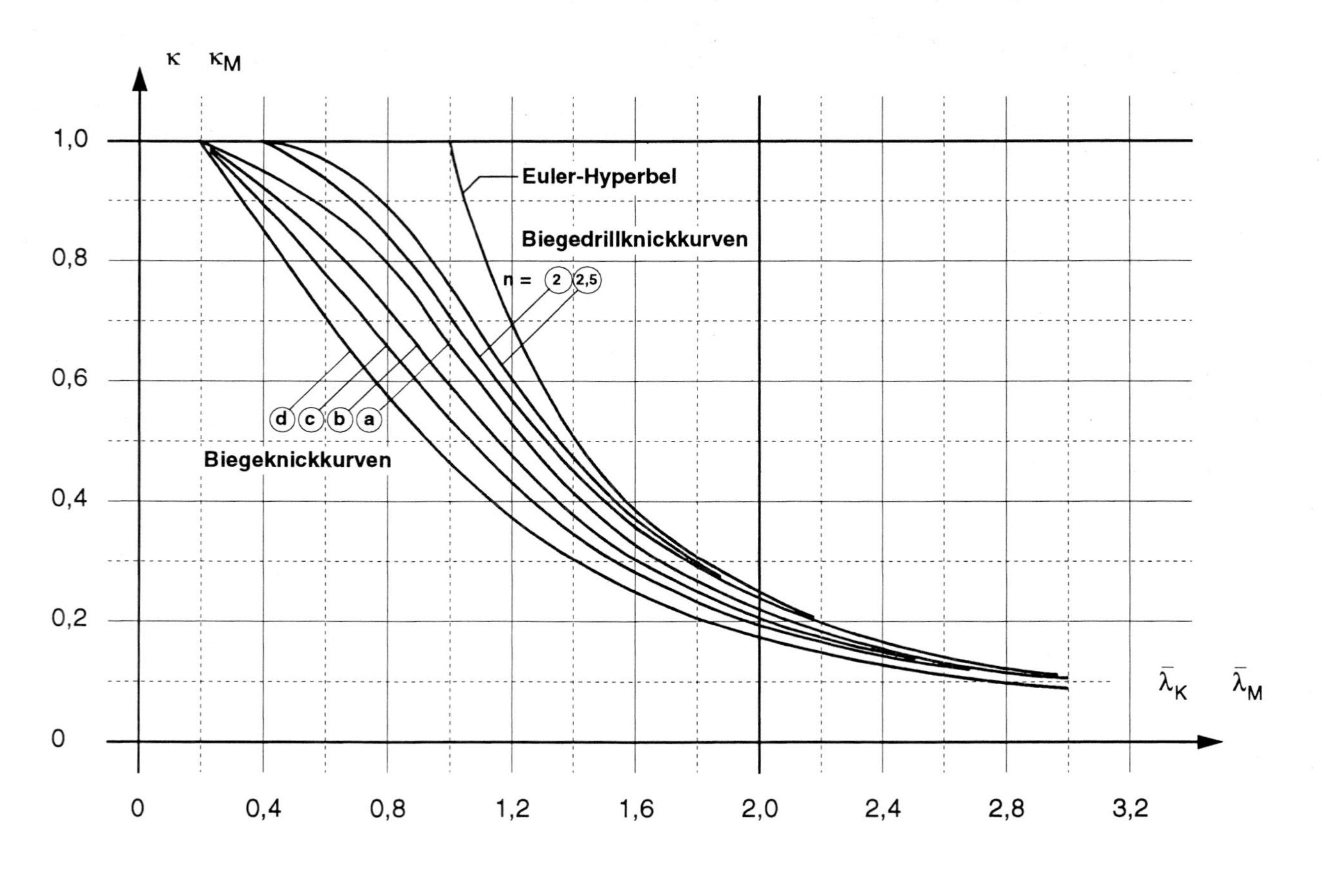

Bild 8.11 **Knickspannungslinien und Biegedrillknicklinien**

Tab. 8.3 **Knickspannungslinien a ... d und Biegedrillknicklinien für n = 1,5 ... 2,5**

$\bar{\lambda}$	Knickspannungslinien				Biegedrillknicken			Euler-
	a	b	c	d	n = 1,5	n = 2,0	n = 2,5	Hyperbel
0,2	1,000	1,000	1,000	1,000	1,000	1,000	1,000	25,000
0,3	0,977	0,964	0,949	0,923	1,000	1,000	1,000	11,111
0,4	0,953	0,926	0,897	0,850	1,000	1,000	1,000	6,250
0,5	0,924	0,884	0,843	0,779	0,924	0,970	0,988	4,000
0,6	0,890	0,837	0,785	0,710	0,878	0,941	0,970	2,778
0,7	0,848	0,784	0,725	0,643	0,822	0,898	0,940	2,041
0,8	0,796	0,724	0,662	0,580	0,759	0,842	0,893	1,563
0,9	0,734	0,661	0,600	0,521	0,694	0,777	0,831	1,235
1,0	0,666	0,597	0,540	0,467	0,630	0,707	0,758	1,000
1,1	0,596	0,535	0,484	0,419	0,569	0,637	0,681	0,826
1,2	0,530	0,478	0,434	0,376	0,512	0,570	0,607	0,694
1,3	0,470	0,427	0,389	0,339	0,461	0,509	0,538	0,592
1,4	0,418	0,382	0,349	0,306	0,415	0,454	0,477	0,510
1,5	0,372	0,342	0,315	0,277	0,374	0,406	0,423	0,444
1,6	0,333	0,308	0,284	0,251	0,338	0,364	0,377	0,391
1,7	0,299	0,278	0,258	0,229	0,306	0,327	0,337	0,346
1,8	0,270	0,252	0,235	0,209	0,278	0,295	0,302	0,309
1,9	0,245	0,229	0,214	0,192	0,253	0,267	0,273	0,277
2,0	0,223	0,209	0,196	0,177	0,231	0,243	0,247	0,250
2,1	0,204	0,192	0,180	0,163	0,212	0,221	0,225	0,227
2,2	0,187	0,176	0,166	0,151	0,195	0,202	0,205	0,207
2,3	0,172	0,163	0,154	0,140	0,179	0,186	0,188	0,189
2,4	0,159	0,151	0,143	0,130	0,166	0,171	0,173	0,174
2,5	0,147	0,140	0,132	0,121	0,154	0,158	0,159	0,160
2,6	0,136	0,130	0,123	0,113	0,143	0,146	0,147	0,148
2,7	0,127	0,121	0,115	0,106	0,133	0,136	0,137	0,137
2,8	0,118	0,113	0,108	0,100	0,124	0,127	0,127	0,128
2,9	0,111	0,106	0,101	0,094	0,116	0,118	0,119	0,119
3,0	0,104	0,099	0,095	0,088	0,108	0,110	0,111	0,111
3,1	0,097	0,093	0,090	0,083	0,102	0,103	0,104	0,104
3,2	0,091	0,088	0,084	0,079	0,096	0,097	0,098	0,098
3,3	0,086	0,083	0,080	0,074	0,090	0,091	0,092	0,092
3,4	0,081	0,078	0,075	0,071	0,085	0,086	0,087	0,087
3,5	0,077	0,074	0,071	0,067	0,080	0,081	0,082	0,082

Tab. 8.4 **Zuordnung der Querschnitte zu den Knickspannungslinien a ... d** nach {2/5}

Querschnitt			Ausweichen rechtwinklig zur y-Achse	Ausweichen rechtwinklig zur z-Achse
Hohlprofile	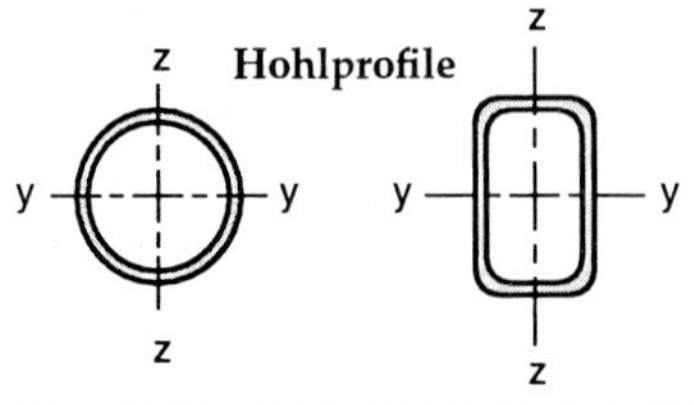 warm gefertigt		a	a
	kalt gefertigt		b	b
geschweißte Kastenquerschnitte	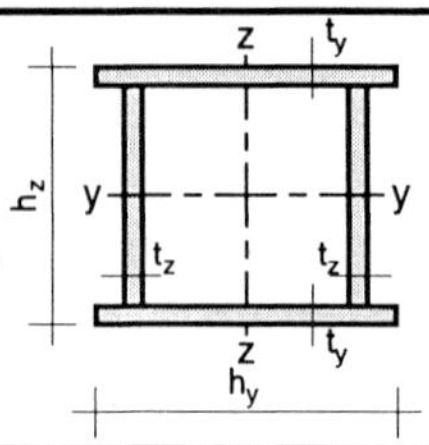 allgemein		b	b
	dicke Schweißnaht *) *und* $h_y/t_y < 30$ *und/oder* $h_z/t_z < 30$		c	c
gewalzte I-Profile	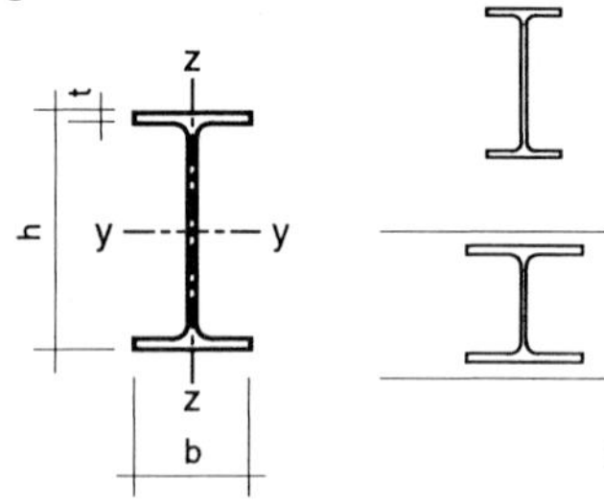 $h/b > 1{,}2$	$t \leq 40$ mm	a	b
		$40 < t \leq 80$ mm	b	c
	$h/b \leq 1{,}2$	$t \leq 80$ mm	b	c
	alle	$t > 80$ mm	d	d
geschweißte I-Querschnitte	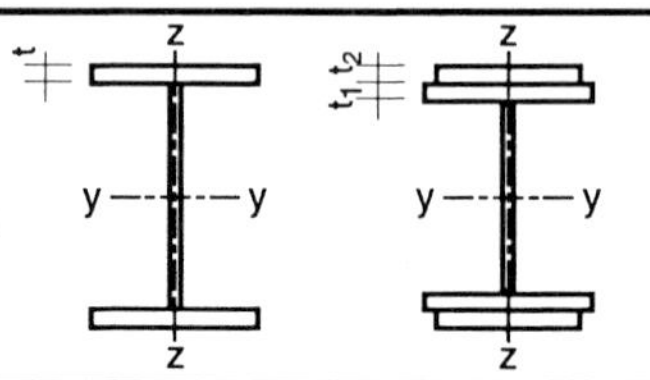	$t \leq 40$ mm	b	c
		$t > 40$ mm	c	d
U-, L-, T- und Vollquerschnitte			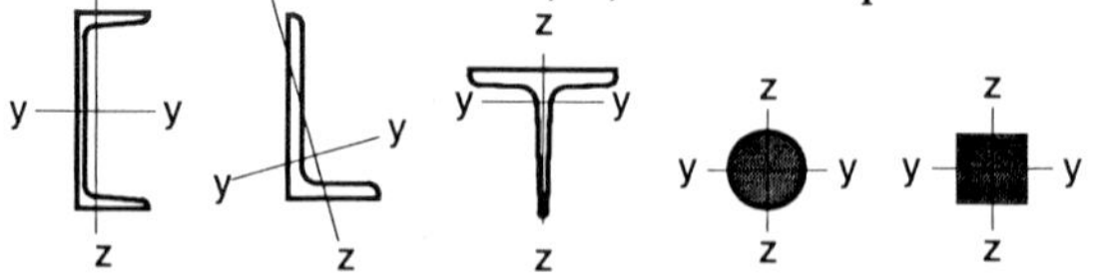 c	c

*) Als dicke Schweißnähte sind solche mit einer vorhandenen Nahtdicke $a \geq \min t$ zu verstehen.

In dieser Tabelle nicht aufgeführte Profile sind sinngemäß einzuordnen. Die Einordnung soll dabei nach den möglichen Eigenspannungen und Blechdicken erfolgen.

8.4.3 Verschiedene Knickmöglichkeiten

Biegeknicken: Doppeltsymmetrische, mittig belastete gerade Stäbe können um die y-Achse wie um die z-Achse knicken. Maßgebend ist i.a. *die* Achse, für die sich der größere Schlankheitsgrad ergibt. Durch Zuordnung unterschiedlicher Knickspannungslinien zu den Achsen kann die Aussage noch relativiert werden.

Drillknicken: Bei geringem Torsionswiderstand I_T ist auch ein Ausweichen in Form einer Verdrehung $\vartheta = \varphi_x$ um die Stablängsachse als Versagensform möglich. Gefährdet sind hier insbesondere wölbfreie, offene Querschnitte (Kreuz-Querschnitt o.ä.). I-Querschnitte sind gewöhnlich *nicht* drillknickgefährdet.

[2/306]: Für Walzträger mit I-Querschnitt und geschweißte I-Träger mit ähnlichen Abmessungen braucht kein Drillknicksicherheitsnachweis geführt zu werden. - Stäbe mit Hohlquerschnitten können nicht drillknicken.

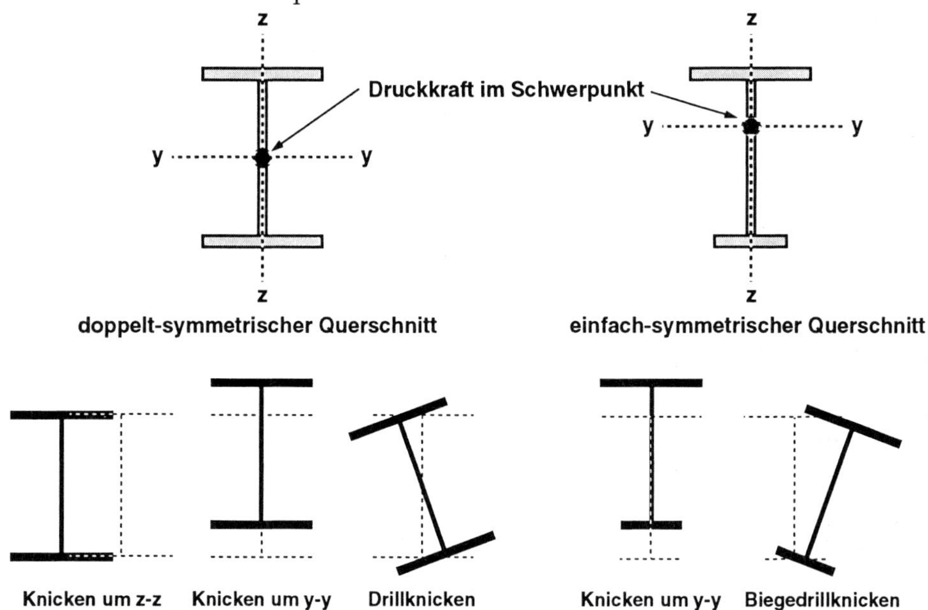

Bild 8.12 **Knickmöglichkeiten bei mittig belasteten, symmetrischen Querschnitten**

Biegedrillknicken: Einfachsymmetrische, mittig belastete Stäbe können in Richtung ihrer Symmetrieachse biegeknicken. Außerdem besteht die Möglichkeit des Biegedrillknickens, wobei der Stab senkrecht zur Symmetrieachse ausweicht und sich gleichzeitig um die Stabachse verdreht. Der Nachweis ist schwieriger als derjenige für Biegeknicken und wird vorerst nicht behandelt.

Für unsymmetrische Querschnitte gibt es auch bei mittiger Belastung nur die Möglichkeit des Biegedrillknickens. Eine zutreffende rechnerische Behandlung ist mit vertretbaren Mitteln kaum möglich.

8.5 Beispiele

Vorbemerkung

Bei allen folgenden Beispielen soll die Eigenlast der Konstruktion vernachlässigt werden.

8.5.1 Pendelstütze

Die Innenstütze einer Halle wird als 6,60 m lange Pendelstütze ausgebildet.

Gebrauchslasten für die Normalkraft N:

aus ständiger Last 185 kN,
aus Schneelast 360 kN.

Die Stütze ist für verschiedene Querschnitte nachzuweisen:

1) HEA-260,
2) HEB-160 + 2 x Fl. 140x10,
3) QR 180x10.

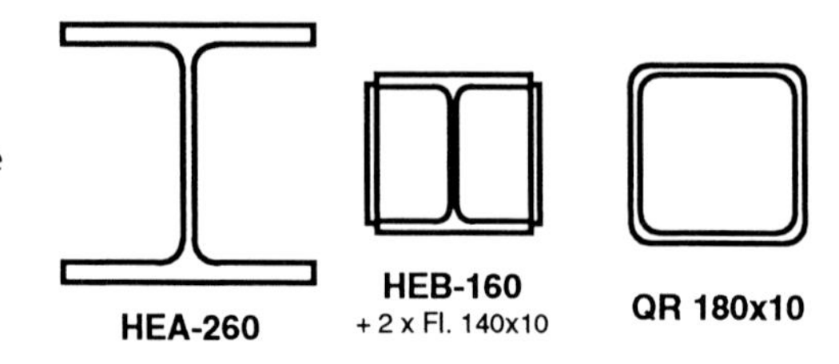

Werkstoff: S 235.

Anmerkung: Die Querschnitte haben alle etwa dieselbe Querschnittsfläche.

Einwirkung: $N_{S,d} = 1,35 \cdot 185 + 1,50 \cdot 360 = 249,75 + 540 \approx 790$ kN

1) **HEA-260** Querschnittswerte: $A = 86{,}8\ cm^2$; $i_y = 11{,}0$ cm; $i_z = 6{,}50$ cm.

$N_{pl,d} = 86,8 \cdot 24/1,1 = 1894$ kN(*oder* mit Tabelle 4.8: $N_{pl,d} = 1890$ kN)

Wegen $s_{ky} = s_{kz} = 660$ cm und $i_y > i_z$ ist Knicken um die z-Achse maßgebend.

$$\lambda_z = 660/6,50 = 101,54$$

$$\bar{\lambda}_z = \lambda_z/\lambda_a = 101,4/92,93 = 1,093$$

Es ist h/b = 25/26 = ... < 1,2 → Knickspannungslinie c → $\kappa_c = 0,488$

Der Wert κ_c kann mit Gleichung (2/4b) errechnet werden. Oder: Interpolation mit Tabelle 8.3.

$$\frac{N_d}{\kappa \cdot N_{pl,d}} = \frac{790}{0,488 \cdot 1894} = 0,855 < 1$$

2) **HEB-160 + 2 x Fl. 140x10**

Querschnittswerte: $A = 82{,}3\ cm^2$; $i_y = 5{,}98$ cm; $i_z = 5{,}95$ cm. Damit ist $i_y \approx i_z$!

$N_{pl,d} = 82,3 \cdot 24/1,1 = 1796$ kN

Geschweißter Kastenquerschnitt:
Für Knicken um die y-Achse *und* Knicken um die z-Achse→ Knickspannungslinie b.

$$\bar{\lambda}_z = \frac{660}{5,95 \cdot 92,93} = 1,194 \quad \rightarrow \quad \kappa_b = 0,481$$

$$\frac{N_d}{\kappa \cdot N_{pl,d}} = \frac{790}{0,481 \cdot 1796} = 0,914 < 1$$

3) **Quadratrohr 180x10** Querschnittswerte: $A = 65{,}4\ cm^2$; $i = 6{,}87$ cm.

$N_{pl,d} = 65,4 \cdot 24/1,1 = 1427$ kN

a) Rohrquerschnitt, warmgefertigt → Knickspannungslinie (KSL) a.

$\bar{\lambda}_z = \dfrac{660}{6,87 \cdot 92,93} = 1,034 \quad \rightarrow \quad \kappa_a = 0,642$

$\dfrac{N_d}{\kappa \cdot N_{pl,d}} = \dfrac{790}{0,642 \cdot 1427} = 0,862 < 1$

b) Rohrquerschnitt, kaltgefertigt → KSL b → $\kappa_b = 0{,}576$

$\dfrac{N_d}{\kappa \cdot N_{pl,d}} = \dfrac{790}{0,576 \cdot 1427} = 0,962 < 1$

8.5.2 Pendelstütze mit unterschiedlichen Knicklängen für Knicken um die y-Achse und um die z-Achse

Eine 6,0 m lange Pendelstütze einer Hallenkonstruktion ist an Fuß- und Kopfpunkt gelenkig gelagert. Durch einen Verband ist die Knicklänge um die z-Achse auf L/3 = 2,0 m reduziert. Siehe hierzu Darstellung zu Beispiel 10.4.1!

Gebrauchslasten für die Normalkraft N:

aus ständiger Last 75 kN,
aus Schneelast 125 kN.

1) Die Stütze ist als Walzprofil IPE 200, Werkstoff S 235, nachzuweisen.
2) Es ist festzustellen, welche Querschnitte für die Walzprofile - IPE, HEA, HEAA, HEB, IPN - erforderlich sind. Die Stabgewichte sind zu vergleichen, das wirtschaftlichste Profil ist festzustellen. Es sollen auch ein Quadrat- und ein Rechteckrohr (warmgewalzt) untersucht werden.
3) Dabei soll auch untersucht werden, ob ein IPE-Profil in S 355 wirtschaftlicher ist, wenn ein Faktor 1,2 für höhere Materialkosten berücksichtigt werden muß.

Einwirkung: $N_{S,d} = 1,35 \cdot 75 + 1,50 \cdot 125 = 101,25 + 187,50 = 288,75 \approx 289$ kN

IPE 200 $A = 28{,}5\ cm^2$, $i_y = 8{,}26$ cm, $i_z = 2{,}24$ cm.

Walzprofil $h/b = 200/100 = 2{,}00 > 1{,}2$; *max* $t = 8{,}5$ mm < 40 mm.

Daraus folgt: Knickspannungslinien a bzw. b für Knicken um y-y bzw. z-z.

S 235: $N_{pl,d} = 28,5 \cdot 24/1,1 = 621,8 \approx 622$ kN

Knicken um y-y $s_{ky} = 600\ cm \lambda_y = 600/8,26 = 72,64$

$\bar{\lambda}_y = \lambda_y/\lambda_a = 72,64/92,93 = 0,782\ \kappa_a = 0,806$

Knicken um z-z $s_{kz} = 600/3 = 200$ cm $\quad \lambda_z = 200/2,24 = 89,29$

$\bar{\lambda}_z = \lambda_z/\lambda_a = 89,29/92,93 = 0,961 \quad \kappa_b = 0,622$

Maßgebend ist also (wegen des kleiner κ-Wertes) Knicken um die z-Achse.

Nachweis $\frac{N}{\kappa \cdot N_{pl,d}} = \frac{289}{0,622 \cdot 622} = 0,747 < 1$

Untersuchung für verschiedene Walzprofile # = S 355 KSL = Knickspannungslinie

Querschnitt			Knicken um y-y / s_k = 600 cm				Knicken um z-z / s_k = 200 cm				$\frac{N}{\kappa \cdot N_{pl,d}}$
Profil	A	$N_{pl,d}$	i_y	$\bar{\lambda}_y$	KSL	κ_y	i_z	$\bar{\lambda}_z$	KSL	κ_z	
IPE 200	28,5	622	8,26	0,782	a	0,806	2,24	0,961	b	**0,622**	0,747
IPE 180	23,9	521	7,42	0,870	a	0,753	2,05	1,050	b	**0,566**	0,980
HEA-140	31,4	685	5,73	1,127	b	**0,519**	3,52	0,611	c	0,779	0,813
HEA-120	25,3	552	4,89	1,320	b	**0,417**					1,256
HEB-120	34,0	742	5,04	1,281	b	**0,436**	3,06	0,703	c	0,732	0,893
HEAA-160	30,4	663	6,50	0,993	b	**0,601**	3,97	0,542	c	0,819	0,725
HEAA-140	23,0	502	5,59	1,155	b	**0,503**					1,145
# IPE 160	20,1	658	6,58	1,202	a	0,529	1,84	1,432	b	**0,365**	1,203
QR140x5,6	29,6	646	5,47	1,180	a	**0,543**	5,47	nicht relevant			0,872
160x90x5,6	25,9	565	5,75	1,123	a	**0,580**	3,67	0,586	a	0,895	0,882

Die Querschnitte in den schattierten Reihen sind nicht ausreichend!
Die **fettgedruckten** κ-Werte sind maßgebend.

Der wirtschaftlichste Querschnitt (bzw. Querschnitt mit dem geringsten Gewicht) für reine Druckbeanspruchung ist das Profil IPE 180 (S 235). Dies resultiert allerdings auch daraus, daß der Ausnutzungsgrad von 0,98 (zufällig) sehr gut ist. - Die Verwendung eines IPE-Querschnitts in S 355 bringt gar nichts, weil hier derselbe Querschnitt gewählt werden muß wie in S 235.

8.5.3 Zweigelenkrahmen

Der Zweigelenkrahmen ist nur auf Normalkraft belastet. Die vorgegebenen Bemessungslasten sind jeweils P = 500 kN.

1) Der Rahmen ist in seiner Ebene auf Biegeknicken der Rahmenstiele nachzuweisen.

2) Senkrecht zur Rahmenebene sind die Eckpunkte des Rahmens gelenkig gelagert. Für die Rahmenstiele ist zu untersuchen, ob hier ausreichende Knicksicherheit besteht, oder ob die Stiele zusätzlich noch in halber Rahmenhöhe (gleichfalls senkrecht zur Rahmenebene) gehalten werden müssen.

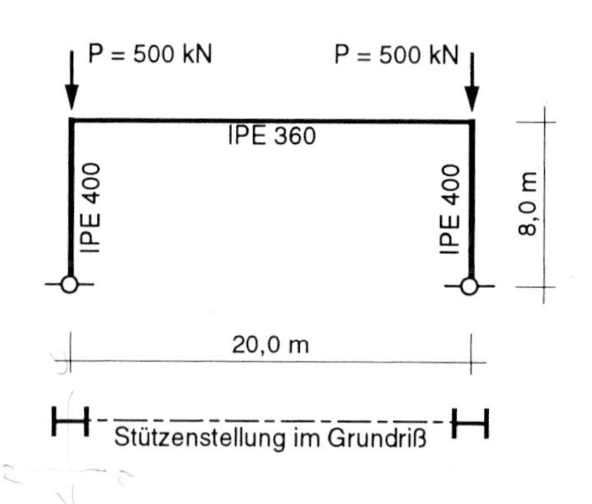

1) **Knicken in Rahmenebene (um y-y)**

$$c = \frac{I_S \cdot b}{I_R \cdot h} = \frac{23130 \cdot 20,0}{16270 \cdot 8,0} = 3,554$$

$$\beta = \sqrt{4 + 1,4 \cdot c + 0,02 \cdot c^2} = 3,038$$

$$s_K = \beta \cdot h = 3,038 \cdot 800 = 2430 \text{ cm}$$

$$\bar{\lambda} = \frac{2430}{16,5 \cdot 92,93} = 1,585 \quad \rightarrow \quad \kappa_a = 0,339$$

$$\frac{N}{\kappa \cdot N_{pl,d}} = \frac{500}{0,339 \cdot 1840} = \frac{500}{623,5} = 0,80 < 1$$

2) **Knicken senkrecht zur Rahmenebene (um z-z)**

a) Mit Knicklänge = Rahmenhöhe: $\rightarrow \quad s_K = 800$ cm

$$\bar{\lambda} = \frac{800}{3,95 \cdot 92,93} = 2,179 \quad \rightarrow \quad \kappa_b = 0,180$$

$$\frac{N}{\kappa \cdot N_{pl,d}} = \frac{500}{0,180 \cdot 1840} = \frac{500}{330} = 1,513 > 1$$

Nachweis *nicht erfüllt!*

b) Mit Knicklänge = halber Rahmenhöhe: $\rightarrow \quad s_K = 400$ cm

$$\bar{\lambda} = \frac{400}{3,95 \cdot 92,93} = 1,090 \quad \rightarrow \quad \kappa_b = 0,541$$

$$\frac{N}{\kappa \cdot N_{pl,d}} = \frac{500}{0,541 \cdot 1840} = \frac{500}{995} = 0,502 < 1$$

Nachweis *erfüllt!*

8.5.4 Stütze mit veränderlicher Normalkraft

Eine Bühnenkonstruktion ist auf 4 eingespannten Stützen gelagert, Stützen-Querschnitt HEB-400.

Werkstoff der Stützen: S 235.

Die eingetragenen Lasten sind Bemessungslasten. Die Lasten greifen mittig an den Stützen an.

Die Stützen sind im Grundriß so ausgerichtet, daß die Vorderfront deren x-z-Ebene darstellt, siehe Grundriß.

Alle 4 Stützen sind gleich belastet!

Die Stützen sind nachzuweisen.

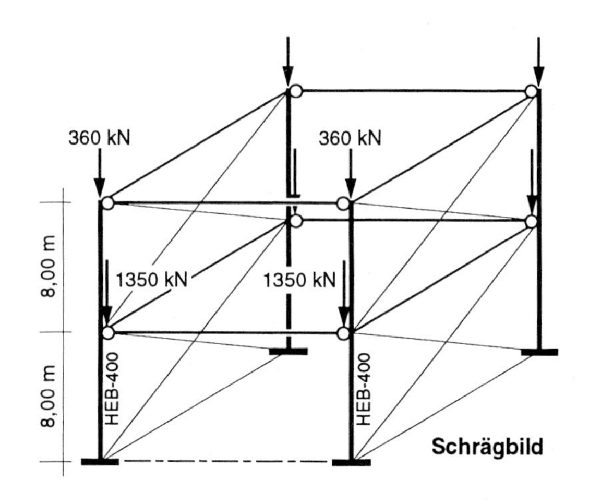

Knicklängenbeiwert bei veränderlicher Normalkraft:

$$\beta = \pi \cdot \sqrt{\frac{8\gamma + (1-\gamma) \cdot (20 - 15\alpha + 3\alpha^2) \cdot \alpha^3}{20}}$$

Knicken um y-y $\gamma = \frac{360}{1710} = 0,21 \approx 0,2$ $\alpha = 0{,}5$ $ß = 1{,}214$

oder aus der Tabelle in Bild 8.4 interpoliert: $\beta = \frac{1,07 + 1,35}{2} = 1,21$

$s_{ky} = 1,214 \cdot 1600 = 1943$ cm $\lambda_y = 1943/17,1 = 113,63$

$\bar{\lambda}_y = \lambda_y/\lambda_a = 113,63/92,93 = 1,223$ $\kappa_a = 0,516$ (h/b > 1,2!)

Knicken um z-z $s_{kz} \approx 0,7 \cdot 800 = 560$ cm $\lambda_z = 560/7,40 = 75,68$

$\bar{\lambda}_z = \lambda_z/\lambda_a = 75,68/92,93 = 0,814$ $\kappa_b = 0,716$

Maßgebend ist also Knicken um die y-Achse.

Nachweis $\frac{N}{\kappa \cdot N_{pl,d}} = \frac{1710}{0,516 \cdot 4320} = 0,767 < 1$

8.5.5 Eingespannte Stütze mit angehängten Pendelstützen

System: Über eine eingespannte Stütze sind 3 Pendelstützen unterschiedlicher Höhe mitstabilisiert. Senkrecht zur Zeichenebene sind alle Stützenköpfe gelenkig gelagert.

1) Die Belastbarkeit $N_{R,d}$ der eingespannten Stütze HEB-200 ist zu berechnen.
2) Es soll gezeigt werden, daß alle Pendelstützen HEA-180 für die unter 1) berechnete Last $N = N_{R,d}$ ausreichend dimensioniert sind.

   Werkstoff für alle Stützen: S 235.

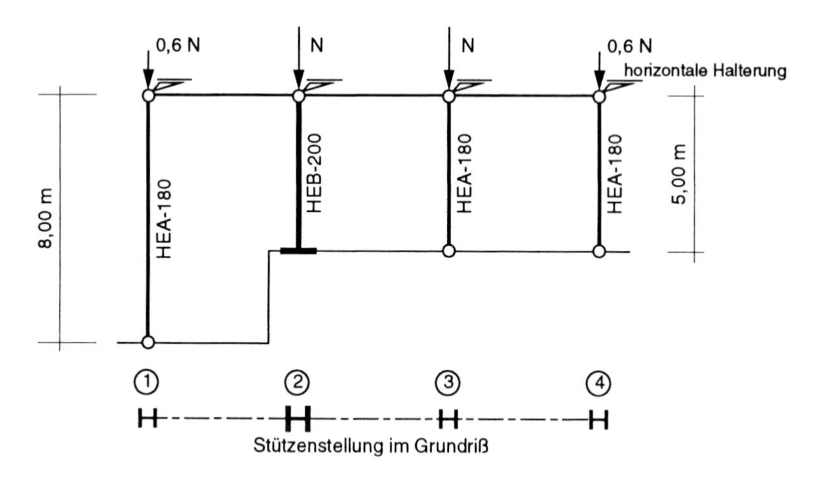

1) **Eingespannte Stütze HEB-200**

Knicken um y-y Verhältniswerte von Lasten n_i und Stützenlängen α_i der Pendelstützen:

Stütze 1 $\frac{n}{\alpha} = \frac{0,6}{8,0/5,0} = 0,375$

Stütze 3 $\frac{n}{\alpha} = \frac{1}{1} = 1,000$

Stütze 4 $\frac{n}{\alpha} = \frac{0,6}{1} = 0,600$

Insgesamt: $\sum \frac{n_i}{\alpha_i} = 0,375 + 1,000 + 0,600 = 1,975$

Knicklängenbeiwert: $\beta = \pi \cdot \sqrt{\frac{5 + 4 \cdot 1,975}{12}} = 3,257$

Knicklänge: $s_{Ky} = 3,257 \cdot 500 = 1629$ cm

$\bar{\lambda}_y = \frac{1629}{8,54 \cdot 92,93} = 2,052$ $\kappa_b = 0,200$

Knicken um z-z Knicklänge: $s_{Kz} = 0,7 \cdot 500 = 350$ cm

$\bar{\lambda}_z = \frac{350}{5,07 \cdot 92,93} = 0,743$ $\kappa_c = 0,698$

Maßgebend ist also Knicken um die y-Achse.

Beanspruchbarkeit $N_{R,d} = \kappa \cdot N_{pl,d} = 0,200 \cdot 1700 = 350$ kN

2) **Pendelstützen HEA-180**

Maßgebend ist jeweils Knicken um die z-Achse mit der Knicklänge s_K = Stablänge L

Stütze 1 $\bar{\lambda}_z = \frac{800}{4,52 \cdot 92,93} = 1,905$ $\kappa_b = 0,228$ $\frac{N}{\kappa \cdot N_{pl,d}} = \frac{0,6 \cdot 350}{0,228 \cdot 987} = 0,93 < 1$

Stütze 3 $\bar{\lambda}_z = \frac{500}{4,52 \cdot 92,93} = 1,190$ $\kappa_b = 0,484$ $\frac{N}{\kappa \cdot N_{pl,d}} = \frac{350}{0,484 \cdot 987} = 0,73 < 1$

Stütze 4 wird offensichtlich nicht maßgebend.

9 Einachsige Biegung und Querkraft

9.1 Schnittgrößen und Spannungen

9.1.1 Schnittgrößen

Bei zur z-Achse symmetrischem Querschnitt, Querbelastung in der x-z-Ebene (Streckenlasten, Einzellasten) und entsprechender Lagerung ergibt sich *einachsige Biegung*: es treten die Schnittgrößen M_y und V_z auf.

Die folgenden Ausführungen gelten für I-Walzprofile und geschweißte Querschnitte mit ähnlichen Querschnitts-Abmessungen. In den Nachweisen bedeuten immer $M_y = M_{y,d}$ und $V_z = V_{z,d}$ die Bemessungswerte der Schnittgrößen.

9.1.2 Normalspannungen

Unter Beachtung der Vorzeichen für M_y und den Abstand z von der y-Achse werden die Biegenormalspannungen $\sigma_x = \sigma$:

$$\sigma = \frac{M_y}{I_y} \cdot z \qquad \sigma > 0 = \text{Zugspannung}, \ \sigma < 0 = \text{Druckspannung}.$$

Abstand der Randfasern am Biegezug- bzw. Biegedruckrand von der y-Achse: z_Z bzw. z_D. Damit lassen sich die Widerstandsmomente definieren:

$$W_{Z,y} = \frac{I_y}{|z_Z|} \qquad \text{und} \qquad W_{D,y} = \frac{I_y}{|z_D|}$$

Die Randspannungen sind die größten Zug- und Druckspannungen:

$$\sigma_Z = \frac{|M_y|}{W_{Z,y}} \qquad \text{und} \qquad \sigma_D = \frac{|M_y|}{W_{D,y}}$$

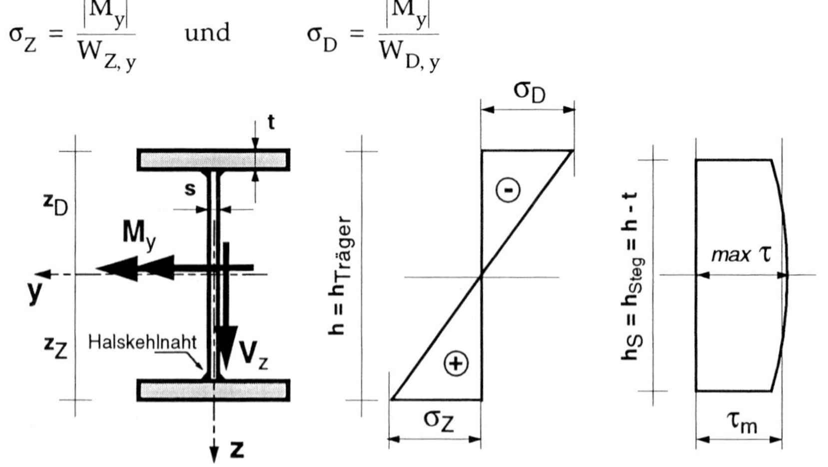

Bild 9.1 **Querschnitt, Normalspannungen und Schubspannungen**

9.1.3 Schubspannungen

Die größte Schubspannung *max* τ infolge einer Querkraft V_z tritt im Trägersteg in Höhe der Schwerachse auf:

$$max\ \tau = \frac{V_z \cdot maxS_y}{I_y \cdot s}$$

S_y ist das Statische Moment *einer* Querschnittshälfte um die y-Achse.

Die mittlere Schubspannung im Steg ist:

$$\tau_m = \frac{V_z}{A_{Steg}} = \frac{V_z}{(h-t) \cdot s}$$

Der Größtwert der Schubspannung *max* τ ist bei üblichen Walzprofilen ca. 5 bis 8 % größer als der Mittelwert τ_m.

In geschweißten Trägern ergeben sich Schubspannungen in den Hals- und Flankenkehlnähten:

$$\tau_w = \frac{V_z \cdot S_{y\,(Gurt)}}{I_y \cdot \sum a_w}$$

9.1.4 Vergleichsspannungen

Bei einachsiger Biegung sind außer den Spannungen σ_x und τ infolge Querpressung an den Auflagern und Lasteinleitungen auch Spannungen σ_z möglich.

Treten Normalspannungen σ_x *und* σ_z in den Richtungen x *und* z und/oder Schubspannungen $\tau = \tau_{xz} = \tau_{zx}$ an *einer* Stelle *gleichzeitig* auf, so lassen sich unterschiedliche Kriterien für die Beurteilung des Gesamt-Spannungszustands denken:

Hauptspannungsnachweis

Die Hauptspannungen σ_H geben die *Extremwerte* der Spannungen in der bevorzugten schiefen Richtung an:

$$\sigma_H = \frac{1}{2} \cdot \{\sigma_x + \sigma_z \pm \sqrt{(\sigma_x + \sigma_z)^2 + 4 \cdot \tau^2}\}$$

Die Hauptspannungen lassen besonders die Beurteilung *spröder* Materialien zu (Betonbau!). Im Stahlbau wird der Nachweis heute *nicht mehr* angewandt.

Vergleichsspannungsnachweis

Aus dem Vergleich der *Gestaltänderungsarbeit* geht die Vergleichsspannung σ_v hervor:

$$\sigma_v = \sqrt{\sigma_x^2 + \sigma_z^2 - \sigma_x \cdot \sigma_z + 3 \cdot \tau^2}$$

Meist können Querspannungen σ_z vernachlässigt werden (= einachsiger Spannungszustand). Dann verbleibt mit $\sigma_x = \sigma$ für die Vergleichsspannung:

$$\sigma_v = \sqrt{\sigma^2 + 3\tau^2}$$

Wichtig: Die *Vergleichsspannung* eignet sich besonders zur Beurteilung der Beanspruchung *duktiler* Werkstoffe. Sie wird im Stahlbau für den Nachweis ein- und mehrachsiger Spannungszustände im Material angewandt.

Für den Vergleichsspannungsnachweis sind natürlich an einer Stelle x der Stabachse im Querschnitt jeweils die Spannungen σ und τ in *ein und derselben* Faser zu kombinieren. Für Walzprofile liegt die maßgebende Faser "i" am Beginn der Ausrundung zwischen Steg und Flansch, beim geschweißten Träger am Trägerhals.

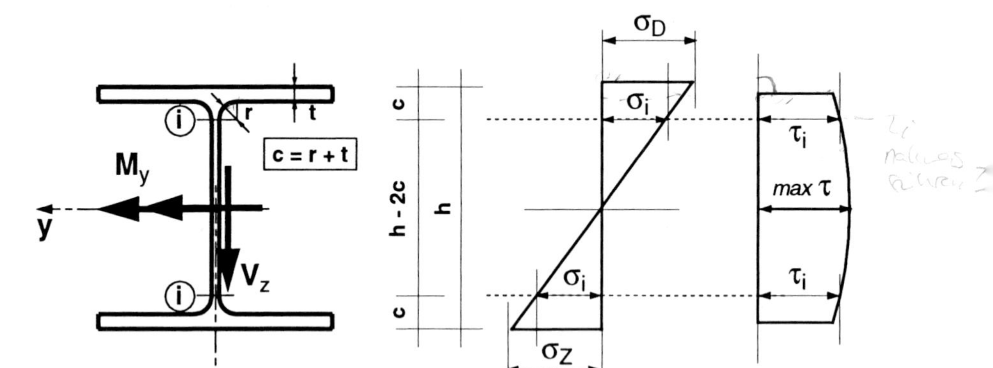

Bild 9.2 **Maßgebende Querschnittsfasern "i" für den Vergleichsspannungsnachweis**

Nachweis des Vergleichswertes

Für *Schweißnähte* wird schließlich der *Vergleichswert* als Vektorsummation der verschiedenen Spannungen berechnet, wenn in Kehlnähten unterschiedlich gerichtete Schubspannungen und Normalspannung auftreten:

$$\sigma_v = \sqrt{(\sigma_\perp^2 + \tau_\perp^2 + \tau_{||}^2)}$$

Der *Vergleichswert* stellt eine auf der sicheren Seite liegende Vereinfachung zur Beurteilung von Spannungskombinationen dar.

Wichtig: In der Schreibweise σ_v lassen sich Vergleichswert und Vergleichsspannung (leider!) *nicht* unterscheiden. Sie müssen auf Grund ihres jeweiligen Anwendungsbereiches und auch sprachlich auseinandergehalten werden.

9.2 Einfeldträger

In Bild 9.3 werden vergleichsweise zwei Einfeldträger unter der Wirkung einmal einer Gleichstreckenlast, zum anderen einer Einzellast in Feldmitte betrachtet.

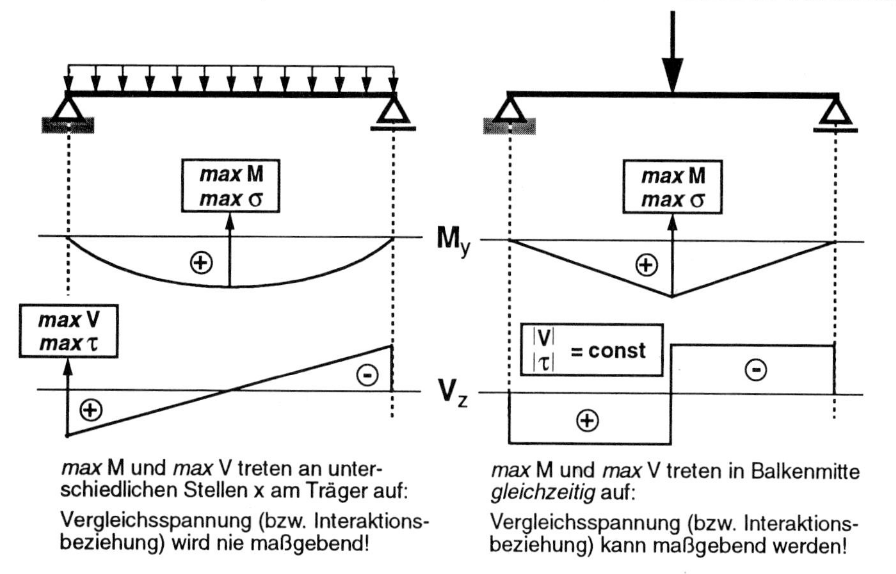

Bild 9.3 **Einfeldträger unter Gleichstreckenlast und unter Einzellast**

9.2.1 Nachweis E-E

[1/747] Aus den elastisch bestimmten Schnittgrößen M_y und V_z werden die Spannungen σ und τ berechnet. Die Nachweise auf die Grenzspannungen lauten:

$$\sigma \leq \sigma_{R,d} = f_{y,d} = f_{y,k}/\gamma_M \tag{1/33}$$

$$\tau \leq \tau_{R,d} = f_{y,d}/\sqrt{3} = f_{y,k}/(\gamma_M \cdot \sqrt{3}) \tag{1/34}$$

Dabei *darf* für τ auch mit τ_m gerechnet werden.

Bei gleichzeitiger Wirkung von σ und τ ist die Vergleichsspannung nachzuweisen:

$$\sigma_v = \sqrt{(\sigma^2 + 3 \cdot \tau^2)} \leq \sigma_{R,d} \tag{1/35}$$

[1/749] In kleinen Bereichen darf die Vergleichsspannung σ_v die Grenzspannungen $\sigma_{R,d}$ um 10 % überschreiten. Der Nachweis lautet dann:

$$\sigma_v = \sqrt{(\sigma^2 + 3 \cdot \tau^2)} \leq 1,1 \cdot \sigma_{R,d}$$

Dafür ist Voraussetzung, daß $\sigma \leq 0,8 \cdot \sigma_{R,d}$ erfüllt ist. Dies ist bei einachsiger Biegung *ohne* Normalkraft an den für σ_v relevanten Fasern praktisch immer gegeben.

Der Nachweis der Vergleichsspannung ist beim *Einfeldträger* offensichtlich nur unter Einzellast(en) notwendig, weil nur hier die Größtwerte für Biegemoment M_y und Querkraft V_z gleichzeitig auftreten können (siehe Bild 9.3).

Für den häufigen Fall $\tau \leq 0,5 \cdot \tau_{R,d}$ gilt der Nachweis für σ_V als erfüllt.

9.2.2 Nachweis E-E mit örtlich begrenzter Plastizierung

Nachweis (1/38) auf einachsige Biegung vereinfacht, erlaubt die Berechnung

$$\sigma = \frac{M_y}{\alpha_{pl,y}^* \cdot W_y} \leq \sigma_{R,d}$$

Bei Walzprofilen *darf* $\alpha_{pl,y}^* = 1{,}14$ gesetzt werden.

9.2.3 Nachweis E-P

Mit denselben elastisch bestimmten Schnittgrößen wie zuvor lautet der Nachweis auf das Biegemoment im vollplastischen Zustand:

$$M_y \leq M_{pl,y,d} = \sigma_{R,d} \cdot \alpha_{pl,y} \cdot W_y$$

Für Walzprofile und geschweißte Träger mit ähnlichen Abmessungen ist der plastische Formbeiwert $\alpha_{pl,y} = M_{pl,y}/M_{el,y}$ etwa 1,14. Damit läßt sich i.a. gegenüber dem Nachweis E-E durch Ausnutzung der plastischen Reserven eine Steigerung der Beanspruchbarkeit von etwa 14% erreichen. Der Nachweis ist beim Einfeldträger identisch dem vorherigen Nachweis E-E mit örtlich begrenzter Plastizierung.

Ferner ist nachzuweisen:

$$V_z \leq V_{pl,z,d}$$

Für $V_z > 0,33 \cdot V_{pl,z,d}$ muß die Interaktionsbeziehung nachgewiesen werden:

$$0,88 \cdot \frac{M_y}{M_{pl,y,d}} + 0,37 \cdot \frac{V_z}{V_{pl,z,d}} \leq 1$$

9.3 Biegedrillknicken

Bei Momentenbeanspruchung will der Druckgurt seitlich ausweichen (Biegeknicken), wird aber durch den Steg und vor allem den Zuggurt zurückgehalten, wobei zum seitlichen Ausweichen eine Verdrehung hinzukommt (Bild 9.4). Der Stabilitätsfall wird *Biegedrillknicken* (früher: Kippen) benannt.

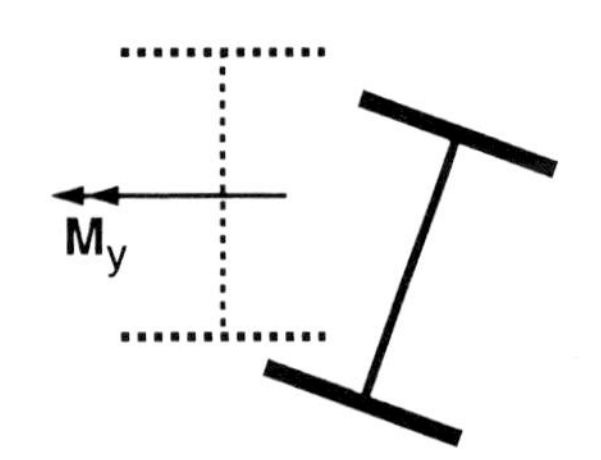

Bild 9.4 **Biegedrillknicken** (Kippen)

Die Nachweise der Sicherheit gegen Biegedrillknicken (BDK) erfordern gemäß Belastung, Randbedingungen und Genauigkeit sehr unterschiedlichen Aufwand.

9.3.1 Kein Nachweis erforderlich

Ein Nachweis auf Biegedrillknicken ist *nicht* erforderlich, wenn der gedrückte Gurt auf Grund baulicher Maßnahmen senkrecht zur z-Achse nicht ausweichen kann. Dies ist z.B. ohne weiteres gegeben, wenn auf dem Stahlträger eine Betonplatte aufliegt. Andere Möglichkeiten sind:

- [2/308] Ausreichende Behinderung der seitlichen Verschiebung und/oder der Verdrehung des Druckgurtes durch Trapezbleche. Hierfür sind besondere Nachweise zu erfüllen.
- [2/309] An den Druckgurt seitlich anschließendes Mauerwerk, dessen Dicke nicht geringer als die 0,3-fache Höhe des Stabes ist. Diese Forderung kann vor allem für eingemauerte Stützen aktiviert werden.

[1/740] Der Nachweis auf Biegedrillknicken *darf* entfallen bei

- Stäben mit Hohlquerschnitt und
- Stäben mit I-förmigem Querschnitt bei Biegung um die z-Achse.

9.3.2 Nachweis des Druckgurts als Druckstab

[2/310] Bei I-Trägern ist eine genauere Biegdrillknickuntersuchung nicht erforderlich, wenn nachfolgende Bedingung erfüllt ist:

$$\bar{\lambda} \leq 0,5 \cdot \frac{M_{pl,y,d}}{M_y} \quad (2/12)$$

$$\text{mit} \quad \bar{\lambda} = \frac{c \cdot k_c}{i_{z,g} \cdot \lambda_a} \quad (2/13)$$

c Abstand der seitlichen Halterungen des gedrückten Gurtes,

$i_{z,g}$ Trägheitsradius um die z-Achse des aus Druckgurt und 1/5 des Steges gebildeten Querschnitts,

k_c Beiwert für den Verlauf der Druckkraft im Druckgurt, nach {2/8}, siehe Tab. 9.1.

Mit $k_c = 1$ liegt der Nachweis immer auf der sicheren Seite und entspricht (1/24) der Norm.

Aus (2/12+13) läßt sich ableiten:

$$grenz\ \lambda_g = \frac{46,5}{k_c} \cdot \frac{M_{pl,y,d}}{M_y} \quad \text{für S 235,}$$

$$grenz\ \lambda_g = \frac{38,0}{k_c} \cdot \frac{M_{pl,y,d}}{M_y} \quad \text{für S 355.}$$

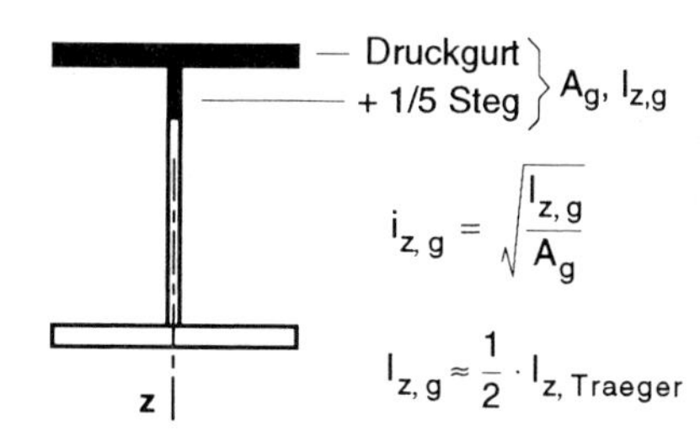

Bild 9.4a **Definition des Rechenquerschnitts für Nachweis** (2/12)

Tab. 9.1 **Druckkraftbeiwerte k_c** nach {2/8}

Normalkraftverlauf	Beiwert k_c
Rechteck, max N	1,00
Parabel, max N	0,94
Dreieck, max N	0,86
Trapez, max N, $-1 \leq \psi \leq 1$, ψ max N	$\frac{1}{1,33 - 0,33\psi}$

9.3.3 Vereinfachter Biegedrillknicknachweis

Ist die vorgenannte Bedingung nicht erfüllt, *darf* ein *vereinfachter Nachweis* geführt werden:

$$\frac{0,843 \cdot M_y}{\kappa \cdot M_{pl,y,d}} \leq 1 \qquad (2/14)$$

κ Abminderungsfaktor der Knickspannungslinie c oder d nach (2/4) für $\bar{\lambda}_{z,g}$ aus (2/13).

Für geschweißte Träger, die durch Querlast am Obergurt beansprucht werden, ist Knickspannungslinie d zu wählen *und* zusätzlich nachzuweisen, daß $h/t \leq 44 \cdot \sqrt{240/f_{y,k}}$ ist. $f_{y,k}$ ist dabei in [N/mm²] einzusetzen. h/t = Trägerhöhe/Gurtdicke.

In allen übrigen Fällen ist Knickspannungslinie c zu wählen.

9.3.4 Genauer Nachweis auf Biegedrillknicken

[2/311] Für I-Träger, sowie U- und C-Profile, bei denen keine planmäßige Torsion auftritt, ist der Tragsicherheitsnachweis wie folgt zu führen:

$$\frac{M_y}{\kappa_M \cdot M_{pl,y,d}} \leq 1 \qquad (2/16)$$

κ_M Abminderungsfaktor für Biegemomente in Abhängigkeit $\bar{\lambda}_M$

$$\bar{\lambda}_M = \sqrt{\frac{M_{pl,y}}{M_{Ki,y}}} = \sqrt{\frac{M_{pl,y,d}}{M_{Ki,y,d}}}$$ bezogener Schlankheitsgrad für Momente M_y

$$\bar{\lambda}_M \leq 0,4 \quad \rightarrow \quad \kappa_M = 1 \qquad (2/17)$$

$$\bar{\lambda}_M > 0,4 \quad \rightarrow \quad \kappa_M = \left(\frac{1}{1+\left(\frac{M_{pl,y}}{M_{Ki,y}}\right)^n}\right)^{1/n} = \left(\frac{1}{1+\bar{\lambda}_M^{2n}}\right)^{1/n} \qquad (2/18)$$

$M_{Ki,y,d}$ = ideales Biegedrillknickmoment

Für den Beiwert n in (2/18) gilt:

$n = n^* \cdot k_n$ mit

n^* Trägerbeiwert nach Tab. {2/9}:

Walzträger	n* = 2,5
geschweißte Träger	n* = 2,0
ausgeklinkte Träger	n* = 2,0
Wabenträger	n* = 1,5

k_n Reduktionsfaktor nach Bild (2/14)

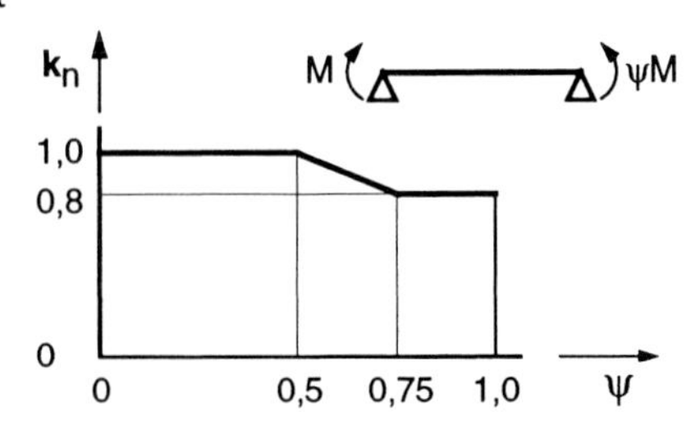

Bild 9.5 **Reduktionsfaktor k_n** nach Bild (2/14)

Zur Berechnung von $\bar{\lambda}_M$ muß das *ideale Biegedrillknickmoment* $M_{Ki,y}$ bekannt sein. Die genaue Beziehung hierfür lautet:

$$M_{Ki,y,d} = \zeta \cdot N_{Ki,z,d} \cdot (\sqrt{c^2 + 0,25 \cdot z_P^2} + 0,5 \cdot z_P) \quad \text{mit} \qquad (2/19)$$

ζ = Momentenbeiwert für Gabellagerung an den Stabenden nach {2/10}
l = Abstand der seitlichen Halterungen des gedrückten Gurtes
z_P = Abstand des Lastangriffspunktes der Querlast von der y-Achse

$$N_{Ki,z,d} = \frac{\pi^2 \cdot E \cdot I_z}{l^2 \cdot \gamma_M} = \text{ideale Knicklast für Knicken um die z-Achse}$$

$$c^2 = \frac{I_\omega + 0,039 \cdot l^2 \cdot I_T}{I_z}$$

I_ω (oder C_M oder $A_{\omega\omega}$) = Wölbwiderstand [cm^6]
I_T = St. Venantscher Torsionswiderstand [cm^4]

Für I-Träger ist: $I_\omega = I_z \cdot \frac{(h-t)^2}{4}$

Bei der Berechnung von $M_{ki,y}$ geht die Höhe des Lastangriffs in das Ergebnis ein: Lastangriff am Obergurt erhöht die Instabilitätsgefährdung gegenüber Lastangriff in Höhe der Schwerachse. Dagegen mindert andererseits Lastangriff am Untergurt die Gefahr des Biegedrillknickens.

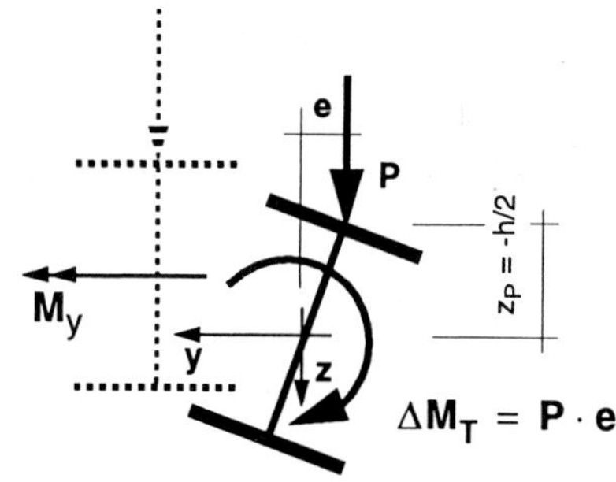

Bild 9.6 **Einfluß des Lastangriffs**

Vereinfachend darf für Walzträger mit Trägerhöhen h ≤ 60 cm gerechnet werden:

$$M_{Ki,y,d} = \frac{1,32 \cdot b \cdot t \cdot EI_y}{l \cdot h^2 \cdot \gamma_M} \qquad (2/20)$$

Die Beziehung (2/20) liegt gewöhnlich weit auf der sicheren Seite, so daß aus ihr oft keine wesentliche Verbesserung gegenüber dem vereinfachten Nachweis (2/14) zu erwarten ist.

Setzt man den plastischen Formbeiwert $\alpha_{pl,y}$ = 1,14 an, so lassen sich aus (2/20) die einfachen Beziehungen folgern:

$$\bar{\lambda}_M = 0,0444 \cdot \sqrt{\frac{l \cdot h}{b \cdot t}} \quad \text{für S 235,}$$

$$\bar{\lambda}_M = 0,0544 \cdot \sqrt{\frac{l \cdot h}{b \cdot t}} \quad \text{für S 355.}$$

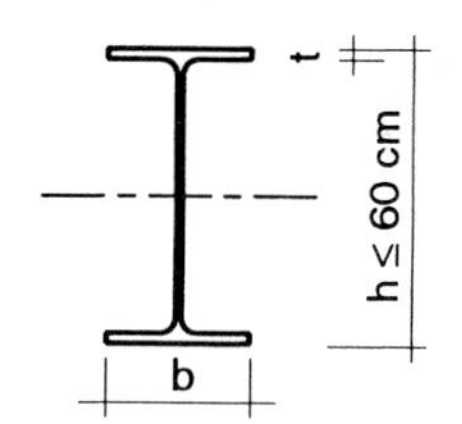

Bild 9.7 **Walzprofil-Abmessungen für Gleichungen (2/20+21)**

Bei Trägerhöhen h ≤ 60 cm *darf* $\kappa_M = 1$ gesetzt werden, wenn (2/21) erfüllt ist:

$$l \le \frac{b \cdot t}{h} \cdot 200 \cdot \frac{240}{f_{y,k}} \quad \text{mit } f_{y,k} \text{ in [N/mm}^2\text{]} \qquad (2/21)$$

Die Einschränkung (2/21) ist im allgemeinen sehr restriktiv, so daß von dieser Erlaubnis für $\kappa_M = 1$ nur selten Gebrauch gemacht werden kann.

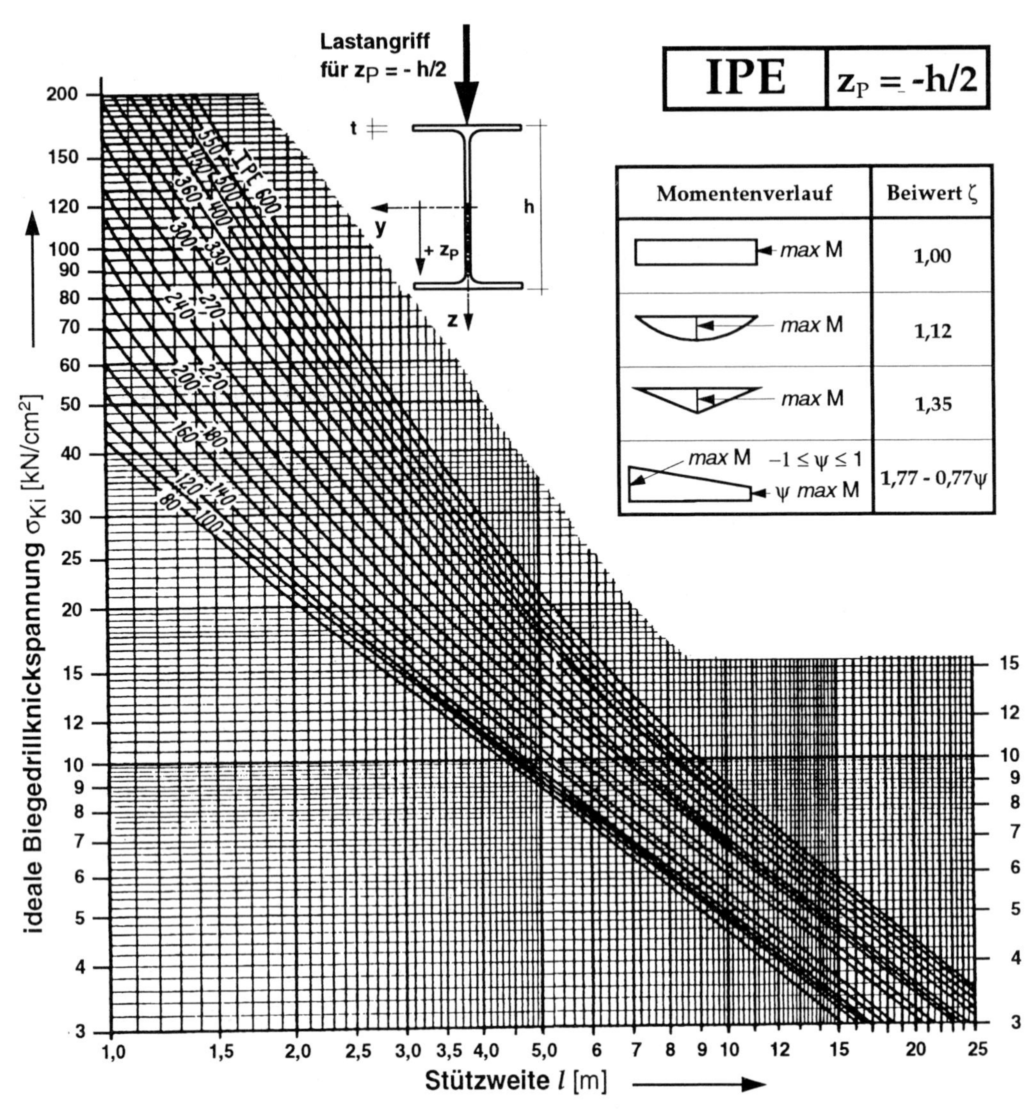

Bild 9.8 **Kippspannungskurven nach Müller für IPE-Profile mit z_P = - h/2**

Das ideale Biegedrillknickmoment $M_{Ki,y,d}$ kann auch mit Hilfe von Tabellen oder Nomogrammen bestimmt werden. Die Fachliteratur ist auf diesem Gebiet reichhaltig. Auch spezielle Computer-Programme können weiterhelfen. Trotzdem wird man für viele Praxisfälle auf Näherungen angewiesen sein.

Müller-Nomogramme (Bilder 9.8 bis 9.11)

Zur Bestimmung der Biegedrillknickspannung werden vier für die neue Norm überarbeitete Kurventafeln aus Müller "Nomogramme für die Kippuntersu-

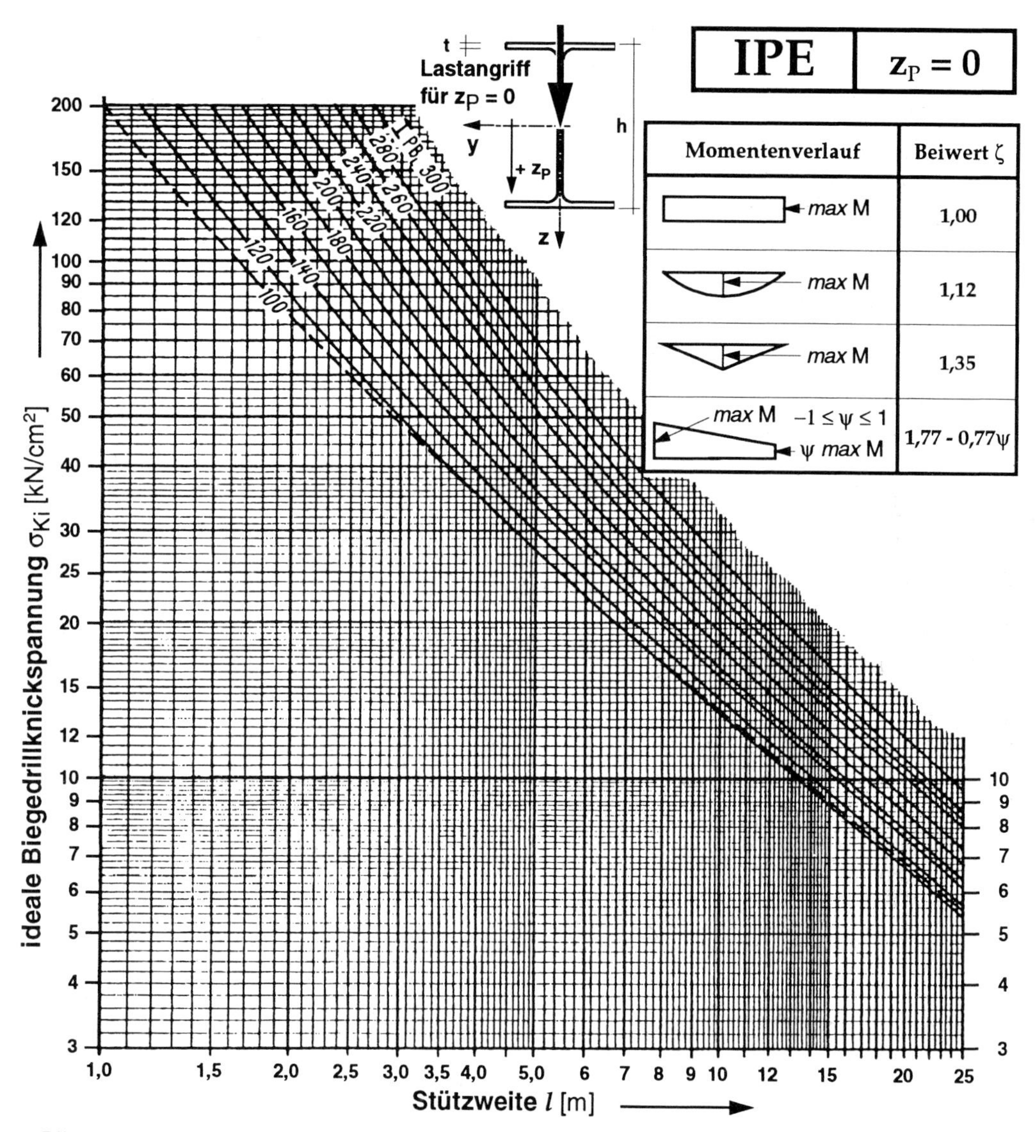

Bild 9.9 **Kippspannungskurven nach Müller für IPE-Profile mit $z_P = 0$**

chung frei aufliegender I-Träger" [14] wiedergegeben. Ausgewählt wurden Tafeln für IPE-Profile und für HEA-Profile (bis HEA-320). für Lastangriff an Oberkante Träger ($z_P = -h/2$) und in Höhe der Trägerachse ($z_P = 0$). Die Tafeln gelten für beidseits gabelgelagerte Einfeldträger.

Der Ablesewert σ_{Ki} ist die ideale Biegedrillknickspannung (= Kippspannung) in Druckflanschmitte für konstanten Momentenverlauf über die ganze Trägerlänge, also für $\zeta = 1$. Daraus folgt für das ideale Biegedrillknickmoment $M_{ki,y,d}$ unter

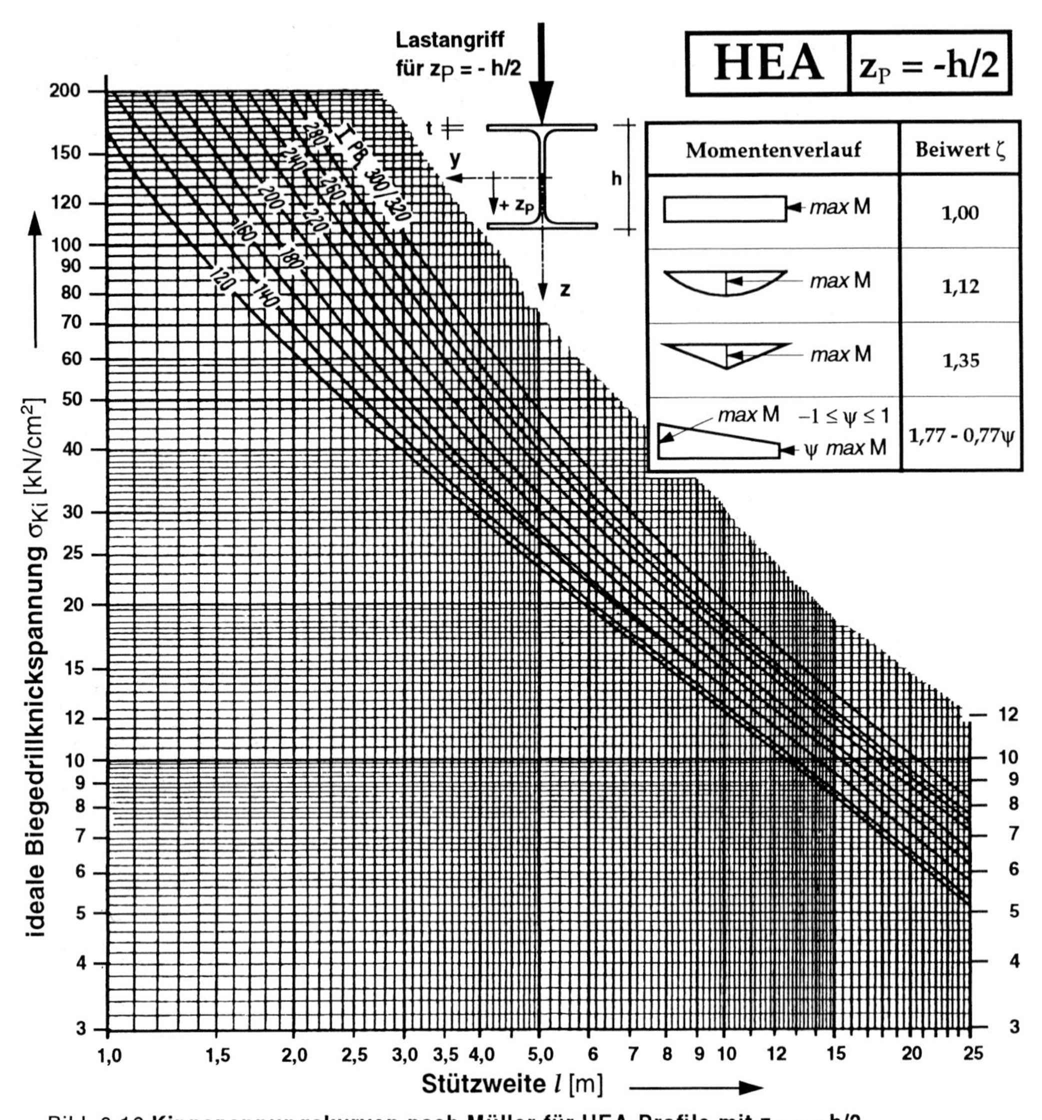

Bild 9.10 **Kippspannungskurven nach Müller für HEA-Profile mit z_P = - h/2**

Berücksichtigung des Beiwerts ζ (zeta) für den wirklichen Momentenverlauf und des Teilsicherheitsbeiwerts γ_M:

$$M_{Ki,y,d} = \frac{\sigma_{Ki}}{\gamma_M} \cdot \zeta \cdot \frac{2 \cdot I_y}{h - t}$$

Man beachte: stetig linearer M-Verlauf (keine Krümmung, ohne Knick!) zwischen den Gabellagern bedeutet, daß zwischen den Lagern keine Querbelastung aufritt; deshalb ist in diesen Fällen immer $z_P = 0$.

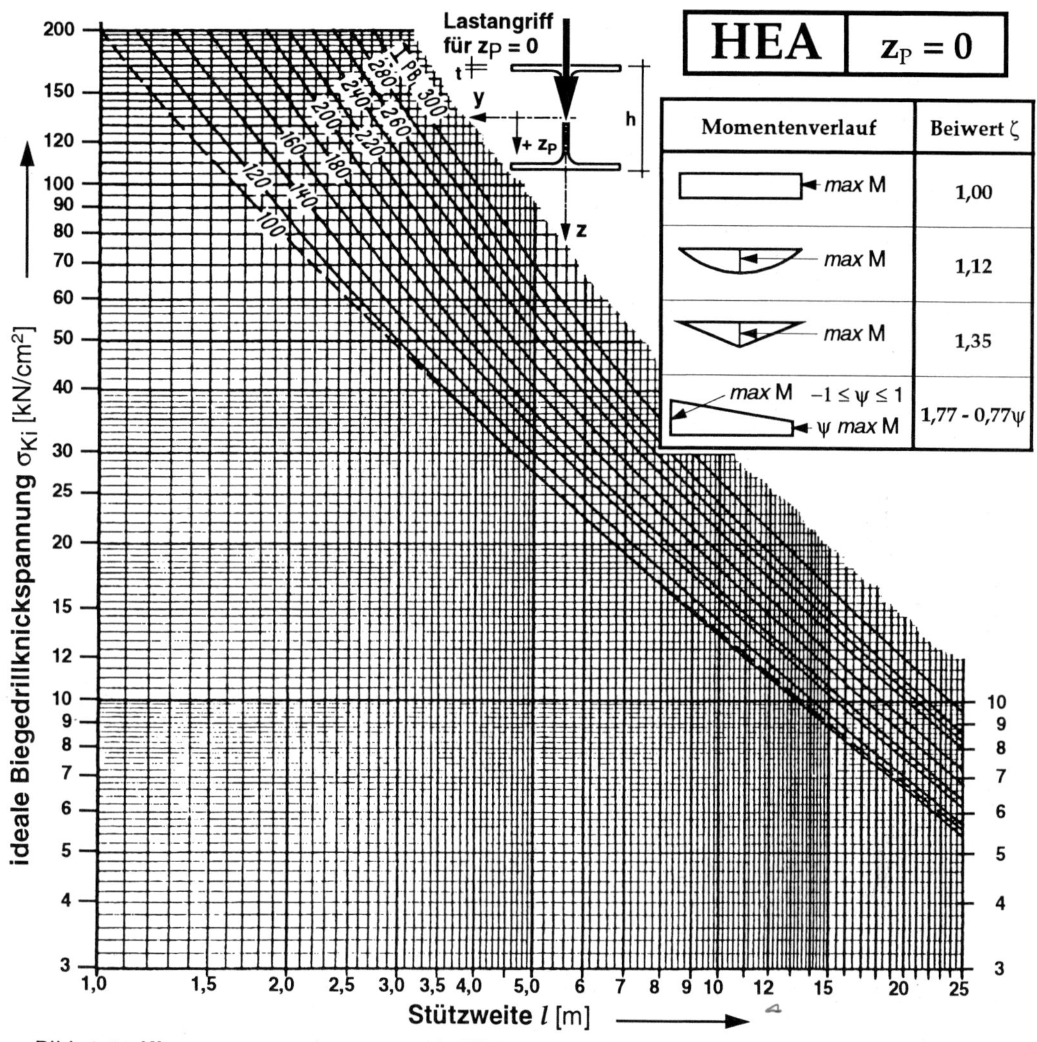

Bild 9.11 **Kippspannungskurven nach Müller für HEA-Profile mit $z_P = 0$**

Künzler-Nomogramme (Bilder 9.12 bis 9.14)

Die Nomogramme von Künzler [15] erlauben einen sehr schnellen BDK-Nachweis. Der Ablesewert $\kappa_M \cdot W_{pl}$ ergibt nach Multiplikation mit $f_{y,d}$ direkt den Nenner $\kappa_M \cdot M_{pl,y,d}$ in (2/16).

Nachteilig ist nur, daß hier nicht nur für jede Profilgattung und für jeden z_P-Wert, sondern auch für jeden ζ-Wert ein eigenes Nomogramm gebraucht wird. Drei der vielen Tafeln (für IPE, HEA und HEB-Profile, jeweils $z_P = -h/2$ und $\zeta = 1{,}12$) sind auf den folgenden Seiten wiedergegeben. [15] enthält ein umfangreiches Tafelwerk. Weitere BDK-Tafeln aus [15] finden sich auch in [5].

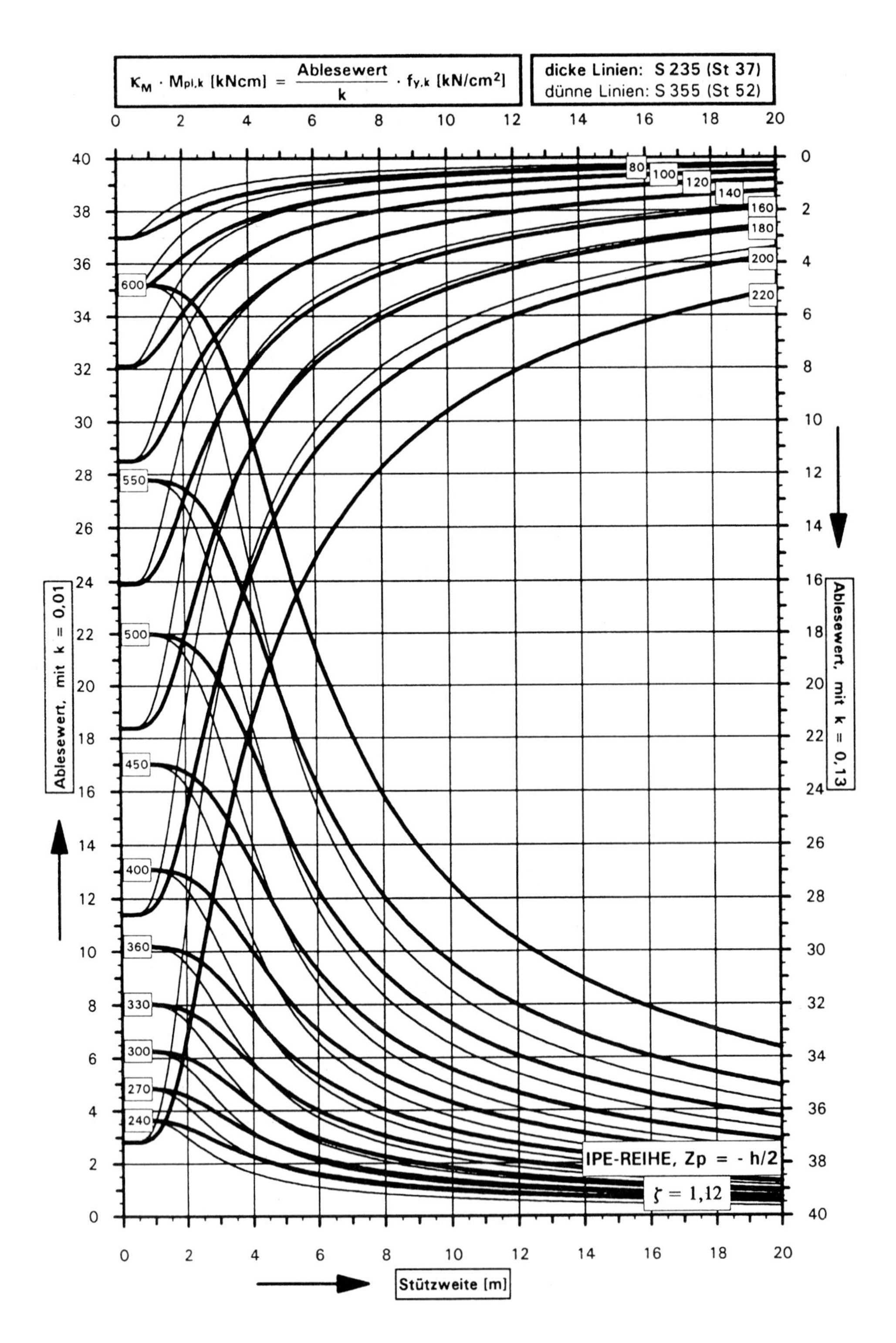

Bild 9.12 **BDK-Kurven nach Künzler für IPE-Profile mit z_P = - h/2 und ζ = 1,12**

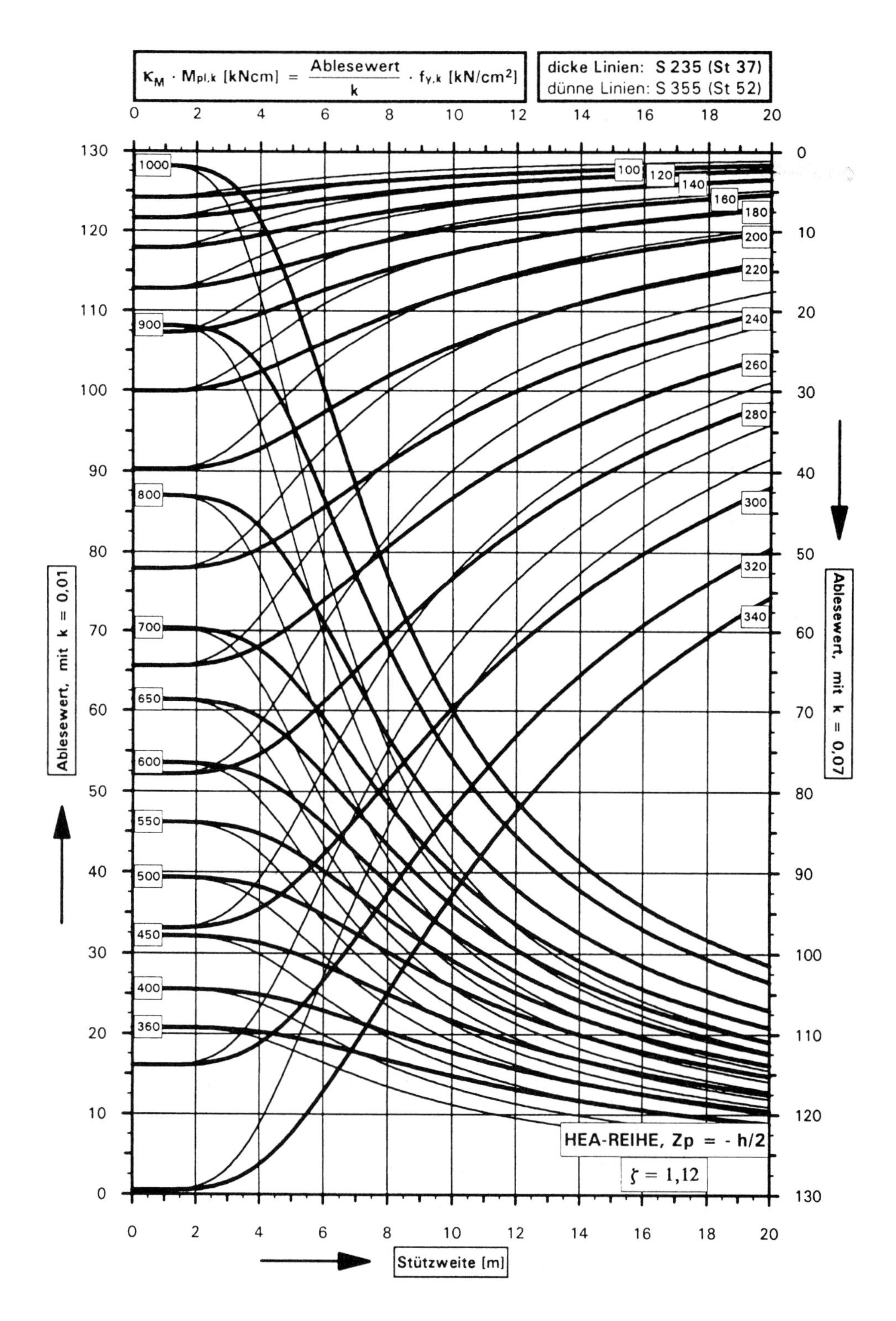

Bild 9.13 **BDK-Kurven nach Künzler für HEA-Profile mit z_P = - h/2 und ζ = 1,12**

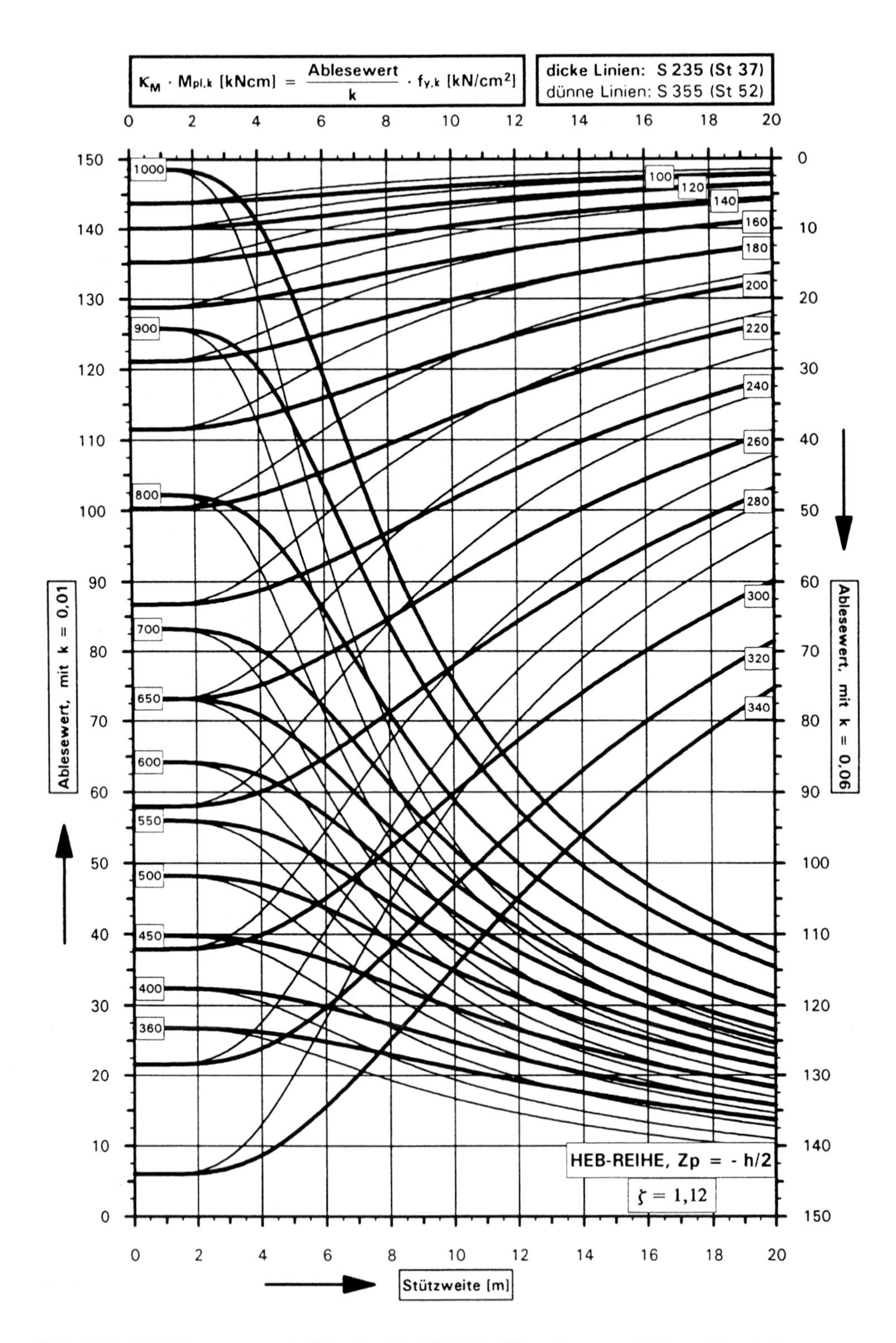

Bild 9.14 **BDK-Kurven nach Künzler für HEB-Profile mit $z_P = -h/2$ und $\zeta = 1{,}12$**

9.4 Durchlaufträger

9.4.1 Nachweis E-E

Die Schnittgrößen sind am Durchlaufträger nach der Elastizitätstheorie zu ermitteln (mittels statisch unbestimmter Rechnung nach dem Kraftgrößen-Verfahren, mit Weggrößen-Verfahren, Iteration, Tabellen oder EDV). Die Nachweise sind dieselben wie beim Einfeldträger. Bei unterschiedlichen Querschnitten über die Trägerlänge kompliziert sich das Rechenverfahren wegen des zu beachtenden unterschiedlichen Trägheitsmoments.

Auch hier ist der Nachweis mit örtlich begrenzter Plastizierung erlaubt, der mit $\alpha_{pl,y}{}^* = 1{,}14$ für Walzprofile und andere I-Querschnitte mit ähnlichen Abmessungen ohne weiteres eine um 14 % verbesserte Ausnutzung der Querschnitte bringt.

Dieser Nachweis E-E eignet sich besonders für ungleichmäßig und mit Einzellasten belastete Träger und für Träger mit unterschiedlichen Stützweiten.

9.4.2 Nachweis E-P

Die Schnittgrößen werden wie beim Verfahren E-E ermittelt. Wenn nach Gleichung (1/24) Biegedrillknicken nicht berücksichtigt werden muß, dürfen die Stützmomente um bis zu 15% vergrößert oder verkleinert werden. Bei der Bestimmung der zugehörigen Feldmomente sind die Gleichgewichtsbedingungen zu beachten!

9.4.3 Nachweis P-P

Hier können die Systemreserven konsequent ausgenutzt werden. Unter Wahrung der Gleichgewichtsbedingungen können beliebige Schnittkraftverteilungen vorgenommen werden.

Die Beanspruchbarkeit der Querschnitte ist dieselbe wie beim Verfahren E-P.

Besonders große Vorteile bringt das Verfahren P-P für Durchlaufträger mit gleichbleibendem Querschnitt, gleichen Stützweiten und gleichmäßig verteilter Streckenlast. In den Endfeldern wie über den ersten Innenstützen wird bei Erreichen der Traglast das Biegemoment:

$$M_F = M_S = M_{pl} = \frac{q \cdot l^2}{11{,}66}$$

und in den Endfeldern direkt neben den Innenstützen wird die Querkraft:

$$|V_z| = 0{,}586 \cdot q \cdot l$$

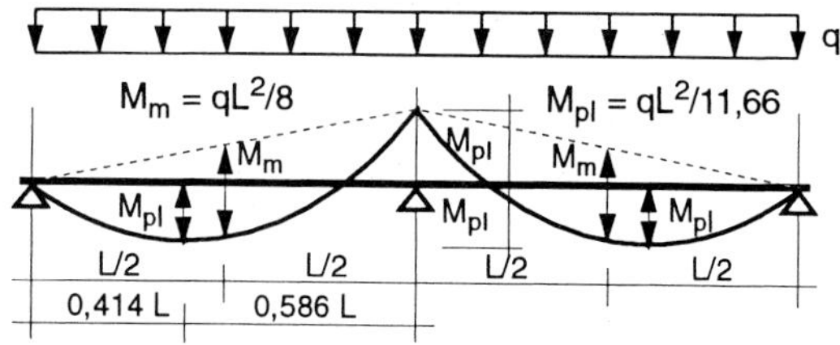

Bild 9.15 **Traglast bei DLT** (ohne M-V-Interaktion)

Über den Innenstützen der Durchlaufträger wird oft $V_z/V_{pl,z} > 0{,}33$. Dadurch kann wiederum das Stützmoment nicht auf $M_{pl,y}$ ausgenutzt werden. Meist genügt eine geringe Reduktion. An der Stütze gilt:

$$|M_S| = 4M_m\left(1 - \sqrt{\frac{M_{pl}}{M_m}}\right) \text{ und } |V_S| = \frac{q \cdot l}{2} + \frac{|M_S|}{l}$$

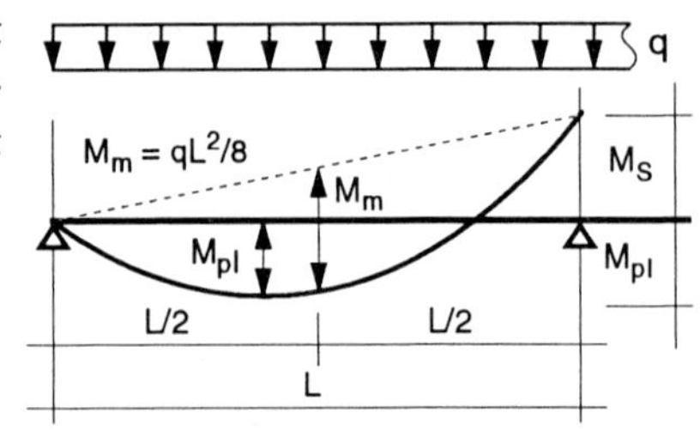

Bild 9.16 **Momente am DLT**

9.4.4 Vereinfachte Traglastberechnung

Biegemomente

DIN 18801 (9.83) ist noch auf dem "alten" Normenkonzept aufgebaut. Abschnitt 6.1.2.3, erlaubt für Deckenträger, Pfetten und Unterzüge, deren Querschnitte zur Lastebene symmetrisch sind, als vereinfachende Annahmen für die Biegemomente:

- $M = q \cdot l^2/11$ in den Endfeldern (und über der jeweils *ersten* Innenstütze),
- $M = q \cdot l^2/16$ in den Innenfeldern und über den übrigen Innenstützen,

wenn folgende Bedingungen eingehalten sind:

- Der Träger hat doppeltsymmetrischen Querschnitt,
- Stöße weisen volle Querschnittsdeckung auf,
- die Belastung besteht aus feldweise konstanten, *gleich*gerichteten Gleichstreckenlasten q (deren Beträge nicht kleiner als Null sein dürfen),
- bei unterschiedlichen Feldlängen l darf die kleinste nicht kleiner als 0,8 der größten Feldlänge sein (also *min* l ≥ 0,8 *max* l),
- die b/t-Verhältnisse für die Nachweisart P-P müssen eingehalten sein.

Gemäß Einführungserlaß zur DIN 18800 (11.90) und Anpassungsrichtlinie zur DIN 18801 des WM Baden-Württ. vom 20.10.92 ist mit den so vereinfacht ermittelten Schnittgrößen die plastische Bemessung gestattet. Dies erleichtert die Berechnung von Durchlaufsystemen wesentlich, weil die Kontrolle der M-V-Interaktion wegfallen darf, sich trotzdem aber keine wesentliche Herabsetzung der Traglast q ergibt.

Die Anwendung dieser Regelungen erfreut sich in der Praxis großer Beliebtheit. Die Nebenbedingung bezüglich voller Stoßdeckung ist jedoch für Stöße in Nähe der Momenten-Nullpunkte sehr ungünstig und darf angezweifelt werden.

Auflagerkräfte

Eine verbindliche Regelung für vereinfachte Berechnung von Auflagerkräften an Durchlaufträgern existiert im Augenblick nicht. Als sinnvoll und allgemein in der Praxis angewandt darf für Auflager an *Innen*stützen von Durchlaufträgern gelten:

- $A = 1{,}25 \cdot q \cdot l$ bei Zweifeldträgern mit gleichen Stützweiten,
- $A = 1{,}0 \cdot q \cdot l$ bei Trägern über mehr als 2 Felder, wenn *min* l ≥ 0,8 *max* l.

Zweifeldträger sind deshalb als Dachpfetten möglichst zu vermeiden!

9.4.5 Vergleich der verschiedenen Nachweismöglichkeiten

Der Vergleich der Nachweismethoden, am konkreten Beispiel berechnet, hat zwar nicht Allgemeingültigkeit für alle Verhältnisse, zeigt aber die Tendenzen klar auf. Beim Zweifeldträger mit gleichen Stützweiten und Gleichstreckenlast q ergibt ein folgendes Beispiel (IPE 180, L = 2 x 5,0 m) als Vorteil gegenüber der Berechnung E-E:

- beim Verfahren E-E mit Ausnutzung örtlicher Plastizierung ca. 14 %
- beim Verfahren E-P mit Umlagerung des Stützmoments 34 %
- beim Verfahren P-P mit $ql^2/11$ (DIN 18801) 57 %
- beim Verfahren P-P mit genauer Lösung 64 %

9.4.6 Biegedrillknicken

Es sind dieselben Kriterien wie beim Einfeldträger maßgebend, ob

- ein Nachweis *nicht* erforderlich ist,
- ein *vereinfachter* Nachweis genügt oder
- ein *genauerer* Nachweis notwendig wird.

Müssen für den Nachweis vom Momenten- bzw. Normalkraftverlauf abhängige Beiwerte k_c (für (2/13)) bzw. ζ (für (2/19)) herangezogen werden, fällt deren Bestimmung oftmals schwer, wenn Vorlagen mit entsprechenden Verläufen fehlen. Auf der sicheren Seite liegt stets $k_c = 1$ bzw. $\zeta = 1$. Die einschlägige Literatur enthält hierzu zahlreiche Angaben.

Bei nicht ausreichender Sicherheit eines Profils (auch bei genauem Nachweis) gegen Biegedrillknicken bestehen für den Einsatz von Walzprofilen verschiedene konstruktive Möglichkeiten der Verbesserung:

- Wahl des nächsthöheren Profils,
- Wahl eines Breitflanschprofils (anstatt z.B. eines IPE-Profils),

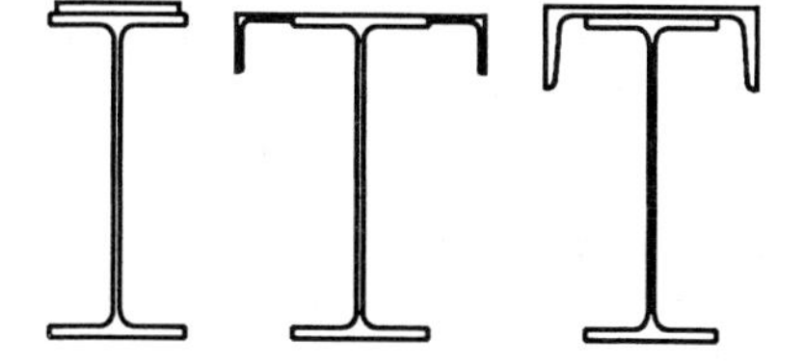

Bild 9.17 **Walzprofile mit verstärktem Druckgurt**

- Verstärkung des Druckgurts am Profil, z.B. durch Anschweißen von Zusatzlamellen, Winkeln, U-Profilen,
- Anordnung eines Verbandes zur Verringerung der maßgebenden Länge,
- Anordnung genügend schub- und drehsteifer Decken- oder Dachscheiben auf dem Obergurt des Profils.

Bei geschweißten Querschnitten wählt man vorteilhaft zur y-Achse unsymmetrische Querschnitte, bei denen der Druckgurt ein möglichst großes I_z aufweist. - Der BDK-Nachweis für diese Profile erfolgt zweckmäßig nach [2/310].

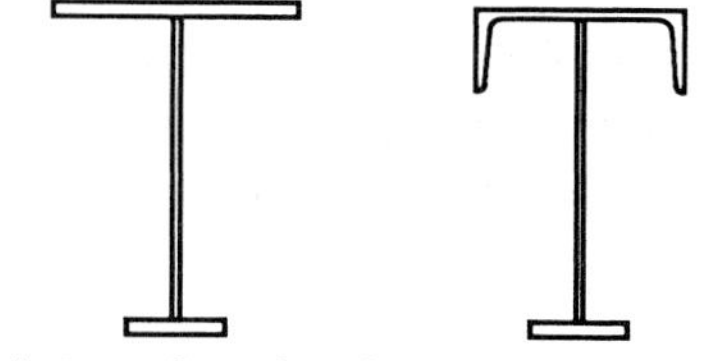

Bild 9.18 **Geschweißte Querschnitte mit großem I_z des Obergurts**

9.5 Nachweis der Gebrauchstauglichkeit

Als Nachweis der Gebrauchstauglichkeit steht bei Trägern, Decken, Rahmen u.a. vor allem der Nachweis der Durchbiegung.

[1/704] Grenzzustände für den Nachweis der Gebrauchstauglichkeit sind, soweit sie nicht in anderen Grundnormen oder Fachnormen geregelt sind, zu vereinbaren. - Im Hochbau existieren derzeit keine derartigen Festlegungen. Es ist weitgehend Sache des Bauherrn (bzw. der ihn beratenden Fachleute), Grenzzustände festzulegen.

Bei fehlenden Festlegungen hat sich die Einhaltung einer Durchbiegungsbeschränkung für Träger, Decken, u.dgl. entsprechend früher geltenden Normen auf L/300 festgehalten. Für Dächer genügen geringere Werte, etwa L/150; doch ist hier zu beachten, daß z.B. Wassersackbildung (bei Schneeschmelze!) verhindert werden muß. Auf Decken aufgestellte empfindliche Maschinen (z.B. Druckereimaschinen) können aber auch wesentlich schärfere Forderungen verlangen. Für Kranbahnträger ist unter Last etwa L/800 bis L/500 einzuhalten.

Die Grenzzustände der Gebrauchstauglichkeit werden für die *Gebrauchslasten* (charakteristische Werte der Einwirkungen) nachgewiesen!

[1/705] Ausnahme: Wenn mit dem Verlust der Gebrauchssicherheit eine Gefährdung von Leib und Leben möglich ist, gelten für den Nachweis der Gebrauchstauglichkeit die Regeln für den Nachweis der Tragsicherheit. Der Nachweis ist dann mit denselben Sicherheitsfaktoren zu führen. - Beispiel: Durch Verformungen werden Leitungen beschädigt, aus denen gefährdende Stoffe austreten. Oder: Teile von Bauwerken für Kernreaktoren.

9.5.1 Ermittlung von Durchbiegungen

Zur Ermittlung von Durchbiegungen, sofern diese nicht direkt einer EDV-Ausgabe entnommen werden, stehen als Möglichkeiten zur Verfügung:

- Berechnung mit Hilfe des Arbeitssatzes, bei statisch unbestimmten Tragwerken meist zweckmäßig in Verbindung mit dem Reduktionssatz. Die Methode ist allgemein anwendbar, je nach Erfordernissen können Normalkraft- und/oder Schubverformungen berücksichtigt werden.
- Tabellenwerke. Für Einfeldträger und Durchlaufträger mit gleichen Stützweiten und regelmäßiger Belastung einfach zu handhaben.

Einfeldträger weisen gegenüber Mehrfeldträgern oder Rahmen wesentlich größere Durchbiegungen auf. Hier kann der Gebrauchstauglichkeitsnachweis entscheidend werden! Zu großen Durchbiegungen kann jedoch auch mit planmäßiger Vorverformung der Träger (Überhöhung) begegnet werden.

Tragwerke aus S 355 weisen voll ausgenutzt gegenüber gleichartigen aus S 235 1,5-mal so hohe Durchbiegungen auf. *Falsch* ist es daher, wegen Verformungsbeschränkungen einen höherwertigen Stahl zu wählen!

9.5.2 Durchbiegung am Einfeldträger

Häufig gebrauchte Werte sind:

Gleichstreckenlast q: $max\ w = \frac{5}{384} \cdot \frac{qL^4}{EI} = 0,0130 \cdot \frac{qL^4}{EI}$

mittige Einzellast F: $max\ w = \frac{1}{48} \cdot \frac{FL^3}{EI} = 0,0283 \cdot \frac{FL^3}{EI}$

Tab. 9.2 gibt für doppeltsymmetrische Träger aus S 235 Grenzverhältnisse Trägerhöhe h/Stützweite L für Einfeldträger an, bei deren Einhaltung die Anforderung *max* w = L/300 gewährleistet ist:

Tab. 9.2 **Werte *grenz*(h/L) zur Einhaltung *max* w = L/300 für I-Träger aus S 235**

Lastkombination q (bzw. F)	nur ständige Last q = g		q = g + p mit p : g = 2 : 1	
Bemessungsverfahren	E-E	E-P	E-E	E-P
Gleichstreckenlast q	0,048	0,055	0,045	0,051
Einzellast F	0,0385	0,044	0,036	0,041

9.5.3 Durchbiegung an Mehrfeldträgern

Für Mehrfeldträger mit gleichen Stützweiten und Belastung mit Gleichstreckenlast q in *allen* Feldern gilt:

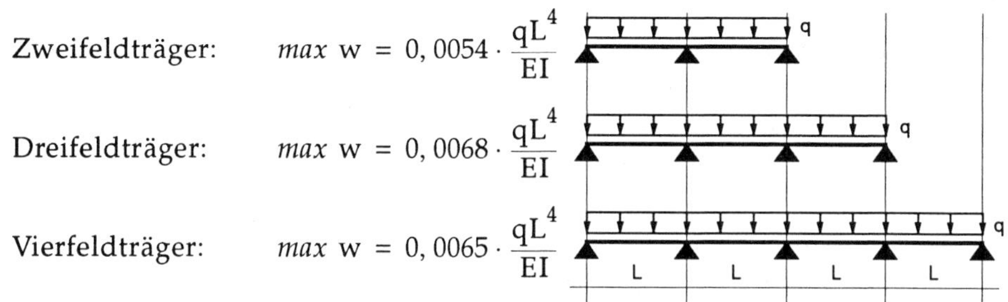

Zweifeldträger: $max\ w = 0,0054 \cdot \frac{qL^4}{EI}$

Dreifeldträger: $max\ w = 0,0068 \cdot \frac{qL^4}{EI}$

Vierfeldträger: $max\ w = 0,0065 \cdot \frac{qL^4}{EI}$

Man erkennt, daß bei Mehrfeldträgern die größte Durchbiegung höchstens halb so groß ist wie beim Einfeldträger mit gleicher Stützweite und Belastung.

Bei Trägern über 3 oder mehr Felder treten die größten Durchbiegungen jeweils in den Außenfeldern auf. Für Träger mit mehr als 4 Feldern kann genügend genau die Beziehung für den Vierfeldträger benutzt werden.

Feldweise unterschiedliche Belastung kann die größten Durchbiegungen gegenüber durchgehender Belastung um bis zu 70 % erhöhen!

9.6 Beispiele

9.6.1 Einfeldträger

Beidseits gabelgelagerter Einfeldträger.

Stützweite L = 5,00 m.

Querschnitt: IPE 400. Werkstoff: S 235.

Gebrauchslasten:

ständige Last	g = 12,5 kN/m
Verkehrslast	p = 22,5 kN/m

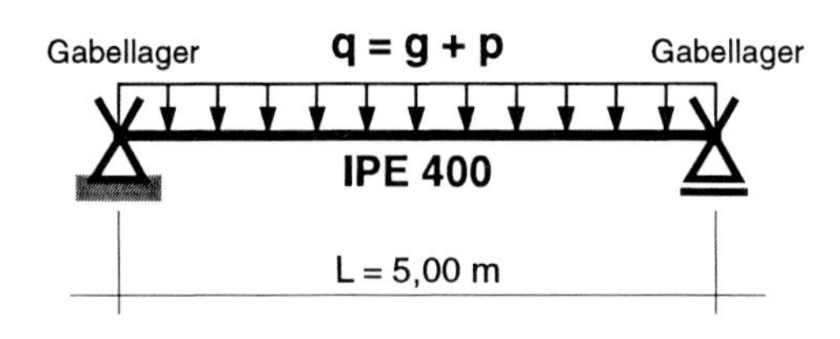

Lastangriff: Oberkante Träger.

1) Alle notwendigen Nachweise, einschließlich Biegedrillknicknachweis, sind zu führen.
2) Alternativ soll das etwa gleichgewichtige Profil HEA-260 untersucht werden.

Bemessungswerte der Einwirkungen und Schnittgrößen

$$q_{S,d} = 1,35 \cdot 12,5 + 1,50 \cdot 22,5 = 50,62 \text{ kN/m}$$

$$maxV_{z,d} = F_{A,d} = 50,62 \cdot 5,0/2 = 126,56 \text{ kN}$$

$$maxM_{y,d} = 50,62 \cdot 5,0^2/8 = 158,20 \text{ kNm}$$

1) Querschnitt IPE 400

IPE 400: $M_{pl,y,d} = 285$ kNm; $V_{pl,z,d} = 419$ kN; $i_{z,Gurt} = 4{,}49$ cm.

Wenn der Tabellenwert für $i_{z,g}$ nicht vorliegt, rechnet man:

$$i_{z,g} = \sqrt{\frac{I_{z,g}}{A_g}} = \sqrt{\frac{I_z/2}{(A - 0,6 \cdot A_{Steg})/2}} = \sqrt{\frac{1320/2}{(84,5 - 0,6 \cdot 0,86 \cdot 38,65)/2}} = 4,52 \text{ cm}$$

Tragsicherheitsnachweis E-P

$$\frac{M}{M_{pl}} = \frac{158,2}{285} = 0,555 < 1$$

Einfacher Momenten-Nachweis *erfüllt*.

$$\frac{V}{V_{pl}} = \frac{126,56}{419} = 0,302 < 0,33$$

Kein Interaktions-Nachweis erforderlich!

Nachweis gegen Biegedrillknicken

a) *Kein* Nachweis erforderlich, wenn: $c \le 0,5 \cdot \lambda_a \cdot i_{z,g} \cdot \frac{M_{pl,y,d}}{M_y}$

Es ist: $0,5 \cdot \lambda_a \cdot i_{z,g} \cdot \frac{M_{pl,y,d}}{M_y} = 0,5 \cdot 92,93 \cdot 4,49 \cdot \frac{1}{0,555} = 376 \text{ cm} < c = 500 \text{ cm}$ *nicht erfüllt*!

b) *Schärfer* gefaßt mit (2/12+13): $c \le \frac{0,5}{k_c} \cdot \lambda_a \cdot i_{z,g} \cdot \frac{M_{pl,y,d}}{M_y}$

d.h. zusätzlich wird im Nachweis mit k_c die Form des M-Verlaufs berücksichtigt.

$$\frac{0,5}{0,94}\cdot 92,93\cdot 4,49\cdot\frac{1}{0,555}=\frac{381}{0,94}=400\text{ cm} < c = 500\text{ cm}$$ *auch nicht erfüllt!*

oder genauso: $\lambda_g = \frac{500}{4,49} = 111,4 \rightarrow$ *grenz* $\lambda_g = \frac{46,5}{0,94}\cdot\frac{285}{158,2} = 89,1$ *nicht erfüllt!*

c) *Vereinfachter* Nachweis: $\frac{0,843\cdot M_y}{\kappa\cdot M_{pl,y,d}} \le 1$

Mit (2/13): $\bar{\lambda} = \frac{c\cdot k_c}{i_{z,g}\cdot\lambda_a} = \frac{500\cdot 0,94}{4,49\cdot 92,93} = 1,126$ wird $\kappa_c = 0{,}470$

Der κ-Wert ist hier unabhängig von der Querschnittsform nach KSL c zu wählen, sh. Abschn. 9.3.3!

Damit: $\frac{0,843\cdot M_y}{\kappa\cdot M_{pl,y,d}} = \frac{0,843}{\kappa}\cdot\frac{M_y}{M_{pl,y,d}} = \frac{0,843}{0,470}\cdot 0,555 = 0,995 < 1$ *Nachweis erfüllt!*

d) *Alternativ*: Nachweis mit Künzler-Nomogramm:

IPE-Reihe, $z_P = -h/2$, $\zeta = 1{,}12$:

Ablesewert = 8,33, Divisor 0,01.

$$\kappa_M\cdot M_{pl} = \frac{8,33}{0,01}\cdot\frac{21,82}{100} = 8,33\cdot 21,82 = 182\text{ kNm}$$

Nachweis: $\frac{M}{\kappa_M\cdot M_{pl}} = \frac{158,2}{182} = 0,869 < 1$ Der Nachweis offenbart große Reserven!

e) *Alternativ*: Nachweis mit Müller-Nomogramm:

IPE-Reihe, $z_P = -h/2$: Ablesewert $\sigma_{Ki} = 17{,}5\text{ kN/cm}^2$

Momentenform-Beiwert: $\zeta = 1{,}12$

$$M_{Ki,y,d} = \frac{\sigma_{Ki}}{\gamma_M}\cdot\zeta\cdot\frac{2\cdot I_y}{h-t} = \frac{17,5}{1,1}\cdot 1,12\cdot\frac{2\cdot 23130}{40-1,35}\cdot\frac{1}{100} = 213,3\text{ kNm}$$

$$\bar{\lambda}_M = \sqrt{\frac{M_{pl,y}}{M_{Ki,y,d}}} = \sqrt{\frac{285}{213,3}} = 1,156$$

Walzprofil, Stabendmomente = 0, $k_n = 1$: $n = 2{,}5$ $\kappa_M = 0{,}639$

Nachweis: $\frac{M_y}{\kappa_M\cdot M_{pl,y,d}} = \frac{158,2}{0,639\cdot 285} = 0,869 < 1$

f) *Alternativ*: Genaue Biegedrillknickberechnung:

$$M_{Ki,y,d} = \zeta\cdot N_{Ki,z}\cdot\left(\sqrt{c^2+0,25z_p^2}+0,5\cdot z_p\right)/\gamma_M$$

Momentenform-Beiwert: $\zeta = 1{,}12$

$$N_{Ki,z} = \pi^2\cdot EI_z/l^2 = \pi^2\cdot 2772/5,0^2 = 1094\text{ kN}$$

$$c^2 = \frac{I_\omega + 0,039\cdot l^2\cdot I_T}{I_z} = \frac{490000+0,039\cdot 500^2\cdot 51,4}{1320} = 751\text{ cm}^2$$

Lastangriff OK Träger: $z_p = -20$ cm

$$M_{Ki,y,d} = 1,12 \cdot 1094 \cdot (\sqrt{751+100} - 10)/1,1 = 21355 \text{ kNcm}$$

Damit: $\bar{\lambda}_M = \sqrt{\dfrac{285}{213,5}} = 1,155$ Mit n = 2,5 (s.o.) und der genauen Formel für κ_M:

$$\kappa_M = \left(\frac{1}{1+\bar{\lambda}_M^{-2n}}\right)^{1/n} = \left(\frac{1}{1+1,163^5}\right)^{0,4} = 0,639$$ *oder* man interpoliert wie bei e)

Nachweis: $\dfrac{M_y}{\kappa_M \cdot M_{pl,y,d}} = \dfrac{158,2}{0,639 \cdot 285} = 0,869 < 1$ mit demselben Ergebnis wie bei e)

Die Nachweise d) und e) führen - von Ablese-Ungenauigkeiten abgesehen - zum selben Ergebnis wie der "genaue" rechnerische Nachweis f). Es sei darauf hingewiesen, daß auch dieser Nachweis nicht als "exakt" gelten darf; es handelt sich auch hier nur um ein Ersatzstab-Verfahren!

Nachweis der Gebrauchstauglichkeit

Als Begrenzung der Durchbiegung unter Gebrauchslast wird i.a. der Wert L/300 angesehen. Letzten Endes hängt die Begrenzung von der Art und den Ansprüchen der Nutzung ab.

Biegesteifigkeit des Trägers: $EI = 21000 \cdot 23130/10^4 = 48573 \text{ kNm}^2$

Damit Durchbiegung in Feldmitte: $\max w = \dfrac{5 \cdot q \cdot l^4}{384 \cdot EI} = \dfrac{5 \cdot 35 \cdot 5,0^4}{384 \cdot 48573} = 0,00586 \text{ m} = L/853 < L/300$

Einfacher läßt sich speziell die Einhaltung der Begrenzung auf L/300 nachweisen:

Nach Tab. 9.2 ist bei Werkstoff S 235, Anwendung des Nachweisverfahrens E-P, Lastverhältnis $g/p \approx 1/2$ und Einhaltung $h_{Tr} \geq 0,0465 \cdot L$ die Forderung $\max w \leq L/300$ immer erfüllt.

Hier ist: $p/g = 22,5/12,5 \approx 2/1$ und $h_{Tr} = 40 \text{ cm} > 0,051 \cdot 500 = 25,5 \text{ cm}$

Die Anforderung $\max w \leq L/300$ ist also mit großer Reserve *erfüllt*.

2) Alternative Untersuchung für HEA-260

HEA-260: $M_{pl,y,d} = 201$ kNm; $V_{pl,z,d} = 224$ kN; $i_{z,Gurt} = 6,91$ cm.

Tragsicherheitsnachweis E-P

$V/V_{pl} = 126,56/224 = 0,565 < 0,9$
$M/M_{pl} = 158,20/201 = 0,787 < 1$

Interaktion ist *nicht* erforderlich, weil V und M an unterschiedlichen Stellen am Träger auftreten!

Biegedrillknicken

a) *Kein* Nachweis erforderlich, wenn: $c \leq \dfrac{0,5}{k_c} \cdot \lambda_a \cdot i_{z,g} \cdot \dfrac{M_{pl,y,d}}{M_y}$

$$\frac{0,5}{k_c} \cdot \lambda_a \cdot i_{z,g} \cdot \frac{M_{pl,y,d}}{M_y} = \frac{0,5}{0,94} \cdot 92,93 \cdot 6,91 \cdot \frac{1}{0,787} = 434 \text{ cm} < c = 500 \text{ cm}$$ *nicht erfüllt!*

b) Mit $\bar{\lambda} = \dfrac{c \cdot k_c}{i_{z,g} \cdot \lambda_a} = \dfrac{500 \cdot 0,94}{6,91 \cdot 92,93} = 0,732$ wird $\kappa = 0,705$ (KSL c)

Damit: $\dfrac{0,843 \cdot M_y}{\kappa \cdot M_{pl,y,d}} = \dfrac{0,843}{\kappa} \cdot \dfrac{M_y}{M_{pl,y,d}} = \dfrac{0,843}{0,705} \cdot 0,787 = 0,941 < 1$ *Nachweis erfüllt!*

c) *oder* nach Künzler: HEA-Reihe, $z_P = -h/2$, $\zeta = 1,12$: Ablesewert = 59,2

$$\kappa_M \cdot M_{pl} = \frac{59,2}{0,07} \cdot \frac{21,82}{100} = 184,5 \text{ kNm}$$

Nachweis: $\dfrac{M}{\kappa_M \cdot M_{pl}} = \dfrac{158,2}{184,5} = 0,857 < 1$

Wieder werden im BDK-Nachweis größere Reserven gegenüber den vereinfachten Nachweis-Verfahren aufgezeigt.

Durchbiegung: $max\ w = \dfrac{5 \cdot q \cdot l^4}{384 \cdot EI} = \dfrac{5 \cdot 35 \cdot 5,0^4}{384 \cdot (21000 \cdot 10450/10^4)} = 0,013 \text{ m} = L/386 < L/300$

9.6.2 Zweifeldträger mit gleichen Stützweiten

Zweifeldträger. Stützweiten L = 2 x 5,00 m.

Querschnitt: IPE 180.

Werkstoff: S 235.

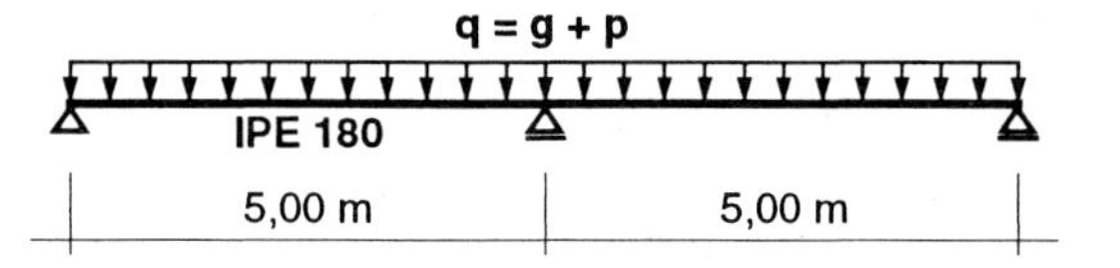

Die Belastbarkeit *grenz* q_d (= Bemessungswert der möglichen Einwirkung) ist nach verschiedenen Verfahren zu ermitteln:

1) Nachweis-Verfahren E-E,
2) E-E mit örtlicher Plastizierung bzw. E-P,
3) Nachweis mit Momenten-Umlagerung,
4) vereinfachtes Traglastverfahren,
5) genaues Traglastverfahren.

Der Obergurt des Trägers ist gegen seitliches Ausweichen gehalten.

1) Nachweis E-E

Größtmoment über der Stütze: $min\ M = \dfrac{q \cdot L^2}{8}$

Mit $\sigma_{S,d} = \dfrac{min M}{W_y} = \dfrac{q \cdot L^2}{8 \cdot W_{y,el}} \le f_{y,d} = \dfrac{24}{1,1} = 21,82 \text{ kN/cm}^2$

wird $grenz\ q_d = \dfrac{8 \cdot W_{y,el} \cdot f_{y,d}}{L^2} = \dfrac{8 \cdot 146 \cdot 21,82}{500^2} \cdot 100 = 10,19 \text{ kN/m}$

Damit: $max\ V = 0,625 \cdot 10,19 \cdot 5,0 = 31,86 \text{ kN}$

und $max\ \tau = \frac{31,86 \cdot 83,2}{1320 \cdot 0,53} = 3,79\ kN/cm^2 < \frac{\tau_{R,d}}{2} = \frac{1}{2} \cdot \frac{21,82}{\sqrt{3}} = \frac{12,60}{2} = 6,30\ \ kN/cm^2$

Erlaubt ist auch: $\tau_m = \frac{31,86}{0,53 \cdot (18,0 - 0,8)} = 3,49\ kN/cm^2 < \tau_{R,d}/2 = 6{,}30\ kN/cm^2$

Vergleichsspannungen müssen also *nicht* nachgewiesen werden.

2a) Nachweis mit örtlich begrenzter Plastizierung

Anstatt W_y darf $\alpha^*_{pl,y} \cdot W_y$ gesetzt werden.

Der genaue Wert ist: $\alpha^*_{pl,y} = \frac{M_{pl}}{M_{el}} = \frac{M_{pl,y,d}}{f_{y,d} \cdot W_{el}} = \frac{3630}{21,82 \cdot 146} = 1,139 \approx 1,14$

Erlaubt ist für I-Querschnitte: $\alpha^*_{pl,y} = 1,14$

Damit wird ohne weiteres: $grenz\ q_d = 1,14 \cdot 10,19 = 11,62\ kN/m$

Es wird dabei: $\tau_m = 1,14 \cdot 3,49 = 3,98\ kN/cm^2 < 6{,}30\ kN/cm^2$

Auch hier müssen Vergleichsspannungen *nicht* nachgewiesen werden.

2b) Nachweis E-P

Nachweis: $\frac{M}{M_{pl}} \leq 1$ $M_{pl,d} = 36{,}3\ kNm$

Damit: $grenz\ q_d = \frac{8}{L^2} \cdot M_{pl,d} = \frac{8}{5,0^2} \cdot 36,3 = 11,62\ kN/m$

Der Nachweis 2b) ist mit 2a) praktisch identisch.

3) Nachweis mit Momentenumlagerung

Umlagerung der Stützmomente um 15 % ist erlaubt, wenn Knicken und BDK nicht berücksichtigt werden müssen. *min* M wird also um 15 % abgemindert. Der Nachweis erfolgt E-P:

Damit wird ohne weiteres: $grenz\ q_d = \frac{11,62}{0,85} = 13,67\ kN/m$

Zu kontrollieren ist, ob bei der Momentenumlagerung jetzt die Feldmomente so vergrößert werden, daß diese für die Bemessung maßgebend werden:

Mit $A = \frac{13,67 \cdot 5,0}{2} - \frac{36,3}{5,0} = 26,92\ kN$

wird $max\ M = \frac{26,92^2}{2 \cdot 13,67} = 26,50\ kNm < M_{pl,d} = 36{,}3\ kNm$

An der Stütze: $V = 13,67 \cdot 5,0 - (26,92) = 41,43\ kN$

und $\tau_m = \frac{41,43}{0,53 \cdot (18,0 - 0,8)} = 4,54\ kN/cm^2 < 6{,}30\ kN/cm^2$

Der Nachweis der Vergleichsspannung σ_v ist *nicht* erforderlich.

4) Nachweis mit $qL^2/11$ (nach DIN 18801)

Bemessungsmoment: $max\ M = \frac{q_d \cdot L^2}{11} = M_{pl,d}$

Daraus folgt: $grenz\ q_d = \frac{11 \cdot M_{pl,d}}{L^2} = \frac{11 \cdot 36,3}{5,0^2} = 15,97\ kN/m$

Oder direkt: $grenz\ q_d = \frac{11}{8} \cdot 11,62 = 15,98\ kN/m$

Begründung hierfür: gegenüber Nachweis 2) ergibt sich einfach der Faktor 11/8.

5) Genauer Nachweis P-P

Betrachtet man allein die Biegemomente M_y, so ist die plastische Grenzlast erreicht, wenn:

$$M_{pl,d} = \frac{q \cdot L^2}{11,657}$$

Daraus: $grenz\ q_d = \frac{11,657 \cdot M_{pl,d}}{L^2} = \frac{11,657 \cdot 36,3}{5,0^2} = 16,93\ kN/m$

Die gleichzeitig an der Stütze auftretende Querkraft ist:

$$V = 0,586 \cdot q \cdot L = 0,586 \cdot 16,93 \cdot 5,0 = 49,6\ kN$$

Damit: $V/V_{pl} = 49,6/115 = 0,431 > 0,33!$

Wegen $V/V_{pl} > 0,33$ muß Interaktion nachgewiesen werden. Sie ist natürlich für die oben errechnete Last *nicht* erfüllt, denn dort ist schon $M = M_{pl}$. Die Interaktionsgleichung ergibt $1,040 > 1$.

Das Stützmoment muß also soweit wieder abgemindert werden, daß die Interaktionsbeziehungen erfüllt sind, während das Feldmoment auf der vollen Größe M_{pl} belassen werden kann (denn dort ist ja $V = 0$)! Der Grenzlast nähert man sich am besten durch Probieren.
Versuch mit $q_d = 16,7\ kN/m$.

Es gilt: $|M_S| = 4 \cdot M_m \cdot \left(1 - \sqrt{\frac{M_{pl}}{M_m}}\right)$ mit $M_m = \frac{q \cdot L^2}{8}$

$$M_m = \frac{16,7 \cdot 5,0^2}{8} = 52,19\ kNm \qquad |M_S| = 4 \cdot 52,19 \cdot \left(1 - \sqrt{\frac{36,3}{52,19}}\right) = 34,66\ kNm$$

$$|V| = \frac{q \cdot L}{2} + \frac{|M_S|}{L} = \frac{16,7 \cdot 5,0}{2} + \frac{34,66}{5,0} = 41,75 + 6,93 = 48,68\ kN$$

Interaktion: $0,88 \cdot \frac{M}{M_{pl}} + 0,37 \cdot \frac{V}{V_{pl}} = 0,88 \cdot \frac{34,66}{36,3} + 0,37 \cdot \frac{48,68}{115} = 0,840 + 0,157 = 0,997 < 1$

Der Nachweis ist praktisch exakt erfüllt. Mit sehr guter Näherung gilt: $grenz\ q_d = 16,70\ kN/m$

b/t-Verhältnisse

Die b/t-Verhältnisse müssen bei reiner Biegebeanspruchung von Walzprofilen aus S 235 für *alle* Nachweis-Verfahren *nicht* überprüft werden. Siehe hierzu Tabelle 4.5.

9.6.3 Dreifeldträger mit ungleichen Stützweiten

Dreifeldträger. Stützweiten L = 5,0 + 6,2 + 5,0 m.

Querschnitt: IPE 200. Werkstoff: S 235.

Ausreichende Sicherheit gegen Biegedrillknicken ist gegeben.

Gebrauchslasten: ständige Last $g_k = 4{,}75$ kN/m
Verkehrslast $p_k = 8{,}40$ kN/m

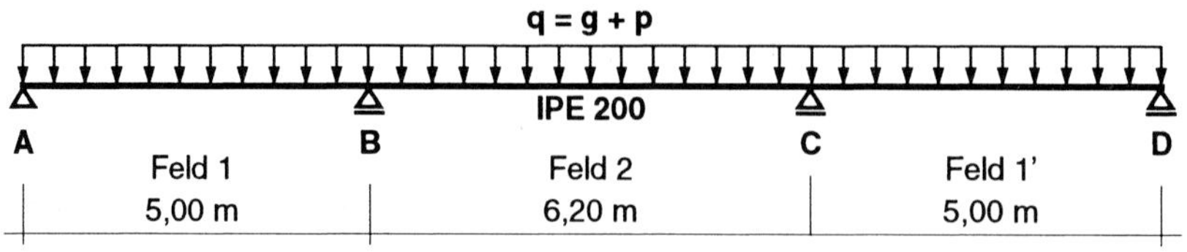

q = g + p

IPE 200

A B C D

Feld 1 5,00 m | Feld 2 6,20 m | Feld 1' 5,00 m

Bemessungswert der Einwirkungen für Vollast: $q_d = 1{,}35 \cdot 4{,}75 + 1{,}5 \cdot 8{,}4 = 19{,}0$ kN/m

Aus einer EDV-Berechnung am Durchlaufträger sind folgende Angaben entnommen:

Einwirkungen		*max* A [kN]	*max* B [kN]	*min* M_B [kNm]	*max* M_1 [kNm]	*max* M_2 [kNm]
char. Werte	g_k + feldw. veränderl. p_k	28,0	85,1	-45,3	29,9	30,6
Bemessungswerte	ständige Last g_d	11,9	39,1	-20,3	11,1	10,4
	Vollast q_d	35,4	118,5	-60,3	33,0	30,9
	g_d + feldw. veränderl. p_d	40,7	123,3	-65,6	43,6	44,7

Für den Träger sind folgende Tragsicherheitsnachweise zu führen:

1) Nachweis E-E mit örtlicher Plastizierung. Es wird sich zeigen, daß der Nachweis *nicht* genügt!
2) Nachweis P-P. Die Momentenverteilung soll hierfür zweckmäßig gewählt werden, z.B. ausgehend von voller Ausnutzung für das Feldmoment M_2. Die Auflagerkräfte aus den charakteristischen Werten der Einwirkungen getrennt nach g und p sind bereitzustellen.
3) Vereinfachter Nachweis P-P. Es soll gezeigt werden, daß die Voraussetzungen für die Anwendung des Verfahrens gerade noch zutreffen. Dies gilt auch für eine vereinfachte Berechnung der Auflagerkräfte; die Werte sind mit den Ergebnissen aus 1) und 2) kritisch zu vergleichen.
4) Es soll gezeigt werden, daß unter Gebrauchslasten nirgends der elastische Grenzwert der Normalspannung überschritten wird.

IPE 200: $W_y = 194$ cm^3; $M_{pl,y,d} = 48{,}1$ kNm; $V_{pl,z,d} = 135$ kN

1) **Nachweis E-E**

Maßgebend ist das Stützmoment *min* M_B = - 65,5 kNm für g + feldw. veränderl. p.

$$\sigma = \frac{6560}{1{,}14 \cdot 194} = 29{,}66 \text{ kN/cm}^2 > 21{,}82$$

Der Nachweis ist *nicht erfüllt!*

2) **Nachweis P-P**

Das Feldmoment in Feld 2 (Mittelfeld) wird festgesetzt: $M_2 = M_{pl,y,d} = 48{,}1$ kNm

Damit wird das Stützmoment: $M_B = -\frac{19,0 \cdot 6,2^2}{8} + 48,1 = -91,3 + 48,1 = -43,2 \text{ kNm}$

Die Querkraft im Mittelfeld unmittelbar neben der Stütze wird: $V_{z,d} = 19,0 \cdot 6,2/2 = 58,9 \text{ kN}$

Die Querkraft im Seitenfeld unmittelbar neben der Stütze wird:

$$|V_{z,d}| = 19,0 \cdot 5,0/2 + 43,2/5,0 = 47,50 + 8,64 = 56,14 \text{ kN} < 58{,}9 \text{ kN}$$

Nachweis der größten Querkraft: $\frac{V}{V_{pl,z,d}} = \frac{58,9}{135} = 0,436 > 0,33$

Interaktion an der maßgebenden Stelle, unmittelbar rechts von Stütze B:

$$0,88 \cdot \frac{M}{M_{pl,y,d}} + 0,37 \cdot \frac{V}{V_{pl,z,d}} = 0,88 \cdot \frac{43,2}{48,3} + 0,37 \cdot \frac{58,9}{135} = 0,787 + 0,161 = 0,948 < 1$$

Auflagerkräfte für die charakteristischen Werte der Einwirkungen durch Rückrechnung aus den Bemessungswerten $A_d = 47{,}5 - 8{,}6 = 38{,}9$ kN
und $B_d = 56{,}1 + 58{,}9 = 115{,}0$ kN,
anteilig ca. 33 % aus g_d und 67 % aus p_d:

$$A_{g+p} = \frac{0,33 \cdot (47,5 - 8,6)}{1,35} + \frac{0,67 \cdot 38,9}{1,5} = 9,51 + 17,38 = 26,89 \approx 26,9 \text{ kN}$$

$$B_{g+p} = \frac{0,33 \cdot (56,1 + 58,9)}{1,35} + \frac{0,67 \cdot 115,0}{1,5} = 28,11 + 51,37 = 79,48 \approx 79,5 \text{ kN}$$

Kontrolle: $\sum V = 2 \cdot (26,9 + 79,5) = 212,8 \text{ kN},$

Sollwert: $\sum V = (4,75 + 8,40) \cdot 16,2 = 213,0 \text{ kN}$ also: Berechnung in Ordnung!

Gegenüber den Werten bei feldweise veränderlicher Verkehrslast sind die Werte bis ca. 7 % kleiner.

3) Vereinfachter Nachweis P-P

Es ist *min* L = 5,0 m = 0,806 *max* L> 0,8 *max* L. Damit ist das vereinfachte Verfahren anwendbar!

Bemessungsmomente: Außenfelder: $q \cdot l^2/11 = 19,0 \cdot 5,0^2/11 = 43,2 \text{ kNm}$

Innenfelder: $q \cdot l^2/16 = 19,0 \cdot 6,2^2/16 = 45,65 \text{ kNm}$

Nachw.: $\frac{M}{M_{pl,y,d}} = \frac{45,65}{48,1} = 0,949 < 1$ M-V-Interaktion beim vereinf. Nachw. *nicht erford.!*

Auflagerkräfte: wie oben: ca. 33 % aus g_d und 67 % aus p_d:

$$A_{g+p} = \frac{0,33 \cdot 19,0 \cdot 5,0/2}{1,35} + \frac{0,67 \cdot 19,0 \cdot 5,0/2}{1,50} = 11,61 + 21,22 = 32,83 \text{ kN}$$

$$B_{g+p} = \frac{0,33 \cdot 19,0 \cdot (5,0 + 6,2)/2}{1,35} + \frac{0,67 \cdot 106,4}{1,5} = 26,01 + 47,53 = 73,54 \text{ kN}$$

Gegenüber dem Wert bei feldweise veränderl. Verkehrslast ist der Wert bei B um 13,6 % zu klein.

4) Elastische Spannung unter Gebrauchslast

$$extr\ \sigma = \frac{4530}{194} = 23,35 \text{ kN/cm}^2 < 24 = f_{y,k}$$ Spannungen bleiben unter der Fließgrenze!

9.6.4 Geschweißter Träger

Einfeldträger. Stützweite L = 16,0 m.

Der Obergurt des Trägers ist in den Angriffspunkten der Einzellasten F gegen seitliches Ausweichen gehalten.

F F F
g
3,00 5,00 5,00 3,00
16,00 m

Gebrauchslasten:

ständige Last	$g = 5\ kN/m$
	$F_g = 3 \times 10\ kN$
Verkehrslast	$F_p = 3 \times 30\ kN$

Geschweißter Querschnitt.

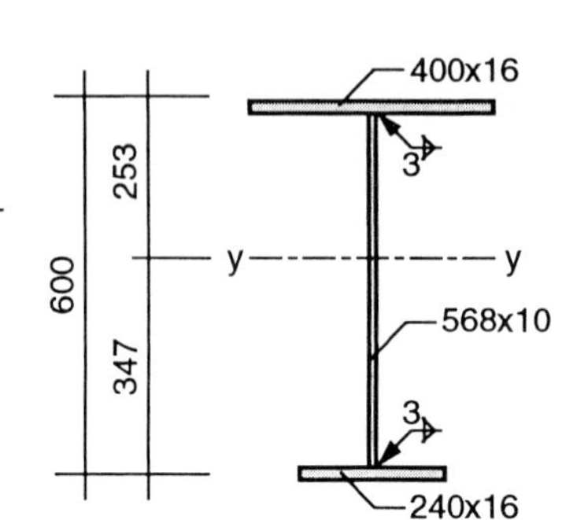

Werkstoff: S 235.

Die notwendigen Tragsicherheits- und Gebrauchstauglichkeitsnachweise (Durchbiegung!) sind zu führen.

Bemessungswerte für die Einwirkungen

$$g_d = 1,35 \cdot 5,0 = 6,75\ kN/m$$

$$F_d = 1,35 \cdot 10 + 1,50 \cdot 30 = 58,5\ kN$$

Schnittgrößen

Stelle m: $A = B = maxV = 6,75 \cdot 16,0/2 + 1,5 \cdot 58,5 = 54 + 87,75 = 141,75\ kN$

$$maxM = 6,75 \cdot 16,0^2/8 + 87,75 \cdot 8,0 - 58,5 \cdot 5,0 = 216 + 702 - 292,5 = 625,5\ kNm$$

Stelle 1: $M = 394,9\ kNm$; $V_{li} = 121,5\ kN$

Querschnitt

$$I_y = 99085\ cm^4;\ W_{y,o} = 3916\ cm^3;\ W_{y,u} = 2855\ cm^3$$

$$I_{z,g} = 40^3 \cdot 1,6/12 = 8533\ cm^4$$

$$A_g = 40 \cdot 1,6 + 56,8 \cdot 1,0/5 = 75,4\ cm^2$$

$$i_{z,g} = \sqrt{\frac{8533}{75,4}} = 10,64\ cm$$

b/t-Werte

Druckgurt: $\frac{b}{t} = \frac{\frac{40}{2} - \frac{1,0}{2} - 0,3 \cdot \sqrt{2}}{1,6} = \frac{19,08}{1,6} = 11,92 < 12,90 \rightarrow$ Nachweis E-E *zulässig*.

jedoch ist $b/t > 11,0$ $\rightarrow$ Nachweis E-P *unzulässig*!

Daher ist nur das Nachweis-Verfahren E-E möglich! Nur darauf wird noch der Steg untersucht.

Steg: $\frac{b}{t} = \frac{56,8 - 2 \cdot 0,3 \cdot \sqrt{2}}{1,0} = 55,95 < 133$ $\rightarrow$ Nachweis E-E *zulässig*.

Weil der Wert der größten Druckspannung im Steg kleiner ist als der Wert der größten Zugspannung, liegt der Wert *grenz*(b/t) auf der sicheren Seite.

Nachweis E-E für Feldmitte:

$$\sigma_{Z,d} = \frac{62550}{2855} = 21,91\ \text{kN/cm}^2 \approx 21,82\ \text{kN/cm}^2$$ *Nachweis etwa erfüllt!*

Die Grenznormalspannung ist um 0,4 % überschritten, was hingenommen werden kann.

$$\sigma_{D,d} = \frac{62550}{3916} = 15,97\ \text{kN/cm}^2 < 21,82\ \text{kN/cm}^2$$ *Nachweis erfüllt!*

Der Nachweis der Druckspannung ist eigentlich gar nicht mehr erforderlich, weil diese kleiner ist als die Zugspannung.

Wegen der nicht ausgenutzten Druckspannung im Gurt könnte mit genauen Formeln der Wert *grenz*(b/t) noch verschärft angegeben werden, was hier aber nicht erforderlich ist.

Schubspannung am Auflager

$$\tau_m = \frac{141,75}{(56,8 + 1,6) \cdot 1,0} = 2,43\ \text{kN/cm}^2 < 12,6/2$$ *Kein* Nachw. von σ_v erforderlich.

Halskehlnähte

$$S_{O-Gurt} = 64,0 \cdot 24,5 = 1568\ \text{cm3}$$

$$S_{U-Gurt} = 38,4 \cdot 33,9 = 1302\ \text{cm3}$$ *nicht maßgebend.*

a = 3 mm: $max\tau_w = \frac{141,75 \cdot 1568}{99085 \cdot 2 \cdot 0,3} = 3,74\ \text{kN/cm}^2 < \tau_{w,R,d} = 20,7\ \text{kN/cm}^2$

Dünnere Nähte werden aus konstruktiven Gründen nicht gewählt.

Biegedrillknicken

Für die Untersuchungen ist die Bestimmung von $M_{pl,y,d}$ erforderlich, auch bei Nachweis E-E!

$$A = 40 \cdot 1,6 + 56,8 \cdot 1,0 + 24 \cdot 1,6 = 64,0 + 56,8 + 38,4 = 159,2\ \text{cm}^2$$

$$A/2 = 79,6 = 64 + 15,6\ \text{cm}^2$$

$$e_{So} = \frac{64 \cdot 16,4 + 15,6^2/2}{79,6} = 14,715 \approx 14,7\ \text{cm}$$

$$e_{Su} = \frac{38,4 \cdot 42,0 + 41,2^2/2}{79,6} = 30,924 \approx 30,9\ \text{cm}$$

$$M_{pl,y,k} = 79,6 \cdot 24 \cdot (0,147 + 0,309) = 871\ \text{kNm}$$

$$M_{pl,y,d} = 871/1,1 = 792\ \text{kNm}$$

400x16 · S_{oben} · Flächen-halbierende · 568x10 · S_{unten} · 240x16 · 600 · 172 · 428 · 16 · 156 · 412 · 16 · 147 · 309

$$0,5 \cdot \lambda_a \cdot i_{z,g} \cdot \frac{M_{pl,y,d}}{M_y} = 0,5 \cdot 92,93 \cdot 10,64 \cdot \frac{792}{625,5} = 626\ \text{cm} > 500\ \text{cm}$$ *Nachw. erfüllt!*

Ein eigentlicher BDK-Nachweis muß daher nicht geführt werden.

F = 2 x 40 kN · m · 120 kNm · M

Durchbiegung unter Gebrauchslast in Trägermitte (Punkt m)

Berechnung für g und F_m mit geschlossenen Formeln:

infolge q = 5 kN/m $w_m = \frac{5 \cdot 5,0 \cdot 16,0^4}{384 \cdot 208078} = 0,0205\ \text{m}$

infolge F_m = 40 kN $w_m = \frac{40 \cdot 16,0^3}{48 \cdot 208078} = 0,0164\ \text{m}$

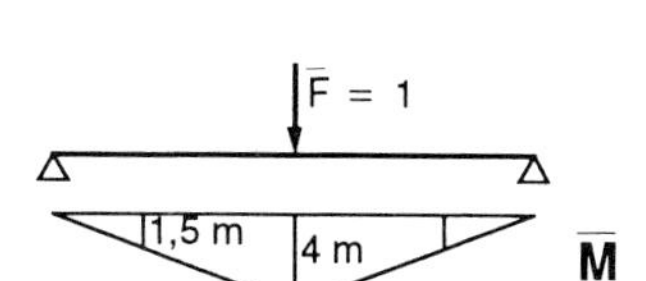

Berechnung für die beiden äußeren Einzellasten mit Arbeitssatz:

infolge F = 2 x 40 kN $$w_m = \frac{2 \cdot \frac{1}{3} \cdot 120 \cdot 1,5 \cdot 3,0 + 120 \cdot \frac{1,5+4,0}{2} \cdot 10,0}{208078} = 0,0176 \text{ m}$$

Gesamte Durchbiegung: $max\ w = w_m = 0{,}0205 + 0{,}0164 + 0{,}0178 = 0{,}0547 \text{ m} = L/293 \approx L/300$

Anmerkung: Erforderlichenfalls muß der Träger um ca. 6 cm überhöht werden.

9.6.5 Geschweißter Träger

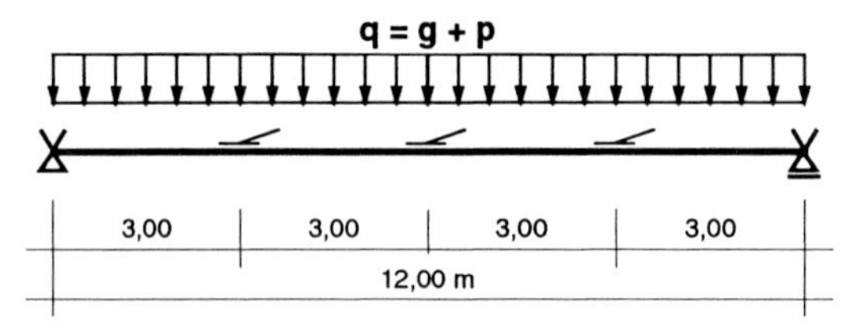

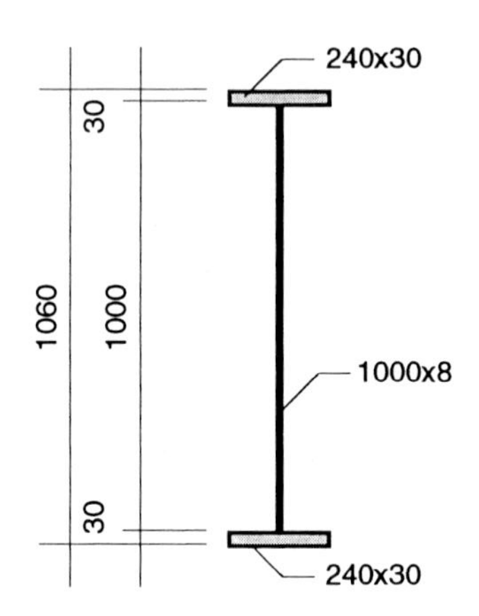

Einfeldträger. Stützweite L = 12,0 m.

Geschweißter Querschnitt. Werkstoff: S 235.

Gebrauchslasten:

ständige Last	g = 20 kN/m
Verkehrslast	p = 43 kN/m

Der Obergurt des Trägers ist in den Viertelspunkten gegen seitliches Ausweichen gehalten.

Die notwendigen Tragsicherheits- und Gebrauchstauglichkeitsnachweise sind zu führen.

Bemessungswerte der Einwirkungen und Schnittgrößen

$$q_d = 1,35 \cdot 20 + 1,50 \cdot 43 = 91,5 \text{ kN/m}$$

$$max\ V = 91,5 \cdot 12,0/2 = 549 \text{ kN}$$

$$max\ M = 91,5 \cdot 12,0^2/8 = 1647 \text{ kNm}$$

Querschnittswerte

$$I_y = 448600 \text{ cm}^4;\ W_y = 8464 \text{ cm}^3$$

$$S_{y,g} = 24 \cdot 3 \cdot 51,5 = 3708 \text{ cm}^3$$

$$maxS_y = 3708 + (50^2/2) \cdot 0,8 = 4708 \text{ cm}^3$$

$$I_{z,g} = 24^3 \cdot 3,0/12 = 3456 \text{ cm}^4$$

$$A_g = 24 \cdot 3,0 + 100 \cdot 0,8/5 = 72 + 16 = 88 \text{ cm}^2$$

$$i_{z,g} = \sqrt{\frac{3456}{88}} = 6,27 \text{ cm}$$

b/t-Werte: Druckgurt: Ohne weiteren Nachweis für alle Verfahren geeignet.

Steg: $\frac{b}{t} = \frac{100-2 \cdot 0,5 \cdot \sqrt{2}}{0,8} = 123 < 133$ (E-E)

jedoch $b/t > 74$ (E-P)

Es kommt also *nur* ein Nachweis E-E in Frage!

Nachweis E-E für Feldmitte: $\sigma_{D,d} = \frac{164700}{8464} = 19,46 \text{ kN/cm}^2 < 21,82 \text{ kN/cm}^2$ *erfüllt!*

Schubspannung am Auflager: $\tau_m = \frac{549}{(100+3,0) \cdot 0,8} = 6,66 \text{ kN/cm}^2 < 12,6$

oder $max\ \tau = \frac{549 \cdot 4708}{448600 \cdot 0,8} = 7,20 \text{ kN/cm}^2 < 12,6$

Es gelingt zwar nicht der Nachweis, daß $\tau_m < \tau_{R,d}/2$ bzw. $max\ \tau < \tau_{R,d}/2$. Es ist jedoch offensichtlich, daß keine Vergleichsspannung nachgewiesen werden muß.

Biegedrillknicken:

$$A/2 = 24 \cdot 3,0 + 50 \cdot 0,8 = 72 + 40 = 112 \text{ cm}^2$$

$$e_{So} = \frac{72 \cdot 51,5 + 40 \cdot 25}{112} = 42,04 \approx 42,0 \text{ cm}$$

$$M_{pl,y,k} = 112 \cdot 24 \cdot 2 \cdot 0,42 = 2258 \text{ kNm}$$

$$M_{pl,y,d} = 2258/1,1 = 2053 \text{ kNm}$$

$$0,5 \cdot \lambda_a \cdot i_{z,g} \cdot \frac{M_{pl,y,d}}{M_y} = 0,5 \cdot 92,93 \cdot 6,27 \cdot \frac{2053}{1647} = 363 \text{ cm} > 300 \text{ cm}$$ *Nachw. erfüllt!*

Die Halskehlnähte wurden konstruktiv mit a = 5 mm festgelegt, möglich wäre auch a = 4 mm.

Weitere Nachweise sind uninteressant. Dies gilt bei dem hohen Träger ($h/L \approx 1/12$) auch für die Durchbiegung. Tatsächlich errechnet sich mit den Gebrauchslasten *max* w = 18,1 mm = L/663.

9.6.6 Rahmenriegel

Riegel am Zweigelenkrahmen, Walzprofil IPE 400, S 235.

Siehe hierzu auch Statik Objekt B, Pos. 2.2.

Der Riegel von insgesamt etwa 20 m Länge weist im mittleren Bereich den dargestellten Momentenverlauf auf. Die gleichzeitig auftretende Normalkraft ist N = 62 kN (Druck). Die Querlast q_d greift Oberkante Riegel an.

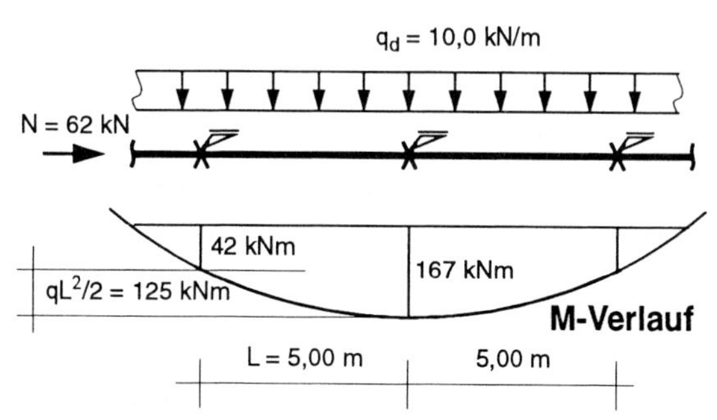

Der Dachverband der Gesamtkonstruktion hat die Feldweite 5,00 m. In den dargestellten Punkten ist der Träger in seinem Druckgurt seitlich gehalten. Wegen des antimetrischen Verlaufs der Verformungsfigur beim BDK darf in diesen Punkten auch Gabellagerung angenommen werden.

Es sollen vergleichend verschiedene Methoden zum Nachweis ausreichender Sicherheit gegen seitliches Ausweichen (Biegedrillknicken) durchgerechnet werden.

1) Es soll gezeigt werden, daß gemäß [2/312], Gl. (2/22) alle Nachweise ohne Berücksichtigung der Normalkraft N geführt werden dürfen.
2) Der Tragsicherheitsnachweis ist nach dem Verfahren E-P zu führen.
3) Gemäß [2/311], Gl. (2/21), ist zu untersuchen, ob $\kappa_M = 1$ gesetzt werden darf. - Wäre dies der Fall, müßte überhaupt keine Untersuchung auf BDK geführt werden.
4) [2/310], Gl. 2/12+13): Untersuchung des Druckgurts als Druckstab.
5) [2/310], Gl. (2/14): Vereinfachter BDK-Nachweis.
6) [2/311], Gl. (2/20): Vereinfachte Methode zur Bestimmung von $M_{Ki,y,d}$. Damit Durchführung des BDK-Nachweises.

Es wird sich zeigen, daß die Verfahren 3), 4) und 6) *nicht* zum Erfolg führen, d.h. es kann auf diese Methoden keine ausreichende Sicherheit gegen seitliches Ausweichen des gedrückten Gurtes nachgewiesen werden. Folglich muß - sofern nicht konstruktive Änderungen getroffen werden sollten - ein "genauer" BDK-Nachweis geführt werden. Allerdings genügt auch Verfahren 5) knapp und erweist sich bei den gegebenen Verhältnissen als das einfachste.

Für einen genauen BDK-Nachweis ist die Kenntnis des Beiwerts ζ notwendig (siehe hierzu auch Angaben in den Müller-Nomogrammen). Oft läßt sich ζ nicht genau bestimmen, sondern nur abschätzen. Auch Interpolation schafft nur Näherungswerte (und kann unsicher sein!).

Legt man für den obigen Fall die ζ-Angaben der Fälle 1 bis 3 in nebenstehender Tabelle zugrunde, so erscheinen folgende Abschätzungen zulässig:

- Stets auf der sicheren Seite liegt $\zeta = 1$.
- Aus der Anschauung auf der sicheren Seite: $\zeta = 1{,}12$.
- Wichtung ähnlich wie beim Trapez (etwas fragliches Verfahren!). Der Schätzwert ergibt etwa: $\zeta = 1{,}26$.

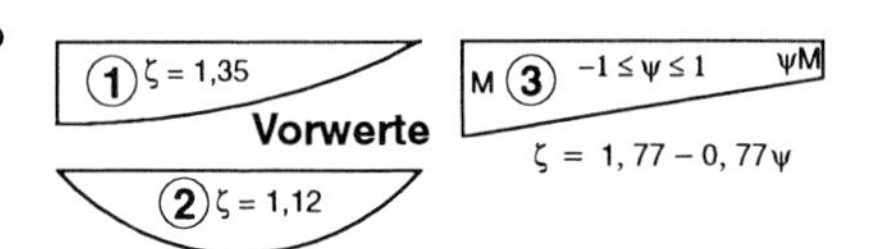

Schätzwert $\zeta = 1{,}35 - 0{,}35\psi \approx 1{,}26$

7) BDK-Nachweis mit Müller-Nomogramm für alle drei Schätzwerte ζ.
8) BDK-Nachweis mit Künzler-Nomogramm für $\zeta = 1{,}12$.

Wertung der Ergebnisse: Auch mit $\zeta = 1$ reicht der genaue BDK-Nachweis noch aus. Für $\zeta = 1{,}12$ muß sich nach "Müller" und "Künzler" dasselbe Ergebnis (wie auch bei einem rein rechnerischen Nachweis) einstellen. Der Nachweis mit dem Künzler-Nomogramm ist besonders einfach. Die vereinfachenden Verfahren 3) bis 6) lohnen die Untersuchung meist nur, wenn die Ausgangswerte für einen genauen Nachweis schwierig zu erhalten sind (z.B. bei nur einfach-symmetrischen Querschnitten).

Schnittgrößen: $N = 62$ kN (Druck); $M_y = 167$ kNm/42 kNm; $\psi = 42/167 \approx 0{,}25$.

Querschnitt: IPE 400, S 235 JR G2. Geometrie: h = 400 mm; b = 180 mm; t = 13,5 mm; s = 8,6 mm.
$A = 84{,}5\ \text{cm}^2$; $I_y = 23130\ \text{cm}^4$; $i_y = 16{,}5$ cm; $I_z = 1320\ \text{cm}^4$; $i_z = 3{,}95$ cm;
$N_{pl,d} = 1840$ kN; $M_{pl,y,d} = 285$ kNm.

1)
$$\bar{\lambda}_z = \frac{500/3,95}{92,93} = 1,362 \quad \rightarrow \quad \kappa_b = 0,399$$

$$\frac{N}{\kappa_z \cdot N_{pl,d}} = \frac{62}{0,399 \cdot 1840} = 0,084 < 0,1 \quad \rightarrow \quad \text{BDK-Nachweis } \textit{ohne}\ \text{N!}$$

2)
$$\frac{M}{M_{pl,d}} = \frac{167}{285} = 0,586 < 1$$

3) [2/311], Gl. (2/21): $l \le \frac{b \cdot t}{h} \cdot 200 \cdot \frac{240}{f_{y,k}}$ Voraussetzung für $\kappa_M = 1$, kein BDK.

Es ist: $\frac{b \cdot t}{h} \cdot 200 \cdot \frac{240}{f_{y,k}} = \frac{18 \cdot 1,35}{40} \cdot 200 \cdot \frac{240}{240} = 122 \text{ cm} < l = 500 \text{ cm}$ Nachweis *nicht erfüllt!*

4) [2/310], Gl. (2/12+13): $grenz\ \lambda_g = \frac{46,5}{k_c} \cdot \frac{M_{pl,y,d}}{M_y}$

Es ist: $i_{z,g} = \sqrt{\frac{I_{z,g}}{A_g}} = \sqrt{\frac{1320/2}{(84,5 - 0,6 \cdot 38,65 \cdot 0,86)/2}} \approx 4,5 \text{ cm}$ *oder* Tabellenwert 4,49 cm

Der k_c-Wert ist schwierig abzuschätzen: er liegt zwischen den Werten

für konstanten N-Verlauf im Druckgurt: $k_c = 1$ und

für linearen N-Verlauf im Druckgurt: $k_c = \frac{1}{1,33 - 0,33 \cdot 0,25} = 0,80$

Als Mittelwert hieraus wird geschätzt: $k_c = 0,9$

Damit: $\frac{46,5}{k_c} \cdot \frac{M_{pl,y,d}}{M_y} = \frac{46,5}{0,9} \cdot \frac{285}{167} = 88,2 < vorh\ \lambda_g = \frac{500}{4,5} = 111$ → *nicht erfüllt!*

5) [2/310], Gl. (2/14): $\frac{0,843 \cdot M_y}{\kappa \cdot M_{pl,y,d}} \le 1$ mit $\bar{\lambda} = \frac{c \cdot k_c}{i_{z,g} \cdot \lambda_a} = \frac{500 \cdot 0,9}{4,5 \cdot 92,93} = 1,076$

Für gewalzte Träger ist KSL c zu wählen: → $\kappa_c = 0,497$

$\frac{0,843 \cdot M_y}{\kappa \cdot M_{pl,y,d}} = \frac{0,843 \cdot 167}{0,497 \cdot 285} = 0,994 < 1$ → Nachweis *erfüllt*.

6) [2/311], Gl. (2/20):

$$M_{Ki,y,d} = \frac{1,32 \cdot b \cdot t \cdot EI_y}{l \cdot h^2 \cdot \gamma_M} = \frac{1,32 \cdot 18 \cdot 1,35 \cdot 21000 \cdot 23130}{500 \cdot 40^2 \cdot 1,1 \cdot 100} = 177 \text{ kNm}$$

$\bar{\lambda}_M = \sqrt{\frac{M_{pl,y,d}}{M_{Ki,y,d}}} = \sqrt{\frac{285}{177}} = 1,269$ $k = \psi = 0,25$ $n = 2,5$ $\kappa_M = 0,558$

Damit: $\frac{M}{\kappa_M \cdot M_{pl,d}} = \frac{167}{0,558 \cdot 285} = 1,049 > 1$ → Nachweis knapp *nicht erfüllt!*

7) BDK-Nachweis mit Müller-Nomogramm.

IPE-Profil, $z_P = -h/2$: Ablesewert: $\sigma_{Ki} = 17,8 \text{kN/cm}^2$

Für κ_M-Werte in 7) und 8), gemäß 6): $n = 2,5$

a) Mit der Abschätzung $\zeta = 1,0$ (auf der sicheren Seite):

$$M_{Ki,y,d} = \frac{\sigma_{Ki}}{\gamma_M} \cdot \zeta \cdot \frac{2 \cdot I_y}{h - t} = \frac{17,8}{1,1} \cdot 1,0 \cdot \frac{2 \cdot 23130}{40 - 1,35} \cdot \frac{1}{100} = 194 \text{ kNm}$$

$$\bar{\lambda}_M = \sqrt{\frac{M_{pl,y,d}}{M_{Ki,y,d}}} = \sqrt{\frac{285}{194}} = 1,212\ (221) \quad \rightarrow \quad \kappa_M = 0,598$$

$$\frac{M}{\kappa_M \cdot M_{pl,y,d}} = \frac{167}{0,598 \cdot 285} = 0,980 < 1 \quad \rightarrow \quad \text{Nachweis } \textit{erfüllt.}$$

Zum Vergleich wird zusätzlich mit schärfer abgeschätzten ζ-Werten (bei b) und c) mit dem zuvor aus dem Müller-Nomogramm abgelesenen σ_{Ki}-Wert) nachgerechnet, siehe Aufgabenstellung:

b) $\zeta = 1{,}12 \quad M_{Ki,y,d} = 217$ kNm $\quad \bar{\lambda}_M = 1,154 \quad \kappa_M = 0,640$

$$\frac{M}{\kappa_M \cdot M_{pl,y,d}} = 0,915 < 1 \quad \rightarrow \quad \text{Nachweis } \textit{erfüllt.}$$

c) $\zeta = 1{,}26$ (?) $M_{Ki,y,d} = 244$ kNm $\quad \bar{\lambda}_M = 1,088 \quad \kappa_M = 0,690$

$$\frac{M}{\kappa_M \cdot M_{pl,y,d}} = 0,849 < 1 \quad \rightarrow \quad \text{Nachweis } \textit{erfüllt.}$$

8) BDK-Nachweis mit Künzler-Nomogramm.

IPE-Profil, $z_P = -h/2$, $\zeta = 1{,}12$: Ablesewert: 8,3

$$\kappa_M \cdot M_{pl,y,d} = \frac{8,3}{0,01} \cdot \frac{21,82}{100} = 181 \text{ kNm}$$

$$\frac{M}{\kappa_M \cdot M_{pl,y,d}} = \frac{167}{181} = 0,918 < 1 \quad \rightarrow \quad \text{Nachweis } \textit{erfüllt.}$$

9) Zum Vergleich wird der rechnerisch exakte Nachweis mit $\zeta = 1{,}12$ geführt:

$$M_{Ki,y,d} = \zeta \cdot N_{Ki,z,d} \cdot \left(\sqrt{c^2 + 0,25 \cdot z_P^2} + 0,5 \cdot z_P\right)$$

$$N_{Ki,y,d} = \frac{\pi^2 \cdot EI_z}{l^2} = \frac{\pi^2 \cdot 2,1 \cdot 1320}{5,0^2 \cdot 1,1} = 995 \text{ kN}$$

$$c^2 = \frac{I_\omega + 0,039 \cdot l^2 \cdot I_T}{I_z} = \frac{490000 + 0,039 \cdot 500^2 \cdot 51,4}{1320} = \frac{490000 + 501150}{1320} = 751 \text{ cm}^2$$

$$M_{Ki,y,d} = 1,12 \cdot 995 \cdot \left(\sqrt{751 + 0,25 \cdot 20^2} - 0,5 \cdot 20\right) \cdot \frac{1}{100} = 213,7 \text{ kNm}$$

$$\bar{\lambda}_m = \sqrt{\frac{285}{213,7}} = 1,155 \qquad n = 2{,}5 \quad \rightarrow \quad \kappa_M = 0,640$$

$$\frac{M}{\kappa_M \cdot M_{pl,y,d}} = \frac{167}{0,640 \cdot 285} = 0,916 < 1 \quad \rightarrow \quad \text{Nachweis } \textit{erfüllt.}$$

Es sei hier nochmals darauf hingewiesen, daß die unter 7), 8) und 9) gezeigten Verfahren bei gleichem ζ-Wert für die Momentenform zum selben Ergebnis führen müssen. Abweichungen begründen sich aus den Ablese-Ungenauigkeiten in den Nomogrammen von Müller und Künzler.

10 Druck und Biegung, zweiachsige Biegung

10.1 Einachsige Biegung mit Normalkraft

10.1.1 Stäbe mit geringer Normalkraft

[2/312] Stäbe mit geringer Normalkraft N (=Druckkraft!), welche die Bedingung

$$\frac{N}{\kappa \cdot N_{pl,d}} < 0,1 \qquad (2/22)$$

erfüllen, dürfen unter Vernachlässigung dieser Normalkraft wie in Kapitel 9 (einachsige Biegung und Querkraft) nachgewiesen werden.

Anmerkung: κ ist auf die jeweilige Ausknickachse y oder z mit der hierfür maßgebenden Knicklänge, bezogenem Schlankheitsgrad und Knickspannungslinie zu beziehen!

10.1.2 Biegeknicken

[2/314] Nachweis nach dem Ersatzstabverfahren:

$$\frac{N}{\kappa \cdot N_{pl,d}} + \frac{\beta_m \cdot M}{M_{pl,d}} + \Delta n \leq 1 \qquad (2/24)$$

mit

- κ Abminderungsfaktor nach (2/4) in Abhängigkeit von $\bar{\lambda}_K$ für die *maßgebende* Knickspannungslinie aus {2/5} für Ausweichen in der Momentenebene
- β_m Momentenbeiwert für Biegeknicken nach {2/11}
- M größter Absolutwert des Biegemomentes nach E-Theorie I. Ordnung *ohne* Ansatz von Imperfektionen

$$\Delta n = \frac{N}{\kappa \cdot N_{pl,d}} \cdot \left(1 - \frac{N}{\kappa \cdot N_{pl,d}}\right) \cdot \kappa^2 \cdot \bar{\lambda}_K^2 \qquad \text{jedoch } \Delta n \leq 0{,}1$$

Mit der erlaubten Vereinfachung $\Delta n = 0{,}1$ liegt man also immer auf der sicheren Seite! Eine genauere Berechnung sollte nur ausgeführt werden, wenn der Nachweis mit $\Delta n = 0{,}1$ knapp nicht erfüllt ist! Meist ist die Verbesserung im Nachweis mit genauem Δn gering.

Für den Sonderfall M = 0 geht (2/24) *im Traglastzustand* in (2/3), = mittiger Druck, über.

Bei der Berechnung von $M_{pl,d}$ ist die Begrenzung zum Formbeiwert $\alpha_{pl,d} \leq 1{,}25$ zu beachten.

Bei doppeltsymmetrischen Querschnitten, die mindestens einen Stegflächenanteil von 18% haben, *darf* in Bedingung (2/24) $M_{pl,d}$ durch 1,1 $M_{pl,d}$ ersetzt werden, wenn $N/N_{pl,d} > 0{,}2$ ist.

Die erstgenannte Voraussetzung $A_{St}/A \geq 0,18$ ist bei den üblichen Walzprofilen erfüllt.

Tab. 10.1 **Momentenbeiwerte** nach {2/11}

	Momenten-verlauf graphisch	**Momenten-verlauf** beschreibend	β_m für Biegeknicken	β_M für Biegedrillknicken
1	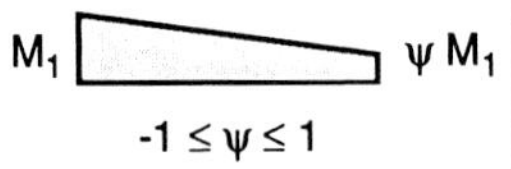 M_1 … ψM_1 $-1 \leq \psi \leq 1$	Stabend-momente	$\beta_{m,\psi} = 0,66 + 0,44 \cdot \psi$ jedoch $\beta_{m,\psi} \geq 1 - 1/\eta_{Ki}$ *) *und* $\beta_{m,\psi} \geq 0,44$ $ß_m < 1$ ist nur zulässig bei Stäben mit: • unverschieblicher Lagerung der Stabenden, • gleichbleib. Querschnitt, • konstanter Druckkraft • und ohne Querlast	$\beta_{M,\psi} = 1,8 - 0,7 \cdot \psi$
2 a	M_Q	Momente aus Querlast	$\beta_{m,Q} = 1,0$	a) Gleichlast: $\beta_{M,Q} = 1,3$
2 b	M_Q			b) Einzellast: $\beta_{M,Q} = 1,4$
3 a	M_1, M_Q, ΔM, ψM_1	Momente aus Querlasten mit Stabend-momenten	für $\psi \leq 0,77$: $\beta_m = 1,0$	$\beta_M = \beta_{M,\psi} + \frac{M_Q}{\Delta M}(\beta_{M,Q} - \beta_{M,\psi})$ $M_Q = \lvert \mathit{max}\ M \rvert$ *nur* aus Querlast
3 b	M_1, M_Q, ΔM		für $\psi > 0,77$: $\beta_m = \frac{M_Q + M_1 \cdot \beta_{m,\psi}}{M_Q + M_1} \geq 1$	ΔM: gemäß Momentenskizzen a) $\Delta M = M_1$ b) $\Delta M = M_1 + \lvert \mathit{max}\ M \rvert$ c) $\Delta M = \lvert \mathit{max}\ M \rvert$
3 c	M_1, M_Q, ΔM			

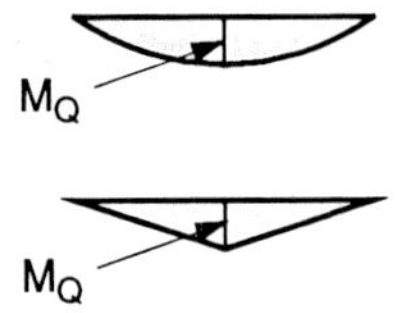

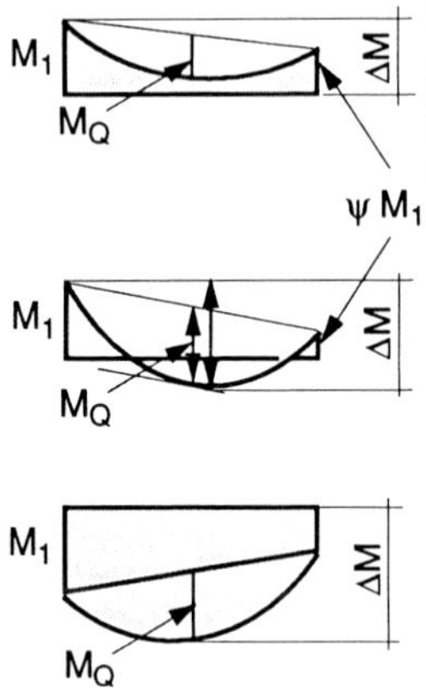

*) $\eta_{Ki} = \frac{N_{Ki,d}}{N_d}$ = Verzweigungslastfaktor mit $N_{Ki,d} = \frac{\pi^2 \cdot EI}{s_K^2 \cdot \gamma_M}$ = Eulersche Knicklast

[2/315] Der Einfluß der Querkräfte auf die Tragfähigkeit des Querschnitts ist zu berücksichtigen, z.B. durch Reduktion der vollplastischen Schnittgrößen nach {1/16+17}.

[2/317] Bei der Bemessung von biegesteifen Verbindungen ist statt des vorhandenen Biegemoments M das vollplastische Biegemoment $M_{pl,d}$ zu berücksichtigen, sofern kein genauerer Nachweis geführt wird (Theorie II. Ordnung mit Ersatzimperfektionen).

10.1.3 Biegedrillknicken

[2/320] Für Stäbe, bei denen keine planmäßige Torsion auftritt, mit konstanter Normalkraft und doppelt- oder einfach symmetrischem, I-förmigem Querschnitt, deren Abmessungsverhältnisse denen der Walzprofile entsprechen, sowie für U- oder C-Profile lautet der Nachweis:

$$\frac{N}{\kappa_z \cdot N_{pl,d}} + \frac{M_y}{\kappa_M \cdot M_{pl,y,d}} \cdot k_y \leq 1 \qquad (2/27)$$

Entsprechend den zuvor erläuterten Größen bzw. darüber hinaus bedeuten:

κ_M Abminderungsfaktor nach (2/17+18) in Abhängigkeit von $\bar{\lambda}_M$

κ_z Abminderungsfaktor nach (2/4) mit $\bar{\lambda}_{K,z}$ für Ausweichen senkrecht z-z

$\bar{\lambda}_{K,z} = \sqrt{\frac{N_{pl}}{N_{Ki}}}$ bezogener Schlankheitsgrad für Normalkraftbeanspruchung

N_{Ki} Knicklast senkrecht z-z *oder* Drillknicklast (!)

$\beta_{M,y}$ Momentenbeiwert für Biegedrillknicken nach {2/11} bzw. Tab. 10.1

k_y Beiwert zur Berücksichtigung des Momentenverlaufs M_y und des bezogenen Schlankheitsgrads $\bar{\lambda}_{K,z}$

$$k_y = 1 - \frac{N}{\kappa_z \cdot N_{pl,d}} \cdot a_y \qquad \text{jedoch} \qquad k_y \leq 1$$

$$a_y = 0,15 \cdot \bar{\lambda}_{K,z} \cdot \beta_{M,y} - 0,15 \qquad \text{jedoch} \qquad a_y \leq 0,9$$

Eine Näherung auf der sicheren Seite ist mit $k_y = 1$ gegeben.

Besonders bei U- und C-Profilen ist zu beachten, daß planmäßige Torsion mit Nachweis (2/27) nicht erfaßt ist. T-Profile sind durch diese Regelung nicht erfaßt (Drillknickgefahr!).

10.2 Zweiachsige Biegung mit Normalkraft

10.2.1 Biegeknicken

Die Norm bietet zwei "gleichwertige" Nachweismethoden als Ersatzstabverfahren an; die Auswahl ist freigestellt. Es handelt sich jeweils um ein Formelwerk, das auf schwierig durchschaubare Art Momentenverlauf und Schlankheitsgrade der Stäbe für beide Momentenrichtungen, wie sie ggf. aus den Knicklängen am Gesamtsystem (übergeordneten System) hervorgehen, berücksichtigt.

[2/321] Nachweismethode 1

$$\frac{N}{\kappa \cdot N_{pl,d}} + \frac{M_y}{M_{pl,y,d}} \cdot k_y + \frac{M_z}{M_{pl,z,d}} \cdot k_z \leq 1 \qquad (2/28)$$

mit

$\kappa = min(\kappa_y, \kappa_z)$ der kleinere der beiden κ-Werte aus der maßgebenden KSL

$$k_y = 1 - \frac{N}{\kappa_y \cdot N_{pl,d}} \cdot a_y \qquad \text{jedoch} \qquad k_y \leq 1{,}5$$

$$a_y = \bar{\lambda}_{K,y} \cdot (2\beta_{M,y} - 4) + (\alpha_{pl,y} - 1) \qquad \text{jedoch} \qquad a_y \leq 0{,}8$$

$$k_z = 1 - \frac{N}{\kappa_z \cdot N_{pl,d}} \cdot a_z \qquad \text{jedoch} \qquad k_z \leq 1{,}5$$

$$a_z = \bar{\lambda}_{K,z} \cdot (2\beta_{M,z} - 4) + (\alpha_{pl,z} - 1) \qquad \text{jedoch} \qquad a_z \leq 0{,}8$$

mit

M_y und M_z — Größter Absolutwert der Biegemomente nach Theorie I.O. *ohne* Ansatz von Imperfektionen

$M_{pl,z,d}$ — Bemessungswert des Biegemoments M_z, wobei die sonst übliche Beschränkung $\alpha_{pl} = 1{,}25$ *nicht* gilt! Hier kann der Bemessungswert $M_{pl,z,d}{}^*$ verwendet werden, siehe Abschnitt 4.7.3.

$ß_{M,y}$ und $ß_{M,z}$ — $ß_M$-Werte für *Biegedrillknicken*(!) nach {2/11} bzw. Tab. 10.1

$\alpha_{pl,y}$ und $\alpha_{pl,z}$ — plastische Formbeiwerte für Biegemomente, wobei die sonst übliche Beschränkung auf $\alpha_{pl} = 1{,}25$ *nicht* gilt!

Eine Näherung auf der sicheren Seite ist mit $k_y = k_z = 1{,}5$ gegeben.

[2/322] Nachweismethode 2

$$\frac{N}{\kappa \cdot N_{pl,d}} + \frac{\beta_{m,y} \cdot M_y}{M_{pl,y,d}} \cdot k_y + \frac{\beta_{m,z} \cdot M_z}{M_{pl,z,d}} \cdot k_z + \Delta n \leq 1 \qquad (2/29)$$

mit

$\kappa = min(\kappa_y, \kappa_z)$ sowie M_y und M_z wie zuvor bei Nachweismethode 1

$ß_{m,y}$ und $ß_{m,z}$ — $ß_m$-Werte für Biegeknicken nach {2/11} bzw. Tab. 10.1

Δn — wie bei einachsiger Biegung, mit $\bar{\lambda}_K$ zugehörig zu κ

k_y und k_z — Beiwerte, die das Verhältnis der bezogenen Schlankheiten um beide Achsen berücksichtigen, siehe Tab. 10.2

Tab. 10.2 **Beiwerte k_y und k_z**

$\kappa_y < \kappa_z$	$k_y = 1$	$k_z = c_z$	$c_z = \frac{1}{c_y} = \frac{1 - \frac{N}{N_{pl,d}} \cdot \bar{\lambda}^2_{K,y}}{1 - \frac{N}{N_{pl,d}} \cdot \bar{\lambda}^2_{K,z}}$
$\kappa_y = \kappa_z$	$k_y = 1$	$k_z = 1$	
$\kappa_y > \kappa_z$	$k_y = c_y$	$k_z = 1$	

10.2.2 Biegedrillknicken

[2/323] Beziehung (2/27) lautet auf zweiachsige Biegung erweitert:

$$\frac{N}{\kappa_z \cdot N_{pl,d}} + \frac{M_y}{\kappa_M \cdot M_{pl,y,d}} \cdot k_y + \frac{M_z}{M_{pl,z,d}} \cdot k_z \leq 1 \qquad (2/30)$$

mit

$k_y = 1 - \frac{N}{\kappa_z \cdot N_{pl,d}} \cdot a_y$ jedoch $k_y \leq 1$

$a_y = 0,15 \cdot \bar{\lambda}_{K,z} \cdot \beta_{M,y} - 0,15$ jedoch $a_y \leq 0,9$ wie Abschn. 10.1.3

$k_z = 1 - \frac{N}{\kappa_z \cdot N_{pl,d}} \cdot a_z$ jedoch $k_z \leq 1,5$

$a_z = \bar{\lambda}_{K,z} \cdot (2\beta_{M,z} - 4) + (\alpha_{pl,z} - 1)$ jedoch $a_z \leq 0,8$ wie Abschn. 10.2.1, Nachweismethode 1

Eine Näherung auf der sicheren Seite ist mit $k_y = 1$ und $k_z = 1,5$ gegeben.
Auch hier kann als Bemessungswert für $M_{pl,z,d}^*$ angesetzt werden, siehe Abschnitt 4.7.3.

In allen Nachweisen des Abschnitts 10.2 ist planmäßige Torsion nicht erfaßt.

10.3 Zweiachsige Biegung ohne Normalkraft

Eine Erlaubnis zur Vernachlässigung geringer Normalkräfte enthält die Norm nicht. Es bestehen jedoch keine Bedenken, [2/312] mit Kriterium (2/22) auch hier anzuwenden, d.h. Normalkräfte dann zu vernachlässigen, wenn gilt:

$$\frac{N}{\kappa_z \cdot N_{pl,d}} \leq 0,1$$

Mit N = 0 ergeben sich aus den bekannten Formeln folgende Vereinfachungen:

10.3.1 Biegenachweis

Nachweis für zweiachsige Biegung, siehe Bild 4.7 bzw. {1/19}, mit $N/N_{pl,d} = 0$. Der Vorbehalt bezüglich der Begrenzung der Querkräfte ist zu beachten.

Biegeknicken ist nicht möglich.

10.3.2 Biegedrillknicken

Gleichung (2/30) vereinfacht sich zu

$$\frac{M_y}{\kappa_M \cdot M_{pl,y,d}} + \frac{M_z}{M_{pl,z,d}} \leq 1$$

10.4 Beispiele

10.4.1 Pendelstütze mit unterschiedlichen Knicklängen für Knicken um die y-Achse und um die z-Achse

Die Pendelstützen einer Hallenkonstruktion sind an Fuß- und Kopfpunkt gelenkig gelagert. Durch den Portalverband ist die Knicklänge um die schwache Achse gedrittelt worden.

Gebrauchslasten für Normalkraft N:

aus ständiger Last 75 kN,
aus Schneelast 125 kN.

Zusätzlich zu dieser aus Beispiel 8.5.2 bekannten Beanspruchung wird jede Stütze belastet:

aus Windlast w = 1,90 kN/m.

Werkstoff: S 235.

In den Knotenpunkten des Verbandes soll die Stütze gegen Verschieben in z-Richtung und gegen Verdrehen gehalten sein.

Für die *maßgebende* Grundkombination sind die Nachweise für Biegeknicken und Biegedrillknicken zu führen.

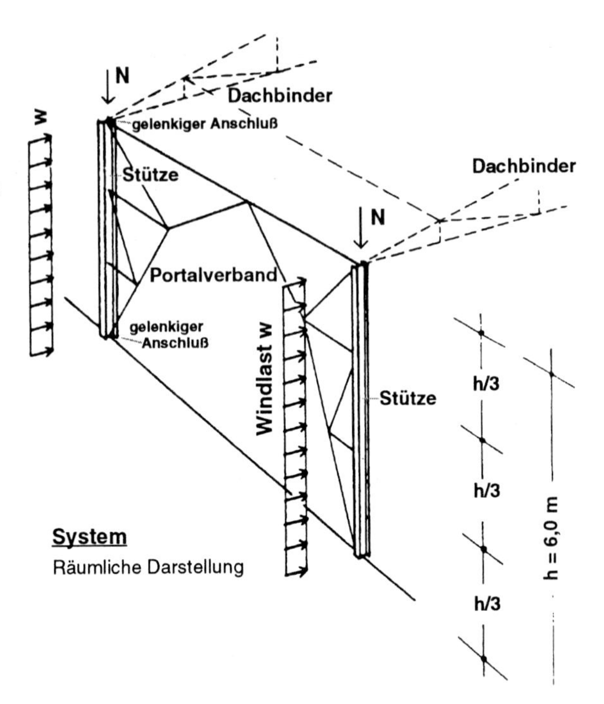

Es werden die Ergebnisse aus Beispiel 8.5.2 mitbenutzt.

Die Querkraft spielt für alle Nachweise keine Rolle.

IPE 200	$N_{pl,d} = 622$ kN	$s_{ky} = 600$ cm	$\bar{\lambda}_y = 0,782$	$\kappa_y = 0,806$
	$M_{pl,d} = 48,1$ kNm	$s_{kz} = 200$ cm	$\bar{\lambda}_z = 0,961$	$\kappa_z = 0,622$

Schnittgrößen (Gebrauchslasten = charakteristische Werte der Einwirkungen):

ständige Last:	N = 75 kN	M = 0
Schnee:	N = 125 kN	M = 0
Wind:	N = 0	$M = 1,90 \cdot 6,0^2/8 = 8,55$ kNm

Grundkombinationen (GK) **der Einwirkungen:**

GK1: g + s $\quad N_{S,d} = 1,35 \cdot 75 + 1,50 \cdot 125 = 289$ kN

$M_{S,d} = 0$

GK2: g + w $\quad N_{S,d} = 1,35 \cdot 75 = 101$ kN

$M_{S,d} = 1,50 \cdot 8,55 = 12,83$ kNm

GK3: g + s + w $N_{S,d} = 1,35 \cdot 75 + 1,50 \cdot 0,9 \cdot 125 = 270$ kN

$M_{S,d} = 1,50 \cdot 0,9 \cdot 8,55 = 11,54$ kNm

Untersuchung nur für **Grundkombination 3**, die hier *zweifellos* maßgebend wird.

Biegeknicken

Untersuchung, ob Nachweis auf Biegeknicken notwendig ist:

$$\frac{N}{\kappa_y \cdot N_{pl,d}} = \frac{270}{0,806 \cdot 622} = 0,539 > 0,1 \qquad \text{(wegen } \kappa_y \text{ siehe Beispiel 8.5.2!)}$$

Die Bedingung für "geringe Normalkraft" ist bei weitem *nicht* erfüllt! Ein Biegeknicknachweis ist erforderlich. Für den Term mit dem M-Anteil gilt:

Parabelförmiger Momentenverlauf: $\beta_m = 1$

Es *darf* $\Delta n = 0,1$ gesetzt werden. Damit wird:

$$\frac{N}{\kappa \cdot N_{pl,d}} + \frac{\beta_m \cdot M}{M_{pl,d}} + \Delta n = 0,539 + \frac{1,0 \cdot 11,54}{48,1} + 0,1 = 0,539 + 0,240 + 0,1 = 0,879 < 1 \qquad \textit{Erfüllt!}$$

Wegen $N/N_{pl,d} = 270/622 = 0,434 > 0,2$ dürfte erforderlichenfalls anstatt $M_{pl,d}$ auch $1,1 \cdot M_{pl,d}$ geschrieben werden.

Ebenfalls könnte Δn genau errechnet werden, was aber hier praktisch nichts bringt:

$$\Delta n = \frac{N}{\kappa \cdot N_{pl,d}} \cdot \left(1 - \frac{N}{\kappa \cdot N_{pl,d}}\right) \cdot \kappa^2 \cdot \bar{\lambda}_K^2 = 0,539 \cdot 0,461 \cdot 0,806^2 \cdot 0,782^2 = 0,099 \approx 0,1$$

Eine genaue Berechnung von Δn lohnt um so mehr, je näher $\frac{N}{\kappa \cdot N_{pl,d}}$ bei 0 oder bei 1 liegt.

Verschärft lautet der Nachweis also:

$$\frac{N}{\kappa \cdot N_{pl,d}} + \frac{\beta_m \cdot M}{1,1 \cdot M_{pl,d}} + \Delta n = 0,539 + \frac{1,0 \cdot 11,54}{1,1 \cdot 48,1} + 0,099 = 0,539 + 0,218 + 0,099 = 0,856 < 1$$

Biegedrillknicken (BDK)

Untersuchung, ob beim BDK-Nachweis der N-Anteil vernachlässigt werden kann:

$$\frac{N}{\kappa_z \cdot N_{pl,d}} = \frac{270}{0,622 \cdot 622} = 0,698 > 0,1 \qquad \text{(wegen } \kappa_z \text{ siehe Beispiel 8.5.2!)}$$

Im BDK-Nachweis ist also der N-Anteil zu beachten (andernfalls hätte der gewöhnliche BDK-Nachweis nach (2/16) oder ein vereinfachtes Verfahren genügt)!

Vereinfachend *darf* mit $\kappa_M = 1$ gerechnet werden, *wenn* h < 60 cm (hier *erfüllt*) *und* nach (2/21):

$$l \le \frac{b \cdot t}{h} \cdot 200 \cdot \frac{240}{f_{y,k}} = \frac{10 \cdot 0,85}{20} \cdot 200 \cdot \frac{240}{240} = 85 \text{ cm.}$$

Wegen l = 200 cm > 85 cm ist dies *nicht erfüllt!* Es darf also *nicht* mit $\kappa_M = 1$ gerechnet werden.

Es ist $\bar{\lambda}_M$ und daraus κ_M zu ermitteln. Dafür muß $M_{Ki,y,d}$ berechnet werden.

$M_{Ki,y,d}$ wird zunächst mit Hilfe der Näherungsformel (2/20) bestimmt, und mit dem daraus errechneten κ_M-Wert wird der Nachweis versucht:

$$M_{Ki,y,d} = \frac{1,32 \cdot b \cdot t \cdot EI_y}{l \cdot h^2 \cdot \gamma_M} = \frac{1,32 \cdot 10 \cdot 0,85 \cdot 21000 \cdot 1940}{200 \cdot 20^2 \cdot 1,1 \cdot 100} = 51,95 \approx 52,0 \text{ kNm}$$

Anmerkung: Der Abstand der Kipphalterung ist mit 200 cm angesetzt. Es muß konstruktiv gewährleistet sein, daß durch den Verband zumindest die Druckgurtseite gegen Ausweichen aus der Systemebene ausreichend gesichert ist.

$$\bar{\lambda}_M = \sqrt{\frac{M_{pl,y,d}}{M_{Ki,y,d}}} = \sqrt{\frac{48,1}{52,0}} = 0,962 > 0,4$$

Der M-Verlauf im mittleren Drittel des Stabes ist fast konstant. Es ist $M_{li} = M_{re}$. Damit ist nach

Bild 8.11: $k_n = 0{,}8$ und $n = n^* \cdot k_n = 0,8 \cdot 2,5 = 2,0$

$\kappa_M = 0,732$ interpoliert mit Tabelle 8.3

Genau rechnet man mit (2/28): $\kappa_M = 0,734$

Damit $\frac{M_y}{\kappa_M \cdot M_{pl,y,d}} = \frac{11,54}{0,734 \cdot 48,1} = 0,327$

Vereinfachend *darf* $k_y = 1$ gesetzt werden, und damit wird:

$$\frac{N}{\kappa_z \cdot N_{pl,d}} + \frac{M_y}{\kappa_M \cdot M_{pl,y,d}} \cdot 1 = 0,698 + 0,327 \cdot 1 = 1,025 > 1$$

Weil der Nachweis knapp *nicht erfüllt* ist, wird jetzt auch noch k_y genau berechnet:

Tabelle {2/11} $\beta_M = \beta_{M,\psi} + \frac{M_Q}{\Delta M} \cdot (\beta_{M,Q} - \beta_{M,\psi})$ mit $\frac{M_Q}{\Delta M} = \frac{1}{9}$ und $\psi = 1$

Maßgebend ist der Momenten-Verlauf im mittleren Drittel des Stabes:

Mit $\beta_{M,\psi} = 1,8 - 0,7 \cdot \psi = 1,8 - 0,7 \cdot 1 = 1,1$

und $\beta_{M,Q} = 1,3$

wird $\beta_M = 1,1 + \frac{1}{9} \cdot (1,3 - 1,1) = 1,122$

$$a_y = 0,15 \cdot \bar{\lambda}_{K,z} \cdot \beta_{M,y} - 0,15 = 0,15 \cdot 0,961 \cdot 1,122 - 0,15 = 0,012$$

$$k_y = 1 - \frac{N}{\kappa_z \cdot N_{pl,d}} \cdot a_y = 1 - 0,698 \cdot 0,012 = 0,992$$

(2/27): $$\frac{N}{\kappa_z \cdot N_{pl,d}} + \frac{M_y}{\kappa_M \cdot M_{pl,y,d}} \cdot k_y = 0,698 + 0,325 \cdot 0,992 = 1,020 > 1$$

Verlauf M_y
untersuchter Bereich
2,00 m
2,00 m
2,00 m
ψM_1
ΔM
M_1
M_Q
$M_Q = \Delta M/9$

Der Nachweis, bei dem $M_{Ki,y,d}$ mit (2/20) *näherungsweise* bestimmt worden ist, ist *nicht erfüllt.*

Da i.a. in (2/20) noch Reserven vorhanden sind, wird nachfolgend $M_{Ki,y,d}$ "genau" berechnet und damit erneut der Nachweis versucht:

(2/19) $$M_{Ki,y,d} = \zeta \cdot N_{Ki,z} \cdot (\sqrt{c^2 + 0,25 z_p^2} + 0,5 \cdot z_p)/\gamma_M$$

M-Verlauf im mittleren Drittel fast konstant, deshalb Momentenform-Beiwert $\zeta = 1$.

$$N_{Ki,z,d} = \frac{\pi^2 \cdot EI_z}{l^2 \cdot \gamma_M} = \frac{\pi^2 \cdot 2,1 \cdot 142}{2,0^2 \cdot 1,1} = 669 \text{ kN}$$

$$c^2 = \frac{I_\omega + 0,039 \cdot l^2 \cdot I_T}{I_z} = \frac{12990 + 0,039 \cdot 200^2 \cdot 7,02}{142} = 168,6 \text{ cm}^2$$

$z_p = -10$ cm wegen Lastangriff OK Träger

$$M_{Ki,y,d} = 1,0 \cdot 669 \cdot (\sqrt{168,6 + 25} - 5) \cdot 1/100 = 59,6 \text{ kNm}$$

oder mit Müller-Tafel: Ablesewert: $\sigma_{Ki} = 32,2 \text{ kN/cm}^2$

$$M_{Ki,y,d} = \frac{\sigma_{Ki}}{\gamma_M} \cdot \zeta \cdot \frac{2 \cdot I_y}{h - t} = \frac{32,2}{1,1} \cdot 1,0 \cdot \frac{2 \cdot 1940}{20 - 0,85} \cdot \frac{1}{100} = 59,3 \text{ kNm}$$

Damit $\bar{\lambda}_M = \sqrt{\frac{48,1}{59,6}} = 0,898$ und mit n = 2,0 (wie zuvor): $\kappa_M = 0,778$

$$\frac{N}{\kappa_z \cdot N_{pl,d}} + \frac{M_y}{\kappa_M \cdot M_{pl,y,d}} \cdot k_y = 0,698 + \frac{11,54}{0,778 \cdot 48,1} \cdot 0,992 = 0,698 + 0,308 = 1,006 \approx 1$$

Der Nachweis ist gerade *erfüllt!*

Der Term $\kappa_M \cdot M_{pl,y,d}$ läßt sich prinzipiell auch mit den Nomogrammen von Künzler bestimmen, was hier nur daran scheitert, daß im Buch die entsprechende Tafel fehlt (siehe aber Teil 2!).

Kritik der Nachweis-Verfahren für Knicken und Biegedrillknicken nach dem Ersatzstab-Verfahren: Herkunft und Ermittlung der genauen Beiwerte Δn und k_y sind undurchsichtig und umständlich.

10.4.2 Ausmittig belastete Druckstützen

Für die zwei 6,0 m langen Stützen mit unterschiedlichen Randbedingungen und Querschnitten gelten dieselben Bemessungslasten:

$N_1 =$ 350 kN,
$N_2 =$ 50 kN,
$H =$ ± 6 kN.

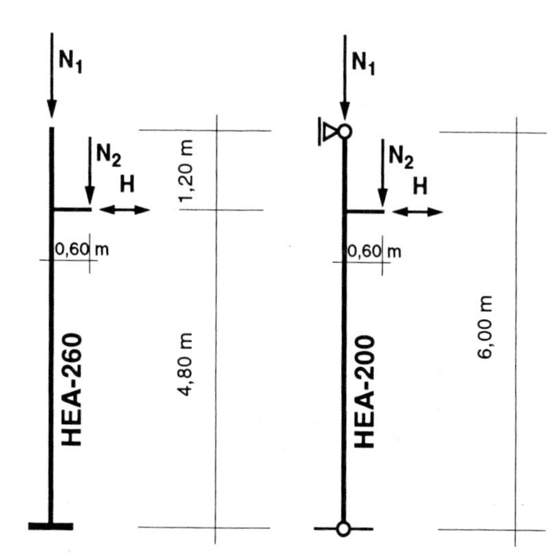

Für die eingespannte und die beidseits gelenkig gelagerte Stütze ist jeweils der Biegeknicknachweis um die y-Achse zu führen.

Senkrecht zur dargestellten x-z-Ebene seien beide Systeme ausreichend stabilisiert, so daß Knicken um die z-Achse bzw. Biegedrillknicken nicht nachgewiesen werden sollen.

Eingespannte Stütze HEA-260

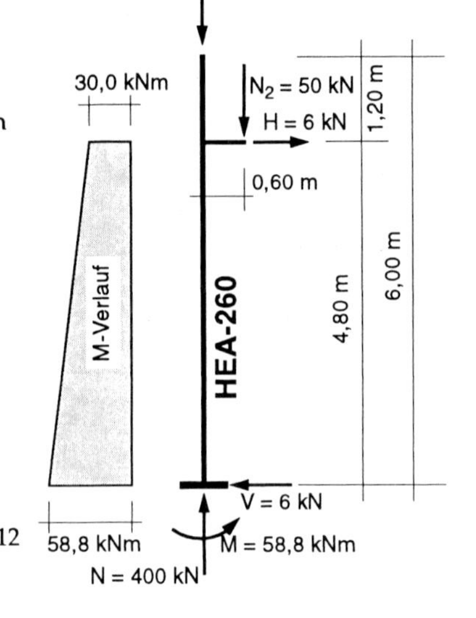

Lagerreaktionen: $N = 350 + 50 = 400 \text{kN}$

$V_z = 6 \text{kN}$

Schnittgrößen: $M_{y,o} = 50 \cdot 0,6 = 30,0 \text{ kNm}$

$M_{y,u} = 30,0 + 6 \cdot 4,8 = 58,8 \text{ kNm}$

Knicklänge für veränderliche Normalkraft N:

Verhältniswerte: $\alpha = \frac{L_u}{L} = \frac{4,8}{6,0} = 0,8$

$\gamma = \frac{N_o}{N} = \frac{350}{400} = 0,875$

interpoliert: $\beta = \frac{1,91 \cdot 0,125 + 2,00 \cdot 0,075}{0,200} = 1,944$

Knicklänge: $s_{Ky} = 1,944 \cdot 600 = 1166 \text{ cm}$

$\bar{\lambda}_y = \frac{1166}{11,0 \cdot 92,93} = 1,141 \qquad \kappa_b = 0,512$

$\frac{N}{\kappa \cdot N_{pl,d}} = \frac{400}{0,512 \cdot 1890} = 0,413 < 1$

Biegung: $\beta_m = 1,0$ wegen oben verschieblichem Stabende!

Wegen $N/N_{pl,d} = 400/1890 = 0,21 > 0,2$ darf der M-Term durch 1,1 dividiert werden.

Nachweis: $\frac{N}{\kappa \cdot N_{pl,d}} + \frac{\beta_m \cdot M}{1,1 \cdot M_{pl,d}} + \Delta n = 0,413 + \frac{1,0 \cdot 58,8}{1,1 \cdot 201} + 0,1 = 0,779 < 1$

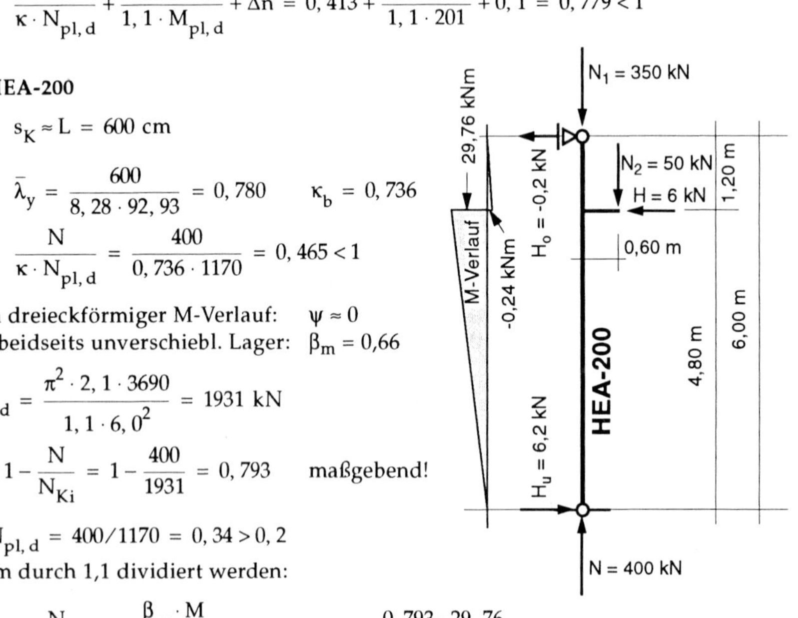

Pendelstütze HEA-200

Knicklänge: $s_K \approx L = 600 \text{ cm}$

$\bar{\lambda}_y = \frac{600}{8,28 \cdot 92,93} = 0,780 \qquad \kappa_b = 0,736$

$\frac{N}{\kappa \cdot N_{pl,d}} = \frac{400}{0,736 \cdot 1170} = 0,465 < 1$

Biegung: Etwa dreieckförmiger M-Verlauf: $\psi \approx 0$
und beidseits unverschiebl. Lager: $\beta_m = 0,66$

Aber: $N_{Ki,d} = \frac{\pi^2 \cdot 2,1 \cdot 3690}{1,1 \cdot 6,0^2} = 1931 \text{ kN}$

$\beta_m \geq 1 - \frac{N}{N_{Ki}} = 1 - \frac{400}{1931} = 0,793$ maßgebend!

Wegen $N/N_{pl,d} = 400/1170 = 0,34 > 0,2$
darf der M-Term durch 1,1 dividiert werden:

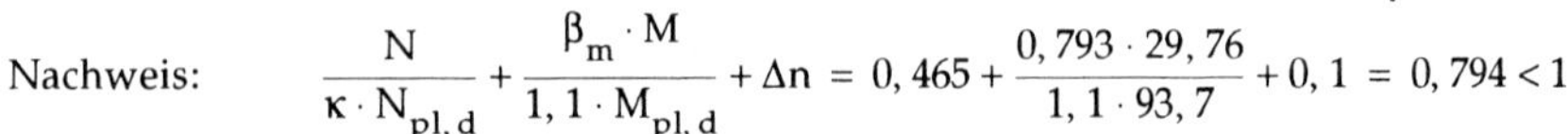

Nachweis: $\frac{N}{\kappa \cdot N_{pl,d}} + \frac{\beta_m \cdot M}{1,1 \cdot M_{pl,d}} + \Delta n = 0,465 + \frac{0,793 \cdot 29,76}{1,1 \cdot 93,7} + 0,1 = 0,794 < 1$

10.4.3 Zug- und Druckstab mit ausmittiger Belastung

Der dargestellte genietete Querschnitt, Werkstoff S 235, Niete d = 13 mm, aus einer alten Stahlkonstruktion soll nachgerechnet werden für ausmittig zur y-Achse angreifende Stablängskräfte:

1) F_d = + 555 kN, Kraftangriff am unteren Querschnittsrand,
2) F_d = - 555 kN, Kraftangriff am oberen Querschnittsrand,
3) F_d = - 555 kN, Kraftangriff am unteren Querschnittsrand.

Die angegebenen Kräfte sind die Bemessungswerte für die Längskräfte.

Für die Druckstäbe ist die Knicklänge s_{ky} = 8,00 m. Senkrecht zur z-Achse sei der Stab gegen Ausweichen ausreichend gehalten.

Querschnittswerte:
$A = 88{,}0\ cm^2$; $I_y = 7350\ cm^4$

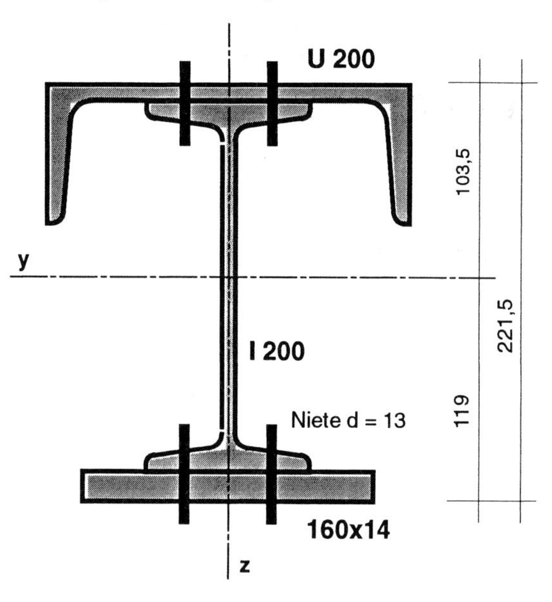

1) **Zugkraft am unteren Querschnittsrand**

Lochabzug: $\Delta A = 2 \cdot 1,3 \cdot (1,4 + 1,13) = 6,58 \approx 6,6\ cm^2$ Lochabzug nur im Zugbereich!

$$\frac{A_{Brutto}}{A_{Netto}} = \frac{88}{88 - 6,6} = 1,08 < 1,2$$ Lochabzug muß nicht berücksichtigt werden!

E-E: $$\sigma_{Z,d} = \frac{555}{88} + \frac{555 \cdot 11,9}{7350} \cdot 11,9 = 6,31 + 10,69 = 17,00\ kN/cm^2 < 21,82\ kN/cm^2 = \sigma_{R,d}$$

Die Druckspannung am oberen Querschnittsrand muß nicht nachgewiesen werden, weil deren Wert auf jeden Fall kleiner ist als derjenige der Zugspannung am unteren Rand.

2) **Druckkraft am oberen Querschnittsrand**

E-E: $$\sigma_{D,d} = \frac{555}{88} + \frac{555 \cdot 10,35}{7350} \cdot 10,35 = 6,31 + 8,09 = 14,40\ kN/cm^2 < 21,82\ kN/cm^2 = \sigma_{R,d}$$

Der Knicknachweis erfordert die (etwas aufwendige) Berechnung von $M_{pl,y,d}$.

Dazu muß der Querschnitt in 2 flächengleiche Teile zerlegt werden und es müssen die Statischen Momente der beiden Querschnittshälften (ges. $A = 88\ cm^2$) berechnet werden. Ausmitte e der Flächenhalbierenden gegen halbe Höhe I 200:

Fl. 160x14	$A = 22,4\ cm^2$
1/2 I 200	$\underline{A = 16,7\ cm^2}$
Summe bis halbe Höhe des I 200:	$A^* = 39,1\ cm^2$

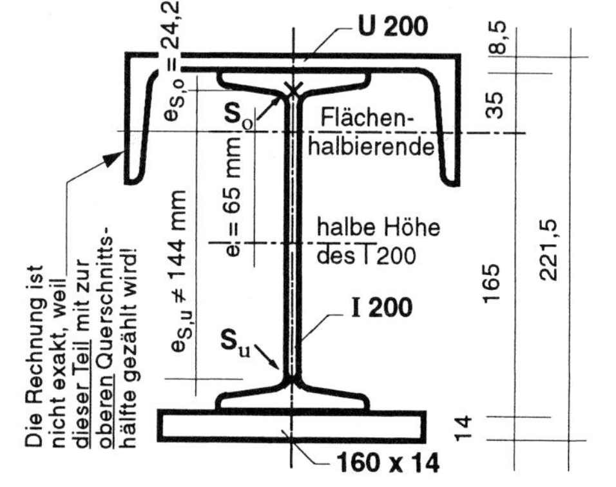

Halbe Gesamtfläche: $A/2 = 88/2 = 44{,}0\ cm^2$
Differenz: $\Delta A = A/2 - A^* = 44{,}0 - 39{,}1 = 4{,}9\ cm^2$
Stegdicke des I 200: $s = 0{,}75\ cm$
Abstand der Flächenhalbierenden von der halben Höhe des I 200: $e = 4{,}9/0{,}75 = 6{,}5\ cm$

Statisches Moment oberer Teil des I 200: $S_{y,o,I} = 124 - 6,5 \cdot 16,7 + 0,75 \cdot 6,5^2/2 = 31,3\ cm^3$

Erklärung: *max* $S_{y,I} = 124\ cm^3$ $1/2\ A_I = 16{,}7\ cm^2$ Verschiebung Bezugslinie $e = 6{,}5\ cm$

Schwerpunktsabst. U 200 von Flächenhalbierender: $e_{U200} = 0,85 + 3,5 - 2,01 = 2,34\ cm$

Ges.s Stat. Moment der oberen Querschnittshälfte: $S_{y,o} = 31,3 + 32,2 \cdot 2,34 = 106,6\ cm^3$

Schwerpunktsabstand obere Querschnittshälfte von der Flächenhalbierenden:

$$e_{S,o} = 106,6/44 = 2,42\ cm$$

Entsprechend für die untere Querschnittshälfte:

$$S_{y,u,I} = 124 + 6,5 \cdot 16,7 + 0,75 \cdot 6,5^2/2 = 248,4\ cm^3$$

$$S_{y,u} = 248,4 + 22,4 \cdot 17,2 = 633,7\ cm^3$$

$$e_{S,u} = 633,7/44 = 14,40\ cm$$

Gesamter Hebelarm der Querschnittshälften: $e_S = e_{S,o} + e_{S,u} = 2,42 + 14,40 = 16,82\ cm$

Damit erhält man das vollplast. Moment: $M_{pl,y,d} = \dfrac{44 \cdot 24 \cdot 0,1682}{1,1} = 161,5\ kNm$

Biegemoment aus Ausmitte der Last: $M = 555 \cdot 0,1035 = 57,44\ kNm$

Vollplastische Normalkraft: $N_{pl,d} = \dfrac{88 \cdot 24}{1,1} = 1920\ kN$

Momentenbeiwert für Biegeknicken: $\beta_m = 1{,}1$

$$i_y = \sqrt{\frac{7350}{88}} = 9,14\ cm \qquad \lambda_K = \frac{800}{9,14} = 87,54 \qquad \bar{\lambda}_K = \frac{87,54}{92,93} = 0,942 \qquad \kappa_b = 0,634$$

$$\frac{N}{\kappa \cdot N_{pl,d}} + \frac{\beta_m \cdot M}{M_{pl,d}} + \Delta n = \frac{555}{0,634 \cdot 1920} + \frac{1,1 \cdot 57,44}{161,5} + 0,1 = 0,456 + 0,391 + 0,1 = 0,947 < 1$$

3) **Druckkraft am unteren Querschnittsrand**

Biegemoment aus Ausmitte (negatives Moment!): $M = -555 \cdot 0,119 = -66,05\ kNm$

$$\frac{N}{\kappa \cdot N_{pl,d}} + \frac{\beta_m \cdot M}{M_{pl,d}} + \Delta n = \frac{555}{0,634 \cdot 1920} + \frac{1,1 \cdot 66,05}{161,5} + 0,1 = 0,456 + 0,450 + 0,1 = 1,006 \approx 1$$

Der Nachweis ist praktisch exakt erfüllt!

Der Nachweis kann evtl. durch genauere Ermittlung von Δn verbessert werden:

$$\Delta n = \frac{N}{\kappa \cdot N_{pl,d}} \cdot \left(1 - \frac{N}{\kappa \cdot N_{pl,d}}\right) \cdot \kappa^2 \cdot \bar{\lambda}_K^2 = 0,456 \cdot (1 - 0,456) \cdot 0,634^2 \cdot 0,942^2 = 0,088 < 0,1$$

$$\frac{N}{\kappa \cdot N_{pl,d}} + \frac{\beta_m \cdot M}{M_{pl,d}} + \Delta n = \frac{555}{0,634 \cdot 1920} + \frac{1,1 \cdot 66,05}{147} + \Delta n = 0,456 + 0,450 + 0,088 = 0,994 \approx 1$$

10.4.4 Zug und zweiachsige Biegung

Schnittgrößen (Bemessungswerte): N_d = + 1120 kN (Zug), $M_{y,d}$ = 350 kNm, $M_{z,d}$ = 42 kNm.

Querkräfte sind vernachlässigbar: $V_z/V_{pl,z,d} < 0{,}33$ und $V_y/V_{pl,y,d} < 0{,}25$.

Querschnitt: HEB-400. Werkstoff: S 235.

Die Bemessung soll nach den Verfahren E-E (mit örtlicher Plastizierung) *und* E-P durchgeführt werden. Die Ergebnisse nach beiden Verfahren sind zu vergleichen.

1) E-E mit örtl. Plastizierung: $\sigma_x = \left|\frac{N}{A} \pm \frac{M_y}{\alpha_{pl,y}^* \cdot W_y} \pm \frac{M_z}{\alpha_{pl,z}^* \cdot W_z}\right| \le f_{y,d} = \frac{f_{y,k}}{\gamma_M}$

$$\sigma = \frac{1120}{198} + \frac{35000}{1,14 \cdot 2880} + \frac{4200}{1,25 \cdot 721} = 5,66 + 10,66 + 4,66 = 20,98 \text{ kN/cm}^2 < 21,82 \text{ kN/cm}^2$$

2) Nachweis E-P: $\frac{M_{y,d}}{M_{pl,y,d}} = \frac{350}{705} = 0,496$ $\qquad \frac{M_{z,d}}{M_{pl,z,d}} = \frac{42}{197} = 0,213$

Diese Momentenbeanspruchung läßt gemäß Bild 4.7 etwa noch zu: $\frac{N}{N_{pl,d}} \le 0,56$

Vorhanden: $\frac{N}{N_{pl,d}} = \frac{1120}{4316} = 0,259 < 0,56$ Der Nachweis ist *erfüllt*!

3) Vergleich: E-E: Ausnutzung $\eta = 20,96/21,82 = 0,961$

E-P: Versuch mit auf 1,4-fach erhöhten Schnittgrößen (entspricht $\eta = 0{,}714$):
$M_y/M_{pl,y,d} = 490/705 = 0{,}695$ und $M_z/M_{pl,z,d} = 58{,}8/197 = 0{,}298$
Bild 4.7 → $N/N_{pl,d} \le$ ca. $0{,}36 \approx 1568/4316 = 0{,}363$ → Etwa noch möglich.

Ergebnis: Der plastische Nachweis zeigt erheblich günstigere Werte als der elastische Nachweis!

10.4.5 Durchlaufträger mit schiefer Biegung (Dachpfette)

Die Dachpfetten eines 15° geneigten Daches sind Durchlaufträger mit Stützweiten L = 3 x 6,0 m.

Querschnitt: HEA-120. Werkstoff: S 235.

Gebrauchslasten: Dacheindeckung: $g_D = 0{,}12$ kN/m² (in der Dachebene!)
Schnee: Schneelastzone II, Geländehöhe h = 350 m.

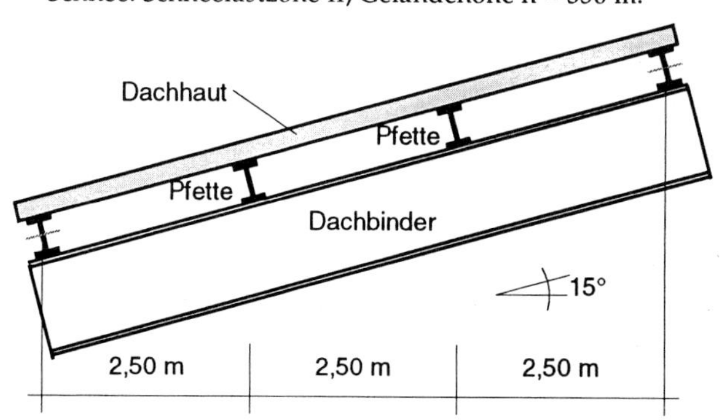

Für alle Aufgaben (mit Ausnahme von 4) soll angenommen werden, daß die seitliche Stabilisierung der Pfetten durch die Dachhaut gegeben ist (Biegedrillknicken ist dann *nicht* möglich).

1) Die Innenpfetten sind nach dem vereinfachten Traglastverfahren nachzuweisen.

2) Es soll festgestellt werden, ob eine Pfette zusätzlich infolge Windbelastung eine mittige Zugkraft von 120 kN (= Gebrauchslast) aufnehmen kann.

3) Es soll festgestellt werden, ob eine Pfette zusätzlich infolge Windbelastung eine Druckkraft von 20 kN (= Gebrauchslast) aufnehmen kann. Hierfür ist der Biegeknicknachweis zu führen.

4) Wie 3), jedoch soll die Dachhaut *nicht* zur seitlichen Stabilisierung herangezogen werden. Hierfür ist sind Biegeknicknachweis und Biegedrillknicknachweis zu führen.

5) Wie 1), jedoch sollen die Mittelpfetten als Querschnitt IPE 120 ausgeführt werden. Die Pfetten werden in Dachebene jeweils in Feldmitte zwischen den Dachbindern abgehängt (Halbierung der Stützweite für Biegung um die z-Achse!).

Anmerkung: Eine zusätzliche Einwirkung aus Winddruck auf die Dachfläche muß bei Dächern mit weniger als 25° Dachneigung nicht untersucht werden. Windsog wird in Verbindung mit den Einwirkungen aus ständiger Last bei Gebäudehöhen kleiner als 20 m und Dachneigungen kleiner als 45° nie maßgebend.

1) **Biege-Nachweis nach dem Verfahren P-P** (mit vereinfachten Ansätzen für die Momente)

HEA-120 $N_{pl,d} = 553$ kN; $M_{pl,y,d} = 26{,}1$ kNm; $M_{pl,z,d} = 10{,}5$ kNm; $V_{pl,z,d} = 66{,}8$ kN; $V_{pl,y,d} = 242$ kN.

Mit $\alpha_{pl,z} = 1{,}5$: $M_{pl,z,d}^{*} = 1{,}5 \cdot W_{el} \cdot \sigma_{R,d} = 1{,}5 \cdot 38{,}5 \cdot 21{,}82/100 = 12{,}6$ kNm

Lasten Eigenlast des Trägers: $g = 0{,}20$ kN/m

Schneelast (Zone II, h = 350 m): $s = 0{,}75$ kN/m^2 Dachneigung: $\alpha = 15^\circ$.

Bemessungswert für die Einwirkung

$$q_d = 1{,}35 \cdot \left(\frac{0{,}12 \cdot 2{,}50}{\cos\alpha} + 0{,}20\right) + 1{,}50 \cdot 0{,}75 \cdot 2{,}50 = 0{,}69 + 2{,}81 = 3{,}50 \text{ kN/m}$$

Bemessungsmomente bei vereinfachtem Traglastverfahren

$$M_y = \frac{q_z \cdot L^2}{11} = \frac{q \cdot \cos\alpha \cdot L^2}{11} = \frac{3{,}50 \cdot 0{,}966 \cdot 6{,}0^2}{11} = 11{,}06 \text{ kNm}$$

$$M_z = \frac{q_y \cdot L^2}{11} = \frac{q \cdot \sin\alpha \cdot L^2}{11} = \frac{3{,}50 \cdot 0{,}259 \cdot 6{,}0^2}{11} = 2{,}96 \text{ kNm}$$

P-P: $$\frac{M_y}{M_{pl,y,d}} + \frac{M_z}{M_{pl,z,d}^{*}} = \frac{11{,}06}{26{,}1} + \frac{2{,}96}{12{,}6} = 0{,}424 + 0{,}235 = 0{,}659 < 1$$ vereinfachte Interaktion

Gemäß [1/755] ist bei Einfeld- und Durchlaufträgern mit gleichbleibendem Querschnitt $\alpha_{pl,z}$ nicht begrenzt; daher darf hier mit dem Wert $M_{pl,z,d}^{*}$ gerechnet werden.

$$V_z = \frac{q \cdot L}{2} \cdot \cos\alpha + \frac{M_y}{L} = \frac{3{,}50 \cdot 6{,}0}{2} \cdot \cos\alpha + \frac{11{,}06}{6{,}0} = 10{,}14 + 1{,}84 = 11{,}98 \text{ kN}$$

$$V_y = \frac{q \cdot L}{2} \cdot \sin\alpha + \frac{M_z}{L} = \frac{3{,}50 \cdot 6{,}0}{2} \cdot \sin\alpha + \frac{2{,}96}{6{,}0} = 2{,}72 + 0{,}49 = 3{,}21 \text{ kN}$$

$$\frac{V_z}{V_{pl,z,d}} = \frac{11{,}98}{66{,}8} = 0{,}179 < 0{,}33$$

$$\frac{V_y}{V_{pl,z,y}} = \frac{3{,}21}{242} = 0{,}013 < 0{,}25$$

Beim Nachweis P-P ist die Einhaltung beider Bedingungen zusammen Voraussetzung für reine Interaktion N-M_y-M_z ohne Berücksichtigung der Querkräfte.

2) **Zweiachsige Biegung + Zugkraft**

Bemessungswerte für die Einwirkung

$$q_d = 1{,}35 \cdot \left(\frac{0{,}12 \cdot 2{,}50}{\cos\alpha} + 0{,}199\right) + 1{,}35 \cdot 0{,}75 \cdot 2{,}50 = 0{,}69 + 2{,}53 = 3{,}22 \text{ kN/m}$$

$$N_d = 1{,}35 \cdot 120 = 162{,}0 \text{ kN}$$

P-P:

$$\frac{M_y}{M_{pl,y,d}} = \frac{3{,}22 \cdot \cos\alpha \cdot 6{,}0^2}{11 \cdot 26{,}1} = \frac{10{,}18}{26{,}1} = 0{,}390$$

$$\frac{M_z}{M_{pl,z,d}^*} = \frac{3{,}22 \cdot \sin\alpha \cdot 6{,}0^2}{11 \cdot 12{,}6} = \frac{2{,}727}{12{,}6} = 0{,}216$$

Bild 4.7: $\frac{max N}{N_{pl,d}} \approx 0{,}7 \quad \rightarrow \quad max\ N_d = 0{,}7 \cdot 553 = 387 \text{ kN} > 162 \text{ kN}$

Der Nachweis ist *erfüllt*.

3) **Zweiachsige Biegung + Druckkraft** (*mit* seitlicher Stabilisierung durch die Dachhaut)

Bemessungswerte für die Einwirkung

Wie vor: $\frac{M_y}{M_{pl,y,d}} = 0{,}390, \quad \frac{M_z}{M_{pl,z,d}^*} = \frac{2{,}727}{12{,}60} = 0{,}216$ und $\frac{M_z}{M_{pl,z,d}} = \frac{2{,}727}{10{,}5} = 0{,}260$

$$N_d = 1{,}35 \cdot 20 = 27{,}0 \text{ kN}$$

Biegeknicken um die y-Achse, bei gleichzeitiger Wirkung von M_z

Knicken um die z-Achse ist nicht möglich (Stabilisierung durch die Dachhaut).

$$\bar{\lambda}_y = \frac{600/4{,}89}{92{,}93} = 1{,}320 \quad \rightarrow \quad \kappa_b = 0{,}417$$

$$\frac{N}{\kappa_y \cdot N_{pl,d}} = \frac{27}{0{,}417 \cdot 553} = 0{,}117 > 0{,}1 \quad \rightarrow \quad \text{Normalkraft nicht vernachlässigbar.}$$

Nachweismethode 1

$$\frac{N}{\kappa_y \cdot N_{pl,d}} + \frac{M_y}{M_{pl,y,d}} \cdot k_y + \frac{M_z}{M_{pl,z,d}^*} \cdot k_z \le 1$$

Bei Nachweismethode 1 ist $\alpha_{pl,z}$ unbegrenzt! $M_{pl,z,d}^*$ ist deshalb mit $\alpha_{pl,z} = 1{,}5$ berechnet worden.

Weil die Dachhaut zur seitlichen Stabilisierung der Pfette herangezogen werden darf, ist Ausweichen um die z-Achse nicht möglich. Also gilt $k_z \le 1$. Es wird $k_z = 1$ gesetzt.

Auf der sicheren Seite liegend wird außerdem $k_y = 1{,}5$ gesetzt.

$$\frac{N}{\kappa_y \cdot N_{pl,d}} + \frac{M_y}{M_{pl,y,d}} \cdot k_y + \frac{M_z}{M_{pl,z,d}^*} \cdot k_z = 0{,}117 + 0{,}390 \cdot 1{,}5 + 0{,}216 \cdot 1{,}0 = 0{,}918 < 1$$

Nachweismethode 2

$$\frac{N}{\kappa \cdot N_{pl,d}} + \frac{\beta_{m,y} \cdot M_y}{M_{pl,y,d}} \cdot k_y + \frac{\beta_{m,z} \cdot M_z}{M_{pl,z,d}} \cdot k_z + \Delta n \le 1$$

Bei Nachweismethode 2 ist $\alpha_{pl,z}$ auf 1,25 begrenzt!

Weil Knicken um die z-Achse nicht möglich ist, gilt $\bar{\lambda}_z = 0$ und $\kappa_z = 1$.

Es ist $\kappa_y = 0{,}417 < \kappa_z = 1$. Damit nach Tab. 10.2: $k_y = 1$ und

$$k_z = c_z = 1 - \frac{N}{N_{pl,d}} \cdot \bar{\lambda}_{K,y}^2 = 1 - \frac{27}{553} \cdot 1,320^2 = 0,915$$

Weil der M-Verlauf an einem Stabende "Null" ist, wird $\psi = 0$ und damit: $\beta_{m,y} = \beta_{m,z} = 1$.

Interaktion: $\eta = 0,117 + 0,390 \cdot 1,0 + 0,260 \cdot 0,915 + 0,1 = 0,845 < 1$

Beide Nachweismethoden 1 und 2 sind noch nicht völlig ausgeschöpft. Genaue Nachrechnung:

Bei **Nachweismethode 1** wird: $k_y = 1,142$ und $k_z = 0,976$. Damit: $\eta = 0{,}773 < 1$.

Bei **Nachweismethode 2** wird: $\Delta n = 0,031$. Damit: $\eta = 0{,}776 < 1$.

Damit stimmen auch die Ergebnisse nach beiden Methoden sehr gut überein.

Biegedrillknicken muß wegen vorausgesetzter seitlichen Stabilisierung nicht untersucht werden.

4) **Zweiachsige Biegung + Druckkraft** (*ohne* seitliche Stabilisierung durch die Dachhaut)

Bemessungswerte für die Einwirkung wie zuvor:

Wie vor: $\frac{M_y}{M_{pl,y,d}} = 0,390$ $\frac{M_z}{M^*_{pl,z,d}} = 0,216$ $\frac{M_z}{M_{pl,z,d}} = 0,260$

Jetzt ist jedoch der **Knicknachweis um die z-Achse** zu führen!

$$\bar{\lambda}_y = \frac{600/4,89}{92,93} = 1,320 \rightarrow \kappa_b = 0{,}417 \rightarrow \frac{N}{\kappa_y \cdot N_{pl,d}} = \frac{27}{0,417 \cdot 553} = 0,117$$

$$\bar{\lambda}_z = \frac{600/3,02}{92,93} = 2,138 \rightarrow \kappa_c = 0{,}175 \rightarrow \frac{N}{\kappa_z \cdot N_{pl,d}} = \frac{27}{0,175 \cdot 553} = 0,279$$

Nachweismethode 1

Mit $k_y = k_z = 1{,}5$ (auf der sicheren Seite) wird:

$$\frac{N}{\kappa_z \cdot N_{pl,d}} + \frac{M_y}{M_{pl,y,d}} \cdot k_y + \frac{M_z}{M^*_{pl,z,d}} \cdot k_z = 0,279 + 0,390 \cdot 1,5 + 0,216 \cdot 1,5 = 1,188 > 1$$

Der Nachweis ist *nicht erfüllt*.

Für eine genaue Nachrechnung mit k_y und k_z müssen zunächst $\beta_{M,y}$ und $\beta_{M,z}$ errechnet werden.

Die Bemessung nach dem vereinfachten Traglastverfahren definiert über der Stütze $M_S = qL^2/11$, im Feld ist dann $M_F \approx qL^2/12$.

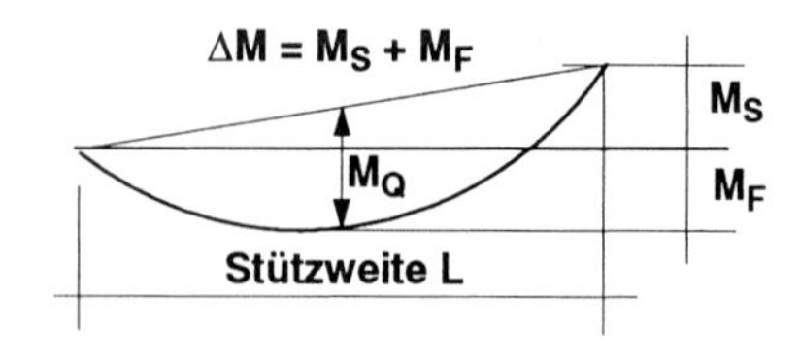

Moment nur aus Querlast: $M_Q = \frac{qL^2}{8}$

bei durchschlagendem Moment:

$$\Delta M = |maxM| + |minM| = \frac{qL^2}{12} + \frac{qL^2}{11} = \frac{23 \cdot qL^2}{132}$$

Damit: $\frac{M_Q}{\Delta M} = \frac{1}{8} \cdot \frac{132}{23} = 0,717$ M_S-Verhältnis: $\psi = M_{li}/M_{re} = 0/M_{re} = 0$

Einzelbeiwerte: $\beta_{M,\psi} = 1,8 - 0,7 \cdot \psi = 1,8$ und $\beta_{M,Q} = 1,3$

$$\beta_M = \beta_{M,\psi} + \frac{M_Q}{\Delta M} \cdot (\beta_{M,Q} - \beta_{M,\psi}) = 1,8 + 0,717 \cdot (1,3 - 1,8) = 1,442$$

Weil der M-Verlauf für M_y und M_z proportional ist, gilt: $\beta_{M,y} = \beta_{M,z} = 1{,}442$.

Damit: $a_y = \bar{\lambda}_{K,y} \cdot (2\beta_{M,y} - 4) + (\alpha_{pl,y} - 1) = 1,320 \cdot (2 \cdot 1,442 - 4) + (1,14 - 1) = -1,333$

$$1 - \frac{N}{\kappa_y \cdot N_{pl,d}} \cdot a_y = 1 + 0,117 \cdot 1,333 = 1,156 < 1,5$$ Also: $k_y = 1{,}156$

$$a_z = \bar{\lambda}_{K,z} \cdot (2\beta_{M,z} - 4) + (\alpha_{pl,z} - 1) = 2,138 \cdot (2 \cdot 1,442 - 4) + (1,50 - 1) = -1,886$$

$$1 - \frac{N}{\kappa_z \cdot N_{pl,d}} \cdot a_z = 1 + 0,279 \cdot 1,886 = 1,526 > 1,5$$ Also: $k_z = 1{,}5$

Damit: $$\frac{N}{\kappa_z \cdot N_{pl,d}} + \frac{M_y}{M_{pl,y,d}} \cdot k_y + \frac{M_z}{M^*_{pl,z,d}} \cdot k_z =$$

$$= 0,279 + 0,390 \cdot 1,156 + 0,216 \cdot 1,5 = 1,054 > 1$$ Der Nachweis ist *nicht erfüllt*.

Nachweismethode 2

Es ist $\kappa_y = 0{,}417 > \kappa_z = 0{,}175$. Damit nach Tab. 10.2: $k_z = 1$

$$c_z = \frac{1}{c_y} = \frac{1 - \frac{N}{N_{pl,d}} \cdot \bar{\lambda}^2_{K,y}}{1 - \frac{N}{N_{pl,d}} \cdot \bar{\lambda}^2_{K,z}} = \frac{1 - \frac{27}{553} \cdot 1,320^2}{1 - \frac{27}{553} \cdot 2,138^2} = \frac{0,915}{0,777} = 1,178$$

$$k_y = c_y = \frac{1}{1,178} = 0,849$$

Wie schon zuvor ist $\beta_{m,y} = \beta_{m,z} = 1$.

Zur Vereinfachung wird außerdem $\Delta n = 0{,}1$ gesetzt:

$$\frac{N}{\kappa \cdot N_{pl,d}} + \frac{\beta_{m,y} \cdot M_y}{M_{pl,y,d}} \cdot k_y + \frac{\beta_{m,z} \cdot M_z}{M_{pl,z,d}} \cdot k_z + \Delta n =$$

$$= 0,279 + 0,390 \cdot 0,849 + 0,260 \cdot 1,0 + 0,1 = 0,970 < 1$$

Eine Nachrechnung mit dem genauen Wert für Δn ergibt:

$$\Delta n = \frac{N}{\kappa \cdot N_{pl,d}} \cdot \left(1 - \frac{N}{\kappa \cdot N_{pl,d}}\right) \cdot \kappa^2 \cdot \bar{\lambda}^2_K = 0,279 \cdot 0,721 \cdot 0,175^2 \cdot 2,138^2 = 0,028$$

Damit: $$\frac{N}{\kappa \cdot N_{pl,d}} + \frac{\beta_{m,y} \cdot M_y}{M_{pl,y,d}} \cdot k_y + \frac{\beta_{m,z} \cdot M_z}{M_{pl,z,d}} \cdot k_z + \Delta n = 0,867 + 0,028 = 0,893 < 1$$

Der Nachweis ist *erfüllt*!

Die *mangelhafte Übereinstimmung* der Nachweismethoden 1 und 2 ist unbefriedigend. Nach neusten Forschungen ist mit Gleichung (2/28), = Nachweismethode 1, die Tragfähigkeit nicht immer voll ausgeschöpft. Siehe dazu [9], Ausgabe 2002: Kommentar zu DIN 18800 Teil 2, Element [2/321].

Biegedrillknicknachweis

Es kommt nur der "genaue" BDK-Nachweis in Frage.

Die Ermittlung eines zutreffenden ζ-Wertes ist schwierig. Abgeschätzt wird aus ähnlichen Beispielen in der Literatur (siehe auch [5] "Stahlbau Teil 2"): $\zeta = 1{,}5$.

Für HEA-Profile mit $z_P = -h/2$, $c = 6{,}0$ m, aus Müller-Nomogramm:

Ablesewert: $\sigma_{Ki} = 19{,}5\ \text{kN/cm}^2$

$$M_{Ki,y,d} = \frac{\sigma_{Ki}}{\gamma_M} \cdot \zeta \cdot \frac{2 \cdot I_y}{h-t} = \frac{19{,}5}{1{,}1} \cdot 1{,}5 \cdot \frac{2 \cdot 606}{11{,}4-0{,}8} \cdot \frac{1}{100} = 30{,}40\ \text{kNm}$$

$$\bar{\lambda}_M = \sqrt{\frac{M_{pl,y,d}}{M_{Ki,y,d}}} = \sqrt{\frac{26{,}1}{30{,}4}} = 0{,}927$$

$k_n = 1$ $\quad n^* = 2{,}5$ $\quad n = 2{,}5$ $\quad \kappa_M = 0{,}812$

Mit den Werten $k_y = 1{,}0$ und $k_z = 1{,}5$ (auf der sicheren Seite) wird:

$$\frac{N}{\kappa_z \cdot N_{pl,d}} + \frac{M_y}{\kappa_M \cdot M_{pl,y,d}} \cdot k_y + \frac{M_z}{M^*_{pl,z,d}} \cdot k_z = \qquad \text{oder}$$

$$= 0{,}279 + \frac{0{,}390}{0{,}812} \cdot 1{,}0 + 0{,}216 \cdot 1{,}5 = 0{,}279 + 0{,}480 + 0{,}324 = 1{,}083 > 1$$

Der Nachweis mit den vereinfachten Werten für k_y und k_z ist *nicht erfüllt.*

Es werden die genauen Werte für k_y und k_z errechnet:

Wie schon zuvor errechnet, ist $\beta_{M,y} = \beta_{M,z} = 1{,}442$.

Damit: $a_y = 0{,}15 \cdot \bar{\lambda}_{K,z} \cdot \beta_{M,y} - 0{,}15 = 0{,}15 \cdot (2{,}138 \cdot 1{,}442 - 1) = 0{,}312 < 0{,}9$

$$1 - \frac{N}{\kappa_z \cdot N_{pl,d}} \cdot a_y = 1 - 0{,}279 \cdot 0{,}312 = 0{,}913 < 1{,}0 \qquad \text{Also: } k_y = 0{,}913$$

k_z errechnet sich wie beim Biegeknicknachweis nach Methode 1. Also: $k_z = 1{,}5$

Mit diesen genauen Werten für k_y und k_z wird die Interaktionsgleichung:

$$\frac{N}{\kappa_z \cdot N_{pl,d}} + \frac{M_y}{\kappa_M \cdot M_{pl,y,d}} \cdot k_y + \frac{M_z}{M^*_{pl,z,d}} \cdot k_z =$$

$$= 0{,}279 + \frac{0{,}390}{0{,}812} \cdot 0{,}913 + 0{,}216 \cdot 1{,}5 = 0{,}279 + 0{,}439 + 0{,}324 = 1{,}042 > 1$$

Auch dieser genauere Nachweis führt nicht zum Ziel! Die BDK-Sicherheit ist *nicht ausreichend.* Es sind konstruktive Änderungen erforderlich! - Der Nachweis wird nur knapp verfehlt, so daß es durchaus möglich ist, daß eine Berechnung nach Theorie II. Ordnung doch noch ausreichende Sicherheit aufzeigt; ein solcher Nachweis ist ohne entsprechende EDV-Programme kaum möglich.

5) **IPE 120 als Dreifeldträger mit Abhängungen in der Dachebene**

IPE 120 $\quad M_{pl,y,d} = 13{,}3$ kNm; $M_{pl,z,d} = 2{,}36$ kNm

Eigenlast Träger: $g = 10{,}4$ kg/m

Nachweis nach vereinfachtem Traglastverfahren mit Abhängung in Feldmitte, $L' = 3{,}0$ m.

Die Abhängung in der Dachebene bewirkt eine Halbierung der Stützweite für Biegung um die schwache Achse. Die Abhängung wird mit Zugstangen ausgeführt (Rundstahl mit Gewinde oder Flachstahl oder leichtes Winkelprofil). Bei symmetrischem Dachquerschnitt (Satteldach) kann die Abhängung über den First geführt werden. Die Umlenkkraft belastet dann die Firstpfette und über diese den Firstpunkt der Dachbinder. Die Abhängung kann von der letzten Normalpfette auch schräg zu den Firstpunkten der Dachbinder geführt werden.

Bemessungswerte der Einwirkung und Schnittgrößen

$$q_d = 1,35 \cdot \left(\frac{0,12 \cdot 2,50}{\cos\alpha} + 0,104\right) + 1,50 \cdot 0,75 \cdot 2,50 = 0,56 + 2,81 = 3,37 \text{ kN/m}$$

$$M_y = \frac{q_z \cdot L^2}{11} = \frac{q \cdot \cos\alpha \cdot L^2}{11} = \frac{3,37 \cdot 0,966 \cdot 6,0^2}{11} = 10,65 \text{ kNm}$$

$$M_z = \frac{q_y \cdot L'^2}{11} = \frac{q \cdot \sin\alpha \cdot L'^2}{11} = \frac{3,37 \cdot 0,259 \cdot 3,0^2}{11} = 0,714 \text{ kNm}$$

P-P: $$\frac{M_y}{M_{pl,y,d}} + \frac{M_z}{M_{pl,z,d}} = \frac{10,65}{13,3} + \frac{0,714}{2,36} = 0,801 + 0,303 = 1,104 > 1$$ Vereinfachte Interaktion, *nicht erfüllt!*

$$\left(\frac{10,65}{13,3}\right)^{2,3} + \frac{0,714}{2,36} = 0,600 + 0,303 = 0,903 < 1$$ Genaue Interaktion, *erfüllt.*

Hinweis

Zum Nachweis kann auch das Interaktions-Diagramm Bild 4.7 mit $N/N_{pl} = 0$ verwendet werden.

Zugstangen

Die Zugkraft in einer Zugstange ist je abgehängte Pfette:

$$F_y = q_y \cdot L' = q \cdot \sin\alpha \cdot L' = 3,37 \cdot 0,259 \cdot 3,0 = 2,62 \text{ kN}$$

Wenn die Zugstangen über einen (nicht dargestellten) First umgeleitet und damit im Gleichgewicht gehalten werden, erhält die Abhängung aus den 3 dargestellten Pfetten (etwa) die Zugkraft:

$$Z_d = 3 \cdot 2,62 = 7,9 \text{ kN}$$

Gewählt: Gewindestangen M12, 5.6. $Z_{R,d} = 20,8 \text{ kN} > Z_{S,d} = 7,9 \text{ kN}$

10.4.6 Ausmittig belasteter Druckstab

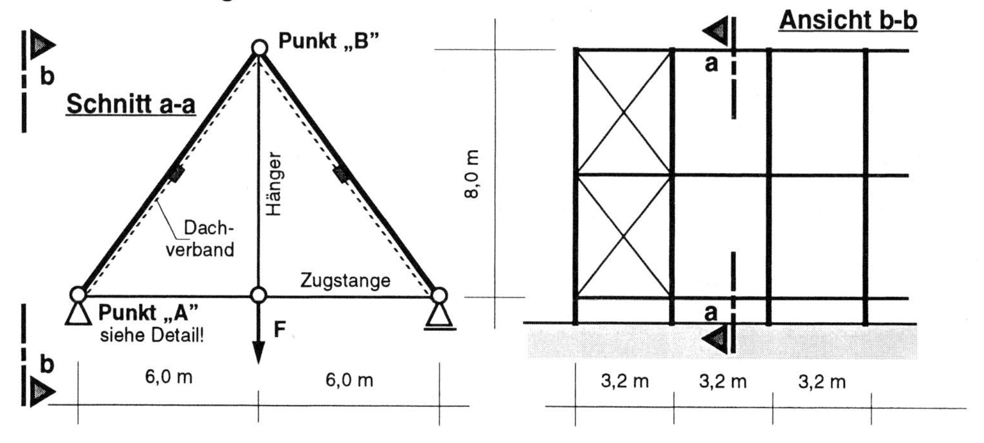

Die dargestellte Konstruktion ist durch die Anhängelast F beansprucht.

Charakteristische Werte der Einwirkungen:

aus ständiger Last $F_g = 44$ kN,
aus Verkehrslast $F_p = 147$ kN.

Die Zugstange ist nicht mittig auf den Knickpunkt der beiden HEA-Profile (Punkt „i") ausgerichtet; deshalb entsteht an dieser Stelle ein Biegemoment.

1) Der Druckstab HEA-160 (S 235) ist nachzuweisen unter Berücksichtigung des ausmittigen Angriffs der Zugstange.

2) Die Zugstange (Spannschloß M 30, 5.6) ist samt Schweißnahtanschluß und Gelenkbolzen (Paßschraube M 27, 5.6) nachzuweisen.

3) Der vertikale Hänger ist zu bemessen und der Firstpunkt "B" zu entwerfen und aufzuzeichnen.

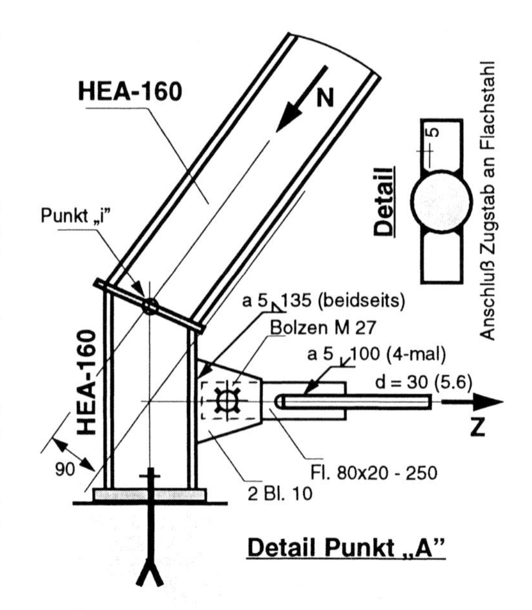

Beanspruchungen und Schnittgrößen

Bemessungswert für die Einwirkung F:

$$F_d = 1,35 \cdot 44 + 1,5 \cdot 147 = 279,9 \approx 280 \text{ kN}$$

Aus Kräfte-Zerlegung Schrägstäbe: N = 175 kN (Druck)
Zugstange: N = 105 kN

Wegen ausmittigem Anschluß der Zugstange ergibt sich für die Schrägstäbe im Knickpunkt das Biegemoment:

$$M_d = 175 \cdot 0,09 = 15,75 \text{ kNm}$$

Momentenverlauf

für BDK
5,0 m
5,0 m
15,75 kNm
175
105 kN
Zugstange
280
Hänger
175

Kräftezerlegung
(Bemessungslastwerte)

1) **Druckstab HEA-160**

Querschnittswerte: $N_{pl,d} = 846$ kN; $M_{pl,y,d} = 53,5$ kNm

Biegeknicken

Momentenbeiwert: $$\beta_m = 0,66 > 1 - \frac{1}{\eta_{Ki}} = 1 - \frac{N_d}{N_{Ki,d}} = 1 - \frac{175}{315} = 0,444$$

mit $$N_{Ki,d} = \frac{\pi^2 \cdot EI}{L^2 \cdot \gamma_M} = \frac{\pi^2 \cdot 3507}{10^2 \cdot 1,1} = 315 \text{ kN}$$

$i_y = 6,57$ cm $\quad \lambda_K = \frac{1000}{6,57} = 152,2 \quad \bar{\lambda}_K = \frac{152,2}{92,93} = 1,638 \quad \kappa_b = 0,297$

Außerdem: $N/N_{pl,d} = 175/846 = 0,21 > 0,2 \rightarrow$ Abminderung im M-Term erlaubt:

$$\frac{N}{\kappa \cdot N_{pl,d}} + \frac{\beta_m \cdot M}{1,1 \cdot M_{pl,d}} + \Delta n = \frac{175}{0,297 \cdot 846} + \frac{0,66 \cdot 15,75}{1,1 \cdot 53,5} + 0,1 = 0,696 + 0,177 + 0,100 = 0,973 < 1$$

Biegedrillknicken. Genauer Nachweis

Interaktionsgleichung: $I = \frac{N}{\kappa_z \cdot N_{pl,d}} + \frac{M_y}{\kappa_M \cdot M_{pl,y,d}} \cdot k_y \leq 1$

Knicklänge für Ausweichen senkrecht zur z-Achse: s_{Kz} = 5,0 m (Dachverband!).

N-Anteil: $\lambda_z = \frac{500}{3,98} = 125,63 \qquad \bar{\lambda}_{K,z} = \frac{125,63}{92,93} = 1,352 \qquad \kappa_c = 0,368$

M-Anteil: L = c = 5,0 m; $z_P = 0$ mit Müller-Tafel, Ablesewert: $\sigma_{Ki} = 34,0\ \mathrm{kN/cm^2}$

In jedem Fall weiter mit: $\zeta = 1,77 - 0,77 \cdot 0,5 = 1,385$

$$M_{Ki,y,d} = \frac{\sigma_{Ki}}{\gamma_M} \cdot \zeta \cdot \frac{2 \cdot I_y}{h-t} = \frac{34,0}{1,1} \cdot 1,385 \cdot \frac{2 \cdot 1670}{15,2-0,9} \cdot \frac{1}{100} = 100,0\ \mathrm{kNm}$$

$$\bar{\lambda}_M = \sqrt{\frac{M_{pl,y,d}}{M_{Ki,d}}} = \sqrt{\frac{53,5}{100,0}} = 0,731$$

Randmomenten-Verhältnis: $\psi = \frac{M_{li}}{M_{re}} = 0,5$ Bild 9.5: $k_n = 1$

Walzprofil: $n^* = 2,5$. Trägerbeiwert $n = n^* \cdot k_n = 2,5 \cdot 1,0 = 2,5$

$\kappa_M = 0,927$ Vereinfacht wird gesetzt: $k_y = 1$

$$I = \frac{175}{0,368 \cdot 846} + \frac{15,75}{0,927 \cdot 53,5} \cdot 1 = 0,562 + 0,318 = 0,880 < 1$$

Es erweist sich also als überflüssig, den k_y-Wert genau zu errechnen.

Anmerkung: Wenn keine Müller-Tafel für $z_P = 0$ zur Hand ist, sondern nur eine Tafel für $z_P = -h/2$, liegt der zugehörige Ablesewert (hier: $\sigma_{Ki} = 26,8\ \mathrm{kN/cm^2}$) auf der sicheren Seite. Im behandelten Fall läßt sich auch damit der Nachweis führen. Die Interaktionsgleichung ergibt 0,892 < 1.

Biegedrillknicken. Vereinfachter Nachweis

Ein vereinfachter Nachweis (Kriterium, daß *kein* Nachweis erforderlich ist) ist eigentlich nur für die Wirkung aus Biegemomenten möglich. Deshalb wird der Einfluß der Normalkraft in ein bezüglich der Spannung im Druckflansch etwa wirkungsgleiches Biegemoment M* umgerechnet.

Knicklänge für Ausweichen senkrecht zur z-Achse, wie zuvor: c = 5,0 m.

Mit $k_c = \frac{1}{1,33 - 0,33 \cdot \psi} = \frac{1}{1,33 - 0,33 \cdot 0,5} = 0,858$

und $M^* = M + N \cdot \frac{W}{A} = 15,75 + 175 \cdot \frac{220}{38,8} = 15,75 + 9,92 = 25,67\ \mathrm{kNm}$

wird $\frac{46,5}{k_c} \cdot i_{z,g} \cdot \frac{M_{pl,y,d}}{M_y} = \frac{46,5}{0,858} \cdot 4,26 \cdot \frac{53,5}{25,67} = 481\ \mathrm{cm} < c = 500\ \mathrm{cm}$

Das Kriterium ist gerade *nicht* erfüllt. Die Reserven bei diesem Verfahren sind meist erheblich, s.o.

2a) **Zugstange mit Anschluß**

Kräfte-Zerlegung ergibt für die horizontale Zugstange: $N_d = 105$ kN

Schweißnaht Zugstange-Anschlußblech: $\tau''_w = \frac{105}{4 \cdot 0,5 \cdot 10} = 5,25 \text{ kN/cm}^2 < 20,7$

Die Zugstange ist mit einem Spannschloß versehen, M 30, 5.6: $N_{R,d} = 139,1 \text{ kN} > 105 \text{ kN}$

2b) **Gelenkbolzen**

Schraube M 27 (5.6): Paßschrauben haben einen um 1 mm größeren Durchmesser als das Nennmaß!

Schaftquerschnitt: $A_{Sch} = \pi \cdot 2,8^2/4 = 6,16 \text{ cm}^2$

$$\frac{V_a}{V_{a,R,d}} = \frac{V_a}{A_{Sch} \cdot \alpha_a \cdot f_{u,b,k}/\gamma_M} = \frac{105/2}{6,16 \cdot 0,6 \cdot 50/1,1} = \frac{52,5}{168,0} = 0,313 > 0,25$$

Grenzmoment nach [1/817], (1/67):

$$M_{R,d} = W_{Sch} \cdot \frac{f_{y,b,k}}{1,25 \cdot \gamma_M} = \frac{\pi \cdot d^3}{32} \cdot \frac{f_{y,b,d}}{1,25} = \frac{\pi \cdot 2,8^3}{32} \cdot \frac{30/1,1}{1,25} = 47,0 \text{ kNcm}$$

Vorhandenes Moment an der Scherstelle:

$$M = \sigma_1 \cdot t_1^2/2 = (V_a/t_1) \cdot t_1^2/2 = F_d \cdot t_1/4 = 105 \cdot 1,0/4 = 26,25 \text{ kNcm}$$

$$\frac{M}{M_{R,d}} = \frac{26,25}{47,0} = 0,559 > 0,25 \qquad \text{Interaktion:} \qquad 0,313^2 + 0,559^2 = 0,640 < 1$$

Grenzlochleibungskraft nach [1/816], (1/66):

$$V_{l,R,d} = t \cdot d_{Sch} \cdot 1,5 \cdot f_{y,k}/\gamma_M = 2,0 \cdot 2,8 \cdot 1,5 \cdot 24/1,1 = 183,3 \text{ kN} > V_{S,d} = 105 \text{ kN}$$

Maximalmoment: $\mathit{max}\ M = F_d \cdot (2 \cdot t_1 + t_2)/8 = 105 \cdot (2 \cdot 1,0 + 2,0)/8 = 52,5 \text{ kNcm}$

$M/M_{R,d} = 52,5/47,0 = 1,12 > 1$

Der Bolzen ist, nach diesem vereinfachten Nachweis, nicht ausreichend. Würde man die seitlichen Bleche auf 8 mm und den zwischenliegenden Flachstahl, durch den der Bolzen gesteckt ist, auf 16 mm verringern, so wäre $V_{l,R,d} = 146,4 > 105$ kN, also noch ausreichend. Jetzt würde sich *max* M = 42,0 kNm ergeben.

Damit wären paradoxerweise alle Nachweise in Ordnung. Die konsequente Verfolgung des Traglast-Gedankens erlaubt diesen Vergleich, ohne daß effektiv die Blechdicken geändert werden müssen.

Auch DIN 18800 merkt an, daß die benutzte Formel für *max* M auf der sicheren Seite liegt.

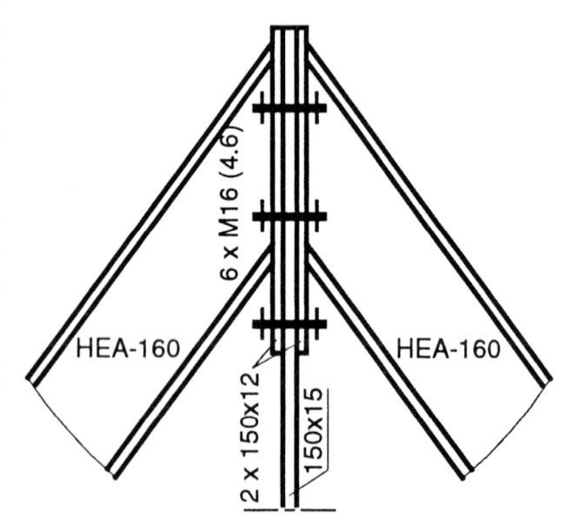

3) **Konstruktion des Firstpunktes**

Hänger: $F_d = 280$ kN

Gewählt: Fl. 150x15, S 235. $N_{R,d} = \frac{A_N \cdot f_{u,k}}{1,25 \cdot \gamma_M} = \frac{1,5 \cdot (15 - 2 \cdot 1,7) \cdot 36}{1,25 \cdot 1,1} = 455 \text{ kN} > 280 \text{ kN}$

Anschluß: 6 Schrauben M16 (4.6) mit 1 mm Lochspiel, o.w.N. - Schweißnähte konstruktiv.

10.4.7 Giebelwand

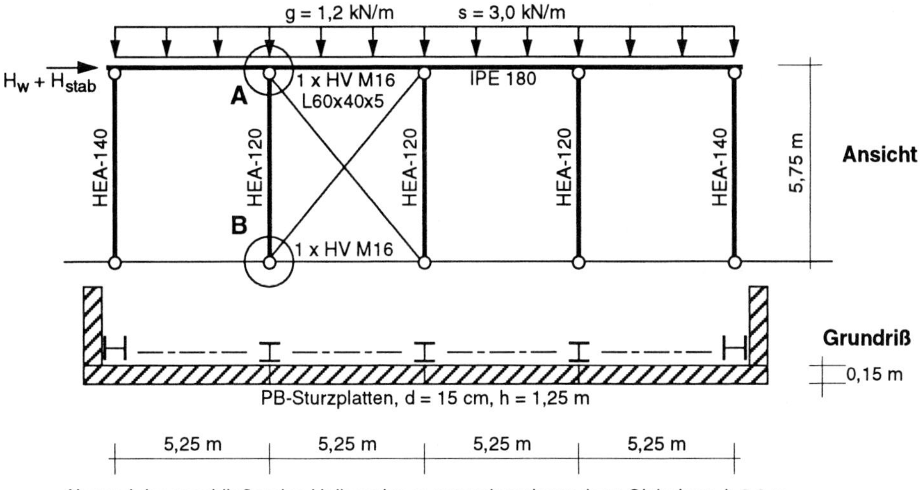

Abstand der anschließenden Hallenrahmen untereinander und zur Giebelwand: 6,0 m

Als Tragelemente der Giebelwand sind nachzuweisen:

1) Riegel IPE 180, wobei vorausgesetzt werden darf, daß die Dachhaut den Riegel stabilisiert.

   Belastung: $g = g_{\text{Dach}} = 1{,}2$ kN/m + Eigenlast Riegel,
   $s = s_{\text{Dach}} = 3{,}0$ kN/m.

2) Innenstützen HEA-120. Belastung:

   aus Pos. 1) + Eigenlast Stütze,
   Porenbeton-Sturzplatten, 1,25 m hoch,
   Dichte $\rho = 1{,}08$ kN/m^2,
   Wind auf die Giebelwand.

   Es ist zu berücksichtigen, daß aus den PB-Platten auch ein Biegemoment in die Stützen eingeleitet wird!

3) Eckstütze HEA-140. Belastung:

   aus Pos. 1) + Eigenlast Stütze + PB-Sturzplatten, über Eck + Wind auf die Giebelwand.

   Lastfälle mit Wind auf die Längswand brauchen nicht untersucht zu werden.

4) Windverband L 60x40x5, 1 x HV M16. Belastung:

   Wind auf die Längswand H_w,
   Stabilisierungslast H_{stab} = ca. $\Sigma V/200$.

   Genügt zum Anschluß auch *eine* Rohschraube M16 (4.6, DIN 7990)?

5) Konstruktionsaufgabe:

   Die Punkte "A" und "B" sind konstruktiv zu entwerfen und in Ansicht und einem Schnitt darzustellen. Die Befestigung von Dachhaut und PB-Fassadenplatten muß nicht dargestellt werden.

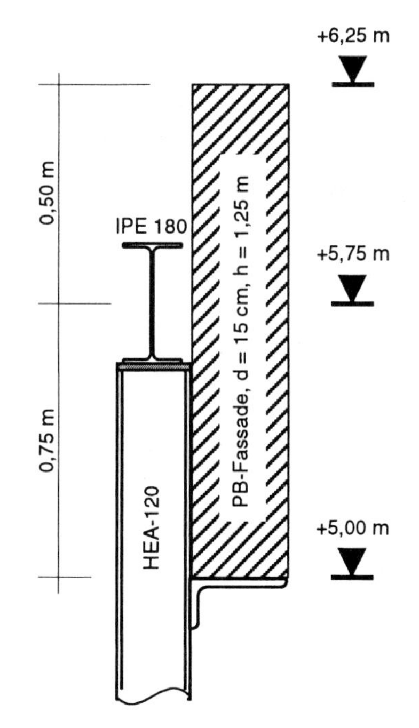

1) **Giebelwandriegel IPE 180**

Vereinfachte Berechnung der Auflagerkräfte nach dem Traglastverfahren.

Ständige Last: $g = g_{Dach} + g_E = 1,2 + 0,2 = 1,4$ kN/m

$A_g = E_g = 0,5 \cdot 1,4 \cdot 5,25 = 3,68$ kN

$B_g = C_g = D_g = 1,4 \cdot 5,25 = 7,35$ kN

Schnee: $A_s = E_s = 0,5 \cdot 3,0 \cdot 5,25 = 7,88$ kN

$B_s = C_s = D_s = 3,0 \cdot 5,25 = 15,75$ kN

Nachweis nach dem vereinfachten Traglastverfahren.

Die maßgebende Lastkombination ist GK 1: g + s

Belastung: $q_d = 1,35 \cdot 1,4 + 1,5 \cdot 3,0 = 6,39$ kN/m

Schnittgröße: $M_y = 6,39 \cdot 5,25^2/11 = 16,0$ kNm

IPE 180: $M_{pl,y,d} = 36,3$ kNm $\qquad \dfrac{M}{M_{pl,y,d}} = \dfrac{16,0}{36,3} = 0,44 < 1$

Nachweis auf BDK ist nicht erforderlich: voraussetzungsgemäß Aussteifung durch die Dachhaut.

2) **Innenstütze HEA-120**

HEA-120: $A = 25,3$ cm²; $I_y = 606$ cm⁴; $I_z = 231$ cm⁴; $i_y = 4,89$ cm; $i_z = 3,02$ cm;
$N_{pl,d} = 553$ kN; $M_{pl,y,d} = 26,1$ kNm; $M_{pl,z,d} = 10,5$ kNm.

Lasten:			
ständige Last	aus Giebelwandriegel:		N = 7,88 kN
	Eigenlast Stütze (halbe Last oben angreif.)		N ≈ 0,50 kN
	Fassade:	$N = 1,25 \cdot 5,25 \cdot 1,08$	N = 7,09 kN
		$M = 7,09 \cdot 0,132$	M = 0,94 kNm
Schnee	aus Giebelwandriegel:		N = 15,75 kN
Wind	auf Giebelwand:	$w = 0,8 \cdot 0,5 \cdot 5,25$	w = 2,10 kN/m

Es ist $A_w \approx 0,25 \cdot \sum A_w > 0,15 \cdot \sum A_w$

d.h. die Windlastfläche ist größer als 15 % der gesamten Giebelfläche; andernfalls müßte der Faktor 1,25 berücksichtigt werden.

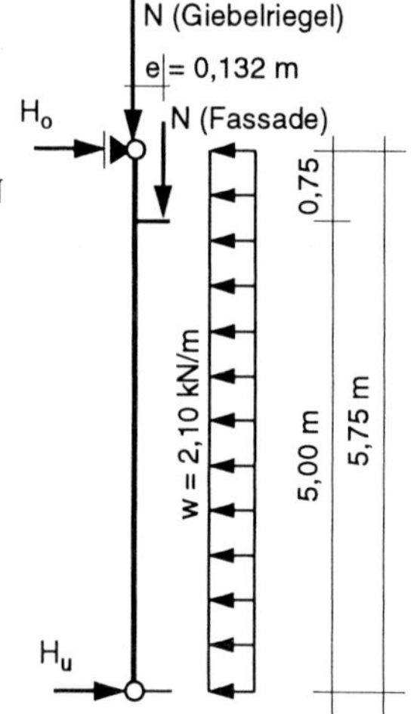

Maßgebende Lastkombination: GK 2: g + s + w

Schnittgrößen: $N_d = 1,35 \cdot (7,88 + 0,50 + 7,09 + 15,75) = 42,15$ kN

aus Fassade: $M_d = 1,35 \cdot 0,94 = 1,26$ kNm

$H_u = 1,26/5,75 = 0,22$ kN

aus Wind: $w_d = 1,35 \cdot 2,10 = 2,84$ kN/m

$H_u = 2,84 \cdot 5,75/2 = 8,15$ kN

insgesamt: $M_d = \dfrac{(0,2 + 8,15)^2}{2 \cdot 2,84} = 12,33$ kNm

Biegeknicken um y-y: $s_k = 575$ cm $\qquad i_y = 4,89$ cm

$$\bar{\lambda}_y = \frac{575/4,89}{92,93} = 1,265 \qquad \kappa_b = 0,445$$

$$\frac{N}{\kappa \cdot N_{pl}} = \frac{42,15}{0,445 \cdot 553} = 0,171 > 0,1 \qquad \rightarrow \qquad \text{Knicknachweis erforderlich!}$$

$$\frac{N}{N_{pl}} = \frac{42,15}{553} = 0,076 < 0,2 \qquad \rightarrow M/M_{pl}\text{-Wert } \textit{darf nicht} \text{ durch 1,1 dividiert werden!}$$

Der β_m-Wert wird wegen der überwiegenden Querlast mit $\beta_{m,Q} = 1{,}0$ gewählt.

$$\frac{N}{\kappa \cdot N_{pl,d}} + \frac{\beta_m \cdot M}{M_{pl,d}} + \Delta n = 0,171 + \frac{1,0 \cdot 12,33}{26,1} + 0,1 = 0,171 + 0,472 + 0,1 = 0,743 < 1$$

Biegedrillknicken: $s_k = 575$ cm $\quad i_z = 3{,}02$ cm

$$\bar{\lambda}_z = \frac{575/3,02}{92,93} = 2,049 \qquad \kappa_c = 0,188$$

Ermittlung von κ_M (genauer Nachweis):

$$N_{Ki,z,d} = \frac{\pi^2 \cdot 21000 \cdot 231}{575^2 \cdot 1,1} = 131,6 \text{ kN}$$

$$c^2 = \frac{I_\omega + 0,039 \cdot l^2 \cdot I_T}{I_z} = \frac{6472 + 0,039 \cdot 6,02 \cdot 575^2}{231} = 364 \text{ cm}^2$$

$z_P = -h/2 = -11{,}4/2 = -5{,}7$ cm $\quad 0,5 \cdot z_P = -2,85$ cm $\quad 0,25 \cdot z_P^2 = 8,12$ cm

$$M_{Ki,y,d} = \zeta \cdot N_{Ki,z,d} \cdot \left(\sqrt{c^2 + 0,25 \cdot z_P^2} + 0,5 \cdot z_P\right)$$

$$M_{Ki,y,d} = 1,12 \cdot 131,6 \cdot \left(\sqrt{364 + 8,12} - 2,85\right)/100 = 24,23 \text{ kNm}$$

$$\bar{\lambda}_M = \sqrt{\frac{M_{pl,y,d}}{M_{Ki,y,d}}} = \sqrt{\frac{26,1}{24,23}} = 1,038 \qquad n = 2{,}5 \qquad \kappa_M = 0,729$$

$$\kappa_M \cdot M_{pl} = 0,729 \cdot 26,1 = 19,03 \text{ kNm}$$

Oder mit Müller-Nomogramm: $M_{Ki,y,d} = \frac{\sigma_{Ki}}{\gamma_M} \cdot \zeta \cdot \frac{2 \cdot I_y}{h - t} = \frac{20,5}{1,1} \cdot 1,12 \cdot \frac{2 \cdot 606}{11,4 - 0,8} = 2386 \text{ kNcm}$

Oder mit Künzler-Nomogramm: $\kappa_M \cdot M_{pl} = \kappa_M \cdot W_{pl} \cdot f_{y,d} = 6,0/0,07 \cdot 21,82/100 = 18,70 \text{ kNm}$

Weiterrechnung mit dem genauen Wert für $\kappa_M \cdot M_{pl}$ und mit $k_y = 1$:

$$\frac{N}{\kappa \cdot N_{pl}} + \frac{M}{\kappa_M \cdot M_{pl}} \cdot k_y = \frac{42,15}{0,188 \cdot 553} + \frac{12,33}{19,03} \cdot 1,0 = 0,405 + 0,648 = 1,053 > 1$$

Nachweis *nicht erfüllt*. Deshalb genaue Ermittlung von k_y.

Der β_M-Wert wird wegen der überwiegenden Querlast mit $\beta_{M,Q} = 1{,}3$ gewählt.

$$a_y = 0,15 \cdot \bar{\lambda}_{K,z} \cdot \beta_{M,y} - 0,15 = 0,15 \cdot 2,049 \cdot 1,3 - 0,15 = 0,250 < 0,9$$

$$k_y = 1 - \frac{N}{\kappa_z \cdot N_{pl,d}} \cdot a_y = 1 - (0,405 \cdot 0,250) = 0,899 < 1$$

$$\frac{N}{\kappa \cdot N_{pl}} + \frac{M}{\kappa_m \cdot M_{pl}} \cdot k_y = 0,405 + 0,648 \cdot 0,899 = 0,988 < 1$$

Anmerkung: Die Porenbeton-Fassaden-Platten über und unter dem Fensterband wirken zweifellos stabilisierend bezüglich BDK, dürfen aber nicht in Rechnung gestellt werden, weil die Nachgiebigkeit der Verankerung schwierig zu erfassen ist.

3) **Eckstütze HEA-140**

HEA-140: $A = 31{,}4\ cm^2$; $I_y = 1030\ cm^4$; $I_z = 389\ cm^4$; $i_y = 5{,}73\ cm$; $i_z = 3{,}52\ cm$;
$N_{pl,d} = 685\ kN$; $M_{pl,y,d} = 37{,}9\ kNm$; $M_{pl,z,d} = 15{,}2\ kNm$.

Lasten: ständige Last aus Giebelwandriegel: $N \approx 4{,}0\ kN$
Eigenlast Stütze (halbe Last oben angreif.) $N \approx 0{,}5\ kN$
Fassade: $N = 1,25 \cdot (5,25/2 + 0,25 + 6,0/2) \cdot 1,08$ $N \approx 8{,}0\ kN$
$M_y \approx M_z \approx 8,0/2 \cdot 0,15 \approx 0{,}60\ kNm$

Schnee aus Giebelwandriegel: $N \approx 8{,}0\ kN$

Wind auf Giebelwand: $w \approx 1,25 \cdot 0,8 \cdot 0,5 \cdot (5,25/2 + 0,25) = 1,45\ kN/m$

$A_w \approx 0,125 \cdot \sum A_w < 0,15 \cdot \sum A_w$
Hier *muß* der Faktor 1,25 beim Windlastwert berücksichtigt werden!

Maßgebende Lastkombination ist GK 2: $g + s + w$

Schnittgrößen: $N_d = 1,35 \cdot (4,0 + 0,5 + 8,0 + 8,0) = 27,7\ kN$

aus Fassade: $M_{y,d} \approx M_{z,d} = 1,35 \cdot 0,60 = 0,81\ kNm$ $H_u = 0,81/5,75 = 0,14\ kN$

aus Wind: $w_d = 1,35 \cdot 1,45 = 1,96\ kN/m$ $H_u = 1,96 \cdot 5,75/2 = 5,63\ kN$

insgesamt: $M_{z,d} = \frac{(0,14 + 5,63)^2}{2 \cdot 1,96} = 8,50\ kNm$ an der Stelle $x_u = 5{,}78/1{,}96 = 2{,}95\ m$

zugehörig: $M_{y,d} = 2,95 \cdot 0,14 = 0,41\ kNm$

Nachweismethode 1 für Biegeknicken bei zweiachsiger Biegung und Normalkraft.

Biegeknicken um z-z: $s_k = 575\ cm$ $i_z = 3{,}52\ cm$

$$\bar{\lambda}_z = \frac{575/3,52}{92,93} = 1,758 \qquad \kappa_c = 0,244$$

$$\frac{N}{\kappa \cdot N_{pl}} = \frac{27,7}{0,244 \cdot 685} = 0,166 > 0,1 \quad \rightarrow \quad \text{Knicknachweis erforderlich!}$$

$$\frac{N}{\kappa \cdot N_{pl,d}} + \frac{M_y}{M_{pl,y,d}} \cdot k_y + \frac{M_z}{M^*_{pl,z,d}} \cdot k_z = 0,166 + \frac{0,41}{37,9} \cdot 1,5 + \frac{8,50}{15,2 \cdot \frac{1,50}{1,25}} \cdot 1,5$$

$$= 0,166 + 0,016 + 0,699 = 0,881 < 1$$

Vereinfachend wurde $k_y = k_z = 1{,}5$ gesetzt. Ein Nachweis mit genauen k_y- und k_z-Werten ist relativ aufwendig. Alternativ wird für eine genauere Rechnung die Nachweismethode 2 vorgestellt.

Nachweismethode 2:

$$\bar{\lambda}_y = \frac{575/5,73}{92,93} = 1,080 \qquad \rightarrow \qquad \kappa_b = 0,547$$

$$c_z = \frac{1}{c_y} = \frac{1-\frac{N}{N_{pl,d}}\cdot\bar{\lambda}^2_{K,y}}{1-\frac{N}{N_{pl,d}}\cdot\bar{\lambda}^2_{K,z}} = \frac{1-0,040\cdot 1,080^2}{1-0,040\cdot 1,758^2} = \frac{0,953}{0,876} = 1,088$$

$$\kappa_y = 0,547 > \kappa_z = 0,245 \qquad \rightarrow \qquad k_y = c_y = 1/1,088 = 0,919 \quad \text{und} \quad k_z = 1$$

$$\frac{N}{\kappa\cdot N_{pl,d}} + \frac{\beta_{m,y}\cdot M_y}{M_{pl,y,d}}\cdot k_y + \frac{\beta_{m,z}\cdot M_z}{M_{pl,z,d}}\cdot k_z + \Delta n$$

$$= 0,165 + \frac{0,66\cdot 0,41}{37,9}\cdot 0,919 + \frac{1,3\cdot 8,50}{15,2}\cdot 1,0 + 0,026$$

$$= 0,165 + 0,007 + 0,727 + 0,026 = 0,925 < 1$$

Nachweis der Sicherheit gegen Biegedrillknicken ist offensichtlich nicht erforderlich, weil der Momentenanteil um die y-Achse sehr klein ist. Bei reiner Biegung um die z-Achse am I-Profil ist BDK nicht möglich!

4) **Windverband**

Wind-Angriffslänge: halber Rahmenabstand + 25 cm Überstand über die Rahmenachse.
Wind-Angriffshöhe mit 40 cm Dachüberstand.

$$H_w = 1,3\cdot 0,5\cdot\left(\frac{6,0}{2}+0,25\right)\cdot\left(\frac{6,25^2}{2\cdot 5,75}+0,40\right) = 8,02\ \text{kN}$$

Stabilisierung: zu stabilisieren sind die Vertikallasten Giebelwand, die aus den Normalkräften (charakteristische Werte = Gebrauchlasten) der vorherigen Positionen ermittelt werden.

Ständ. Last: $\sum V_g = 3\cdot 15,5+2\cdot 12,5 = 71,5\ \text{kN}$ $\qquad H_g = 71,5/200 = 0,36\ \text{kN}$

Schnee: $\sum V_s = 3\cdot 15,75+2\cdot 8,0 = 63,3\ \text{kN}$ $\qquad H_s = 63,3/200 = 0,32\ \text{kN}$

Die Stabilisierungslasten sind sehr gering. Deshalb:

Maßgebende Lastkombination ist GK 3: g + w(quer).

$$H = 1,35\cdot 0,36 + 1,5\cdot 8,02 = 12,52\ \text{kN}$$

Diagonalstab: $L = 7,786\ \text{m}$, $\quad D = \frac{7,786}{5,25}\cdot 12,52 = 18,6\ \text{kN}$

L 60x40x5: $\quad A^* = \left(6,0-3,5-\frac{1,8}{2}\right)\cdot 0,5 = 0,80\ \text{cm}^2$

$$N_{R,d} = \frac{2\cdot A^*\cdot f_{u,k}}{1,25\cdot\gamma_M} = \frac{2\cdot 0,8\cdot 36}{1,25\cdot 1,1} = 41,9\ \text{kN} > 18,6\ \text{kN}$$

Geometrie: $\quad d_L = 18$ mm; $e_1 = 30$ mm; $e_2 = 25$ mm$e_1/d_L = 1,667$; $e_2/d_L = 1,389 \rightarrow \alpha_l = 1,533$

HV M16: $\quad V_{a,R,d} = 100,5\ \text{kN} > 18,6\ \text{kN}$

$$V_{l,R,d} = 0,5\cdot 1,6\cdot 1,533\cdot 21,82 = 26,8\ \text{kN} > 18,6\ \text{kN}$$

M16, DIN 7990: $V_{a,R,d} = 43,9\ \text{kN} > 18,6\ \text{kN}$ genügt auch. $\quad V_{l,R,d}$ wie zuvor.

5) **Konstruktion**

Zu den Themen "Stützenkopf" und "Stützenfuß" siehe Kapitel 11 und 12.

5a) **Stützenkopf**

Riegel IPE 180 auf Stütze HEA-120 mit Kopfplatte t = 15 mm. Auflagerlast (siehe unter 2):

Lasten: ständige Last aus Giebelwandriegel: N = 7,9 kN
Schnee aus Giebelwandriegel: N = 15,8 kN

Bemessungswert: $N_d = 1,35 \cdot 7,9 + 1,5 \cdot 15,8 = 34,4$ kN

Lastausbreitung für steifenlose Krafteinleitung:

$$l_1 = s_{St} + 5 \cdot (t_{Pl} + c_{Rie}) = 5 + 5 \cdot (15 + 17) = 165 \text{ mm}$$

Damit: $F_{R,d} = s \cdot l \cdot f_{y,d} = 0,53 \cdot 16,5 \cdot 21,82 = 190,8 \text{ kN} > F_{S,d} = 34,4$ kN

Anschluß konstruktiv mit 4 x M12 (4.6) und Kopfplatte t = 15 mm, o.w.N.

5b) **Stützenfuß**

Stütze HEA-120 auf Fußplatte 125x225x15 mm auf gleichgroße einbetonierte Platte geschraubt.

Lasten: ständige Last insgesamt: 7,88 + 1,00 + 7,09 = N = 16,0 kN
Schnee aus Giebelwandriegel: N = 15,8 kN

Bemessungswert: $N_d = 1,35 \cdot 16,0 + 1,5 \cdot 15,8 = 45,3$ kN

Betonpressung unter einbetonierter Platte (rechnerische Teilflächenpressung):

$$\sigma_b = 45,3/(12,5 \cdot 12,5) = 0,29 \text{ kN/cm}^2 < \sigma_{R,cd} = 1,35 \text{ kN/cm}^2 \quad \text{(C 20/25)}$$

Biegebeanspruchung in den Fußplatten: o.w.N.

Abhebende Kräfte über Verband (mit *min* N):

Lasten: ständige Last Stütze (Bemessungswert): $N_d = 1,35 \cdot 16,0 = 21,6$ kN
abhebend aus Diagonale (Bem.wert): $N_d = -18,6 \cdot 5,75/7,786 = -13,7$ kN

Am Stützenfuß treten keine abhebenden Lasten auf. Verankerung der Fußplatte konstruktiv mit einbetoniertem Kopfbolzendübel, d = 19 mm. Stütze an Fußplatte mit 4 Aufschweißbolzen M 12.

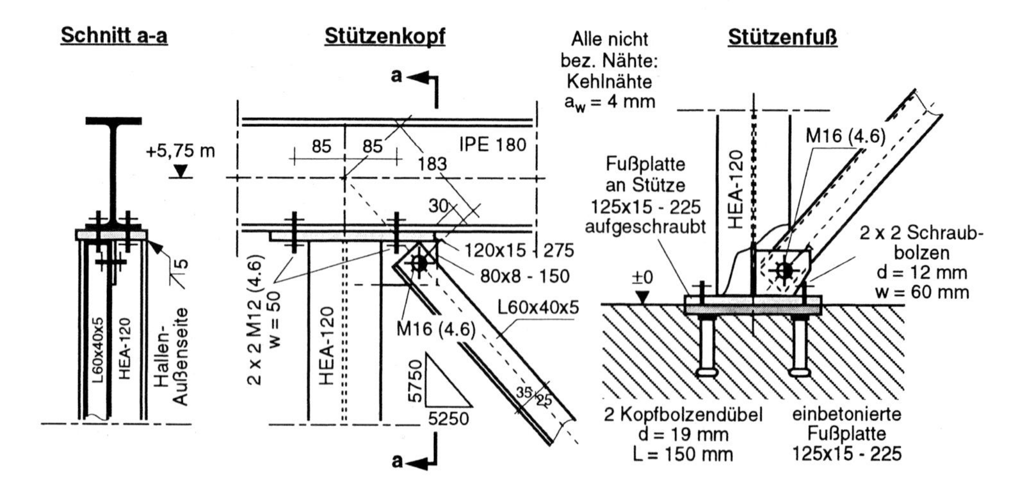

11 Stützenfüße und Anschlüsse

Stützen werden je nach gewähltem Statischem System planmäßig unterschiedlich belastet:

a) + b) Fuß und Kopf einer Pendelstütze: mittige Normalkraft.

c) Fußpunkt als Gelenk: Normalkraft + Horizontalkraft.

d) Eingespannte Stütze: Normalkraft + Horizontalkraft + Biegemoment.

e) Biegesteife Rahmenecken.

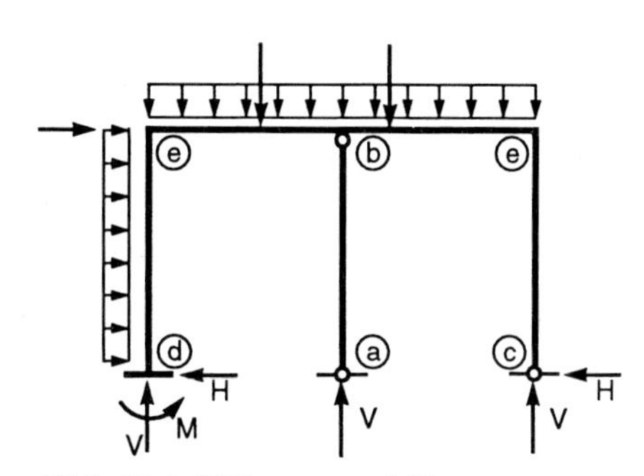

Bild 11.1 **Stützenanschlüsse**

Die Einleitung der planmäßigen Stützenkräfte am Stützenkopf und die Weiterleitung von Kräften und Momenten am Fußpunkt der Stütze müssen nachgewiesen werden. Die im Statischen System zugrunde gelegten Mechanismen zur Übertragung von Schnittgrößen werden konstruktiv zuweilen stark abweichend ausgeführt, insbesondere bei Gelenken. Wesentlich ist, daß die aus der Statik zugewiesenen Anschluß-Schnittgrößen sicher übertragen werden können. Eingeschränkte Beweglichkeit der Mechanismen kann oftmals hingenommen werden wegen der sich bei Überbeanspruchung ausbildenden plastischen Verformungen.

11.1 Stützenfüße

11.1.1 Stützenfuß für mittige Druckbelastung

Konstruktive Ausbildung

Am Fuß von Pendelstützen sind ausschließlich vertikal gerichtete Druckkräfte zu übertragen. Die Druckkraft aus der Stütze soll über eine an den Stützenschaft angeschweißte Fußplatte möglichst gleichmäßig auf die anschließende Betonkonstruktion verteilt werden. Einige konstruktive Möglichkeiten:

a) An den Stützenschaft wird eine stählerne Fußplatte angeschweißt. Bei der Montage wird die Stahlstütze auf dem gründlich gereinigten Betonfundament aufgestellt und mittels Stahlkeilen ausgerichtet. Die 2 bis 5 cm dicke Fuge zwischen Fußplatte und Fundamentkörper wird mit Zementmörtel satt unterstopft. Bei großen Fundamentplatten sind Entlüftungs- und Kontrollöcher vorzusehen. Die Stahlkeile werden nach ausreichender Erhärtung des Mörtels entfernt; die dabei entstandenen Löcher sollen nachgestopft werden. Gegen unbeabsichtigte seitliche Verschiebung des Stützenfußes wird auch bei mittiger Belastung die Fußplatte mit wenigstens zwei Ankerschrauben (Steinschrauben, Dollen, Dübeln) gesichert (konstruktiv meist M16 ... M24).

b) Um von einbetonierten Ankerschrauben und den damit verbundenen möglichen Ungenauigkeiten der Lage unabhängig zu sein, kann nachträglich mit zugelassenen Dübeln verankert werden oder aber die Anker werden nach Montage der Stütze in entsprechende Aussparungen geführt. Auf genügend Platz zum Einbringen und Verdichten des Betons ist zu achten!

c) Bei einbetonierter Fußplatte kann die Stützenfußplatte angeschweißt werden. Nachteil: Höhenmäßiges nachträgliches Ausrichten mit Futterplatten ist schwierig. Außerdem bewirkt dieser Anschluß eine ungewollte Einspannung; die Lösung ist nur für Profile mit geringer Höhe ($h \leq 140$ mm) geeignet.

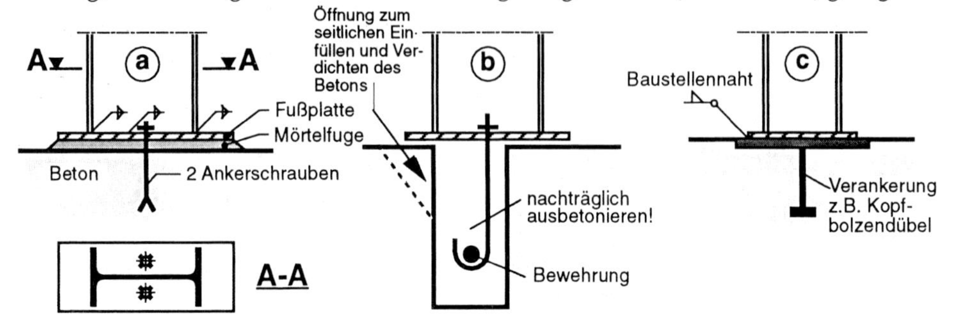

Bild 11.2 **Stützenfüße - konstruktive Ausbildung**

Grenzpressung im Beton bzw. in der Mörtelfuge [1/767]

Die Grenzpressung für Beton $\sigma_{R,cd}$ in Lagerfugen ist $\beta_R/1{,}3$ mit β_R nach DIN 1045 (7.88). Betongüten nach EC 2 bzw. DIN 1045 (7.01) sind entsprechend einzuordnen.

Der Index c steht für conrete = Beton.

Tab. 11.1 **Grenzpressung in Lagerfugen**

Betongüte nach DIN 1045 (7.88)	B 15 *)	B 25	B 35	B 45 *)
Betongüte nach EC 2 / DIN 1045-1	C 12/15 *)	C 20/25	C 30/37	C 40/50 *)
Rechenfestigkeit β_R [N/mm^2]	10,5	17,5	23,0	27,0
Grenzpressung $\sigma_{R,cd} = \beta_R/1{,}3$	8,1	13,5	17,7	20,8

*) Von der Verwendung im Zusammenhang mit Stützenfüßen wird abgeraten.

Bei Teilflächenpressung (im Bereich des Betons) ist die Erhöhung gemäß DIN 1045, 17.3.3, erlaubt. Im Extremfall ergeben sich fast die 3-fachen Grenzpressungen. Die geometrischen Voraussetzungen hierfür sind jedoch sorgfältig zu prüfen.

Spezielle Fugenmörtel sind besser gieß- bzw. verdichtbar als normale Zementmörtel nach DIN 1045. Mörtel mit entsprechender bauaufsichtlicher Zulassung erreichen hohe Festigkeiten (bis ca. 100 N/mm^2).

Bei Mörtelfugen aus Zementmörtel muß das Verhältnis der kleinsten tragenden Fugenbreite zur Fugendicke $b/d \geq 7$ sein.

Die Beton- bzw. Mörtelpressung unter der Fußplatte der Stahlstütze ist

$$\sigma_{cd} = \frac{N_d}{A} = \frac{N_d}{a \cdot b}$$

Die Pressung unter der Fußplatte ist wegen der ungleichmäßig verteilten Auflast aus der Stahlstütze und der Verbiegung der Fußplatte infolge dieser Pressung auch ungleichmäßig verteilt. Gewöhnlich rechnet man jedoch mit gleichmäßiger Verteilung der Druckspannung, was schließlich auch wieder dem Traglastgedanken entspricht.

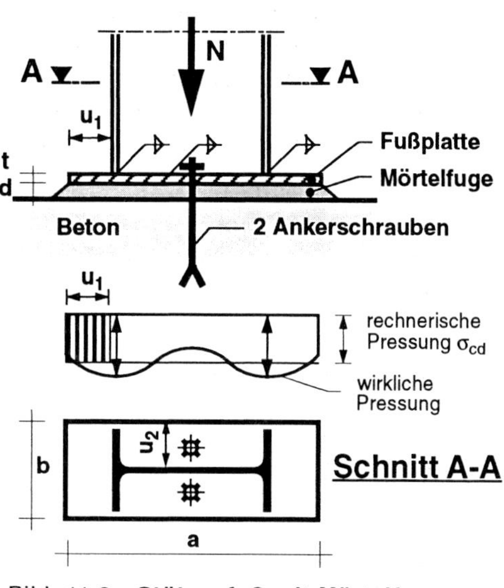

Bild 11.3 **Stützenfuß mit Mörtelfuge**

Bemessung der stählernen Fußplatte

Die Fußplatte mit der Dicke t muß als Kragplatte mit der Kraglänge u die Biegung aus der Flächenlast σ_{cd} aufnehmen. Bei elastischem Biegenachweis gilt für die Spannung in der Stahlplatte:

$$\sigma_{S,d} = \frac{M_d}{W} = \frac{\sigma_{cd} \cdot u^2/2}{t^2/6} = 3 \cdot \sigma_{cd} \cdot \left(\frac{u}{t}\right)^2 \leq \sigma_{R,d}$$

Fußplatten werden (wegen der Verformungen) grundsätzlich aus S 235 hergestellt, also ist:

$$\sigma_{R,d} = f_{y,k}/\gamma_M = 21,82 \text{ kN/cm}^2$$

Aufgelöst nach der erforderlichen Dicke t wird damit:

$$erf\ t = 0,37 \cdot u \cdot \sqrt{\sigma_{cd}}$$ Dimensionen: t und u [cm] und σ_{cd} [kN/cm²]!

Achtung: Die Formel für t ist nicht dimensionsrein. Sie darf nur in den angegebenen Dimensionen benutzt werden!

Bei plastischem Biegenachweis (mit der Beschränkung $\alpha_{pl} = 1{,}25$) gilt:

$$\frac{M_{S,d}}{M_{pl,d}} = \frac{\sigma_{cd} \cdot u^2/2}{1,25 \cdot t^2/6 \cdot \sigma_{R,d}} = 2,4 \cdot \frac{\sigma_{cd}}{\sigma_{R,d}} \cdot \left(\frac{u}{t}\right)^2 \leq 1$$

In diesem Nachweis ist der Querschnitt möglicherweise auf Biegung voll ausgenutzt. Die Interaktion mit der Querkraft ist nicht berücksichtigt. Macht man hierfür einen generellen Abzug von ca. 5 % bei $\sigma_{R,d}$, so gilt für t:

$$erf\ \ t \approx 0,34 \cdot u \cdot \sqrt{\sigma_{cd}}$$

Dimensionen [cm] und [kN/cm²] wie zuvor!

Umgekehrt kann man auch für eine vorgegebene Dicke t der Fußplatte den zulässigen Überstand u bestimmen:

$$zul\,u \approx \frac{2,95 \cdot t}{\sqrt{\sigma_{cd}}}$$

Als alternative Vorgehensweise bietet sich folgendes Verfahren an: man teilt die Fußplatte in entsprechende Bereiche ein, für die *zul* u nicht überschritten ist. So ergibt sich die Tragfähigkeit der Fußplatte aus:

$$N_{R,d} = A^* \cdot \sigma_{R,cd}$$

Anmerkung: Die Fläche der Löcher für die Ankerschrauben ist ggf. abzuziehen!

Beim letztgenannten Verfahren wird der nicht zur Fläche A* gehörende Teil der Fußplatte rechnerisch gar nicht genutzt; die Fußplatte kann also auch entsprechend verkleinert werden.

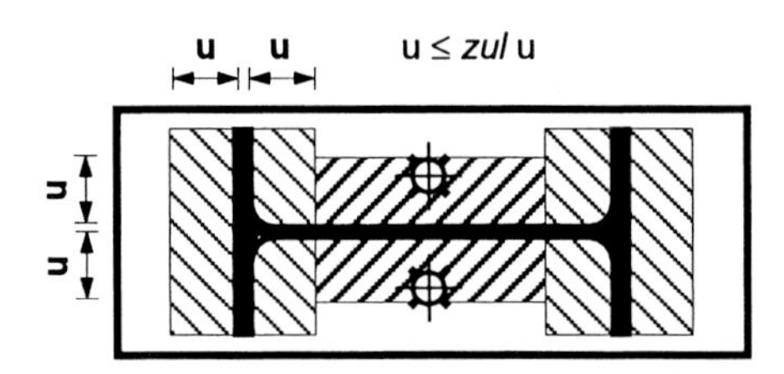

Schraffierte Fläche + Stützenquerschnitt = A*

Bild 11.4 **Traglast einer Fußplatte**

Schweißnahtanschluß

Die Fußplatte steht rechtwinklig zur Stützenachse. Der Stützenschaft wird ausreichend planeben abgelängt (z.B. Sägeschnitt). Die Schweißnaht zur Verbindung Stütze-Fußplatte hat keine statische Funktion, muß nicht nachgewiesen werden und ist *konstruktiv* festzulegen, wobei die Empfehlung Gleichung (1/5) nicht unbedingt eingehalten werden muß (siehe Kapitel 6).

Bemessung von Fußplatten nach der Plattentheorie

Wenn das Seitenverhältnis der linienartig abgestützten Platte mehr als 1:2 beträgt, wird vorteilhaft die Plattenwirkung berücksichtigt. Die elastischen Schnittmomente bestimmt man am angenäherten System nach der Plattentheorie, z.B. mit Hilfe von Tabellenwerken.

Nachfolgende Momentenwerte für Rechteckplatten sind entnommen Hahn [16].

Dreiseitig gestützte Platte mit eingespanntem hinterem Rand

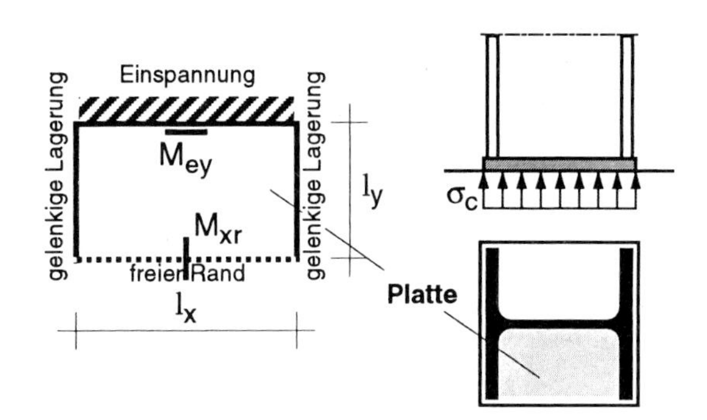

Belastung $q = \sigma_c$

$K = q \cdot l_y \cdot l_x$

Randmoment $M_{xr} = K/m_{xr}$

Einspannmoment $M_{ey} = K/m_{ey}$

Seitenverhältnis $\varepsilon = l_y/l_x$

ε	1,5	1,4	1,3	1,2	1,1	1,0	0,9	0,8	0,7	0,6	0,5	0,4	0,3	0,25
m_{xr}	13,1	12,5	12,1	11,7	11,5	11,4	11,5	12,0	13,0	15,2	19,4	29,4	60,2	105
$-m_{ey}$	12,1	11,3	10,5	9,8	9,1	8,5	7,9	7,4	7,1	6,8	6,8	7,1	8,1	9,0

Dreiseitig eingespannte Platte

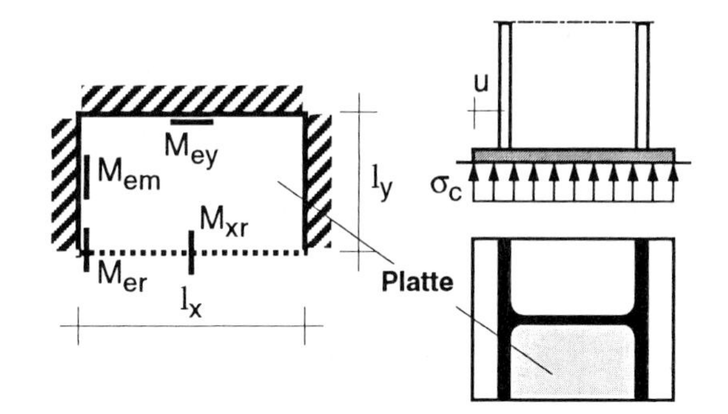

Belastung $q = \sigma_c$

$K = q \cdot l_y \cdot l_x$

Randmoment $M_{xr} = K/m_{xr}$

Einspannmomente $M_{er} = K/m_{er}$

$M_{em} = K/m_{em}$

$M_{ey} = K/m_{ey}$

Seitenverhältnis $\varepsilon = l_y/l_x$

ε	1,5	1,4	1,3	1,2	1,1	1,0	0,9	0,8	0,7	0,6	0,5	0,4	0,3	0,25
m_{xr}	35,8	33,4	31,0	28,6	26,4	24,3	22,4	20,9	19,9	19,8	21,3	26,8	46,4	77,0
$-m_{er}$	17,8	16,6	15,3	14,1	12,8	11,6	10,4	9,3	8,2	7,4	6,8	6,8	7,6	8,6
$-m_{em}$	18,7	17,8	17,0	16,2	15,6	15,0	14,5	14,3	14,2	14,7	15,8	18,1	23,0	27,2
$-m_{ey}$	26,4	24,6	22,8	21,1	19,3	17,6	15,8	14,2	12,6	11,1	9,8	9,0	9,0	9,6

Anmerkung: Der seitliche Überstand u muß für die Anwendung der Werte einer dreiseitig eingespannten Platte wenigstens (etwa) so groß sein, daß durch das Kragmoment dem Wert M_{em} das Momentengleichgewicht gehalten wird. Für die dreiseitig eingespannte Platte ist die Beanspruchung auch für den Überstand u nachzuweisen.

Die m-Werte in den unterlegten Zeilen ergeben jeweils die größten Biegemomente!

Aussteifung von Fußplatten

Bei hohen Stützenlasten können sehr große Dicken für die Fußplatte erforderlich werden. Die Dicke kann reduziert werden, wenn man die Fußplatte mit lastverteilenden Steifen versieht. Bei großer Aussteifungslänge ist jedoch die Möglichkeit einer Winkeldrehung eingeschränkt; die Funktion des "Gelenkes" am Stützenfuß darf dann angezweifelt werden.

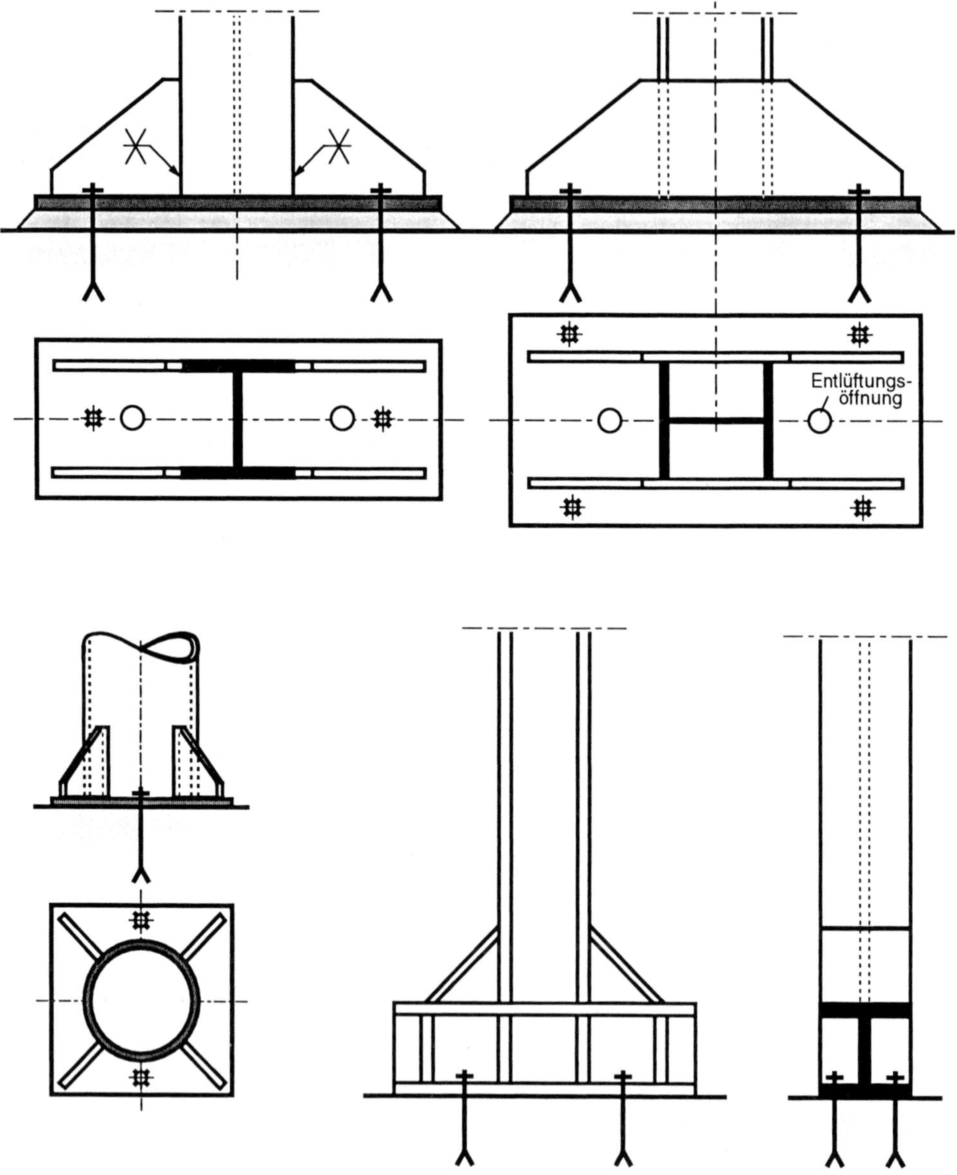

Bild 11.5 **Ausgesteifte Fußplatten und Stützenfüße**

11.1.2 Stützenfuß für Druck und Horizontalschub

Am gelenkigen Fuß von Rahmentragwerken oder bei horizontaler Belastung von Pendelstützen (z.B. Wind, Anprallasten) haben Fußgelenke außer Druckkräften auch Horizontalkräfte zu übertragen.

Bei sehr kleinen H-Lasten können die Ankerschrauben zusammen mit Haftung und Reibung in der Fuge zur Übertragung ausreichen.

Häufig wird an die Fußplatte ein kurzes L- oder I-Profil als Schubknagge angeschweißt, das die H-Lasten planmäßig in den Beton weiterleiten soll.

a) Eine montagefreundliche Möglichkeit ist das vorherige Einbetonieren einer Gegenplatte (mit I-Stück und Dollen), auf die mittels nachdem Einbetonieren aufgeschweißter Gewindestücke die Stütze dann einfach aufgeschraubt wird. Dies verlangt jedoch sehr sorgfältiges Einjustieren der Platte, weil ein Futterausgleich in der Praxis meist unbefriedigende Ergebnisse aufzeigt.

b) Nachträgliches Einbetonieren von Ankern und Schubknaggen umgeht diese Schwierigkeiten, erfordert jedoch stets höheren Aufwand beim Aufrichten der Stahlkonstruktion.

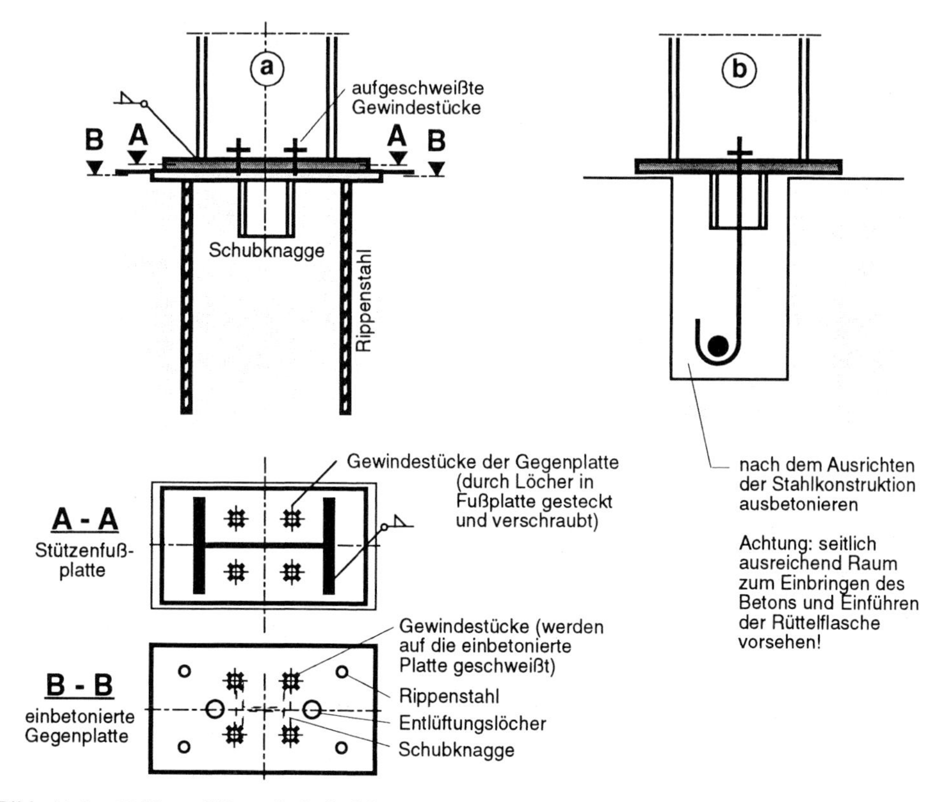

Bild 11.6 **Stützenfüße mit Schubknaggen**

11.1.3 Stützenfuß mit echtem Gelenk

Bei den bisher gezeigten Lösungen wurde in Kauf genommen, daß sich der Stützenfuß planmäßig nur verdrehen kann, wenn an gewissen Stellen Überbeanspruchungen bzw. Plastizierungen aufgetreten sind. Wegen der guten Duktilität des Werkstoffes S235 und der Befestigungsschrauben 4.6 ist dies im allgemeinen zulässig und hat sich in der Praxis bewährt.

Bei großen Stützenlasten und Stützenquerschnitten kann es jedoch notwendig werden, daß sich die Verformungen planmäßig einstellen sollen bzw. es kann gewünscht werden, daß die Lasten aus der Stütze planmäßig durch ein Fußgelenk geleitet (zentriert) werden. Es muß ein echtes Gelenk ausgebildet werden.

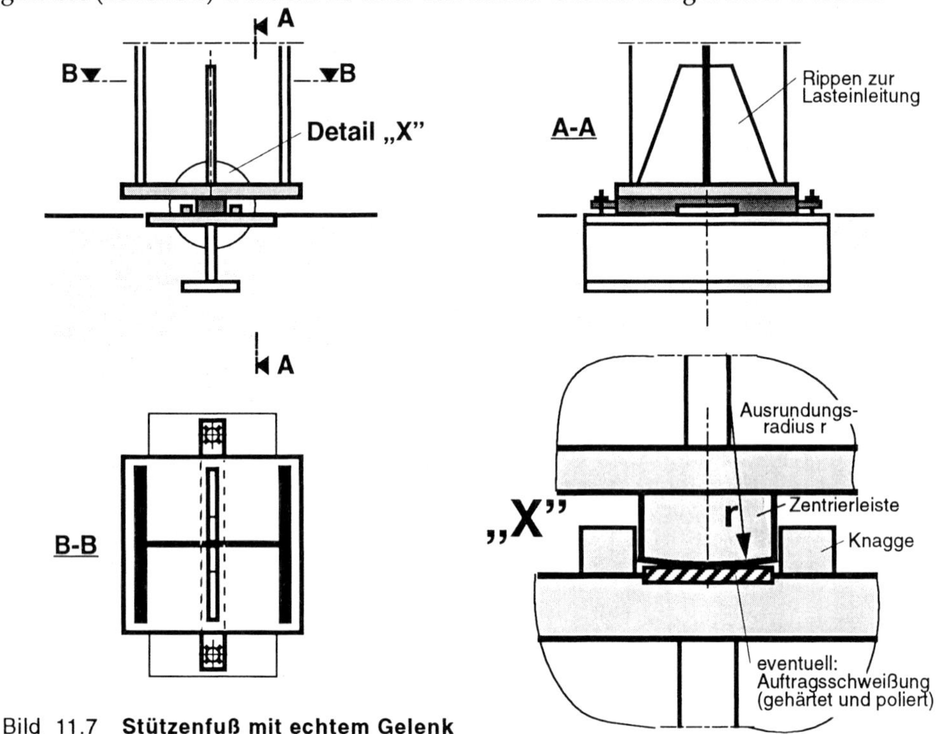

Bild 11.7 **Stützenfuß mit echtem Gelenk**

Unter der Zentrierleiste wird die Hertzsche Pressung aus der Linienlast q:

$$\sigma_{Hertz} = 0,415 \cdot \sqrt{\frac{q \cdot E}{r}}$$

q = Linienlast in [kN/m]
längs der Zentrierleiste

Charakteristische Werte für den Grenzdruck nach Hertz gemäß Anpassungsrichtlinie DIN 18800 (7.95) an:

Werkstoff	S 235	S 355	C 35 N
Grenzdruck $\sigma_{H,k}$ [N/mm^2]	800	1000	950

Anstatt der gerundeten Zentrierleiste kann auch einfach ein Flachstahl verwendet werden, wobei man wiederum plastische Verformungen entlang den Kanten in Kauf nimmt.

11.1.4 Eingespannte Stützen

Stützen, die außer Vertikal- und Horizontalkräften am Stützenfuß planmäßig auch Biegemomente übertragen sollen, müssen insbesondere auf Zug verankert und nachgewiesen werden. Es bieten sich zwei unterschiedliche Konstruktionsmöglichkeiten an.

Eingespannte Fußplatte mit Zugankern

Der Stützenfuß wird konstruktiv in Richtung der Momentenwirkung vergrößert. Das Biegemoment wird in ein vertikal gerichtetes Kräftepaar zerlegt. Die resultierende Zugkraft wird von Zugankern aufgenommen, z.B. Hammerschrauben. Die Horizontalkraft wird über Schubknaggen übertragen.

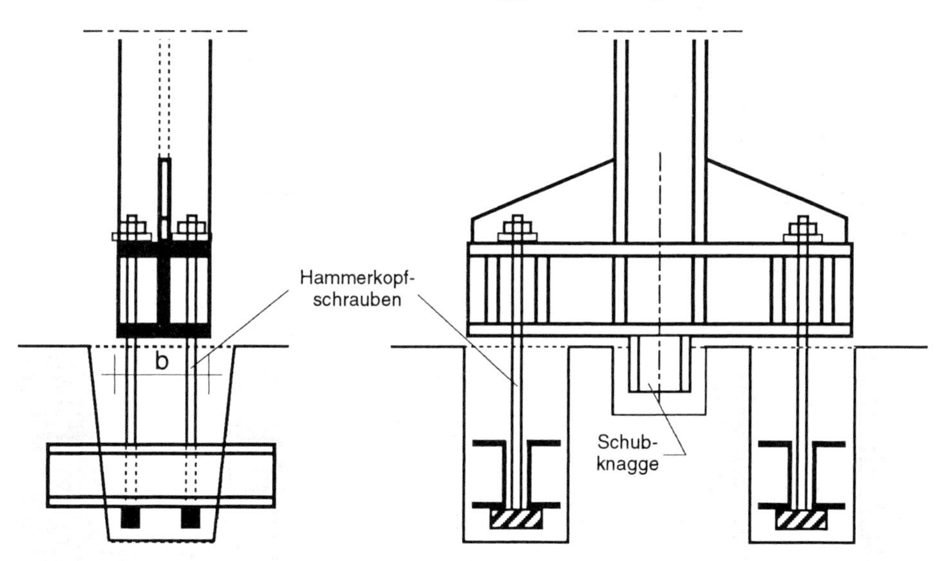

Beanspruchungen im Anschluß:

Zugkraft $Z = \frac{M}{z} - \frac{N}{2}$

Druckkraft $D = \frac{M}{z} + \frac{N}{2}$

Betonspannung $\sigma_c = \frac{4 \cdot D}{a \cdot b}$

Die Querkraft V wird von der Schubknagge übertragen.

Für die Berechnung der Betondruckspannungen ist grundsätzlich auch eine andere Aufteilung der Pressungsfläche erlaubt. Wesentlich: Gleichgewicht!

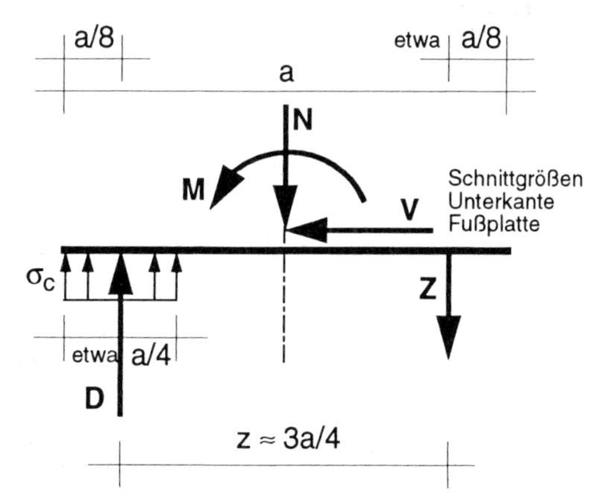

Bild 11.8 **Eingespannte Fußplatte mit Zugankern**

Einspannung in Köcherfundament

Diese Ausführungsart wird in der Praxis zunehmend bevorzugt. Die Stahlstütze wird in den Köcher eingesetzt, ausgerichtet und einbetoniert.

Rechnerisch wird das Biegemoment M* (in mittlerer Höhe der Einspanntiefe t) in ein horizontales Kräftepaar H_o/H_u zerlegt. Die Kraftübertragung erfolgt auf der jeweiligen Druckseite vom Stützenflansch auf den Beton. Die Kräfte H_o/H_u müssen im Stahlbetonköcher durch entsprechende Bewehrung weitergeleitet werden. Für die Übertragung der Vertikalkraft genügt meist die Fußplatte; andernfalls können zusätzlich Schubdübel (Knaggen) angeschweißt werden.

Bei der Berechnung der Beanspruchungen im Einspannbereich kann man sehr vereinfachend von geradlinig verteilter Betondruckspannung ausgehen:

$$M^* = M + V \cdot \frac{t}{2}$$

$$\sigma_{co} = \frac{M^*}{W_c} + \frac{V}{A_c}$$

$$\sigma_{cu} = \frac{M^*}{W_c} - \frac{V}{A_c}$$

mit $W_c = b \cdot t^2/6$

und $A_c = b \cdot t$

$$H_o = \frac{3}{2} \cdot \frac{M^*}{t} + \frac{V}{2}$$

$$H_u = \frac{3}{2} \cdot \frac{M^*}{t} - \frac{V}{2}$$

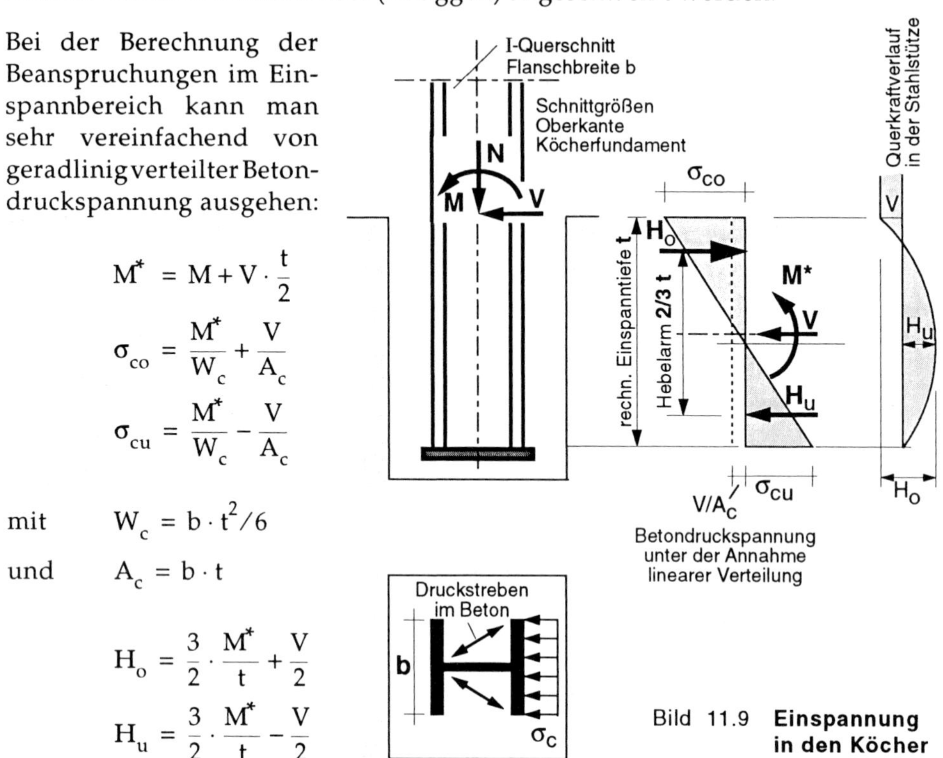

Bild 11.9 **Einspannung in den Köcher**

Für eine Vordimensionierung der Einspanntiefe t rechnet man zweckmäßig:

$$\mathit{erf}\ t = \sqrt{\frac{6 \cdot M_d}{b \cdot \sigma_{R,cd}}}$$

Der so bestimmte Wert *erf* t muß zumindest um 10 bis 20 % erhöht werden, weil er wegen M* > M auf der unsicheren Seite liegt.

Querbiegespannungen im Flansch aus σ_o und σ_u werden i.a. nicht nachgewiesen, weil sich die einbetonierten Flanschen gar nicht entsprechend verformen können.

Beim Nachweis $\sigma_{co} \leq \sigma_{R,cd}$ läßt sich in begrenztem Rahmen auf erhöhte Werte wegen Teilflächenpressung (siehe Abschnitt 11.1.1) zurückgreifen.

Die größte Querkraft im Steg der Stütze entspricht der unteren Horizontalkraft H_u.

Daraus folgt $$max\ \tau = \frac{H_u \cdot maxS}{I \cdot s}$$ s = Stegdicke

Hier können erhebliche Schubspannungen auftreten, was in der Praxis oft nicht beachtet wird! Ist $\tau_{R,d}$ bzw. V_{pl} überschritten, muß der Steg verstärkt oder die Einspanntiefe vergrößert werden.

Umgekehrt läßt sich für einen Stützenquerschnitt auch die notwendige Einspanntiefe bezüglich der Schubspannung berechnen zu

$$erf\ t \approx \frac{3}{2} \cdot \frac{M_d}{A_{Steg} \cdot \tau_{R,d}} \quad \text{mit} \quad A_{Steg} = (h-t) \cdot s$$

Auch dieser Wert liegt wegen M* > M etwas auf der unsicheren Seite. Andererseits enthält der plastische Nachweis noch einige rechnerische Reserven.

Bei Stützen, die als Hohlprofil ausgebildet sind, muß die Biegebeanspruchung im Einspannbereich untersucht werden; am besten ist der plastische Nachweis auf $M = \sigma_c \cdot b^2/16$

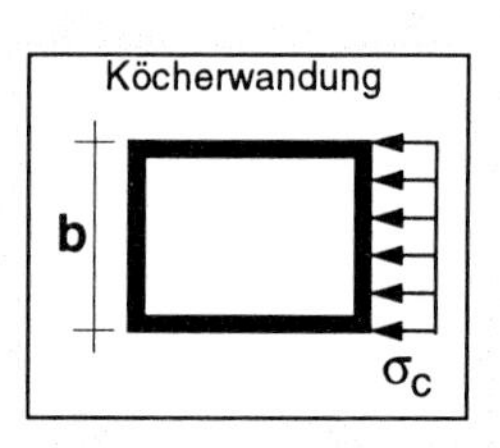

Bild 11.10 **Betondruckspannung am eingespannten Hohlprofil**

Maßnahmen gegen die bei unverstärktem Querschnitt häufig weit überzogene Beanspruchung sind Aussteifungen oder Manschetten oder Ausbetonieren des Querschnitts; letzterer Maßnahme steht oft entgegen, daß Entsorgungsleitungen (Dachentwässerung!) im Innern der Stütze geführt werden sollen.

Andere Rechenannahmen für die Einspannung

Die Annahme linear-elastischer Beton-Druckspannungen über die Einspanntiefe vereinfacht die realen Verhältnisse. Sie ist besonders bei großer Einspanntiefe fraglich. Bei Annahme nicht-linearer Spannungs-Dehnungs-Beziehungen für den Werkstoff Beton ergeben sich abweichende Bemessungsformeln.

[19] gibt Beziehungen für ein Spannungs-Dehnungs-Verhalten in Parabel-Rechteck-Form, kombiniert mit Reibung und Haftung an. Daraus ergeben sich kürzere Einspannlängen, dafür aber höhere Querkraftbeanspruchung der eingespannten Stahlstütze. Konstruktive Fragen sind bei Leonhardt [17] behandelt, auch die Bewehrung der Köcher. Petersen setzt sich in [4] kritisch mit unterschiedlichen Rechenmodellen auseinander. Eine Zusammenfassung der verschiedenen Berechnungsmethoden und grafische Bemessungshilfen gibt Friedrich [20] an.

Bei der Einspannung von Stahlbetonstützen in Köcher- oder Blockfundamente wird oft mit der Annahme rauher Köcher- und Stützenwandung und dem Bemessungskonzept der Stabwerkmodelle eine gedrungene Einspanngeometrie und günstige Bewehrung erreicht. Siehe hierzu bei Steinle [18].

Die Übertragung dieses Prinzips auf die Einspannung von Stahlstützen ist nicht unproblematisch: es muß sorgsam überprüft werden, ob die angenommenen Druck-streben D_{li} und D_{re} ihre Kräfte auch wirklich in die Stahlstützen einleiten können. Zur Krafteinleitung können Flachstähle oder Winkel auf die Stützenflanschen aufgeschweißt werden; für große Kräfte eignen sich Kopfbolzendübel.

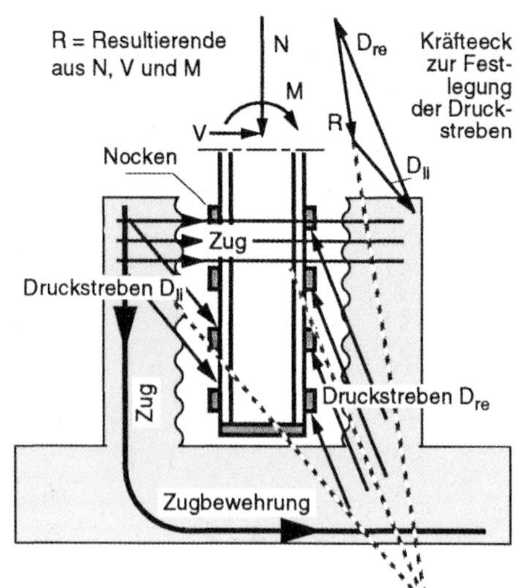

Bild 11.11 **Köcherfundament mit rauher Wandung**

Grundsätzlich ist zu den unterschiedlichen Berechnungs-Annahmen zu sagen: nach dem Traglast-Prinzip ist es gleichgültig, was für eine Spannungs- bzw. Kräfte verteilung angesetzt wird. Es müssen jedoch in allen Bereichen die plastischen Begrenzungen der Spannungen bzw. Schnittgrößen eingehalten sein, und es muß natürlich überall Gleichgewicht herrschen.

11.2 Stützenköpfe

11.2.1 Gelenkiger Anschluß

Stützenköpfe, die der Auflagerung ein- oder mehrfeldriger Träger dienen, werden meist als gelenkige Anschlüsse berechnet. Die Ausführung eines wirklich funktionsfähigen Gelenks ist (ähnlich wie bei Stützenfüßen) umständlich, teuer und zumeist auch überflüssig. Die bei üblichen Konstruktionen mit Stirnplatten erzeugte Einspannung wird gewöhnlich rechnerisch nicht verfolgt.

Stützenköpfe wurden zur sicheren Lastüberleitung früher meist konstruktiv mit Steifen (Rippen) versehen. Aus wirtschaftlichen Gründen bevorzugt man heute steifenlose Trägerverbindungen, die sich für gewöhnlich auftretende Lasten als ausreichend erwiesen haben (siehe auch Kapitel 12).

Grundsätze, siehe Bild 11.12:

a) Träger mit Steifen sollen vermieden werden!

b) Steifenlose Lasteinleitung, Stege übereinander. Wegen der großen mittragenden Länge l ist der Anschluß problemlos.

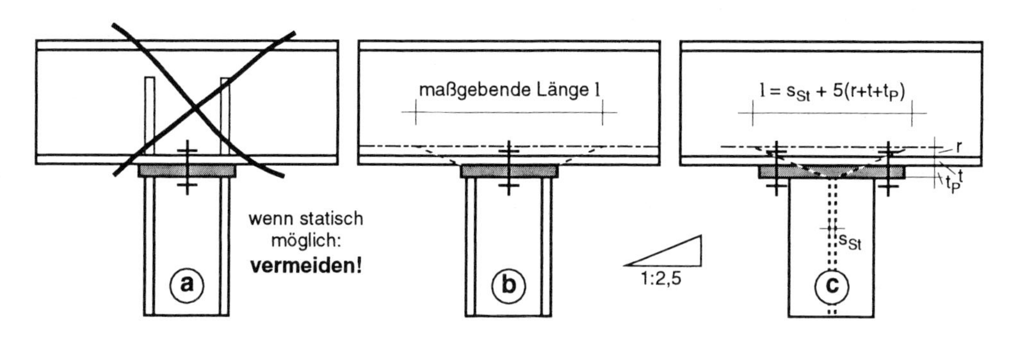

Bild 11.12 **Stützenköpfe für gelenkigen Anschluß**

c) Steifenlose Lasteinleitung. Stützensteg kreuzt Trägersteg. Lasteinleitungslänge l wie dargestellt. Zur Berechnung: siehe Trägerkreuzungen!

11.2.2 Eingespannter Anschluß Stütze-Träger

Bei mehrstieligen Rahmen können auch die inneren Stützen in die Riegel eingespannt werden. Die planmäßige Übertragung von Biegemomenten zwischen Stütze und Riegel verlangt entsprechende Nachweise, wobei die Schubspannungen im "Schubfeld" zwischen den Steifen besonders zu beachten sind (siehe auch "Rahmenecken", Kapitel 13).

Konstruktiv ergeben sich viele Möglichkeiten, z.B.:

a) Bemessung des Anschlusses als typisierte Verbindung,

b) bei großem Anschluß-Moment wird der Anschluß zweckmäßig aufgespreizt, um im Schubfeld geringere Schubbeanspruchungen zu erreichen.

Als Schrauben werden in jedem Fall HV-Schrauben (10.9) verwendet, die planmäßig voll vorzuspannen sind. Auch bei einseitig größerem anzuschließendem Moment bildet man die Anschlüsse zweckmäßig symmetrisch aus.

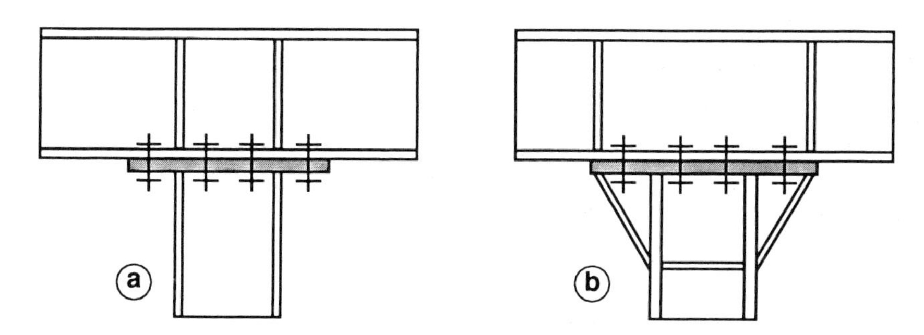

Bild 11.13 **Einspann-Anschluß - konstruktive Möglichkeiten**

11.3 Beispiele

11.3.1 Fußplatte für INP 260

Die Fußplatte unter einem I 260 (I-Normalprofil = INP 260) ist nachzuweisen für eine Bemessungslast $N_{S,d}$ = 600 kN.

Werkstoffe: Stahl S 235; Beton C 20/25.

Verlangt:

1) Elastischer Nachweis für Plattendicke t = 30 mm. Die Schweißnahtdicken sind festzulegen.
2) Plastischer Nachweis, wobei die Plattendicke so weit wie möglich reduziert werden soll. Die Interaktionsbeziehungen sind nachzuprüfen.

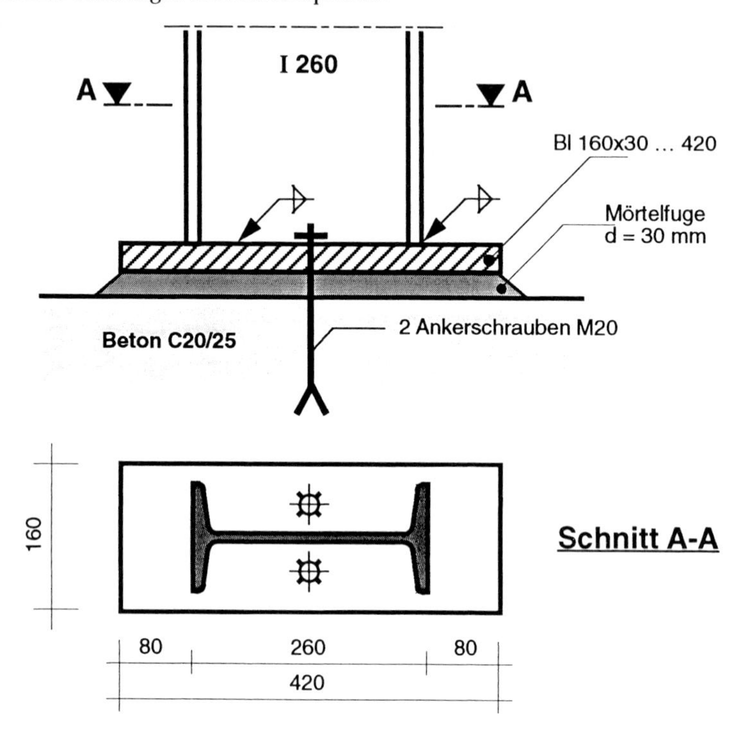

Pressung in der Mörtelfuge

$$\sigma_{cd} = \frac{600}{42 \cdot 16} = 0,90 \text{ kN/cm}^2 < 1,35 \text{ kN/cm}^2 = \sigma_{R,cd} \qquad \text{(C20/25)}$$

Der Lochabzug für die Schraubenlöcher für das Ergebnis ist unbedeutend.

Fußplatte, Elastischer Nachweis

Der größte Überstand der Fußplatte ist u = 80 mm.

Damit: $\quad erf\ t = 0,37 \cdot 8,0 \cdot \sqrt{0,90} = 2,8 \text{ cm} < vorh\ t = 3,0 \text{ cm}$

Plastischer Nachweis

$$erf\ t = 0,34 \cdot 8,0 \cdot \sqrt{0,90} = 2,58 \approx 2,6\ \text{cm}$$

Kontrolle der Interaktionsbedingungen für t = 26 mm:

$$\frac{M}{M_{pl,d}} = \frac{0,9 \cdot 8,0^2/2}{(1,25 \cdot 2,6^2/6) \cdot 21,82} = \frac{28,80}{30,73} = 0,937 < 1$$

$$\frac{V}{V_{pl,d}} = \frac{0,9 \cdot 8,0}{2,6 \cdot 21,82/\sqrt{3}} = 0,220 < 0,25 \qquad \textit{Kein}\ \text{Interaktionsnachweis erforderlich!}$$

Es gelten die Interaktionsbedingungen für Rechteck-Querschnitte, und damit gilt gemäß Tab. 4.4 die Grenze $V/V_{pl} \leq 0,25$ für Nachweise ohne Interaktion. Begründung: beim I-Profil wirkt das Biegemoment M_z nur auf Rechteck-Querschnitte (nämlich die beiden Flanschen).

Bei der üblichen Abstufung der Blechdicken muß die Fußplatte 30 mm dick ausgeführt werden. Die Nachweise für eine nur 25 mm dicke Fußplatte führen beim Moment zu 1,3 % Überschreitung der Einwirkung M gegen den Widerstand $M_{pl,d}$. Dies könnte man hinnehmen, doch sollte man bedenken, daß die Rechen-Annahmen für die Ermittlung von M auch nicht völlig einwandfrei sind.

Auch auf die "genaue" Interaktion am Rechteck-Querschnitt nach Abschn. 4.10.1 sei hingewiesen. Bei Anwendung derselben sollten allerdings die Platten-Momente genauer errechnet werden!

Schweißnähte

Empfohlene Schweißnahtdicke für Plattendicke t = 30 mm:

$$min\ a_w = \sqrt{max\,t} - 0,5 = \sqrt{30} - 0,5 \approx 5\ \text{mm}$$

In der Praxis wird bei Fußkonstruktionen dieses Maß oft etwas unterschritten: gewählt a = 4 mm.

$$\sigma_\perp = \frac{600}{0,4 \cdot 2 \cdot (26 + 16 + 15,7)} = \frac{600}{38,2} = 15,72\ \text{kN/cm}^2 < 20,7\ \text{kN/cm}^2 = \sigma_{w,R,d}$$

Da gewöhnlich der Stützenfuß ausreichend planeben abgelängt wird, darf die Kraftübertragung i.a. auf Kontakt angenommen werden. Ein Nachweis ist dann nicht erforderlich.

11.3.2 Fußplatte für HEB-260

Die Fußplatte einer Pendelstütze HEB-260 ist für die Bemessungslast $N_{S,d}$ = 1000 kN nachzuweisen.

Werkstoff: Stahl S 235; Beton C 20/25.

Verlangt: Berechnung der Beanspruchbarkeit $N_{R,d}$ und Nachweis für die gegebene Belastung.

1) **Nachweis als Platte**

$$\sigma_{cd} = \frac{1000}{30 \cdot 45} = 0,74\ \text{kN/cm}^2 < 1,35\ \text{kN/cm}^2 = \sigma_{R,cd} \qquad \text{(C20/25)}$$

Nachweis auf Plattenüberstand u = 9,5 cm, plastischer Nachweis:

$$erf\ t = 0,34 \cdot 9,5 \cdot \sqrt{0,74} = 2,78\ \text{cm} < 3,0 \qquad (\text{bei elast. Nachweis } erf\ t = 3,0\ \text{cm})$$

Nachweis im Plattenbereich (zwischen den Flanschen) mit Hilfe der Tafeln von Hahn [16].

Platte mit drei eingespannten Rändern und einem freien Rand. Als Stützweiten werden die Achsmaße von Steg und Flanschen angesetzt. Plattengröße 15 x (26 - 1,75) = 15 x 24,25 cm:

$$K = 0,74 \cdot 15 \cdot 24,25 = 269\ \text{kN}$$

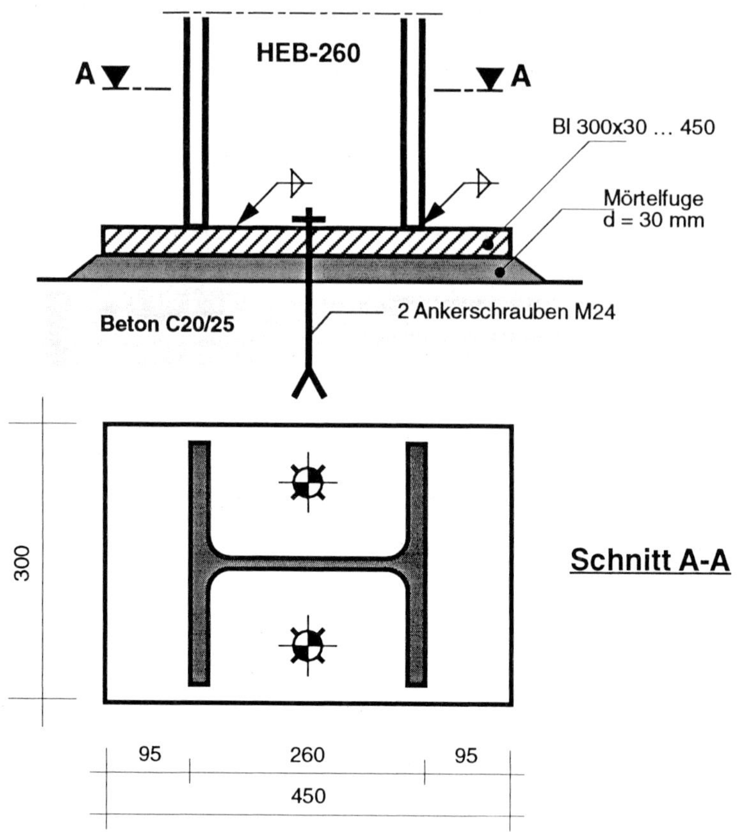

Maßgebend ist das betragsmäßig größte Biegemoment. Es ist M = K/m, also ist der kleinste Beiwert m festzustellen.

Seitenverhältnis: $\varepsilon = l_y : l_x = 15/24{,}25 = 0{,}62$

Damit: $$extr\ M = \frac{K}{m_{er}} = \frac{269}{7,56} = 35,6 \text{ kNcm/cm}$$

Nachweis plastisch: $$\frac{M}{M_{pl}} = \frac{35,6}{(1,25 \cdot 3,0^2/6) \cdot 21,82} = \frac{35,6}{40,91} = 0,87 < 1$$

Interaktion ist o.w.N. erfüllt.

2) **Nachweis über zulässigen Plattenüberstand und A***

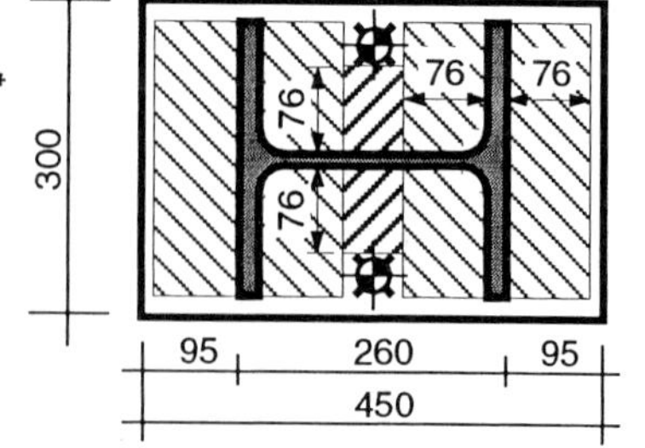

Ausgehend von der Plattendicke 30 mm wird bei völliger Ausnutzung des Grenzwertes der Betonpressung der maximal zulässige Plattenüberstand *zul* u ermittelt:

Plastisch: $zul\ u = 2,95 \cdot 3,0/\sqrt{1,35} = 7,6$ cm

Mit diesem Überstand u wird die zugehörige Fläche A* errechnet:

$$A^* = 2 \cdot 26 \cdot (2 \cdot 7,6 + 1,75) + [26 - (2 \cdot 7,6 + 1,75)] \cdot (2 \cdot 7,6 + 1,0) = 881 + 147 = 1028 \text{ cm}^2$$

Die Schraubenlöcher sind dabei nicht abgezogen; sie liegen im wesentlichen außerhalb der A*-Fläche.

Aus der A*-Fläche ergibt sich die Beanspruchbarkeit:

$$N_{R,d} = 1028 \cdot 1,35 = 1388 \text{ kN} > 1000 \text{ kN}$$

Die Fußplatte könnte ohne weiteres auf das erforderliche Maß 260x420 verkleinert werden!

Stützenfuß für eine eingespannte Stütze in verschiedenen Ausführungen

Für den Stützenfuß eines Einspannrahmens (siehe auch Beispiel Abschnitt 13.4) sind die maßgebenden Bemessungswerte der Einwirkungen (positive Wirkung in Pfeilrichtung) aus der Grundkombination GK2 (g+s+w) in der eingetragenen Bezugshöhe ±0:

$$N_d = 125 \text{ kN} \qquad V_{z,d} = 75 \text{ kN} \qquad M_{y,d} = 140 \text{ kNm}$$

Werkstoffe: Stahl S 235; Beton C 20/25.

Der Anschluß der Stütze ist für verschiedene konstruktive Ausführungen nachzuweisen.

11.3.3 Einspannung mit Ankerplatte und Ankerschrauben

Die Einwirkungen sind für die Nachweise auf UK Ankerplatte (-320 mm) umzurechnen!

Nachzuweisen sind:

1) Betondruckspannung in der Mörtelfuge,
2) Bemessung der Ankerschrauben,
3) Biegespannungen in der Fußplatte infolge der Druckspannungen in der Mörtelfuge,
4) Biegespannungen in der Fußplatte infolge der Zugkräfte in den Ankerschrauben,
5) Anschlußnähte (1) zwischen Stützenflanschen und Traversenblechen,
6) Anschlußnähte (2) zwischen Traversenblechen und Fußplatte im Bereich der Zuganker,
7) Aufnahme des Horizontalschubs.

Bemessungswerte der Einwirkungen in Höhe UK Ankerplatte (-320 mm):

$$N_{x,d} = 125,0 \text{ kN}$$
$$V_{z,d} = 75,0 \text{ kN}$$
$$M_{S,d} = 140 + 75 \cdot 0,32 = 164,0 \text{ kNm}$$

Annahme: Hebelarm der Kräfte $z = 2 \cdot 0,29 = 0,58$ m, Beton-Druckfläche 17 x 55 = 935 cm^2

1) **Druckkraft** $D = \frac{164}{0,58} + \frac{125}{2} = 282,8 + 62,5 = 345,3 \text{ kN}$

$\sigma_{cd} = \frac{345,3}{935} = 0,37 \text{ kN/cm}^2 < 1,35 \text{ kN/cm}^2 = \sigma_{R,cd}$ (C 20/25)

2) **Zugkraft** $Z = 282,8 - 62,5 \approx 220 \text{ kN}$ und $Z_S = 220/2 = 110 \text{ kN}$

Gewählt: Ankerschrauben M 30 (5.6) mit durchgehendem Gewinde, $Z_{R,d} = 139,1 \text{ kN} > 110 \text{ kN}$

3) **Fußplatte:** Beanspruchung infolge Druckspannung in der Mörtelfuge.

Überstand: u = 10,5 cm

$erf\, t = 0,34 \cdot 10,5 \cdot \sqrt{0,37} = 2,2 \text{ cm} < vorh\, t = 3,0 \text{ cm}$ (plastischer Nachweis)

Für den übrigen Druckbereich ist ein Nachweis offensichtlich nicht erforderlich (Plattenwirkung!).

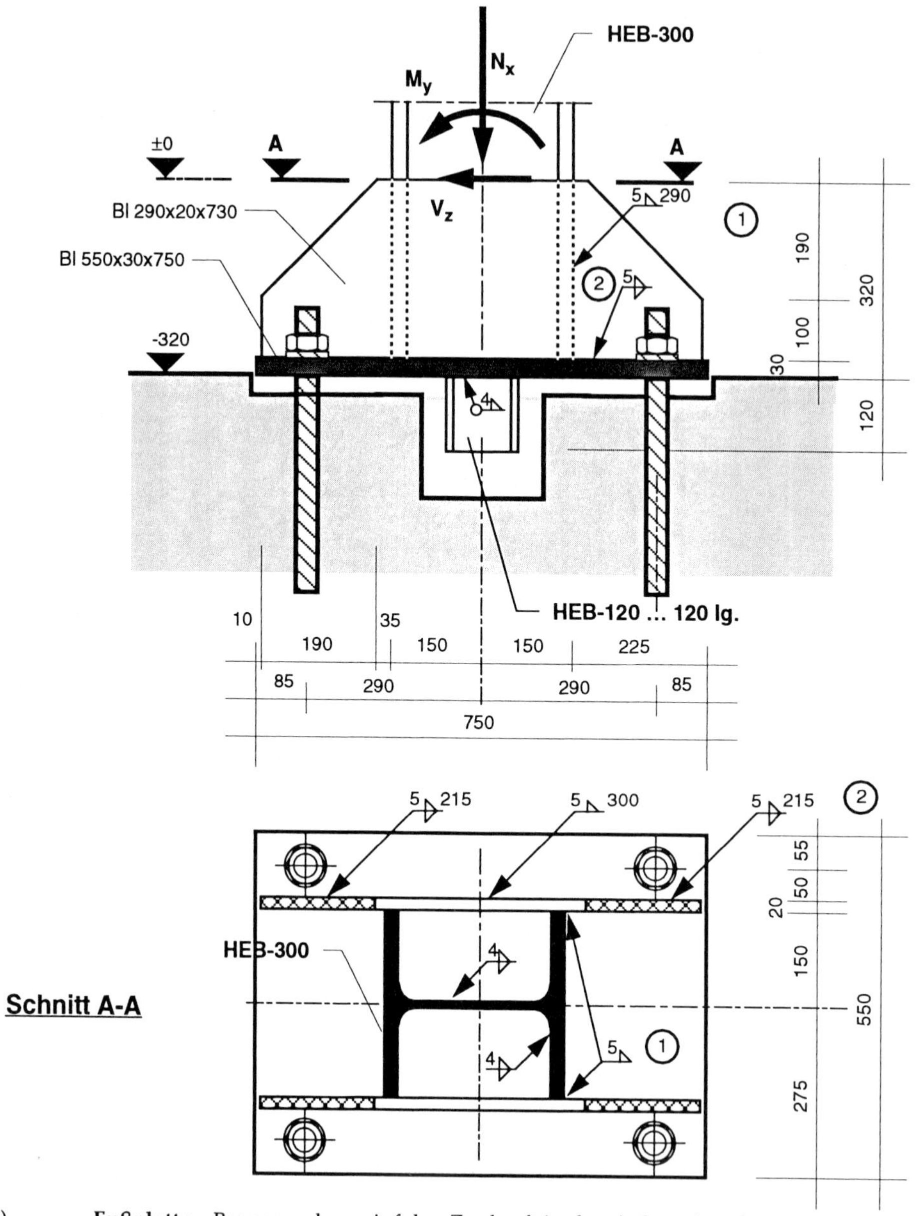

4) **Fußplatte** Beanspruchung infolge Zugkraft in den Ankerschrauben:

$M = 110 \cdot 5,0 = 550$ kNcm

Unterlegscheibe: $d_{Scheibe} = 66$ mm

mitwirkende Breite etwa: $b_m = 180$ mm

$$\frac{M}{M_{pl}} = \frac{550}{18,0 \cdot (1,25 \cdot 3,0^2/6) \cdot 21,82} = \frac{550}{736} = 0,75 < 1$$

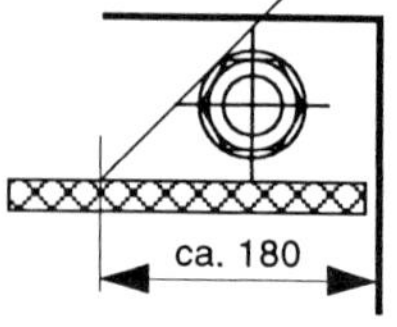

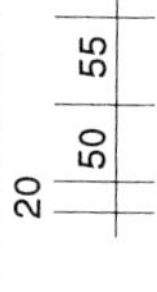

5) **Zugkraft im Flansch**

$$Z_{Fl} \approx \frac{164}{0,3} - \frac{125}{2} = 546,7 - 62,5 \approx 484 \text{ kN}$$

Wenn (als ungünstige Annahme) rechnerisch die gesamte Kraft im Zugflansch durch die senkrechten Nähte aufgenommen werden soll:

$$\tau_{||} \approx \frac{484}{2 \cdot 0,5 \cdot 29} = 16,7 \text{ kN/cm}^2 < 20,7 \text{ kN/cm}^2 = \tau_{R,d}$$

6) **Aufnahme der Zugkraft**

Doppelkehlnaht, ca. 17 cm Länge: $\sigma_{\perp} = \frac{110}{2 \cdot 0,5 \cdot 17} = 6,5 \text{ kN/cm}^2 < 20,7$

7) **Aufnahme des H-Schubs an der Schubknagge**

HEB-120: $V/V_{pl,d} = 75/89,2 = 0,84 < 1,0$

$M/M_{pl,d} = 75 \cdot 0,06/36 = 0,125$

Interaktion: $\eta = 0,88 \cdot 0,125 + 0,37 \cdot 0,84 = 0,42 < 1$

Schweißnaht: $\tau = V/[2a_w \cdot (h-2c)] = 75/(0,8 \cdot 7,4) = 12,7 \text{ kN/cm}^2 < 20,7$

Betonpressung: $\sigma_{cd} = \frac{75}{12 \cdot 12} = 0,52 \text{ kN/cm}^2 < 1,35 \text{ kN/cm}^2 = \sigma_{R,cd}$

11.3.4 Köcherfundament

Mit den Einwirkungen wie zuvor sind für Einspannung in ein Köcherfundament nachzuweisen:

1) Betondruckspannungen,
2) Aufnahme der größten Querkraft im eingespannten Teil der Stahlstütze,
3) Aufnahme der Normalkraft. Kann die Normalkraft auch ohne die Fußplatte unter der Stahlstütze aufgenommen werden?
4) Bodenpressung (*zul* σ = 0,25 MN/m²) und Gleitsicherheit (φ = 27,5°) für das Fundament. Dabei ist mit einer Erdüberschüttung bis auf ±0 zu rechnen.
5) Bewehrung des Köchers und der Fundament-Fußplatte.

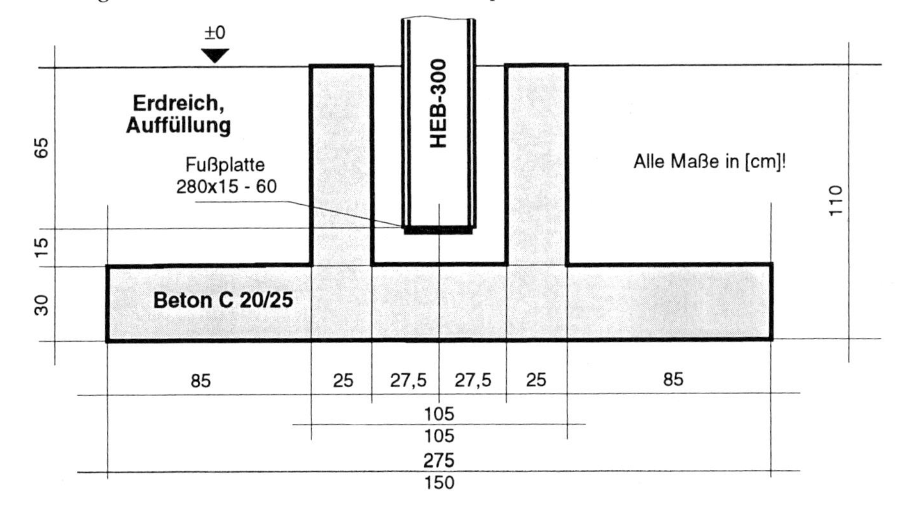

Bemessungswerte der Einwirkungen: $N_{x,d}$ = 125,0 kN
(OK Köcher = ±0) $V_{z,d}$ = 75,0 kN
$M_{y,d}$ = 140,0 kNm

Moment Mitte Einspanntiefe t: $M^* = 140 + 75 \cdot 0,65/2 \approx 165$ kNm

Einspannung: t = 65 cm $A_b = 1950$ cm²
b = 30 cm $W_b = 21125$ cm³

1) $$\sigma_{cd} = \frac{16500}{21125} + \frac{75}{1950} = 0,782 + 0,038 = 0,82 \text{ kN/cm}^2 < 1{,}35 \text{ kN/cm}^2 = \sigma_{R,cd}$$

2) $$H_o = \frac{3}{2} \cdot \frac{165}{0,65} + \frac{75}{2} = 381 + 37 = 418 \text{ kN}$$

$$H_u = \frac{3}{2} \cdot \frac{165}{0,65} - \frac{75}{2} = 381 - 37 = 344 \text{ kN}$$

Schubspannung im Steg des HEB-300:

$$max\ \tau_{Steg} = \frac{344 \cdot 934}{25170 \cdot 1,1} = 11,60 \text{ kN/cm}^2 < 12{,}60 \text{ kN/cm}^2 = \tau_{R,d}$$

Ein Nachweis der Vergleichsspannung ist nicht erforderlich, weil die Biegenormalspannungen in der Stütze in Mitte Einspanntiefe nicht mehr sehr groß sind.

3) Mit Fußplatte: $$\sigma_{cd} = \frac{125}{30 \cdot 6 + 2 \cdot 1,9 \cdot 24} = \frac{125}{217,2} = 0,46 \text{ kN/cm}^2 < 1{,}35 \text{ kN/cm}^2 = \sigma_{R,cd}$$

Ohne Fußplatte: $\sigma_{cd} = 125/149 \approx 2,0 \text{ kN/cm}^2 > 1{,}35 \text{ kN/cm}^2$. - Ausführung *nicht* möglich.

4) Gewicht Fundament ($\rho = 25$ kN/m³) + Erdüberdeckung ($\rho = 18$ kN/m³) von ±0 bis -1,10 m:

$$G_{F+E} = 2,75 \cdot 1,5 \cdot (0,3 \cdot 25 + 0,8 \cdot 18) + 1,05 \cdot 1,05 \cdot 0,8 \cdot (25 - 18) = 96,5 \text{ kN}$$

Für die Gebrauchslasten aus GK2 (g+s+w) werden die Schnittgrößen auf Höhe -1,10 m:

$$N_d = 125/1,35 + 96,5 = 92,6 + 96,5 = 189 \text{ kN}$$

$$V_{z,d} = 75/1,35 = 55,6 \text{ kN}$$

$$M_{y,d} = 140/1,35 + 55,6 \cdot 1,10 = 103,7 + 61,2 \approx 165 \text{ kNm}$$

Lastausmitte: $$e = \frac{165}{189} = 0,87 \text{ m} < \frac{2,75}{3} = 0{,}917 \text{ m}; \quad \frac{b'}{2} = \frac{2,75}{2} - 0,87 = 0,50 \text{ m}$$

Teilflächenpressung: $$\sigma_{Boden} = \frac{189}{1,5 \cdot 2 \cdot 0,50} = 126 \text{ kN/m}^2 < zul\ \sigma = 250 \text{ kN/m}^2$$

Gleitsicherheit: $$\eta = \frac{V \cdot \tan\varphi}{H} = \frac{189 \cdot 0,52}{55,6} = 1,77 > 1,5 = erf\ \eta$$

5) Köcher. Berechnet wird die oben bzw. unten erforderliche Horizontalbewehrung:

$$erf\ A_{S,o} = \frac{H_o}{f_{S,k}/\gamma_M} = \frac{418}{50/1,15} = \frac{418}{43,5} = 9,6 \text{ cm}^2$$ gewählt: 3 x 4 d=10 mm = 9,5 cm²

$$erf\ A_{S,u} = \frac{344}{43,5} = 7,9 \text{ cm}^2$$ gewählt: konstruktiv wie oben.

Vertikale Bewehrung: konstruktiv, Querschnitt zumindest so groß wie $A_{S,o}$.

AUCH FÜR STAHLANSCHLÜSSE AN BETON

BETON

Seit über 70 Jahren ist die Halfenschiene aus dem Bauwesen nicht mehr wegzudenken. Technisch genial, einfach, wirtschaftlich und von zuverlässiger Qualität. Keine Kopie kann ihr wirklich das Wasser reichen. Durch kontinuierliche Weiterentwicklung heute wirtschaftlicher denn je.

Ob für stahlbaumäßige Anschlüsse an Betonkonstruktionen mit einbetonierten HTA- Halfenschienen oder für justierbare Anschlüsse an Stahlkonstruktionen mit angeschweissten Montageschienen. HALFEN bietet beste Verbindungen.

HALFEN·DEHA

YOUR BEST CONNECTIONS

HALFEN-DEHA Vertriebsgesellschaft mbH · KompetenzCenter BETON · Tel. 02173/970-415 · www.halfen-deha.de

Varianten des Stahlbaus

Dipak Dutta
Hohlprofil-Konstruktionen
1999. 547 Seiten,
526 Abbildungen, 120 Tabellen.
Gb., € 159,–* / sFr 276,–
ISBN 3-433-01310-1

Auch in englisch erhältlich!
Structures in Hollow Sections
2002. ca. 530 Seiten, 530 Abbildungen.
Gb., ca. € 179,–* / sFr 311,–
ISBN 3-433-01458-2

Das Thema Hohlprofil-Konstruktionen ist in diesem Buch umfassend dargestellt. Stahlsorten, Querschnitte, geltende Normen, Bemessungsverfahren, Herstellung, Brand- und Korrosionsschutz, Verbundbau sind u. a. enthalten. Beispielrechnungen dienen dem Nutzer bei der Anwendung.

Gerhard Schmaußer / Heinz Nölke / Ernst Herz
Stahlwasserbauten – Kommentar zu DIN 19704
2000. 361 Seiten, 133 Abbildungen, 18 Tabellen
Br., € 129,–* / sFr 224,–
ISBN 3-433-01321-7

Für den „Stahlwasserbauer", d.h. den Anwender der neuen DIN, stellen sich Fragen nach der neuen Form der rechnerischen Nachweise und für die konstruktiven Hinweise der neuen DIN.
Der Kommentar gibt Antworten auf die aktuellen Fragen und enthält Hinweise und Anregungen für die Praxis.

Ernst & Sohn
Verlag für Architektur und
technische Wissenschaften GmbH & Co. KG

Für Bestellungen und Kundenservice:
Verlag Wiley-VCH
Boschstraße 12
69469 Weinheim
Telefon: (06201) 606-152
Telefax: (06201) 606-184
Email: service@wiley-vch.de

www.ernst-und-sohn.de

* Der €-Preis gilt ausschließlich für Deutschland

08212076–my Änderungen vorbehalten.

12 Träger - Anschlüsse und Stöße

12.1 Steifenlose Krafteinleitung

[1/744] Werden in Walzprofile mit I-förmigem Querschnitt Kräfte ohne Aussteifung eingeleitet, so gilt für die Grenzkraft $F_{R,d}$ im allgemeinen

$$F_{R,d} = s \cdot l \cdot \frac{f_{y,k}}{\gamma_M} \qquad (1/30)$$

Nur wenn die Querdruckspannung σ_z und die Längsspannung σ_x *unterschiedliche* Vorzeichen haben (wenn σ_x also eine *Zug*spannung ist) *und* $\sigma_x > 0{,}5\ f_{y,k}$ ist, gilt

$$F_{R,d} = \left(1,25 - 0,5 \cdot \frac{\sigma_x}{f_{y,k}}\right) \cdot s \cdot l \cdot \frac{f_{y,k}}{\gamma_M} \qquad (1/29)$$

Hierin bedeuten:

- s Stegdicke des Trägers
- l mittragende Länge im Trägersteg
- σ_x Normalspannung im maßgebenden Schnitt mit der Länge l

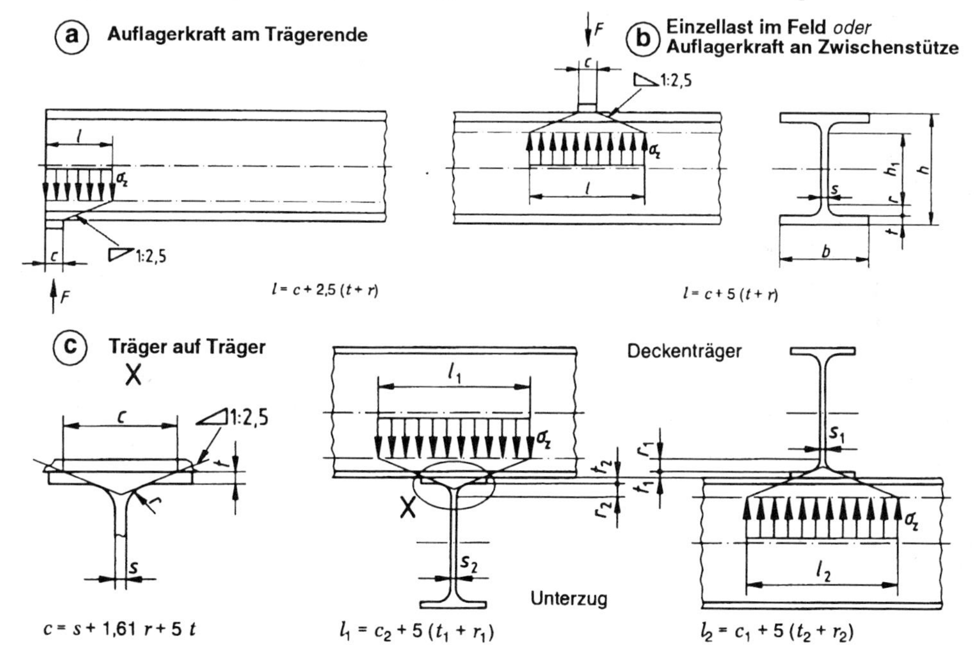

Bild 12.1 **Steifenlose Krafteinleitung bei Walzprofilen u. Schweißprofilen mit I-Querschnitt**

Bei den nach (1/29+30) bemessenen Krafteinleitungen muß die Vergleichsspannung σ_v *nicht* nachgewiesen werden!

12.2 Wandauflager von Trägern

Trägerlager müssen planmäßig i.a. nur vertikale Kräfte übertragen. Meist werden (im Gegensatz zu den Berechnungsannahmen) lauter unverschiebliche Lager ausgeführt. Dies ist möglich, wenn die Träger relativ kurz und die Durchbiegungen klein sind und (vor allem im Gebäude-Inneren) Temperaturdehnung keine Rolle spielt.

Die Träger müssen durch Aussteifungen in der Trägerebene selbst oder Festhaltungen an den Lagern gegen seitliches Verschieben, Verdrehen und Umkippen gesichert werden.

a) Für kleine Abmessungen und Kräfte genügt die Auflagerung auf Mörtelbett. Wegen der Verdrehbarkeit der Auflagerung in Richtung der Trägerachse soll die Länge der Mörtelfuge begrenzt werden auf $max\ c = h/3 + 10$ cm.
Die Pressung in der Mörtelfuge ist nachzuweisen. Wegen der Trägerverdrehung unter Last wird die Vorderkante am stärksten beansprucht. Man geht daher rechnerisch von dreieckförmiger Spannungsverteilung aus.

   Die Mörtelfuge wird zweckmäßig ca. 2 bis 5 cm von der Vorderkante der Wand rückversetzt, damit die Mauerwerkskante nicht abgeschert werden kann.

b) Bei mittleren Kräften legt man den Träger auf eine einbetonierte Stahlplatte auf. Durch eine Auflagerleiste kann die Last planmäßig zentriert werden. Der Träger kann an die Leiste angeschweißt werden (Baustellen-Naht!).

c) Bei der Einleitung größerer Kräfte bringen Neoprene-Lager Vorteile: der Träger kann sich (fast) zwanglos verdrehen, die Druckspannungen im Mauerwerk werden (etwa) konstant, geringe Längsdehnungen werden ausgeglichen. Gewöhnliche Gummilager sind 5 bis 30 mm dick; zulässige Querpressung geht bis ca. 5 N/mm^2 (je dünner und größer, desto mehr), zulässige Winkelverdrehung bis ca. 4/100 (je dicker und kleiner, desto mehr).

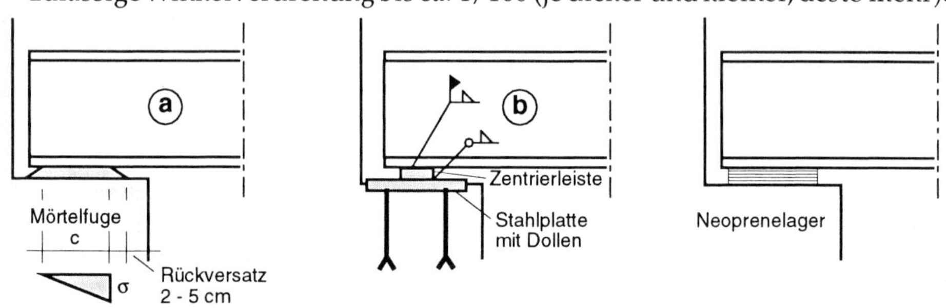

Bild 12.2 **Trägerlager auf Wänden**

Ausreichende Sicherheit gegen axiales Verdrehen und seitliches Verschieben des Trägers erreicht man durch Festhalten des Unterflansches (bei Lösung b) gegeben), seitliche Abstützung des Oberflansches gegen die Hauptkonstruktion oder durch entsprechende Verbände und Streben in der Stahlkonstruktion (Trägerrost).

Siehe dazu DIN 4141 Teil 1 (9.84 - Lager im Bauwesen - Allgemeine Regelungen), Teil 3 (7.84 -Lager für Hochbauten), Teil 15 (1.91 - Unbewehrte Elastomere-Lager).

12.3 Trägerstöße

12.3.1 Laschenstoß

Genauer Nachweis

Beim geschraubten Laschenstoß eines symmetrischen I-Querschnitts werden die Schnittgrößen M_y, V_z und N entsprechend der Steifigkeit der Stoßlaschen aufgeteilt.

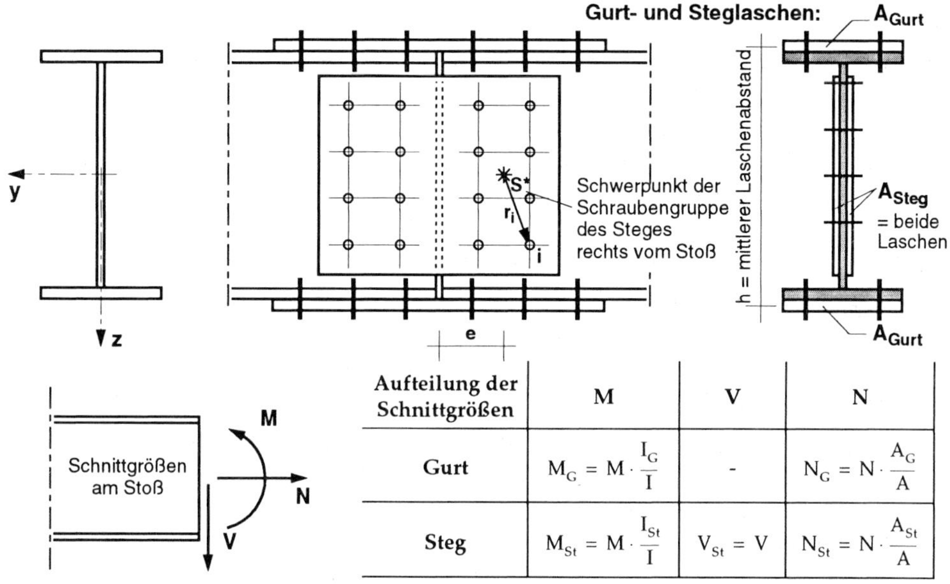

Aufteilung der Schnittgrößen	M	V	N
Gurt	$M_G = M \cdot \frac{I_G}{I}$	-	$N_G = N \cdot \frac{A_G}{A}$
Steg	$M_{St} = M \cdot \frac{I_{St}}{I}$	$V_{St} = V$	$N_{St} = N \cdot \frac{A_{St}}{A}$

$A = 2\,A_G + A_{St}$ = gesamte Laschenfläche (brutto)
$I = I_G + I_{St}$ = gesamtes Trägheitsmoment der Laschen
mit $I_G = A_G \cdot h^2/2$

Bild 12.3 **Geschraubter Laschenstoß**

Gurtstoß: $F_L = N_G \pm \frac{M_G}{h}$

Stegstoß: Wegen der zum Schraubenbild einer Stoßseite auf den ideellen Schwerpunkt S* ausmittig angreifenden Querkraft V entsteht ein Zusatzmoment $V \cdot e$.

Das idelle Stegmoment wird damit: $M_{St}^* = |M_{St}| + |V \cdot e|$

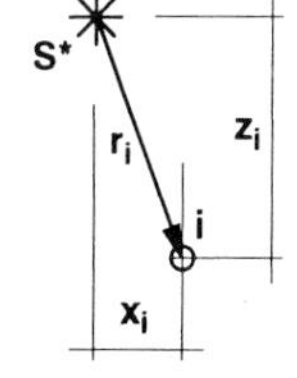

Die Schraubenkräfte $V_{S,i}$ werden proportional zum Abstand r_i von S* angenommen. Für die einzelne Schraube S gilt dann:

$$V_S^{M_{St}^*} \sim M_{St}^* \cdot \frac{r_S}{\sum r_i^2} \qquad \text{mit} \qquad \sum_{i=1}^{n} r_i^2 = \sum x_i^2 + \sum z_i^2$$

n ist dabei die Anzahl der Schrauben im Steg auf einer Stoßseite.

Damit wird für eine Schraube mit den Koordinaten x_S / z_S bezüglich S*:

Vertikalkomponente: $$V_{S,z} = V_z^M + V_z^V = \frac{M_{St}^*}{\sum r_i^2} \cdot x_i + \frac{V}{n}$$

Horizontalkomponente: $$V_{S,x} = V_x^M + V_x^N = \frac{M_{St}^*}{\sum r_i^2} \cdot z_i + \frac{N_{St}}{n}$$

Gesamte Schraubenkraft: $$V_S = \sqrt{V_{S,x}^2 + V_{S,z}^2}$$

Vereinfachter Nachweis

[1/801] In doppeltsymmetrischen I-förmigen Trägern dürfen die Verbindungen vereinfacht berechnet werden mit:

Zug-/Druckflansch: $N_{Z,D} = N/2 \pm M_y/h_F$ (1/44,45)

und $V = V_{St}$ Zu beachten ist trotzdem $M_{St}^* = V \cdot e$

Siehe hierzu Abschnitt 5.3.6.

Andere Nachweisverfahren

Die Anwendung der zuvor angegebenen Formeln setzt voraus, daß die Gurt- und Steglaschen etwa den Verhältnissen des ungestoßenen Trägers angepaßt sind.

Bei hohen, zur y-Achse unsymmetrischen Trägern (z.B. im Brückenbau) berechnet man die Schraubenkräfte F_x zutreffender nach dem auf sie entfallenden Kraftanteilen aus dem Verlauf der Normalspannungen σ_x.

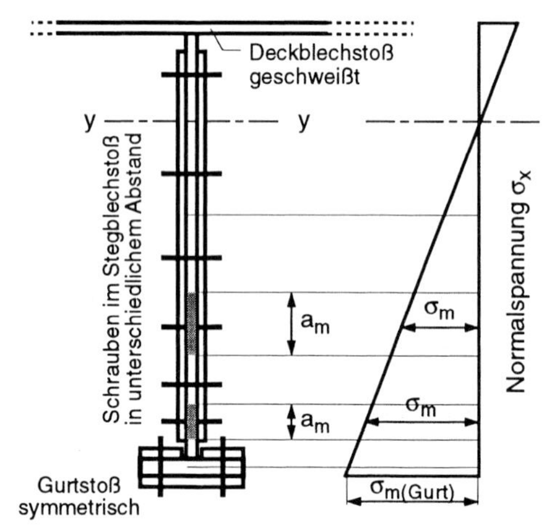

Bild 12.4 **Stoß hoher geschweißter Träge**

Im Steg ist: $V_{S,x} = \sigma_m \cdot a_m \cdot t_{Steg}$
für die jeweilige Schraube bei *einreihigem* Stoß.

$V_{S,z}$ folgt aus $V = V_{St}$ und $M_{St}^* = V \cdot e$. Damit wird wieder: $V_S = \sqrt{V_{S,x}^2 + V_{S,z}^2}$

Die Schrauben im Gurtstoß berechnet man entsprechend dem Normalkraftanteil aus den Spannungen im Gurt und dem Stückchen bis zum Bereich der untersten Schraube des Stegstoßes. - Wegen eines evtl. Zusammenwirkens mit dem Schweißstoß im Deckblech sind besondere Bedingungen zu beachten!

12.3.2 Stirnplattenstoß

Stirnplattenverbindungen mit HV-Schrauben sind besonders geeignet für biegesteife Stöße und Anschlüsse von Trägern und Stützen aus I-Querschnitten sowie von Rahmenecken. Die Trägerenden werden über Kehlnähte mit den biegesteifen Stirnplatten verbunden. Die Stoßverbindung stellen planmäßig voll vorgespannte HV-Schrauben (SL-Verbindung) her. Die Schrauben werden auf Zug und (in meist wesentlich geringerem Maß) auf Abscheren beansprucht.

Vereinfachte Berechnung

Bündige Stirnplatten

Zerlegung des Biegemoments M_y:

$$Z = D = \frac{M}{h_S} \quad \text{und} \quad Z_S = \frac{Z}{2}$$

h_S wird vereinfacht von Schraubenachse auf Außenkante Träger gerechnet.

Die Druckkraft D wird ohne weiteren Nachweis auf Kontakt übertragen.

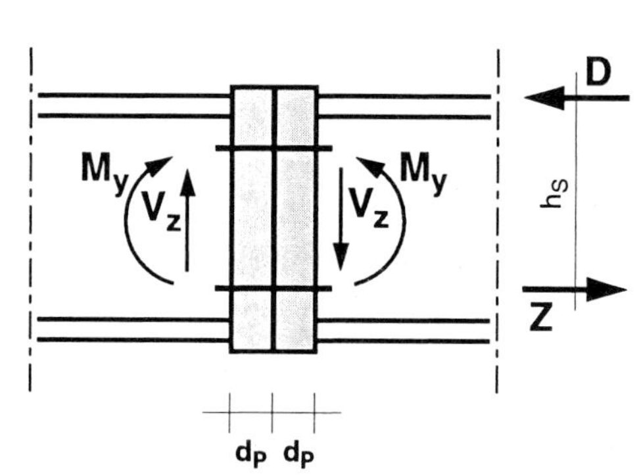

Bild 12.5 **Stirnplattenstoß, bündig**

Die Querkraft V_z wird nur den Schrauben im Druckbereich zugeordnet.

Je Schraube ist: $\quad V_S = \frac{V_z}{2}$

Die Aufnahme der Querkraft spielt rechnerisch i.a. eine untergeordnete Rolle, weshalb hierfür die Schrauben oft gar nicht nachgewiesen werden.

Mindestdicke der Stirnplatte:

$$min\ d_P = 1,5 \cdot d_S$$

Zugseitig überstehende Stirnplatten

Die Zugkraft Z wird auf alle Schrauben im Zugbereich gleichmäßig verteilt:

$$Z_S = \frac{Z}{4} = \frac{1}{4} \cdot \frac{M}{h_F}$$

$h_F = h - t$ = mittlerer Flanschabstand

Mindestdicke der Stirnplatte:

$$min\ d_P = 1,0 \cdot d_S$$

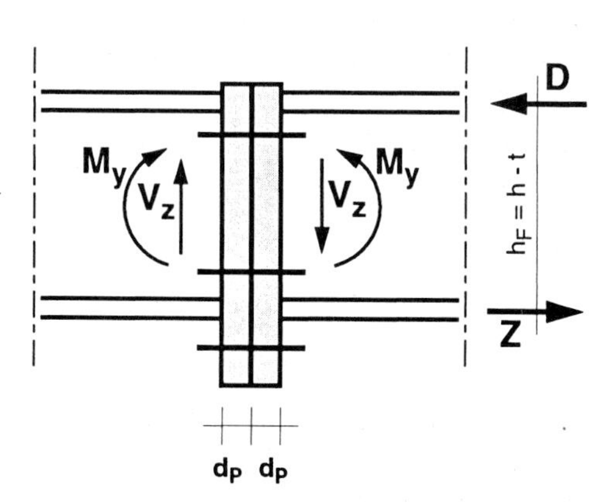

Bild 12.6 **Stirnplattenstoß, überstehend**

Der Schweißnaht-Anschluß Stirnplatte gegen I-Querschnitt wird wie üblich berechnet: vereinfachte Aufteilung nach [1/801] oder Anschluß ohne weiteren Nachweis nach [1/833]. - Die Tragfähigkeit des Trägers selbst ist auf jeden Fall nachzuweisen.

Eine zusätzlich zu M_y und V_z auftretende Normalkraft N läßt sich entsprechend der Hebelgesetze einfach auf die Zugkraft Z anrechnen (siehe Beispiel 12.4.2).

12.3.3 Stirnplattenanschluß als "Typisierte Verbindung"

Für Walzprofile in Werkstoff S 235 wurden auf Grund zahlreicher Traglastversuche und theoretischer Überlegungen Berechnungsgrundlagen für eine möglichst zutreffende und wirtschaftliche Bemessung von Stirnplattenanschlüssen entwikkelt. Die Ergebnisse sind in "Bemessungshilfen für profilorientiertes Konstruieren" [12] zusammengefaßt; das Tabellenwerk ist seitens des Bundeslandes NRW amtlich typengeprüft.

Typisiert sind zweireihige und vierreihige biegesteife Anschlüsse für Schrauben von HV-M 16 bis HV-M 30 sowohl mit bündiger als auch mit zugseitig überstehender Stirnplatte für Walzprofile ab 120 mm Nennhöhe.

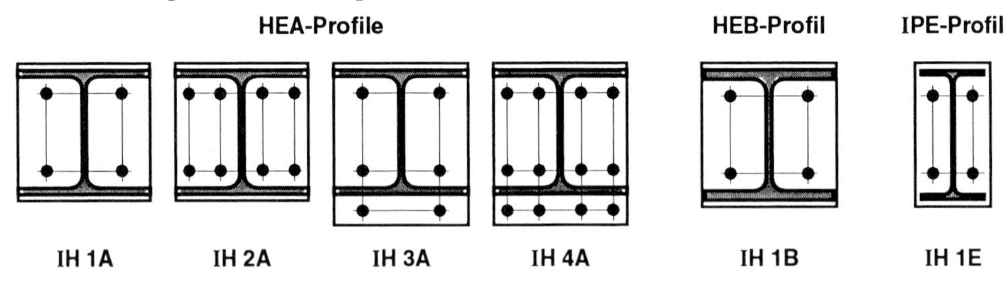

Bild 12.7 **Typisierte Stoßbilder - Schraubenbilder und Bezeichnungen**

Voraussetzung für die Anwendung typisierter Stirnplattenstöße sind:

a) vorwiegend ruhende Beanspruchung der zu verbindenden Bauteile,
b) Walzprofile entsprechend DIN 1025 aus S 235 JR G2 (IPE, HEA, HEB),
c) Stirnplatten aus S 235 JR G2, auf einwandfreie Walzung geprüft (z.B. Schallen),
d) Vorgespannte hochfeste Schrauben nach DIN 6914, Festigkeitsklasse 10.9.

Wesentliche Vorteile bei der Anwendung typisierter Anschlüsse sind:

a) einfacher Statischer Nachweis: tabellierte Beanspruchbarkeiten, normierte Angaben für den Konstrukteur (Kurzbezeichnung der Typen),
b) einfache zeichnerische Bearbeitung, insbesondere beim Einsatz von CAD, wenn entsprechende Makros abgerufen werden können,
c) einfache Fertigung: nur Kehlnähte, keine Schweißkanten-Vorbereitung, normierte Platten, die vorgefertigt werden können,
d) einfache Montage: wenige Schrauben, einheitliche Schraubendurchmesser.

Die Stirnplattendicke d_P ist vom Stoßtyp (Schraubenbild) und vom Schraubendurchmesser d_S abhängig:

Tab. 12.1 **Stirnplattendicke d_P in Abhängigkeit von der Anschlußform**

Form der Stirnplatte	Anzahl der vertikalen Schraubenreihen	Stirnplattendicke
überstehend	2	1,00 d_S
	4	1,25 d_S
bündig	2	1,50 d_S
	4	1,70 d_S

Als Beanspruchbarkeiten werden in [12] Grenzbiegemomente $M_{R,d}$ und Grenzquerkräfte $V_{R,d}$ für vier verschiedene Schraubenbilder angegeben. Für $M_{R,d}$ werden Versagenszustände von Stirnplatte, Schweißnähten und HV-Schrauben untersucht, und es wird auf die Begrenzung der Verformungen geachtet. Für $V_{R,d}$ werden die nicht zugbeanspruchten Schrauben bzw. die Stegnähte herangezogen.

In [12] sind als Grenzwerte der Beanspruchbarkeiten für die Stirnplattenstöße 1,1 $M_{el,y,d}$ und 0,9 $V_{pl,z,d}$ sowie $V_{a,R,d}$ für die nicht zugbelasteten Schrauben zugrunde gelegt worden. Aus formalen Gründen erreicht der Momenten-Grenzwert nie $M_{pl,y,d}$. Es erscheint jedoch nicht sehr sinnvoll, wenn die Grenzwerte für Momente, Querkräfte und Schrauben eine Mischung von elastischen und plastischen Größen sind, zumal der Schritt von 1,1 $M_{el,y,d}$ zu $M_{pl,y,d}$ sehr geringfügig ist.

Die angegebenen Grenzschnittgrößen der Verbindungen sagen nichts über die Tragfähigkeit der Träger aus; ein Tragsicherheitsnachweis (Interaktion M_y-V_z) ist zusätzlich erforderlich.

In [12] werden für jedes gängige Walzprofil auf einer Doppelseite alle relevanten Querschnittswerte zusammengestellt. Dazu sind Winkelanschlüsse, Stirnplattenanschlüsse, Trägerverbindungen und Trägerausklinkungen typisiert. Schließlich sind die biegesteifen Stirnplattenanschlüsse in allen sinnvollen Formen typisiert, d.h. nicht nur statisch, sondern auch geometrisch festgelegt. Ein Auszug für das Profil HEA-300 wird nachfolgend wiedergegeben.

In [12] werden die Werte $M_{el,y,d}$ und $V_{el,z,d}$ als um 10 % erhöhte wirkliche Werte (für einen "Nachweis der Tragsicherheit in einfachen Fällen", siehe Abschnitt 4.7.2) angegeben; diese gelten nur, wenn keine Stabilitätsnachweise geführt werden müssen.

Tab. 12.4 bis 12.6 geben eine auszugsweise Zusammenstellung der Tragfähigkeitswerte für IPE-, HEA- und HEB-Profile (letztere begrenzt bis 450 bzw. 500 mm Nennhöhe) und deren typisierte Stirnplattenstöße nach [12] wieder. - Die Tabellenwerte $M_{el,y,d}$, $M_{pl,y,d}$ und $V_{pl,z,d}$ sind, abweichend von [12], *hier* die korrekt errechneten Werte.

Nach Mitteilung des Autors sind in der Folgeauflage noch Änderungen zu den Voraussetzungen und Rechenannahmen zu erwarten.

Trägerausklinkungen

Typbezeichnung: IK # #.##
= Typ / Ausklinkungshöhe e [cm] / Ausklinkungslänge a [cm]

Einseitige Ausklinkungen **Beidseitige Ausklinkungen**

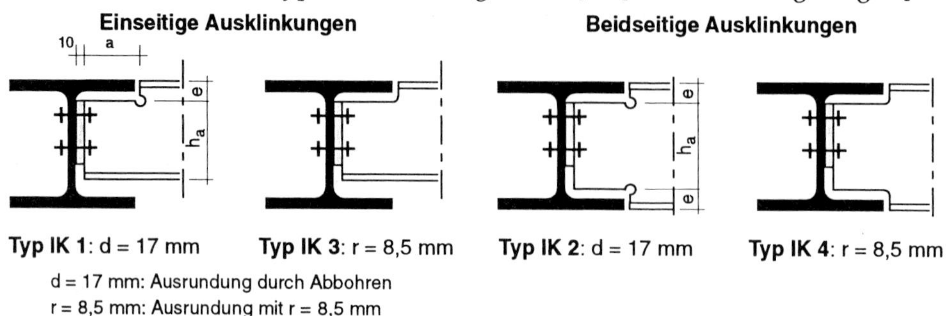

Typ IK 1: d = 17 mm **Typ IK 3**: r = 8,5 mm **Typ IK 2**: d = 17 mm **Typ IK 4**: r = 8,5 mm

d = 17 mm: Ausrundung durch Abbohren
r = 8,5 mm: Ausrundung mit r = 8,5 mm

Tabelliert ist die Grenzanschlußkraft $F_{A,R,d}$ für den ausgeklinkten Bereich.

Querkraftbeanspruchte Stirnplattenanschlüsse

Typbezeichnung: IS(H) ## # ##

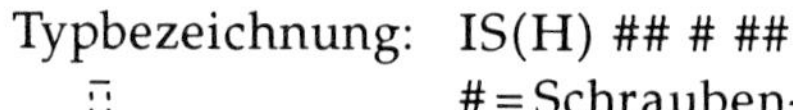

= Schrauben-Ø / Anzahl der Schrauben / Wurzelmaß w [cm]
H steht bei Verwendung von Schrauben der Güteklasse 10.9

Tabelliert sind:

$F_{A,R,d}$	Grenzanschlußkraft
s_u	erforderliche Dicke des lastannehmenden Bauteils
a	Dicke der Doppelkehlnaht
h_P	Stirnplattenhöhe; *max* $h_P = h - 1,5\ t - r$
d_P	Stirnplattendicke

Querkraftbeanspruchte Winkelanschlüsse

Typbezeichnung: IW(H) ## ## H steht bei Schrauben der Güteklasse 10.9

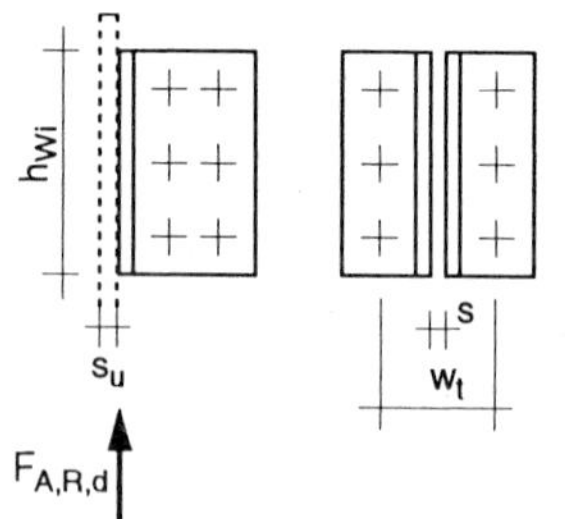

= Schrauben-Ø
= Schraubenzahl in horizontaler / vertikaler Richtung

Tabelliert sind:

$F_{A,R,d}$	Grenzanschlußkraft
s_u	erforderl. Dicke des lastannehmenden Bauteils
s	Stegdicke des anzuschließenden Profils
w_t	Anreißmaß
h_{Wi}	Höhe des Winkels

Außerdem sind rippenlose Trägerverbindungen typisiert (*hier* nicht dargestellt).

Tab. 12.2 **Anschlüsse, Verbindungen, Ausklinkungen für Profil HEA-300** aus [12]

HEA-300	**S 235** (St 37) $f_{y,k} = 240$ N/mm² $\gamma_M = 1{,}1$

Winkelanschlüsse, querkraftbeansprucht gleichschenklig, Schraubenfestigkeitsklasse 4.6

Typ	Winkel	ü	$F_{A,R,d}$	s_u	w_t	h_{wi}
IW 16 12	L 90x9	-	65,65	2,4	109	120
IW 16 13	L 90x9	-	128,9	2,7	109	170
IW 20 12	L 100x10	-	96,26	2,7	129	150
IW 20 13						
IW 20 14						
IW 24 12	L 120x12	-	114,4	2,7	149	180
IW 24 13						
IW 24 14						
IW 24 15						

Winkelanschlüsse, querkraftbeansprucht ungleichschenklig, Schraubenfestigkeitsklasse 4.6

Typ	Winkel	ü	$F_{A,R,d}$	s_u	w_t	h_{wi}
IW 16 21	L 150x75x9	16	43,84	4,2	109	70
IW 16 22	L 150x75x9	12	109,9	4,2	109	120
IW 16 23	L 150x75x9	8	195,8	4,2	109	170
IW 20 21	L 180x90x10	23	59,92	4,8	129	80
IW 20 22	L 180x90x10	17	163,6	4,8	129	150
IW 20 23						
IW 20 24						
IW 24 21	L 200x100x12	25	71,22	3,9	129	100
IW 24 22	L 200x100x12	19	194,6	4,2	129	180
IW 24 23						
IW 24 24						
IW 24 25						

Winkelanschlüsse, querkraftbeansprucht gleichschenklig, Schraubenfestigkeitsklasse 10.9

Typ	Winkel	ü	$F_{A,R,d}$	s_u	w_t	h_{wi}
IWH 16 12	L 90x9	-	124,5	3,6	109	200
IWH 20 12						
IWH 20 13						
IWH 24 12						
IWH 24 13						

Winkelanschlüsse, querkraftbeansprucht ungleichschenklig, Schraubenfestigkeitsklasse 10.9

Typ	Winkel	ü	$F_{A,R,d}$	s_u	w_t	h_{wi}
IWH 16 21	L 150x75x9	-	48,55	3,7	109	100
IWH 20 21	L 180x90x12	3	59,92	3,6	129	120
IWH 24 21	L 200x100x12	-	71,21	3,1	129	150

Stirnplattenanschlüsse, querkraftbeansprucht

Schraubenfestigkeitsklasse 4.6					Schraubenfestigkeitsklasse 10.9				
Typ	$F_{A,R,d}$	s_u	a	h_P	Typ	$F_{A,R,d}$	s_u	a	h_P
IS 16 2	82,45	3,9	3	70	ISH 16 2	117,8	5,6	3	100
IS 16 4	141,3	4,2	3	120	ISH 16 4	235,6	5,6	3	200
IS 16 6	200,2	4,0	3	170					
IS 20 2	94,22	3,6	3	80	ISH 20 2	141,3	5,4	3	120
IS 20 4	176,7	3,6	3	150	ISH 20 4	282,7	5,4	3	240
IS 20 6	259,1	3,5	3	220	ISH 20 6				
IS 20 8									
IS 24 2	117,8	3,7	3	100	ISH 24 2	176,7	5,6	3	150
IS 24 4	212,0	3,8	3	180	ISH 24 4				
IS 24 6					ISH 24 6				
IS 24 8									
IS 24 10									
Für M16 bis M24:				$d_P = 10$ mm	Für M16 und M20: Für M24:				$d_P = 10$ mm $d_P = 12$ mm

Rippenlose Krafteinleitung

Endauflager		Kreuzung	
c_A	$F_{A,R,d}$	c_A	$F_{A,R,d}$
0	190,1	0	380,2
5	199,4	10	398,7
10	208,6	20	417,3
15	217,9	30	435,8
20	227,2	40	454,4
25	236,5	50	472,9
30	245,7	60	491,5
35	255,0	70	510,0
40	264,3	80	528,5
45	266,0	90	531,9
50	266,0	100	531,9
55	266,0	110	531,9
60	266,0	120	531,9
Lasteintragungsbreite:			122 mm

Trägerausklinkungen, einseitig

		$F_{A,R,d}$ für IK1 d = 17 mm						
e	h_a	a = 40	60	80	100	120	140	150
50	240	189,3	189,3	189,3	189,3	189,3	189,3	189,3
60	230	180,6	180,6	180,6	180,6	180,6	180,6	178,6
70	220	171,9	171,9	171,9	171,9	171,9	171,9	163,0
80	210	163,3	163,3	163,3	163,3	163,3	157,9	148,1
		$F_{A,R,d}$ für IK3 r = 8,5 mm						
50	240	196,7	196,7	196,7	196,7	196,7	196,7	196,7
60	230	188,0	188,0	188,0	188,0	188,0	188,0	188,0
70	220	179,3	179,3	179,3	179,3	179,3	179,3	176,2
80	210	170,6	170,6	170,6	170,6	170,6	170,6	160,7

Trägerausklinkungen, zweiseitig

		$F_{A,R,d}$ für IK2 d = 17 mm						
e	h_a	a = 40	60	80	100	120	140	150
50	190	135,8	135,8	113,1	92,51	78,28	67,84	63,60
60	170	120,1	113,7	88,43	72,36	61,22	53,06	49,74
70	150	104,4	85,92	66,83	54,68	46,26	40,10	37,59
80	130	86,83	62,02	48,24	39,47	33,40	28,49	27,13
		$F_{A,R,d}$ für IK4 r = 8,5 mm						
50	190	149,2	149,2	136,4	111,6	94,42	81,83	76,71
60	170	133,5	133,5	109,2	89,33	75,58	65,51	61,41
70	150	117,8	109,3	85,00	69,55	58,85	51,00	47,81
80	130	102,1	82,09	63,84	52,24	44,20	38,31	35,91

Tab. 12.2 zeigt beispielhaft die linke Seite aus [12] für das Walzprofil HEA-300 in S 235. Aus der dort gegenüberliegenden Seite für dasselbe Profil wird in Tab. 12.3 nur die Zusammenstellung der Parameter für die verschiedenen Typen von Stirnplattenanschlüssen wiedergegeben, einschließlich Definition der Geometrie.

Tab. 12.3 **Typisierte Stirnplattenanschlüsse für HEA-300** aus [12] - Geometrie

Typ	$M_{R,d}$	$M_{R,d}$*	$V_{R,d}$	d_S	d_P	h_P	b_P	a_1	a_2	ü	e_1	e_2	e_3	e_4	w_1	w_2	w_3	c (2)	a_F	a_S
IH1A	167,0	167,0	266,0	**30**	40	330	300		75	20			140	95	150		75	94	6	4
	135,5	135,5	266,0	**27**	40	330	300		75	20			140	95	150		75	100	5	4
	106,1	106,1	266,0	**24**	30	330	300		65	20			160	85	150		75	106	4	4
IH2A	289,4	289,4	266,0	**30**	45	330	360		75	20			140	95	130	70	45	74	7	4 (1)
	263,4	263,4	266,0	**27**	45	330	340		75	20			140	95	130	65	40	80	7	4
	197,3	197,3	266,0	**24**	35	330	300		65	20			160	85	110	60	35	66	7	4
	155,5	155,5	266,0	**20**	30	330	300		55	20			180	75	90	70	35	53	6	4
IH3A	302,3	122,9	266,0	**27**	30	410	300	60		20	40	135	140		150		75	100	7	4 (1)
	250,3	100,4	266,0	**24**	25	395	300	50		20	35	115	160		150		75	106	7	4
	188,3	77.49	266,0	**20**	20	380	300	40		20	30	95	180		150		75	113	7	4
IH4A	302,3	146,7	266,0	**20**	25	380	300	40		20	30	95	180		90	70	35	53	7	4 (1)

$M_{R,d}$* ist ein *negatives* Moment!
a_F / a_S = Kehlnahtdicken Flanschen/Steg

(1) a_w = s/2 im Stegzugbereich auf einer Länge von min (b/2; h/2)
(2) c = w_1 - Außendurchmesser der Unterlegscheibe

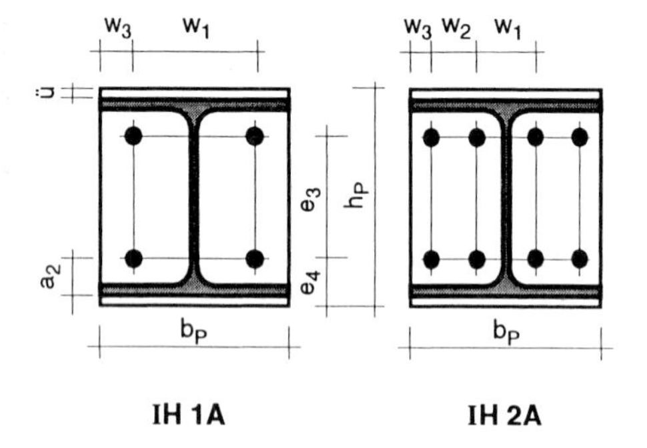

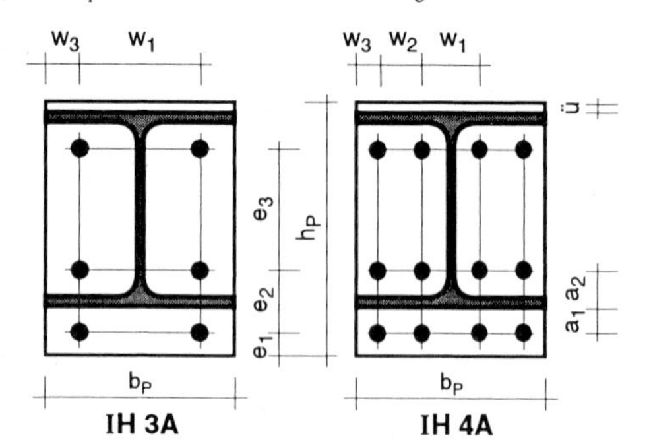

Die gleichfalls auf dieser Seite zu findenden Querschnittswerte für das Profil sind hier nicht wiedergegeben; sie können auch anderen Tabellenwerken entnommen werden; siehe auch Kapitel 4, Tab. 4.7 ff.

Außerdem ist in [12] ein Interaktionsdiagramm $M_{y,d}$ - $V_{z,d}$ für die Nachweisverfahren E-P und E-E dargestellt, dessen Angaben aber mit Vorsicht zu gebrauchen sind:

- $M_{pl,y,d}$ ist wegen der Verwendung von α_{pl}* = 1,14 nicht korrekt,
- $V/V_{pl,z,d}$ ist noch auf den Wert 0,9 begrenzt,
- $M_{el,y,d}$ und $V_{el,y,d}$ sind die für den "Nachweis in einfachen Fällen" um 10 % erhöhten tatsächlichen Werte, was in der Bezeichnung nicht zutreffend ist und bei der Anwendung leicht zu Verwechslungen führen kann.

Bezüglich solcher Interaktionsdiagramme sei auf Abschnitt 4.11 verwiesen.

Tab. 12.4 **Typisierte Stirnplattenanschlüsse - Tragfähigkeitstabelle für IPE** nach [12]

Walzprofil Nennhöhe	Tragfähigkeitswerte des Walzprofils			Schrauben-durchmesser	IH 1E		IH 2E		IH 3E		
IPE	$M_{el,y,d}$	$M_{pl,y,d}$	$V_{pl,z,d}$	d_S	$M_{R,d}$	$V_{R,d}$	$M_{R,d}$	$V_{R,d}$	$M_{R,d}$	$M_{R,d}^*$	$V_{R,d}$
120	11,6	13,2	63,0	16	12,7	56,7					
140	16,9	19,3	78,8	16	18,6	70,9					
160	23,7	27,0	96,1	16	26,1	86,5					
180	31,9	36,3	114,8	20	35,1	103,3					
				16	30,2	103,3					
200	42,4	48,1	135,1	20	46,6	121,6					
				16	34,1	121,6			46,6	29,9	121,6
220	55,0	62,3	157	20	56,0	141,0					
				16	38,6	141,0			60,5	35,9	141,0
240	70,8	80,0	180	24	77,8	161,8					
				20	61,7	161,8					
				16	43,3	161,8			77,8	40,3	161,8
270	93,6	105,6	216	24	97,1	194,4					
				20	70,7	194,4					
				16	50,2	194,4			102,9	46,9	194,4
300	121,5	137,1	259	27	133,7	232,9					
				24	108,8	232,9					
				20	80,4	232,9	133,7	232,9			
				16					132,2	54,0	201,1
330	156	176	301	27	159,2	270,8					
				24	121,6	270,8					
				20	90,9	270,8	171,2	270,8	171,2	51,2	270,8
				16					145,5	56,3	201,1
360	197	222	350	30	209,4	315,0					
				27	166,8	315,0					
				24	128,5	315,0	216,9	315,0	216,9	74,5	315,0
				20	95,8	314,2	191,8	315,0	195,6	66,9	314,2
				16					158,6	65,4	201,1
400	252	285	419	30	234,9	376,8					
				27	188,4	376,8					
				24	146,1	376,8	277,5	376,8	277,5	89,3	376,8
				20	109,8	314,2	215,9	376,8	221,2	85,7	314,2
				16					176,6	76,4	201,1
450	326	370	516	30	267,7	464,0					
				27	216,9	464,0	359,9	464,0			
				24	169,4	452,4	340,6	464,0	341,6	116,6	452,4
				20	128,9	314,2	248,9	464,0	255,5	113,8	314,2
500	421	479	622	30	304,8	559,7					
				27	247,9	559,7	462,7	559,7	462,7	171,2	559,7
				24	195,5	452,4	385,2	559,7	385,4	153,1	452,4
				20	151,1	314,2	287,0	559,7	288,5	135,4	314,2
550	532	608	745	30	327,5	670,5	585,7	670,5			
				27	266,7	572,6	532,0	670,5	542,7	179,6	572,6
				24	210,1	452,4	406,3	670,5	433,7	166,3	452,4
				20			305,5	628,3	325,4	145,9	314,2
600	670	766	878	30	369,5	706,9	736,7	790,4	724,8	234,3	706,9
				27	302,3	572,6	590,7	790,4	595,5	221,8	572,6
				24	241,5	452,4	459,5	790,4	483,4	218,3	452,4
				20			357,0	628,3	357,0	173,3	314,2

Tab. 12.5 **Typisierte Stirnplattenanschlüsse - Tragfähigkeitstabelle für HEA** nach [12]

Walzprofil Nennhöhe	Tragfähigkeitswerte des Walzprofils			Schrauben-durchmesser	IH 1A		IH 2A		IH 3A			IH 4A		
HEA	$M_{el,y,d}$	$M_{pl,y,d}$	$V_{pl,z,d}$	d_S	$M_{R,d}$	$V_{R,d}$	$M_{R,d}$	$V_{R,d}$	$M_{R,d}$	$M_{R,d}^*$	$V_{R,d}$	$M_{R,d}$	$M_{R,d}^*$	$V_{R,d}$
120	23,2	26,1	66,8	16	19,3	60,1	25,2	60,1	25,2	17,6	60,1			
140	33,9	37,9	86,3	16	21,2	77,6	37,3	77,6	37,3	20,0	77,6			
160	48,0	53,5	108,1	20	35,1	97,3	52,8	97,3						
				16	25,1	97,3	51,2	97,3	52,8	24,2	97,3			
180	64,1	70,9	122,1	24	64,8	109,9								
				20	41,5	109,9	70,5	109,9						
				16	29,4	109,9	58,6	109,9	70,5	28,8	109,9			
200	84,8	93,7	147,4	24	63,8	132,6								
				20	47,4	132,6	93,3	132,6	93,3	40,5	132,6			
				16	34,0	132,6	66,9	132,6	82,2	34,0	132,6			
220	112,4	124,0	175	24	73,0	157,9	123,7	157,9						
				20	54,6	157,9	108,8	157,9	120,1	51,0	157,9			
				16					90,9	40,0	157,9			
240	147,3	162	206	27	101,2	185,4	162,0	185,4						
				24	77,6	185,4	126,9	185,4	162,0	64,6	185,4			
				20	57,9	185,4	107,3	185,4	135,5	54,2	185,4			
				16					99,6	42,6	185,4			
260	182	201	224	27	111,9	201,9	200,7	201,9						
				24	86,2	201,9	144,5	201,9	200,7	80,0	201,9			
				20	65,0	201,9	126,8	201,9	153,3	60,9	201,9			
				16					108,5	48,6	201,1			
280	221	243	259	30	151,9	233,1	243,1	233,1						
				27	122,9	233,1	236,2	233,1						
				24	95,3	233,1	163,8	233,1	227,1	89,9	233,1			
				20			139,9	233,1	170,6	68,1	233,1			
				16					117,4	55,2	201,1			
300	275	302	296	30	167,0	266,0	289,4	266,0						
				27	135,5	266,0	263,4	266,0	302,3	122,9	266,0			
				24	106,1	266,0	197,3	266,0	250,3	100,4	266,0			
				20			155,5	266,0	188,3	77,5	266,0	302,3	146,7	266,0
320	323	355	334	30			328,9	300,5						
				27			291,9	300,5	331,5	135,9	300,5			
				24			227,8	300,5	269,0	112,3	300,5			
				20					200,9	88,5	300,5	355,0	163,6	300,5
340	366	404	375	30			366,0	337,6	402,8	152,3	337,6			
				27			315,6	337,6	355,1	140,5	337,6			
				24			247,6	337,6	288,5	115,9	337,6			
				20					213,9	91,2	314,2	402,8	166,8	337,6
360	413	456	419	30			342,1	377,0	444,0	171,2	377,0			
				27			319,7	377,0	376,6	152,7	377,0			
				24			247,7	377,0	306,0	127,0	377,0			
				20					226,8	101,5	314,2	431,8	182,4	377,0
400	504	559	514	30			421,7	462,7	498,4	208,9	462,7			
				27			370,2	462,7	422,9	177,2	462,7			
				24			291,4	462,7	341,4	149,2	452,4	554,7	232,3	462,7
				20					253,1	121,7	314,2	486,3	213,5	462,7
450	632	702	607	30			524,1	546,3	566,3	255,7	546,3			
				27			432,1	546,3	480,6	211,2	546,3			
				24			344,1	546,3	385,6	180,8	452,4	695,1	301,7	546,3
				20					285,8	151,8	314,2	554,5	257,6	546,3

Tab. 12.6 **Typisierte Stirnplattenanschlüsse - Tragfähigkeitstabelle für HEB** nach [12]

Walzprofil Nennhöhe	Tragfähigkeitswerte des Walzprofils			Schrauben-durchmesser	IH 1B		IH 2B		IH 3B			IH 4B		
HEB	$M_{el,y,d}$	$M_{pl,y,d}$	$V_{pl,z,d}$	d_S	$M_{R,d}$	$V_{R,d}$	$M_{R,d}$	$V_{R,d}$	$M_{R,d}$	$M_{R,d}^*$	$V_{R,d}$	$M_{R,d}$	$M_{R,d}^*$	$V_{R,d}$
120	31,4	36,0	89,2	16	19,9	80,3			34,6	19,9	80,3			
140	47,0	53,5	112,9	16	22,6	101,6			51,6	22,6	101,6			
160	68,0	77,2	148,1	20	38,3	133,3			74,8	27,1	133,3			
				16	27,7	133,3			71,6	27,7	133,3			
180	92,9	105,0	178	24	55,5	160,0								
				20	45,2	160,0			95,0	38,5	160,0			
				16					75,8	33,6	160,0			
200	124,3	140,2	210	24	69,4	188,8	120,4	188,8	136,7	54,3	188,8			
				20	53,0	188,8	101,8	188,8	110,3	49,8	188,8			
				16			73,9	188,8	84,5	40,5	188,8			
220	160,5	180	244	24	79,4	219,7	144,1	219,7	167,2	72,3	219,7			
				20	61,6	219,7	116,4	219,7	125,4	58,2	219,7			
				16					93,2	48,5	201,1			
240	205	230	281	27	108,2	252,8	197,9	252,8	225,2	83,9	252,8			
				24	85,0	252,8	144,8	252,8	189,4	80,2	252,8			
				20			123,1	252,8	141,2	62,6	252,8	225,2	95,0	252,8
				16					101,9	50,9	201,1			
260	250	280	305	30	147,0	274,9	239,9	274,9						
				27	119,9	274,9	224,4	274,9	260,9	103,3	274,9			
				24	94,9	274,9	166,3	274,9	211,7	90,1	274,9			
				20			137,3	274,9	156,6	71,0	274,9	275,4	119,3	274,9
280	300	335	347	30	161,6	311,9	278,7	311,9	330,3	128,1	311,9			
				27	132,2	311,9	255,6	311,9	289,3	120,6	311,9			
				24			196,4	311,9	234,9	100,3	311,9			
				20			152,2	311,9	173,9	80,2	311,9	330,3	144,2	311,9
300	366	408	389	30	178,3	350,4	319,4	350,4	377,5	158,2	350,4			
				27	146,5	350,4	280,4	350,4	320,3	134,2	350,4			
				24			220,7	350,4	258,6	113,0	350,4	402,7	175,9	350,4
				20			170,2	350,4	191,7	92,2	314,2	368,4	181,1	350,4
320	420	469	434	30			365,5	390,5	404,8	180,6	390,5			
				27			306,3	390,5	343,5	148,9	390,5			
				24			243,2	390,5	275,6	126,9	390,5	462,4	208,2	390,5
				20					204,3	105,8	314,2	396,4	181,0	390,5
340	471	525	481	30			404,6	433,3	430,4	182,7	433,3			
				27			331,3	433,3	365,3	154,2	433,3			
				24			264,5	433,3	293,1	131,3	433,3	517,5	269,1	433,3
				20					217,3	109,4	314,2	421,5	215,6	433,3
360	524	585	531	30			392,2	478,3	458,9	202,6	478,3			
				27			340,3	478,3	387,1	168,0	478,3			
				24			270,6	478,3	310,6	144,2	452,0	575,9	229,0	478,3
				20					230,2	120,3	314,2	451,0	202,8	478,3
400	629	705	639	30			469,5	575,5	511,2	234,2	575,5			
				27			389,1	575,5	431,3	195,2	572,6			
				24			312,2	575,5	346,0	169,8	452,4	644,5	282,7	575,5
				20					256,5	134,0	314,2	502,4	237,8	575,5
450	775	869	748	30			551,4	673,0	580,0	278,0	673,0			
				27			454,7	673,0	486,3	233,4	572,6	852,1	383,4	673,0
				24			369,4	673,0	390,2	206,5	452,4	732,4	354,1	673,0
500	936	1050	862	30			605,4	775,9	645,7	309,3	706,9			
				27			500,5	775,9	541,4	261,3	572,6	1029	417,7	775,9
				24			407,6	775,9	434,4	232,7	452,4	821,7	391,1	775,9

12.3.4 Stirnplattenanschlüsse in Rahmenkonstruktionen

Bei Rahmenkonstruktionen können die Anschlüsse von Trägern an Stützen mit typisierten Verbindungen ausgeführt werden. Dabei ist zu beachten:

a) Für die Stützenflanschdicken t sind Mindestwerte einzuhalten. Werden diese unterschritten, so müssen die Flanschen unter den HV-Schrauben mit lastverteilenden Futtern versehen werden. Die Grenzwerte für t werden auch davon abhängig gemacht, ob der Anschluß in der Stütze mit oder ohne Steifen ausgeführt wird.

Tab. 12.7 **Mindestdicke t der Stützenflanschen**

Anschlußart	Form der Stirnplatte	Anzahl der vertikalen Schraubenreihen	Mindestdicke des Stützenflansches
ausgesteift	überstehend	2	0,80 d_S
		4	1,00 d_S
	bündig	2	1,00 d_S
		4	1,25 d_S
nicht ausgesteift	überstehend	2	1,10 d_S
		4	1,40 d_S
	bündig	2	1,00 d_S
		4	1,30 d_S

Stützenflanschdicken $t < 0{,}5\ d_P$ sind in keinem Fall zulässig

Die Konstruktionspraxis bevorzugt *hier* die Ausführung *mit* Steifen! Die Steifen werden meist von Flansch zu Flansch durchgeführt und gewährleisten die einwandfreie Einleitung der Zug- und Druckkräfte in den Stützensteg. Außerdem werden bei dieser Ausführung die Verformungen im Anschluß gering gehalten.

Nicht durchgeführte Steifen haben den Vorteil von weniger Einpaß- und Schweißarbeit und auch geringerer Eigenspannungen aus dem Schweiß-Schrumpfen. Dagegen ist die ausmittige Krafteinleitung zu beachten, die am Steg-Anschluß Schubkraft und Moment ergibt (siehe Beispiel 6.4.5)

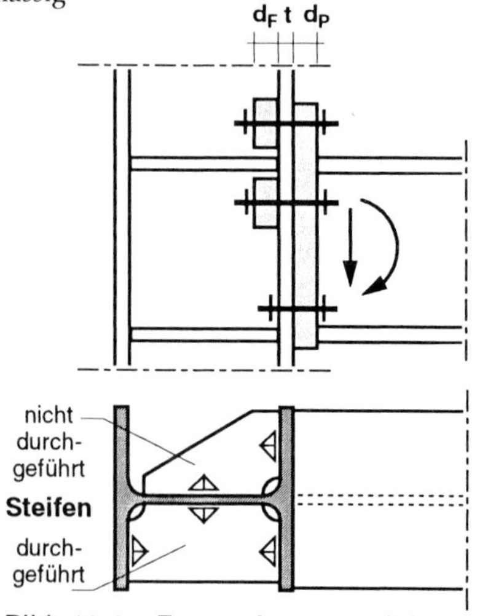

Bild 12.8 **Futterplatten und Steifen**

Die Futter sind mittig unter den Schrauben zu plazieren und unter Berücksichtigung der örtlichen Schweißnähte und der Stegausrundungen so groß wie möglich auszuführen. Gewählt wird $d_F \approx d_P$.

b) Im "Schubfeld" des Lasteinleitungsbereichs (im Stützensteg) entstehen hohe Schubspannungen. Schubfelder sind sorgfältig nachzuweisen, ggf. müssen die Stützenstege in diesem Bereich verstärkt werden.

Die Stirnplattendicken sind so bemessen, daß i.a. der Einfluß der Verformungen im Knoten auf die Schnittgrößen im Tragwerk (Schnittgrößen-Umlagerung bei Berechnung nach Theorie II. Ordnung) nicht berücksichtigt werden muß. Anschlüsse mit überstehenden Stirnplatten sind steifer als solche mit bündigen.

Schweißnähte zwischen Träger und Stirnplatte

Gewöhnlich werden Träger und Stirnplatten durch Kehlnähte verbunden. Kehlnähte gewährleisten einen günstigen Kraftfluß in der Stirnplatte, besonders bei Schraubenanordnung mit überstehender Stirnplatte. Ohne Nachweis dürfen Kehlnähte mit jeweils Nahtdicke gleich halber Flansch- bzw. Stegdicke ausgeführt werden, siehe Abschnitt 6.3.7. Kehlnahtdicken für abgestufte Beanspruchung sind in [12] tabelliert.

Bündige Stirnplatten auf der Zugseite können gemäß Bild 12.9 angeschlossen werden. Auf der Druckseite können die Schweißnähte konstruktiv ausgebildet werden.

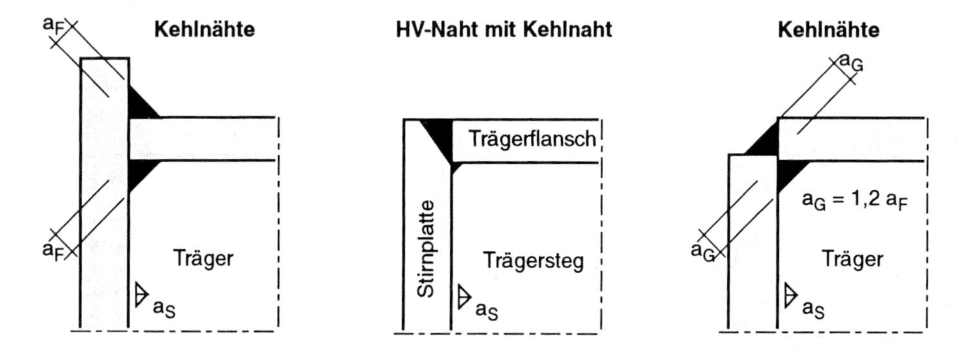

Bild 12.9 **Ausführungsmöglichkeiten für Schweißnähte am Trägerzugflansch**

12.3.5 Nachgiebige Stahlknoten mit Stirnplattenanschlüssen

Das Bemühen um wirtschaftliche Konstruktionen hat in jüngster Zeit auch zum Einsatz von steifenlosen Knoten mit dünneren Stirnplatten geführt, bei denen bewußt Knotenverformungen (Rotationen ϕ) in Kauf genommen werden.

[9] enthält detaillierte Angaben zur Ausbildung solcher Knoten, deren Berechnung in Anlehnung an EC 3 und tabellierter Stützen-Riegel-Anschlüsse. Riegelprofile IPE oder HEA sind an Stützenprofile HEB oder HEA angeschlossen, Werkstoff ist generell S 235. Zum Anschluß werden Schrauben der Güteklassen 10.9 und 8.8 verwendet.

Die geometrischen Abmessungen der Stirnplatten sind gleich gehalten wie in [12], die Stirnplattendicken aber auf das statische Minimum ausgereizt. Es sind nur Anschlüsse mit bündigen Stirnplatten erfaßt, wobei die zugseitige (obere) Flanschnaht versenkt ausgebildet werden kann; damit vermeidet man bei Verbundträgern ungewollte Endverdübelung zwischen Stahlrahmen und Betondecke.

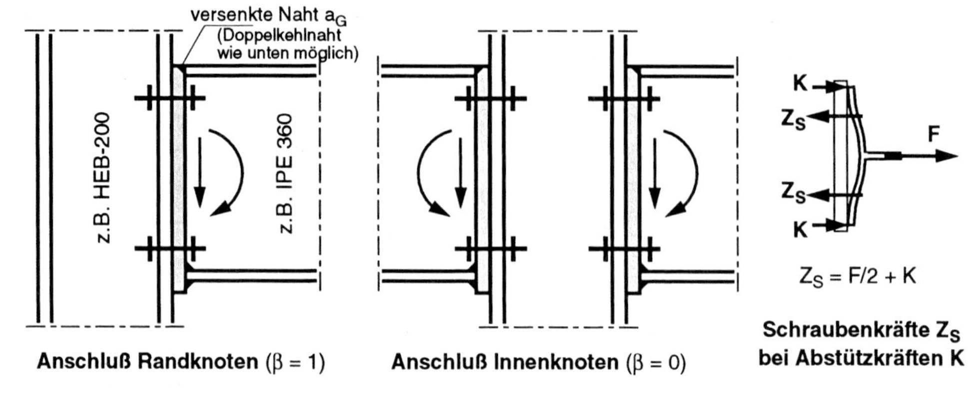

Bild 12.10 **Nachgiebige Stirnplattenanschlüsse**

Außer den statischen Anschlußwerten sind auch die gegenseitigen Verdrehungen im Knoten in der Form des Federwertes M/ϕ [kNm/rad] angegeben. Die Steifigkeit des Anschlusses ist unterschiedlich, je nachdem, ob (etwa) symmetrisch belastete Innenknoten (Beiwert $\beta = 0$) oder Randknoten ($\beta = 1$) vorliegen.

Die Versagensbilder sind wegen der weichen Stirnplatten kompliziert. Hier tritt auch der Fall auf, daß die Flanschzugkraft F in den beiden zugbeanspruchten Schrauben wegen der Abstützkräfte K im Bereich der Stirnplattenkanten Schraubenkräfte $Z_S = F/2 + K$ hervorruft. Auch sind die Verhältnisse im Schubfeld schwieriger zu erfassen als bei ausgesteiften Knoten.

In der Konstruktionspraxis erscheinen diese und andere Randbedingungen für eine Handrechnung zu kompliziert. Auch die Anwendung der Tabellenwerte aus [9] hat sich bisher in der Praxis nicht durchsetzen können. Hier ein Vergleich:

Tab. 12.8 **Anschluß eines Riegels IPE 400 an eine Innenstütze** ($\beta = 0$) **- Vergleich**

Anschlußart	Stütze	Schrauben	Stirnplatte $b \times h \times d_P$	Schweißnähte	$M_{R,d}$ [kNm]	$V_{R,d}$ [kN]	ϕ [kNm/rad]
Nachgiebiger Stahlknoten mit Stirnplattenanschluß	HEB-200	4 Stück HV M24 (10.9)	180x430x20	$a_F = 7$ mm $a_S = 5$ mm	104,4	363	51366
	HEB-260		180x430x25		124,2	363	58472
	HEB-320		180x430x30		141,5	363	60141
Typisierte Verbindung IH1E-M24	beliebig		180x460x35 ggf. Fu-platten an der Stütze	$a_F = 6$ mm $a_S = 3$ mm	146,1	377	i.a. keine rechn. Nachgiebigkeit

12.3.6 Schweißstöße

Geschweißte Stöße von Formstählen (IPE, HEA, ...) werden vor allem als Werkstattstöße ausgeführt. Sie können erforderlich werden, wenn

- Profile über Lieferlängen hinaus verlängert werden müssen,
- Profile mit Winkelabweichungen zusammengesetzt werden müssen (z.B. Dachbinder im Firstpunkt),
- Profilsprünge auftreten.

Baustellen-Schweißstöße können z.B. erforderlich werden, wenn

- an vorhandene Konstruktionen angeschlossen werden soll oder
- nicht genügend Platz für einen Schraubstoß vorhanden ist.

Die Stoßflächen sollen rechtwinklig zur Stabachse liegen.

Stumpfstoß mit durchgeschweißten Stumpfnähten

Bei Beanpsruchung der Träger auf *Druck und Biegedruck* erhalten die Nähte ganz oder überwiegend Druckspannungen. Ein rechnerischer Nachweis der Nähte ist nicht erforderlich.

Auf *Zug und Biegezug* beanspruchte Stumpfstöße sollen möglichst vermieden werden. Sollen sie doch ausgeführt werden, bemüht man sich, die Stoßstelle *nicht* an die Stelle statischer Größtbeanspruchung zu legen. Bei statisch *voll* ausgenutzten, zugbeanspruchten Nähten muß die *Nahtgüte nachgewiesen* werden. Für Formstähle S 235 mit t > 16 mm ist beruhigter Stahl zu verwenden (sh. {1/21}: Schweißnahtspannungen).

Konstruktive Verbesserungsmöglichkeit

Stoßausbildung mit zwischengelegter Stirnplatte mit beidseitigen Kehlnahtanschlüssen.

Stoßausbildung mit Zuglasche: Die "Angstlasche" erweist sich meist als statisch überflüssig.

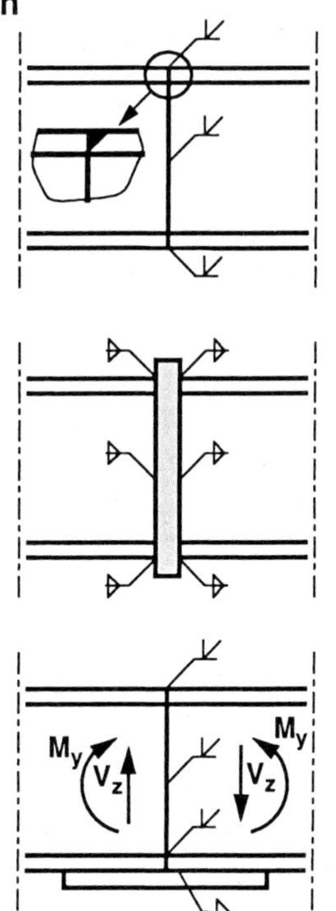

Bild 12.11 **Schweißstöße**

Stoß hoher Blechträger

Beim Stoß geschweißter Blechträger wird dem Stumpfstoß in einer Ebene oft die versetzte Anordnung von Gurt- und Stegstoß vorgezogen. Bei voller Ausnutzung der im Zugbereich liegenden Nähte muß die Nahtgüte nachgewiesen werden!

Zur Vermeidung großer Schrumpfspannungen ist die Schweißnaht-Reihenfolge wichtig: Zuerst die Gurtnähte mit großem Schweißnaht-Volumen ausführen (bei vielen Schweißlagen evtl. wechselseitig oben und unten), dann erst die dünneren Stegnähte.

12.3.7 Trägerkreuzungen

Trägerkreuzungen entstehen, wenn sich durchlaufende Systeme (z.B. Haupt- und Nebenträger) kreuzen oder bei sog. Trägerrosten. Liegen die Träger übereinander, ist lediglich zu untersuchen, ob Steifen erforderlich sind (siehe Abschnitt 12.1).

Liegen die Träger in gleicher oder annähernd gleicher Höhe, so wird der Nebenträger gestoßen. Das Biegemoment muß durchgeführt werden; es wird in Zug- und Druckkraft aufgelöst. Nach Möglichkeit führt man die Zuglasche durch und überträgt die Druckkraft über Kontakt. Die einzuleitenden Querkräfte bereiten meist keine Schwierigkeiten.

Schweißstöße werden auch auf der Baustelle dann bevorzugt, wenn wegen Paßungenauigkeiten ein Schraubstoß schwierig ist.

Ungünstig ist meistens ein laschenfreier Schweißstoß zu beurteilen: der zweiachsige Spannungszustand und die Kerbspannungen an den Übergängen müssen beachtet werden. Die Vergleichsspannung im Gurt des Hauptträgers ist nachzuweisen:

$$\sigma_v = \sqrt{\sigma_x^2 + \sigma_y^2 - \sigma_x \cdot \sigma_y}$$

Auch beim heute oft verwendeten Stirnplattenanschluß für den Nebenträger muß bei unterschiedlichem Vorzeichen für σ_x und σ_y die Vergleichsspannung nachgewiesen werden.

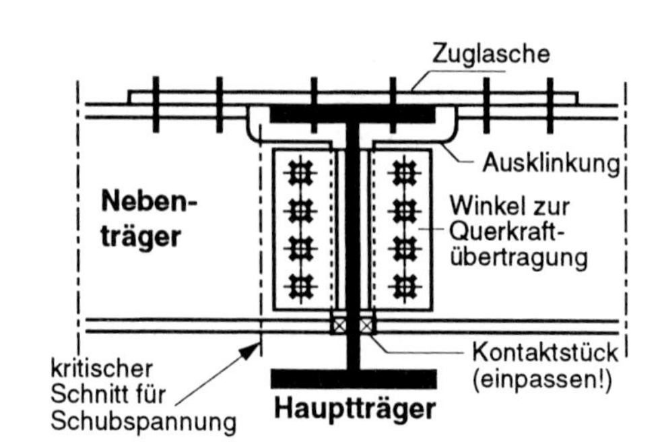

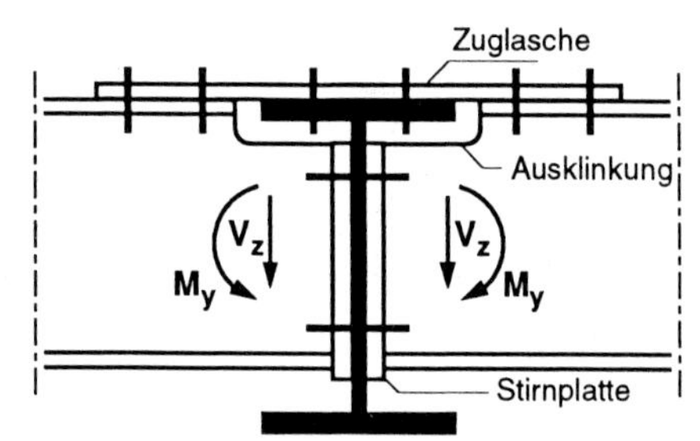

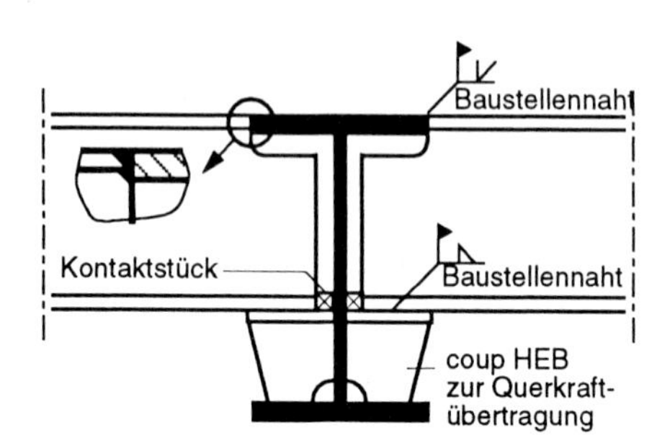

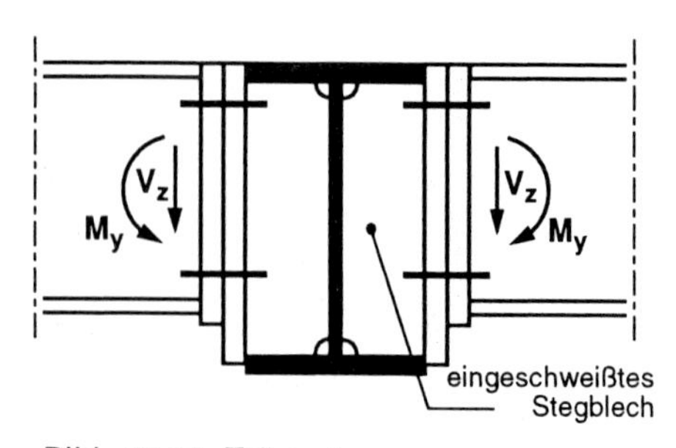

Bild 12.12 **Trägerkreuzungen**

12.3.8 Trägeranschlüsse

Querkraftbeanspruchter Anschluß mit Doppelwinkel

Dies ist der von der Nietbauweise übernommene klassische Anschluß, bei dem die Schrauben nur senkrecht zur Schraubenachse beansprucht werden (wie das bei Nietbeanspruchung gefordert war).

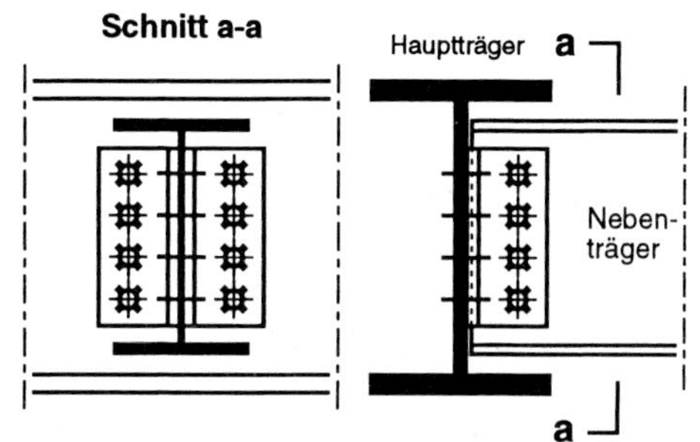

Berechnung des Anschlusses am Hauptträger:

Zusätzlich zur vertikalen Beanspruchung der Schrauben tritt ein Moment $M^* = V \cdot e/2$ aus der Lastausmitte auf, das H-Komponenten in den Schrauben einerseits und eine Gegen-Druckkraft im unteren Anschlußteil andererseits hervorruft. Wegen des großen Hebelarms bis zur obersten Schraube werden die H-Komponenten meist relativ klein und in der Berechnung auch meist vernachlässigt.

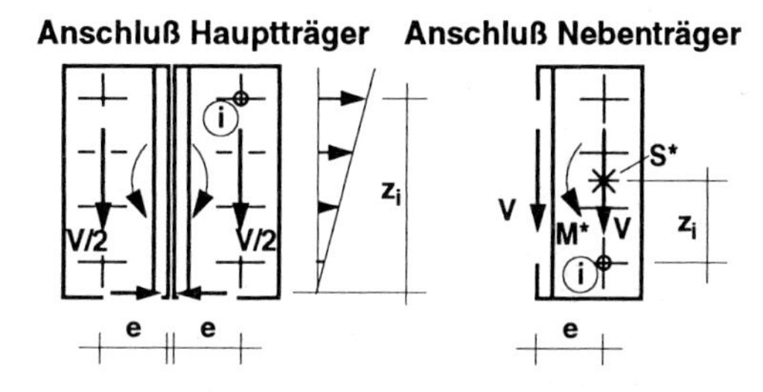

Bild 12.13 **Anschluß mit Doppelwinkel**

Berechnung des Anschlusses am Nebenträger:

Hier *müssen* die H-Komponenten aus dem Moment $M^* = V \cdot e$ unbedingt berücksichtigt werden. Die Berechnung entspricht dem Nachweis des Stegstoßes in Abschnitt 12.3.1.

Vertikalkomponente: $$V_{S,z} = \frac{V}{n}$$

Horizontalkomponente: $$V_{S,x} = \frac{M_{St}^*}{\sum z_i^2} \cdot z_i$$

Gesamte Schraubenkraft: $$V_S = \sqrt{V_{S,x}^2 + V_{S,z}^2}$$

Sind Haupt- und Nebenträger gleichhoch oder sollen beide Träger gleiche Oberkanten aufweisen, so muß der Nebenträger ausgeklinkt werden. Der ausgeklinkte Teil des Nebenträgers muß auf Schub und Biegung nachgewiesen werden!

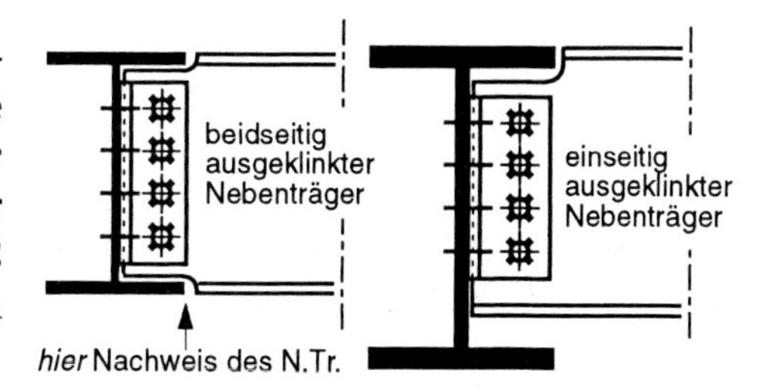

Bild 12.14 **Ausgeklinkte Trägeranschlüsse**

Bei hoch beanspruchten Anschlüssen können ungleichschenklige Winkel gewählt werden und der Anschluß im Nebenträger kann zweireihig ausgeführt werden.

Anschlüsse mit Doppelwinkeln sind in großer Variationsbreite in den "Bemessungshilfen für profilorientiertes Konstruieren" [12] einschließlich der zulässigen Belastungen normiert und typengeprüft.

Querkraftbeanspruchter Anschluß mit Stirnplatten

Wie bei Trägerstößen setzen sich auch bei Trägeranschlüssen die Konstruktionen mit Stirnplatten in der Praxis immer mehr durch.

Die Vorteile sind auch hier:

- einfachere Konstruktion,
- einfachere Berechnung,
- einfachere Montage.

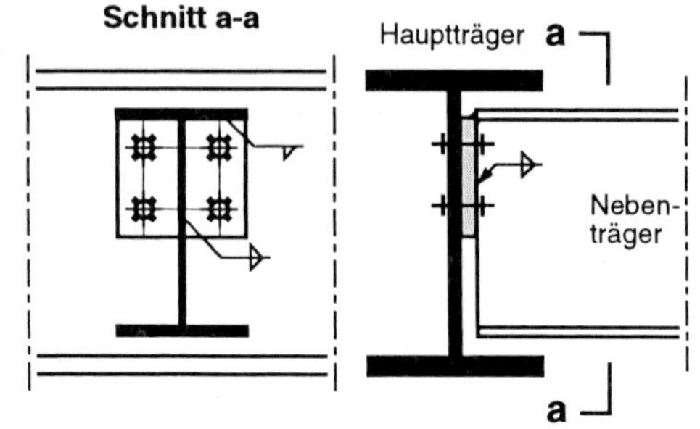

Bild 12.15 **Anschluß mit Stirnplatte**

Auch für diese Anschlüsse gibt es in [12] normierte Unterlagen.

Der Anschluß an Stützen ist auch mit Stirnplatten einfach auszuführen.

Querkraftbeanspruchter Anschluß mit Auflagerknagge

Auflagerknaggen bieten den Vorteil noch einfacherer Montage und sind statisch-konstruktiv eindeutig. Die Auflagerlast wird jeweils über die vertikalen Nähte an den beiden Knaggen aufgenommen. Die Schrauben dienen nur zur Lagesicherung.

Auflagerknaggen werden am häufigsten für den Anschluß von Trägern an Stützen eingesetzt.

Die Wirkungsweise des Knaggen-Anschlusses kommt der eines echten Gelenks sehr nahe. Allerdings ist die Lasteinleitung in die Stütze nicht mittig.

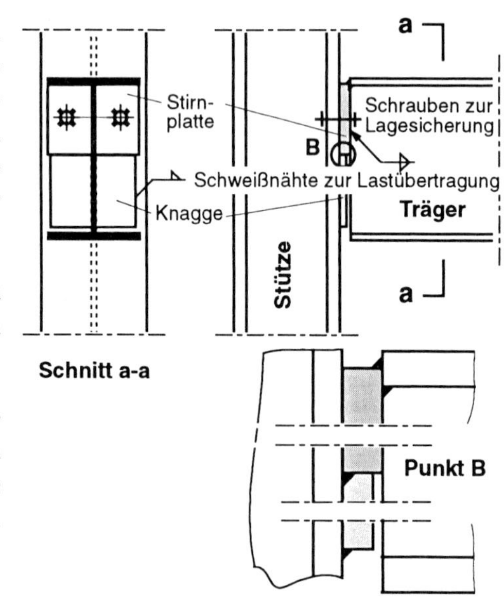

Bild 12.16 **Anschluß mit Stirnplatte**

12.4 Beispiele

12.4.1 Universal-Schraubstoß

Der dargestellte Schraubstoß eines HEA-300 ist als SLV-Verbindung ausgeführt. An der Stoßstelle sind die Bemessungswerte der Schnittgrößen:

$$M_{y,d} = 225 \text{ kNm} \quad V_{z,d} = 90 \text{ kN} \qquad N_{x,d} = 115 \text{ kN}$$

Werkstoff: S 235, HV-Schrauben mit 2 mm Lochspiel.

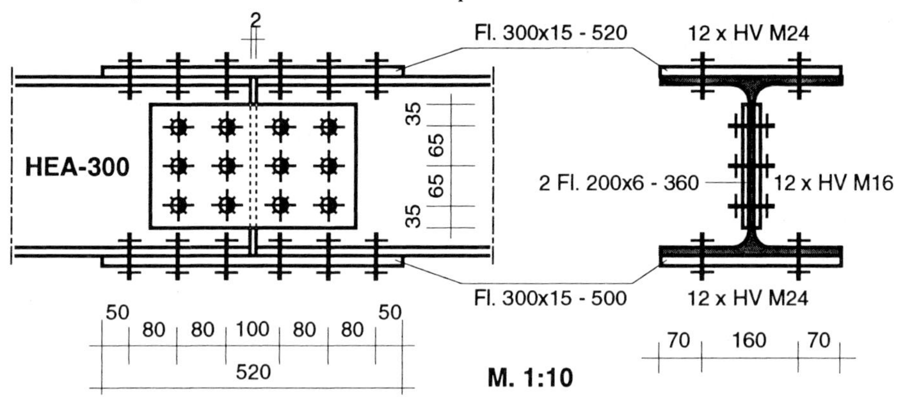

1) Der Träger ist im maßgebenden Netto-Querschnitt (und mit dem dort auftretenden Biegemoment) nachzuweisen.
2) Die Bemessung soll mit "genauer" Aufteilung der Schnittgrößen auf Steg- und Flanschlaschen durchgeführt werden.
3) Alternativ ist zu untersuchen, ob auch ein vereinfachter Nachweis für die Aufteilung der Schnittgrößen nach [1/801] genügt.

1) **Nachweis des Trägers**

HEA-300: $A = 113 \text{ cm}^2$, $I_y = 18260 \text{ cm}^4$, $W_y = 1260 \text{ cm}^3$, $S_y = 692 \text{ cm}^3$
$h = 290$ mm, $t = 14$ mm, $s = 8{,}5$ mm

Betrachtung der Zugseite des Querschnitts (etwa *eine* Querschnittshälfte).
Lochabzug für 2 x $d_L = 26$ mm im Flansch, 1 x $d_L = 18$ mm im Steg:

$$\frac{A_{Br}}{A_N} = \frac{113/2}{113/2 - (2 \cdot 1,4 \cdot 2,6 + 0,85 \cdot 1,8)} = \frac{56,5}{47,7} = 1,18 < 1,2$$

Also: Nachweis *ohne* Berücksichtigung der Lochschwächung zulässig.

Für den Nachweis des Trägers wird das Biegemoment an der Stelle der letzten (rechten) Schrauben-Querreihe extrapoliert. Das Moment muß wegen der vorhandenen Querkraft dort größer sein als direkt an der Stoßstelle.

Es wird: $M^* = M + V \cdot x = 225 + 90 \cdot 0,21 = 243,9 \text{ kNm}$

Nachweis E-E: $\sigma_{Rand} = \frac{115}{113} + \frac{24390}{1260} = 1,02 + 19,36 = 20,38 \text{ kN/cm}^2 < 21{,}82 \text{ kN/cm}^2 = \sigma_{R,d}$

$$max\ \tau = \frac{90 \cdot 692}{18260 \cdot 0,85} = 4,01 \text{ kN/cm}^2 < 12{,}6/2 = 6{,}3 \text{ kN/cm}^2 = \tau_{R,d}/2$$

2) **Genauer Nachweis des Stoßes**

Aufteilung der Schnittgrößen: M ~ I (Laschen); V nur auf den Steg; N ~ A(Laschen)

		$A_{Laschen}$ [cm²]	$I_{Laschen}$ [cm⁴]	M [kNm]	V [kN]	N [kN]
Laschen Flanschen	2 x 300x15	2 x 45,0	20930	216,7		2 x 45,4
Laschen Steg	2 x 200x6	24,0	800	8,3	90,0	24,2
Insgesamt		114,0	21730	225,0	90,0	115,0

Darin ist für die Flanschlaschen: $I = 2 \cdot 45,0 \cdot (30,5/2)^2 = 20930 \text{ cm}^4$

Flanschstoß (Zugseite)

Laschenkraft: $F_{Lasche} = \frac{216,7}{0,305} + 45,4 = 710,5 + 45,4 \approx 756 \text{ kN}$

Lasche: $\frac{A_{Br}}{A_N} = \frac{45}{1,5 \cdot (30 - 2 \cdot 2,6)} = \frac{45}{37,2} = 1,21 > 1,2$

$$N_{R,d} = \frac{A_{Netto} \cdot f_{u,k}}{1,25 \cdot \gamma_M} = \frac{37,2 \cdot 36}{1,25 \cdot 1,1} = 974 \text{ kN} > N_{S,d} = 756 \text{ kN}$$

Schrauben, 6 x HV M24: $V_{a,R,d} = 226,0 \text{ kN} > V_{S,d} = 756/6 = 126 \text{ kN}$

$V_{l,R,d} = 99,5 \cdot 1,4 = 139,3 \text{ kN} > V_{S,d} = 126,0 \text{ kN}$

Stegstoß

$$M_{St}^* = 8,30 + 90 \cdot 0,09 = 8,30 + 8,10 = 16,40 \text{ kNm}$$

$$\sum r_i^2 = \sum x_i^2 + \sum z_i^2 = 6 \cdot 4,0^2 + 4 \cdot 6,5^2 = 96 + 169 = 265 \text{ cm}^2$$

$$V_{S,x} = V_x^M + V_x^N = \frac{M_{St}^*}{\sum r_i^2} \cdot z_i + \frac{N_{St}}{n} = \frac{1640}{265} \cdot 6,5 + \frac{24,2}{6} = 40,23 + 4,03 = 44,26 \text{ kN}$$

$$V_{S,z} = V_z^M + V_z^V = \frac{M_{St}^*}{\sum r_i^2} \cdot x_i + \frac{V}{n} = \frac{1640}{265} \cdot 4,0 + \frac{90}{6} = 24,75 + 15,00 = 39,75 \text{ kN}$$

Gesamte Schraubenkraft: $V_{S,d} = \sqrt{V_{S,x}^2 + V_{S,z}^2} = \sqrt{44,26^2 + 39,75^2} = 59,5 \text{ kN}$

HV M16, 2-schnittig: $\Sigma V_{a,R,d} = 2 \cdot 100,5 = 201 \text{ kN} > V_{S,d} = 59,5 \text{ kN}$

Lochabstände: $e/d_L = 80/18 = 4,45 e_1/d_L = 44/18 = 2,45 \approx 2,5$

mit $\alpha_l = 2,45$ $V_{l,R,d} = 85,5 \cdot 0,85 = 72,7 \text{ kN} > V_{S,d} = 59,5 \text{ kN}$

Ein Nachweis der Steglasche ist offensichtlich nicht erforderlich.

Man sollte sich klar machen, daß mit der errechneten maximalen Schraubenkraft im ganzen Stoß nur *eine* Schraube belastet wird; alle anderen Schraubenkräfte sind geringer!

3) **Vereinfachter Nachweis**

Gemäß [1/801] und (1/44-46) ist folgende Aufteilung bei I-förmigen Biegeträgern erlaubt:

Zugflansch: $N_Z = \frac{N}{2} + \frac{M_y}{h_F} = \frac{115}{2} + \frac{225}{0,305} = 57,5 + 737,7 \approx 795$ kN

Schrauben, 6 x HV M24: $V_{a,R,d} = 226,0$ kN > $V_{S,d} = 795/6 = 132,5$ kN

$V_{l,R,d} = 99,5 \cdot 1,4 = 139,3$ kN > $V_{S,d} = 132,5$ kN

Flanschlaschen: $N_{R,d} = 974$ kN > $N_{S,d} = 795$ kN (alle Beanpruchbarkeiten wie zuvor)

Stegstoß: $M_{St}^* = V \cdot e = 90 \cdot 0,09 = 8,10$ kNm

$$V_{S,x} = V_x^M = \frac{M_{St}^*}{\sum r_i^2} \cdot z_i = \frac{810}{265} \cdot 6,5 = 19,27 \text{ kN}$$

$$V_{S,z} = V_z^M + V_z^V = \frac{M_{St}^*}{\sum r_i^2} \cdot x_i + \frac{V}{n} = \frac{810}{265} \cdot 4,0 + \frac{90}{6} = 12,23 + 15,00 = 27,23 \text{ kN}$$

insgesamt: $V_{S,d} = \sqrt{V_{S,x}^2 + V_{S,z}^2} = \sqrt{19,27^2 + 27,23^2} = 33,36 \approx 33,4$ kN

HV M16, 2-schnittig: $V_{a,R,d} = 100,5 \cdot 2 = 201$ kN > $V_{S,d} = 33,4$ kN

Lochabstände: $e/d_L = 80/18 = 4,45$ $e_1/d_L = 44/18 = 2,45 \approx 2,5$

mit $\alpha_l = 2,45$ $V_{l,R,d} = 85,5 \cdot 0,85 = 72,7$ kN > $V_{S,d} = 33,4$ kN

Nachweis der Steglasche ist auch hier nicht erforderlich.

12.4.2 Stirnplattenstoß

Mit denselben Schnittgrößen wie zuvor ist der Träger HEA-300 mittels Stirnplattenstoß zu stoßen.

1) Der Stoß ist mit überstehender Stirnplatte zu entwerfen und nachzuweisen.
2) Zum Vergleich ist ein typisierter Stirnplattenstoß zu wählen. Die nach [12] möglichen Stoßformen sollen festgestellt und verglichen werden.

1) **Rechnerischer Nachweis**

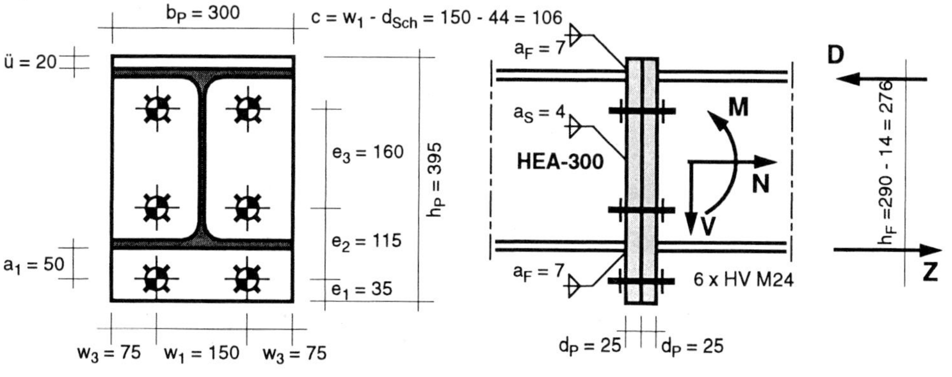

Zugkraft: $Z = \frac{M}{h_F} + \frac{N}{2} = \frac{225}{0,276} + \frac{115}{2} = 815,2 + 57,5 \approx 873 \text{ kN}$

Druckkraft: $D = Z - N = 873 - 115 = 758 \text{ kN}$

Schraubenkraft: $Z_S = \frac{Z}{4} = \frac{872,8}{4} = 218,2 \text{ kN}$

Gewählt: 4 x HV M24: $N_{R,d} = 256{,}7 \text{ kN} > Z_S = 218{,}2 \text{ kN}$

Stirnplatte: $erf\ d_P = d_S = 24$ mm; gewählt $d_P = 25$ mm

Flanschnähte: $vorh\ l_w = 2 \cdot 30 - (0,85 + 2 \cdot 2,7) = 53,75 \text{ cm}$

Erforderliche Nahtdicke: $erf\ a_F = \frac{4 \cdot 218,9}{20,7 \cdot 53,75} = 0,79 \text{ cm}$: gewählt: $a_F = 8$ mm

oder: nach [1/833]: Stirnplattenanschluß ohne Nachweis (siehe Tabelle 6.2):

$erf\ a_F = \frac{t}{2} = \frac{14,0}{2} = 7,0 \text{ mm}$: gewählt: $a_F = 7$ mm

Querkraft: $V_{a,Schraube} = \frac{90}{2} = 45 \text{ kN} << V_{a,R,d} = 226 \text{ kN}$

Stegnähte: konstruktiv gewählt: $a_S = 3$ mm

Damit: $\tau_w = \frac{90,0}{2 \cdot 0,3 \cdot (29 - 2 \cdot (1,4 + 2,7))} = \frac{90,0}{12,48} = 7,2 \text{ kN/cm}^2 < 20{,}7$

Zu beachten ist hier allenfalls noch die *empfohlene* Mindestdicke für Schweißnähte:

$$min\ a_w = \sqrt{max\,t} - 0,5 = \sqrt{25} - 0,5 = 4,5 \text{ mm}$$

Bei Stirnplattenanschlüssen werden die empfohlenen Werte meist etwas unterschritten.

2) **Nachweis als Typisierte Verbindung**

Äquivalentes Moment aus M und N zum Vergleich der Tabellenwerte für die Biegemomente:

$$M^* = M + N \cdot \frac{h_F}{2} = 225 + 115 \cdot \frac{0,276}{2} \approx 241 \text{ kNm}$$

Mit den Werten Tabelle 12.4 aus [12] läßt sich für das Walzprofil HEA-300 zusammenstellen:

Stoßform	Schrauben	$M_{y,R,d}$ [kNm]	$V_{z,R,d}$ [kN]	d_P	h_P	b_P	a_F	a_S
IH1A - M 30	**4 x HV M 30**	**167,0 < 241 !**		**hier nicht ausführbar!**				
IH2A - M 27	**8 x HV M 27**	**263,4**	**266,0**	45	330	340	7	4
IH3A - M 24	**6 x HV M 24**	**250,3**	**266,0**	25	395	300	7	4
IH4A - M 20	**12 x HV M 20**	**302,3**	**266,0**	25	380	300	7	4

Auch die Schrauben-Abstände sind in [12] normiert. Die Darstellung auf der vorhergehenden Seite entspricht (auch mit ihren Symbolen) dem typisierten Stoß IH3A - M 24.

Gemäß Typenprüfbescheid ist zusätzlich der Tragsicherheitsnachweis für den Träger zu führen:

$N/N_{pl,d} = 115/2455 < 0{,}1$ $V/V_{pl,d} = 90/296 < 0{,}33$ $M/M_{pl,d} = 225/302 < 1$

Verschiedene Trägeranschlüsse

Die dargestellten Trägeranschlüsse sind jeweils für die Auflagerkraft $A_{S,d} = 200$ kN nachzuweisen.

Werkstoff: S 235, alle Schrauben M 20 (4.6) mit 2 mm Lochspiel.

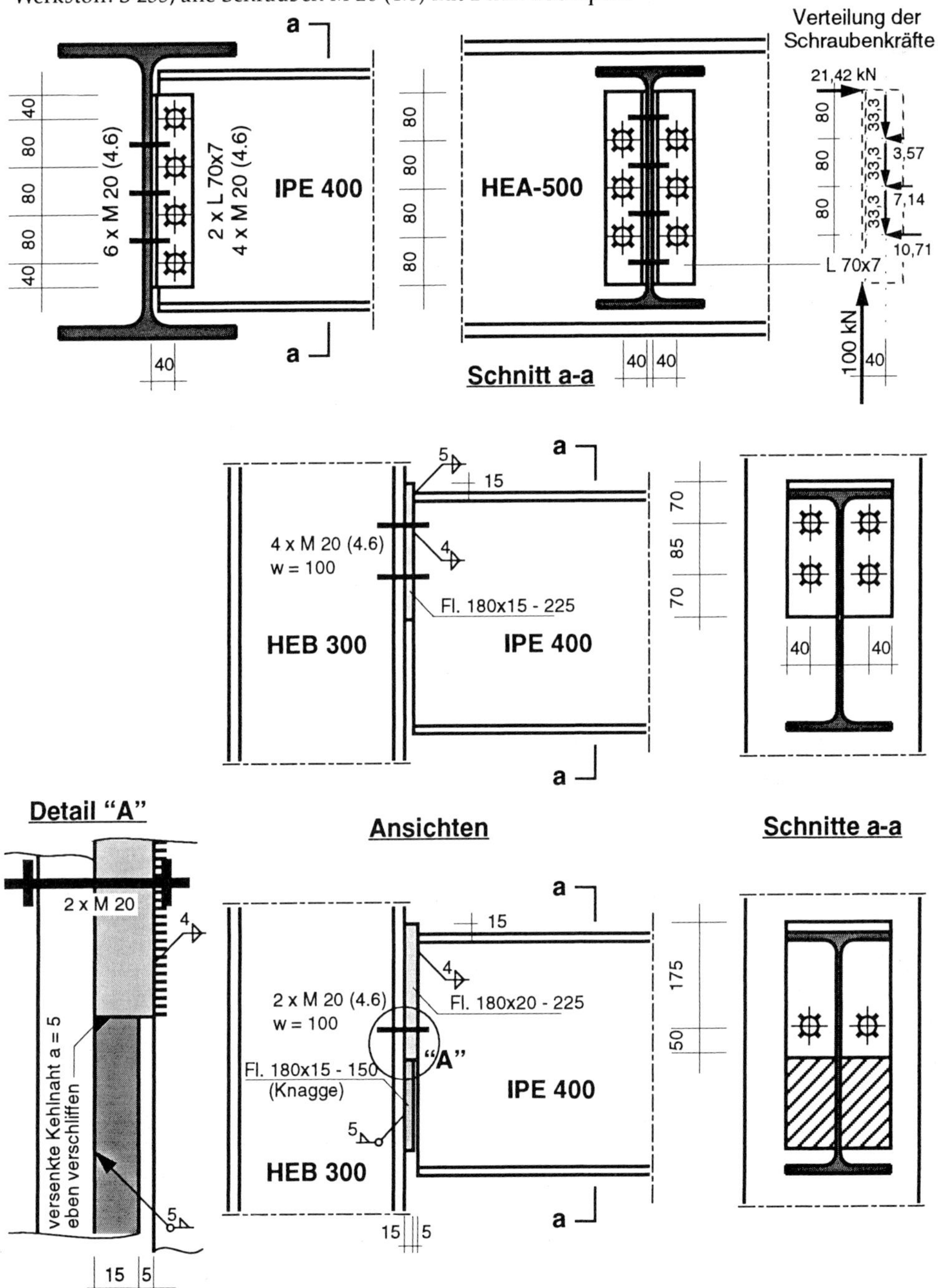

12.4.3 Trägeranschluß mit Doppelwinkel

Anschlußseite Nebenträger

4 Schrauben M 20 (4.6), zweischnittig. Anschlußwinkel: 2 L 70x7.

$$V_{S,z} = \frac{A}{n} = \frac{200}{4} = 50,0 \text{ kN}$$

$$V_{S,x} = \frac{M^*}{\sum r_i^2} \cdot z_i = \frac{200 \cdot 4}{2 \cdot (4^2 + 12^2)} \cdot 12 = \frac{800}{320} \cdot 12 = 30,0 \text{ kN}$$

$$V_{S,d} = \sqrt{50,0^2 + 30,0^2} = 58,3 \text{ kN}$$

Abscheren: $\Sigma V_{a,R,d} = 2 \cdot 68,5 = 137,0 \text{ kN} > V_{S,d} = 58,3 \text{ kN}$

Lochleibung: Mit e/d = 80/22 = 3,64 > 3,5 und $e_1/d_l = 40/22 = 1,82$ wird $\alpha_l = 1,70$:

$$V_{l,R,d} = 0,86 \cdot 2,0 \cdot 1,70 \cdot 21,82 = 63,8 \text{ kN} > V_{S,d} = 58,3 \text{ kN}$$

Anschlußseite Hauptträger

2 x 3 Schrauben M 20 (4.6), einschnittig.

Vereinfacht nur: $V_{S,z} = \frac{A}{n} = \frac{200}{6} = 33,33 \text{ kN}$

Genauer: außerdem $V_{S,x} = \frac{M^*}{\sum r_i^2} \cdot z_i = \frac{\frac{200}{2} \cdot 4}{8^2 + 16^2 + 24^2} \cdot 24 = \frac{400}{896} \cdot 24 = 10,71 \text{ kN}$

Damit insgesamt: $V_{S,d} = \sqrt{33,33^2 + 10,71^2} = 35,0 \text{ kN}$

Abscheren: $V_{a,R,d} = 68,5 \text{ kN} > V_{S,d} = 35,0 \text{ kN}$

Lochleibung: $V_{l,R,d} = 0,7 \cdot 130,9 = 91,6 \text{ kN} > V_{S,d} = 35,0 \text{ kN}$ (mit $\alpha_l = 3,0$)

12.4.4 Trägeranschluß mit Stirnplatte und Schraubung

Vereinfachend wird am Anschluß zur Stirnplatte im Trägersteg gleichmäßig verteilte Scherspannung angenommen: $\tau_m = \frac{200}{0,86 \cdot (22,5 - 1,5 - 1,35/2)} = 11,44 \text{ kN/cm}^2 < \tau_{R,d} = 12,6 \text{ kN/cm}^2$

Schweißnaht: $N_{w,R,d} = 2 \cdot [22,5 - 1,5 - (1,35 + 2,1)] \cdot 20,7 \cdot 0,4 \approx 290 \text{ kN} > A_{S,d} = 200 \text{ kN}$

4 Schrauben M 20 (4.6): $V_{a,R,d} = 68,5 \text{ kN} > 200/4 = 50,0$

Lochleibung: $V_{l,R,d} > 1,5 \cdot 82,9 = 124,35 \text{ kN} > 50,0$

12.4.5 Trägeranschluß mit Stirnplatte und Knagge

Schweißnaht an Knagge: $N_{w,R,d} = 2 \cdot 15 \cdot 0,5 \cdot 20,7 = 310 \text{ kN} > A_{S,d} = 200 \text{ kN}$

Stirnplatte am Träger wie vor, Schrauben ohne statische Funktion. Querpressung an Knagge o.w.N.

12.4.6 Typisierte Trägeranschlüsse

Ein Nebenträger HEA-300 ist mit der Anschlußkraft $A_{S,d}$ = 80 kN an einen Hauptträger anzuschließen. Es sollen die Möglichkeiten typisierter Anschlüsse genutzt werden (Tabellenwerte siehe Tab. 12.2 + 12.3).

Für eine rippenlose Trägerkreuzung von zwei Profilen HEA-300 ist die übertragbare Last festzustellen.

Trägerausklinkung

Bei gleicher Trägerhöhe von Haupt- und Nebenträger muß der Nebenträger beidseitig ausgeklinkt werden. In Frage kommen die Typen IK 2 und IK 4.

Aus der Flanschbreite des Hauptträgers von 300 mm ist das Maß a ≥ 140 mm.

IK 2 ist einfacher herzustellen (Ausrundung durch Abbohren). Mit a ≥ 140 mm ist jedoch:

$$F_{A,R,d} = 67{,}84 \text{ kN} < F_{A,d} = 80 \text{ kN}$$

In Frage kommt deshalb nur Typ **IK 4 5.14:**

$$F_{A,R,d} = 81{,}83 \text{ kN} > F_{A,d} = 80 \text{ kN}$$

mit dem Parameter: h_P = 190 mm

Schrauben und Schweißnaht an Stirnplatte (t_P = 10 mm) sind gesondert nachzuweisen. Dies kann wiederum mit typisierten Werten erfolgen:

Querkraftbeanspruchter Stirnplattenanschluß

Gewählt: Typ **IS 16 2** (2 Schrauben M 16, 4.6):

$$F_{A,R,d} = 82{,}45 \text{ kN} > F_{A,d} = 80 \text{ kN}$$

mit den Parametern: s_u = 3,9 mm < *vorh.* s_u = 8,5 mm (Stegdicke HEA-300)
a = 3 mm Doppelkehlnaht Steg-Stirnplatte
h_P = 70 mm < *vorh.* h_a = 190 mm
d_P = 10 mm = *vorh.* d_P (gemäß Mindest-Vorgabe IK-Stöße)

Querkraftbeanspruchter Winkelanschluß

Gewählt: Typ IW 20 12 (2 Schrauben M 20, 4.6):

$$F_{A,R,d} = 96{,}26 \text{ kN} > F_{A,d} = 80 \text{ kN}$$

mit den Parametern: s_u = 2,7 mm < *vorh.* s_u = 8,5 mm (Stegdicke HEA-300)
h_{Wi} = 129 mm < *vorh.* h_a = 190 mm
w_t = 109 mm Anreißmaß am Hauptträger

Rippenlose Trägerkreuzung

Lasteinleitungsbreite für HEA-300: c_K = 122 mm
Größter Tabellenwert für Lasteinleitung: *max* c_K = 120 mm < 122 mm

Dafür ist die übertragbare Kraft: $F_{K,R,d}$ = 531,9 kN

Zum Maß c_K siehe Bild 12.1 (b)

Diese Begrenzung beinhaltet den Bezug $F_{K,r,d} \leq 2 \cdot 0{,}9 \cdot V_{pl,z,d}$

Da die Begrenzung der Querkraft auf 0,9 $V_{pl,z,d}$ inzwischen aufgehoben worden ist, werden überarbeitete Tabellen wahrscheinlich höhere Werte ausweisen.

12.4.7 Auflagerung auf Knagge ohne Stirnplatte

Die Tragkraft $A_{R,d}$ des dargestellten Trägeranschlusses ist zu berechnen.

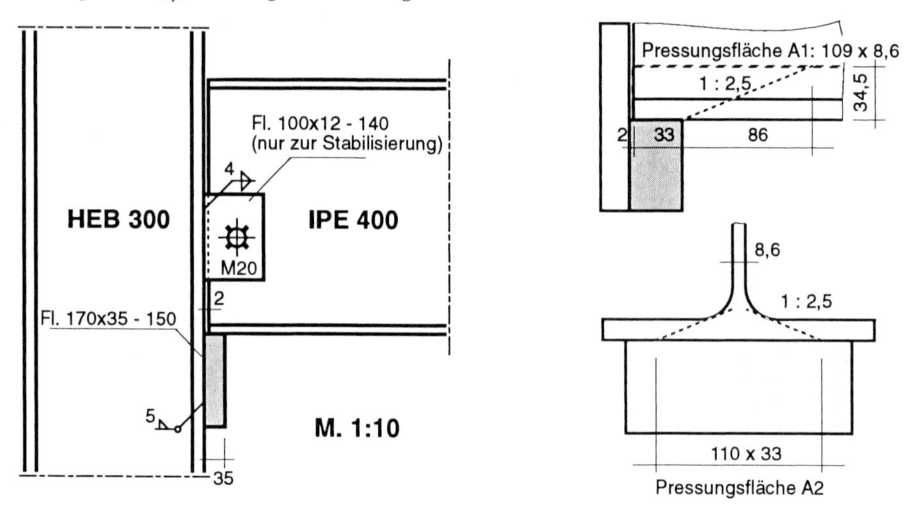

Pressungsflächen: $A_1 = (3,3 + 8,6) \cdot 0,86 = 10,2 \text{ cm}^2$

$A_2 = 11 \cdot 3,3 = 36,3 \text{ cm}^2 > 10,2$

Auflagerkraft: $A_{R,d} = 10,2 \cdot 21,82 = 223 \text{ kN} > A_{S,d} = 200 \text{ kN}$

Knagge wie oben: $N_{R,d} = 310$ kN > 223 kN; nicht maßgebend.

12.4.8 Trägerstoß mit Gelenkbolzen

Der Gelenkstoß ist für die Querkraft $V_{z,d} = 60$ kN nachzuweisen.

Werkstoff: S 235, Schrauben M20 (4.6) mit 2 mm Lochspiel.

Gelenkbolzen M24 (4.6) mit 0,5 mm Lochspiel.

Träger: INP 240 = I-Normalprofil 240. Stegdicke s = 8,7 mm.

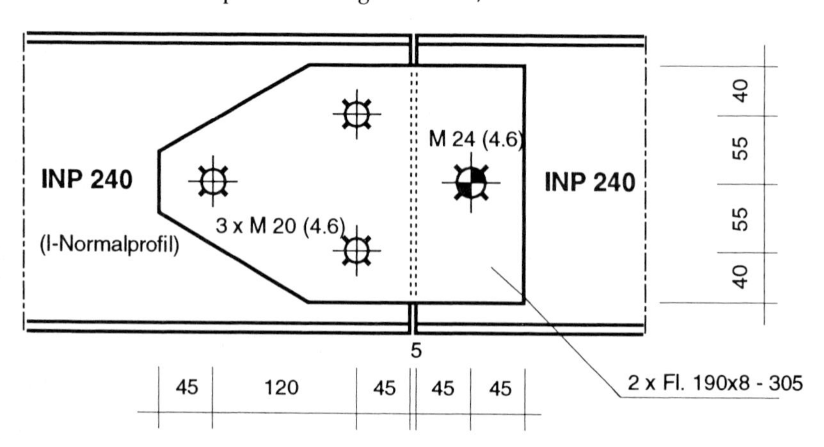

Nachweis Gelenkbolzen als Schraube M 24 (4.6)

Gelenkkraft: $F_d = 60$ kN

Lochspielbegrenzung: $\Delta d = 2$ mm $< 0{,}1\ d_L = 2{,}6$ mm *und* $\Delta d = 2$ mm < 3 mm

Schraube M 24 (4.6): $\frac{V_a}{V_{a,R,d}} = \frac{60/2}{98,6} = 0,304 > 0,25$ Wenn auch $\frac{M}{M_{R,d}} > 0,25$ ist, so wird der Interaktionsnachweis gefordert!

Grenzmoment nach [1/817], (1/67):

$$M_{R,d} = W_{Sch} \cdot \frac{f_{y,b,k}}{1,25 \cdot \gamma_M} = \frac{\pi \cdot d^3}{32} \cdot \frac{f_{y,b,d}}{1,25} = \frac{\pi \cdot 2,4^3}{32} \cdot \frac{21,82}{1,25} = 23,7 \text{ kNcm}$$

Vorhandenes Moment an der Scherstelle:

$$M = \sigma_l \cdot t_1^2/2 = (V_a/t_1) \cdot t_1^2/2 = F_d \cdot t_1/4 = 60 \cdot 0,8/4 = 12,0 \text{ kNcm}$$

$$\frac{M}{M_{r,d}} = \frac{12,0}{23,7} = 0,506 > 0,25$$ Also ist der Interaktionsnachweis erforderlich:

$$\left(\frac{M}{M_{R,d}}\right)^2 + \left(\frac{V_a}{V_{a,R,d}}\right)^2 = 0,304^2 + 0,506^2 = 0,590 < 1$$

Grenzlochleibungskraft nach [1/816], (1/66):

$$V_{l,R,d} = t \cdot d_{Sch} \cdot 1,5 \cdot f_{y,k}/\gamma_M = 0,87 \cdot 2,4 \cdot 1,5 \cdot 21,82 = 68,3 \text{ kN} > V_{S,d} = 60 \text{ kN}$$

Maximalmoment: $\max M = F_d \cdot (2 \cdot t_1 + t_2)/8 = 60 \cdot (2 \cdot 0,8 + 0,87)/8 = 18,5$ kNcm

$$M/M_{R,d} = 18,5/23,7 = 0,782 < 1$$

Nachweis der Schrauben

Horizontalkomponente:

$$V_{S,x} = V_{S,x}^M = \frac{M_{St}^*}{\sum r_i^2} \cdot z_i = \frac{60 \cdot 13,5}{8^2 + 2 \cdot 4^2 + 5,5^2} \cdot z_i = \frac{810}{156,5} \cdot z_i = 5,18 \cdot z_i$$

Vertikalkomponente:

$$V_{S,z} = V_z^M + V_z^V = \frac{M_{St}^*}{\sum r_i^2} \cdot x_i + \frac{V}{n} = \frac{810}{156,5} \cdot x_i + \frac{60}{3} = 5,18 \cdot x_i + 20$$

Lochbild und Aktionen

Schraube (1): $V_{S,x} = 5,18 \cdot 0 = 0$ kN

$$V_{S,z} = 5,18 \cdot (-8) + 20,0 = -41,44 + 20,0 = -21,44 \text{ kN}$$

Schrauben (2,3): $V_{S,x} = 5,18 \cdot 5,5 = 28,49$ kN

$$V_{S,z} = 5,18 \cdot 4 + 20,0 = 20,72 + 20,0 = 40,72 \text{ kN}$$

Maßgebend also Schrauben (2 und 3). Gesamte Schraubenkraft jeweils:

$$V_{S,d} = \sqrt{V_{S,x}^2 + V_{S,z}^2} = \sqrt{28,49^2 + 40,72^2} = 49,7 \text{ kN}$$

Schrauben M 20 (4.6): $\Sigma V_{a,R,d} = 2 \cdot 68,5 = 137 \text{ kN} > V_{S,d} = 49,7$ kN

Lochleibung: $V_{l,R,d} = 0,87 \cdot 82,9 = 72,1 \text{ kN} > V_{S,d} = 49,7$ kN

mit $\alpha_l = 1,9$ (o.w.N.)

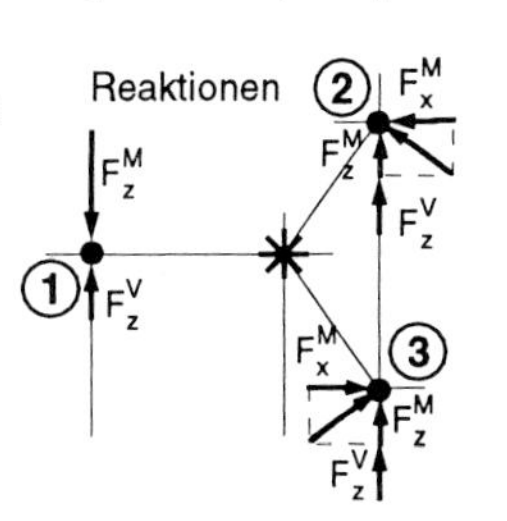

13 Rahmentragwerke

13.1 Systeme

Rahmen sind Tragwerke mit wenigstens einer biegesteifen Ecke. Räumliche Rahmentragwerke sind möglich; am häufigsten werden ebene Systeme gebildet.

Rahmen werden vor allem als Quersysteme von Hallen verwendet und können sehr unterschiedlich ausgebildet werden. Die Wahl des Systems hängt ab von den geometrischen Abmessungen des Bauwerks (Spannweite, Höhe), Nutzung und vorgesehene Belastung des Systems (z.B. Kranbahnen in der Halle), den Möglichkeiten für die Gründung (Baugrundverhältnisse, Nachbarbebauung), u.a.

Die nachfolgend dargestellten Systeme stellen nur eine Auswahl der am meisten verwendeten Typen dar. Die beiden rechten Systeme sind keine Rahmen!

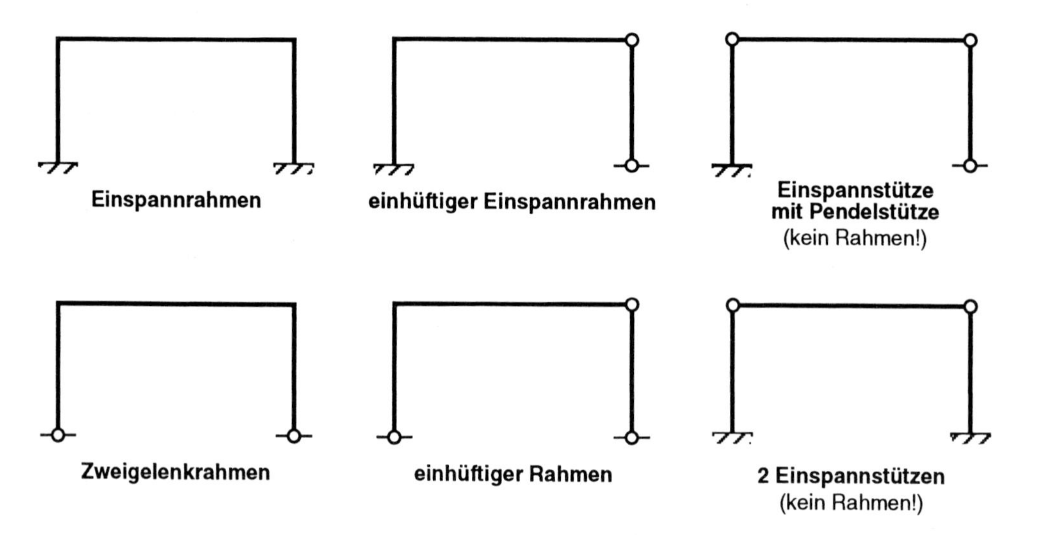

Bild 13.1 **Verschiedene Systeme zur Queraussteifung**

Unter den gezeigten Systemen stellt der *Zweigelenkrahmen* den weitaus häufigst angewendeten Typ dar. Er verbindet die Eigenschaften problemloser Lagerung (weil ohne teure Einspannung) und relativer Steifigkeit (auf Grund der biegesteifen Ecken).

Im folgenden Bild sind einige Systemvarianten gezeigt:

a) gewöhnlicher Rahmen mit waagerechtem Riegel,

b) Rahmen mit geknicktem Riegel: diese Form kann z.B. wegen besonderer Vorgabe der Dachneigung in Bebauungsplänen notwendig werden,

c) Rahmen mit geknicktem Riegel und Zugband: die Biegemomente der Rahmenriegel werden stark reduziert, jedoch ist das Lichtraumprofil der Halle durch das Zugband etwas eingeschränkt,

d) Rahmen mit Fachwerkriegel: für weitgespannte Hallen ab etwa 25 m,

e) Rahmen mit zentraler Pendelstütze: für Spannweiten ab etwa 30 m. Hier kann man die Pendelstütze z.B. nur an jedem zweiten Rahmen aufstellen und die dazwischenliegenden Rahmen in ihrer Mitte über Längstraversen abfangen; dies ergibt weniger Stützen im Halleninnern.

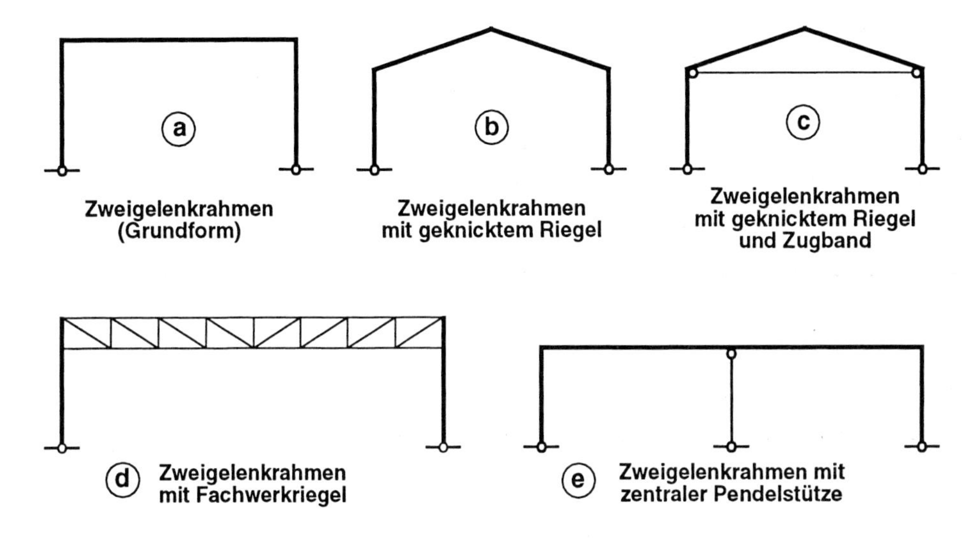

Bild 13.2 **Systemvarianten bei horizontal verschieblichen Zweigelenkrahmen**

Unverschieblich sind Rahmen, bei denen der oder die Riegel horizontal festgehalten sind. Rahmen mit unverschieblichen Knotenpunkten können also nicht der Aussteifung in der Rahmenebene dienen, sie sind vielmehr selber schon gehalten. Diese Halterung kann durch Verbände oder Wandscheiben im Rahmen gegeben sein oder durch Festhalten des Systems an einem anderen, entsprechend ausgesteiften System.

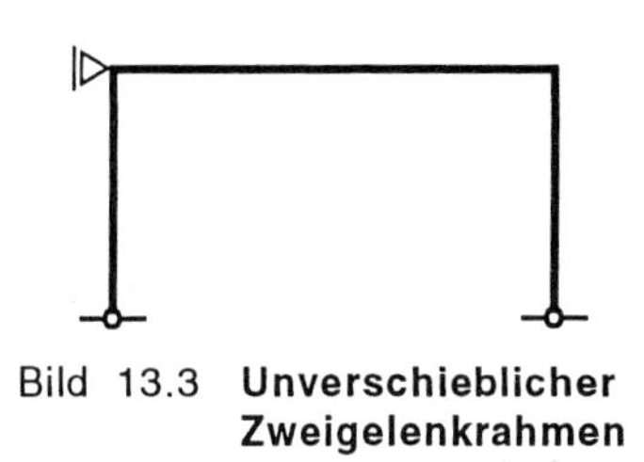

Bild 13.3 **Unverschieblicher Zweigelenkrahmen**

Verschiebliche Rahmen sind erheblich weicher und stabilitätsgefährdeter als unverschiebliche Rahmen und daher meistens aufwendiger zu berechnen.

Auf die Behandlung mehrstöckiger und/oder vielstieliger Rahmen soll hier nicht eingegangen werden; die gezeigten Berechnungsmethoden lassen sich jedoch i.a. auch auf diese Systeme übertragen. Besonderheiten sind DIN 18800 Teil 2 zu entnehmen.

13.2 Berechnungsmethoden

In Rahmensystemen sind die Stiele immer, die Riegel meistens Stäbe, die auf Druck und Biegung beansprucht werden. Dementsprechend sind die Nachweise für diese Stäbe in der Regel unter besonderer Beachtung von DIN 18800 Teil 2 zu führen. Für die Untersuchung der Systeme in Rahmenebene stehen vor allem zwei unterschiedliche Methoden zur Verfügung:

- das Ersatzstabverfahren,
- die Berechnung nach Theorie II. Ordnung.

Beide Verfahren stehen gleichwertig nebeneinander, sind in der Anwendung jedoch grundverschieden.

13.2.1 Ersatzstabverfahren

Beim Ersatzstabverfahren werden die einzelnen Stäbe des Rahmens jeweils für sich mit den üblich berechneten Schnittgrößen und unter Berücksichtigung ihrer Knicklänge in Rahmenebene nachgewiesen. Außerdem sind die druckbeanspruchten Stäbe auch auf Ausweichen aus der Rahmenebene (Biegedrillknicken) nachzuweisen. Stabilisierungslasten müssen nicht angesetzt werden.

Das Verfahren ist für einfache Rahmen gut anwendbar. Bei komplizierten Systemen (z.B. Rahmen mit ungleichen Stiellängen, geknicktem Riegel, zusätzlichen Pendelstützen, ungleichmäßig verteilten Lasten) kann die Bestimmung der Knicklänge jedoch schwierig werden.

13.2.2 Theorie II. Ordnung

Theorie II. Ordnung bedeutet, daß das *Gleichgewicht am verformten System* berechnet wird. Berechnungen druck- und biegebeanspruchter Systeme nach Th. II.O. zeigen einen *nichtlinearen* Zusammenhang zwischen Last und Verformung. Das Superpositionsgesetz für die Überlagerung unterschiedlicher Lastfälle oder verschiedener Laststufen kann nicht mehr angewendet werden.

Außerdem ist für Nachweise nach Th. II.O. in der Regel eine Vorverformung anzusetzen, die baupraktisch unvermeidliche Imperfektionen des Systems berücksichtigen soll.

Ansatz der Vorverformungen und nichtlineares Verformungsverhalten gestalten die Berechnung nach Th. II.O. schwieriger als entsprechende Berechnungen nach Th. I.O. Der große Vorteil der Berechnung nach Th. II.O. liegt in der universellen Anwendbarkeit für alle Systeme und Lasten. Die Schwierigkeiten bei der Berechnung werden durch den Einsatz leistungsfähiger EDV-Programme für den Praktiker kaum noch sichtbar. Aus diesem Grund erfreut sich das Verfahren in der Praxis einer wachsenden Verbreitung bei Berechnungen von Rahmentragwerken.

13.3 Rahmenecken

Aus Fertigungs-, Transport- und Montagegründen sind Rahmen üblicherweise an den Ecken (oder in deren Nähe) gestoßen, meist mittels HV-Verbindungen als Stirnplattenstoß oder mit Zuglaschen.

Wegen des steilen Anwachsens der Biegemomente im Rahmenriegel auf die Ecken zu werden die Riegel fast immer mit Vouten versehen, die eine wirtschaftlichere Dimensionierung erlauben als unverstärkt durchlaufende Querschnitte. Zudem bringt die Voute den Vorteil größerer Konstruktionshöhe beim Stoß in der Ecke.

Das bei den meisten Stoß- und Eckausbildungen auftretende "Schubfeld" ist auf Schub, Normal- und Vergleichsspannungen sorgfältig zu untersuchen. Typisierte Stirnplattenstöße sind deshalb nicht ohne Zusatznachweise anwendbar!

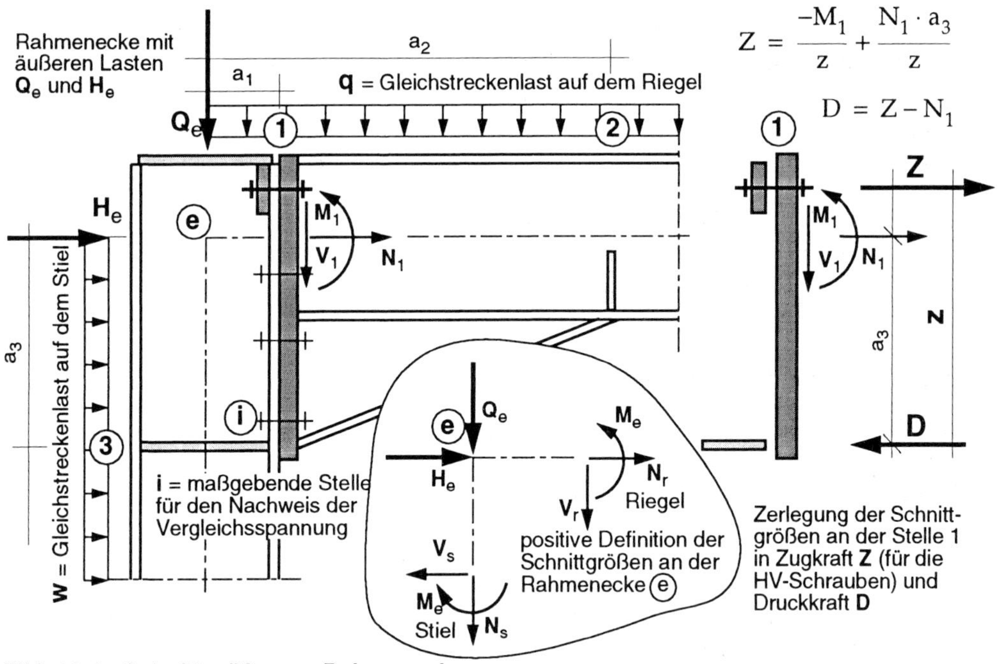

Bild 13.4 **Schnittgrößen an Rahmenecke**

Gleichgewicht an der Stelle (e): $V_s = N_r + H_e$ $N_s = -V_r - Q_e$

Stelle (1): $M_1 \approx M_e + V_r \cdot a_1$ $V_1 \approx V_r$ $N_1 = N_r$

Stelle (2): $M_2 = M_e + V_r \cdot a_2 - \frac{1}{2} \cdot q \cdot a_2^2$ $V_2 = V_r - q \cdot a_2$ $N_2 = N_r$

Stelle (3): $M_3 = M_e - V_s \cdot a_3 - \frac{1}{2} \cdot w \cdot a_3^2$ $V_3 = V_s - w \cdot a_3$ $N_3 = N_s$

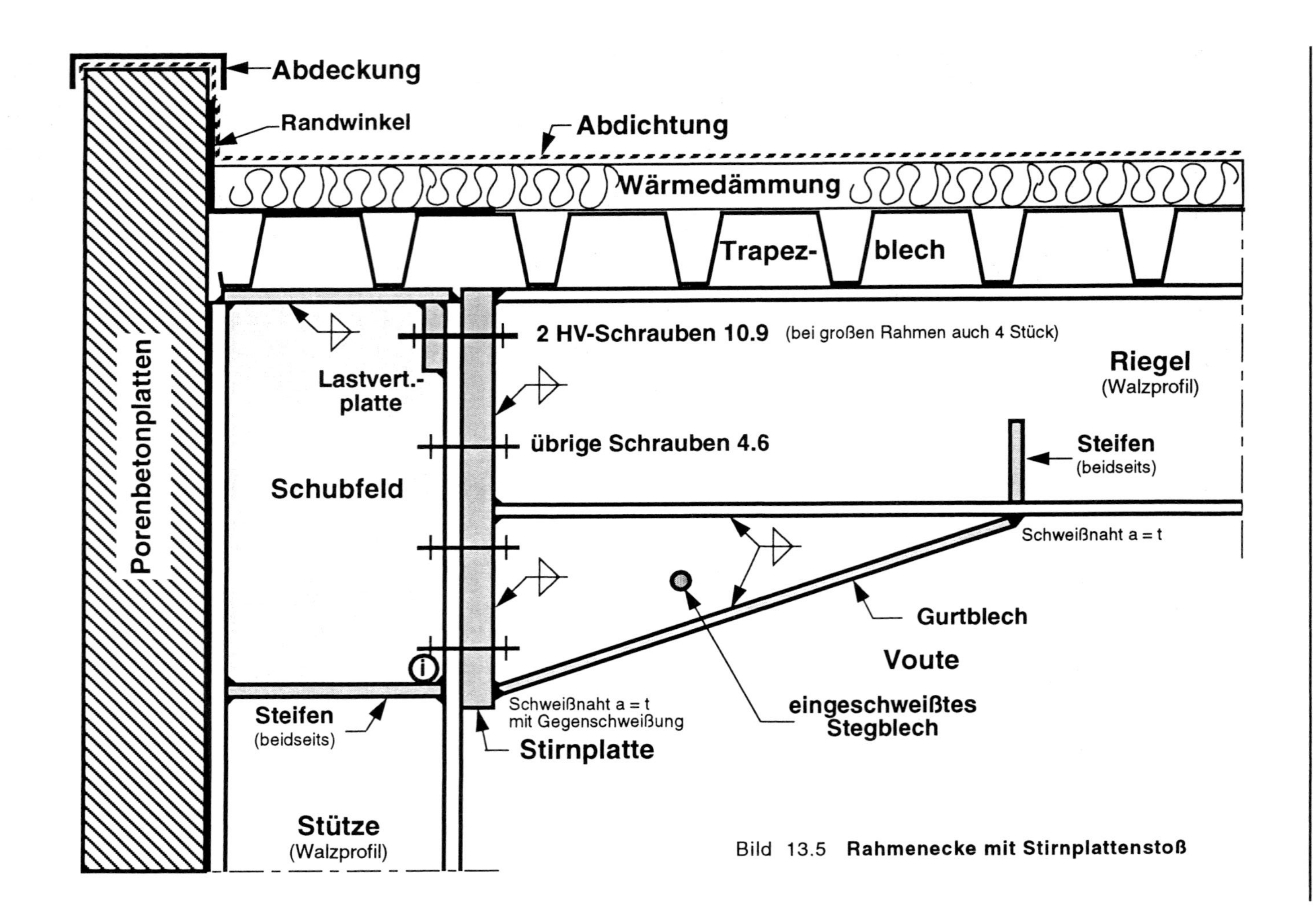

Bild 13.5 **Rahmenecke mit Stirnplattenstoß**

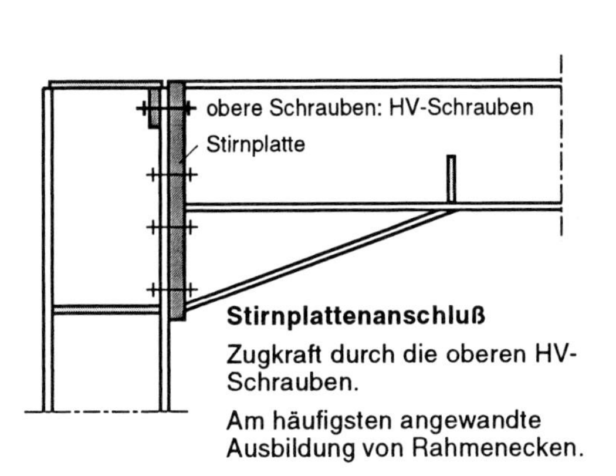

Stirnplattenanschluß

Zugkraft durch die oberen HV-Schrauben.

Am häufigsten angewandte Ausbildung von Rahmenecken.

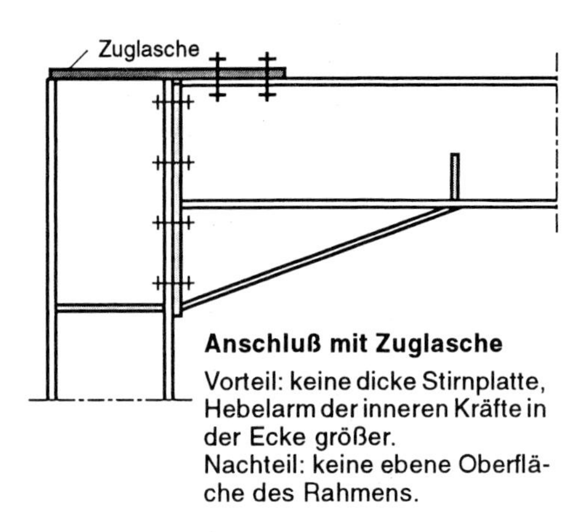

Anschluß mit Zuglasche

Vorteil: keine dicke Stirnplatte, Hebelarm der inneren Kräfte in der Ecke größer.
Nachteil: keine ebene Oberfläche des Rahmens.

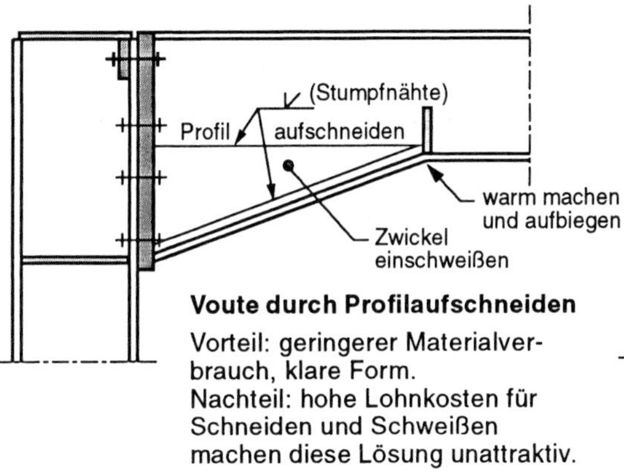

Voute durch Profilaufschneiden

Vorteil: geringerer Materialverbrauch, klare Form.
Nachteil: hohe Lohnkosten für Schneiden und Schweißen machen diese Lösung unattraktiv.

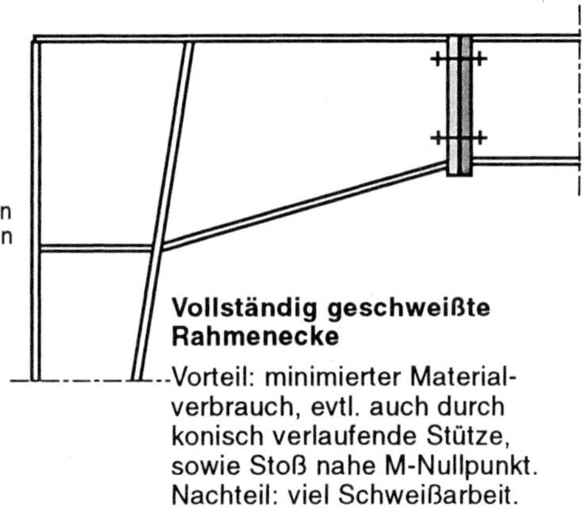

Vollständig geschweißte Rahmenecke

Vorteil: minimierter Materialverbrauch, evtl. auch durch konisch verlaufende Stütze, sowie Stoß nahe M-Nullpunkt.
Nachteil: viel Schweißarbeit.

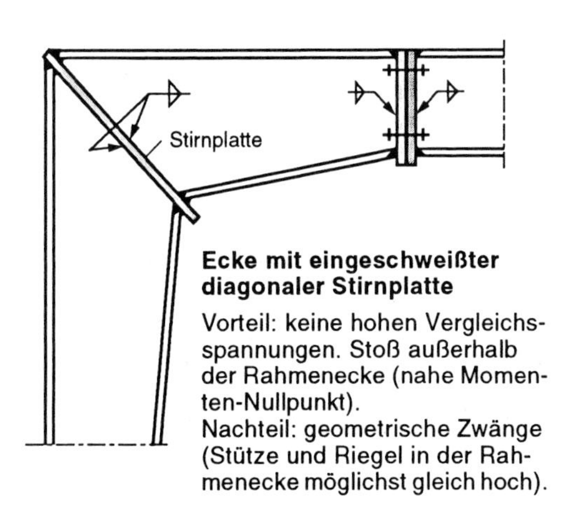

Ecke mit eingeschweißter diagonaler Stirnplatte

Vorteil: keine hohen Vergleichsspannungen. Stoß außerhalb der Rahmenecke (nahe Momenten-Nullpunkt).
Nachteil: geometrische Zwänge (Stütze und Riegel in der Rahmenecke möglichst gleich hoch).

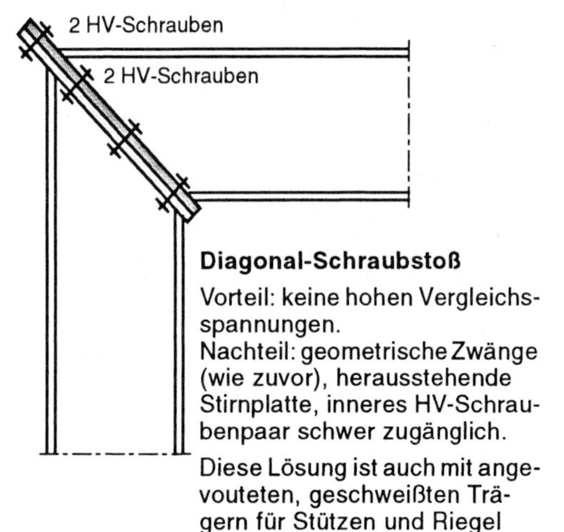

Diagonal-Schraubstoß

Vorteil: keine hohen Vergleichsspannungen.
Nachteil: geometrische Zwänge (wie zuvor), herausstehende Stirnplatte, inneres HV-Schraubenpaar schwer zugänglich.

Diese Lösung ist auch mit angevouteten, geschweißten Trägern für Stützen und Riegel möglich.

Bild 13.6 **Grundformen für Rahmenecken** (Beispiele)

13.4 Beispiel - Eingespannter Rahmen

Am dargestellten eingespannten Rahmen sind die charakteristischen Werte der Einwirkungen:

a) ständige Last: $g = 4{,}2$ kN/m $G = 12$ kN
b) Schneelast: $s = 6{,}0$ kN/m $S = 2$ kN
c) Wind + Stabilisierungslast von links: $H_{li} = 13{,}3$ kN
d) Wind + Stabilisierungslast von rechts: $H_{re} = 13{,}3$ kN

Grundkombination 1 (GK1): ständige Last + Schnee (g + s)
Grundkombination 2 (GK2): g + s + Wind von rechts

Werkstoff: S 235.

EDV-Ergebnis für die Lastfälle a, b, d - Elastische Berechnung - N und V in [kN]; M in [kNm]

Rahmenpunkt		1			2 (unten)			2 (rechts)			3		
Einwirkung		N	V_z	M_y	N	V_z	M_y	N	V_z	M_y	N	V_z	M_y
a	ständ. Last	-43,5	-20,2	33,4	-43,5	-20,2	-67,4	-20,2	31,5	-67,4	-20,2	0	50,7
b	Schnee	-47,0	-28,8	47,7	-47,0	-28,8	-96,3	-28,8	45,0	-96,3	-28,8	0	72,5
d	H (rechts)	-1,5	-6,6	22,0	-1,5	-6,6	-11,1	-6,6	1,5	-11,1	-6,6	1,5	0

1) Für die Einspannfundamente sind die Bemessungs-Schnittgrößen für die *maßgebende* Grundkombination zusammenzustellen Ein Einspannfundament für diese Schnittgrößen ist bereits in Beispiel 11.3.4 behandelt.

2) Die Knicklänge der Rahmenstiele ist zu ermitteln.

3) Für GK2 soll gezeigt werden, daß nach DIN 18800 T1 *nicht* mit Th. II. Ordnung gerechnet werden muß (Abgrenzungskriterium).

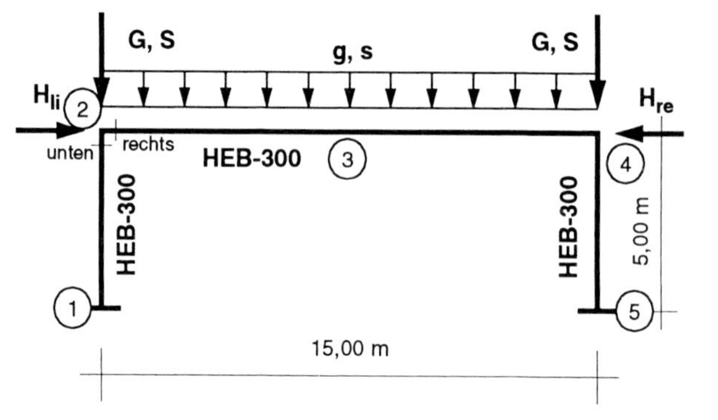

4) Für Stützen und Riegel sind die erforderlichen Tragsicherheitsnachweise nach Verfahren E-P zu erbringen. Rahmenriegel und Stiele seien gegen Biegedrillknicken ausreichend gesichert.

Warum wird *kein* Knicksicherheitsnachweis für Riegel und Stiele erforderlich?

5) Welche Stabilisierungslast ist bei Durchrechnung der GK2 in Höhe des Rahmenriegels anzusetzen?

6) Die Durchbiegung in Riegelmitte infolge g+s ist zu berechnen. Es soll kontrolliert werden, ob die Forderung $w_m \leq L/300$ eingehalten ist.

7) Für die Stelle unmittelbar rechts der Rahmenecke (2) ist ein Stirnplattenstoß der Form IH3B zu entwerfen, für GK2 nachzuweisen und im skizzieren. Vouten sind nicht zugelassen! Das Schubfeld ist zu untersuchen.

1) **Maßgebende Grundkombination**

Für die Einspannstelle (1) werden die Grundkombinationen bereitgestellt:

GK1: $g + s$

$$M_{y,d} = 1,35 \cdot 33,4 + 1,5 \cdot 47,7 = 116,64\,kNm$$
$$V_{z,d} = -1,35 \cdot 20,2 - 1,5 \cdot 28,8 = -70,5\,kN$$
$$N_{x,d} = -1,35 \cdot 43,5 - 1,5 \cdot 47,0 = -129,2\,kN$$

GK2: $g + s + H(rechts)$:

$$M_{y,d} = 1,35 \cdot (33,4 + 47,7 + 22,0) = 139,19 \approx 140\,kNm$$
$$V_{z,d} = 1,35 \cdot (-20,2 - 28,8 - 6,6) = -75,06 \approx -75\,kN$$
$$N_{x,d} = 1,35 \cdot (-43,5 - 47,0 - 1,5) = -124,20 \approx -125\,kN$$

Maßgebend ist GK2.

Nachweise für die Stützeneinspannung im Köcherfundament: siehe Beispiel 11.3.4!

2) **Knicklänge**

Steifigkeitsbeiwert: $c = \frac{I_s \cdot b}{I_R \cdot h} = \frac{b}{h} = \frac{15,0}{5,0} = 3,0$

Knicklängenbeiwert: $\beta = \sqrt{1 + 0,35 \cdot c - 0,017 \cdot c^2} = 1,377$

Knicklänge der Stützen: $s_K = 1,377 \cdot 5,0 = 6,89\ m$

3) **Abgrenzungskriterium**

Bezogener Schlankheitsgrad: $\bar{\lambda}_K = \frac{689/13,0}{92,93} = 0,570$

$$0,3 \cdot \sqrt{f_{y,d} \cdot A/N} = 0,3 \cdot \sqrt{21,82 \cdot 149/129,2} = 1,505$$

Abgrenzungskriterium: $\bar{\lambda}_K \leq 0,3 \cdot \sqrt{f_{y,d} \cdot A/N}$ bzw. $0,570 < 1,505$ ist *erfüllt*!

oder $\frac{N}{N_{Ki,d}} = \frac{N \cdot s_K^2}{\pi^2 \cdot EI} = \frac{129,2 \cdot 689^2}{\pi^2 \cdot 21000 \cdot 25170} = 0,012 < 0,1$ ist gleichfalls *erfüllt*!

Das heißt: Es darf nach Theorie I. Ordnung gerechnet werden.

4) **Rahmenecke**

Umrechnung der Schnittgrößen auf Unterkante Rahmenecke:

GK2:

$$M_{y,d} = 1,35 \cdot (-67,4 - 96,3 - 11,1) = -236,0\,kNm$$
$$V_{z,d} = 1,35 \cdot (-20,2 - 28,8 - 6,6) = -75,06 \approx -75\,kN$$
$$N_{x,d} = 1,35 \cdot (-43,5 - 47,0 - 1,5) = -124,20 \approx -125\,kN$$

Nachweis:

$$\frac{M}{M_{pl,d}} = \frac{236}{408} = 0,578 < 1$$
$$\frac{V}{V_{pl,d}} = \frac{75}{389} = 0,193 < 0,33$$
$$\frac{N}{N_{pl,d}} = \frac{125}{3250} = 0,038 < 0,1$$

Weitere Nachweise für Stützen oder Riegel sind offensichtlich *nicht* erforderlich.

Ein Knicksicherheitsnachweis (Biegeknicken nach Ersatzstabverfahren oder Th. II.O.) ist dann *nicht* notwendig, wenn das Abgrenzungskriterium gezeigt hat, daß *nicht* nach Th. II.O. gerechnet werden muß!

Ein BDK-Nachweis wird *dadurch* nicht überflüssig, ist hier jedoch wegen der entsprechenden Angaben in der Aufgabenstellung nicht notwendig.

5) **Stabilisierungslast** $H_{Stab} = \sum V \cdot \varphi_0$ $\varphi_0 = \frac{1}{400} \cdot r_1 \cdot r_2$ bei Th. I.O.

Reduktionsfaktoren: $r_1 = 1$ (h = 5,0 m) $r_2 = \frac{1}{2} \cdot \left(1 + \sqrt{\frac{1}{n}}\right) = 0,85$ (mit n = 2)

Vertikallasten für GK2: $\sum V_d = 1,35 \cdot 2 \cdot (43,5 + 47,0) = 244$ kN

Stabilisierungslast: $H_{Stab} = 244 \cdot \frac{1}{400} \cdot 1 \cdot 0,85 = 0,52$ kN

Die Stabilisierungslast ist gleichzeitig und gleichgerichtet mit der Windlast anzusetzen.

6) **Durchbiegung in Riegelmitte**

Berechnung mit dem Arbeitssatz

Schnittgrößen aus den Gebrauchslasten für GK1, siehe Bild!

$\overline{M}$ am beidseits gelenkig gelagerten Riegel (Reduktionssatz!):

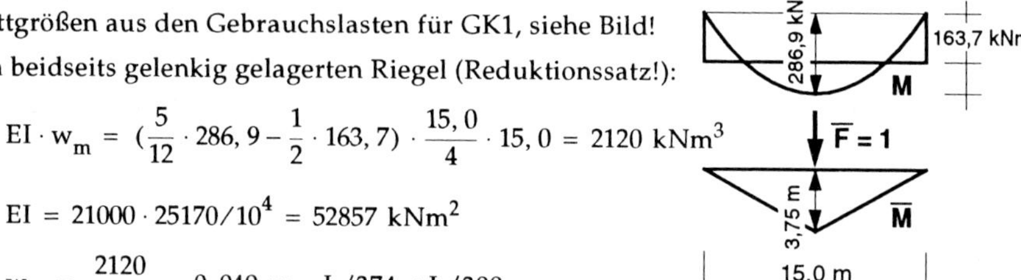

$$EI \cdot w_m = (\frac{5}{12} \cdot 286,9 - \frac{1}{2} \cdot 163,7) \cdot \frac{15,0}{4} \cdot 15,0 = 2120 \text{ kNm}^3$$

$$EI = 21000 \cdot 25170/10^4 = 52857 \text{ kNm}^2$$

$$w_m = \frac{2120}{52857} = 0,040 \text{ m} = L/374 < L/300$$

7) **Stirnplattenstoß** mit oben überstehender Stirnplatte an der Rahmenecke

$$N_{x,d} = 1,35 \cdot (-20,2 - 28,8 - 6,6) = -75 \text{ kN}$$

$$V_{z,d} = 1,35 \cdot (31,5 + 45,0 + 1,5) = 105 \text{ kN}$$

$$M_{y,d} = -236 + 105 \cdot 0,15 = -220 \text{ kNm}$$

$$Z = \frac{220}{0,281} - \frac{75}{2} = 745,4 \text{ kN} \rightarrow Z_{S,d} = \frac{745,4}{4} = 186,4 \text{ kN}$$

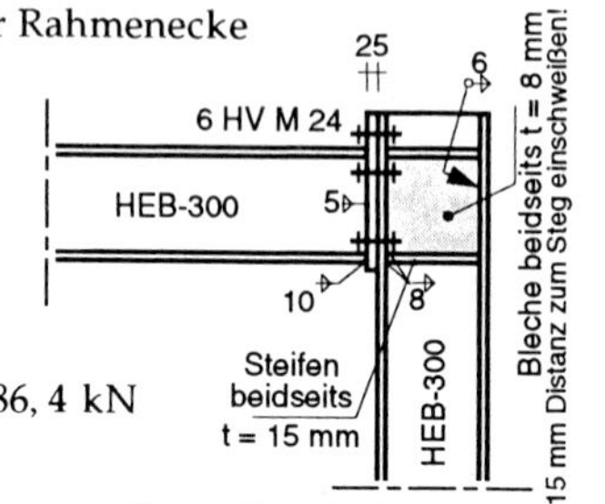

Darstellung bei Punkt 4

Schrauben: HV M 24, 10.9: $Z_{R,d} = 256,7 \text{ kN} > 186,4$

Stirnplattendicke: $d_P = 25 \text{ mm} > 1,0\, d_S$

Schweißnähte: Flansch: $a_{w,Fl} = 10$ mm Steg: $a_{w,Steg} = 5$ mm o.w.N.

Dicke der Flanschen: $t_{Fl} = 19 \text{ mm} \approx 0,8\, d_S$ ausreichend, kein Futter erforderlich.

Schubfeld: $V/V_{pl,d} = 745/389 = 1,92 > 1$ zusätzliche Schubbleche notwendig!

Gewählt: beidseits Zusatzbleche t = 8 mm, ringsum verschweißt mit $a_w = 6$ mm.

Die Querkraft verteilt sich proportional zu den Stegflächen; $M/M_{pl,d}$ bleibt aber!

Querkraft: $\Sigma t_S = 2 \cdot 8 + 11 = 27$ mm $V/V_{pl,d} = 11/27 \cdot 1,92 = 0,78 < 1$

Interaktion: $0,88 \cdot 0,578 + 0,37 \cdot 0,78 = 0,80 < 1$

14 Fachwerkträger und Verbände

14.1 Fachwerkträger

Fachwerke sind Systeme, die aus geraden Stäben zusammengesetzt sind, in deren Schnittpunkten (Fachwerkknoten) für die Berechnung reibungslose Gelenke angenommen werden. Man unterscheidet ebene Fachwerke und Raumfachwerke.

Äußere Lasten können in Fachwerken nur in den Knotenpunkten angesetzt werden. Fachwerkstäbe können daher primär nur auf Normalkraft (Zug oder Druck) beansprucht werden.

Sekundär können Stäbe auch auf Biegung (z.B. durch Querbelastung) beansprucht werden. Bei großen Fachwerken (z.B. im Brückenbau) kann auch die Fiktion der reibungsfreien Gelenke aufgegeben werden. Dies erfordert zusätzliche Untersuchungen an Sekundärsystemen.

Fachwerke sind geeignet, große Spannweiten bei relativ geringem Materialaufwand zu überspannen. Dem steht ein erhöhter Fertigungsaufwand gegenüber. Im Hallenbau werden Fachwerke mit Vorteil ab Spannweiten von ca. 25 m eingesetzt, nach oben bestehen keine praktischen Grenzen. Raumfachwerke in Kuppelform können größte Flächen überdecken.

14.1.1 Ebene Fachwerke

Nachfolgend sind einige der häufig verwendeten Fachwerke für Hallendächer dargestellt. Die Lasteinleitung erfolgt i.a. über Dachpfetten in den Obergurtknoten. Bei pfettenloser Dacheindekkung oder Pfettenlagerung zwischen den Knoten entsteht sekundär Biegung in den Gurtstäben.

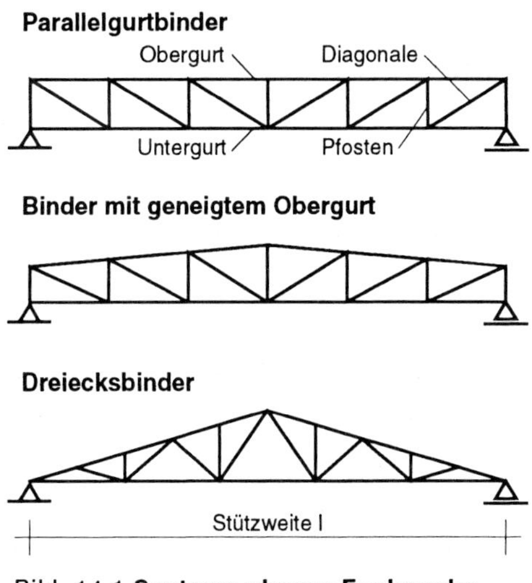

Bild 14.1 **Systeme ebener Fachwerke**

Parallelgurtbinder haben eine besonders einfache Geometrie. Eine geringe Dachneigung kann durch verschieden hohe Unterfütterung der Pfetten erreicht werden. Werden etwas größere Dachneigungen gewünscht, erhält der Obergurt dachförmige Neigung.

Für größere Dachneigungen eignen sich Dreiecksbinder besonders gut.

Methoden zur Ermittlung der Stabkräfte in Fachwerken:

- zeichnerisch mit Cremonaplan (kann im EDV-Zeitalter niemand mehr),

- rechnerisch aus Gleichgewichtsbedingungen (Ritter-Schnitt), bei statisch unbestimmten Fachwerken unter Zuhilfenahme von Verformungsbedingungen und Überlagerung (statisch unbestimmte Rechnung),
- mit entsprechenden EDV-Programmen für Fachwerke oder Stabwerke.

Die Bemessung der Fachwerkstäbe erfolgt nach den üblichen Verfahren für Zug- und Druckstäbe unter besonderer Beachtung der Knicklängen (siehe Abschnitt 8.1.2), bei Sekundärbeanspruchung auf Biegung (durch direkte Belastung) entsprechend den Regelungen für Druck und Biegung (Biegeknicken, Biegedrillknicken).

Zur Berechnung der Stabkräfte dient als Grundlage ein Fachwerknetz. Die Netzlinien stellen die Schwerlinien der Stäbe dar. Bei der Konstruktion der Fachwerkknoten soll darauf geachtet werden, daß sich die Schwerlinien auch wirklich in einem Punkt schneiden. Aus konstruktiven Gründen können jedoch auch ausmittige Anschlüsse der Stäbe in Kauf genommen werden, wofür ggf. die Momente des ausmittigen Lastangriffs statisch nachgewiesen werden müssen.

Stabquerschnitte: Für Gurte eignen sich liegende U-Profile und I-Profile, liegend oder stehend, oder Rohrprofile (Rund/Rechteck). Für Füllstäbe (Pfosten und Diagonalen) eignen sich besonders Rohrprofile, die den Vorteil guter Ausnutzbarkeit auf Druckbeanspruchung mit dem einer geringen Oberfläche (kleinerer Unterhalt!) verbinden. Es werden auch Winkel (Zugstäbe) und Doppelwinkel (zweiteilige Druckstäbe), Doppel-U-Profile und I-Profile als Füllstäbe eingesetzt.

Der Anschluß der Stäbe erfolgt direkt durch Schweißung (Bild 14.2) oder über Knotenbleche (Schweißung oder Schraubung). Für Tragwerke aus Rohrprofilen ist DIN 18808 (10.84) zu beachten; die Norm regelt besonders die Dickenverhältnisse der Rohre und deren Schweißverbindungen.

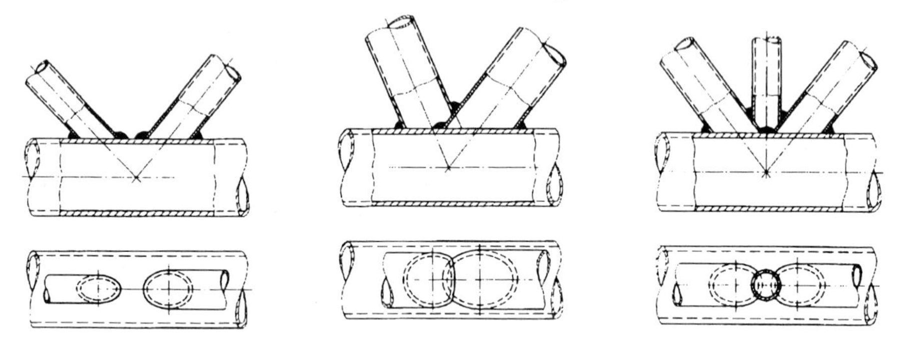

Bild 14.2 **Rohr-Fachwerkknoten** (Beispiele aus DIN 18808)

Es werden möglichst große Einheiten in der Werkstatt gefertigt. Auf der Baustelle werden die Träger vor der Montage am Boden gestoßen, wobei die Stöße geschraubt ausgeführt werden sollen (Laschenstoß oder Stirnplattenstoß). Auch Baustellenschweißung ist möglich. Danach erfolgt die Montage des Fachwerkträgers möglichst in *einem* Stück, oft mit mehreren Kranen.

14.1.2 Raumfachwerke

Für weitgespannte Konstruktionen eignen sich Raumfachwerke mit unterschiedlichen Formen:

- Dreigurt- und Mehrgurtbinder als Fachwerkträger,
- ebene Fachwerke für waagerechte Überdachungen,
- räumlich gekrümmte Fachwerke für tonnenförmige oder kuppelförmige Überdachungen in großen Abmessungen.

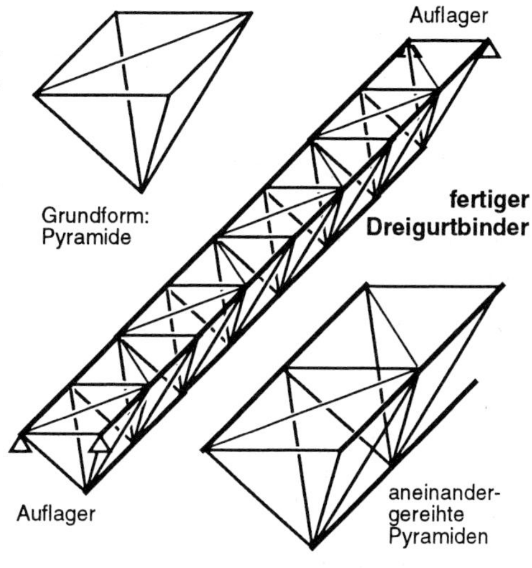

Bild 14.3 **Dreigurtbinder**

Ein Dreigurtbinder entsteht durch Aneinanderreihen von Pyramiden über rechteckiger Grundfläche; dies ergibt ein statisch bestimmtes Raumfachwerk.

Der Vorteil dieser Träger liegt in den *zwei* Obergurten (= Druckgurte) gegenüber *einem* Untergurt (= Zuggurt) und der einfachen und sehr wirksamen seitlichen Aussteifung der gedrückten Obergurte durch ein waagerecht liegendes Fachwerk. Die Berechnung der Gurtkräfte ist so einfach wie bei einem ebenen Fachwerk, bei der Berechnung der Diagonalen ist beim Gleichgewicht die räumliche Schräge zu berücksichtigen! - Der Dreigurtbinder läßt sich auch umgedreht mit einem Ober- und zwei Untergurten ausführen.

Legt man zwei Dreigurtbinder nebeneinander und verbindet auch die beiden Untergurte gleichfalls durch Diagonalen und Pfosten, entsteht ein Fünfgurtbinder mit großer Tragkraft und sehr guter räumlicher Stabilität.

Reiht man immer mehr Fachwerkbinder aneinander und verbindet sie entsprechend, entsteht ein Raumfachwerk, das übergeordnet wie eine Platte wirkt und auch entsprechend als Flächentragwerk berechnet werden kann. Grundelement ist vorzugsweise die Pyramide über quadratischem Grundriß (halber Oktaeder).

Durch unterschiedliche Ablängung der Stäbe eines Raumfachwerks in Obergurten (=Außenhaut) und Untergurten (= Innenhaut) erreicht man die einfache oder doppelte Krümmung für gekrümmte Träger oder für Schalentragwerke.

Für Raumfachwerke gibt es besondere Systeme (Mero, Mannesmann, u.a.), bei denen die Stäbe, die aus verschiedenen Richtungen ankommen, in speziell gefertigte Knoten (Gußstücke) eingedreht werden können. Stäbe und Gewinde sind den unterschiedlich großen Stabkräften angepaßt. Besondere Vorkehrungen werden getroffen, um ein ausreichend weites Einschrauben der Gewinde garantieren und kontrollieren zu können.

14.2 Verbände

Bei Hallenbauten benötigt man i.a. Verbände in Dachebene, in den Längswänden und in den Giebelwänden um

- ankommende Horizontallasten weiterzuleiten,
- Knicklängen gedrückter Stäbe oder Gurte zu reduzieren.

Das gängigste System für Verbände sind gekreuzte Diagonalen bzw. in verschiedenen Feldern gegenläufig gerichtete Diagonalen, die immer nur auf Zug bemessen werden und bei allfälliger Druckbeanspruchung einfach ignoriert werden. Diagonalen, die rechnerisch auf Zug und Druck beansprucht werden, vermeidet man nach Möglichkeit.

Dargestellt ist eine Halle mit Verbänden. Die hintere Giebelwand ist als Rahmen ausgeführt, um z.B. die Halle in dieser Richtung problemlos später verlängern zu können. Die Beanspruchung der Verbände erfolgt durch Wind längs *oder* quer

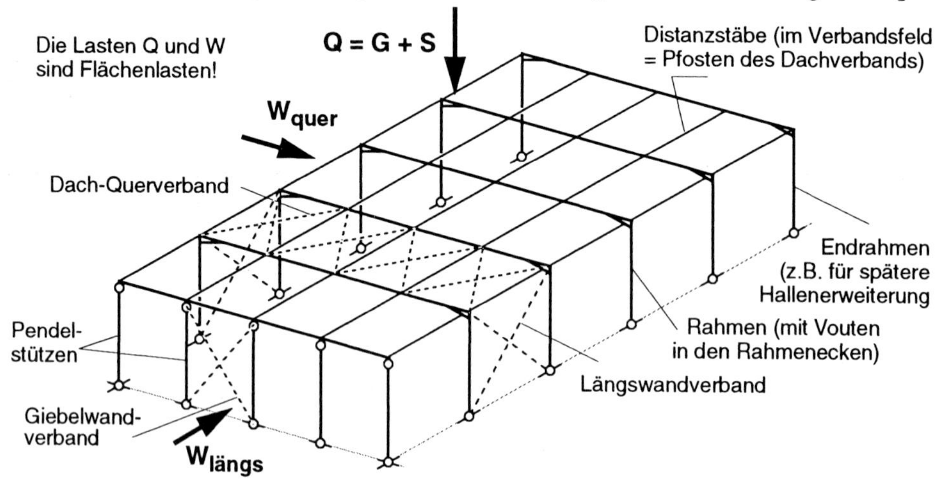

Bild 14.4 **Halle mit Zweigelenkrahmen und Verbänden**

sowie die Stabilisierungslasten aus ständiger Last G und Schneelast S bzw. durch die Abtriebskräfte aus Imperfektionen im Druckgurt des Dachbinders und in den gedrückten Rahmenstielen und Stützen.

14.2.1 Dachverbände

Bei Hallen, deren Quersystem aus Rahmen besteht (wie in Bild 14.4), ist ein Dach-Querverband erforderlich. Der Verband liegt möglichst nahe der Ebene der gedrückten Gurte der Dachbinder (= Rahmenriegel). Seine Elemente sind:

- Gurte (Zug- und Druckgurt) = Obergurte der Dachbinder,
- Pfosten, die drucksteif ausgebildet sein müssen,
- Diagonalen, die nur auf Zug bemessen werden.

Bei der Berechnung der Schnittgrößen des Verbandes sind anzusetzen:

- die Windlast w in Höhe des Verbandes,
- die zu stabilisierenden Gurt-Druckkräfte ΣH_i aller n Dachbinder (i = 1...n).

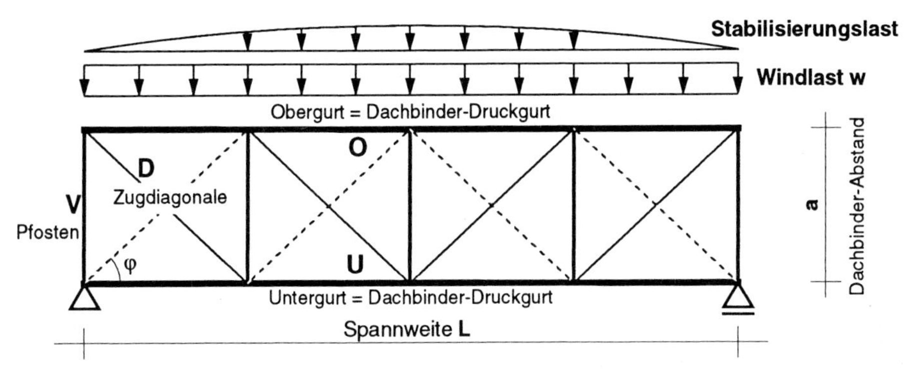

Bild 14.5 **Dachverband**

Berechnungen müssen die Einflüsse aus Theorie II. Ordnung berücksichtigen; als Grundlage hierfür müssen Annahmen zur Imperfektion des Systems aufgestellt werden.

In der Praxis werden hierfür häufig die von Gerold [21] hergeleiteten Beziehungen benutzt (hier wird die Bezeichnung Q für die Querkraft beibehalten!):

$$max\ M^{II} \approx (1,36 \cdot w + 0,021 \cdot \sum H_i/L) \cdot L^2/8$$

$$max\ Q^{II} \approx (1,28 \cdot w + 0,0167 \cdot \sum H_i/L) \cdot L/2$$

Der Einfluß der Th. II.O. ist für die Windlast w leicht zu erkennen, für die Gurtkraftsumme ΣH_i bringt Th. II.O. überhaupt erst einen Einfluß!

Aus M ergeben sich zusätzliche Kräfte für den Druckgurt der Dachbinder:

$$max\ \Delta H = \pm M/a \qquad \text{mit} \qquad a = \text{Fachwerkhöhe} = \text{Binderabstand}$$

Die Aufnahme dieser Zusatzkräfte bereitet meistens keine Schwierigkeiten, weil die Teilsicherheitsbeiwerte günstiger sind als bei den Nachweisen ohne Wind- und Stabilisierungslasten.

Aus Q ergeben sich die Kräfte V für die Pfosten und D für die Diagonalen:

$max\ V \approx max\ Q$ — V ist *immer* eine Druckkraft!

$max\ D \approx max\ Q/\sin\varphi$ — D ist *immer* eine Zugkraft!

Anmerkung: Es sei noch einmal darauf hingewiesen, daß der Ansatz der Imperfektionen für die Formeln ausschlaggebend ist. Da dieser Ansatz nicht eindeutig geregelt ist, lassen sich in der Literatur auch andere Beziehungen finden. Siehe "Stahlbau Teil 2" [5].

Bei Hallen, deren Dachbinder *nicht* biegesteif mit den Stützen zu Rahmen verbunden sind, muß die Windlast über einen Dach-Längsverband in die Giebelwände transportiert werden.

14.2.2 Wandverbände

Vom System her lassen sich Wandverbände leichter variieren als Dachverbände. Bild 14.6 zeigt eine Auswahl gängiger Systeme. Für die Berechnung sind wiederum die Ansätze der Windlast H_w und der Stabilisierungslast S wesentlich.

Wichtig: Der Einfluß der Th. II.O. im Dachverband geht nicht in die Wandverbände ein, weil Einflüsse daraus in Belastung und Lagerreaktionen innerhalb der Dachebene im Gleichgewicht stehen!

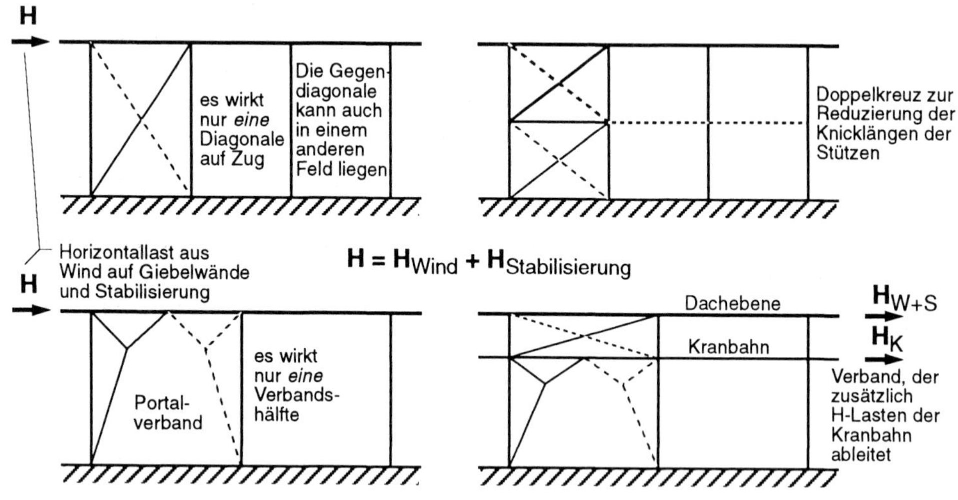

Bild 14.6 **Wandverbände**

Dagegen ist die Stabilisierungslast aus der Schiefstellung φ_0 der Wandstützen zu berücksichtigen. Sofern nicht nach Th. II.O. gerechnet werden muß, gilt

$$H_{Stab} = \Sigma V \cdot \varphi_0 \qquad \text{mit} \qquad \varphi_0 = \frac{1}{400} \cdot r_1 \cdot r_2 \tag{1/23}$$

mit den Reduktionsfaktoren $r_1 = \sqrt{5/L}$ L = Systemhöhe [m] für L > 5 m

und $r_2 = \frac{1}{2} \cdot (1 + \sqrt{\frac{1}{n}})$ mit n = Anzahl der Stiele

Sofern Th. II.O. berücksichtigt werden muß, gilt $\varphi_0 = \frac{1}{200} \cdot r_1 \cdot r_2$ (2/1)

Anmerkung: Siehe hierzu "Abgrenzungskriterien", Kapitel 4.
Zum Ansatz von Imperfektionen siehe auch "Stahlbau Teil 2" [5].

14.3 Beispiel - Fachwerkträger

Ein Fachwerkträger mit 30 m Spannweite und 2,50 m Systemhöhe ist gelenkig auf zwei Einspannstützen von 10,0 m Höhe gelagert. Die Obergurtknoten des Fachwerks sind senkrecht zur Fachwerkebene unverschieblich gehalten.

Die Fachwerkstäbe sind Quadrat- und Rechteck-Rohrprofile. Die Gurte laufen mit konstantem Querschnitt durch, die Diagonalen sind eingeschweißt. Werkstoff: S 235, Rohrprofile warmgewalzt.

Die Stützen sind geschweißte Kasten-Querschnitte. Werkstoff: S 235.

Die Gebrauchslasten (charakteristische Werte der Einwirkungen) sind:

Eigenlast Fachwerkträger:	g_E = 1,2 kN/m (Mittelwert)		
Sonstige ständige Lasten:	g_D = 3,5 kN/m	G	= 25 kN
Schneelast:	s = 7,5 kN/m	S	= 1,5 kN
Windlast:	W_{li} = 40 kN	W_{re}	= 25 kN

Der Obergurt des Fachwerkträgers wird durch die Dachlast $q = g_D + s$ (und *seine* Eigenlast!) direkt belastet, wodurch zusätzlich zur Fachwerk-Normalkraft auch Biegebeanspruchung auftritt.

1) Nachweis Untergurtstab. Querschnitt QR 140x8,8.
2) Nachweis Obergurtstab. Querschnitt RR 220x120x10.
3) Für die Diagonalen stehen die Querschnitte QR 90x5,6/4,5/3,6 zur Verfügung. Es ist anzugeben, für welche Stäbe welche Querschnitte erforderlich sind.
4) In Feldmitte ist ein Schraubstoß "S" vorzusehen. Der Stoß ist in Obergurt und Untergurt zu entwerfen, maßstäblich aufzuzeichnen und nachzuweisen.
5) Nachweis einer Einspannstütze. Geschweißter Kasten 400x400, t = 12/15 mm. Die b/t-Verhältnisse sind zu beachten!
6) Der Auflagerpunkt "A" ist zu konstruieren und maßstäblich aufzuzeichnen.
7) Einspannung in Köcherfundament (Beton C 20/25), Einspanntiefe t_F = 1,0 m. Betonpressung und Querkraftbeanspruchung sind nachzuweisen. Es soll gezeigt werden, daß die Biegebeanspruchung auf die unausgesteifte Kastenwandung weit über der Beanspruchbarkeit liegt. Ein brauchbarer Ausführungsvorschlag ist auszuarbeiten.

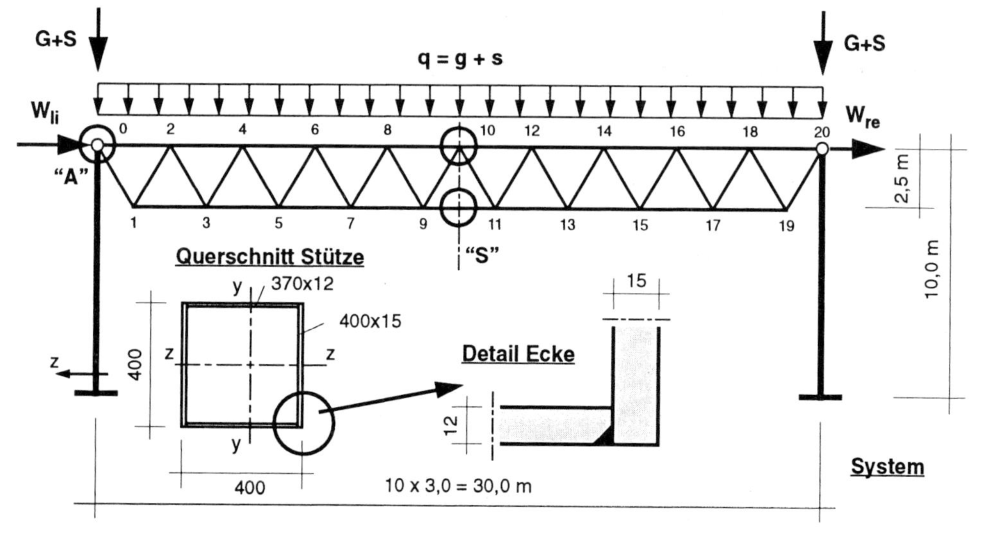

Bemessungslasten am Fachwerkträger

GK1: g + s $q_d = 1,35 \cdot (1,2+3,5) + 1,5 \cdot 7,5 = 6,35 + 11,25 = 17,60$ kN/m

$Q_d = 1,35 \cdot 25 + 1,5 \cdot 1,5 = 33,75 + 2,25 = 36$ kN

GK2: g + s + w $q_d = 1,35 \cdot (1,2+3,5+7,5) = 16,47$ kN/m

$Q_d = 1,35 \cdot (25+1,5) = 35,8$ kN

$W_{li} = 1,35 \cdot 40 = 54$ kN $W_{re} = 1,35 \cdot 25 = 33,75$ kN

GK3: g + w $q_d = 1,35 \cdot (1,2+3,5) = 6,35$ kN/m

$Q_d = 1,35 \cdot 25 = 33,8$ kN

$W_{li} = 1,5 \cdot 40 = 60$ kN $W_{re} = 1,5 \cdot 25 = 37,5$ kN

Fachwerkträger

Maßgebende Einwirkungskombination am Fachwerkträger: GK1 = g + s.

1) **Untergurt**

Moment in Punkt 10: $M_{10} = 17,6 \cdot 30^2/8 = 1980$ kNm

Normalkraft: $N = 1980/2,50 = 792$ kN (Zug)

QR 140x8,8 $A = 45,0\ cm^2$ $N_{pl,d} = 45,0 \cdot 21,82 = 982$ kN

Nachweis: $N/N_{pl} = 792/982 = 0,807 < 1$

2) **Obergurt**

Moment in Punkt 9: $M_9 = 1980 - 17,6 \cdot 1,5^2/2 = 1960$ kNm

$N = 1960/2,50 = 784$ kN (Druck)

Querlast: $q_d = 1,35 \cdot (0,5+3,5) + 1,5 \cdot 7,5 = 16,65$ kN/m

Örtliche Momente: $M^q = 16,65 \cdot 3,0^2/16 = 9,37$ kNm

RR 220x120x10 $A = 61,4\ cm^2$; $W_y = 335\ cm^3$; $i_y = 7,74$ cm; $i_z = 4,80$ cm

$N_{pl,d} = 61,4 \cdot 21,82 = 1340$ kN

$M_{pl,d} \approx 1,25 \cdot M_{el,d} = 1,25 \cdot 335 \cdot 21,82/100 = 91,4$ kNm

Tragsicherheitsnachweis

$N/N_{pl} = 784/1340 = 0,585$

$M/M_{pl} = 9,37/91,4 = 0,103$

$$0,9 \cdot \frac{M}{M_{pl}} + \frac{N}{N_{pl}} = 0,9 \cdot 0,103 + 0,585 = 0,677 < 1$$

Knicken um y-y

Knicklänge s_{ky} = 3,0 m (Netzlänge)

Momentverlauf

M_1 $M_Q = ql^2/8$ $ql^2/16$ $ql^2/16$

3,00 m

Knoten-Abstand

$$\bar{\lambda}_y = \frac{300}{7,74 \cdot 92,93} = 0,417 \qquad \kappa_a = 0,948$$

Momentenverlauf nach Traglastverfahren:

In die Berechnung von $ß_m$ geht nur das Verhältnis von M_q zu M_1 ein:

Mit $\psi = 1 \rightarrow$ $ß_{m,\psi} = 1,1$ und $M_Q/M_1 = 2/1 = 2$ wird

$$\beta_m = \frac{M_Q + M_1 \cdot \beta_{m,\psi}}{M_Q + M_1} = \frac{M_Q/M_1 + \beta_{m,\psi}}{M_Q/M_1 + 1} = \frac{2 + 1,1}{2 + 1} = 1,033$$ und damit

$$\frac{N}{\kappa \cdot N_{pl}} + \frac{\beta_m \cdot M}{1,1 \cdot M_{pl}} + \Delta n = \frac{784}{0,948 \cdot 1340} + \frac{1,033 \cdot 9,37}{1,1 \cdot 91,4} + 0,1 = 0,617 + 0,096 + 0,1 = 0,813 < 1$$

Knicken um z-z

Knicklänge s_{kz} = 3,0 m (= Abstand der seitlichen Halterung des Obergurts)

$$\bar{\lambda}_z = \frac{300}{4,80 \cdot 92,93} = 0,673 \qquad \kappa_a = 0,859$$

$$\frac{N}{\kappa \cdot N_{pl}} = \frac{784}{0,859 \cdot 1340} = 0,681 < 1$$

3) **Diagonalen**

Schnittgrößen: $D = \pm V_{Traeger}/\sin\varphi \qquad 1/\sin\varphi = 2,915/2,5 = 1,166$

Träger-Querkraft: $V_{0-2} = 17,60 \cdot (30/2 - 3/2) = 237,6$ kN

Äußere Diagonalen: $D_{0-1} = 237,6 \cdot 1,166 = 278,3$ kN(Zug/Druck)

Knicklänge: $s_{ky} = s_{kz}$ = 291,5 cm = Netzlänge

Die weitere Berechnung und Bemessung wird tabellarisch durchgeführt.

Querschnitt	A [cm²]	i [cm]	$\bar{\lambda}$	κ_a	N_{pl} [kN]	$\kappa_a \cdot N_{pl}$ [kN]
a) QR 90x5,6	18,6	3,44	0,912	0,726	405,9	294,6
b) QR 90x4,5	15,2	3,48	0,902	0,733	331,7	243,0
c) QR 90x3,6	12,3	3,52	0,891	0,740	268,4	198,5

Diagonale	0-1 / 1-2	2-3 / 3-4	4-5 / 5-6	6-7 / 7-8	8-9 / 9-10
Stabkraft [kN]	±278,3	±216,5	±154,6	±92,8	±30,9
Zugstab Nr.	b	c	c	c	c
Druckstab Nr.	a	b	c	c	c

4) **Stoß des Fachwerkträgers**

Zugstoß für S_d = 792 kN: Stirnplattenstoß mit 8 Schrauben HV-M 16.

$Z_{R,d} = 8 \cdot 114,2 = 913,6$ kN > S_d = 792 kN.

Stirnplattendicke d_P gewählt d_P = 20 mm (wie beim Stoß IH3, daher o.w.N.)

Kehlnaht rings $a_w = 7$ mm: $N_{R,w,d} = 4 \cdot 14 \cdot 0,7 \cdot 20,7 = 811 \text{ kN} > S_d = 792 \text{ kN}$

Druckstoß konstruktiv. Ausführung Zugstoß siehe Konstruktions-Skizze!

5) **Einspannstützen**

Maßgebende Einwirkungskombination: GK 3 = g + w.

Querschnittswerte der geschweißten Stütze:

$A = 208{,}8 \text{ cm}^2$; $I_y = 54620 \text{ cm}^4$; $i_y = 16{,}17$ cm; $W_{el} = 2731 \text{ cm}^3$; $M_{el,d} = 596$ kNm; $N_{pl,d} = 4556$ kN

$$M_{pl,d} = (2 \cdot 40 \cdot 1,5 \cdot 19,25 + 2 \cdot 37^2/4 \cdot 1,2) \cdot \frac{21,82}{100} = 683,3 \text{ kNm}; \qquad \alpha_{pl} = 1{,}146$$

b/t-Verhältnisse bei Biegeknicken um die y-Achse:

Gurte: Es liegt gelenkige Lagerung an beiden Enden vor.

$b/t = (40 - 1,2)/(1,5) = 25,9$

grenz (b/t) = 37 für Verfahren E-P (wie bei Stegen auf mittigen Druck).

Steg: Es liegt gleichfalls gelenkige Lagerung vor.

$b/t = (40 - 3)/1,2 = 30,8$

grenz (b/t) = 37 für Verfahren E-P genügt als Kriterium.

Einwirkungen: Eigenlast Stütze: ca. 17 kN

Normalkräfte: $N_d = 6,35 \cdot 30/2 + 33,8 + 1,35 \cdot 17 = 152,0 \text{ kN}$

Windmoment: $M^W = \frac{60 + 37,5}{2} \cdot 10 = 487,5 \text{ kNm}$

Nachweise: Es genügt der Knicksicherheitsnachweis um y-y.

Knicken um y-y: $s_{ky} = 2 \cdot 10 = 20 \text{ m}$

$$\bar{\lambda} = \frac{2000}{16,17 \cdot 92,93} = 1,331 \qquad \kappa_b = 0{,}413$$

$$\frac{N}{\kappa \cdot N_{pl,d}} + \frac{\beta_m \cdot M}{M_{pl,d}} + \Delta n = \frac{152}{0,413 \cdot 4556} + \frac{1,0 \cdot 487,5}{683,3} + 0,1 = 0,081 + 0,713 + 0,1 = 0,894 < 1$$

6) **Auflager-Konstruktion** siehe Konstruktions-Skizze!

7) **Fundament-Einspannung**

Maßgebende Einwirkungskombination: GK 3 = g + w.

Einspannung in Köcherfundament (Beton C 20/25), Einspanntiefe $t_F = 1{,}0$ m.

Horizontalkraft: $H_d = \frac{60 + 37,5}{2} = 48,75 \text{ kN}$

Einspannmoment: $M^* = 48,75 \cdot (10,0 + 0,5) = 512 \text{ kNm}$

Betonfläche: $A_b = 40 \cdot 100 = 4000 \text{ cm}^2$

$W_b = 40 \cdot 100^2/6 = 66667 \text{ cm}^3$

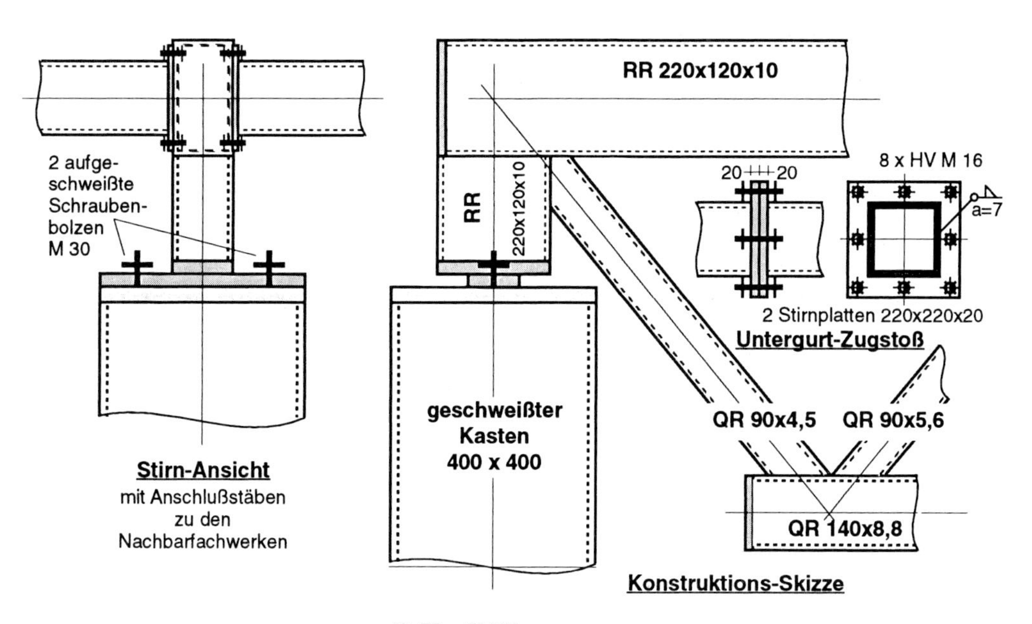

Betonpressung:
$$\sigma_{cd} = \frac{48,75}{4000} + \frac{51200}{66667} = 0,012 + 0,768 = 0,780 \text{ kN/cm}^2$$
$$\frac{\sigma_{cd}}{\sigma_{R,cd}} = \frac{0,78}{1,35} = 0,58 < 1$$

Schubspannung im Trägersteg: $max\ S_y = 1502 \text{ cm}^3$
$$H_u = \frac{3}{2} \cdot \frac{512}{1,0} - \frac{48,75}{2} = 768 - 24 = 744 \text{ kN}$$
$$\tau = \frac{744 \cdot 1502}{54620 \cdot 2,4} = 8,53 \text{ kN/cm}^2$$
$$\frac{\tau}{\tau_{R,d}} = \frac{8,53}{12,60} = 0,68 < 1$$

Größte Biegespannung im unverstärkten Gurtblech: $W_{Blech} = 1,5^2/6 = 0,375 \text{ cm}^3/\text{cm}$
$$M \approx \sigma_{cd} \cdot l^2/16 = 0,78 \cdot 38,8^2/16 = 35,3 \text{ kNcm/cm}$$
$$\sigma = 35,3/0,375 = 94 \text{ kN/cm}^2 >> \sigma_{R,d} = 21,82 \text{ kN/cm}^2$$

Mögliche Maßnahmen:

a) Blechverstärkung (Manschette ringsum) im oberen und unteren Einspannbereich auf je ca. 30 cm Länge auf 35 mm,

b) Rippen einschweißen,

c) Stützen-Hohlraum im Einspannbereich mit Beton füllen.

Bemerkung: Der Nachweis der Biegespannungen in den Wandungen unverstärkter Hohlkästen im Einspannbereich der Stützen wird auch in der Praxis häufig vergessen!

15 Objekt-Berechnungen

15.1 Vorspann zur Statischen Berechnung

[1/201-208] gibt die Anforderungen an die bautechnischen Unterlagen wieder: siehe dazu auch Abschnitt 4.1.

Im oder nach dem Titelblatt ist das Bauvorhaben und der Bauort zu benennen. Dazu sind Angaben über Bauherrn, Planverfasser (Entwurf, Baugesuch), Bauleiter und Aufsteller des Standsicherheitsnachweises, ggf. des Verfassers der Werkstattzeichnungen des Stahlbaus zu machen.

Es empfiehlt sich in jedem Fall, ein Inhaltsverzeichnis anzulegen und laufend zu vervollständigen.

Die Baubeschreibung soll alle für die Prüfung der Statischen Berechnung und der Pläne wichtigen Angaben enthalten. Bei schwierigeren Tragwerken gehört hierzu auch die Beschreibung des gesamten Tragkonzepts. Bei Bauwerken, zu deren Tragkonstruktion die Außenluft Zugang hat, gehören dazu auch Angaben über den Korrosionsschutz.

Ein Verzeichnis benutzter Regelwerke ist nur dann sinnvoll, wenn die wirklich verwendeten Normen, Richtlinien, Zulassungen und Vorschriften aufgeführt werden. Eine unmodifizierte Liste aller denkbaren Regelwerke bringt gar nichts.

Bei den Lasten sind insbesondere Schneelast, Verkehrslasten auf Decken, Kranlasten, Anprallasten und die Windlasten (sofern vom Regelwert abweichend) aufzuführen.

15.2 Statische Berechnung und Zeichnungen

Vollständig, übersichtlich, prüfbar, einheitlich und eindeutig soll die Statische Berechnung sein, und natürlich auch richtig.

Die Berechnung wird nach Statischen Positionen gegliedert. Der Ablauf innerhalb einer Berechnungs-Position läßt sich für die meisten Fälle in das Schema fassen:

- Statisches System (ausreichend klare Skizzen!),
- Belastung (Zusammenstellung der maßgebenden Grundkombinationen),
- Auflagerreaktionen (Lastweiterleitung!) und Beanspruchungen,
- Profil- bzw. Querschnittswahl,
- Standsicherheitsnachweise (Nachweis ausreichender Tragsicherheit und Stabilität),
- Gebrauchstauglichkeitsnachweise (meist Durchbiegungsnachweis).

Die Statischen Positionen sind im Statik-Positionsplan einzutragen. Ein eindeutiger Bezug zur Berechnung ist wichtig.

Bei den Berechnungen geht i.a. die Eigenlast der Konstruktion in die Belastungen ein. Solange die Querschnitte nicht bekannt sind, muß diese geschätzt und der Lastansatz ggf. für einen weiteren Durchlauf korrigiert werden.

Bei statisch unbestimmten Tragsystemen können auch die Steifigkeitsverhältnisse die Schnittgrößen beeinflussen. Dann muß evtl. der Zyklus Lasten-Beanspruchungen Profilwahl-Nachweise mehrmals durchlaufen werden. Die ungültigen Läufe gehören nicht in endgültige Statik!

Vermehrte Nachweise in EDV-Form tragen nicht immer zur besseren Übersichtlichkeit bei. Verlangt ist eine ausreichende und verständliche Dokumentation der Ausgangsdaten, ggf. der Rechenverfahren und auf jeden Fall der relevanten Ergebnisse. Viele EDV-Programme und die mit ihrer Hilfe erstellten Nachweise lassen hier zu wünschen übrig. Plausible Kontrollen "von Hand" können Fehler in Lasteingaben und System-Definitionen aufdecken, von den Fehlern falsch arbeitender Programme einmal ganz abgesehen.

An das Ende einer Statischen Berechnung (bisweilen auch gleich nach dem Titelblatt eingeordnet) gehört ein Unterschriftenblatt, in dem zunächst der Aufsteller der Berechnung unterzeichnet, sodann die Bauherrschaft und der Entwurfs-Verfasser bzw. der Bauleiter und die prüfende Behörde bzw. der Prüfingenieur.

Zu den wesentlichen Angaben über Zeichnungen: siehe Kapitel 3.

15.3 Berechnete Objekte

Die beiden ausgewählten Objekte "Werkstattgebäude" und "Flachdachhalle als Rahmenkonstruktion" sind der Praxis entnommene, ausgeführte Bauwerke. An ihnen soll der Ablauf einer Berechnung gezeigt werden, vom Dach nach unten durch alle Positionen der Stahlkonstruktion fortschreitend.

Nicht immer sind alle Querschnitte und Verbindungen statisch gut ausgenutzt. Weil es sich um reale Objekte handelt, wurden diese übernommen und so, wie sie sind, nachgewiesen. In einigen Fällen sind Alternativen aufgezeigt.

Weggelassen sind Nachweise, die der Praktiker i.a. nicht führt. So wird bei schlanken Biegeträgern (z.B. Pfetten, Dachbindern) selten ein Nachweis der Schub- oder Querkraftbeanspruchung geführt. Hier lehrt die Erfahrung, daß ausreichende Tragsicherheit "ohne weiteren Nachweis" (o.w.N.) dieser Beanspruchungen gegeben ist.

Die natürlich zur Gesamtheit gehörenden Nachweise der Gründung wie auch der Wärmeschutznachweis bei Gebäuden, die dem andauernden Aufenthalt von Personen dienen, sind hier weggelassen.

Werkstattgebäude

Statische Berechnung

Bauvorhaben:	Werkstattgebäude
Bauort, Straße, Flurstück:	....
Bauherrschaft:	....
Architekt / Bauleiter:	....
Statik (Berechnung, Pläne):	....

Inhalt

*) Interne Seiten-Numerierung, stimmt nicht mit den Buchseiten überein!

Allgemeine Angaben

Baubeschreibung

Abmessungen: L x B x H = 18,0 x 7,2 x 5,25 m (Achsmaße). Pultdach, Neigung 10°.

Ausführung: Stahlkonstruktion mit eingespannten Stützen (Reihe A) und Pendelstützen (Reihe C). Dachbinder als Einfeldträger. Pfetten durchlaufend (alternativ mit oder ohne Abhängung). Verbände im Dach und in Längswand Reihe C.

Gründung: Einzelfundamente für Einspannstützen (Köcherfundamente), umlaufende Streifenfundamente.

Dacheindeckung: Wellplatten aus asbestfreiem Faserbeton auf Wärmedämmung (Hartschaumplatten).

Torwand (Reihe A): aufgehängte Falttore, darüber Lichtband (zweischalige Profil-Verglasung). Seitenwände: Porenbetonplatten und Fenster (Wärmedämm-Verglasung). Rückwand: Porenbetonplatten.

Regelwerke

Es gelten die bauaufsichtlich eingeführten Normen und Richtlinien. Insbesondere liegen der Berechnung zugrunde:

DIN 18800 Teile 1 + 2 (11.90)	Stahlbauten
DIN 18801	Stahlhochbauten
DIN 1045 bzw. EC 2	Stahlbetonbau
DIN 1055	Lastanahmen

Lastannahmen und Baustoffe

Schneelast: Zone I, Geländehöhe 270 m NN: $s = 0{,}75\ kN/m^2$

Verkehrslast: Die Stützen der Torwand (Reihe A) sind auf möglichen Fahrzeug-Anprall durch Lkw zu bemessen:
$F_{Anprall} = 100\ kN$ in 1,20 m Höhe über Fußboden = Fund.-OK.

Baustoffe: Stahl S 235 (es kann S 235 JR G1 verwendet werden)
Schrauben: Rohschrauben 4.6 (DIN 7990)
Beton, Betonstahl: C 20/25, BSt 500S, BSt 500M
Porenbetonplatten (Wände): PB 3.3, d = 15 cm, $g = 1{,}08\ kN/m^2$
Faserbetonplatten (Dach): nach bauaufsichtlicher Zulassung
$g = 0{,}20\ kN/m^2$ (einschließlich Überlappung und Verbindungsmittel)
Hartschaumplatten (Dach), 8 cm dick: $g = 0{,}05\ kN/m^2$
Profil-Verglasung: $g = 0{,}40\ kN/m^2$ (nach Angabe des Lieferers)
Hänge-Falttore: $g = 0{,}45\ kN/m^2$ (nach Angabe des Lieferers)

Bodenkennwerte: zulässige Bodenpressung (mittig): $zul\ \sigma = 0{,}15\ MN/m^2$

Erdbebenlasten: Das Bauvorhaben liegt in der Seismischen Zone 1. Bauwerksklasse 1 nach DIN 4149 Teil 1. Die konstruktiven Anforderungen nach Ziffer 5 sind erfüllt: kein besonderer Nachweis.

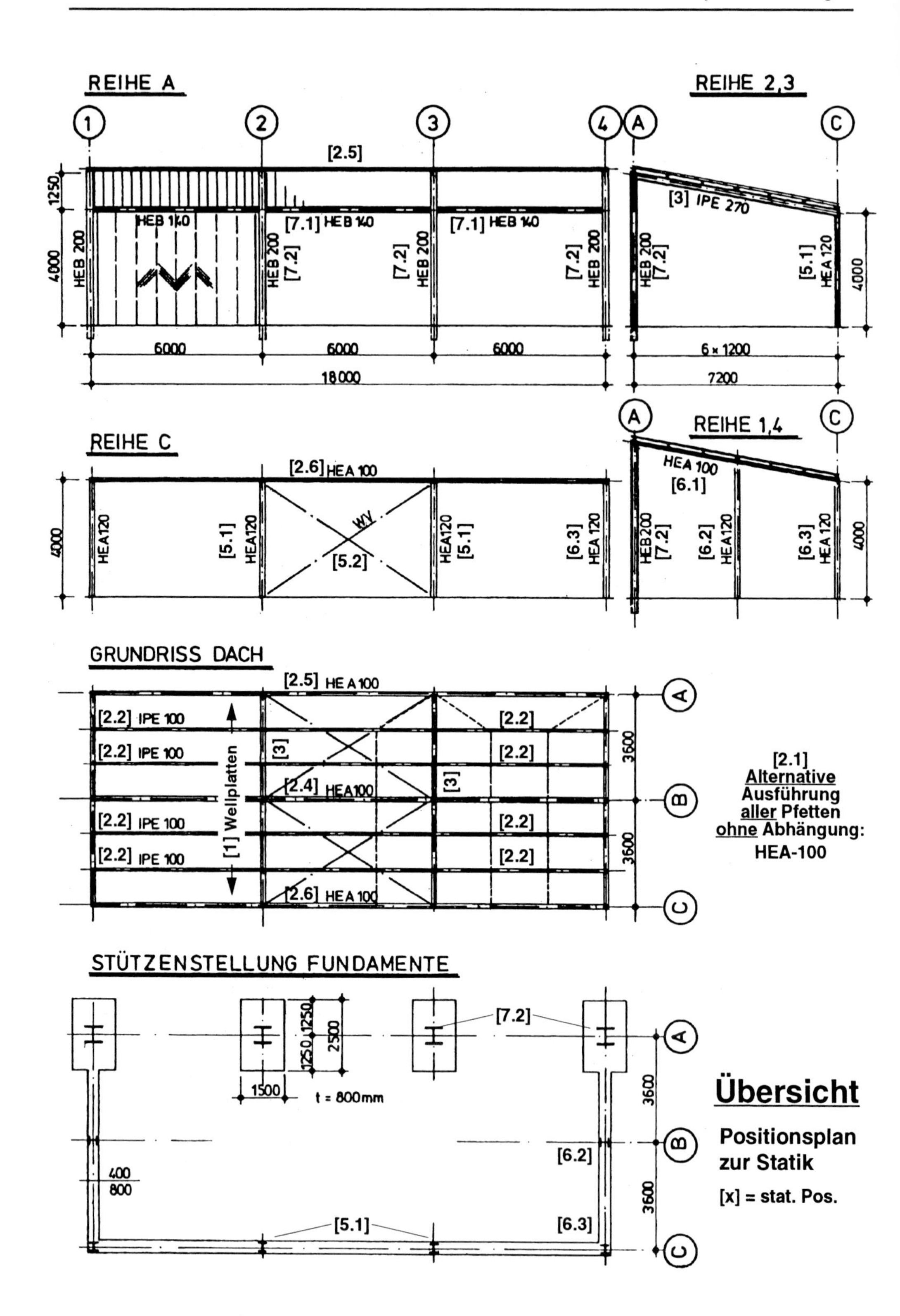

REIHE A
[2.5]
HEB 140
[7.1] HEB 140
[7.1] HEB 140
HEB 200
HEB 200 [7.2]
[7.2] HEB 200
[7.2] HEB 200
1250
4000
6000
6000
6000
18000
REIHE 2,3
[3] IPE 270
HEB 200 [7.2]
[5.1] HEA 120
4000
6 × 1200
7200
REIHE C
[2.6] HEA 100
HEA120
[5.1] HEA120
[5.2]
WV
HEA120 [5.1]
[6.3] HEA 120
4000
REIHE 1,4
HEA 100
[6.1]
HEB200 [7.2]
[6.2] HEA120
[6.3] HEA 120
4000
GRUNDRISS DACH
[2.5] HE A100
[2.2] IPE 100
[2.2] IPE 100
[2.2] IPE 100
[2.2] IPE 100
[1] Wellplatten
[3]
[2.4] HEA100
[3]
[2.2]
[2.2]
[2.2]
[2.2]
[2.6] HEA 100
3600
3600
[2.1]
Alternative
Ausführung
aller Pfetten
ohne Abhängung:
HEA-100
STÜTZENSTELLUNG FUNDAMENTE
[7.2]
1250
1250
2500
1500
t = 800mm
400
800
[6.2]
[6.3]
[5.1]
3600
3600
Übersicht
Positionsplan
zur Statik
[x] = stat. Pos.

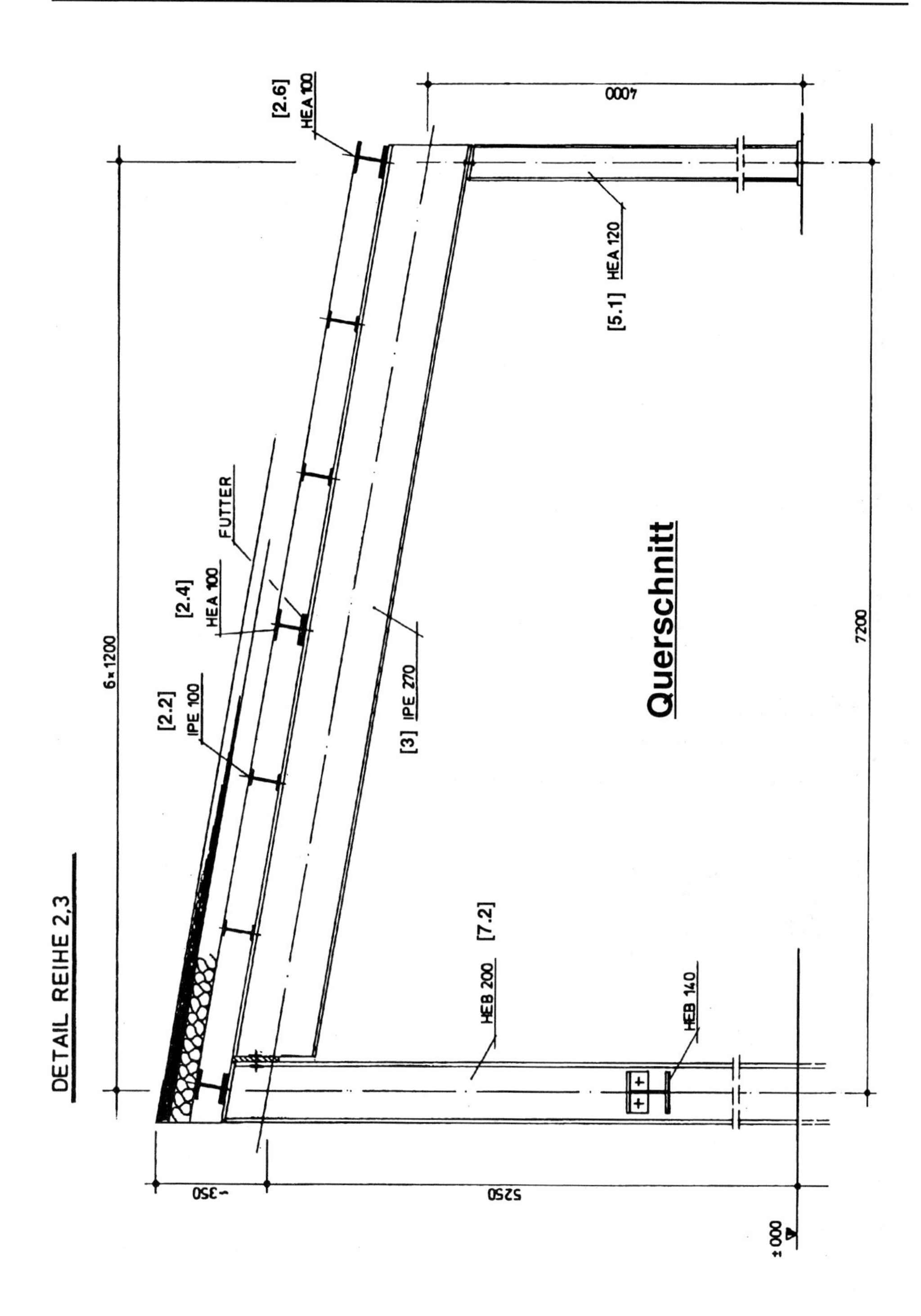
DETAIL REIHE 2,3
Querschnitt
[2.6] HEA 100
[5.1] HEA 120
FUTTER
[2.4] HEA 100
[2.2] IPE 100
[3] IPE 270
[7.2] HEB 200
HEB 140
6x1200
7200
4000
5250
~350
±000

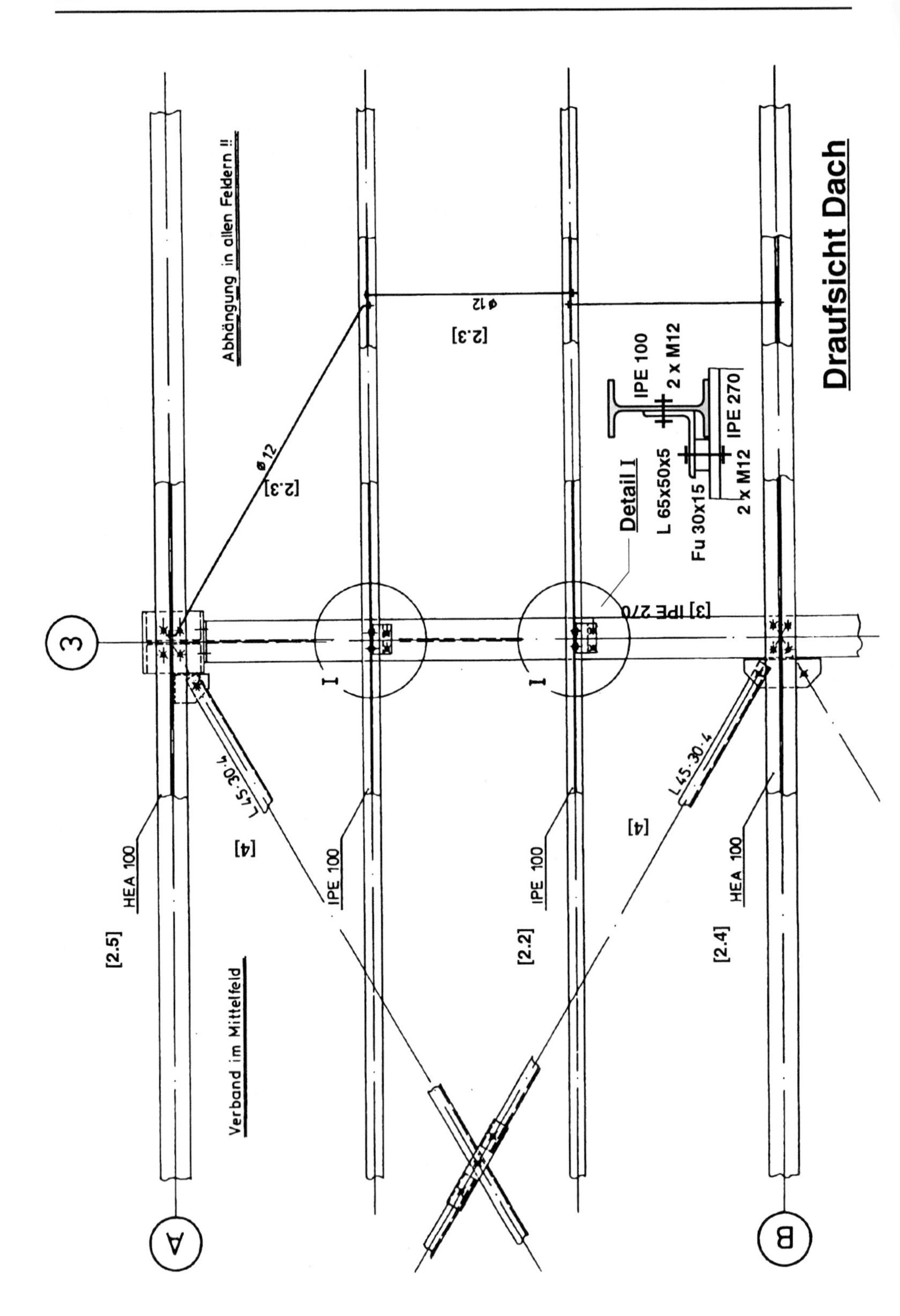
Draufsicht Dach
Abhängung in allen Feldern !!
Verband im Mittelfeld
Detail I
IPE 100
2 x M12
L 65x50x5
Fu 30x15
IPE 270
2 x M12
[3] IPE 270
ø 12
[2.3]
[2.5]
[2.2]
[2.4]
HEA 100
IPE 100
IPE 100
HEA 100
L45·30·4
L45·30·4
[4]
[4]
I
I
3
A
B

Vorbemerkung

In der nachfolgenden Statischen Berechnung wird in den Nachweisen grundsätzlich mit Bemessungswerten auf der Einwirkungs- und auf der Widerstandsseite gerechnet. Bei den Auflagerreaktionen werden jedoch immer die charakteristischen Werte (= Werte der Gebrauchslasten) bereitgestellt, um bei den sie abstützenden Tragsystemen wieder beliebige Grundkombinationen bilden zu können.

Pos. 1 Dacheindeckung

Einfeldrige Faserzementplatten. Stützweite L = 1,20 m.

Belastung: Eigenlast $g \approx 0{,}20\ \text{kN/m}^2$ (Verlegegew.),
Schnee $s = 0{,}75\ \text{kN/m}^2$.

6 | 51 | 177 177 177 177 177 | 920 | Tafelbreite

Gewählt: **Wellprofil 177/51**
zul. Stützweite gemäß bauaufsichtl. Zulassung: 1,20 m = vorh. Stützweite.
Tafellänge erforderlich: ca. 1,40 m, damit 20 cm Überdeckung der Tafeln.
Befestigung: Hakenschrauben gemäß Zulassung, in jedem 2.-3. Hochpunkt.

Pos. 2 Dachkonstruktion

Dachneigung: $\alpha = 10°$ $\quad sin\alpha = 0{,}1736 \quad cos\alpha = 0{,}9848$

Die Dachpfetten werden alternativ bemessen:

- *ohne* Abhängung (Pos. 2.1),
- *mit* Abhängung (Pos. 2.2).

Der Weiterrechnung wird danach die Lösung *mit* Abhängung zugrunde gelegt.

Pos. 2.1 Dachpfetten als Durchlaufträger

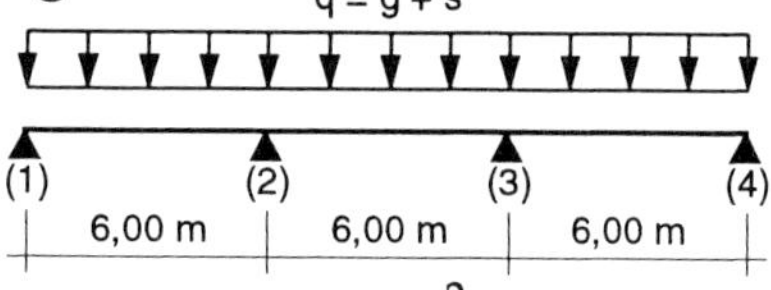

System 3-Feldträger L1 = L2 = L3 = 6,00 m
Pfettenabstand (horizontal) = 1,20 m

Belastung Faserzementplatten (Verlegegewicht) $0{,}20\ \text{kN/m}^2$
Wärmedämmung (Hartschaumplatten) $\underline{0{,}05\ \text{kN/m}^2}$
je m^2 Dachfläche $0{,}25\ \text{kN/m}^2$

je Pfette: Dacheindeckung: $g_D = 1{,}20 \cdot 0{,}25 / cos\alpha = 0{,}305\ \text{kN/m}$
Eigenlast Pfette HEA-100 (g = 16,7 kg/m), gerundet: $\underline{0{,}170\ \text{kN/m}}$
Ständige Last insgesamt: $g = 0{,}475\ \text{kN/m}$

Schnee: $s = 0{,}75 \cdot 1{,}20 = s = 0{,}900\ \text{kN/m}$

Windlast muß bei der geringen Dachneigung nur als *abhebend* angesetzt werden und wird daher für die Bemessung der Pfetten und Binder nie maßgebend. Wind ist jedoch zu berücksichtigen bei der Festlegung der Verankerung der Dachhaut!

Auflagerkräfte (vereinfachte Berechnung beim Dreifeldträger erlaubt):

$$A1_g = A4_g = 0,5 \cdot 0,475 \cdot 6,0 = 1{,}43 \text{ kN}$$
$$A2_g = A3_g = 2 \cdot 1,43 = 2{,}85 \text{ kN}$$

$$A1_s = A4_s = 0,5 \cdot 0,900 \cdot 6,0 = 2{,}70 \text{ kN}$$
$$A2_s = A3_s = 2 \cdot 2,70 = 5{,}40 \text{ kN}$$

Grundkombination 1: Ständige Last g + Schnee s

$$q_d = 1,35 \cdot 0,475 + 1,50 \cdot 0,900 = 1{,}99 \approx 2{,}0 \text{ kN/m}$$

Bemessungsmomente nach dem vereinfachten Traglastverfahren:

$$M_{y,d} = (qL^2/11) \cdot cos\alpha = (2,00 \cdot 6,0^2/11) \cdot cos\alpha = 6{,}45 \text{ kNm}$$
$$M_{z,d} = (qL^2/11) \cdot sin\alpha = (2,00 \cdot 6,0^2/11) \cdot sin\alpha = 1{,}14 \text{ kNm}$$

Querschnitt **HEA-100** $M_{pl,y,d} = 18{,}1$ kNm; $M_{pl,z,d} = 7{,}30$ kNm

Nachweis P-P: $\frac{M_y}{M_{pl,y,d}} = \frac{6,45}{18,1} = 0,356$ $\frac{M_z}{M_{pl,z,d}} = \frac{1,14}{7,30} = 0,156$

Bei Einfeld- und Durchlaufträgern mit gleichbleibendem Querschnitt darf $M_{pl,z,d}^*$ ohne die Begrenzung $\alpha_{pl,z} = 1{,}25$ berechnet werden, siehe Abschnitt 10.2.

Nach Abschnitt 4.7.3 errechnet man den Wert $M_{pl,z,d}^*$ z.B.:

$$M_{pl,z,d}^* = 1,5 \cdot W_{el,z} \cdot \sigma_{R,d} = 1,5 \cdot 26,8 \cdot 21,82/100 = 8,77 \text{ kNm}$$

Oder man verwendet einen Tabellenwert (z.B. aus [7]: $M_{pl,z,d}^* = 8{,}98$ kNm). Zu den Unterschieden in den Werten siehe Abschnitt 4.7.3.

Mit dem zuvor errechneten Wert wird: $\frac{M_z}{M_{pl,z,d}^*} = \frac{1,14}{8,77} = 0,130$

Vereinfachter Interaktionsnachweis:

$$\frac{M_y}{M_{pl,y,d}} + \frac{M_z}{M_{pl,z,d}^*} = 0,356 + 0,130 = 0,486 < 1$$

Selbst der vereinfachte Nachweis zeigt große Reserven auf.

Außerdem ist der Nachweis auf Biegedrillknicken (BDK) erforderlich. Die Dachhaut (Faserzementplatten) tragen nicht so zur Stabilisierung der Pfetten bei, daß dies für die Rechnung aktiviert werden könnte; es ist keine entsprechende bauaufsichtliche Zulassung vorhanden.

Biegedrillknicken

Nachweis für L = 6,0 m, $z_P = -h/2$ und $\zeta = 1{,}12$ (auf der sicheren Seite).
Auswertung Künzler-Nomogramm (Bild 9.13). Ablesewert: 4,5; Divisor k = 0,07.

$$\kappa_M \cdot M_{pl,y,d} = \frac{4,5}{0,07} \cdot \frac{21,82}{100} = 14,0 \text{ kNm}$$

$$\frac{M_y}{\kappa_M \cdot M_{pl,y,d}} + \frac{M_z}{M_{pl,z,d}^{*}} = \frac{6,45}{14,0} + \frac{1,14}{8,77} = 0,460 + 0,130 = 0,590 < 1$$

Durchbiegung

Es wird nur der Größtwert aus Vollast errechnet. Verformungen werden i.a. für Gebrauchslasten nachgewiesen. (Ausnahme: aus zu großen Verformungen ergeben sich Gefahren für Leib und Leben, dann mit Bemessungslasten!)

Es werden die Formeln aus Abschnitt 9.5.3 für den 3-Feld-Träger benutzt. Die Durchbiegungen in Richtung der Hauptachsen y und z werden berechnet und vektoriell addiert.

Gebrauchslasten: $q_z = (0,475 + 0,900) \cdot \cos\alpha = 1,35 \text{ kN/m}$

$q_y = (0,475 + 0,900) \cdot \sin\alpha = 0,24 \text{ kN/m}$

In z-Richtung: $\max w_z = 0,0068 \cdot \dfrac{q_z \cdot L^4}{E \cdot I_y} = 0,0068 \cdot \dfrac{0,0135 \cdot 600^4}{21000 \cdot 349} = 1,62 \text{ cm}$

In y-Richtung: $\max w_y = 0,0068 \cdot \dfrac{q_y \cdot L^4}{E \cdot I_z} = 0,0068 \cdot \dfrac{0,0024 \cdot 600^4}{21000 \cdot 134} = 0,75 \text{ cm}$

Gesamtwert: $\max w = \sqrt{w_z^2 + w_y^2} = \sqrt{1,62^2 + 0,75^2} = 1,79 \text{ cm}$

$\max w/L = 1,79/600 = 1/335$

Richtung: $\cos\beta = 0,75/1,79 = 0,419$

$\beta = \operatorname{acos} 0,419 = 65,2°$

und damit: $\gamma = \alpha + \beta = 10° + 65{,}2° = 75{,}2°$

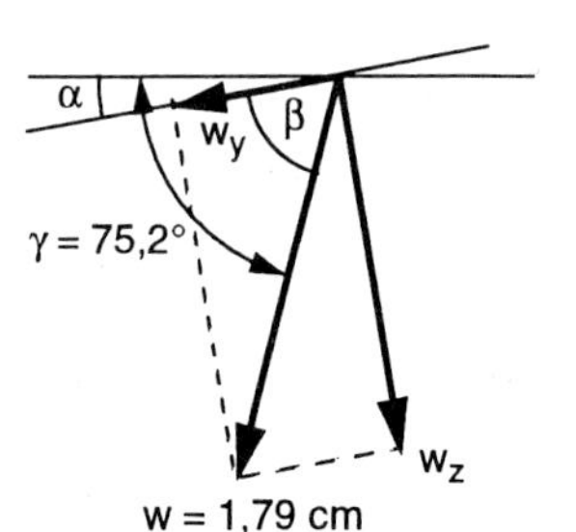

Ein Wert $w \leq L/300$ wird auf jeden Fall akzeptiert.

Pos. 2.2 Dachpfetten als Durchlaufträger mit Abhängung

Die Pfetten werden in der Dachebene in den 1/3-Punkten vom First her abgehängt. Dieses System wird der gesamten weiteren Berechnung zugrunde gelegt.

System Für Biegung um y-y: 3-FeldträgerL1 = L2 = L3 = 6,00 m
Für Biegung um z-z: 9-FeldträgerL1′ = L2′ = ... = 2,00 m
Pfettenabstand (horizontal) = 1,20 m

Belastung je m^2 Dachfläche (wie zuvor) $g_D = 0{,}25\ kN/m^2$

je Pfette: Dacheindeckung: $g_D = 1{,}20 \cdot 0{,}25/\cos\alpha = 0{,}305\ kN/m$
Eigenlast Pfette IPE 100 (mit Zuschlag für Hänger): $\underline{0{,}100\ kN/m}$
Ständige Last insgesamt: $g = 0{,}405\ kN/m$

Schnee $s = 0{,}75 \cdot 1{,}20 = \quad s = 0{,}900\ kN/m$

Auflagerkräfte (vereinfachte Berechnung beim Dreifeldträger erlaubt):

$$A1_g = A4_g = 0{,}5 \cdot 0{,}405 \cdot 6{,}0 = 1{,}22\ kN$$
$$A2_g = A3_g = 2 \cdot 1{,}22 = 2{,}43\ kN$$

$$A1_s = A4_s = 0{,}5 \cdot 0{,}900 \cdot 6{,}0 = 2{,}70\ kN$$
$$A2_s = A3_s = 2 \cdot 2{,}70 = 5{,}40\ kN$$

Grundkombination 1, g + s: $q_d = 1{,}35 \cdot 0{,}405 + 1{,}50 \cdot 0{,}900 = 1{,}90\ kN/m$

Bemessungsmomente nach dem vereinfachten Traglastverfahren:

$$M_{y,d} = (qL^2/11) \cdot \cos\alpha = (1{,}90 \cdot 6{,}0^2/11) \cdot \cos\alpha = 6{,}124\ kNm$$
$$M_{z,d} = (qL^2/11) \cdot \sin\alpha = (1{,}90 \cdot 2{,}0^2/11) \cdot \sin\alpha = 0{,}120\ kNm$$

Querschnitt **<u>IPE 100</u>** $M_{pl,y,d} = 8{,}60\ kNm; M_{pl,z,d} = 1{,}58\ kNm; W_z = 5{,}79\ cm^3$

$$W_z = 5{,}79\ cm^3 \rightarrow M_{pl,z,d}^* = 1{,}5 \cdot 5{,}79 \cdot 21{,}82/100 = 1{,}90\ kNm$$

Nachweis P-P: $\dfrac{M_y}{M_{pl,y,d}} = \dfrac{6{,}124}{8{,}60} = 0{,}712 \qquad \dfrac{M_z}{M_{pl,z,d}^*} = \dfrac{0{,}12}{1{,}90} = 0{,}063$

Vereinfachter Interaktionsnachweis:

$$\frac{M_y}{M_{pl,y,d}} + \frac{M_z}{M_{pl,z,d}^*} = 0{,}712 + 0{,}063 = 0{,}775 < 1$$

oder genauer Interaktionsnachweis:

$$\left(\frac{M_y}{M_{pl,y,d}}\right)^{2,3} + \frac{M_z}{M_{pl,z,d}^*} = 0{,}712^{2,3} + 0{,}063 = 0{,}458 + 0{,}063 = 0{,}521 < 1$$

Biegedrillknicken

Die Zusammenhänge für das Biegedrillknicken und den rechnerischen Nachweis hierfür sind im vorliegenden Fall sehr kompliziert. Der Stab (die Pfette) ist auf den Dachträgern in 6,0 m Abstand unverschieblich in y- und z-Richtung und unverdrehbar gelagert (= Gabellager). Durch die Abhängungen in den Drittelspunkten jedes 6-m-Feldes ist der Stab dort außerdem in y-Richtung unverschieblich gehalten, kann sich jedoch in z-Richtung verschieben und außerdem verdrehen.

Ein norm-konformer Nachweis ausreichender Sicherheit gegen BDK ist nur möglich nach Theorie II. Ordnung mit dem Ansatz einer Vorverformung der Stabachse (Vorkrümmung in x-z-Ebene). Die numerischen Schwierigkeiten bei der iterativen Annäherung an den Traglastzustand (vollplastizierter Zustand = Fließgelenkkette) können mit entsprechenden EDV-Programmen auf der Basis finiter Stab-Elemente bewältigt werden. Das Stichmaß der Vorkrümmung kann DIN 18800 Teil 2 entnommen werden, wobei unterschiedliche Ansätze möglich sind. Auch die Form der Vorkrümmung ist zunächst nicht eindeutig und muß so variiert werden, daß die niedrigste Traglast gefunden werden kann.

In diesem Fall wurde eine Traglastberechnung mit Hilfe eines EDV-Programms[1]) unter Berücksichtigung der werkstofflichen und geometrischen Nichtlinearität durchgeführt. Bei Annahme einer sinusförmigen Vorkrümmung mit dem Stich $v_0 = L/500$ ergab sich als Traglast die 1,075-fache Bemessungslast (damit 7,5 % Reserve bis zum rechnerischen Versagen).

Die ideale Verzweigungslast (Biegedrillknicklast) wird gemäß EDV-Berechnung bei der 1,314-fachen Bemessungslast erreicht.

Ein Ersatzstab-Nachweis für BDK nach [2/323] mit (2/30) kann nachfolgend nur näherungsweise versucht werden.

Zunächst werden Belastungen q_y und q_z, Lagerung in x-z-Ebene und x-y-Ebene und Verlauf der Biegemomente M_y und M_z dargestellt (nächste Seite). Die Stützmomente sind dabei im Rahmen der Möglichkeiten des Traglastverfahrens frei wählbar; sie sind hier so festgelegt worden, daß die BDK-Nachweise in den Einzelabschnitten etwa gleichen Ausnutzungsgrad ergeben. Die Feldmomente ergeben sich aus den Gleichgewichtsbedingungen.

Die Zulässigkeit des gewählten Stützmoments $M_{y,S} = 7{,}0$ kNm wird an Hand des Interaktionsnachweises überprüft:

$$\left(\frac{M_y}{M_{pl,y,d}}\right)^{2,3} + \frac{M_z}{M_{pl,z,d}^{*}} = \left(\frac{7,00}{8,60}\right)^{2,3} + \frac{0,082}{1,90} = 0,666 < 1$$

[1]) Heil, W.: DUL3D-Programm zur nichtlinearen Berechnung von Traglasten räumlich belasteter Durchlaufträger

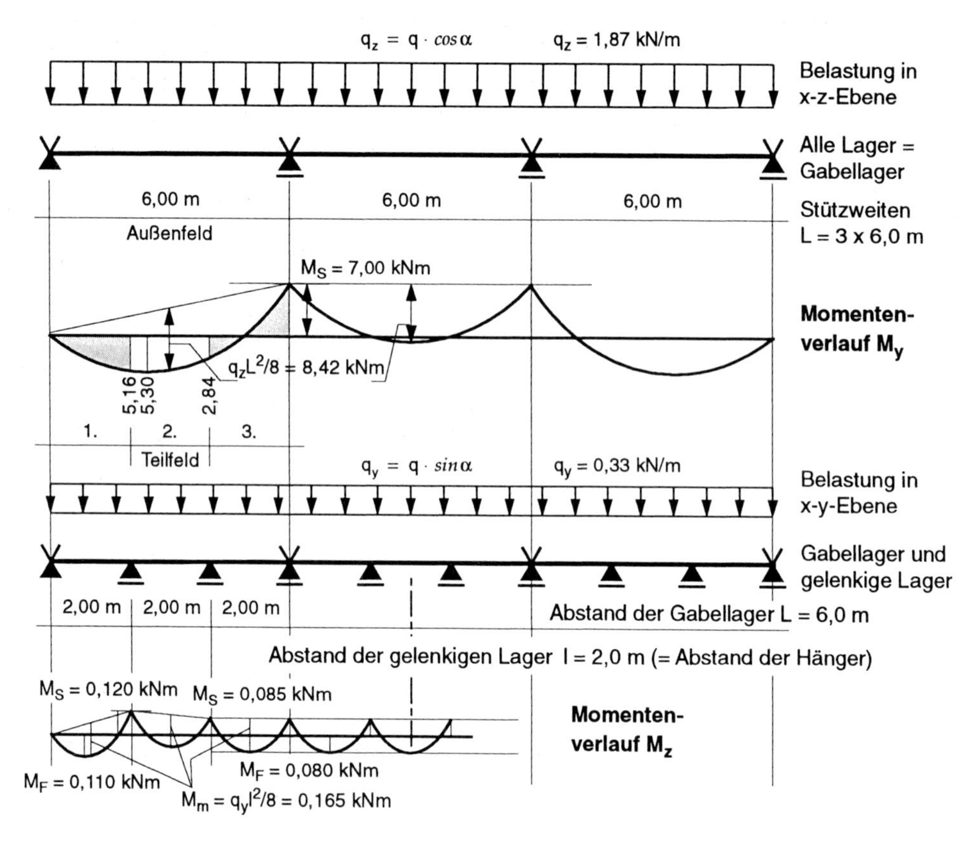

Mit den skizzierten Momenten wird der BDK-Nachweis auf der Basis einer Knicklänge um die z-Achse von 2,0 m geführt. Die rechnerische Annahme einer Verdrehbehinderung in 2,0 m Abstand muß als sehr vereinfachende Näherung angesehen werden. Der Nachweis wird für das 6-m-Außenfeld und darin für alle drei 2-m-Teilfelder der Abhängung erbracht. Für alle 3 Teilfelder gilt:

$$N_{ki,d} = \frac{\pi^2 \cdot E \cdot I_z}{l^2 \cdot \gamma_M} = \frac{\pi^2 \cdot 21000 \cdot 15,9}{200^2 \cdot 1,1} = 74,9 \text{ kN}$$

$$c^2 = \frac{I_\omega + 0,039 \cdot l^2 \cdot I_T}{I_z} = \frac{351 + 0,039 \cdot 200^2 \cdot 1,21}{15,9} = 140,8 \text{ cm}^2$$

$$M_{ki,y,d} = \zeta \cdot 74,9 \cdot (\sqrt{140,8 + 0,25 \cdot 5,0^2} - 0,5 \cdot 5,0)/100$$

$$M_{ki,y,d} = 7,21 \cdot \zeta \quad \text{mit der Dimension [kNm]}$$

$$\bar{\lambda}_M = \sqrt{\frac{M_{pl,y,d}}{M_{k,i,d}}} = \sqrt{\frac{8,60}{7,21 \cdot \zeta}}$$ Daraus mit (2/18) und für n = 2,5: $\rightarrow \kappa_M$

$M_{y,d}$ und $M_{z,d}$ werden in den einzelnen 2-m-Abschnitten betrachtet. Zur Verdeutlichung sind der erste und der dritte Abschnitt des $M_{y,d}$-Verlaufs in der Skizze angelegt. Die Beiwerte ζ für den BDK-Nachweis müssen interpoliert bzw. abgeschätzt werden (siehe [3], [5]). - Die Weiterrechnung erfolgt tabellarisch.

Teilfeld	$M_{y,d}$	ζ	$M_{ki,y,d}$	$\bar{\lambda}_M$	κ_M	$\frac{M_y}{\kappa_M \cdot M_{pl,y}}$	$M_{z,d}$	$\frac{M_z}{M_{pl,z}^*}$	$\frac{M_y}{\kappa_M \cdot M_{pl,y}} + \frac{M_z}{M_{pl,z}^*}$
1	5,16	1,4	10,09	0,923	0,815	0,737	0,120	0,063	0,800
2	5,30	1,1	7,93	1,041	0,726	0,849	0,120	0,063	0,912
3	7,00	2,5	18,03	0,691	0,943	0,863	0,085	0,045	0,908

Für BDK ergibt sich eine rund 91 %-ige Ausnutzung der Beanspruchbarkeit bzw. die Traglast ist die 1,1-fache Bemessungslast. Dieses Ergebnis stimmt mit den zuvor mitgeteilten aus den Berechnungen nach Theorie II. Ordnung gut überein.

Der Vergleich gibt einen Anhalt über die Verwendbarkeit der Rechenannahmen; eine generell zuverlässige Aussage ist daraus nicht abzuleiten. Auch ist zweifelhaft, ob der hohe Rechenaufwand noch wirtschaftlich vertretbar ist.

Durchbiegung

Es ist $$max\ w_z = 0,0068 \cdot \frac{(0,405 + 0,900)/100 \cdot 600^4}{21000 \cdot 171} = 3,20\ \text{cm} = L/187$$

Die Durchbiegung in y-Richtung wird bei der geringen Stützweite 2,0 m sehr klein.

Der Wert $max\ w_z = L/187$ ist groß und zeigt, daß man mit dem Profil IPE 100 im Grenzbereich angelangt ist (die Normen geben keine grundsätzliche Beschränkung an). Bei ausreichend geneigtem Dach ist der Wert noch vertretbar.

Der Weiterrechnung wird die Dachkonstruktion mit Abhängung zugrunde gelegt.

Pos. 2.3 Nachweis der Hänger zu Pos. 2.2

Abstand der Hänger: a = 2,0 m.

Die zur Dachebene parallele Lastkomponente aller unterhalb des betrachteten Hängers liegenden Pfetten muß aufsummiert werden.

Für die senkrechten Hänger (F_1) sind das 4,5 Reihen, für die Schräghänger (F_2) 5,5 Reihen. In der Firstpfette entsteht eine Druckkraft (F_3).

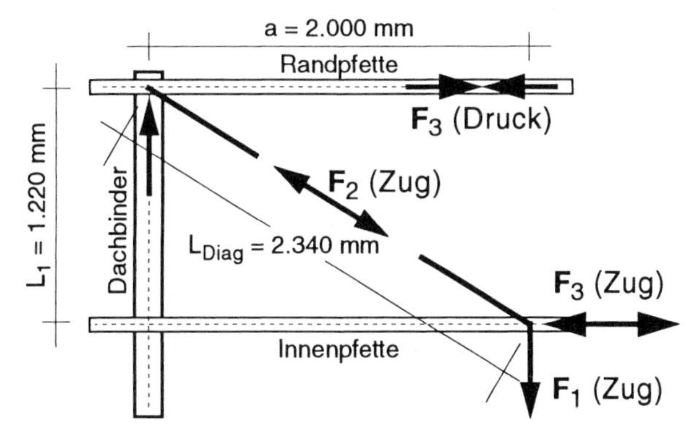

$$F_1 = 4,5 \cdot q_y \cdot a = 4,5 \cdot q_v \cdot a \cdot sin\alpha = 4,5 \cdot 1,90 \cdot 2,0 \cdot sin\alpha = 2,97 \approx 3,0 \text{ kN}$$

$$F_2 = 5,5 \cdot q_v \cdot a \cdot sin\alpha \cdot \frac{L_{Diag}}{L_1} = 5,5 \cdot 1,9 \cdot 2,0 \cdot sin\alpha \cdot \frac{2,340}{1,220} = 6,96 \approx 7,0 \text{ kN}$$

$$F_3 = F_2 \cdot \frac{a}{l_{Diag}} = 7,0 \cdot \frac{2,000}{2,340} = 5,95 \approx 6,0 \text{ kN}$$

Querschnitt **Rundstab mit Gewinde d = 12 mm (4.6)**

$$N_{R,d} = \frac{A_{Sp} \cdot f_{y,b,k}}{1,1 \cdot \gamma_M} = \frac{0,84 \cdot 24}{1,1 \cdot 1,1} = 16,7 \text{ kN} > 7,0 \text{ kN}$$

Damit ist auch genügend Reserve vorhanden für die aus der Abkröpfung entstehenden (und rechnerisch nicht berücksichtigten) Biegespannungen.

Pos. 2.4 Mittelpfette

Als Druckstrebe im Dachverband wird konstruktiv ein ausreichend drucksteifer Querschnitt gewählt:

Querschnitt **HEA-100** o.w.N. Auflagerkräfte siehe Pos. 2.1

Pos. 2.5 Firstpfette

Hier ist eine Abhängung nicht möglich (höchstens drucksteife Abstützung gegen die nächste Pfette). Auch aus konstruktiven Gründen werden die Randpfetten im Querschnitt wie die Mittelpfette ausgebildet.

System 3-Feldträger L1 = L2 = L3 = 6,00 m

Belastung

vertikal: ständige Last: Dach $0,25/cos\alpha \cdot (1,20/2 + 0,20) =$ 0,20 kN/m
Eigenlast Pfette, Fensterrahmen, ... 0,20 kN/m
insgesamt g = 0,40 kN/m

Schnee: $s = 0,75 \cdot (1,20/2 + 0,20) =$ 0,60 kN/m

horizontal: Winddruck auf Fensterband und Attika
$w = 1,25 \cdot 0,8 \cdot 0,5 \cdot (1,25/2 + 0,35) =$ 0,50 kN/m

Auflagerkräfte (vereinfachte Berechnung):

vertikal:

$$A1_g = A4_g = 0,5 \cdot 0,40 \cdot 6,0 = 1,20 \text{ kN}$$
$$A2_g = A3_g = 2 \cdot 1,20 = 2,40 \text{ kN}$$

$$A1_s = A4_s = 0,5 \cdot 0,60 \cdot 6,0 = 1,80 \text{ kN}$$
$$A2_s = A3_s = 2 \cdot 1,80 = 3,60 \text{ kN}$$

horizontal: $A1_w = A4_w = 0,5 \cdot 0,50 \cdot 6,0 = 1,50$ kN

$A2_g = A3_g = 2 \cdot 1,50 = 3,00$ kN

Grundkombination 2: g + s + w(quer)

Für *alle* Lasten: $\gamma_F = 1{,}35$

$q_{v,d} = 1,35 \cdot (0,40 + 0,60) = 1,35$ kN/m

$q_{h,d} = 1,35 \cdot 0,50 = 0,675$ kN/m

Lastzerlegung parallel zu den Hauptachsen

Lastzerlegung parallel zu den Trägerachsen:

$q_{z,d} = 1,35 \cdot \cos\alpha - 0,675 \cdot \sin\alpha = 1,329 - 0,117 \approx 1,21$ kN/m

$q_{y,d} = 1,35 \cdot \sin\alpha + 0,675 \cdot \cos\alpha = 0,234 + 0,665 = 0,90$ kN/m

Bemessungsmomente im Außenfeld:

$M_{y,d} = q_{z,d} \cdot L^2/11 = 1,21 \cdot 6,0^2/11 = 3,96$ kNm

$M_{z,d} = q_{y,d} \cdot L^2/11 = 0,90 \cdot 6,0^2/11 = 2,95$ kNm

Bemessungsmomente im Innenfeld:

$M_{y,d} = q_{z,d} \cdot L^2/16 = 1,21 \cdot 6,0^2/16 = 2,72$ kNm

$M_{z,d} = q_{y,d} \cdot L^2/16 = 0,90 \cdot 6,0^2/16 = 2,03$ kNm

Längskraft im Innenfeld (Verbandsfeld):

aus Pos. 2.3 (Umrechnung γ_F): $N = 6,0 \cdot \frac{1,35 \cdot (0,405 + 0,9)}{1,35 \cdot 0,405 + 1,5 \cdot 0,9} = 5,6$ kN

aus Pos. 4 (nur Stabilisierungslast): $N = 0,5 \cdot (1,27 + 2,24) \cdot 1,35 = 2,4$ kN

insgesamt: N = 5,6 + 2,4 = 8,0 kN

Längskraft im Außenfeld: N = 5,6 kN (nur Wind, keine Stabilisierungslast!)

Grundkombination 2a: g + s + w(längs) Für *alle* Lasten: $\gamma_F = 1{,}35$.

$q_{v,d} = 1,35 \cdot (0,40 + 0,60) = 1,35$ kN/m $\quad q_{h,d} = 0$ kN/m

$q_{z,d} = 1,35 \cdot \cos\alpha = 1,33$ kN/m $\quad M_{y,d} = 1,33 \cdot 6,0^2/11 = 4,35$ kNm

$q_{y,d} = 1,35 \cdot \sin\alpha = 0,234$ kN/m $\quad M_{z,d} = 0,234 \cdot 6,0^2/11 = 0,77$ kNm

Längskraft im Verbandsfeld:

aus Pos. 2.3: N = 5,6 kN (siehe oben!)

aus Pos. 4 (Wi. längs+Stab.): $N = 2,4 + (6,24 \cdot 0,8/1,3) \cdot 1,35 = 7,6$ kN

insgesamt: N = 5,6 + 7,6 = 13,2 kN

Längskraft im Außenfeld: N = 5,6 + 5,2 = 10,8 kN (keine Stabilisierungslast!)

Querschnitt <u>HEA-100</u> $N_{pl,d} = 463$ kN; $M_{pl,y,d} = 18{,}1$ kNm; $M_{pl,z,d} = 7{,}3$ kNm.

Nachweise werden geführt für GK2 im Außen- und Innenfeld und für GK 2a im Außenfeld.

Je nach Größe der Normalkraft wird ein Nachweis für zweiachsige Biegung *mit* Druckkraft oder (bei $N/\kappa N_{pl,d} < 0{,}1$) *ohne* Druckkraft erforderlich sein. Für letzteren Fall ist der Rechenaufwand erheblich geringer.

Vorwerte: $\bar{\lambda}_y = \frac{600}{4,06 \cdot 92,93} = 1,590 \quad \rightarrow \quad \kappa_b = 0,311$

$\bar{\lambda}_z = \frac{600}{2,51 \cdot 92,93} = 2,572 \quad \rightarrow \quad \kappa_c = 0,126$ maßgebend!

GK 2, Außenfeld: $N = 5{,}6$ kN; $M_y = 3{,}96$ kNm; $M_z = 2{,}95$ kNm.

$$\frac{N}{\kappa_z \cdot N_{pl}} = \frac{5,6}{0,126 \cdot 463} = 0,096 < 0,1 \quad \rightarrow \quad \text{Nachweis } \textit{ohne } \text{N!}$$

$$\left(\frac{M_y}{M_{pl,y,d}}\right)^{2,3} + \frac{M_z}{M_{pl,z,d}} = \left(\frac{3,96}{18,1}\right)^{2,3} + \frac{2,95}{7,3} = 0,030 + 0,404 = 0,434 < 1$$

GK 2, Innenfeld: $N = 8{,}0$ kN; $M_y = 2{,}72$ kNm; $M_z = 2{,}03$ kNm.

$$\frac{N}{\kappa_z \cdot N_{pl,d}} = \frac{8,0}{0,126 \cdot 463} = 0,137 > 0,1 \quad \rightarrow \quad \text{Nachweis } \textit{mit } \text{Normalkraft!}$$

Zum Vergleich werden die Nachweise mit den Interaktionsgleichungen nach Nachweismethode 1 [2/321] und Nachweismethode 2 [2/322] geführt.

Nachweismethode 1: $\frac{N}{min\kappa \cdot N_{pl,d}} + \frac{M_y}{M_{pl,y,d}} \cdot k_y + \frac{M_z}{M_{pl,z,d}^*} \cdot k_z \leq 1$

Es darf gesetzt werden: $k_y = k_z = 1{,}5$.

Mit $M_{pl,z,d}^* = 8{,}77$ kNm (siehe Pos. 2.1) wird die Interaktionsgleichung:

$$\eta = 0,137 + \frac{2,72}{18,1} \cdot 1,5 + \frac{2,03}{8,77} \cdot 1,5 = 0,137 + 0,225 + 0,347 = 0,710 < 1$$

Zum Vergleich wird der Nachweis auch mit den genauen Werten k_y und k_z geführt:

$$\beta_{M,\psi} = 1,1 \qquad M_Q/\Delta M = 2$$

$$\beta_{M,y} = \beta_{M,z} = 1,1 + 2 \cdot (1,3 - 1,1) = 1,5$$

$$a_y = \bar{\lambda}_{K,y} \cdot (2\beta_{M,y} - 4) + (\alpha_{pl,y} - 1)$$

$$a_y = 1,590 \cdot (2 \cdot 1,5 - 4) + (1,14 - 1) = -1,45 < 0,8$$

M-Verlauf im Mittelfeld der Pfette bei Anwendung des Traglastverfahrens

$M_Q = 2M$

M

M

$$k_y = 1 - \frac{N}{\kappa_y \cdot N_{pl,d}} \cdot a_y = 1 + \frac{8}{0,311 \cdot 463} \cdot 1,45 = 1,081 < 1,5$$

$$a_z = \bar{\lambda}_{K,z} \cdot (2\beta_{M,z} - 4) + (\alpha_{pl,z} - 1)$$
$$= 2,572 \cdot (2 \cdot 1,5 - 4) + (1,5 - 1) = -2,072 < 0,8$$

$$k_z = 1 - \frac{N}{\kappa_z \cdot N_{pl,d}} \cdot a_z = 1 + 0,137 \cdot 2,072 = 1,284 < 1,5$$

Mit diesen genaueren Werten wird die Interaktionsgleichung:

$$= 0,137 + \frac{2,72}{18,1} \cdot 1,081 + \frac{2,03}{8,77} \cdot 1,284 = 0,137 + 0,162 + 0,297 = 0,596 < 1$$

Nachweismethode 2: $\frac{N}{\kappa \cdot N_{pl,d}} + \frac{\beta_{m,y} \cdot M_y}{M_{pl,y,d}} \cdot k_y + \frac{\beta_{m,z} \cdot M_z}{M_{pl,z,d}} \cdot k_z + \Delta n \leq 1$

$$c_z = \frac{1}{c_y} = \frac{1 - \frac{N}{N_{pl,d}} \cdot \bar{\lambda}^2_{K,y}}{1 - \frac{N}{N_{pl,d}} \cdot \bar{\lambda}^2_{K,z}} = \frac{1 - \frac{8,0}{463} \cdot 1,596^2}{1 - \frac{8,0}{463} \cdot 2,572^2} = \frac{0,956}{0,886} = 1,079$$

Wegen $\kappa_y > \kappa_z$ ist $k_y = c_y = 1/1,079 = 0,927$ und $k_z = 1$.
Weiter ist $\beta_{m,y} = \beta_{m,z} = 1$ (für das Innenfeld sind die beiden Endmomente gleich).

$$\eta = 0,137 + \frac{1,0 \cdot 2,72}{18,1} \cdot 0,927 + \frac{1,0 \cdot 2,03}{7,3} \cdot 1 + \Delta n$$

mit $\Delta n = 0,137 \cdot (1 - 0,137) \cdot 0,126^2 \cdot 2,572^2 = 0,012$

$$\eta = 0,137 + 0,139 + 0,278 + 0,012 = 0,566 < 1$$

Die Nachweise nach beiden Methoden stimmen recht gut überein.

GK2a wird nur für Nachweismethode 2 nachgewiesen. Vereinfachend (und ungünstig) werden $qL^2/11$-Momente (Außenfeld) mit N im Verbandsfeld nachgewiesen.

GK 2a: $N = 13{,}2$ kN; $M_y = 4{,}35$ kNm; $M_z = 0{,}77$ kNm.

$$\frac{N}{\kappa_z \cdot N_{pl,d}} = \frac{13,2}{0,126 \cdot 463} = 0,226 > 0,1 \rightarrow \text{Nachweis } \textit{mit} \text{ Normalkraft!}$$

Entsprechend vorausgegangener Rechnung wird: $k_y = 1/c_z = 0,927$ und $k_z = 1$.
Mit $\Delta n = 0,018$ wird die Interaktionsgleichung:

$$\eta = 0,226 + \frac{1,0 \cdot 4,35}{18,1} \cdot 0,927 + \frac{1,0 \cdot 0,77}{7,3} \cdot 1,0 + 0,018$$

$$\eta = 0,226 + 0,223 + 0,105 + 0,018 = 0,572 < 1$$

BDK wird mit den Schnittgrößen für GK 2a gemäß [2/323] nachgewiesen.

$$\frac{N}{\kappa_z \cdot N_{pl,d}} + \frac{M_y}{\kappa_M \cdot M_{pl,y,d}} \cdot k_y + \frac{M_z}{M_{pl,z,d}^*} \cdot k_z \leq 1$$

Aus Pos. 2.1: $\kappa_M \cdot M_{pl,y,d} = 14,0$ kNm. Außerdem ist $k_y \leq 1$ und $k_z \leq 1{,}5$.

$$\eta = 0,226 + \frac{4,35}{14,0} \cdot 1,0 + \frac{0,77}{8,77} \cdot 1,5 = 0,226 + 0,311 + 0,132 = 0,669 < 1$$

Pos. 2.6 Traufpfette

Querschnitt HEA-100 o.w.N.

Vertikale Auflagerkräfte wie Pos. 2.5.

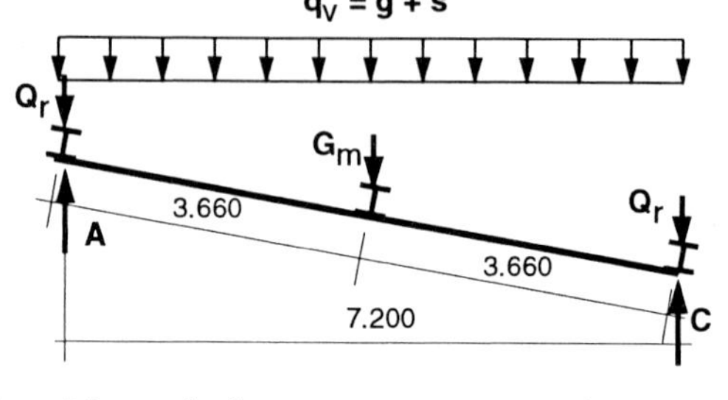

Pos. 3 Dachbinder

System Einfeldträger, L = 7,20 m.

Belastung

Ständige Last: die Einzellasten aus den Normalpfetten Pos. 2.2 werden verschmiert.

	aus Pos. 2.2: 2,43/1,20 =	g_{Dach} =	2,03 kN/m
	Träger IPE 270 (g = 0,361 kN/m) 0,361/cos α + Zuschlag für Verbände	g_E =	0,40 kN/m
	insgesamt	g =	2,43 kN/m
	Mehrlast Mittelpfette (Pos. 2.1 - Pos. 2.2): G_m = 2,85 - 2,43 ≈		0,40 kN
	zus. Einzellasten f.Randpfetten, Dachüberstand:	G_r ≈	1,20 kN
Schnee:	aus Pos. 2.2: 5,40/1,20 =	s =	4,50 kN/m
	zus. Einzellast für Dachüberstand: $S_r = 0,20 \cdot 0,75 \cdot 6,0 \approx$		0,90 kN

Auch hier ist die Windlast (Sog!) uninteressant und bleibt außer Ansatz.

Auflagerkräfte: $A_g = C_g = 2,43 \cdot 7,20/2 + 0,40/2 + 1,20 = 10,15$ kN

$A_s = C_s = 4,50 \cdot 7,20/2 + 0,90 = 17,10$ kN

Grundkombination 1: $q_{v,d} = 1,35 \cdot 2,43 + 1,50 \cdot 4,50 = 10,03$ kN/m

zusätzl. für die Mittelpfette: $Q_m = 1,35 \cdot 0,40 = 0,54$ kN

zusätzlich für Randpfetten: $Q_r = 1,35 \cdot 1,20 + 1,5 \cdot 0,90 = 2,97$ kN

$max\ M_{y,d} = 10,03 \cdot 7,2^2/8 + 0,54 \cdot 7,2/4 = 65,00 + 0,97 \approx 66,0$ kNm

$max\ V_{z,d} = 1,35 \cdot 10,15 + 1,5 \cdot 17,10 = 39,4 \approx 40$ kN

Die infolge Neigung des Trägers auftretenden Normalkräfte sind sehr gering und für die Nachweise bedeutungslos. Aus Vertikalbelastung gibt es keine horizontalen Auflagerkräfte.

Querschnitt **IPE-270** $W_y = 429\ cm^3$; $M_{pl,y,d} = 106\ kNm$; $V_{pl,z,d} = 216\ kN$

E-E mit örtl. Plast.: $max\ \sigma = \frac{6600}{1,14 \cdot 429} = 13,50\ kN/cm^2 < 21,82$

$$max\ \tau_m = \frac{40}{26 \cdot 0,66} = 2,33\ kN/cm^2 < 12,6$$

oder E-P: $\frac{M}{M_{pl,d}} = \frac{66}{106} = 0,623 < 1$

$$\frac{V}{V_{pl,d}} = \frac{40}{216} = 0,185 < 1$$

max M_y und *max* V_z treten nicht an derselben Stelle des Trägers auf. Es ist daher keine Vergleichsspannung bzw. keine Untersuchung auf Interaktion erforderlich.

In der Praxis wird der Nachweis für Querkräfte bei weit gespannten und gleichmäßig belasteten Trägern aus Walzprofilen und insbesondere bei Einfeldträgern meist gar nicht geführt, weil die Schubbeanspruchung hier grundsätzlich unbedeutend ist.

Wesentlich ist bei biegebeanspruchten Trägern der Biegedrillknicknachweis. Der Nachweis soll zum Vergleich nach 3 verschiedenen Verfahren erbracht werden.

BDK a) **nach Müller**: maßgeb. Länge $c = 3,66$ m, $z_P = -h/2$, M-Beiwert $\zeta \approx 1,35$. Mit Müller-Nomogramm (Bild 9.8). Ablesewert: $\sigma_{Ki} = 19,75\ kN/cm^2$.

$$M_{Ki,y,d} = \frac{\sigma_{Ki}}{\gamma_M} \cdot \zeta \cdot \frac{2 \cdot I_y}{h-t} = \frac{19,75}{1,1} \cdot 1,35 \cdot \frac{2 \cdot 5790}{27-1,02} \cdot \frac{1}{100} = 108\ kNm$$

$$\bar{\lambda}_M = \sqrt{\frac{M_{pl,y}}{M_{Ki,y}}} = \sqrt{\frac{M_{pl,y,d}}{M_{Ki,y,d}}} = \sqrt{\frac{106}{108}} = 0,991$$

$n^* = 2,5$ $\quad k_n = 1$ $\quad n = 2,5$ $\quad \kappa_M = 0,765$

$$\frac{M_{y,d}}{\kappa_M \cdot M_{pl,y,d}} = \frac{66,0}{0,765 \cdot 106} = 0,814 < 1$$

b) *oder* **nach Künzler**: $L = 3,66$ m, $z_P = -h/2$ und $\zeta = 1,12$ (auf der sicheren Seite). Mit Künzler-Nomogramm (Bild 9.12). Ablesewert: 3,7; Divisor k = 0,01.

$$\kappa_M \cdot M_{pl,y,d} = \frac{3,7}{0,01} \cdot \frac{21,82}{100} = 80,7\ kNm$$

$$\frac{M_{y,d}}{\kappa_M \cdot M_{pl,y,d}} = \frac{66}{80,7} = 0,818 < 1$$

c) *oder* **mit den genauen Formeln**: $E \cdot I_z = 21000 \cdot 420/10^4 = 882 \text{ kNm}^2$

$$N_{Ki,z,d} = \frac{\pi^2 \cdot E \cdot I_z}{l^2 \cdot \gamma_M} = \frac{\pi^2 \cdot 882}{3,66^2 \cdot 1,1} = 591 \text{ kN}$$

$$c^2 = \frac{I_\omega + 0,039 \cdot l^2 \cdot I_T}{I_z} = \frac{70580 + 0,039 \cdot 366^2 \cdot 16,0}{420} = 367 \text{ cm}^2$$

$$M_{Ki,y,d} = \zeta \cdot N_{Ki,z,d} \cdot (\sqrt{c^2 + 0,25 \cdot z_p^2} + 0,5 \cdot z_p)$$

$$M_{Ki,y,d} = 1,35 \cdot 591 \cdot (\sqrt{367 + 0,25 \cdot 13,5^2} - 0,5 \cdot 13,5) \cdot \frac{1}{100} = 108 \text{ kNm}$$

und Weiterrechnung wie zuvor unter a).

Anschluß

an Stütze Reihe A konstruktiv mit Stirnplatte t = 12 mm und 2 x M 20; an Stütze Reihe C einfache Auflagerung auf schiefer Stirnplatte der Stütze und konstruktive Befestigung mit 2 Schrauben (ohne Tragwirkung).

Nachweis der Gebrauchstauglichkeit

Insbesondere bei Einfeldträgern ist der Nachweis der Durchbiegung wichtig!

Berechnung der Verformungen erfolgt mit *Gebrauchslasten*! Es sind die senkrecht zur Stabachse wirkenden Lasten $q_v \cdot \cos\alpha$ auf den Stab mit wirklicher (schräger) Länge anzusetzen!

$$q_z = q_v \cdot \cos\alpha = (2,43 + 4,50) \cdot \cos\alpha = 6,83 \text{ kN/m}$$

$$Q_{m,v} = 0,40 \cdot \cos\alpha \approx 0,40 \text{ kN}$$

$$\max w = \frac{5}{384} \cdot \frac{0,0683 \cdot 732^4}{21000 \cdot 5790} + \frac{0,40 \cdot 732^3}{48 \cdot 21000 \cdot 5790}$$

$$= 2,10 + 0,03 = 2,13 \text{ cm} = \frac{L}{344}$$

Eine normative Einschränkung der Durchbiegung gibt es nicht. Der Grenzwert L/300 gilt meistens als ausreichend für übliche Konstruktionen. Bei geneigtem Dach könnte auch eine größere Durchbiegung hingenommen werden.

Pos. 4 Dachverband

System: Der Dachverband liegt unter den Pfetten bzw. in Höhe der Obergurte der Dachbinder, die er abzustützen hat. Seine Elemente sind:

- Zugdiagonalen (Flachstähle, dünne Winkel, Rundstäbe),
- Pfosten = Dachpfetten,
- Gurte = Dachbinder.

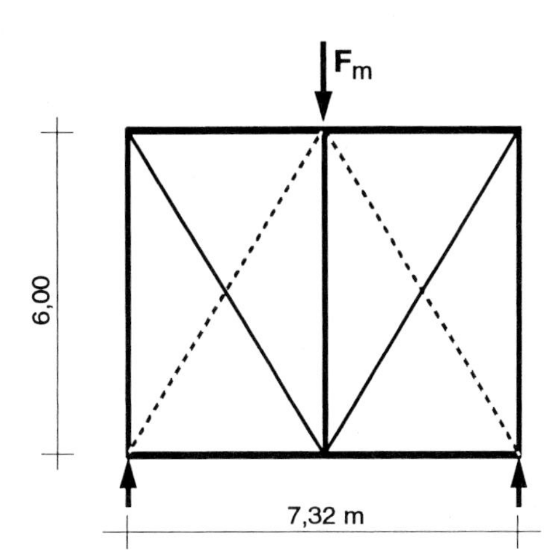

Entsprechend seiner Aufgabe erhält der Dachverband seine Belastung aus:

a) Stabilisierung der Dachbinder,
b) Wind auf Giebelwände.

a) **Stabilisierungslasten**. Vereinfachend (und sehr auf der sicheren Seite liegend) wird je Binder 1/100 der Kraft im Druckgurt angesetzt. Die Druckkraft im Gurt wird dabei vereinfachend als Moment dividiert durch den Flanschabstand bestimmt.

aus Pos. 3: a) infolge ständ. Last: g_v = 2,43 kN/m und G_m = 0,40 kN

$$M_y = 2,43 \cdot 7,2^2/8 + 0,40 \cdot 7,2/4 = 15,75 + 0,72 = 16,47 \text{ kNm}$$

1/100 der Gurtkraft in 2 Bindern:

$$F_{Stab,k} = 2 \cdot \frac{1}{100} \cdot \frac{1647}{27 - 1,02} = 1,27 \text{ kN}$$

b) inf. Schnee: s_v = 4,50 kN/m $M_y = 4,5 \cdot 7,2^2/8 = 29,16 \text{ kNm}$

$$F_{Stab,k} = 2 \cdot \frac{1}{100} \cdot \frac{2916}{27 - 1,02} = 2,24 \text{ kN}$$

b) **Windlast** (quer). Bei der Berechnung sind die Überstände der Konstruktion oben und seitlich über die Systemlinien hinaus zu berücksichtigen:

oben: ü = 35 cm
seitlich: ü = 20 cm

Die Windlasten werden entsprechend der gezeigten Flächeneinteilung berücksichtigt.

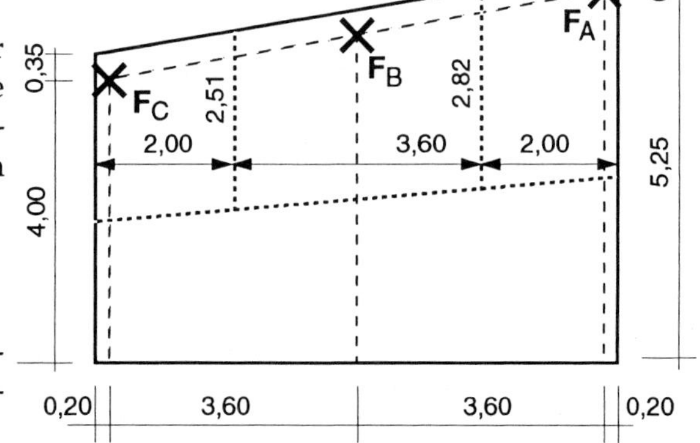

$$F_{A,k} = 1,3 \cdot 0,5 \cdot 2,00 \cdot \frac{2,82 + 2,98}{2} = 3,77 \text{ kN}$$

$$F_{B,k} = 0,65 \cdot 3,60 \cdot \frac{2,51 + 2,82}{2} = 6,24 \text{ kN}$$

$$F_{C,k} = 0,65 \cdot 2,00 \cdot \frac{2,35 + 2,51}{2} = 3,16 \text{ kN}$$

GK 2a: g + s + w(längs) $F_{m,d} = 1,35 \cdot (1,27 + 2,24 + 6,24) = 13,2 \text{ kN}$

Diagonalen: $F_{Diag} = \frac{13,2}{2} \cdot \frac{7,03}{6,00} = 7,74 \text{ kN}$

Querschnitt: L 45x30x4 und **Fl. 50x4** Anschluß: **1 x M 12,** $d_L = 14$ mm

L 45x30x4: $A^* = 0,4 \cdot (2,0 - \frac{1,4}{2}) = 0,52 \text{ cm}^2$

$$N_{R,d} = \frac{2 \cdot A^* \cdot f_{u,k}}{1,25 \cdot \gamma_M} = \frac{2 \cdot 0,52 \cdot 36}{1,25 \cdot 1,1} = 27,2 \text{ kN} > N_{S,d} = 7,74$$

Fl. 50x4: $A_{Netto} = 0,4 \cdot (5,0 - 1,4) = 1,44 \text{ cm}^2$

$$\frac{A_{Brutto}}{A_{Netto}} = \frac{2,0}{1,44} = 1,39 > 1,2$$

$$\frac{A_{Netto} \cdot f_{u,k}}{1,25 \cdot \gamma_M} = \frac{1,39 \cdot 36}{1,25 \cdot 1,1} = 36,4 \text{ kN} > N_{S,d} = 7,74 \text{ kN}$$

Als Gegendiagonale kann auch ein Winkel verwendet werden. Da beide Winkelschenkel nach unten gerichtet sein müssen, ist im Kreuzungspunkt der Diagonalen ein Stoß erforderlich.

M 12: $V_{a,R,d} = 24,7 \text{ kN} > 7,74 \text{ kN}$

$V_{l,Rd} = 0,4 \cdot 49,8 = 19,92 > 7,74 \text{ kN}$ (mit $\alpha_l = 1,9$ aus Tabelle)

Konstruktiven Gründe sprechen jedoch dafür, Schrauben **M 16** zu verwenden.

Pfosten: Mittel- bzw. Randpfetten.
Nachweis siehe Pos. 2.4, 2.5, 2.6.

Gurte: Druckflansche der Dachbinder.

GK 1: $M_d = (1,35 \cdot 1,27 + 1,5 \cdot 2,24) \cdot 7,32/4 = 9,13 \text{ kNm}$

$F_{Flansch} = 9,13/6,0 = 1,52 \text{ kN}$

$\sigma_{Flansch} = 1,52/(13,5 \cdot 1,02) = 0,11 \text{ kN/cm}^2$

Die zusätzliche Belastung des Druckgurts ist so gering, daß sie nicht weiter verfolgt werden muß. - GK2 wird für den Gurt nicht maßgebend!

Pos. 5 Längswand Reihe C

Pos. 5.1 Stützen

System: Pendelstütze, L = 4,0 m.

Belastung

Ständige Last:	Eigenlast HEA-120: $0,20 \cdot 0,40$		=	0,8 kN
	aus Pos. 3:			10,2 kN
	insgesamt:	G	=	11,0 kN
Schnee:	aus Pos. 3:	S	=	17,1 kN
Wind längs:	aus Pos. 4: W = 3,16 + 6,24/2		=	6,3 kN
Stabilisierung:	aus Pos. 5.2 infolge (g + s):	St	=	ca. 0,5 kN
Wind quer:	$w = 0,8 \cdot 0,5 \cdot 6,0 =$	w	=	2,40 kN/m

Grundkombination 2: g + s + w(quer)

$$N_d = 1,35 \cdot (11,0 + 17,1 + 0,3) = 38,4 \text{ kN}$$

$$M_d = 1,35 \cdot 2,40 \cdot 4,0^2/8 = 6,48 \approx 6,5 \text{ kNm}$$

Querschnitt: **HEA-120** $A = 25,3 \text{ cm}^2$; $i_y = 4,89$ cm; $i_z = 3,02$ cm

$N_{pl,d} = 552$ kN; $M_{pl,y,d} = 26,1$ kNm

Biegeknicken: $\bar{\lambda}_{K,y} = \frac{400}{4,89} \cdot \frac{1}{92,93} = \frac{81,8}{92,93} = 0,880 \quad \rightarrow \quad \kappa_b = 0,674$

$$\frac{N}{\kappa_y \cdot N_{pl,d}} = \frac{38,4}{0,674 \cdot 552} = 0,10 \quad \rightarrow \quad \text{Nachweis } \textit{ohne} \text{ N!}$$

$$\frac{M_{y,d}}{M_{pl,y,d}} = \frac{6,5}{26,1} = 0,25 < 1$$

BDK: $\bar{\lambda}_{K,z} = \frac{400}{3,02} \cdot \frac{1}{92,93} = \frac{132,45}{92,93} = 1,425 \quad \rightarrow \quad \kappa_c = 0,341$

$$M_{Ki,y,d} = \frac{1,32 \cdot b \cdot t \cdot EI_y}{L \cdot h^2 \cdot \gamma_M} = \frac{1,32 \cdot 12 \cdot 0,8 \cdot 1273}{4,0 \cdot 11,4^2 \cdot 1,1} = 28,2 \text{ kNm}$$

$$\bar{\lambda}_M = \sqrt{\frac{M_{pl,y,d}}{M_{Ki,y,d}}} = \sqrt{\frac{26,1}{28,2}} = 0,962 \qquad n = 2,5 \quad \rightarrow \quad \kappa_M = 0,786$$

$$\frac{N}{\kappa_z \cdot N_{pl,d}} + \frac{M_y}{\kappa_M \cdot M_{pl,y,d}} \cdot k_y = \frac{38,4}{0,341 \cdot 552} + \frac{6,48}{0,786 \cdot 26,1} \cdot 1,0 = 0,520 < 1$$

Pos. 5.2 Wandverband

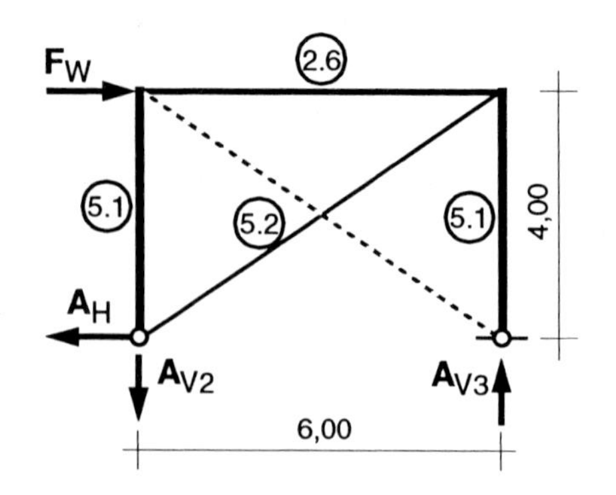

System: Diagonalverband.

Belastung:

a) **Wind auf Giebelwand**: siehe Pos. 4!

$F_W = F_C + F_B/2 = 3{,}16 + 3{,}12 = 6{,}28$ kN

Auflagerkräfte: $A_H = F_W = 6{,}28$ kN

$A_{v3} = - A_{v2} = 6,28 \cdot 4,0/6,0 = 4,2$ kN

b) **Stabilisierungslast**: ungünstig abgeschätzt 1/200 der vertikalen Lasten auf allen Stützen der Reihe C:

$F_{Stab} = \frac{1}{200} \cdot 3 \cdot 30 \approx 0,5$ kN, davon etwa 40 % = 0,2 kN aus ständ. Last.

Grundkombination 3: g + w(längs)

$$F_{Diag} = (1,35 \cdot 0,2 + 1,50 \cdot 6,28) \cdot \frac{7,21}{6,00} = 11,64 \text{ kN}$$

Querschnitt und **Anschluß**: wie Dachverband, o.w.N.

Pos. 6 Giebelwände (Achsen 1 und 4)

System: Randpfette als Zweifeldträger, L1 = L2 = 3,60 m,
eingespannte Stütze Reihe A,
Pendelstützen Reihen B und C. Siehe auch bei Pos. 4!

Pos. 6.1 Randträger

Belastung: aus Pos. 2.2: g = 1,22/1,20 = 1,02 kN/m
Dachüberstand, ca. 15 cm 0,04 kN/m
Eigenlast Pfette 0,20 kN/m
insgesamt g = 1,26 kN/m

aus Pos. 2.2: s = 2,70/1,20= 2,25 kN/m
Dachüberstand, 15 cm 0,12 kN/m
insgesamt s = 2,37 kN/m

Auflagerkräfte:

$$A_g = C_g = 0,375 \cdot 1,26 \cdot 3,60 = 1,70 \text{ kN}$$

$$B_g = 1,25 \cdot 1,26 \cdot 3,60 = 3,33 \text{ kN}$$

$$A_s = C_s = 0,375 \cdot 2,37 \cdot 3,60 = 3,20 \text{ kN}$$

$$B_g = 1,25 \cdot 2,37 \cdot 3,60 = 10,67 \text{ kN}$$

Grundkombination 1: $q = g + s = 1,35 \cdot 1,26 + 1,5 \cdot 2,37 = 5,26 \text{ kN/m}$

$$M_{y,d} = 5,26 \cdot 3,60^2/11 = 6,20 \text{ kNm}$$

Querschnitt <u>HEA-100</u> $\qquad M_{pl,y,d} = 18,1 \text{ kNm}$

$$\frac{M_y}{M_{pl,y,d}} = \frac{6,2}{18,1} = 0,342 < 1$$ Keine weiteren Nachweise!

Pos. 6.2 Mittelstütze (Reihe B)

Pendelstütze, L = 4,56 m.

Querschnitt <u>HEA-120</u> wie Pos. 5.1, Belastung geringer; o.w.N.

Pos. 6.3 Eckstütze (Reihe C)

Pendelstütze, L = 4,00 m.

Untersucht wird nur Biegung um die z-Achse.

Grundkombination 2a: g + s + w(längs)

$$N_d = 1,35 \cdot (1,70 + 3,20) + 1,35 \cdot 0,20 = 6,9 \approx 7,0 \text{ kN}$$

$$q_{y,d} = 1,35 \cdot 0,8 \cdot 0,5 \cdot (3,60/2 + 0,20) = 1,08 \text{ kN/m}$$

$$M_{z,d} = 1,08 \cdot 4,0^2/8 = 2,16 \text{ kNm}$$

Querschnitt <u>HEA-120</u> $\qquad N_{pl,d} = 553$ kN; $M_{pl,z,d} = 10,5$ kNm

$$\bar{\lambda}_z = \frac{400}{3,02 \cdot 92,93} = 1,425 \quad \rightarrow \quad \kappa_c = 0,341$$

$$\frac{N}{\kappa \cdot N_{pl,d}} = \frac{7}{0,341 \cdot 553} = 0,037 < 0,1 \quad \rightarrow$$ Nachweis *ohne* N

$$\frac{M}{M_{pl,z,d}} = \frac{2,16}{10,5} = 0,206 < 1$$

Weitere Nachweise sind nicht erforderlich (BDK um die z-Achse ist *nicht möglich*).

Pos. 7 Längswand Reihe A

Pos. 7.1 Torriegel

System: Einfeldträger, L = 6,0 m.

Belastung:

Fensterband (Profilglas)	$1,25 \cdot 0,40 =$	0,50 kN/m
Falttor (Hängetor)	$4,00 \cdot 0,45 =$	1,80 kN/m
Eigenlast, Befestigungsschienen, usw.		0,50 kN/m
insgesamt	g =	2,80 kN/m

Windlast: $$w = 1,25 \cdot 0,8 \cdot 0,5 \cdot \frac{1,25 + 4,00}{2} = 1,32 \text{ kN/m}$$

Auflagerkräfte: $A_v = B_v = 2,80 \cdot 6,0/2 = 8{,}4$ kN

$A_h = B_h = 1,32 \cdot 6,0/2 = 4{,}0$ kN

Grundkombination 3, g + w(quer): Für die Windlast: $\gamma_F = 1{,}50$

$$M_{y,d} = 1,35 \cdot 2,80 \cdot 6,0^2/8 = 17{,}0 \text{ kNm}$$

$$M_{z,d} = 1,5 \cdot 1,32 \cdot 6,0^2/8 = 8{,}91 \text{ kNm}$$

Querschnitt **HEB-140** $W_y = 216 \text{ cm}^3$; $W_z = 78{,}5 \text{ cm}^3$

Zweiachsige Biegung, Nachweis E-E mit örtlicher Plastizierung:

$$\sigma = \frac{1700}{1,14 \cdot 216} + \frac{891}{1,25 \cdot 78,5} = 6,91 + 9,08 = 15,99 \text{ kN/cm}^2 < 21{,}82$$

Anschluß an die Stützen: Stirnplatte t = 15 mm, 2 x M 16, o.w. N.

Durchbiegung:

vertikal $$f_z = \frac{5}{384} \cdot \frac{2,80 \cdot 6,0^4}{21 \cdot 151} = 0,015 \text{ m} \approx L/400$$

horizontal $$f_y = \frac{5}{384} \cdot \frac{1,32 \cdot 6,0^4}{21 \cdot 55} = 0,0193 \text{ m} = L/311$$

Damit die Falttore einwandfrei arbeiten können, wird der Träger in Richtung der z-Achse um 15 mm überhöht.

Pos. 7.2 Mittelstützen (Achsen A/2 und A/3)

System: eingespannte Stützen, die jeweils eine Pendelstütze mitstabiliseren.

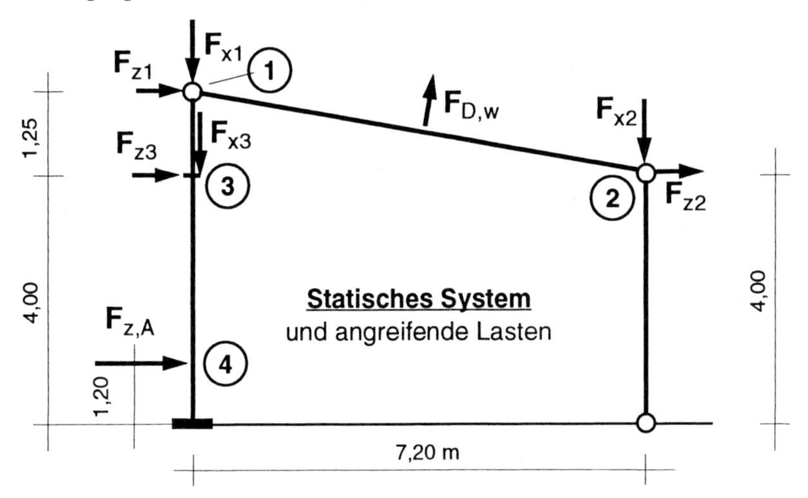

Belastung

aus Pos. 3	$F_{x1,g}$ =	10,15 kN	$F_{x2,g}$ =	10,15 kN
Eigenlast Stützen ca.		4,00 kN		1,00 kN
	$F_{x1,s}$ =	17,10 kN	$F_{x2,s}$ =	17,10 kN

Wind quer, Pos. 2.5 $F_{z1,w}$ = 3,00 kN
auf Rückwand $0,5 \cdot 0,5 \cdot (4,0/2 + 0,35) \cdot 6,0 =$ $F_{z2,w} \approx$ 3,55 kN

aus Pos. 7.1 $F_{x3,g} = 2 \cdot 8,40 =$ 16,80 kN
$F_{z3,w} = 2 \cdot 4,00 =$ 8,00 kN

Windsog Dach ca. $0,6 \cdot 0,5 \cdot 6,0 \cdot 7,75 =$ $F_{D,w}$ = 14,00 kN
Vertikalkomponente $F_{D,w} \cdot \cos\alpha =$ $F_{xD,w}$ = -13,80 kN
Horizontalkomponente $F_{D,w} \cdot \sin\alpha =$ $F_{zD,w}$ = 2,45 kN

Anprallast in 1,20 m Höhe $F_{z,A}$ = 100 kN

Wind längs, Pos. 4: $F_w = F_A + F_B/2 = 3{,}77 + 3{,}12 =$ 6,28 kN
Die Windlast längs verteilt sich auf 4 Stützen: $F_{y1,w} \approx$ 1,60 kN

Stabilisierungslasten bei Systemen mit Pendelstützen

[2/525] Bei verschieblichen Systemen mit angehängten Pendelstützen muß eine zusätzliche horizontale Ersatzbelastung zur Berücksichtigung der Vorverdrehung der Pendelstützen nach Th. I. O. angesetzt werden. Bei nur *einer* Pendelstütze mit der Druckkraft N und einer Pendelstablänge $l \leq 5$ m ist die Stabilisierungslast H_S:

$H_S = \frac{N}{200}$ Der Einfluß dieser Last erweist sich hier als sehr gering.

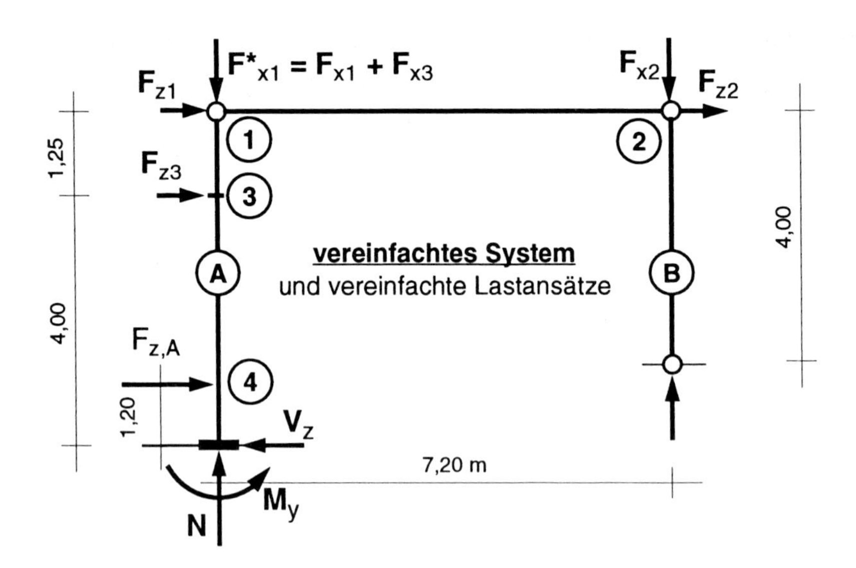

Einwirkungen, charakteristische Werte Dimensionen: [kN], [kNm]

Lastangriff Punkt		1				2			3	4
Einwirkung		g	s	w(q)	w(l)	g	s	w(q)	w(q)	A
vertikal	F_x	30,95	17,10	-6,90		11,15	17,10	-6,90		
horiz. längs	F_y				1,60					
horiz. quer	F_z			5,45 *)				3,55	8,00	100
Stabilisierung						0,06	0,09			
Einspann-momente	M_y			28,61		0,32 **)	0,47	18,64	32,00	120
	M_z				8,40					

*) = 3,00 + 2,45 **) = 0, 06 · 5, 25 usw. ***) Stabilisierungslasten vernachlässigbar!

Schnittgrößen, Bemessungswerte Dimensionen: [kN], [kNm]

Grundkombination		GK 1	GK 2	GK 3	GK 4	GK 5
		g+s	g+s+w(quer)	g+w(quer)	g+w(längs)	g+s+A
Sicherheits-beiwerte γ_F	γ_G	1,35	1,35	1,35	1,35	1,00
	γ_Q	1,50	1,35	1,50	1,50	1,00
Einspannstütze Reihe A	N	67,43	55,55	31,43	41,78	48,05
	V_z	0,22	23,15	25,58		ca. 100,0 ***)
	M_y	1,14	108,0	119,3		ca. 120,0 ***)
	V_y				2,40	
	M_z				12,60	
Stütze Reihe B	N	40,70	28,82	4,70	15,05	28,25

Querschnitt **HEB-200** $A = 78{,}1\ cm^2$; $W_y = 570\ cm^3$; $W_z = 200\ cm^3$
$i_y = 8{,}54\ cm$; $i_z = 5.07\ cm$; $i_{z,g} = 5{,}39\ cm$
$N_{pl,y,d} = 1704\ kN$; $M_{pl,y,d} = 140\ kNm$; $V_{pl,z,d} = 210\ kN$
$I_y = 5700\ cm^4$; $I_z = 2000\ cm^4$; $I_T = 59{,}5\ cm^4$

Nachweise

GK 1: offensichtlich nicht maßgebend (keine Biegemomente).

GK 2: **Biegeknicken um y-y**:

Knicklänge: $n = N_1/N = 28{,}82/55{,}55 = 0{,}519$
$\alpha = h_1/h = 4{,}00/5{,}25 = 0{,}762$

$$\beta = \pi \cdot \sqrt{\frac{5+4 \cdot (n/\alpha)}{12}} = \pi \cdot \sqrt{\frac{5+4 \cdot 0,519/0,762}{12}} = 2,52$$

$$s_K = \beta \cdot l = 2,52 \cdot 525 = 1323\ cm$$

$$\bar{\lambda} = \frac{1323}{8,54 \cdot 92,93} = 1,667 \quad \rightarrow \quad \kappa_b = 0,287$$

$\beta_m = 1$ wegen verschieblichem Stützenende!

$$\eta = \frac{N}{\kappa \cdot N_{pl,d}} + \frac{\beta_m \cdot M}{M_{pl,d}} + \Delta n = \frac{55,55}{0,287 \cdot 1704} + \frac{1,0 \cdot 108,0}{140} + 0,1$$

$$\eta = 0,113 + 0,771 + 0,1 = 0,984 < 1$$

Genauer ergibt sich $\Delta n = 0,124 \cdot (1-0,124) \cdot 0,262^2 \cdot 1,76^2 = 0,023 < 0,1$
und damit $\eta = 0,907 < 1$

BDK: System: In z-Richtung ist der Stab einseitig eingespannt. BDK-Nachweis:

$$\frac{N}{\kappa_z \cdot N_{pl,d}} + \frac{M}{\kappa_M \cdot M_{pl,d}} \cdot k_y \leq 1$$

Knicken um z-z: $\beta = 2 \quad \rightarrow \quad s_{Kz} = 2 \cdot 525 = 1050\ cm$

Der (günstig wirkende) Einfluß der Stützenkoppelung mit den geringer belasteten Randstützen (ergibt tatsächlich $\beta \approx 1{,}75$!) wird hier vernachlässigt. Also:

$$\bar{\lambda} = \frac{2 \cdot 525}{5,07 \cdot 92,93} = 2,229 \quad \rightarrow \quad \kappa_c = 0,163$$

$$\frac{N}{\kappa_c \cdot N_{pl,d}} = \frac{55,55}{0,163 \cdot 1704} = 0,200 > 0,1 \quad \rightarrow \quad \text{Nachweis } \textit{mit } \text{N!}$$

Es wird ein genauer Nachweis erforderlich. Wesentlich ist die Bestimmung des idealen Kippmoments M_{Ki}, die in diesem Band nicht behandelt wird (siehe [5] "Stahlbau Teil 2"):

$$\chi = \frac{EI_z}{GI_T} \cdot \left(\frac{h_{Fl}}{2 \cdot l}\right)^2 = \frac{21000 \cdot 2000}{8100 \cdot 59,5} \cdot \left(\frac{18,5}{2 \cdot 525}\right)^2 = 0,027 \quad \rightarrow \quad k_2 \approx 5,6$$

$$M_{Ki,y,d} = \frac{1}{\gamma_M} \cdot \frac{k}{l} \cdot \sqrt{EI_z \cdot GI_T} = \frac{1}{1,1} \cdot \frac{5,6}{5,25} \cdot \sqrt{4200 \cdot 48,2} = 436,3 \text{ kNm}$$

$$\bar{\lambda}_M = \sqrt{\frac{M_{pl,y,d}}{M_{Ki,y,d}}} = \sqrt{\frac{140}{436,3}} = 0,566 \quad \rightarrow \quad \kappa_M = 0,976$$

$$\frac{M_y}{\kappa_M \cdot M_{pl,y,d}} = \frac{108,0}{0,976 \cdot 140} = 0,790 < 1$$

Vereinfachend wird $k_y = 1$ gesetzt.

$$\frac{N}{\kappa_z \cdot N_{pl,d}} + \frac{M}{\kappa_M \cdot M_{pl,d}} \cdot k_y = 0,200 + 0,790 \cdot 1 = 0,990 < 1$$

GK 3: **Biegeknicken um y-y**:

Knicklänge: $n = N_1/N = 4,70/31,43 = 0,150$

$\alpha = h_1/h = 4,00/5,25 = 0,762$

$$\beta = \pi \cdot \sqrt{\frac{5 + 4 \cdot 0,150/0,762}{12}} = 2,181$$

$$s_K = \beta \cdot l = 2,181 \cdot 525 = 1145 \text{ cm}$$

Die angelenkte Pendelstütze spielt hier wegen des geringen Normalkraftanteils im Nachweis kaum eine Rolle für die Knicklänge der eingespannten Stütze.

$$\bar{\lambda} = \frac{1145}{8,54 \cdot 92,93} = 1,443 \quad \rightarrow \quad \kappa_b = 0,364$$

$$\frac{N}{\kappa \cdot N_{pl,d}} = \frac{31,43}{0,364 \cdot 1704} = 0,051 < 0,1 \quad \rightarrow \text{ Nachweise } \textit{ohne} \text{ N!}$$

$$\frac{M}{M_{pl,d}} = \frac{119,3}{140} = 0,852 < 1$$

BDK: $$\frac{M}{\kappa_M \cdot M_{pl,d}} = \frac{119,3}{0,976 \cdot 140} = 0,873 < 1$$

GK 4: Biegung um z-z; wegen geringer Beanspruchung nicht maßgebend.

GK 5: Interessant sind hier nur die Nachweise für Biegung und Querkraft der Stütze an der Einspannstelle und für die Einspannung der Stütze im Köcher.

$$\frac{M}{M_{pl,d}} = \frac{120}{140} = 0,857 < 1 \qquad \frac{N}{N_{pl,d}} = \frac{48,05}{1704} = 0,028 < 0,1$$

$$\frac{V}{V_{pl,d}} = \frac{100}{210} = 0,476 > 0,33$$

$$0,88 \cdot \frac{M}{M_{pl,d}} + 0,37 \cdot \frac{V}{V_{pl,d}} = 0,88 \cdot 0,857 + 0,37 \cdot 0,467 = 0,927 < 1$$

Knicken um y-y und BDK o.w.N. (kein wesentlich anderes Ergebnis als bei GK 3).

Einspannung der Stütze im Köcher

Einspanntiefe gewählt: t = 70 cm.

GK5: $M_d^* = 120 + 100 \cdot \frac{0,70}{2} = 120 + 35 = 155 \text{ kNm}$

$$A_b = 20 \cdot 70 = 1400 \text{ cm}^2 \qquad W_b = 20 \cdot 70^2/6 = 16333 \text{ cm}^3$$

$$\sigma_{cd} = \frac{100}{1400} + \frac{15500}{16333} = 0,071 + 0,949 = 1,02 \text{ kN/cm}^2 < 1,35 \quad (C20/25)$$

Schubspannung im Trägersteg:

$$H_{u,d} = \frac{3}{2} \cdot \frac{155}{0,70} - \frac{100}{2} = 332 - 100 = 282 \text{ kN}$$

$$max\ \tau = \frac{282 \cdot 321}{5700 \cdot 0,9} = 17,65 \text{ kN/cm}^2 > 12,6$$

oder $\frac{V}{V_{pl,d}} = \frac{282}{210} = 1,343 > 1$

Die Schubbeanspruchung überschreitet bei weitem die Beanspruchbarkeit auf Schub. Die Stütze wird auf 500 mm Länge beidseits durch aufgeschweißte Flachstähle 180x8 verstärkt; o.w.N.

Andere Möglichkeit: größere Einspannlänge wählen (jedoch meist unwirtschaftlich)!

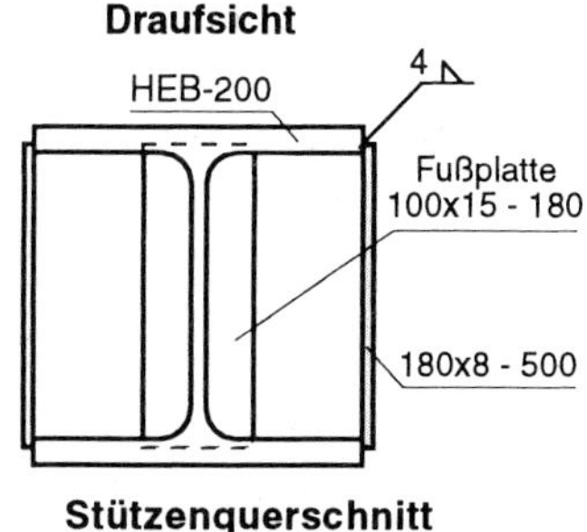

Stützenquerschnitt mit Verstärkung im Einspannbereich

Die Fußplatte wird mit einem Flachstahl 100x15 - 180 lg. konstruktiv ausgeführt. Das ist besser als eine Fußplatte auf die ganze Fläche 200x200, weil bei kleinerer Fußplatte der Unterbeton sicher verdichtet werden kann.

Flachdachhalle als Rahmenkonstruktion

Statische Berechnung

Bauvorhaben:	Werkhalle
Bauort, Straße, Flurst.:	W-bad, S-Straße, Flurstück 47/11
Bauherrschaft:	Firma A. Sch., ..., Werkzeughersteller
Architekt / Bauleiter:	Dipl.-Ing. (FH) M. W. Pf., ..., Freier Architekt
Statik und Ausführung:	Fa. K & W, Stahlbau, ...

Inhalt

*) Interne Seiten-Numerierung, stimmt nicht mit den Buchseiten überein!

Allgemeine Angaben

Baubeschreibung

Werkhalle als Flachdachhalle. Abmessungen: im Grundriß 20,04 x 30,59 m, Höhe OK Attika 5,40 m.

Stahlkonstruktion. Zweigelenkrahmen in 5,00 m Abstand. Aussteifung durch Verbände in Dach, Längswänden und einer Giebelwand. Die andere Giebelwand (Achse 7) wird als Normalrahmen mit Zwischenstützen ausgeführt; hier ist später eine Hallen-Erweiterung möglich.

Dach: Trapezblech mit Wärmedämmung und Abdichtung.

Wände: Porenbeton-Wandplatten, Profil-Verglasung, Türen und Tore.

Gründung: Umlaufende Streifenfundamente. Aufweitung unter den Einzelstützen. Bewehrte Bodenplatte, die auch den Horizontalschub der Rahmenstützen durchleitet.

Regelwerke

Es gelten die bauaufsichtlich eingeführten Normen und Richtlinien. Insbesondere liegen der Berechnung zugrunde:

DIN 18800 Teile 1 + 2 (11.90)	Stahlbauten
DIN 18801	Stahlhochbauten
DIN 1045 bzw. EC 2	Stahlbetonbau
DIN 1055	Lastanahmen

Bauaufsichtliche Zulassungen und Belastungstabellen (siehe auch unten).

Lastannahmen und Baustoffe

Schneelast: Zone III, Geländehöhe 400 m NN: $s = 1{,}00\ kN/m^2$

Windlast: nach DIN 1055

Bodenkennwerte: zulässige Bodenpressung (mittig): $zul\ \sigma = 0{,}25\ MN/m^2$

Baustoffe: Stahl: S 235 JR G2

Schrauben: Rohschrauben 4.6 (DIN 7990)
HV-Schrauben 10.9 (DIN 6914)

Beton, Betonstahl: C 20/25, BSt 500S, BSt 500M

Porenbetonplatten (Wände): PB 3.3 und PB 4.4, d = 20 cm

Trapezblech (Dach): nach bauaufsichtlicher Zulassung

Anlagen

Querschnitts- und Bemessungswerte nach DIN 18807 für Fischer-Trapezprofil FI 100/275 (Positivlage)	Seite	6	*)
Belastungstabellen für FI 100/275 (Positivlage)	Seite	8	
Abmessungen und Belastbarkeit für Hilti-Setzbolzen	Seite	9	

*) Interne Seiten-Numerierung, stimmt nicht mit den Buchseiten überein!

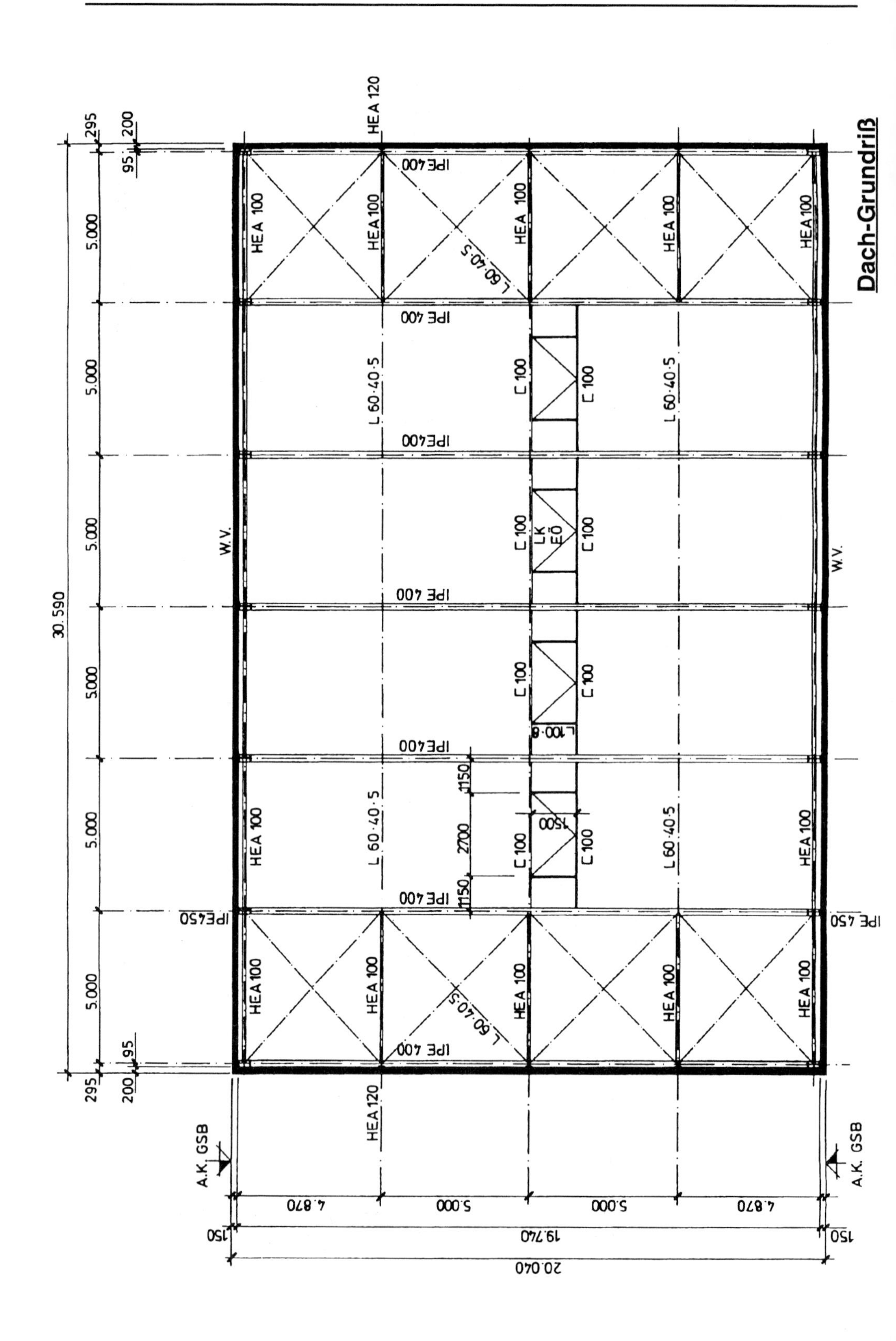

Dach-Grundriß
HEA 120
HEA 100
IPE 400
IPE 450
L 60·40·5
C 100
LK EÖ
L 100·8
W.V.
A.K. GSB
30.590
5.000
295
200
95
1150
2700
1500
4.870
19.740
20.040
150

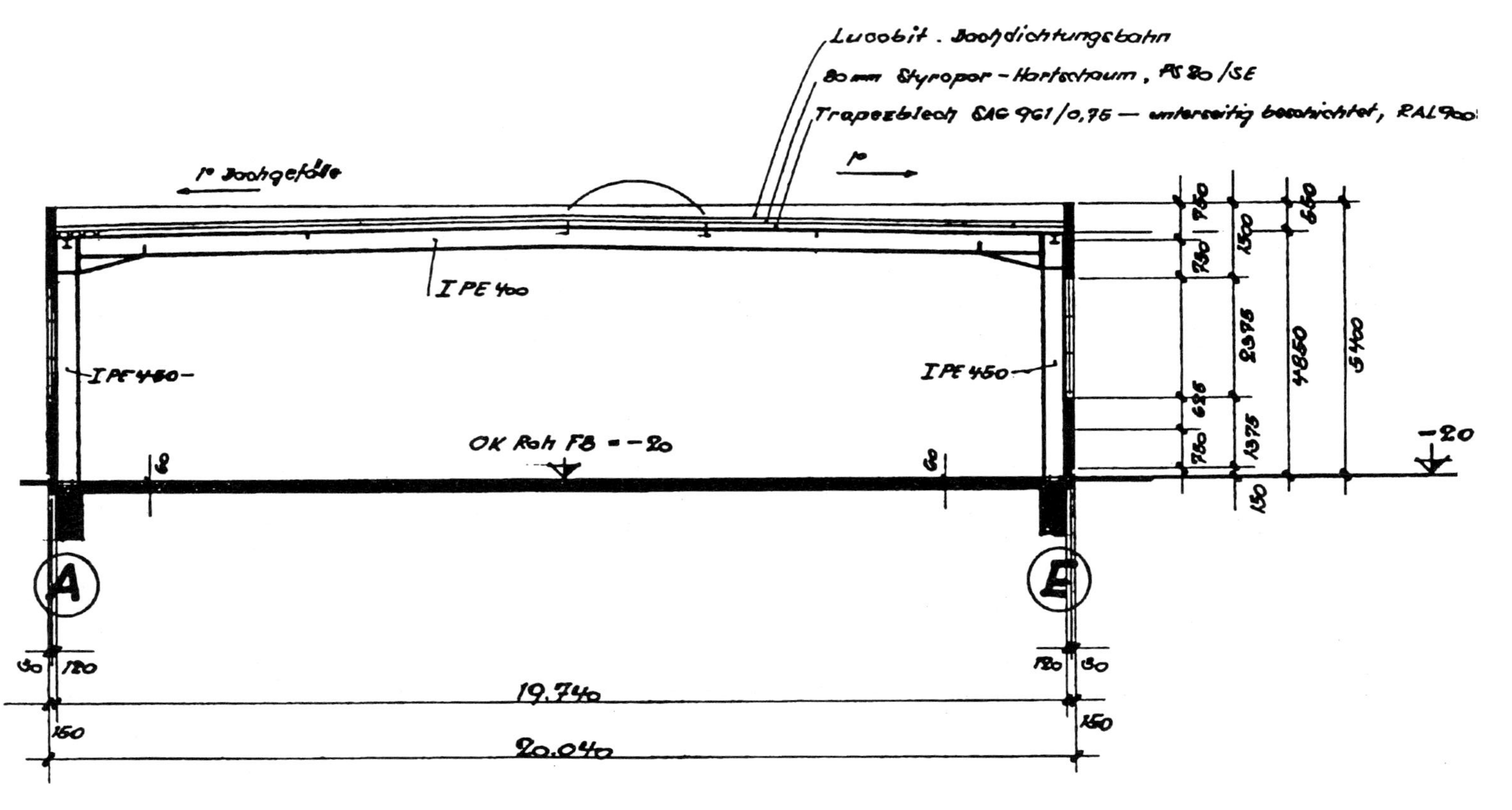

Querschnitt Rahmen

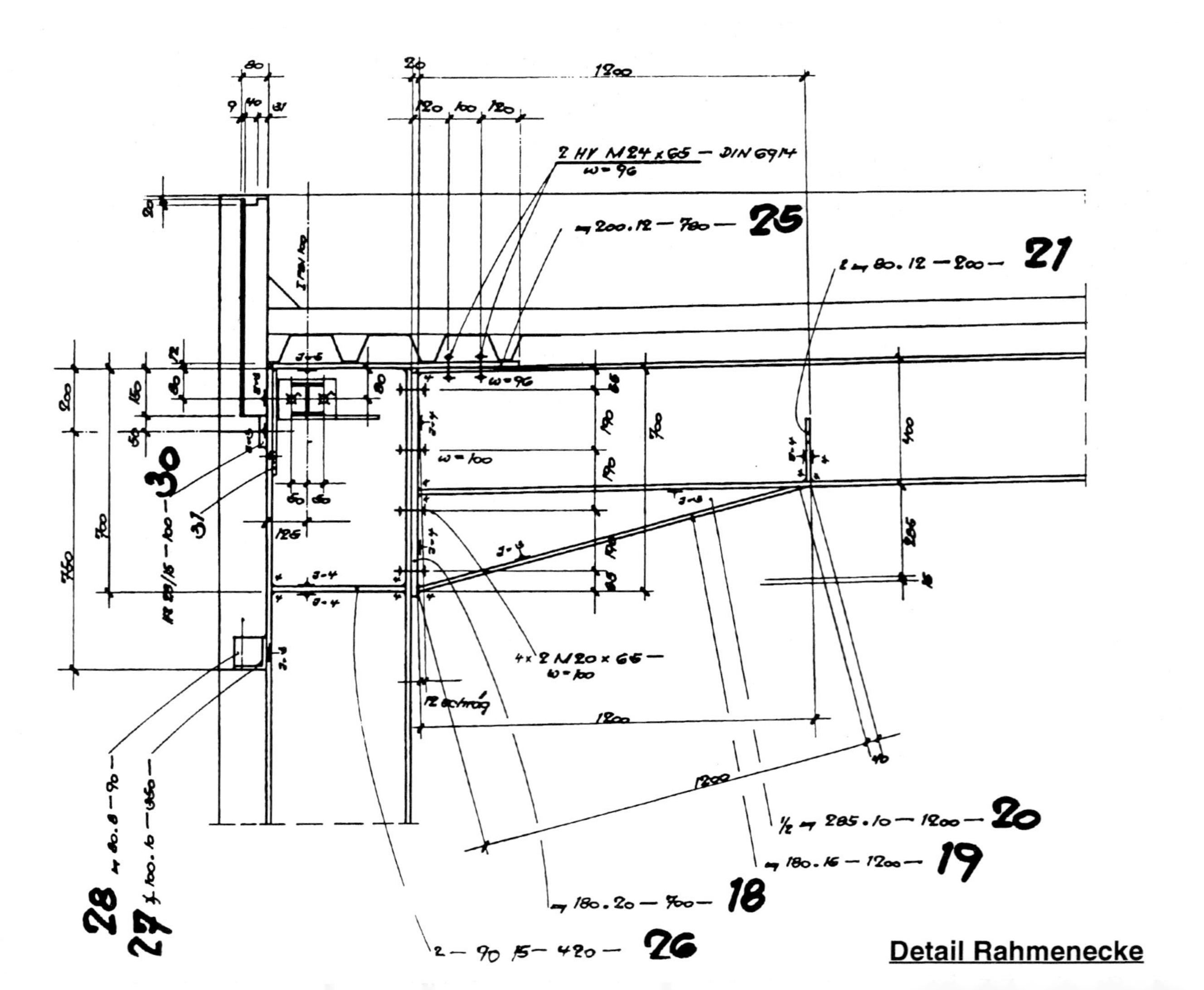

Detail Rahmenecke

tahltrapezprofil Typ **FI 100/275**

uerschnitts- und Bemessungswerte nach DIN 18 807

rofiltafel in **Positivlage**

laße in mm
l = 1 : 10

adien:
= 5 mm

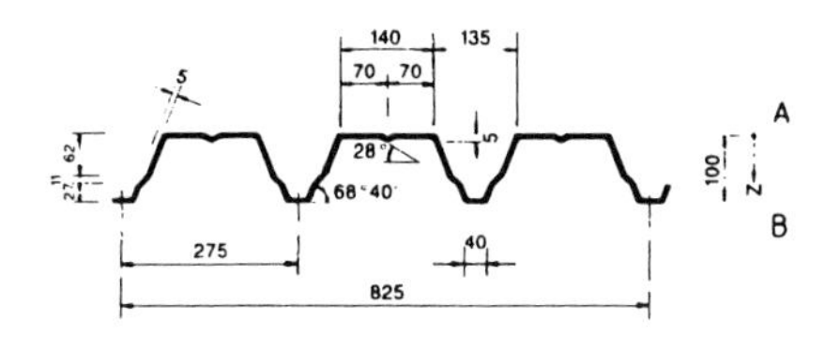

Anlage Nr. 3.1 zum Prüfbescheid
Als Typenentwurf
in bautechnischer Hinsicht geprüft
Prüfbescheid-Nr. 3. P-30-164/91
LANDESPRÜFAMT FÜR BAUSTATIK
Düsseldorf, den 11.3.1991

Der Leiter Der Bearbeiter

i.V.

lennstreckgrenze des Stahlkerns $\beta_{S,N}$ = 320 N/mm²

laßgebende Querschnittswerte											Grenz-Stützweiten [3]	
nn-ech cke	Eigen-last	Biegung [1]		Normalkraftbeanspruchung							l_{gr} [m]	
				nicht reduzierter Querschnitt			mitwirkender Querschnitt [2]					
N	g	I_{ef}^{+}	I_{ef}^{-}	A_g	i_g	Z_g	A_{ef}	i_{ef}	Z_{ef}		Einfeld-träger	Mehrfeld träger
nm]	[kN/m²]	[cm⁴/m]	[cm⁴/m]	[cm²/m]	[cm]	[cm]	[cm²/m]	[cm]	[cm]			
,75	0,090	155,1	155,1	10,34	3,76	3,77	4,16	4,34	4,54		4,04	5,05
,88	0,106	170,3	170,3	12,24	3,76	3,77	5,61	4,30	4,50		4,24	5,30
,00	0,120	191,4	191,4	13,98	3,76	3,77	7,01	4,28	4,42		4,41	5,51
,13	0,136	226,6	226,6	15,88	3,76	3,77	8,62	4,24	4,33		4,66	5,83
,25	0,150	274,5	274,5	17,63	3,76	3,77	10,19	4,22	4,25		4,97	6,22
,50	0,180	331,3	331,3	21,27	3,76	3,77	13,52	4,13	4,05		5,29	6,62

chubfeldwerte

				zul $T_3 = G_S/750$ [kN/m]				zul F_t [7]	
					$G_S = 10^4/(K_1 + K_2/L_S$			Einleitungslänge a	
N nm]	min L_S [4] [m]	zul T_1 [kN/m]	zul T_2 [kN/m]	L_G [5] [m]	K_1 [m/kN]	K_2 [m²/kN]	K_3 [6] [–]	≧ 130 mm [kN]	≧ 280 mm [kN]
usführungen nach DIN 18 807 Teil 3, Bild 6									
,75	4,04	1,67	1,71	4,99	0,259	38,64	0,41	9,0	12,0
,88	3,71	2,14	2,61	4,23	0,219	25,38	0,44	10,6	14,2
,00	3,47	2,62	3,64	3,71	0,191	18,18	0,47	12,2	16,2
,13	3,26	3,17	5,00	3,28	0,169	13,23	0,50	13,8	18,4
,25	3,09	3,71	6,49	2,96	0,152	10,19	0,53	15,3	20,5
,50	2,81	4,91	10,38	2,46	0,126	6,37	0,58	18,5	24,7
usführungen nach DIN 18 807 Teil 3, Bild 7									
,75	4,15	3,22	1,63	4,11	0,259	32,61	0,60	9,0	12,0
,88	3,82	4,14	2,48	4,15	0,219	21,42	0,60	10,6	14,2
,00	3,57	5,06	3,46	4,19	0,191	15,34	0,60	12,2	16,2
,13	3,35	6,12	4,75	4,24	0,169	11,17	0,60	13,8	18,4
,25	3,18	7,16	6,17	4,28	0,152	8,60	0,60	15,3	20,5
,50	2,90	9,48	9,87	4,20	0,126	5,38	0,60	18,5	24,7

Die Fußnoten aus der Zulassung sind hier nicht aufgeführt!

Stahltrapezprofil Typ **FI 100/275**

Querschnitts- und Bemessungswerte nach DIN 18 807 Teil 2

Profiltafel in **Positivlage**

Anlage Nr. 3.2 zum Prüfbescheid
Als Typenentwurf
in bautechnischer Hinsicht geprüft
Prüfbescheid-Nr. 3. P-30-164/91
LANDESPRÜFAMT FÜR BAUSTATIK
Düsseldorf, den 11.3.1991

Der Leiter i.V. [signature] Der Bearbeiter [signature]

Aufnehmbare Tragfähigkeitswerte für nach unten gerichtete und andrückende Flächen-Belastung [1]

Nennblechdicke	Feldmoment	Endauflagerkräfte		Elastisch aufnehmbare Schnittgrößen an Zwischenauflagern [5]				Reststützmomente [6]		
		Tragfähigkeit	Gebrauchsfähigkeit	$\max M_B \geqq M_B \leqq M_d^o - (R_B/C)^\varepsilon$		maximales Stützmoment	maximale Zwischenauflagerkraft	$M_R = 0$ für $l \leqq \min l$; $M_R = \frac{l - \min l}{\max l - \min l} \cdot \max M_R$; $M_R = \max M_R$ für $l \geqq \max l$		
t_N [mm]	M_{dF} [kNm/m]	$R_{A,T}$ [kN/m]	$R_{A,G}$ [kN/m]	M_d^o [kNm/m]	C [ ]	$\max M_B$ [kNm/m]	$\max R_B$ [kN/m]	min l [m]	max l [m]	max M [kNm/m]
		[2] $b_A + ü = 40$ mm		[3] Zwischenauflagerbreite $b_B = 60$ mm; $\varepsilon = 2$ [C] = $kN^{1/2}/m$						
0,75	4,50	8,16	6,24	6,42	9,42	5,21	15,38	4,0	4,0	1,8
0,88	6,73	12,14	9,28	8,51	11,55	7,02	21,38	4,0	4,0	3,6
1,00	9,06	16,19	12,38	10,83	13,23	8,99	27,53	4,0	4,0	6,1
1,13	11,82	20,86	15,95	13,59	15,60	11,45	35,93	4,0	4,0	9,9
1,25	14,58	25,30	19,35	16,37	18,41	14,04	45,62	4,0	4,0	14,4
1,50	17,59	30,53	23,35	19,76	20,22	16,95	55,05	4,0	4,0	17,4
		[2][4] $b_A + ü \geqq$ mm		[4] Zwischenauflagerbreite $b_B \geqq 140$ mm; $\varepsilon = 2$ [C] = $kN^{1/2}/m$						
0,75				8,57	10,15	6,78	19,44	4,0	4,0	1,8
0,88				11,57	12,44	9,32	27,35	4,0	4,0	3,6
1,00				14,18	15,22	11,78	36,20	4,0	4,0	6,1
1,13				16,70	18,96	14,46	47,87	4,0	4,0	9,9
1,25				18,77	24,45	16,88	60,78	4,0	4,0	14,4
1,50				22,65	26,86	20,36	73,35	4,0	4,0	17,4

Aufnehmbare Tragfähigkeitswerte für nach oben gerichtete und abhebende Flächen-Belastung [1][6]

Nennblechdicke	Feldmoment	Befestigung in jedem anliegenden Gurt					Befestigung in jedem 2. anliegenden Gurt				
		Endauflager	Zwischenauflagerbreite [5], $\varepsilon =$				Endauflager	Zwischenauflager [5], $\varepsilon =$			
t_N [mm]	M_{dF} [kNm/m]	R_A [kN/m]	M_d^o [kNm/m]	C [ ]	$\max M_B$ [kNm/m]	$\max R_B$ [kN/m]	R_A [kN/m]	M_d^o [kNm/m]	C [ ]	$\max M_B$ [kNm/m]	$\max R_B$ [kN/m]
0,75	5,40	8,16			7,72	15,30	4,08			3,86	7,65
0,88	7,81	12,14			10,10	21,35	6,07			5,05	10,68
1,00	10,24	16,19			12,67	27,42	8,10			6,34	13,71
1,13	13,01	20,86			15,90	35,33	10,43			7,95	17,67
1,25	15,64	25,30			19,35	44,03	12,65			9,68	22,02
1,50	18,88	30,53			23,34	53,13	15,27			11,67	26,57

[1] An den Stellen von Linienlasten quer zur Spannrichtung und von Einzellasten ist der Nachweis nicht mit dem Feldmoment M_{dF}, sondern mit dem Stützmoment M_B für die entgegengesetzte Lastrichtung zu führen.

[2] $b_A + ü$ = Endauflagerbreite + Profiltafelüberstand.

[3] Für kleinere Zwischenauflagerbreiten b_B als angegeben müssen die aufnehmbaren Tragfähigkeitswerte linear im entsprechenden Verhältnis reduziert werden. Für $b_B < 10$ mm, z.B. bei Rohren, dürfen die Werte für $b_B = 10$ mm eingesetzt werden.

Weitere Fußnoten aus der Zulassung sind hier nicht aufgeführt

Belastungstabellen nach DIN 18807

Die Werte rechts der Treppenlinien gelten für Wand- und nichttragende Dachsysteme

Einfeldträger

Endauflagerbreite a ≥ 40 mm

Blechdicke t [mm]	Eigenlast g [kN/m²]	Grenzstützweite Lgr. [m]	Zeile	3.25	3.50	3.75	4.00	4.25	4.50	4.75	5.00	5.25	5.50	5.75	6.00	6.25	6.50	6.75	7.00	7.25	7.50	7.75	8.00
0.75	0.090	4.04	1	2.00	1.73	1.51	1.32	1.17	1.05	0.94	0.85	0.77	0.70	0.64	0.59	0.54	0.50	0.46	0.43	0.40	0.38	0.35	0.33
			2	2.00	1.73	1.51	1.32	1.17	1.05	0.94	0.85	0.77	0.70	0.64	0.59	0.54	0.50	0.46	0.43	0.40	0.38	0.35	0.33
			3	2.00	1.73	1.51	1.30	1.09	0.92	0.78	0.67	0.58	0.50	0.44	0.39	0.34	0.30	0.27	0.24	0.22	0.20	0.18	0.16
			4	1.46	1.17	0.95	0.78	0.65	0.55	0.47	0.40	0.35	0.30	0.26	0.23	0.20	0.18	0.16	0.15	0.13	0.12	0.11	0.10
0.88	0.106	4.24	1	3.00	2.59	2.25	1.98	1.75	1.56	1.40	1.27	1.15	1.05	0.96	0.88	0.81	0.75	0.70	0.65	0.60	0.56	0.53	0.49
			2	3.00	2.59	2.25	1.98	1.75	1.56	1.40	1.27	1.15	1.05	0.96	0.85	0.75	0.67	0.60	0.53	0.48	0.43	0.39	0.36
			3	2.67	2.14	1.74	1.43	1.19	1.00	0.85	0.73	0.63	0.55	0.48	0.42	0.38	0.33	0.30	0.27	0.24	0.22	0.20	0.18
			4	1.60	1.28	1.04	0.86	0.72	0.60	0.51	0.44	0.38	0.33	0.29	0.25	0.23	0.20	0.18	0.16	0.14	0.13	0.12	0.11
1.00	0.120	4.41	1	4.04	3.48	3.03	2.66	2.36	2.11	1.89	1.71	1.55	1.41	1.29	1.18	1.09	1.01	0.94	0.87	0.81	0.76	0.71	0.67
			2	4.04	3.48	3.03	2.66	2.36	2.11	1.89	1.65	1.42	1.24	1.08	0.95	0.84	0.75	0.67	0.60	0.54	0.49	0.44	0.40
			3	3.00	2.40	1.95	1.61	1.34	1.13	0.96	0.82	0.71	0.62	0.54	0.48	0.42	0.37	0.33	0.30	0.27	0.24	0.22	0.20
			4	1.80	1.44	1.17	0.96	0.80	0.68	0.58	0.49	0.43	0.37	0.32	0.29	0.25	0.22	0.20	0.18	0.16	0.15	0.13	0.12
1.25	0.150	4.97	1	6.50	5.60	4.88	4.29	3.80	3.39	3.04	2.74	2.49	2.27	2.08	1.91	1.76	1.62	1.51	1.40	1.31	1.22	1.14	1.07
			2	6.50	5.60	4.88	4.29	3.80	3.24	2.75	2.36	2.04	1.77	1.55	1.37	1.21	1.07	0.96	0.86	0.77	0.70	0.63	0.58
			3	4.30	3.44	2.80	2.31	1.92	1.62	1.38	1.18	1.02	0.89	0.78	0.68	0.60	0.54	0.48	0.43	0.39	0.35	0.32	0.29
			4	2.58	2.07	1.68	1.38	1.15	0.97	0.83	0.71	0.61	0.53	0.47	0.41	0.36	0.32	0.29	0.26	0.23	0.21	0.19	0.17
1.50	0.180	5.29	1	7.84	6.76	5.89	5.17	4.58	4.09	3.67	3.31	3.00	2.74	2.50	2.30	2.12	1.96	1.82	1.69	1.57	1.47	1.38	1.29
			2	7.84	6.76	5.89	5.17	4.58	3.91	3.32	2.85	2.46	2.14	1.87	1.65	1.46	1.30	1.16	1.04	0.93	0.84	0.77	0.70
			3	5.19	4.15	3.38	2.78	2.32	1.95	1.66	1.42	1.23	1.07	0.94	0.82	0.73	0.65	0.58	0.52	0.47	0.42	0.38	0.35
			4	3.11	2.49	2.03	1.67	1.39	1.17	1.00	0.85	0.74	0.64	0.56	0.49	0.44	0.39	0.35	0.31	0.28	0.25	0.23	0.21

Zulässige Belastung q [kN/m²] bei einer Stützweite L [m]

Zweifeldträger

Zwischenauflagerbreite b ≥ 140 mm
Endauflagerbreite a ≥ 40 mm

Blechdicke t [mm]	Eigenlast g [kN/m²]	Grenzstützweite Lgr. [m]	Zeile	3.25	3.50	3.75	4.00	4.25	4.50	4.75	5.00	5.25	5.50	5.75	6.00	6.25	6.50	6.75	7.00	7.25	7.50	7.75	8.00
0.75	0.090	5.05	1	2.51	2.25	2.02	1.83	1.66	1.52	1.39	1.28	1.16	1.05	0.97	0.89	0.82	0.76	0.70	0.65	0.61	0.57	0.53	0.50
			2	2.51	2.25	2.02	1.83	1.66	1.52	1.39	1.28	1.16	1.05	0.97	0.89	0.82	0.76	0.70	0.65	0.61	0.57	0.53	0.50
			3	2.51	2.25	2.02	1.83	1.66	1.52	1.39	1.28	1.16	1.05	0.97	0.89	0.82	0.76	0.68	0.61	0.55	0.49	0.45	0.41
			4	2.51	2.25	2.02	1.83	1.63	1.37	1.17	1.00	0.86	0.75	0.66	0.58	0.51	0.46	0.41	0.36	0.33	0.30	0.27	0.24
0.88	0.106	5.30	1	3.49	3.11	2.80	2.53	2.29	2.09	1.91	1.75	1.59	1.45	1.33	1.22	1.12	1.04	0.96	0.90	0.83	0.78	0.73	0.69
			2	3.49	3.11	2.80	2.53	2.29	2.09	1.91	1.75	1.59	1.45	1.33	1.22	1.12	1.04	0.96	0.90	0.83	0.78	0.73	0.69
			3	3.49	3.11	2.80	2.53	2.29	2.09	1.91	1.75	1.58	1.38	1.20	1.06	0.94	0.83	0.74	0.67	0.60	0.54	0.49	0.45
			4	3.49	3.11	2.60	2.15	1.79	1.51	1.28	1.10	0.95	0.83	0.72	0.64	0.56	0.50	0.45	0.40	0.36	0.33	0.30	0.27
1.00	0.120	5.51	1	4.48	3.99	3.57	3.22	3.11	2.78	2.49	2.25	2.04	1.86	1.70	1.56	1.44	1.33	1.23	1.15	1.07	1.00	0.94	0.88
			2	4.48	3.99	3.57	3.22	3.11	2.78	2.49	2.25	2.04	1.86	1.70	1.56	1.44	1.33	1.23	1.15	1.07	1.00	0.94	0.88
			3	4.48	3.99	3.57	3.22	3.11	2.78	2.40	2.06	1.78	1.55	1.35	1.19	1.05	0.94	0.84	0.75	0.68	0.61	0.55	0.50
			4	4.48	3.60	2.93	2.41	2.01	1.69	1.44	1.23	1.07	0.93	0.81	0.71	0.63	0.56	0.50	0.45	0.41	0.37	0.33	0.30
1.25	0.150	6.22	1	6.75	5.95	5.29	4.73	5.52	4.92	4.42	3.99	3.62	3.30	3.02	2.77	2.55	2.36	2.19	2.03	1.90	1.77	1.66	1.56
			2	6.75	5.95	5.29	4.73	5.52	4.92	4.42	3.99	3.62	3.30	3.02	2.77	2.55	2.36	2.19	2.03	1.90	1.75	1.59	1.44
			3	6.75	5.95	5.29	4.73	4.81	4.05	3.44	2.95	2.55	2.22	1.94	1.71	1.51	1.34	1.20	1.08	0.97	0.87	0.79	0.72
			4	6.45	5.16	4.20	3.46	2.88	2.43	2.07	1.77	1.53	1.33	1.16	1.02	0.91	0.81	0.72	0.65	0.58	0.52	0.48	0.43
1.50	0.180	6.62	1	8.14	7.18	6.38	5.70	6.66	5.94	5.33	4.81	4.36	3.98	3.64	3.34	3.08	2.85	2.64	2.45	2.29	2.14	2.00	1.88
			2	8.14	7.18	6.38	5.70	6.66	5.94	5.33	4.81	4.36	3.98	3.64	3.34	3.08	2.85	2.64	2.45	2.29	2.11	1.91	1.74
			3	8.14	7.18	6.38	5.70	5.80	4.89	4.15	3.56	3.08	2.68	2.34	2.06	1.82	1.62	1.45	1.30	1.17	1.06	0.96	0.87
			4	7.78	6.23	5.07	4.17	3.48	2.93	2.49	2.14	1.85	1.61	1.41	1.24	1.09	0.97	0.87	0.78	0.70	0.63	0.57	0.52

Zwischenauflagerbreite ≥ 60 mm [Max. Tragfähigkeit einschließlich Sicherheitsbeiwerten in kN/m²]

t	g	Lgr	Zeile	3.25	3.50	3.75	4.00	4.25	4.50	4.75	5.00	5.25	5.50	5.75	6.00	6.25	6.50	6.75	7.00	7.25	7.50	7.75	8.00
0.75	0.090	5.05	1	2.00	1.74	1.56	1.41	1.40	1.25	1.12	1.01	0.92	0.84	0.76	0.70	0.65	0.60	0.55	0.52	0.48	0.45	0.42	0.39
0.88	0.106	5.30	1	3.00	2.59	2.25	1.98	2.21	1.97	1.77	1.59	1.45	1.32	1.21	1.11	1.02	0.94	0.87	0.81	0.76	0.71	0.66	0.62
1.00	0.120	5.51	1	4.04	3.48	3.03	2.66	2.91	2.64	2.41	2.21	2.01	1.83	1.67	1.54	1.42	1.31	1.21	1.13	1.05	0.98	0.92	0.86
1.25	0.150	6.22	1	6.50	5.60	4.88	4.29	4.57	4.15	3.78	3.46	3.13	2.86	2.61	2.40	2.21	2.04	1.90	1.76	1.64	1.54	1.44	1.35
1.50	0.180	6.62	1	7.84	6.76	5.89	5.17	5.52	5.01	4.56	4.17	3.78	3.45	3.15	2.90	2.67	2.47	2.29	2.13	1.98	1.85	1.74	1.63

Dreifeldträger

Zwischenauflagerbreite b ≥ 140 mm
Endauflagerbreite a ≥ 40 mm

Blechdicke t [mm]	Eigenlast g [kN/m²]	Grenzstützweite Lgr. [m]	Zeile	3.25	3.50	3.75	4.00	4.25	4.50	4.75	5.00	5.25	5.50	5.75	6.00	6.25	6.50	6.75	7.00	7.25	7.50	7.75	8.00
0.75	0.090	5.05	1	2.99	2.68	2.35	2.07	1.83	1.63	1.47	1.32	1.20	1.09	1.00	0.92	0.85	0.78	0.73	0.68	0.63	0.59	0.55	0.52
			2	2.99	2.68	2.35	2.07	1.83	1.63	1.47	1.32	1.20	1.09	1.00	0.92	0.85	0.78	0.73	0.68	0.63	0.59	0.55	0.52
			3	2.99	2.68	2.35	2.07	1.83	1.63	1.47	1.28	1.11	0.96	0.84	0.74	0.66	0.58	0.52	0.47	0.42	0.38	0.34	0.31
			4	2.80	2.24	1.82	1.50	1.25	1.06	0.90	0.77	0.66	0.58	0.51	0.45	0.39	0.35	0.31	0.28	0.25	0.23	0.21	0.19
0.88	0.106	5.30	1	4.15	3.72	3.35	3.03	2.74	2.44	2.19	1.98	1.80	1.64	1.50	1.37	1.27	1.17	1.09	1.01	0.94	0.88	0.82	0.77
			2	4.15	3.72	3.35	3.03	2.74	2.44	2.19	1.98	1.80	1.64	1.50	1.37	1.27	1.17	1.09	1.01	0.92	0.83	0.76	0.69
			3	4.15	3.72	3.34	2.75	2.29	1.93	1.64	1.41	1.22	1.06	0.93	0.82	0.72	0.64	0.57	0.51	0.46	0.42	0.38	0.34
			4	3.08	2.46	2.00	1.65	1.38	1.16	0.99	0.85	0.73	0.63	0.56	0.49	0.43	0.38	0.34	0.31	0.28	0.25	0.23	0.21
1.00	0.120	5.51	1	5.35	4.78	4.29	3.88	3.52	3.21	2.93	2.66	2.42	2.20	2.01	1.85	1.71	1.58	1.46	1.36	1.27	1.18	1.11	1.04
			2	5.35	4.78	4.29	3.88	3.52	3.21	2.93	2.66	2.42	2.20	2.01	1.83	1.62	1.44	1.29	1.15	1.04	0.94	0.85	0.77
			3	5.35	4.62	3.75	3.09	2.58	2.17	1.85	1.58	1.37	1.19	1.04	0.92	0.81	0.72	0.64	0.58	0.52	0.47	0.43	0.39
			4	3.46	2.77	2.25	1.86	1.55	1.30	1.11	0.95	0.82	0.71	0.62	0.55	0.49	0.43	0.39	0.35	0.31	0.28	0.26	0.23
1.25	0.150	6.22	1	8.16	7.22	6.43	5.76	5.52	4.92	4.42	3.99	3.62	3.30	3.02	2.77	2.55	2.36	2.19	2.03	1.90	1.77	1.66	1.56
			2	8.16	7.22	6.43	5.76	5.52	4.92	4.42	3.99	3.62	3.30	2.99	2.63	2.32	2.07	1.85	1.65	1.49	1.35	1.22	1.11
			3	8.16	6.62	5.38	4.43	3.70	3.11	2.65	2.27	1.96	1.71	1.49	1.31	1.16	1.03	0.92	0.83	0.74	0.67	0.61	0.55
			4	4.96	3.97	3.23	2.66	2.22	1.87	1.59	1.36	1.18	1.02	0.90	0.79	0.70	0.62	0.55	0.50	0.45	0.40	0.37	0.33
1.50	0.180	6.62	1	9.85	8.71	7.76	6.95	6.66	5.94	5.33	4.81	4.36	3.98	3.64	3.34	3.08	2.85	2.64	2.45	2.29	2.14	2.00	1.88
			2	9.85	8.71	7.76	6.95	6.66	5.94	5.33	4.81	4.36	3.98	3.60	3.17	2.81	2.49	2.23	2.00	1.80	1.62	1.47	1.34
			3	9.85	7.99	6.50	5.35	4.46	3.76	3.20	2.74	2.37	2.06	1.80	1.59	1.40	1.25	1.11	1.00	0.90	0.81	0.74	0.67
			4	5.99	4.79	3.90	3.21	2.68	2.26	1.92	1.64	1.42	1.24	1.08	0.95	0.84	0.75	0.67	0.60	0.54	0.49	0.44	0.40

Zwischenauflagerbreite ≥ 60 mm [Max. Tragfähigkeit einschließlich Sicherheitsbeiwerten in kN/m²]

t	g	Lgr	Zeile	3.25	3.50	3.75	4.00	4.25	4.50	4.75	5.00	5.25	5.50	5.75	6.00	6.25	6.50	6.75	7.00	7.25	7.50	7.75	8.00
0.75	0.090	5.05	1	2.32	2.08	1.87	1.69	1.54	1.41	1.29	1.19	1.09	1.01	0.93	0.85	0.78	0.73	0.67	0.63	0.58	0.54	0.51	0.48
0.88	0.106	5.30	1	3.18	2.84	2.55	2.31	2.21	1.97	1.77	1.61	1.48	1.37	1.25	1.15	1.06	0.98	0.91	0.84	0.79	0.73	0.69	0.65
1.00	0.120	5.51	1	4.08	3.64	3.27	2.96	3.11	2.78	2.49	2.25	2.04	1.86	1.70	1.56	1.44	1.33	1.23	1.15	1.07	1.00	0.94	0.88
1.25	0.150	6.22	1	6.53	5.81	5.20	4.69	5.52	4.92	4.42	3.99	3.62	3.30	3.02	2.77	2.55	2.36	2.19	2.03	1.90	1.77	1.66	1.56
1.50	0.180	6.62	1	7.88	7.01	6.28	5.66	6.66	5.94	5.33	4.81	4.36	3.98	3.64	3.34	3.08	2.85	2.64	2.45	2.29	2.14	2.00	1.88

Zeile 1 = Zulässige Belastung einschließlich Sicherheitsbeiwerten
Zeile 2 = Zulässige Belastung bei einer Durchbiegung von f ≤ L/150
Zeile 3 = Zulässige Belastung bei einer Durchbiegung von f ≤ L/300
Zeile 4 = Zulässige Belastung bei einer Durchbiegung von f ≤ L/500

Ablesebeispiel: Zweifeldträger, Blechdicke 0.75 mm, 5.00 m Stützweite, Zwischenauflagerbreite 150 mm (≥ 140 mm), Durchbiegungsbegrenzung ≤ L/300 = 1.28 kN/m²

Lgr = Grenzstützweite, bis zu der das Trapezprofil als tragendes Bauelement von Dach- und Deckensystemen verwendet werden darf.

Fischer Trapezprofil FI 100/275 Positivlage | **Technische Info**

Setzbolzen

Mit Setzbolzen werden Bleche auf Stahlunterkonstruktionen von wenigstens 6 mm Dicke befestigt. Der Setzbolzen wird mittels Bolzensetzgerät und Treibkartuschen (Ladungsstärke abhängig von Blech und Festigkeit des Stahlträgers) in den Stahlträger (ohne Vorbohrung o.dgl.) eingetrieben.

Zulässige Beanspruchung für Setzbolzen (Beispiel HILTI-Setzbolzen)

Setzbolzen ENP 3-21 L15

Blatt 9.2
Anlage zum Zulassungsbescheid
vom 25. Juli 1990
Nr.: Z-14.1-4

Anwendungsrichtlinien und zulässige Kräfte für Profilblechbefestigungen mit Setzbolzen ENP 3-21 L15

Hersteller: HILTI DEUTSCHLAND GMBH
Elsenheimer Straße 31
8000 München 21
Tel. (0 89) 570 01-0
Fax (0 89) 570 01-2 24

Vertrieb: HILTI DEUTSCHLAND GMBH

Ø 6,5 — 1,0 — 1,0 — 21 mm — 24 mm — Ø 4,5 — Ø 15

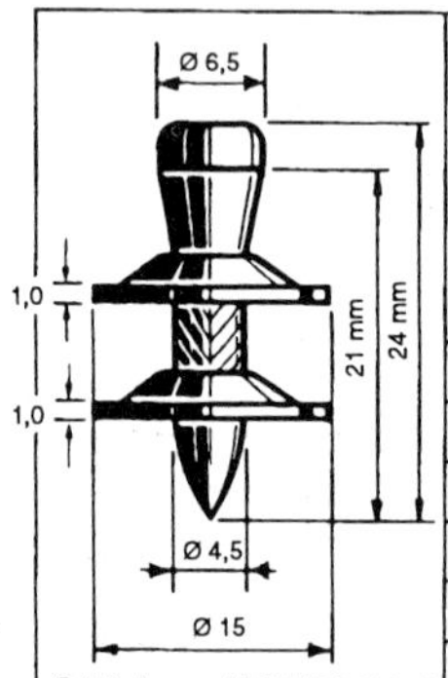

Setzbolzen: Hilti ENP 3-21 L 15
Setzgerät: Hilti DX 650
Schubkolben: 65/NP 3N
Werkstoff
- Setzbolzen: Stahl verzinkt
- Rondellen: Stahl tiefgezogen verzinkt

Bauteil I Blechdicke in mm feuerverzinktes Stahlblech St E 280 oder St E 320 mm	zulässige Befestigungstypen	Querkraft zul F_Q kN	Zugkraft zul F_Z kN
0,63	a,b,c,d	1,60	0,90
0,75	a,b,c,d	2,00	1,50
0,88	a,b,c,d	2,50	2,00
1,00	a,b,c,d	3,00	2,70
1,13	a,b,c,d	3,50	3,10
1,25	a,b,c,d	4,00	3,50
1,50	a	4,30	4,00
1,75	a	4,30	4,00
2,00	a	4,30	4,40
2,50	a	4,30	4,40

Befestigungstypen: a, b, c, d

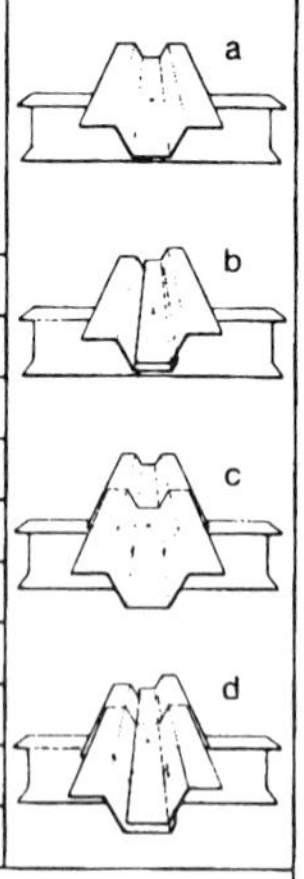

Bauteil II: Stahl St 37 oder St 52 nach DIN 17100 Dicke $\geq$ 6 mm

Bei kombinierter Beanspruchung, d. h. gleichzeitiger Wirkung von Quer- und Zugkräften reduzieren sich die zulässigen Kräfte auf:

$$\text{zul } F_{Q,\text{red}} = \frac{\text{zul } F_Q}{\sqrt{1 + \left(\frac{F_Z}{F_Q} \cdot \frac{\text{zul } F_Q}{\text{zul } F_Z}\right)^2}} \qquad \text{zul } F_{Z,\text{red}} = \frac{\text{zul } F_Z}{\sqrt{1 + \left(\frac{F_Q}{F_Z} \cdot \frac{\text{zul } F_Z}{\text{zul } F_Q}\right)^2}}$$

$\frac{F_Q}{F_Z}$ bzw. $\frac{F_Z}{F_Q}$: Verhältnisse der wirkenden Quer- und Zugkräfte

Anwendungsrichtlinien:

Ladung

schwarz	stärkste
rot	sehr starke
blau	starke
gelb	mittlere

Kopfvorstand

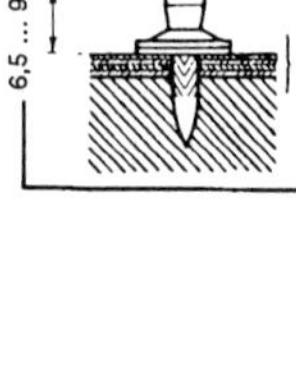

6,5 ... 9 mm — 1 bis 4 Blechlagen

Kartuschenwahl

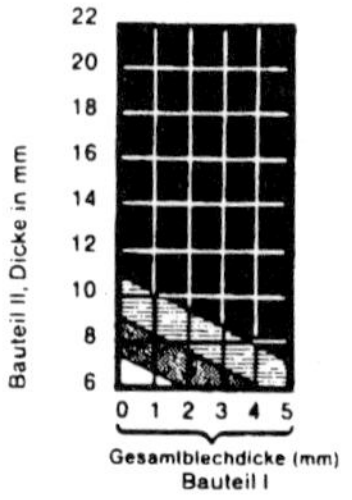

Bauteil II, Dicke in mm: 6, 8, 10, 12, 14, 16, 18, 20, 22
Gesamtblechdicke (mm) Bauteil I: 0 1 2 3 4 5

Anwendungsgrenzen

Bauteil II, Dicke in mm: 6, 8, 10, 12, 14, 16, 18, 20, 22
Zugfestigkeit R_m (N/mm²): 400 500 600 700
St 37 — St 52 — Obergrenzen der Zugfestigkeit gemäß DIN 17100

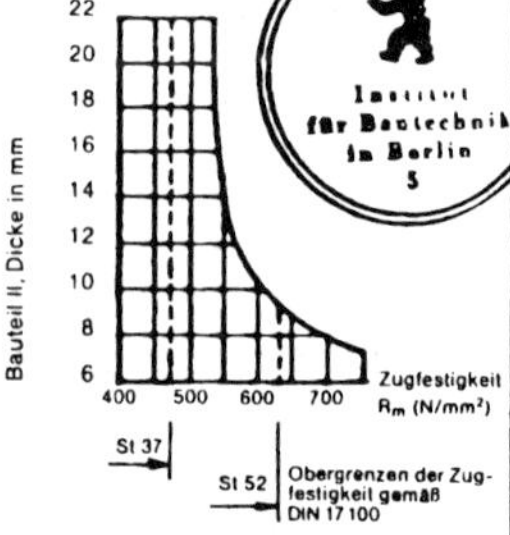

Institut für Bautechnik in Berlin 5

Vorbemerkung

In der nachfolgenden Berechnung wird in den Nachweisen grundsätzlich mit Bemessungswerten auf der Einwirkungs- und auf der Widerstandsseite gerechnet. Bei den Auflagerreaktionen werden jedoch immer die charakteristischen Werte (= Werte der Gebrauchslasten) bereitgestellt, um bei den sie abstützenden Tragsystemen wieder beliebige Grundkombinationen bilden zu können.

Ausnahme: Der Nachweis des Trapezprofils für vertikale Lasten *von oben* (g + s) erfolgt mit Hilfe von Tragfähigkeitstabellen, die für *zulässige* Belastungen gelten!

Pos. 1 Trapezblech

System: Dreifeldträger, l1 = l2 = l3 = 5,00 m

Belastung: Eigenlast Trapezblech ca. 0,11 kN/m²
Wärmedämm. + Abdichtung ca. 0,09 kN/m²
Ständige Last g = 0,20 kN/m²

Schnee (nach DIN 1055) s = 1,00 kN/m²

Blechdicke: t = 0,88 mm

Querschnitt: Fischer Trapezprofil **FI 100/275/0,88**
$g = 0{,}106$ kN/m²; $I_{eff} = 170{,}3$ cm⁴/m

275 825 100

Nachweis: **für vertikale Lasten von oben** mit typengeprüfter Belastungstabelle.
zul q = 1,41 kN/m² (für w = l/300) > 1,20 kN/m² = *vorh* q

Der **Nachweis der Befestigung für Windsog** (abhebende Lasten) erfolgt mit Bemessungslasten und Umrechnung der Befestigung von zulässigen Beanspruchungen (gemäß Anlage) auf Beanspruchbarkeiten (gemäß Anpassungsrichtlinie). Näheres hierzu siehe [5] "Stahlbau Teil 2".

Befestigung: Hilti-Setzbolzen ENP 3-21 L 15 gemäß bauaufsichtlicher Zulassung.
Zulässige Belastung auf Zug: *zul* Z = 2,0 kN/Stück (für t = 0,88 mm)
Die Setzbolzen werden ausschließlich auf Zug beansprucht.

Rechnung mit vereinfachten Sogwerten c_P nach DIN 1055, Teil 4, 6.3.1, Tafel 11, Nr. 3:

Innenbereich $c_P = 0{,}6$
Randbereich $c_P = 1{,}8$
Eckbereich $c_P = 3{,}2$

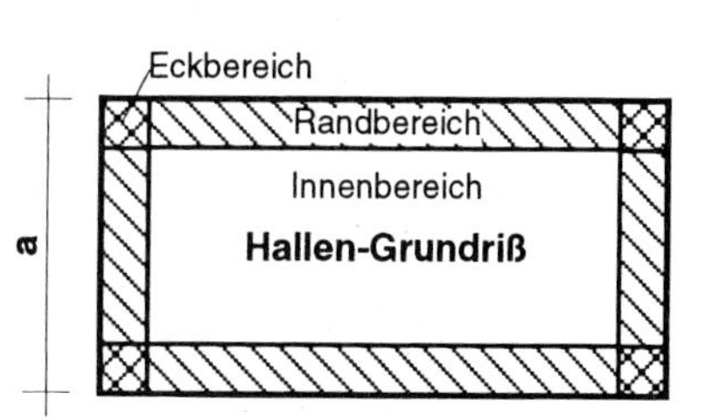

Grundwert des Staudrucks für h ≤ 8 m:
$q_w = 0{,}5$ kN/m²

Für 16 m ≤ a ≤ 30 m ist die Breite des Randbereichs 2,0 m, der Eckbereich entsprechend 2,0 x 2,0 m.

Lasten bei Windsog:

Innenbereich: $q_d = -1,0 \cdot 0,11 + 1,5 \cdot 0,6 \cdot 0,5 = -0,11 + 0,45 = 0,34 \text{ kN/m}^2$

Randbereich: $q_d = -1,0 \cdot 0,11 + 1,5 \cdot 1,8 \cdot 0,5 = -0,11 + 1,35 = 1,24 \text{ kN/m}^2$

Eckbereich: $q_d = -1,0 \cdot 0,11 + 1,5 \cdot 3,2 \cdot 0,5 = -0,11 + 2,40 = 2,29 \text{ kN/m}^2$

Die *abhebenden Lasten* sind *positiv* bezeichnet. Als günstig wirkende Last ist nur die Eigenlast des Trapezblechs angesetzt ($\gamma_M = 1$). Die Last aus Wärmedämmung + Abdichtung wird nicht eingerechnet, sie könnte bei entsprechend starkem Windsog sich evtl. ablösen!

Am einfachsten rechnet man die Auflagerkräfte aus der Belastung mit EDV-Hilfe:

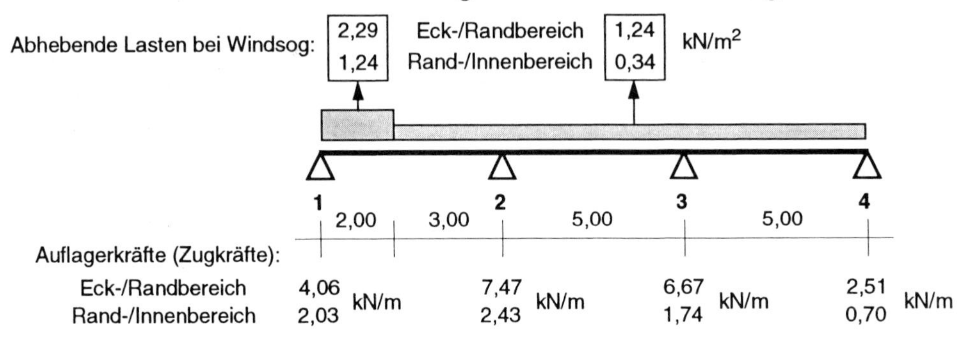

Zur Anordnung der Befestigungsmittel schreibt DIN 18807 (Trapezbleche) vor: an Endauflagern von Trapezblechen muß jede Profilrippe, sonst zumindest jede 2. Profilrippe angeschlossen werden.

Die Befestigung erfolgt üblicherweise mit Setzbolzen, die mittels Schußapparaten durch das Trapezblech in die Flanschen der Dachträger geschossen werden.

Setzt man als $Z_{R,d}$-Werte gemäß Zulassungsbescheid IFBS 7.01 (Mai 94, ergänzt März 96) für Setzbolzen die 1,5-fachen *zulässigen* Werte, so gilt:

für 1 Setzbolzen/Profilrippe: $Z_{R,d} = 1,5 \cdot 2,00/0,275 = 10,9 \text{ kN/m}$

für 1 Setzbolzen jede 2. Profilrippe: $Z_{R,d} = 10,9/2 = 5,45 \text{ kN/m}$

Festlegung des Abstands der Setzbolzen durch Vergleich $Z_{R,d} \geq Z$ = Auflagerkräfte:

Achse 1, 4, 7 (Endauflager der Bleche): 1 Setzbolzen je Profilrippe, (Mindestwert), Randbereiche (bis 2 m vom Rand) Achsen 2, 3, 5, 6: 1 Setzbolzen je Profilrippe, alle übrigen Bereiche: 1 Setzbolzen jede 2. Profilrippe.

Anmerkung: Nach DIN 1055, Teil 4, 6.3.1, Tafel 11, Zeile 4 kann für Flachdachhallen die Windsoglast für die Eck- und Randbereiche genauer (und i.a. wesentlich günstiger) ermittelt werden. Der Aufwand für die Feststellung dieser Lasten sowie für die Ausrechnung der Auflagerkräfte wird aber auch größer. Siehe hierzu [5] "Stahlbau Teil 2".

Die Bemessung der Trapezbleche selber auf Windsog wird *nicht* gefordert. Es geht bei dieser Berechnung *allein* um die Sicherheit gegen Abheben des Daches!

Profile und Befestigungsmittel sind in einem Verlegeplan festzuhalten!

Pos. 2 Rahmen

Pos. 2.1 System, Verfahren, Belastung, Schnittgrößen

System Zweigelenkrahmen Mittlere Systemhöhe 4,80 m
Rahmenabstand 5,0 m System-Spannweite 19,30 m

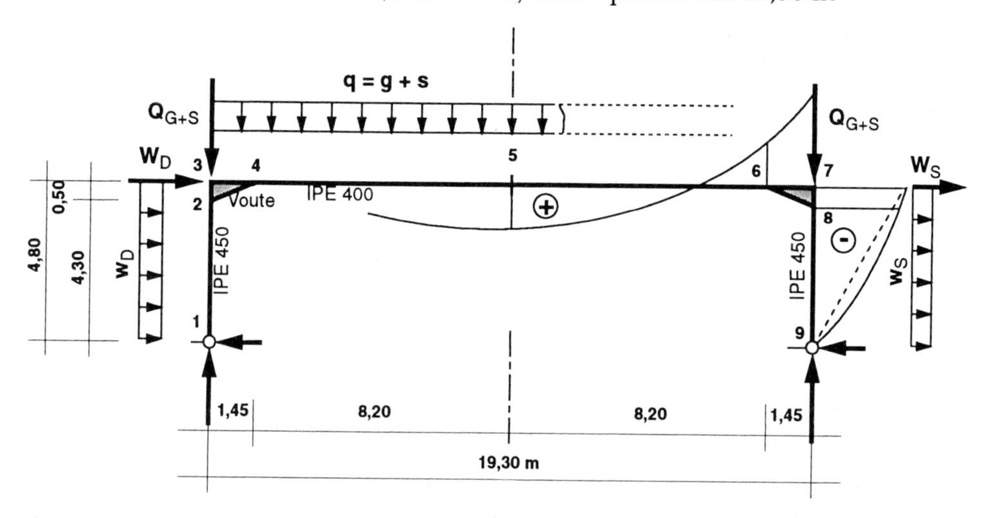

System, Belastung und Momentenverlauf (qualitativ für Grundkombination 2)

Nachweis des Rahmens nach dem Ersatzstabverfahren

[2/523] Allgemeiner Nachweis: Der Tragsicherheitsnachweis für verschiebliche Systeme darf durch den Nachweis der einzelnen Stäbe des Systems nach dem Ersatzstabverfahren (siehe Kapitel 10) erbracht werden. Stabilisierungslasten müssen nicht angesetzt werden.

Belastung

Ständige Lasten: Dachlast $0,20 \cdot 5,00 =$ $g_D =$ 1,00 kN/m
Eigenlast Riegel + Dachverband 0,80 kN/m

Streckenlast Riegel insgesamt $g =$ 1,80 kN/m

Eigenlast Stütze ca. 4,00 kN
Dachüberstand $0,25 \cdot 5,00 =$ 1,25 kN
GSB-Attika $1,08 \cdot 1,50 \cdot 5,00 =$ 8,10 kN
Sonstiges (Fensterriegel, ...) 1,65 kN

Einzellasten je Stütze insgesamt $G =$ 15,00 kN

Schneelast auf dem Riegel: $100 \cdot 5,00 =$ $s =$ 5,00 kN/m

Schneelast aus Dachüberstand 0,25 cm, jeweils: $S \leq$ 1,25 kN

Wind (quer zur Halle) **von links:**

$w_D = 0,8 \cdot 0,5 \cdot 5,00 = 2,00$ kN/m
$w_S = 5 \cdot 0,5 \cdot 5,00, \quad = 1,25$ kN/m

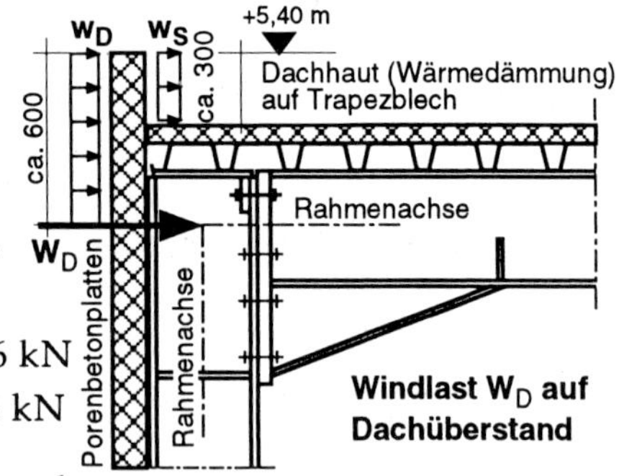

Die Windlast auf den Dachüberstand (über die Systemlinie hinaus) wird zu 2 Einzellasten W_D (Punkt 3) und W_S (Punkt 7) zusammengefaßt:

$W_D = (0,8 \cdot 0,6 + 0,5 \cdot 0,3) \cdot 0,5 \cdot 5,00 \approx 1,6$ kN
$W_S = (0,5 \cdot 0,6 + 0,8 \cdot 0,3) \cdot 0,5 \cdot 5,00 \approx 1,4$ kN

Wind von rechts ist bei symmetrischem Tragwerk in der statischen Wirkung identisch mit Wind links; er wird daher nicht untersucht.

Windsog auf das Dach: $w_{Sog} = -0,6 \cdot 0,5 \cdot 5,00 = -1,50$ kN/m.

Der Windsog auf das Dach wirkt für den Rahmen nur entlastend. Er darf hier keinesfalls voll in Rechnung gestellt werden; er wird *hier* (wie üblicherweise) ganz weggelassen. Allenfalls wird bei entlastender Wirkung ein Ansatz in halber Höhe für angemessen gehalten (siehe Mitteilungen Institut für Bautechnik Nr. 5/1988): $w_{Sog} = -0,5 \cdot 0,6 \cdot q$

Schnittgrößen

Die Schnittgrößen werden für die einzelnen Belastungen getrennt mit EDV ermittelt. Daraus werden Schnittgrößen der Grundkombinationen zusammengestellt.

Schnittgrößen, charakteristische Werte. - Dimensionen: [kN], [kNm]

Belastung		**Ständige Last g**			**Schneelast s**			**Windlast w**(quer)		
Schnittgrößen		N	V	M	N	V	M	N	V	M
Riegelmitte	5	-11,17	0	30,17	-31,04	0	83,81	-1,02	-2,69	-0,11
Voutenbeginn	6	-11,17	-14,76	-30,34	-31,04	-41,00	-84,29	-1,02	-2,69	-22,14
Rahmenecke	7 (li)	-11,17	-17,37	-53,64	-31,04	-48,25	-148,99	-1,02	-2,69	-26,03
UK Voute	8	-32,37	11,17	-48,05	-49,50	31,04	-133,47	-2,69	3,05	-24,66
Fußpunkt	9	-32,37	11,17	0	-49,50	31,04	0	-2,69	8,42	0

Schnittgrößen der Grundkombinationen, Bemessungswerte. - Dim.: [kN], [kNm]

Einwirkungen		**Grundkombination 1** 1,35 x g + 1,50 x s			**Grundkombination 2** 1,35 x (g + s + w(quer))					
Schnittgrößen		N	V	M	N	V	M	N	V	M
Riegelmitte	5	-61,64	0	166,44	-58,36	-3,63	153,72			
Voutenbeginn	6	-61,64	-81,43	-167,39	-58,36	-78,91	-184,64			
Rahmenecke	7 (li)	-61,64	-95,82	-295,90	-58,36	-92,22	-308,69			
UK Voute	8	-117,95	61,64	-265,07	-114,16	61,10	-278,34			
Fußpunkt	9	-117,95	61,64	0	-114,16	68,35	0			

Pos. 2.2 Riegel

IPE 400 $A = 84{,}5\ cm^2;\ W_y = 1160\ cm^3;\ I_y = 23130\ cm^4$

$N_{pl,d} = 1840\ kN;\ M_{pl,y,d} = 285\ kNm$

Maßgebend: Grundkombination 2 (GK 2), Punkt 6 = Voutenbeginn, rechts.

Schnittgrößen: $N_d = -58{,}36\ kN;$ $M_d = -184{,}64\ kNm$

Knicken um y-y: Die Knicklänge wird abgeschätzt als Länge zwischen den Vouten:

$$\bar{\lambda}_y = \frac{\lambda_K}{\lambda_a} \approx \frac{1640/16,5}{92,93} = 1,070 \quad \rightarrow \quad \kappa_a = 0{,}617$$

$$\frac{N}{\kappa \cdot N_{pl,d}} = \frac{58,36}{0,617 \cdot 1840} = 0,051 < 0,1 \quad \rightarrow \quad \text{Nachweis } \textit{ohne } N!$$

$$\frac{M}{M_{pl,d}} = \frac{184,6}{285} = 0,648 < 1$$

BDK: Der Nachweis wird für Feldmitte, Punkt 5, durchgeführt. Maßgebend: GK 1. Schnittgrößen: $M_d = 166{,}4\ kNm$, $N_d = -61{,}6\ kN$. - Abstand der seitlichen Halterung der gedrückten Gurte = Abstand der Verbandspfosten = 5,0 m.

$$\bar{\lambda}_z = \frac{500/3,95}{92,93} = 1,362 \quad \rightarrow \quad \kappa_b = 0{,}399$$

$$\frac{N}{\kappa \cdot N_{pl,d}} = \frac{61,6}{0,399 \cdot 1840} = 0,084 < 0,1 \quad \rightarrow \quad \text{Nachweis } \textit{ohne } N!$$

Lösungsmöglichkeiten für BDK sind in Beispiel 9.6.6 diskutiert worden. Hier wird die einfachste Möglichkeit herausgegriffen: Abschätzung $\zeta \geq 1{,}12$ und Nachweis mit "Künzler-Nomogramm". Sonstige Parameter: $z_P = -h/2$, $\psi < 0{,}5 \rightarrow k = 1$, $n = 2{,}5$. Ablesewert: 8,3, Divisor 0,01.

$$\kappa_M \cdot M_{pl,d} = \frac{8,3}{0,01} \cdot \frac{21,82}{100} = 181\ kNm$$

$$\frac{M_{y,d}}{\kappa_M \cdot M_{pl,y,d}} = \frac{166,4}{181} = 0,92 < 1$$

Anmerkungen: Nicht berücksichtigt wurde der wesentlich stabilisierende Einfluß des Dach-Trapezblechs, das sowohl durch seine Schubsteifigkeit als auch durch seine Biegesteifigkeit die Kippsicherheit erheblich verbessern kann (siehe [5] "Stahlbau Teil 2").

Im Bereich negativer Momente, also in der Nähe der Rahmenecke, wird kein BDK-Nachweis geführt. Korrekte Annahmen hierfür sind sehr schwierig. Versuche haben gezeigt, daß im Bereich von Rahmenecken mit Vouten keine Kipp-(BDK-) Gefährdung besteht.

Stoß in Riegelmitte: Stirnplattenstoß als typisierte Verbindung.

Maßgebend: GK 1, Punkt 5: M = 166,44 kNm. Nachweis als typisierte Verbindung:

Gewählt:	**IH1E-HV M 27**	$M_{R,d}$ = 188,4 kNm	(bündige Stirnplatte)
oder	**IH3E-HV M 20**	$M_{R,d}$ = 195,6 kNm	(unten überst. St.pl.)

Voute: Maßgebend: GK 2. Eckmoment P. 7: M_y = -308,69 kNm; V_z = -92,22 kN umgerechnet auf die Stelle des Voutenbeginns (225 mm links von P. 7):

$$M_{y,d} = -308,69 + 92,22 \cdot 0,225 = -287,94 \text{ kNm}$$

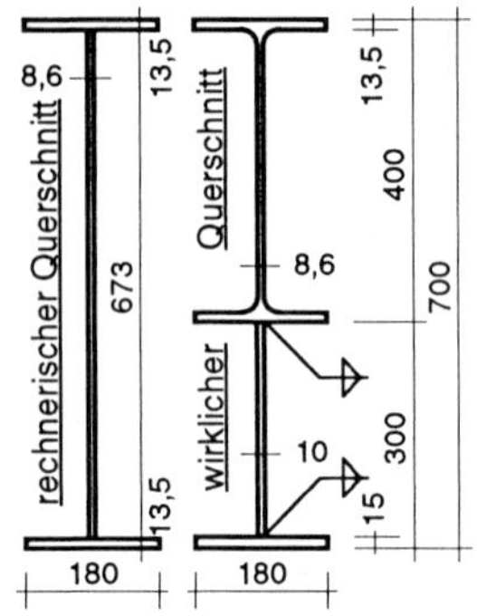

Auf Mitte des Vouten-Querschnitts bezogen wird:

$$M_{y,d}^{*} = -287,94 + 58,36 \cdot 0,15 = -279,19 \text{ kNm}$$

Der Querschnitt kann vereinfacht berechnet werden:

$$A = 18 \cdot 70 - 17,14 \cdot 67,3 = 106,5 \text{ cm}^2$$

$$I_y = (18 \cdot 70^3 - 17,14 \cdot 67,3^3)/12 = 79114 \text{ cm}^4$$

$$W_y = 79114/35 = 2260 \text{ cm}^3$$

E-E: $\sigma = \frac{58,36}{106,5} + \frac{27919}{2260} = 0,55 + 12,35 = 12,90 \text{ kN/cm}^2 < 21,82 \text{kN/cm}^2 = \sigma_{R,d}$

Pos. 2.3 Stützen

IPE 450 $A = 98,8 \text{ cm}^2$; $W_y = 1500 \text{ cm}^3$; $I_y = 33740 \text{ cm}^4$

$N_{pl,d}$ = 2160 kN; $M_{pl,y,d}$ = 370 kNm

Maßgebend: GK 2, Punkt 8 = UK Voute, rechts.

Schnittgrößen: N_d = -114,16 kN; M_d = -278,34 kNm

Knicken um y-y: Mit $c = \frac{I_{St} \cdot b}{I_R \cdot h} = \frac{33740 \cdot 19,30}{23130 \cdot 4,80} = 5,87$ wird

$$\beta = \sqrt{4 + 1,4 \cdot c + 0,02 \cdot c^2} = 3,59$$

$$s_K = \beta \cdot h = 3,59 \cdot 4,80 = 17,23 \text{ m}$$

$$\bar{\lambda} = \frac{1723/18,5}{92,93} = 1,002 \quad \rightarrow \quad \kappa_a = 0,665$$

$$\frac{N}{\kappa \cdot N_{pl,d}} = \frac{114}{0,665 \cdot 2160} = 0,079 < 0,1 \quad \rightarrow$$ Nachweis *ohne* N!

$$\frac{M}{M_{pl,d}} = \frac{278,3}{370} = 0,752 < 1$$

BDK: Der Nachweis wird gleichfalls für GK 2 und UK Voute durchgeführt.

Mit Müller-Nomogramm: l = 4,8 m, z_P = 0 (!): $\sigma_{Ki} = 27{,}8\ \text{kN/cm}^2$

$$M_{Ki,y,d} = \frac{\sigma_{Ki}}{\gamma_M} \cdot \zeta \cdot \frac{2 \cdot I_y}{h-t} = \frac{27,8}{1,1} \cdot 1,77 \cdot \frac{2 \cdot 33740}{45-1,46} \cdot \frac{1}{100} = 693\ \text{kNm}$$

$$\bar{\lambda}_M = \sqrt{\frac{M_{pl,y,d}}{M_{Ki,y,d}}} = \sqrt{\frac{370}{693}} = 0,731 \qquad n = 2,5 \qquad \kappa_M = 0,927$$

$$\bar{\lambda}_z = \frac{480/4,12}{92,93} = 1,254 \qquad \rightarrow \qquad \kappa_b = 0,450$$

$$\frac{N}{\kappa_z \cdot N_{pl,d}} + \frac{M_y}{\kappa_M \cdot M_{pl,y,d}} \cdot k_y = \frac{114}{0,450 \cdot 2156} + \frac{278,3}{0,927 \cdot 373} \cdot 1$$

$$= 0,118 + 0,805 = 0,923 < 1$$

Pos. 2.4 Rahmenecke

Schnittgrößen am Anschluß (Stoß):
Maßgebend: GK 2.

Aus Pos. 2.2: N_d = -58,36 kN,
M_d = -287,94 kNm,

auf die Systemlinie bezogen.

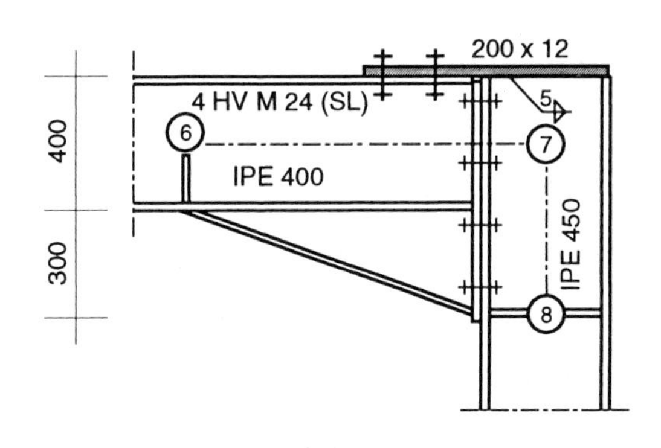

Laschenstoß:

$$\text{Zugkraft in der Lasche:} F_Z = \frac{287,94}{0,70} - \frac{58,36 \cdot 0,50}{0,70} = 411,34 - 41,69 \approx 370\ \text{kN}$$

Lasche, Fl. 200x12: $\frac{A_{Brutto}}{A_{Netto}} = \frac{1,2 \cdot 20}{1,2 \cdot (20 - 2 \cdot 2,6)} = \frac{24,00}{17,76} = 1,35 > 1,2$

$$N_{R,d} = \frac{A_{Netto} \cdot f_{u,k}}{1,25 \cdot \gamma_M} = \frac{17,76 \cdot 36}{1,25 \cdot 1,1} = 465\ \text{kN} > 370\ \text{kN} = N_{S,d}$$

Schweißnaht, a = 2 x 5 mm: $N_{w,R,d} = 37,8 \cdot 2 \cdot 0,5 \cdot 20,7 = 782\ \text{kN} > 370\ \text{kN}$

Schrauben, 4 x HV M 24, 10.9: $V_{a,R,d} = 226\ \text{kN} > V_{S,d} = 370/4 = 92,5\ \text{kN}$

Mit $e/d_l = 100/26 = 3{,}85 > 3{,}5$ $e_1/d_l = 120/26 = 4{,}62 > 3{,}5$
$e_2/d_l = 42/26 = 1{,}62 > 1{,}5$ $e_3/d_l = 96/26 = 3{,}69 > 3{,}0$

wird $\alpha_l = 3{,}00$: $V_{l,R,d} = 157,1 \cdot 1,2 = 188,5\ \mathrm{kN} > V_{S,d} = 92{,}5\mathrm{kN}$

Schubfeld

a) Nachweis E-E

An der Stelle (i) werden die maßgebenden Spannungen berechnet.

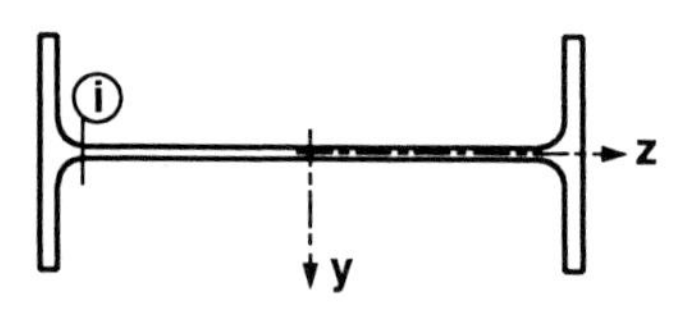

Normalspannung in (i) mit den Schnittgrößen in der Stütze am Punkt 8:
Schnittgrößen: $N_d = -114$ kN; $M_d = -278{,}34$ kNm

$$\sigma_{x,i} = -\frac{114}{98,8} - \frac{27834}{33740} \cdot \frac{37,8}{2} = -1,15 - 15,59 = -16,75\ \mathrm{kN/cm^2}$$

Schubspannungen im Schubfeld, Größtwert in Stegmitte und Wert in (i):
Querkraft im Schubfeld: $V_{z,d} = 370\ \mathrm{kN} = F_Z$ (Lasche)

$$max\ \tau = \frac{370 \cdot 851}{0,94 \cdot 33740} = 9,93\ \mathrm{kN/cm^2} < 12{,}6$$

$$S_i = 851 - \frac{18,9^2}{2} \cdot 0,94 = 851 - 168 = 683\ \mathrm{cm^3}$$

$$\tau_i = \frac{370 \cdot 683}{0,94 \cdot 33740} = 7,97\ \mathrm{kN/cm^2}$$

Vergleichsspannung in (i), ohne Berücksichtigung der (sich günstig auswirkenden!) Querdruckspannungen:

$$\sigma_V = \sqrt{16,75^2 + 3 \cdot 7,97^2} = 21,70\ \mathrm{kN/cm^2} < 21{,}82$$

Alternativ

b) Nachweis E-P

$$\frac{N}{N_{pl,d}} = \frac{114}{2156} = 0,053 < 0,1$$

$$\frac{V}{V_{pl,z}} = \frac{370}{516} = 0,717 > 0,33$$

$$0,88 \cdot \frac{M}{M_{pl,y,d}} + 0,37 \cdot \frac{V}{V_{pl,z,d}} = 0,88 \cdot \frac{278,3}{370} + 0,37 \cdot 0,717 = 0,927 < 1$$

Pos. 3 Verbände

Pos. 3.1 Dachverband

Aufgabe: a) Ableitung der Windlast aus Giebelriegel zu den Längswänden,
b) Stabilisierung des Druckgurts des Rahmenriegels gegen BDK.

System: Fachwerk mit gekreuzten Diagonalen,
Lage ca. 4,90 m über ±0, Abmessungen gemäß Skizze.

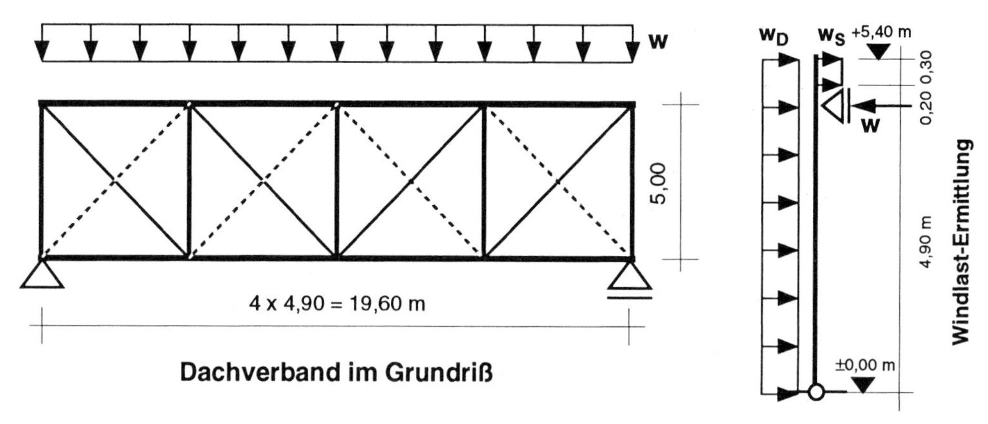

Belastung: a) Windlast. Es sind 2 Dachverbände vorhanden, deshalb muß nur Winddruck auf eine Seite + Sog auf die Attika angesetzt werden:

$$w = \frac{1}{4,90} \cdot \left(0,8 \cdot 0,5 \cdot \frac{5,40^2}{2} + 0,5 \cdot 0,5 \cdot 0,30 \cdot 5,25\right) = 1,27 \text{ kN/m}$$

b) Stabilisierung: größte Riegeldruckkraft $N = \sigma_{Gurt} \times A_{Gurt}$

$$N_g \approx 1,35 \cdot (11,17/84,5 + 3017/1160) \cdot 18 = 66{,}4 \text{ kN}$$

$$N_s \approx 1,35 \cdot (31,04/84,5 + 8381/1160) \cdot 18 = 184{,}5 \text{ kN}$$

Grundkombination 3, g + s + w(längs):

Bemessungswerte der Einwirkungen: $w_d = 1,35 \cdot 1,27 = 1{,}71$ kN/m

$N_d = 1,35 \cdot (66,4 + 184,5) = 339$ kN

Schnittgrößen unter Berücksichtigung der Vorverformung und Th. II.O. mit einfachen, geschlossenen Formeln (z.B. wie nachfolgend nach Gerold):

$$max\ M_d \le \left(1,36 \cdot w + \frac{1}{47} \cdot \frac{\sum N}{l}\right) \cdot \frac{l^2}{8} = 0,17 \cdot w \cdot l^2 + \frac{\sum N}{376} \cdot l$$

$$max\ V_d \le 1,28 \cdot w \cdot \frac{l}{2} + \frac{\sum N}{120} = 0,64 \cdot w \cdot l + \frac{\sum N}{120}$$

ΣN kann für mehrere Binder mit dem Reduktionsfaktor r multipliziert werden:

$$r = \frac{1}{2} \cdot \left(1 + \frac{1}{\sqrt{n/2}}\right)$$ (Näheres siehe [5] "Stahlbau Teil 2")

Bei n = 5 vom Verband zu stabilisierenden Bindern ist r = 0,816.

Damit: $$\sum N = r \cdot n \cdot N = 0,816 \cdot 5 \cdot 339 = 1384 \text{ kN}$$

$$M_d = 0,17 \cdot 1,71 \cdot 19,6^2 + \frac{1384}{376} \cdot 19,6 = 111,7 + 72,1 \approx 184 \text{ kNm}$$

$$V_d = 0,64 \cdot 1,71 \cdot 19,6 + \frac{1384}{120} = 9,80 + 11,53 \approx 21,3 \text{ kN}$$

Dachbinder: Mit der *zusätzlichen* Gurtkraft $N_{Gurt} = M/a = 184/5,0 \approx \pm 37$ kN wird die Gurtspannung insgesamt $\sigma_{Gurt} = (339 + 37)/(1,35 \cdot 18) = 15,47 \text{ kN/cm}^2 < 21,82$.

Die zusätzliche Gurtkraft kann in aller Regel durch die Binder-Obergurte ohne weiteres aufgenommen werden.

Pfosten: $max\ N_{D,d} = 21,3$ kN

HEA-100 $A = 21,2 \text{ cm}^2$; $i_z = 2,51$ cm

$$\bar{\lambda} = \frac{500}{2,51 \cdot 92,93} = 2,144 \qquad \kappa_c = 0,174$$

$$\frac{N}{\kappa \cdot N_{pl,d}} = \frac{21,3}{0,174 \cdot 462} = 0,265 < 1$$

Diagonalen: $$max\ D = \frac{3}{4} \cdot 21,3 \cdot \frac{7,00}{5,00} = 22,4 \text{ kN}$$

Die Querkraft im Bereich der äußeren Diagonalen ist nicht so groß wie die Auflagerkraft, sondern *hier* nur etwa 3/4 so groß. Faktor 7,00/5,00 ist die Umrechnung auf die Schräge.

L60x40x5 $$A^* = t \cdot \left(a - w_1 - \frac{d_L}{2}\right) = 0,5 \cdot (6,0 - 3,5 - \frac{1,8}{2}) = 0,8 \text{ cm}^2$$

$$N_{R,d} = \frac{2A^* \cdot f_{u,k}}{1,25 \cdot \gamma_M} = \frac{2 \cdot 0,8 \cdot 36}{1,25 \cdot 1,1} = 41,9 \text{ kN} > 22,4 \text{ kN}$$

Anschluß mit 1 x M16, 4.6 (DIN 7990): $V_{a,R,d} = 43,9 \text{ kN} > 22,4$ kN

Mit $\alpha_l = 1,90$: $$\frac{V_l}{V_{l,R,d}} = \frac{22,4}{0,5 \cdot 66,3} = 0,676 < 1$$

Für $\alpha_l = 1,9$: $e_1 \geq 2,0 \cdot d_L = 32$ mm

Konstruktion: Die System-Ebene des Dachverbandes soll möglichst nahe zum Obergurt des Dachbinders liegen, um eine wirksame Behinderung gegen Biegedrillknicken (durch Zwangsdrillachse beim gedrückten Gurt) zu gewährleisten.

Pos. 3.2 Längswandverband

Aufgabe: a) Ableitung der Windlast aus Dachverband zum Fußpunkt,

b) Stabilisierung der Halle in Längsrichtung.

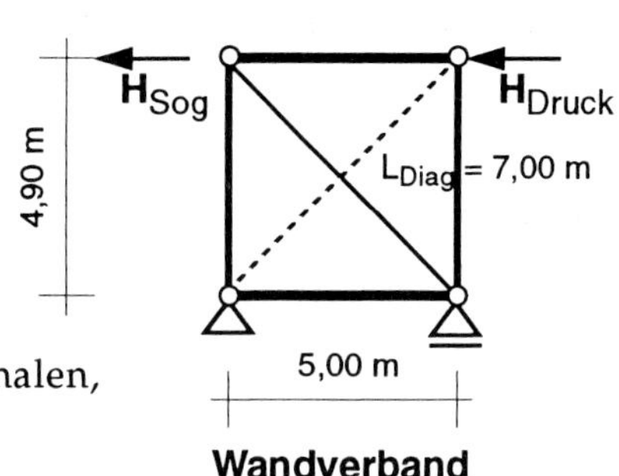

System: Fachwerk mit gekreuzten Diagonalen, Abmessungen gemäß Skizze.

Der Verband soll möglichst in Höhe des Druckgurts (= Obergurt) liegen, um diesen stabilisieren zu können.

Belastung: a) Windlast

Es gibt nur *einen* Wandverband. Dieser muß die Windlast aus *beiden* Giebelwänden aufnehmen!

$$H_{w,k} = (1,27 + 0,88) \cdot 20,04/2 = 21,55 \text{ kN}$$

b) Stabilisierung

Stabilisiert werden mit dem Verband die Stützen gegen unplanmäßige Schiefstellung. Es sind 7 Stützen zu stabilisieren. Die Last auf der Längswand ΣV_{Lw} entspricht etwa der Last von 6 Normalstützen. Für g+s wird:

$$\sum V_{Lw,g} = 6 \cdot 32,37 \approx 195 \text{ kN}$$
$$\sum V_{Lw,s} = 6 \cdot 49,5 = 297 \text{ kN}$$

Die Schiefstellung ist mit 1/200 x Reduktionsfaktor r anzusetzen, mit n = 6:

$$r = \frac{1}{2} \cdot \left(1 + \frac{1}{\sqrt{6}}\right) = 0,69$$

$$H_{g,k} = \frac{0,69}{200} \cdot \sum V_{Lw,g} = \frac{0,69}{200} \cdot 195 \approx 0,7 \text{ kN}$$
$$H_{s,k} = \frac{0,69}{200} \cdot \sum V_{Lw,g} = \frac{0,69}{200} \cdot 297 \approx 1,0 \text{ kN}$$

Grundkombination 3, g + s + w(längs):

$$H_d = 1,35 \cdot (21,55 + 1,7) = 31,4 \text{ kN}$$

Grundkombination 4, g + w(längs):

$$H_d = 1,35 \cdot 0,7 + 1,5 \cdot 21,55 = 33,27 \text{ kN}$$ maßgebend!

Druckriegel: Siehe Pfosten von Pos. 3.1. Die Belastung ist hier nicht größer (Aufteilung der Windlast in Druck + Sog). Kein Nachweis.

Diagonalen: $max\ D = 33,27 \cdot \frac{7,0}{5,0} = 46,6\ kN$

L60x40x5

a) **Anschluß mit 2 x M 16, 4.6** (DIN 7990), *ohne* Verstärkung

2 Schrauben auf Abscheren: $V_{a,R,d} = 43,9\ kN > 46,6/2 = 23,3\ kN$

Lochleibung, mit $\alpha_l = 1,9$: $\frac{V_l}{V_{l,R,d}} = \frac{46,6/2}{66,3} = 0,35 < 1$

Stab: $A_N = 4,79 - 0,5 \cdot 1,8 = 3,89\ cm^2$

$$\frac{A_{Br}}{A_N} = \frac{4,79}{3,89} = 1,23 > 1,2$$

$$N_{R,d} = 0,8 \cdot \frac{A_{Netto} \cdot f_{u,k}}{1,25 \cdot \gamma_M} = 0,8 \cdot \frac{3,89 \cdot 36}{1,25 \cdot 1,1} = 81,5\ kN > N_{S,d} = 46,6\ kN$$

$$\frac{N_{S,d}}{N_{R,d}} = \frac{46,6}{81,5} = 0,57 < 1$$

Alternativ:

b) **Anschluß mit 1 x HV M16, 10.9** (DIN 6914)

Schraube auf Abscheren: $V_{a,R,d} = 100,5\ kN > 46,6\ kN$

Stab: $A^* = t \cdot \left(a - w - \frac{d_L}{2}\right) = 0,5 \cdot (6,0 - 3,5 - \frac{1,8}{2}) = 0,8\ cm^2$

$$N_{R,d} = \frac{2A^* \cdot f_{u,k}}{1,25 \cdot \gamma_M} = \frac{2 \cdot 0,8 \cdot 36}{1,25 \cdot 1,1} = 41,9\ kN < 46,6\ kN$$ *nicht* erfüllt!

Verstärkung mit Fl. 60 x 5

Stab: $A^* \geq 1,6 \cdot 1,0 = 1,6\ cm^2$

$$N_{R,d} \geq \frac{2 \cdot 1,6 \cdot 36}{1,25 \cdot 1,1} = 83,8\ kN > 46,6\ kN$$

Lochleibung, mit $\alpha_l = 1,9$:

$$\frac{V_l}{V_{l,R,d}} = \frac{46,6}{1,0 \cdot 66,3} = 0,703 < 1$$

Länge der Verstärkung:
$min\ l = 2 \cdot min\,e_1 = 2 \cdot 2,0 \cdot 18 = 72\ mm$
gewählt: l = 80 mm

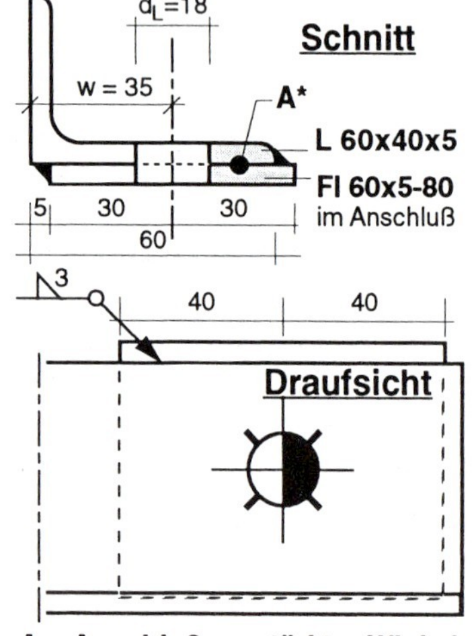

Am Anschluß verstärkter Winkel

Die gezeigte Verstärkung im Lochbereich vergrößert die Tragkraft am Anschluß und außerdem die Beanspruchbarkeit der Schraube auf Lochleibung.

Die Tragsicherheit des Winkels im unverstärkten Bereich muß wenigstens überschlägig kontrolliert werden, wie nachfolgend gezeigt. Nachgewiesen wird zunächst die elastische Beanspruchung des Winkels auf Zug und schiefe Biegung.

Bemessungswerte der Einwirkungen:

$N_{S,d} = 46,6 \text{ kN}$

$M_\eta = 46,6 \cdot 2,00 = 93,2 \text{ kNcm}$

$M_\zeta = -46,6 \cdot 0,73 = -34,0 \text{ kNcm}$

Querschnittswerte L 60x40x5:

$A = 4{,}79 \text{ cm}^2$; $I_\eta = 19{,}8 \text{ cm}^4$; $I_\zeta = 3{,}5 \text{ cm}^4$

Punkt 1: $W_\eta = 19{,}8/\text{-}3{,}01 = \text{-}6{,}58 \text{ cm}^3$

$W_\zeta = 3{,}50/\text{-}1{,}99 = \text{-}1{,}76 \text{ cm}^3$

Punkt 3: $W_\eta = 19{,}8/4{,}09 = 4{,}84 \text{ cm}^3$

$W_\zeta = 3{,}50/\text{-}0{,}73 = \text{-}4{,}79 \text{ cm}^3$

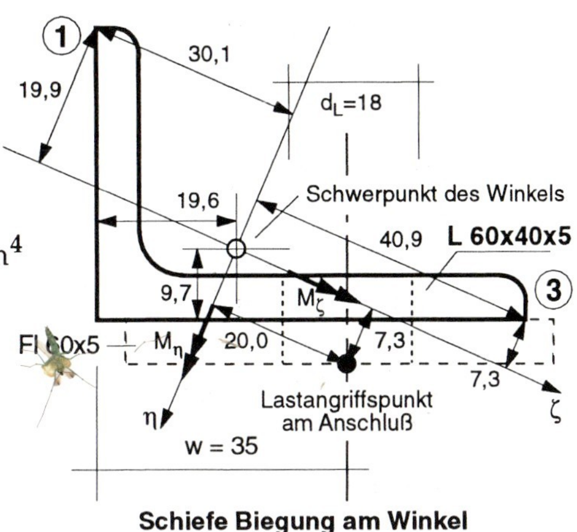

Schiefe Biegung am Winkel

η-ζ-Hauptachsen beziehen sich auf den Winkel allein!

Spannungsnachweis E-E:

$$\text{Punkt 1: } \sigma = \frac{46,6}{4,79} - \frac{93,2}{6,58} - \frac{34,0}{1,76} = 9,73 - 14,16 - 19,32 = -23,75 \text{ kN/cm}^2$$

$$\text{Punkt 3: } \sigma = \frac{46,6}{4,79} + \frac{93,2}{4,84} - \frac{34,0}{4,79} = 9,73 + 19,26 - 7,10 = 21,89 \text{ kN/cm}^2$$

Überall ist die elastische Beanspruchbarkeit $1,1 \cdot \sigma_{R,d} = 24 \text{ kN/cm}^2$ eingehalten; Voraussetzung (1/37a+b) muß nicht erfüllt sein (siehe Kapitel 4, Anmerkung zu Änderung A1).

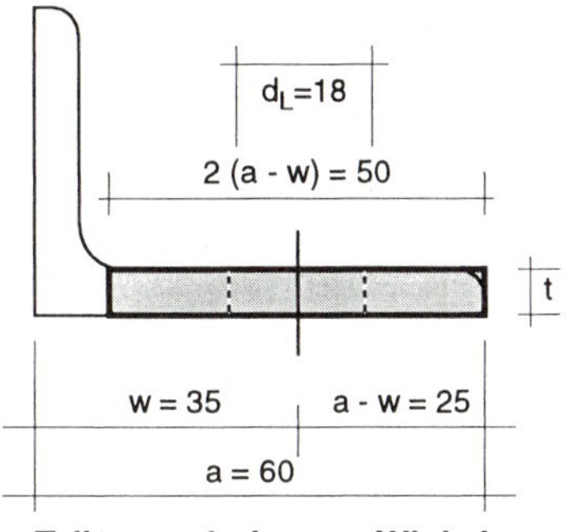

Teilquerschnitt vom Winkel

für die Abschätzung der Tragkraft

Einfacher und realistischer läßt sich die Tragkraft des Winkels nach der sicheren Seite hin abschätzen, wenn man nur einen von der Schraubenachse gesehen symmetrischen Teilquerschnitt als tragend in Rechnung stellt. Wie beim Flachstahl-Anschluß üblich, berücksichtigt man hier den ausmittigen Lastangriff nicht. Mit dieser Annahme wird:

$$N_{R,d} \geq 2 \cdot (a - w) \cdot t \cdot f_{y,d} = 2 \cdot (6,0 - 3,5) \cdot 0,5 \cdot 21,82 = 54,5 \text{ kN} > 46,6 \text{ kN} = N$$

Wegbereiter der Ingenieurbaukunst

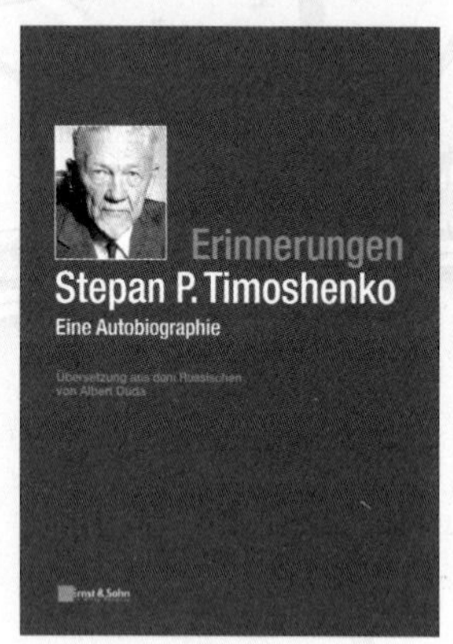

Erinnerungen
Stepan P. Timoshenko

Eine Autobiographie

Aus dem Russischen
Von Albert Duda
2006. 269 Seiten.
Gebunden.
€ 49,90* / sFr 80,-
ISBN 978-3-433-01816-3

Die Autobiografie des berühmtesten Vertreters der Technischen Mechanik des 20. Jahrhundert - Stepan P. Timoshenko!
Eingebettet in die historischen, politischen, kulturellen Zusammenhänge der Lebensstationen zwischen Ukraine und Kalifornien erwächst vor dem Leser das Leben einer Ingenieurpersönlichkeit – ausgezeichnet durch Humanität, Prinzipienfestigkeit, Unternehmergeist, Redlichkeit und Fleiß.
Im Alter von 85 Jahren schrieb Stepan P. Timoshenko (1878 - 1972) seine Lebenserinnerungen in russischer Sprache nieder. 1963 in Paris erschienen, wurde das Werk 1968 ins Englische übersetzt. Nun liegt der Lebensweg des Ingenieurwissenschaftlers und Hochschullehrers in deutscher Übersetzung vor.

Bertram Maurer,
Christine Lehmann

Karl Culmann und die graphische Statik

Zeichnen, die Sprache des Ingenieures

2006. 206 Seiten
158 Abb. Geb.
€ 44,90* / sFr 72,-
ISBN 978-3-433-01815-6

Karl Culmann (1821-1881)

Bis heute wird Paris vom Eiffelturm überragt, konstruiert vom Culmann-Schüler Koechlin nach dem Grundprinzip Culmanns: Kräfte sichtbar machen.
Wer Ingenieurwissenschaften studiert hat, kennt die grafische Statik von Culmann. Doch wer war Karl Culmann? Was hat er gemacht, was wollte er, was hat er bewirkt, woran ist er gescheitert? Davon handelt diese flott geschriebene Biografie. Dabei werden die fachgeschichtlichen und gesamthistorischen Umstände beleuchtet, unter denen eine Ingenieurpersönlichkeit der Methode der "Graphischen Statik" hervorbrachte.

Ernst & Sohn
Verlag für Architektur und
technische Wissenschaften GmbH & Co. KG

www.ernst-und-sohn.de

Für Bestellungen und Kundenservice:
Verlag Wiley-VCH
Boschstraße 12
69469 Weinheim
Telefon: +49(0) 6201 / 606-400
Telefax: +49(0) 6201 / 606-184
E-Mail: service@wiley-vch.de

* Der €-Preis gilt ausschließlich für Deutschland
001516036_my Irrtum und Änderungen vorbehalten.

Anhang: Die wichtigsten Formeln für Stabilitätsfälle

Knicken bei mittiger Druckkraft. Schnittgröße $N = N_d$ ... N ist als Druckkraft positiv!

Nachweis: $\frac{N}{\kappa \cdot N_{pl,d}} \leq 1$

Schlankheitsgrad $\lambda_K = s_K/i$ Knicklänge $s_K = \beta \cdot L$ Knicklängenbeiwert β ist systemabhängig!

Bezogener Schlankheitsgrad $\bar{\lambda}_K = \lambda_K/\lambda_a$ Bezugsschlankheitsgrad S235: $\lambda_a = 92{,}93$; S355: $\lambda_a = 75{,}88$.

Abminderungsfaktor κ abhängig von $\bar{\lambda}_K$ und der maßgebenden Knickspannungslinie (KSL) a ... d

Maßgeb. KSL abhängig vom Querschnitt (Form, Dicke, Schweißungen, Knickachse), siehe Tab. 8.4.

$\bar{\lambda} \leq 0{,}2 \rightarrow \kappa = 1$ (2/4a); $\bar{\lambda} > 0{,}2 \rightarrow \kappa$ aus (2/4b, 4c) oder Bild 8.11 oder Tabelle 8.3.

Biegeknicken (Biegung und Druckkraft). Schnittgrößen $N = N_d$; $M_y = M_{y,d}$

Nachweis: $\frac{N}{\kappa_y \cdot N_{pl,d}} + \frac{\beta_m \cdot M_y}{M_{pl,y,d}} + \Delta n \leq 1$ Wenn $\frac{N}{\kappa_y \cdot N_{pl,d}} < 0{,}1$, dann Nachweis auf reine Biegung!

Knickbeiwert κ_y wie Knicken bei mittiger Normalkraft.

Δn mit Formel (2/24) *oder* (auf der sicheren Seite): $\Delta n = 0{,}1$.

Beiwert β_m aus Tafel 9.2. Bei Zeile 1 (linearer M-Verlauf) Begrenzungen beachten, wenn $\beta_{m,y} < 1$:

$$\beta_m \geq 0{,}44 \quad und \quad \beta_m \geq 1 - \frac{1}{\eta_{Ki}} = 1 - \frac{N}{N_{Ki}} \quad \text{mit } N_{Ki} = N_{Ki,d} = \frac{1}{\gamma_M} \cdot \frac{\pi^2 \cdot EI}{s_K^2}$$

Wenn $\frac{N}{N_{pl}} > 0{,}2$ *darf* i.a. auch nachgewiesen werden: $\frac{N}{\kappa_y \cdot N_{pl,d}} + \frac{\beta_m \cdot M_y}{1{,}1 \cdot M_{pl,y,d}} + \Delta n \leq 1$

Bei verschieblichen Systemen gilt immer: $\beta_m \geq 1{,}0$

Biegedrillknicken *ohne* Normalkraft (früher: Kippen). Schnittgröße $M_y = M_{y,d}$

1) *Kein* Nachweis erforderlich bei seitl. unverschiebl. Druckgurt, Hohlquerschnitten, Biegung um z-z.

2) Bei I-Trägern Nachweis (Druckgurt + 1/5 Steg = Gurt "g") als Druckstab, seitl. Halterung Abstand c.

Nachw.: $c \leq \frac{0{,}5}{k_c} \cdot \lambda_a \cdot i_{z,g} \cdot \frac{M_{pl,y,d}}{M_y}$ k_c aus Tab. 9.1 *oder* (auf d. sicheren Seite): $k_c = 1$; $i_{z,g} = \sqrt{I_{z,g}/A_g}$

oder für **S 235**: *grenz* $\lambda_g = \frac{46{,}5}{k_c} \cdot \frac{M_{pl,y,d}}{M_y}$ *bzw.* für **S 355**: *grenz* $\lambda_g = \frac{38{,}0}{k_c} \cdot \frac{M_{pl,y,d}}{M_y}$ mit $\lambda_g = \frac{c}{i_{z,g}}$

3) Vereinfachter Nachweis: $\frac{0{,}843 \cdot M_{y,d}}{\kappa \cdot M_{pl,y,d}} \leq 1$ Für Walzprofile KSL(c), sonst KSL(d) + Zusatz-Nachweis.

4) Exakter Nachweis: $\frac{M_{y,d}}{\kappa_M \cdot M_{pl,y,d}} \leq 1$ κ_M folgt aus $\bar{\lambda}_M$. $\bar{\lambda}_M$ folgt aus $M_{Ki,y,d}$ und $M_{pl,d}$

Ermittlung $M_{Ki,y,d}$ mit Formel (2/19) *oder* Näherungsformel (2/20) *oder* Nomogrammen (z.B. von Müller). Parameter: ζ von Momentenform abhängig; z_P gibt Höhe des Lastangriffs zur Stabachse an.

$$M_{Ki,y,d} = \frac{\sigma_{Ki}}{\gamma_M} \cdot \zeta \cdot \frac{2 \cdot I_y}{h - t}$$ ideelles Kippmoment aus σ_{Ki} (wenn σ_{Ki} mit Müller-Tafeln ermittelt)

$$\bar{\lambda}_M = \sqrt{\frac{M_{pl,y,d}}{M_{Ki,y,d}}}$$ Mit $n = n^* \cdot k_n$ folgt aus $\bar{\lambda}_M$ mit entsprechender KSL aus (2/18) der Beiwert κ_M

$\bar{\lambda}_M \leq 0{,}4 \rightarrow \kappa_M = 1$; $\bar{\lambda}_M > 0{,}4 \rightarrow \kappa_M$ aus (2/18) *oder* Bild 8.11 *oder* Tabelle 8.3.

5) Nachweis mit Nomogrammen von Künzler: $\kappa_M \cdot M_{pl,y,d}$ wird direkt abgelesen für ausgewählte ζ und z_P

Biegedrillknicken *mit* Druckkraft. Schnittgrößen $N = N_d$; $M_y = M_{y,d}$

Nachweis: $\frac{N}{\kappa_z \cdot N_{pl,d}} + \frac{M_y}{\kappa_M \cdot M_{pl,y,d}} \cdot k_y \leq 1$

κ_z für Knicken um z-z. k_y = Beiwert zur Berücksichtigung des M-Verlaufs und des bezogenen Schlankheitsgrads $\bar{\lambda}_z$; Ermittlung mit genauen Formeln *oder* (auf der sicheren Seite): $k_y = 1$.

κ_M bzw. $\kappa_M \cdot M_{pl,y,d}$ wird wie bei Biegedrillknicken *ohne* Normalkraft ermittelt.

Aktuelles aus Wissenschaft und Praxis für Bauingenieure

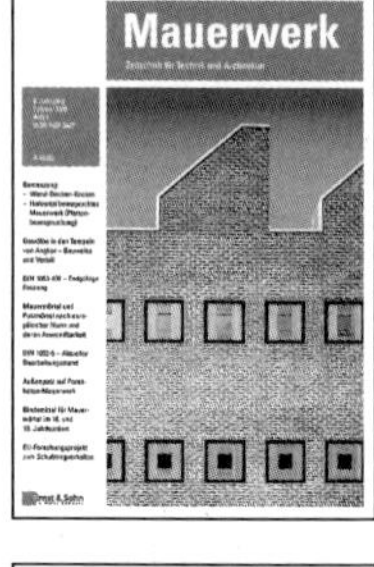

Berufliche Kompetenz durch Fachzeitschriften.

Fachzeitschriften von Ernst & Sohn decken durch Ihre Themenschwerpunkte den gesamten Bereich der Ingenieurpraxis im Bauwesen ab.

Nutzen Sie Ernst & Sohn Zeitschriften:

- um sich aktuell zu informieren
- als Arbeitsmittel
- als Normenbegleitung
- als Nachschlagewerk
- für Ihre Weiterbildung
- zur Marktforschung
- um Ihren Bekanntheitsgrad zu steigern

Durch die Kombination print und online können Sie rund um die Uhr an Ihrem Schreibtisch recherchieren, lesen, drucken, speichern.

Fax +49 (0)30 47031 240

Bitte senden Sie eine kostenlose Leseprobe / 1 Heft von

☐ Bauphysik ☐ Bautechnik ☐ Beton- und Stahlbetonbau

☐ DIBt Mitteilungen ☐ Mauerwerk ☐ Stahlbau

☐ Privat ☐ Geschäftlich KD-NR

Firma

Titel, Name, Vorname

Funktion/Position/Abt.

Straße/Postfach

Land/PLZ/Ort

E-Mail

Telefon

003726086_my

Wilhelm Ernst & Sohn
Verlag für Architektur und technische Wissenschaften
GmbH & Co. KG
Bühringstr. 10
13086 Berlin
Deutschland

www.ernst-und-sohn.de

Literatur

Standardwerke

[1] Stahl im Hochbau. Verlag Stahleisen mbH, Düsseldorf. Band I/Teil 1 + Band II /Teil 1, 15. Aufl. 1995 + weitere Teile. Umfassendes Nachschlagewerk für Stahl und Stahlerzeugnisse, Querschnittswerte und Tragfähigkeit einfacher und zusammengesetzter Querschnitte, Verbundkonstruktionen, Regelanschlüsse, Statik und Festigkeitslehre, Mathematik u.a.

[2] Stahlbau-Handbuch. Stahlbau-Verlags-GmbH, Köln. Teil 1A (3. Aufl. 1993), 1B (3. Aufl. 1996), Band 2 (2. Aufl. 1985). Handbuch für Studium und Praxis. Grundlagen für Konstruktion und Berechnung für Stahlkonstruktionen allgemein wie auch für das gesamte Spektrum der Anwendungsbereiche, mit zahlreichen Ausführungsbeispielen.

[3] Petersen, Chr.: Statik und Stabilität der Baukonstruktionen. Friedr. Vieweg & Sohn, Braunschweig/Wiesbaden. 2. Aufl. 1982, Nachdruck 1997. Umfassendes Nachschlagewerk. insbesondere für Stabilitätsprobleme, nicht allein im Stahlbau. Theoretische Herleitungen, Nomogramme, Tabellen u. a. Hilfsmittel. Zahlreiche Beispiele. - Neuauflage 2002.

[4] Petersen, Chr.: Stahlbau. Friedr. Vieweg & Sohn, Braunschweig/Wiesbaden. 3. überarb. + erw. Aufl. 1999, Nachdruck 2001. Grundlagen der Berechnung und baulichen Ausbildung. Universalwerk für den Stahlbau.

[5] Krüger, U. Stahlbau Teil 2. Verlag Ernst & Sohn, Berlin. 3. Auflage 2004. Stabilitätslehre; Stahlhoch- und Industriebau. Vertiefung und Erweiterung der Grundlagen aus Teil 1.

[6] Schneider: Bautabellen. Werner-Verlag, Düsseldorf. 16. Auflage 2004.

[7] Wendehorst: Bautechnische Zahlentafeln. B.G. Teubner, Stuttgart. 31. Auflage 2004.

[8] Kindmann / Kraus / Niebuhr: Stahlbau kompakt, Bemessungshilfen, Profiltabellen. Verlag Stahleisen, Düsseldorf 2006.

[9] Stahlbau-Kalender. Verlag Ernst & Sohn, 1. Ausgabe 1999. Erscheint jährlich, 8. Ausgabe 2006. Mit aktuellem Stand und Beiträgen zur Normung und allgemeinen Entwicklung im Stahlbau.

[10] Lohse, W.: Stahlbau. B.G. Teubner, Stuttgart. Band 1 (24. Aufl. 2002) + Band 2 (20. Aufl. 2005). Konstruktion und Statik im Stahlbau, Lehrbuch mit vielen Beispielen.

[11] Sedlacek / Weynand / Oerder: Typisierte Anschlüsse im Stahlhochbau. Band 1 (2000) und Band 2, 2. Auflage (2002). Stahlbauverlagsgesellschaft mbH.

[12] Oberegge, O. / Hockelmann, H.-P. / Dorsch, L.: Bemessungshilfen für profilorientiertes Konstruieren. Stahlbau-Verlags-GmbH, Köln. 3. Aufl. 1997. Typisierte Verbindungen mit Prüfbescheid des Landes NRW.

[13] Kindmann, R. / Stracke, M.: Verbindungen im Stahl- und Verbundbau. Verlage Ernst & Sohn, Berlin 2003.

Alle genannten Werke können dem Studierenden wie auch dem im Stahlbau Tätigen ohne Zweifel wertvolle Ergänzungen seines Wissens und gute Berechnungs- und Konstruktionshilfen sein.

Die Handbücher [1] bis [4] sind i.a. für den Anfänger wegen der hohen Ansprüche, die sie an den Leser stellen, problematisch. Sie behandeln den Stahlbau sehr umfassend und enthalten umfangreiche weiterführende Literaturverzeichnisse. In [3] und [4] sind zahlreiche Beispiele durchgerechnet.

[5] enthält die Vorlesungs-Manuskripte des Autors für Stahlbau-Vertiefer. Behandelt werden Spannungs- und Stabilitätsprobleme bei Stäben, Stabwerken und Rahmen sowie das Plattenbeulen. Die Konstruktion von Stahl- und Verbundbauten, Kranbahnen und Brandschutz werden aufgezeigt und dazu zahlreiche praxisnahe Beispiele durchgerechnet.

Der Studierende wird mit Vorteil über eines der Universal-Nachschlagewerke [6] oder [7] verfügen; in beiden sind die neuen Stahlbau-Normen und Regelungen des EC 3 aufgenommen und auch jeweils einige Beispiele enthalten.

[8] enthält eine kompakte Zusammenstellung der Regelungen der DIN 18800 Teil 1 bis 3 und anwendungsorientierter Bemessungshilfen. Übersichtlich sind die Querschnittswerte aller Walzstahlerzeugnisse tabelliert. Es finden sich u.a. Angaben zu Trapezblechen und Sandwichelementen.

Der Stahlbau-Kalender [9] ist ein seit 1999 herausgegebenes Jahrbuch, das neben Beiträgen und Kommentaren zu den Stahlbaunormen die Themen Verbundbau, Dach und Wände aus Stahl, nachgiebige Stahlknoten, Glas im konstruktiven Ingenieurbau behandelt. Der Stahlbau-Kalender erscheint jährlich und enthält Aktualisierungen zu den Normen nebst Auslegungen und behandelt andere aktuelle Themen im Zusammenhang mit dem Werkstoff Stahl und dem Stahlbau.

[11] und [12] eignen sich nur für den praktisch tätigen Statiker und Konstrukteur.

[13] zeigt Verbindungen im Stahlbau in großer Variationsbreite mit zahlreichen durchgerechneten Beispielen, darüber hinaus aus Verbindungen auch im Verbundbau.

Im Text zitierte Literatur

[14] Müller, G.: Nomogramme für die Kippuntersuchung frei aufliegender I-Träger. Stahlbau-Verlags-GmbH, Köln. 1972.

[15] Künzler, O.: Nomogramme zum Nachweis der Biegedrillknicksicherheit nach DIN 18800 Teil 2. StahlbauSpezial, Sonderheft, Ernst & Sohn, Berlin. 1999.

[16] Hahn, J.: Durchlaufträger, Rahmen, Platten und Balken ... 14. Auflage. Werner-Verlag, Düsseldorf. 1985.

[17] Leonhardt, F.: Vorlesungen über Massivbau. Dritter Teil. Springer-Verlag, Berlin, Heidelberg, New York. 1977.

[18] Steinle, A.: Zum Tragverhalten von Blockfundamenten für Stahlbetonfertigteilstützen. in "Vorträge Betontag 1981" Hamburg. Sonderdruck Deutscher Betonverein e.V. - Ähnlich auch z.B. Steinle/Hahn im Beton-Kalender 1995 u.a.

[19] Kindmann, R. / Laumann, J.: Erforderliche Einspanntiefe von Stahlstützen in Betonfundamenten. Stahlbau 74 (2005), S. 564-589.

[20] Friedrich, R.: Bestimmung der Einspanntiefe mittels Diagrammen. Die Bautechnik 11 (1994), S. 712-714.

[21] Gerold, W.: Zur Frage von stabilisierenden Verbänden und Trägern. Der Stahlbau 9 (1963), S. 278-281.

[22] Wippel, H.: Zur Bemessung von Hammerschrauben. Tagungsbericht Freudenstadt 1997 der Landesvereinigung der Prüfingenieure Baden-Württemberg, S. 82-91.

[23] Osterrieder, P. / Werner, F. / Kretschmer, J.: Biegedrillknicknachweis Elastisch-Plastisch für gewalzte I-Querschnitte. Der Stahlbau 10 (1998), S. 794-801.

Normen, Richtlinien, Vorschriften

Originaltexte der Regelwerke (teuer!) sind für das Studium i.a. nicht erforderlich. Bei praktischer Tätigkeit im Stahlbau ist die Kenntnis der wichtigsten Normen und anderer Regelwerke auch im Original jedoch unabdinglich! Ergänzend zur DIN 18800 sei hingewiesen auf Erläuterungen in:

[24] Lindner, J., Scheer, J., Schmidt, H.: Erläuterungen zu DIN 18800 Teil 1 bis Teil 4. "Beuth-Kommentare" mit Auslegungen und Beispielen zur Norm. 3. Auflage 1998.

[25] Eggert, H. (Herausg.): Stahlbaunormen - angepaßt. Ernst & Sohn, Berlin. 1999.

Merkblätter des Stahl-Informationszentrums Düsseldorf

Zahlreiche Broschüren mit Themen zu Theorie und Praxis des Stahlbaus. Verzeichnis und Einzel-Exemplare werden auf Anfrage *kostenlos* abgegeben! z.B.:

115 Stahlgeschoßbauten

Arbeitshilfen des Deutschen Stahlbau-Verbands DSTV, Köln

Einzelblätter mit gedrängten Informationen zu den Grundlagen des Stahlbaus, zum Geschoßbau und Hallenbau. Verzeichnis und Einzel-Exemplare werden auf Anfrage *kostenlos* abgegeben! Beispiele aus den Grundlagenblättern:

1 Korrosionsschutz und Farbe (mit weiteren Detail-Blättern 1.1 ... 1.4)
2 Brandschutz (mit weiteren Detail-Blättern)
9 Werkstoff Stahl
13 Wärmeschutz im Stahlbau
14 Schallschutz im Stahlbau

Wissenschaftliche Zeitschriften des Stahlbaus, Aufsätze

Die für den konstruktiven Ingenieur wichtigsten Monatszeitschriften sind:

Der Bauingenieur. Springer-Verlag, Berlin
Die Bautechnik. Verlag W. Ernst & Sohn, Berlin
Stahlbau. Verlag W. Ernst & Sohn, Berlin
Beton- und Stahlbetonbau. Verlag W. Ernst & Sohn, Berlin

Die Zeitschriften enthalten aktuelle Artikel zu Theorie und Praxis im Bauingenieurwesen. Das Studium von Ausführungsbeispielen kann auch dem angehenden Ingenieur anregende Einblicke in sein Fachgebiet geben.

Firmenschriften, Produkt-Kataloge und Zulassungen, Prospekte

Bisweilen sehr informative Unterlagen, die auch allgemeine statische und konstruktive Abhandlungen enthalten. Bauaufsichtliche Zulassungen und (oft typengeprüfte) Belastungstabellen, z.B. für Trapezprofile und deren Befestigunsmittel. Meist kostenloser Bezug über die Firmen auf entsprechende Anfrage hin möglich.

Bauingenieur-Praxis

Meister, J.

Nachweispraxis Biegeknicken und Biegedrillknicken

Einführung, Bemessungshilfen,
42 Beispiele für Studium und Praxis
Reihe: Bauingenieur-Praxis
2002. XV, 420 Seiten, 203 Abb.
Broschur. € 59,-* / sFr 94,-
ISBN 978-3-433-02494-2

Biegeknicken und Biegedrillknicken sind in vielen Fällen die maßgebenden Versagensformen bei der Bemessung von Stäben, Stabzügen und Stabwerken aus dünnwandigen offenen Profilen. Das Buch erklärt die Möglichkeiten und die Art und Weise der Nachweisführung. Mit vollständig durchgerechneten Beispielen!

Kindmann, R. / Stracke, M.

Verbindungen im Stahl- und Verbundbau

Reihe: Bauingenieur-Praxis
2003. XII, 438 Seiten,
325 Abb, 70 Tab.
Broschur. € 57,90* / sFr 93,-
ISBN 978-3-433-01596-4

Für die Planungspraxis von Ingenieuren faßt das vorliegende Buch die wichtigsten Verbindungstechniken für den Stahl- und Verbundbau sowie weitere Verbindungsarten des Bauwesens zusammen. Ein einzigartiges, bisher vergeblich gesuchtes Buch in der Baufachliteratur.

Ernst & Sohn
Verlag für Architektur und
technische Wissenschaften GmbH & Co. KG

Für Bestellungen und Kundenservice:
Verlag Wiley-VCH
Boschstraße 12
69469 Weinheim
Telefon: +49(0) 6201 / 606-400
Telefax: +49(0) 6201 / 606-184
E-Mail: service@wiley-vch.de

www.ernst-und-sohn.de

* Der €-Preis gilt ausschließlich für Deutschland 002044016_my Irrtum und Änderungen vorbehalten.

Handbuch und Konstruktionsatlas für das Bauen mit dünnwandigen Profilen aus Stahl und Aluminium

Das Bauen mit dünnwandigen Profilen aus Stahl und Aluminium ist aus dem Wirtschaftshochbau nicht mehr wegzudenken. Entwurf, Konstruktion, Berechnung sowie Montage dieser Bauteile setzen eine genaue Kenntnis der Funktionsweise und der Tragfähigkeit voraus.

Ralf Möller, Hans Pöter, Knut Schwarze

Planen und Bauen mit Trapezprofilen und Sandwichelementen

Band 1: Grundlagen, Bauweisen, Bemessung mit Beispielen
2004. 446 Seiten,
208 Abb.
Gebunden.
€ 92,90* / sFr 149,-
ISBN 978-3-433-01595-7

Band 2:
Konstruktionsatlas
2006. Ca. 250 Seiten,
ca. 250 Abb.
Gebunden.
Ca. € 79,-* / sFr 116,-
ISBN 978-3-433-02843-8

Erscheint: März 2008

Der Band 1 erläutert die Herstellung und den Aufbau der Bauelemente, die verwendeten Baustoffe und die erforderlichen Berechnungen und Bemessungen. Mit zahlreichen Abbildungen und Beispielen werden die Grundlagen der Bauweise und das für die Planungs- und Ausführungspraxis erforderliche Know-how vermittelt.

Beim Entwurf und der Ausführungsplanung sind die Besonderheiten von Trapezprofilen und Sandwichelementen hinsichtlich Montage, bauphysikalischem Verhalten sowie Tragverhalten zu berücksichtigen. Dieser einmalige Konstruktionsatlas gibt mit zahlreichen Detaildarstellungen Planungs- und Qualitätssicherheit, insbesondere hinsichtlich des Wärme- und Feuchteschutzes.

Ernst & Sohn
Verlag für Architektur und
technische Wissenschaften GmbH & Co. KG

Für Bestellungen und Kundenservice:
Verlag Wiley-VCH
Boschstraße 12
69469 Weinheim
Telefon: +49(0) 6201 / 606-400
Telefax: +49(0) 6201 / 606-184
E-Mail: service@wiley-vch.de

www.ernst-und-sohn.de

* Der €-Preis gilt ausschließlich für Deutschland
000114016_my Irrtum und Änderungen vorbehalten.

Sachregister

Gerüste im Bauwesen

Nather, F. / Lindner, J. / Hertle, R.
Handbuch des Gerüstbaus
Verfahrenstechnik im Ingenieurbau
2005. 400 Seiten, 200 Abbildungen. Gebunden.
€ 129,-* / sFr 204,-
ISBN 978-3-433-01323-6

Gerüste werden im Bauwesen, im Anlagen-, Fahrzeug- und Schiffbau in vielfältiger Weise verwendet. Funktionsbedingt sind Arbeits-, Schutz- und Traggerüste zu unterscheiden. Die rasante Entwicklung in den letzten 40 Jahren betraf nicht nur Systemgerüste und hochspezialisierte Verbindungstechnik, sondern war auch entscheidend für die Planung und den Bau gewaltiger Brükken und Tunnel. Dies erfordert eine umfassende, systematische Darstellung des Gerüstbaus.

Das vorliegende Handbuch fasst Werkstoffe, Verbindungstechnik, Konstruktion, Bemessung, Versuchswesen und Kalkulation für alle Gerüstarten zusammen, wobei die Entwicklung innerhalb der EU berücksichtigt wird. Eigene Kapitel sind den Freivorbau-, Vorschub- und Verlegegeräten im Brückenbau und den modernen Herstellungsverfahren im Hochbau gewidmet, weitere beschäftigen sich mit den häufig notwendigen Versuchen und der Geschichte des Gerüstbaus und des Baubetriebs. Anhand von Beispielen werden Schadensfälle, die wesentlich die Entwicklung des Gerüstbaus beinflusst haben, analysiert. Aus den Erfahrungen in der Entwicklung und Fertigung von Gerüstbauteilen werden Hinweise und Hilfen für zukünftige Entwicklungen gegeben. Damit dient das Handbuch als Nachschlagewerk für Tragwerksplanung, Gerüstbau, Prüfung, Bauausführung, Entwicklung.

Ernst & Sohn
Verlag für Architektur und
technische Wissenschaften GmbH & Co. KG

Für Bestellungen und Kundenservice:
Verlag Wiley-VCH
Boschstraße 12
69469 Weinheim
Telefon: (06201) 606-400
Telefax: (06201) 606-184
Email: service@wiley-vch.de

www.ernst-und-sohn.de

* Der €-Preis gilt ausschließlich für Deutschland
001644036_my Irrtum und Änderungen vorbehalten.

Baudynamik

Helmut Kramer
Angewandte Baudynamik
Grundlagen und Praxisbeispiele
Reihe: Bauingenieur-Praxis
2006. 250 Seiten, 160 Abb. Br.
€ 55,-* / sFr 88,-
ISBN 978-3-433-01823-1

Schwingungsprobleme treten in der Praxis zunehmend auf und müssen bei der Planung beachtet werden. Das Buch weckt das Grundverständnis für die Begrifflichkeiten der Dynamik und die den Theorien zugrunde liegenden Modellvorstellungen. Die wichtigsten Kenngrößen werden beschrieben und mit Beispielen verdeutlicht. Darauf baut der anwendungsbezogene Teil mit den Problemen der Baudynamik anhand von Beispielen auf. Mit diesem Rüstzeug kann sich der Nutzer in spezielle Fälle wie Glockentürme, dynamische Windlasten oder erdbebensicheres Bauen einarbeiten.

Ernst & Sohn
Verlag für Architektur und
technische Wissenschaften GmbH & Co. KG

Für Bestellungen und Kundenservice:
Verlag Wiley-VCH
Boschstraße 12
69469 Weinheim
Telefon: +49(0) 6201 / 606-400
Telefax: +49(0) 6201 / 606-184
E-Mail: service@wiley-vch.de

www.ernst-und-sohn.de

* Der €-Preis gilt ausschließlich für Deutschland
001835096_my Irrtum und Änderungen vorbehalten.

BUCHEMPFEHLUNG

Komplexe Strukturen – leicht berechnet!

Rolf Kindmann, Matthias Kraus
Finite-Elemente-Methoden im Stahlbau
Reihe: Bauingenieurpraxis
2007. XI, 382 S. 256 Abb. 46 Tab. Br.
Ca. € 55,–* / sFr 88,–
ISBN: 978-3-433-01837-8

Leitfaden zur fehlerfreien Anwendung im Ingenieurbüro

Die Finite-Elemente-Methode ist heute ein Standardverfahren zur Berechnung komplexer Tragstrukturen, jedoch in der praktischen Anwendung auf Stabwerke und insbesondere auf Querschnitte nicht unproblematisch. Für die Beurteilung des Verformungsverhaltens und der Spannungsverteilung in dünnwandigen Querschnitten bietet die Methode jedoch zahlreiche Vorteile.

Das Buch enthält eine Einführung in die Grundlagen der FE-Modellierung von Stäben, Stab und Raumfachwerken und Hinweise für ihre Anwendung bei baupraktischen Aufgabenstellungen.

Günter Rombach
Anwendung der Finite-Elemente-Methode im Betonbau
Fehlerquellen und ihre Vermeidung
2., überarbeitete Auflage
2006. XVI, 320 S. 294 Abb. 33 Tab. Br.
€ 59,–* / sFr 94,–
ISBN: 978-3-433-01701-2

Die Finite-Elemente-Methode – ein Standardverfahren für jeden Ingenieur

Die erhebliche Steigerung der Rechenleistung und die Verbesserung der Software in den letzten Jahren haben dazu geführt, dass die einfachen, überschaubaren statischen Berechnungen weitgehend verdrängt wurden und alles rechenbar scheint. Die Anwendung von Rechenprogrammen im Betonbau ist jedoch nicht unproblematisch.

Anhand praxisrelevanter Beispiele aus dem Hoch- und Ingenieurbau werden Fragen der numerischen Abbildung von Betontragwerken, die dabei auftretenden Probleme und mögliche Fehlerquellen erläutert.

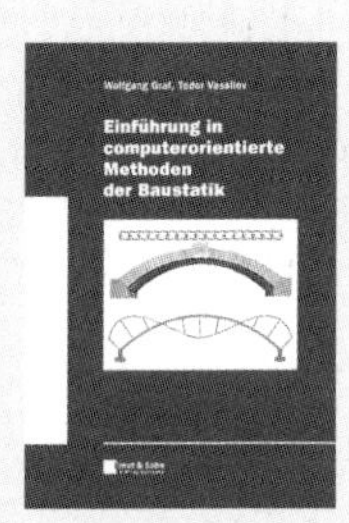

Wolfgang Graf, Todor Vassilev
Einführung in computerorientierte Methoden der Baustatik
Grundlagen, Anwendung, Beispiele
2006. VIII, 359 S. 233 Abb. 16 Tab. Br.
€ 49,90* / sFr 80,–
ISBN: 978-3-433-01857-6

Blackbox Computerprogramm?

Dieses Buch entwickelt ein fundiertes Verständnis und die nötige Sicherheit für die Anwendung der modernen Methoden der Baustatik. Es ist eine systematische Auswahl derjenigen Methoden getroffen worden, die heute unverzichtbares Fachwissen darstellen. Die theoretischen Grundlagen werden komprimiert dargestellt, dabei werden für die algorithmischen Grundlagen keine Einschränkungen getroffen, der Fokus ist jedoch auf Stabtragwerke gerichtet.

Mehr als 40 Rechenbeispiele decken ein breites Spektrum von anwendungsorientierten Aufgaben und Lösungen ab.

Ernst & Sohn
Verlag für Architektur und
technische Wissenschaften GmbH & Co. KG

Für Bestellungen und Kundenservice:
Verlag Wiley-VCH
Boschstraße 12
69469 Weinheim
Telefon: +49(0) 6201 / 606-400
Telefax: +49(0) 6201 / 606-184
E-Mail: service@wiley-vch.de

* Der €-Preis gilt ausschließlich für Deutschland
004637026_my Irrtum und Änderungen vorbehalten.

BUCHEMPFEHLUNG

Kindmann, R./Kraus, M.
Finite-Elemente-Methoden im Stahlbau
2007. XI, 382 Seiten, 256 Abb.,
46 Tab. Broschur.
€ 55,–/sFr 88,–
ISBN: 978-3-433-01837-8

Neuerscheinung!

Die Finite-Elemente-Methode (FEM) bildet heute in der Praxis der Bauingenieure ein Standardverfahren zur Berechnung von Stahltragwerken.
Das Buch enthält eine Einführung in die Grundlagen der FE-Modellierung von Stäben, Stab- und Raumfachwerken und Hinweise für ihre Anwendung bei baupraktischen Aufgabenstellungen. Für die Beurteilung des Verformungsverhaltens und der Spannungsverteilung in dünnwandigen Querschnitten, wie bspw. im Brückenbau, bietet die Methode zahlreiche Vorteile.

Die Autoren:
Univ.-Prof. Dr.-Ing. Rolf Kindmann lehrt Stahl- und Verbundbau an der Ruhr-Universität Bochum und ist Gesellschafter der Ingenieursozietät Schürmann-Kindmann und Partner, Dortmund.
Dr.-Ing. Matthias Kraus ist wissenschaftlicher Mitarbeiter am Lehrstuhl.

Für:
Für praktisch tätige Bauingenieure und Studierende gleichermaßen werden alle notwendigen Berechnungen für die Bemessung von Tragwerken anschaulich dargestellt.

Ernst & Sohn
Verlag für Architektur und
technische Wissenschaften GmbH & Co. KG

Für Bestellungen und Kundenservice:
Verlag Wiley-VCH
Boschstraße 12
69469 Weinheim
Telefon: +49(0) 6201 / 606-400
Telefax: +49(0) 6201 / 606-184
E-Mail: service@wiley-vch.de

Fax-Antwort an +49 (0)30 47031 240

	978-3-433-01837-8	Finite-Elemente-Methoden im Stahlbau	55,– €

Firma			
Name, Vorname		UST-ID Nr. / VAT-ID No.	
Straße/Nr.		Telefon	
Land	–	PLZ	Ort

Datum/Unterschrift

* € Preise gelten ausschließlich für Deutschland. Irrtum und Änderungen vorbehalten. 004737036_my

BUCHEMPFEHLUNG

Empfehlung Pfahlgründungen – EA-Pfähle
Hrsg.: Deutsche Gesellschaft für Geotechnik e. V.
2007. 350 S. 250 Abb. Gb.
€ 89,–*/sFr 142,–
ISBN: 978-3-433-01870-5

Das Handbuch über Pfahlgründungen!

Pfahlgründungen sind eine der wichtigsten Gründungsarten. Das Buch gibt einen vollständigen und umfassenden Überblick über Pfahlsysteme. Ausführlich werden Entwurf, Berechnung und Bemessung von Einzelpfählen, Pfahlrosten und Pfahlgruppen nach dem neuen Sicherheitskonzept gemäß DIN 1054 erläutert. Zahlreiche Berechnungsbeispiele verdeutlichen die Thematik. Ebenfalls werden Kenntnisse über die Herstellverfahren und Probebelastungen vermittelt. Die Empfehlung spiegelt den Stand der Technik wider und hat Normencharakter.

Die Herausgeber:
Der Arbeitskreis AK 2.1 „Pfähle“ der Deutschen Gesellschaft für Geotechnik (DGGT) setzt sich aus ca. 20 Fachleuten aus Wissenschaft, Industrie, Bauverwaltung und Bauherrenschaft zusammen und arbeitet in Personalunion auch als Normenausschuss „Pfähle“ des NABau.

Empfehlungen des Arbeitskreises „Baugruben“ (EAB)
4. Auflage
Hrsg.: Deutsche Gesellschaft für Geotechnik e. V.
2006. XVI, 304 S. 108 Abb. Gb.
€ 49,90*/sFr 80,–
ISBN: 978-3-433-02853-7

Das Handbuch über Baugruben!

Ein Standardwerk für alle mit der Planung und Berechnung von Baugrubenumschließungen betrauten Fachleute.

Baugrubenkonstruktionen sind von der Umstellung vom Globalsicherheitskonzept auf das Teilsicherheitskonzept erheblich betroffen. In der vorliegenden 4. Auflage der EAB wurden alle bisherigen Empfehlungen auf der Grundlage von DIN 1054 Ausgabe 2005 auf das Teilsicherheitskonzept umgestellt, die von dieser Umstellung nicht betroffenen Empfehlungen wurden überarbeitet sowie neue Empfehlungen zum Bettungsmodulverfahren, zur Finite-Elemente-Methode und zu Baugruben in weichen Böden aufgenommen.
Im Anhang sind alle wichtigen zahlenmäßigen Festlegungen zusammengefasst, die in anderen Regelwerken enthalten sind. Die Empfehlungen haben normenähnlichen Charakter.

Ernst & Sohn
Verlag für Architektur und technische Wissenschaften GmbH & Co. KG

Für Bestellungen und Kundenservice:
Verlag Wiley-VCH
Boschstraße 12, 69469 Weinheim
Telefon: +49(0) 6201 / 606-400
Telefax: +49(0) 6201 / 606-184
E-Mail: service@wiley-vch.de

Fax-Antwort an +49 (0)30 47031 240

	ISBN	Titel	Preis
	978-3-433-01870-5	Empfehlung Pfahlgründungen – EA-Pfähle	89,00 € / sFr 142,–
	978-3-433-02853-7	Empfehlungen des Arbeitskreises „Baugruben“ (EAB)	49,90 € / sFr 89,–

Firma			
Name, Vorname		UST-ID Nr. / VAT-ID No.	
Straße/Nr.		Telefon	
Land –	PLZ	Ort	

Datum/Unterschrift

* € Preise gelten ausschließlich für Deutschland. Irrtum und Änderungen vorbehalten.

005617076_my